Stata를 활용한 통계이론 및 실습

성현곤

충북대학교 출판부

Stata를 활용한
통계이론 및 실습

성 현 곤

저자 **성 현 곤**

저자는 미국 UCLA 도시계획학 박사를 취득(2005)하고, 지난 10년동안 한국교통연구원에서 도시 및 교통 계획관련 연구를 수행하였으며, 현재는 충북대학교 도시공학과에서 통계학과 컴퓨터 프로그래밍등 계량분석 강좌들을 진행하고 있다. 저자는 UCLA 박사과정부터 현재까지 Stata를 활용하여 거의 80여편에 달하는 논문을 국내외 저명 학술지에 게재하는 성과를 내고 있다.

실습데이터와 예제파일은 "http://blog.naver.com/hgsung80"에서 내려받아 사용가능하다.

Stata를 활용한 통계이론 및 실습

저 자	성 현 곤
발행처	충북대학교 출판부
발행인	김 수 갑
주 소	(28644) 충북 청주시 서원구 충대로1
전 화	043)261-2952, 3014
팩 스	043)274-1256
초판 1쇄 인쇄	2015년 8월 30일
초판 3쇄 인쇄	2020년 12월 31일
표지디자인	다 해
내지디자인	임 성 은
인쇄처	다해 02)2266-9247

ISBN 978-89-7295-232-9 93310
값 22,000원

목차

서 문

이 책은 통계학을 전공하는 학생을 위한 것이 아니다. 이 책은 생물학, 의학, 도시계획, 교통공학 및 계획, 심리학, 사회학, 경제학 등을 전공하는 학생이나 이들을 전공으로 한 연구자들이 통계를 수단으로 실무에 직접 활용하는데 도움을 주고자 기획되었다. 이 책은 통계의 기초 개념인 평균과 분산을 이해하고 있는, 거의 초보적인 수준의 학생이나 연구자들도 통계를 수단으로 직접 분석할 수 있도록 한 실무 중심의 책이다. 그러나 이 책은 실무를 중심으로 하면서도 필요한 곳에 통계의 이론을 적절하게 배치하여 서술함으로써 이론에 대한 이해도 가능하도록 노력하였다.

이 책은 시중에 나와 있는 수 많은 통계패키지 중에서 Stata를 사용하고자 하는 학생이나 실무자들을 위한 것이다. Stata는 다른 통계패키지에 비하여 많은 장점을 가지고 있다. 강력한 고급통계 분석기능과 확장성, 초보자도 쉽게 배울 수 있는 쉬운 명령어와 그 구조 등이 그것이다. 독자들이 이 책으로 적정한 수준의 통계이론을 습득하면서, 직접 실습하게 되면 Stata가 가지고 있는 장점들을 직접 경험하게 될 것으로 믿어 의심하지 않는다. 또한 저자는 이 책이 국내외 Stata 교재와 비교할 때, 데이터 마이닝과 그래프 활용에 대하여 많은 부분을 할애하고 있다는 점을 강조하고 싶다. Stata의 또 다른 강점은 데이터의 변환과 수정 등이 용이하고, 아주 탁월한 그래픽 기능을 제공하고 있다는 것이다. 이러한 강점에도 불구하고, 기존의 국내외 Stata 교재는 이에 대한 설명을 충분히 하고 있지 않다. 이 책은 저자가 거의 15년 동안 Stata를 사용하면서 사용한 유용한 명령문들과 그래픽 기법에 대한 소개를 하고 있다는 점에서 기존의 교재와 다른 특징을 가진다.

저자가 처음 Stata 통계프로그램을 접한 때는 Stata 버전 6이 출시되어 활용되던 미국 유학시절로 거의 15년을 거슬러 올라가야 한다. 그 이후로 거의 매 2년마다 Stata 버전은 업데이트 되었고, 이제는 Stata 14가 최신 버전으로 2015년 4월에 출시되었다. 그러나 Stata를 사용하고자 하는 독자는 반드시 매번 업데이트 되는 버전을 구입할 필요가 없다. 이 책을 활용하고자 하는 독자는 Stata 12 버전을 활용하여도 무방하다. 왜냐하면 현재의 Stata 인터페이스는 12 버전 이후로 변화가 거의 없고, 새로운 고급 통계분석 등의 기능 위주로 업데이트 되었을 뿐이기 때문이다. 그러나 최초로 Stata 활용하고자 하는 독자는 최신 버전을 사용하기를 권장한다. 초보자와 중급자 수준에서는 필요가 없겠지만, 앞으로 고급 통계기능을 주로 활용하는 전문가들은 가끔 이전 버전에서 제공되지 않는 새로운 기능을 이용할 기회가 있을지도 모르기 때문이다.

이 책은 Stata의 주요 특징과 활용기법(제1장), 데이터 마이닝과 그래픽 기능(제2장~제4장), 그리고 Stata를 활용한 통계의 이론과 실습(제5장~제11장)으로 구성되어 있다. 이 책은 Stata를 자주 활용하고 있는 실무자들 뿐만 아니라 처음 접하는 초보자들을 위한 것이다. Stata를 처음 경험하게 되는 독자들은 "제1장 Stata의 주요 특징과 최적 활용비법"을 반드시 먼저 읽어보기를 권장한다. 이 장은 왜 Stata가 다른 통계 패키지에 비하여 장점을 가지고 있고, 그것을 100% 활용하기 위하여서는 어떻게 하여야 하는지를 자세하게 설명하고 있기 때문이다. 또한 초보자들은 "제2장 Stata 명령문 구조와 데이터 관리"도 반드시 일독하면서, 직접 실습하여 보기를 권한다. 이 장은 Stata의 명령문 구조와 데이터의 입력과 출력, 그리고 관리에 대한 내용을 일목요연하게 정리하고 있다.

Stata를 처음 접하는 독자들 뿐만 아니라 중급 이상의 실무자들은 "제3장 데이터 마이닝과 기초통계 분석"의 내용을 숙지하였으면 한다. 거의 15년을 Stata를 활용해 온 저자에게도 이 장의 내용은 자주 찾아보게 된다. 기억력이 아주 탁월한 천재가 아닌 이상은 Stata의 명령어와 명령문을 매 번 기억하기는 어렵다. 저자도 연구를 위하여 데이터를 다루다가 여기에는 이런 명령어가 있는데, 그 명령문이 구체적으로 어떻게 되지?라는 생각을 한 적이 많다. 이 때, 활용할 수 있는 것이 이 장의 내용이다. 물론 초보자는 이 장을 일독하고 실습하기를 권장한다. 그렇게 되면 데이터 처리과정에서 어떠한 명령어가 있는지, 어떻게 사용하게 되는지, 그리고 그 결과가 어떻게 보여지는지를 이해하게 될 것이다.

이 책의 또 다른 특징은 그래픽 기능에 대한 자세한 설명을 담고 있다는 것이다. 이를 "제4장 그래프 작성방법과 활용"에서 다루고 있다. Stata는 다른 통계 패키지에 비하여 다양한 그래프의 종류와 그 구현 기능이 탁월하다는 장점이 있다. 이 장에서는 그래픽 기능에 대한 소개와 더불어 독자가 직접 그래프를 작성하고, 수정할 수 있도록 하는 실습기능을 제시하고 있다.

이 책은 Stata를 활용하여 통계 분석을 하고자 하는 실무자들을 위한 책이다. 그러므로 적정한 수준에서의 통계이론과 이를 직접 실습할 수 있도록 기획되어 있다. 평균과 비율 검정(제5장), 상관관계 분석(제6장), 회귀분석(제7장과 제8장), 분산분석(제9장), 요인분석(제10장), 이산선택확률분석(제10장)이 그것이다. 이 부분은 기존 통계 패키지 매뉴얼에서 제시하고 있는 내용보다 다소 높은 수준으로 설명되어 있다. 여기서 높은 수준이라 함은 단순히 Stata를 활용하여 분석하는 방법과 명령문을 제시하는 것에서 그치지 않고, 분석한 결과를 어떻게 해석하여야 하는지, 그리고 분석하는 방법과 그에 따른 예상되는 문제점의 처리방법도 담고 있기 때문이다. 각 장의 요소요소에는 저자가 수많은 방법론을 적용하여 분석한 경험을 토대로 하여, 보고서나 논문에 분석한 결과를 해석할 때 어떻게 하게 되는지 등에 대한 필요한 내용들이 담겨져 있다. 예를 들어, 변수의 척도에 따른 분석방법론의 차이(제5장과 제6장), 다중공선성의 처리(제8장), 단계적 회귀분석의 문제점(제8장) 등이 그것이다.

이 책의 최초 집필 의도는 독자들을 위한 것이 아니라, 저자를 위한 것이었다. Stata를 활용할 때마다 필요한 명령문을 모두 기억하지 못하는 저자로서는 매 번 필요할 때마다 구글과 Stata 홈페이지를 활용하여 찾아보아야만 했다. 이것은 저자에게 시간 소모가 심한 스트레스로 다가왔다. 그래서 저자가 자주 사용하는 명령문들과 통계이론들을 파일로 정리해 놓았고, 그것이 이 책의 집필에 대한 최초 유발동기였다. 그러다가 지난 10년 동안 다니던 저자의 이전 직장인 연구기관에서 Stata를 배우고자 하는 실무자들이 많음을 알게 되었다. 마침 국내에서도 Stata의 이용도가 점증하고, 그래서 이들을 위한 Stata 세미나도 개최하고, 동호회도 운영하게 되었다. 이 과정에서 Stata를 처음 접하게 되는 실무자들을 위한 교재의 필요성을 인식하여, 최종적으로 이 책이 나오게 된 것이다.

저자는 통계학자가 아니다. 저자는 Stata라는 통계 패키지를 활용하여 계량 분석을 수단으로 하는 연구자이자 교육자이다. 그러나 이 책을 집필하면서 가능한 한 통계의 이론적 설명을 오류없이 기술하고자 노력하였다. 그럼에도 불구하고 혹시라도 있을지 모르는 오류나 오탈자 등은 저자의 실수이다. 이 책을 출간하면서 오탈자 교정을 해 준 충북대학교 도시계량분석 연구실 학생들과 흔쾌히 출간을 맡아 준 충북대학교 출판부에게도 감사드린다. 그리고 저자의 책을 출간하도록 지속적으로 응원해 준 신기숙 박사님께도 감사의 인사를 드리고 싶다. 마지막으로 이 책을 활용하여 통계이론과 Stata를 활용하고자 하는 독자들에게도 감사드리고 싶다. 이 책의 실습을 위한 데이터와 각 장의 명령문 파일은 저자의 블로그(http://blog.naver.com/hgsung80)에 올려져 있으니, 독자가 내려받아 실습하면 된다. 만약 이 책을 읽고 실습하면서 어떠한 문제나 의문점이 발생한다면 저자의 이메일 주소(hgsung80@naver.com)로 연락하면 성심성의껏 답장드릴 것임을 약속드린다.

개신동에서 저자 **성 현 곤**

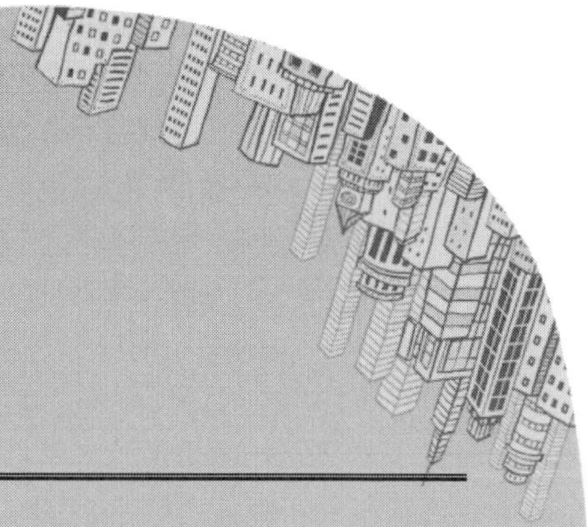

제1장

Stata의 주요 특징과 최적 활용비법

제1절 Stata의 소개와 화면구성

1. Stata의 소개

Stata는 1985년에 StataCorp에서 개발된 통계소프트웨어 패키지이다. 현재 세계 150여개국에서 사용되고 있으며, 주로 대부분의 활용은 학술적인 분야에서 이루어지고 있다. Stata의 활용은 주로 경제학, 사회학, 정치학, 임상의학, 의생태학, 그리고 도시계획 등의 학문에서 통계적 분석이 필요할 때 이루어지고 있다. Stata는 데이터 관리, 통계분석, 그래픽 작성, 시뮬레이션, 프로그래밍 등 다양한 목적으로 사용되고 있다. 개인적으로 Stata에 대하여 느끼는 매력은 데이터관리, 통계분석, 그래픽 등의 기능이 탁월하다는데 있다.

Stata라는 이름은 statistics와 data라는 두 단어의 두문자어(acronym)가 아니라 합성어(portmanteau word)이기 때문에 STATA처럼 대문자로 모든 문자를 사용해서는 안된다. Stata의 정확한 영어발음은 확정된 것은 없지만 "Stay-ta", "Sta-ta", 또는 "Stah-ta"로 발음하면 된다.

Stata는 현재 2015년 4월 출시된 버전 14가 최신버전이며, 거의 매 2년마다 업데이트 되고 있다. 그러나 이전 버전을 사용하여도 무방하다. 프로그래밍 언어는 C로 작성되어 있다. Stata의 설치가 가능한 컴퓨터 운영체계는 Windows, Mac OS X, Unix, Linux이며, 운영체계의 호환이 가능하도록 설계되어 있어 별도의 노력 없이 다른 운영체제에서도 기존의 데이터와 작업을 수행할 수 있다.

Stata는 세가지 종류의 패키지를 제공하고 있기 때문에 사용자의 요구사양에 맞게 적합한 패키지를 가격을 고려하여 선택하면 된다. 첫 번째는 중간크기의 데이터셋을 분석하고자 하는 사용자에게 적합한 Stata/IC이다. 두 번째는 대용량 데이터셋을 이용하고자 하는 사용자에게 적합한 Stata/SE이다. 마지막으로 세 번째는 데용량 데이터셋을 이용하면서도 dual-core, multicore/multiprocessor 컴퓨터를 가진 사용자에게 적합한 Stata/MP이다. 마지막에 제시한 Stata/MP는 이전의 두 패키지에 비하여 가장 빠른 데이터 처리시간을 가지고 있기 때문에 효율적이다. StataCorp에 따르면 Stata/MP는 전반적으로 40% 빠른 처리속도를 가지고 있으며, 시간소모적인 추정 명령어를 실행할 때에는 약 72% 더 빠른 처리속도를 가지고 있다. 2006년도 이후로 구입한 컴퓨터들은 대부분 dual-core 처리장치 이상을 내장하고 있기 때문에 Stata/MP를 구입하는 것이 효과적인 분석을 수행하는데 바람직하다고 본다.

	변수의 최댓값	설명 변수의 최댓값	관측치의 최댓값	64-bit 버전 가능여부	병행처리 가능여부	운영체계	메모리 요구사양	디스크 요구사항
Stata /IC	2,047	798	21.4 억개	Yes	No	Windows, Mac, or Unix	512MB	500MB
Stata /SE	32,767	10,998	21.4 억개	Yes	No	Windows, Mac, or Unix	512MB	500MB
Stata /MP	32,767	10,998	200 억개	Yes	Yes	Windows, Mac (64-bit intel), or Unix	512MB	500MB

주 : 불러들일 수 있는 관측치의 최댓값은 컴퓨터의 RAM용량에 의하여 제약을 받음
출처 : http://www.stata.com/order/new/bus/single.html

Stata/IC와 Stata/SE 버전의 유일한 차이점은 분석과 처리가 가능한 데이터셋의 용량이다. Stata/IC는 2,047개의 변수까지 불러들여 분석할 수 있다. Stata/SE와 Stata/MP는 32,767개의 변수를 읽어들일 수 있으며, 추정모형에서 독립변수로 최대 10,998개의 변수까지 적용할 수 있다. 불러들일 수 있는 관측치의 최댓값은 사용하고 있는 컴퓨터의 RAM용량에 의한 한정되며, Stata가 불러들일 수 있는 한계는 정해져 있지 않다. 세가지 종류의 패키지에서 Stata가 제공하고 있는 명령어와 특징은 모두 동일하다는 점에서 데이터셋의 크기와 처리속도만이 차이가 있다.

2. Stata의 이용자 인터페이스(User Interface)

Stata를 사용하고자 할 때 Stata 아이콘(icon)를 왼쪽 마우스로 더블클릭(double-click)하면 다음과 같은 창들을 보게 될 것이다. Stata를 실행하면 기본적으로 Stata 화면에는 ① 명령어창(Command Window), ② 결과창(Results Window), ③ 검토창(Review Window), ④ 변수창(Variables Window), ⑤ 속성창(Properties Window) 등 다섯가지의 창들이 나타난다.

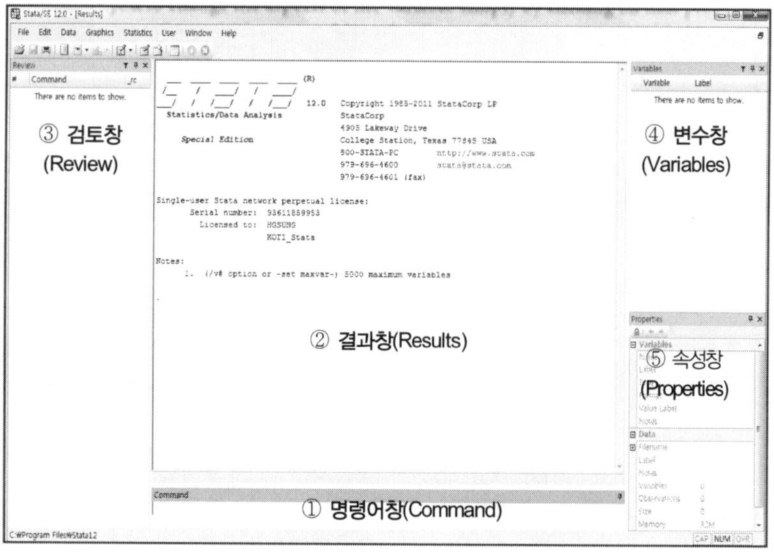

Stata는 이외에도 ⑥ 그래프창(Graph Window), ⑦ 보기창(Viewer Window), ⑧ 데이터 에디터창(Data Editor Window), ⑨ Do-파일 에디터창(Do-file Editor Window), ⑩ 변수관리창(Variables Window)이 추가로 구성되어 있다. Stata의 사용자 인터페이스(User Interface)로 제공되는 창을 메뉴바를 이용하여 열고자 할 경우는 Window를 클릭하면 된다.

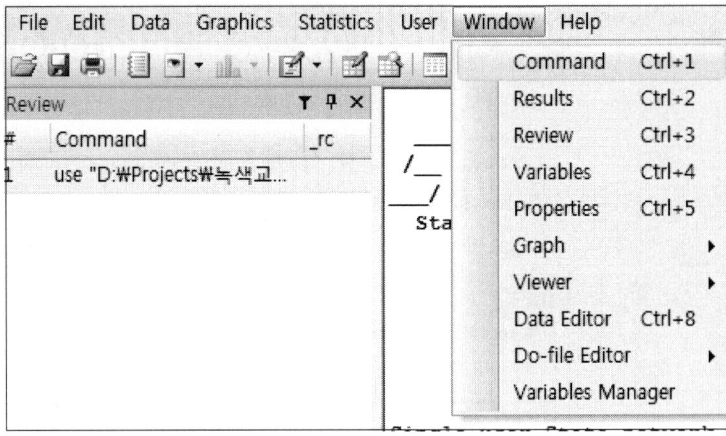

1) 명령어창(Command Window)

명령어창은 자시인 실행하고자 하는 Stata의 명령구문(command syntax)을 직접 입력하여 실행하고자 할 때 사용된다. Stata 명령구문 또는 코드는 Stata의 데이터관리 부문에서 자세하게 설명될 것이다. 이 명령어창에서는 하나의 명령어만이 가능하며, 명령구문의 작성 이후 Enter Key를 치면 그 명령이 실행된다. 그리고 실행된 명령어가 오류(error)없이 수행되었을 경우에는 결과창(Results Window)에 그 결과가 보여지고, 검토창(Review Window)에서는 명령어창에서 실행한 명령어가 띄워지게 될 것이다. 만약 오류가 발생한다면, 명령어창에 빨간 글씨로 실행이 되지 않았다는 메시지를 받게 된다.

명령어창에서 자주 사용되는 유용한 특징은 자신이 이전에 실행했던 명령어를 간단하게 수정하여 실행명령을 재생할 수 있다는 것이다. 이전에 실행했던 명령구문을 보고자 한다면 Page Up키를 이용하면 된다. 다양한 명령구문을 이미 수행하였다면 검토창에서 재생하고자 하는 특정한 명령구문에 대하여 클릭하면 명령어창에 보여지게 된다.

명령어창을 숨기고자 할 때에는 명령어창의 오른쪽 맨위의 자동숨김 아이콘(ᅟ)을 왼쪽 마우스 클릭하면 된다. 숨겨진 명령어창은 Stata 화면의 맨 아래 왼쪽에 command 아이콘(Command)이 나타나면서 명령어창은 화면에서 사라지게 된다. command 아이콘을 클릭하면 다시 명령어창이 아래와 같이 화면 아래에 나타나므로, 이를 이용하면 된다.

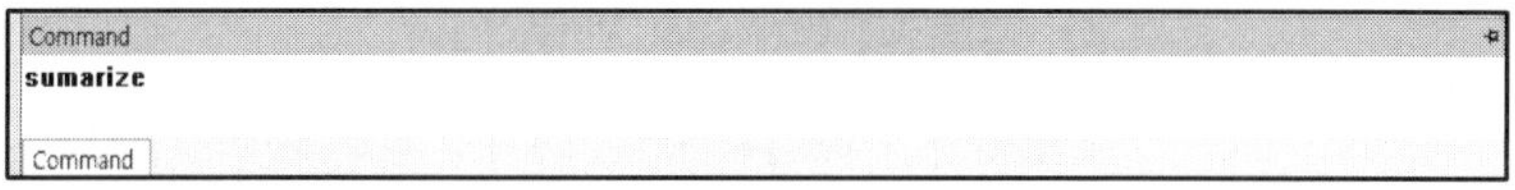

2) 결과창(Results Window)

결과창은 Stata 명령이 실행된 실행 명령어와 함께 그 결과를 보여주는 곳이다. Stata 어떠한 작업을 수행하더라도 그 내용을 볼 수 있다. 그러나 이들 결과들은 자동으로 저장되지 않는다. 그러므로 다음에 설명하게 될 log-파일을 작업을 수행하기 이전에 처음으로 열어서 앞으로 수행하게 될 작업을 기록하고 저장하도록 하여야 한다.

결과창에서는 불러들인 파일의 모든 변수들의 요약통계치를 보고자 할 때를 예로 들어보자. 요약통계치를 보고자 할 때의 명령어는 summarize이고 모든 변수를 모두 보고자 할 때는 특정한 변수를 입력하지 않거나 별표(*)를 입력하여 실행하면 된다. 이 명령어의 실행으로 결과창에서는 실행한 명령문과 함께 그 결과를 보여주게 된다. 한편, 검토창에서는 이전까지 실행된 명령어들과 함께 조금 전에 실행된 명령문이 목록에 추가되어 있음을 알 수 있다.

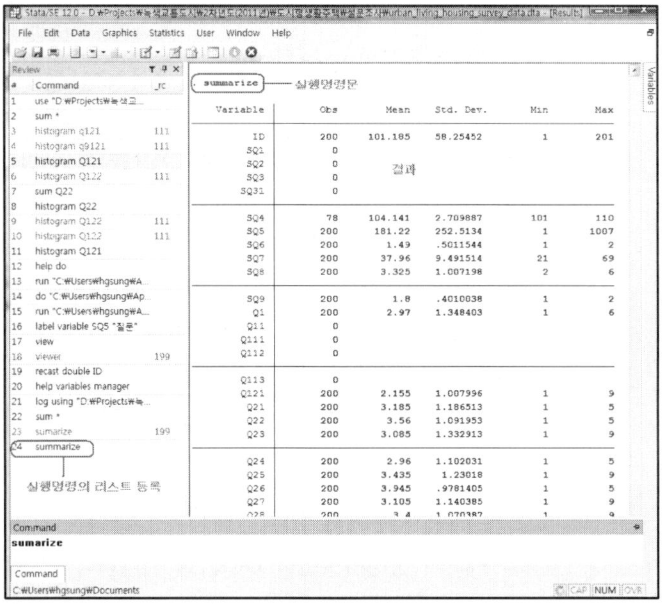

3) 검토창(Review Window)

검토창은 Stata를 열고 나서 수행된 작업의 모든 이력을 담아서 보여주는 곳이다. 명령어창에서 명령을 실행하게 되면 결과창과 검토창에 그 명령내용이 보여지게 된다. 검토창은 동일한 실행명령이 반복될 때 유용하다. 즉, 이전에 실행된 명령들의 이력들 중에서 재시행하거나 단순하게 변수만을 바꾸어 같은 명령을 수행하고자 할 때 검토창에 있는 명령문을 마우스로 클릭하여 원하는 위치에 끌어다 놓으면 된다.

4) 변수창(Variables Window)

변수창은 Stata의 데이터 파일을 불러들였을 때, 데이터에 있는 변수들에 대한 이름과 라벨을 보여 주는 곳이다. 이 창을 통하여 활성화된 데이터에서 담겨져 있는 모든 변수들을 볼 수 있다. 변수창에서 어떤 변수명에 커서를 놓게 되면 작은 화살표가 나타나게 될 것이다. 그 화살표를 클릭하게 되면 명령어창에 그 변수명이 자동적으로 위치하게 된다. 그러므로 직접 명령어창에 분석을 원하는 변수명을 직접 입력할 필요는 없다. 또한 어떤 변수명을 클릭하면 속성창(Properties Window)에 그 변수를 설명하는 여러 가지 속성들이 나타나게 되어 있다.

5) 속성창(Properties)

속성창은 변수창에서 선택된 변수 또는 현재 사용되고 있는 변수에 대한 구체적인 정보를 제공해준다. 데이터에 대하여서는 이 창에서는 파일이름과 데이터에 포함된 변수의 수, 그리고 관측치의 수를 보여주도록 되어 있다. 지정된 변수에 대하여서는 변수명, 저장유형(type), 표시형식(format), 그리고 값라벨(value label)을 내용을 보여준다. 기본적으로 속성창은 잠겨져(locked) 있기 때문에 속성창에서 직접 이들 특성들을 변화시킬수 없다. 만약 속성창에서 이들 특성들을 직접 바꾸고 싶다면 속성창의 왼쪽 상위에 있는 맹꽁이 자물쇠( ) 아이콘을 클릭하면 된다.

6) 그래프창(Graph Window)

Stata의 명령어창이나 Do-파일 에디터를 이용하여 그래프를 그렸을 경우 그래프창이 열리게 된다. Stata의 강력한 기능 중의 하나는 그래프 기능이 매우 뛰어나다는 것이다. 그래픽 기능에 대하여서는 나중에 설명하도록 한다. 그래프창에서는 단축아이콘으로 된 도구상자와 메뉴바가 있으며, 이들을 이용하여 그래프의 수정, 출력, 저장 등을 할 수 있다. 아래의 그림은 히스토그램의 예를 그래프창에서 보여주고 있다.

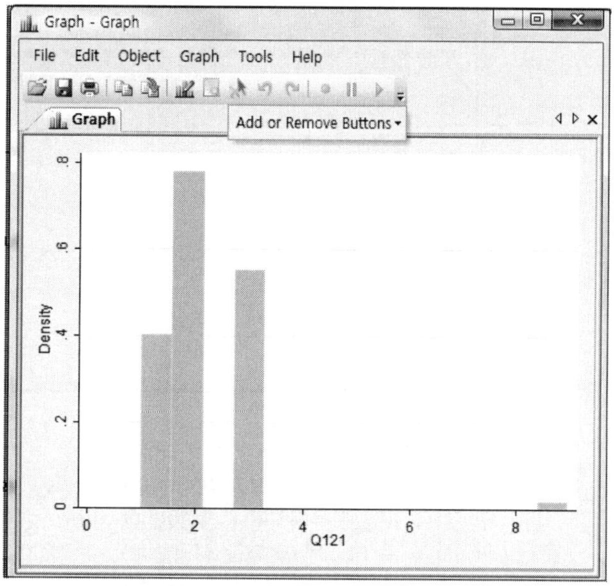

7) 보기창(Viewer Window)

보기창은 다양한 도움말(help) 기능을 하는 곳으로, 명령어의 구조와 설명, 그리고 보다 구체적인 도움말을 볼 수 있다. 보기창을 열기 위해서는 명령어창에서 help 또는 search를 입력하여 Enter키를 치거나 메뉴바의 Help를 클릭하면 된다. help는 해당 명령어를 정확하게 알고 있을 경우 도움을 받을 수 있고, search는 정확한 명령어를 모를 경우 그 단어가 포함된 명령어나 설명, 자료의 출처 등을 살펴보고자 할 때 사용할 수 있다. 보기창은 이전과 달리 새 탭을 생성할 수 있는 도구상자( )와 Dialog, Also See, Jump To 단축메뉴를 제공하고 있다. Also See 단축메뉴는 help 또는 Search 명령어와 유사한 내용으로 바로 갈 수 있는 메뉴이고, Jump To는 해당 설명들 중에서 필요한 곳에 바로 갈 수 있는 단축메뉴이다.

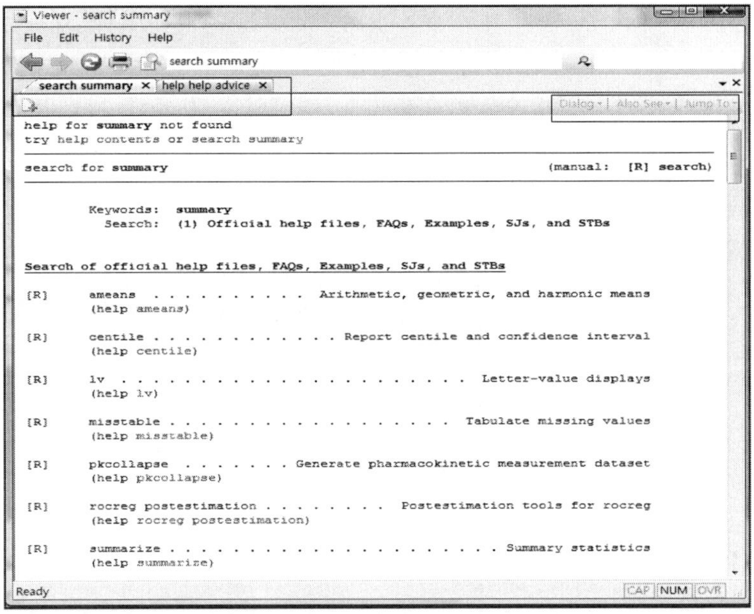

참고: 실행명령의 오류가 있을 경우, Stata는 빨간색으로 된 오류메세지(error message)와 복귀부호(return code)를 제시하여 주고 있다. 그 복귀부호를 클릭하거나 명령어창에서 help r(#)를 실행하면 보다 구체적으로 그 오류에 대한 설명을 하는 보기창이 나타난다. 실행오류에 대한 원인을 모를 경우에는 복귀부호를 참조하면 매우 유용하다.

8) 데이터 에디터창(Data Editor Window)

데이터 에디터창은 두가지가 있다. 하나는 데이터를 직접 수정할 수 있는 창(Edit)이고, 다른 하나는 데이터의 수정을 할 수 없으나 그 내용을 볼 수 있는 창(Browser)이다. Stata 12에서는 데이터 에디터 창의 기능이 보다 강화되었다고 StataCorp에서는 설명하고 있다. 데이터의 수정이 가능한 데이터 에디터창을 열게 되면 데이터창과 함께 Stata 화면에서 보여지던 변수창과 속성창이 함께 보임을 알 수 있다. 데이터창에서 변수명을 클릭하면 속성창에서는 그 변수에 대한 변수명, 변수라벨, 유형, 표시형식 등의 속성값을 보여주게 된다.

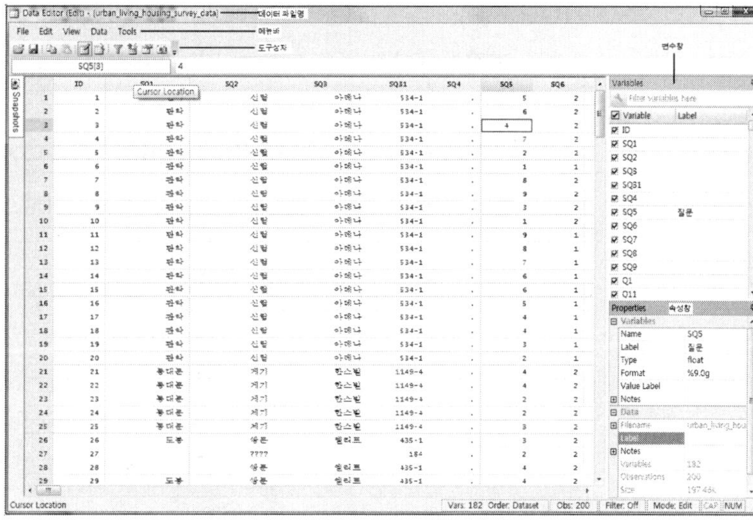

데이터의 변수에 대한 값을 변화시키고자 할 경우에는 왼쪽 마우스를 더블클릭하여 직접 변화시키면 된다. 변수창에서는 변수명과 변수의 라벨을 보여주고 있으며, 특정변수들을 보이지 않고 숨기고자 할 경우에는 변수창에서 해당 변수의 왼쪽에 있는 아이콘(☑)을 클릭하면 데이터 창에서 그 변수가 보이지 않게 되고 해당 아이콘은 √표시가 없는 아이콘(☐)으로 이 변수를 보이지 않기를 하였다는 것을 알려준다.

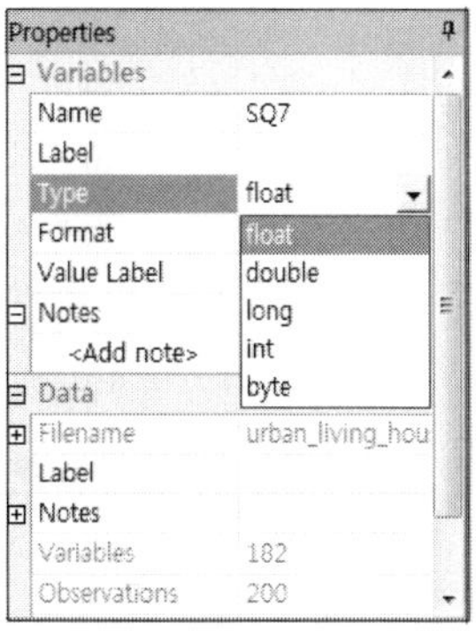

속성창에서 변수의 라벨(Variable Label), 저장유형(Type), 표시형식(format), 값라벨(Value Label), 주석(Notes) 등을 직접 선택 또는 입력하여 바꿀 수 있으며, 데이터 파일의 라벨과 주석 등도 수정할 수 있다. 예를 들어 SQ7의 변수에 대한 저장유형(Type)을 바꾸고자 한다면 마우스로 커서를 Type에 위치시키면 바꿀 수 있는 저장유형이 보여지고, 이를 선택하면 변환된다.

데이터 에디터 창에서의 포맷 등의 수정은 Format에 커서를 위치시키면 나타나는 아이콘(...)을 왼쪽 마우스로 클릭하면 표시형식 생성창

(Create Format Window)이 나타나고 이 창에서 바꾸고자 하는 표시형식으로 지정하여 확인버튼(OK)을 누르면 된다.

9) Do-파일 에디터창(Do-file Editor Window)

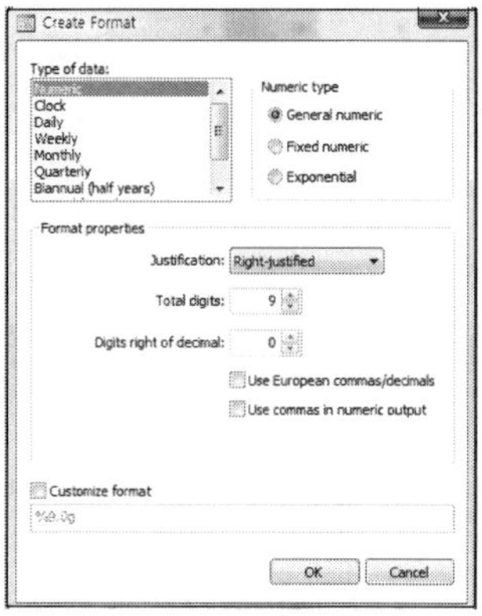

Do-파일 에디터창은 많은 수의 명령문을 필요로 하는 분석이나 긴 줄을 요구하는 명령문을 사용할 경우에 이들 명령어들을 하나의 파일로 작성하고 텍스트 파일로 저장할 수 있는 곳이다. 이러한 파일을 Stata는 do-file이라 부른다. Do-파일 에디터창은 아래와 같이 구성되어 있으며, Stata에 다소 익숙한 사용자라면 이 에디터창을 이용하여 각종 명령어를 작성하고 실행하게 된다.

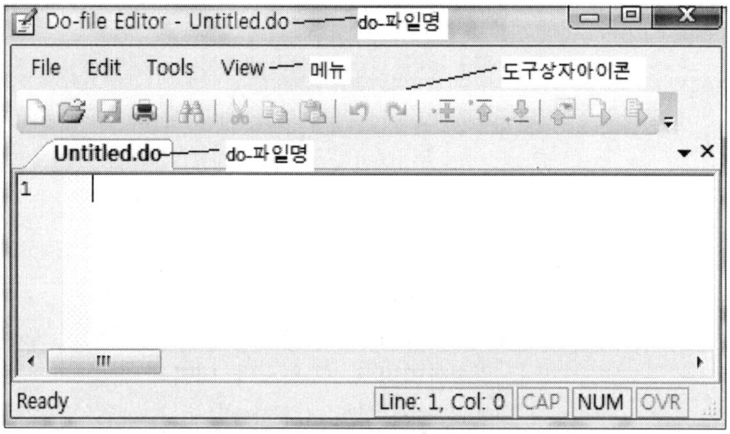

10) 변수관리자창(Variables Manager Window)

변수관리자창은 한번에 여러개의 변수들에 대한 속성들을 설정하기 위한 목적으로 변수들의 정렬과 추출 등의 기능을 제공하여 준다. 변수관리자창을 열기 위해서는 메뉴바의 Data > Variables Manager를 선택하거나 Window > Variables Manager를 선택하면 된다. 변수관리자창에는 변수창과 변수속성창이 보다 구체적으로 보여지게 된다.

변수의 속성은 변수명, 변수라벨, 저장유형(storage type), 표시형식, 값라벨, 노트 등이 있다. 이 중 정렬을 하고자 할 경우에는 정렬할 기준이 되는 속성을 클릭하면 된다. 또한 특정조건을 만족시키는 변수들만을 추출하고자 할 경우에는 왼쪽 위의 하얀 상자( )에 그 조건을 입력하면 된다. 변수관리자창에서도 정렬과 추출 등의 작업을 통하여 변수의 속성을 변화시킬 수 있다.

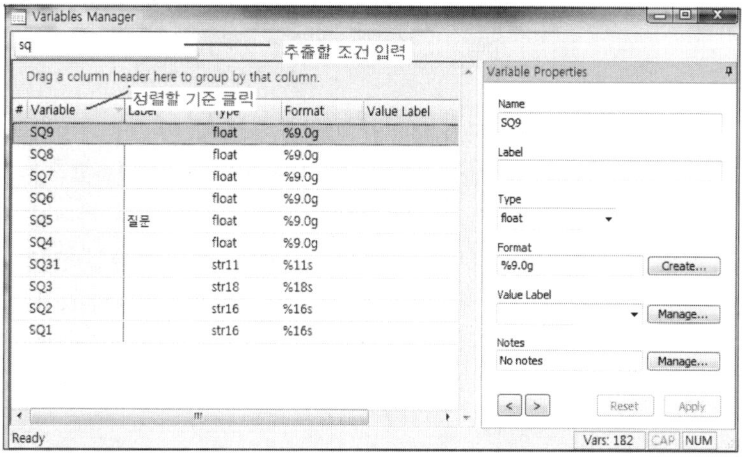

3. Stata 파일유형

Stata에는 십여종의 다양한 파일유형이 있다. Stata를 배우기 시작하거나 고급스러운 프로그래밍으로 작업하지 않는 사용자의 경우에는 '.dta', '.do', '.log', '.gph'의 확장자를 가진 파일유형에 대하여 이해를 하고 있는 것이 좋다.

확장자명	설명
.dta	Stata의 데이터 파일
.do	일련의 Stata 명령어를 실행하는 배치파일
.log	log 작성에 의해 텍스트 형식으로 저장되는 산출물(output)
.smcl	log 명령에 의해 SMCL 포맷으로 실행명령과 분석결과를 저장하는 파일

.gph	Stata의 포맷으로 저장되는 그래프 파일
.ado	Stata 명령어 프로그램 파일
.dlg	대화상장의 형상과 기능성을 정의하는 프로그램 파일
.class	Stata class system에서 classes을 정의하는 파일
.emf	Windows Enhanced Metafiles 형식으로 저장되는 그래프 파일
.hlp	help 명령어를 사용할 때 보여지는 텍스트 파일
.mata	Mata로 작성된 프로그램에 대한 원래의 소스코드
.mlib	Mata로 작성된 프로그램들의 라이브러리

확장자가 'dta'인 파일은 Stata의 데이터 파일이라는 것이다. 확장자가 'do'인 파일은 Stata의 실행명령문을 보관하고 있는 파일이라는 것이다. 확장자가 'log'인 파일은 영어로 '일기'라는 뜻에서 알 수 있듯이 Stata의 실행명령과 그 결과를 보관하고 있는 파일이라는 것이다. 마지막으로 'gph'가 확장자로 되어 있으며, 그 파일은 Stata의 그래프 파일이라는 것을 의미한다. Stata의 그래프 파일은 그래프창에서 불러들여서 수정과 보완을 할 수 있으나 한글 프로그램 등에서는 불러 들여지지 않으므로 그래프창에서 'jpg', 'emf' 등 다른 확장자 속성으로 저장하여야 한다.

4. Do-파일과 log-파일

1) Do-파일

① Do-파일 열기와 저장하기

Do-파일은 stata의 명령어들을 담고 있는 텍스트파일이며, 확장자는 .do이다. do-파일을 작성하기 위해서는 Stata 화면의 메뉴바에서 Window > Do-file Editor > New Do-file를 선택하거나 단축키인 "Ctrl+9"을 실행하면 된다. 열려진 do-파일 에디터창에서 필요한 분석을 위한 명령문을 작성하고, 실행한 결과를 저장하기 위해서는 에디터창에 있는 도구상자( )를 클릭하거나 File > Save를 선택하여 파일명을 입력하고 저장하면 된다. 이전에 작성한 do-file을 열기 위해서는 Do-파일 편집창에서 파일열기 아이콘( )을 클릭하거나 메뉴바에서 File > Open을 선택하면 된다. 저장은 동일한 방식으로 이루어지며, 저장할 do-파일의 이름을 바꾸고자 할 경우에는 Save As를 선택하면 된다.

② Do-파일 작성절차

Do-파일을 작성하는 일반적인 절차는 로그파일열기(log), 데이터 불러들이기(use), 데이터 가공하기, 데이터 분석하기, 분석된 데이터 저장하기, 로그파일 닫기(log close)로 진행하면 된다. 이를 보다 구체적으로 설명하면, Do-파일의 작성은 맨 먼저 수행하게 될 실행명령과 결과들을 기록할 수 있도록 하는 log-파일을 여는 것이다. 그리고 사용하게 될 데이터 파일을 연다. 이후에 데이터 분석을 수행하기 이전 단계로서 변수의 생성과 삭제, 변환, 수정 및 기초통계 분석을 수행하는 명령어들을 작성하게 된다. 다음 단계로는 분석을 수행하는 명령어들을 작성하고, 분석결과를 최종 확인한 다음 기록된 실행명령과 분석결과의 기록을 중지하는 명령어인 log close를 작성하면 된다. 사용자에 따라서 복잡한 데이터 관리와 분석 작업을 진행할 경우에는 데이터 불러들이기, 데이터 가공하기, 데이터 분석하기 등의 일련의 단계별로 각각 do-파일을 작성하고, 이들 do-파일을 통합하여 실행하는 마스터 do-파일을 만들기도 한다.

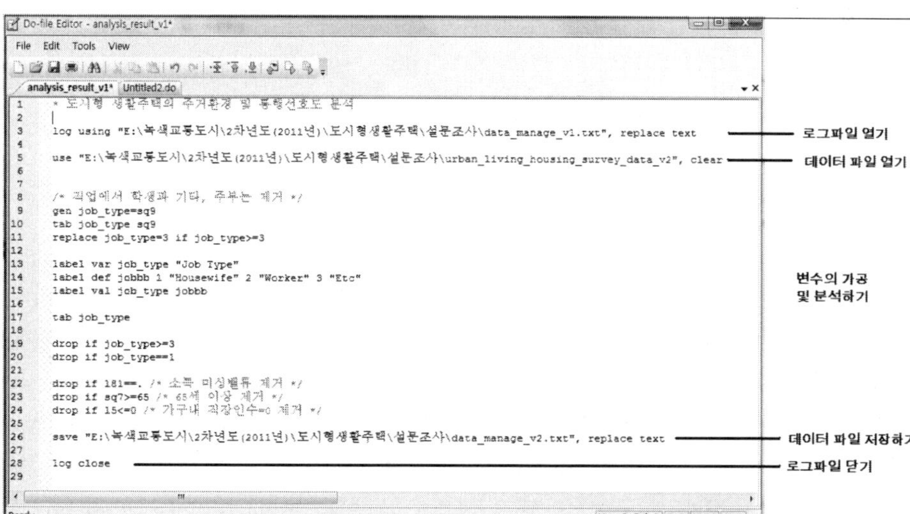

Do-파일 에디터에서 글자색이 다른 것을 볼 수 있다. 명령어와 그 명령어를 한정하는 한정어(if 또는 in 등)는 파란색으로 되어 있고, 표현식은 검정색으로 되어 있음을 알 수 있다. 그리고 파일의 디렉토리와 폴더 등 괄호안의 문자는 빨간색 계통의 색으로 표기되어 있으며, 주석과 설명문인 코멘트는 녹색계통의 색으로 구분하고 있음을 알 수 있다. 이전 버전에서는 색의 구분이 없었지만 Stata 버전 12 이후부터는 그러한 구분을 함으로써 실행명령문의 내용을 보다 쉽게 이해할 수 있는 기능을 추가하고 있다.

③ Do-파일 실행하기

이미 작성된 Do-파일을 실행하고자 할 경우에는 두가지 방식이 있다. 하나는 명령어창에서 do 또는 run 명령어와 함께 파일명을 입력하여 엔터키를 치면, 마치 키보드로 입력한 것처럼 그 파일에 있는 명령어들이 실행된다. do와 run의 차이점은 전자는 실행결과를 결과창에 보여주는 반면에 후자는 그 결과를 보이지 않고 실행명령을 수행한다는 점이다. 다른 대안적인 방법은 Do-파일 에디터창을 열어서 메뉴바에 있는 Tools > Do와 Run을 선택하면 된다. Do-파일 에티터를 이용할 때의 이점 중의 하나는 그 파일 안에 있는 일부 명령어들을 선택하여 실행을 할 수 있다는 점이다. 이를 위하여서는 실행하고자 하는 명령구문들을 마우스로 블록을 설정하고, Tools > Do를 선택하거나 도구상자에 있는 아이콘을 클릭하면 된다. 기존에 작성되어 있는 Do-파일의 부분 실행은 그 결과를 바로 확인하면서 추가적인 명령이나 명령의 수정을 할 수 있다는 점이다.

2) Log-파일

Log-파일은 실행명령과 분석결과들을 기록하는 산출물 파일(output file)이다. log-파일을 열고자 할 때에는 명령어창이나 do-파일 에디터창에서 log 명령을 실행하는 방법과 함께 메뉴바에서 File > Log를 선택하는 방법이 있다. log-파일의 확장자는 기본적으로 .smcl이며, 만약 텍스터 확장자로 저장할 경우에는 옵션에서 text 옵션을 지정하면 된다. SMCL은 Markup and Control Language의 약자이며, 선의 유형과 글자의 유형(진하게 또는 이탤릭체)을 보존할 수 있는 파일유형이다. 이 smcl의 단점은 이들 특징을 담아내는 것이 Stata에서만 작동한다는 것이다. 그러므로 다른 프로그램을 이용하거나 이들 내용을 옮기고자 할 경우에는 그러한 특징을 표현하기가 불가능하고, 이를 읽는 것도 어려운 경향이 있다. 그러므로 텍스터 파일이 일반적으로 다른 프로그램에서도 쉽게 불러들이고 수정할 수 있기 때문에 .txt로 저장하는 것이 좋다. 만약 텍스터로 저장하는 로그파일을 영구적으로 Stata 통계패키지에서 설정하고 싶다면 set logtype으로 변화시키면 된다.

Log 명령문	설명
log log query [logname | _all]	기록상태 여부 확인
log using filename [, append replace [text|smcl] name(logname)]	로그파일 열기
log close [logname | _all]	로그파일 닫기
log {off|on} [logname]	기록의 일시 정지 및 재개
cmdlog	명령어 로그파일 기록상태 여부 확인
cmdlog using filename [, append replace]	명령어 로그파일 열기
cmdlog {close|on|off}	명령어 로그파일 기록의 일시 정지 및 재개
set logtype {text|smcl} [, permanently]	로그파일 저장형식 지정
set linesize #	화면폭의 설정(잘 사용하지 않음)

로그파일은 실행명령문과 그 결과를 모두를 기록하는 명령어(log)와 분석결과는 기록하지 않고 실행명령문만 기록하는 명령어(cmdlog) 두가지가 있다. 실행명령과 분석결과의 기록의 일시정지(log off)와 재개(log on) 등을 통하여 기록하는 대상을 선별할 수도 있다. 한 줄에 기록하게 될 폭을 설정(set linesize #)할 수 있으나 주석이나 설명 등을 제외하고는 실행명령과 분석결과는 폭이 크지 않기 때문에 자주 사용되지 않는 명령어이다.

이전에 log-파일에서의 내용 아래에 붙여서 기록하고자 할 경우에는 옵션에서 append를 입력하면 되고, 이전 파일을 지우고 대체하고자 할 경우에는 replace옵션을 지정하여 주면 된다. log-파일을 기록을 중지하고 저장하기 위해서는 log close명령을 실행하면 된다.

제2절
Stata의 장점과 활용비법

1. 다른 통계패키지와 비교로 살펴 본 Stata의 주요 특징

위키피디아에서는 국내외 나와 있는 다양한 통계패키지의 종류와 특징, 가격, 분석방법의 수용 여부 등에 대하여 단순 비교정보를 제공하고 있다[1]. Pfaff(2009)[2]는 이들 통계패키지 중에서 가장 많이 사용되고 있는 통계패키지인 R, SAS, SPSS 그리고 Stata를 가격, 실행명령구조, 지원기능, 교육의 정도 등에 대하여 다양한 문헌과 인터넷 정보를 통하여 비교하고 있다. 이들 통계패키지에서 Stata는 R과 비교하여 가격 측면에서 약간의 열위를 보이고 있지만, 나머지 측면에서는 다른 패키지들에 비하여 탁월하다고 그는 평가하고 있다.

	R	SAS	SPSS	Stata
가격	++(무료)	-	--	+
명령구조	+	+	--	++
지원기능	+	-	--	++
교육의 쉬움	+	--	-	++

출처 : Pfaff(2009), pp.1-2
주 : +의 개수는 긍정의 정도를, -의 개수는 부정의 정도를 나타냄

[1] http://en.wikipedia.org/wiki/Comparison_of_statistical_packages 참조
[2] Pfaff, Tobias (2009) "A Brief Introduction to Stata with 50+ Basic Commands", Institute for Economic Education, University of Munster.

Pfaff(2009)가 Stata에 대하여 나머지 세 통계패키지와 비교할 때 중요한 장점을 다음과 같이 기술하고 있다. 첫째 Stata는 학자들을 위한 통계패키지이면서 고급통계의 가장 강력한 분석기능과 더불어 어느 다른 통계패키지보다 더욱 강력한 확장성을 가질 수 있다는 것을 강조하고 있다. 둘째, 명령문과 사용자 인터페이스를 통하여 작업을 할 수 있도록 하고 있다. 전자는 배우는데 시간이 다소 소요되지만 복잡한 데이터 관리와 통계분석을 용이하게 할 수 있고, 후자는 Stata의 사용에 있어 초보자라도 쉽게 배워서 활용할 수 있다. 이러한 점에서 Stata는 다른 통계패키지의 장점을 살리고, 단점을 보완하고 있다고 할 수 있다. 셋째, Stata의 단순하고 일관된 명령어 구조는 이를 배우고자 하는 사용자로 하여금 손쉽게 익힐 수 있도록 하게 한다. 마지막으로 비용측면에서는 R을 제외한 나머지 통계패키지보다 구입비용이 저렴하면서, 교육용에 있어서 보다 저렴한 가격을 제공하고 있다는 특징이 있다. 물론 R은 무료이지만 프로그램으로 운용되어 배우기가 어렵다는 측면과 함께 지원기능과 강력한 고급통계분석기능을 제공하고 있다는 점에서 Stata의 장점은 더욱 두드러진다고 할 수 있다.

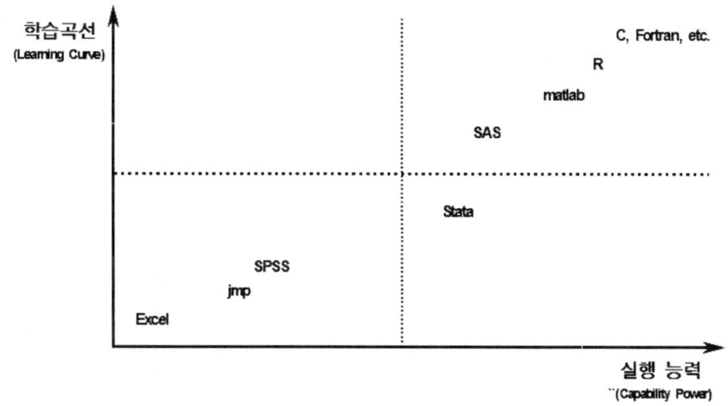

출처: Lynch (2010)

Harvard-MIT 데이터센터(HMDC)에 있는 Lynch(2010)[3]는 Stata의 데

[3] Lynch, Alicia Doyle (2010) Intro to Data Management in Stata, Harvard-MIT Data Center(출처 : http://libraries.mit.edu/guides/subjects/data/training/Data%20Management%20Stata%20(MIT).pdf)

이터관리 입문(Intro to Data Management in Stata)에서 주관적인 관점이지만 엑셀에서부터 다양한 통계패키지, 그리고 프로그래밍 언어에 이르기까지의 특징을 한눈에 알아볼 수 있도록 그래프로 제시하고 있다. 그에 따르면 Stata는 강력한 기능을 지니면서도 배우기가 쉽다는 특징을 가지고 있다고 보고 있다. 이러한 특징은 Stata의 이용자가 빠르게 증가하고 있는 이유에 대한 적절한 설명을 보여주는 것이다. Stata가 가지고 있는 이러한 장점은 Pfaff(2009)가 예상하고 있는 바와 같이 학습곡선에서의 배움의 소요시간과 노력은 크기 증가하지 않으면서도, 그 기능은 더욱 더 강력해질 것으로 예상할 수 있다.

2. Stata의 장점

시중에는 다양한 통계프로그램과 패키지가 나와 있다. 국내에서도 소개되고 이용되는 통계패키지들이 많다. 본인도 SPSS와 SAS를 가지고 통계분석을 한 경험이 있고, Stata를 사용하고 있는 현재에도 가끔은 이들 프로그램들을 활용한다. 그러나 대부분은 Stata를 이용하여 각종 연구와 논문을 작성하기 위한 분석을 수행하고 있다. 최근에 접어들면서 많은 사람들이 Stata를 이용하고 있고, 그 추세는 보다 강화되고 있다고 한다.

기존에 시중에 나와 있는 다양한 통계프로그램과 패키지들이 있는데도 불구하고, 상대적으로 최근에 개발되고, 국내에서는 요즘 들어 소개되고 있는 Stata를 이용하는 이유는 무엇일까라는 의문이 든다. 이러한 질문에 대하여 Stata를 개발한 회사인 StataCorp의 설명과 다른 연구자들의 객관적 또는 주관적 설명을 통하여 대답해보도록 하겠다. 먼저, StataCorp에 따르면 현재 Stata는 150개 국가에서 사용되고 있다고 한다. 이러한 광범위한 활용의 이유에 대하여 7가지로 요약하면 다음과 같다[4].

[4] 내용은 http://www.stata.com/whystata/ 웹사이트에서 인용하였으며, 보다 구체적인 내용을 살펴보고자 한다면 웹사이트를 방문하면 알 수 있을 것이다.

1) 빠르고, 정확하고, 이용하기 쉬움

Stata는 포인트-앤드-클릭 사용자 인터페이스(point-and-click user interface)와 온라인 도움말 기능을 가지고 있기 때문에 이용하기 쉬우면서, 빠르고 정확한 통계분석을 수행하게 해준다. 이용자는 하나의 파일에서 명령들을 쌍방향으로 실행할 수 있거나 명령문을 작성할 수 있으며, 그것들을 한꺼번에 작동할 수 있게 하고 있다. 이러한 특징은 log-파일과 명령어창(results window)이 쌍방향으로 연계되어 있기 때문에 가능하다. 그리고 각종 실행명령과 분석결과를 저장하는 log-파일은 명령어창(command window)에서 수행한 모든 명령구문을 실시간으로 저장하도록 하고 있다. 또한 스프레드시크 편집창(spreadsheet editor)에서 변화시킨 내용과 log-파일에서 변화시킨 내용 모두를 쌍방향으로 그 변화의 내용들을 담아내도록 하고 있다. 또한 모든 분석의 명령과 절차, 그리고 결과들은 보고서 또는 논문의 출판에 용이하게 적용될 수 있도록 저장하는 기능을 갖추고 있으며, 언제라도 그 분석절차와 내용을 수정할 수 있도록 재생이 가능하다.

2) 광범위한 일괄 통계분석능력

Stata는 기본적인 빈도분석과 요약통계 뿐만 아니라 광범위한 고급분석기능을 한 손가락으로 손쉽게 요리할 수 있도록 분석기능을 제공하여 주고 있다. 예를 들어, Stata는 생존분석모형, 동적패널데이터(dynamic panel data, DPD) 회귀모형, 일반화선형(generalized estimating equations, GEE) 모형, 다수준 혼합모형(multilevel mixed models), 그리고 최근에는 구조방정식모형(structural equation model, SEM)까지 Stata에서 모두 실행가능하도록 하고 있다. 물론 선형회귀모형, 이항 및 집계(count) 데이터의 회귀모형, 분산분석, 시계열 회귀모형, 군집분석 등 기존의 표준적인 통계분석기능도 제공하고 있다. 특히, 이러한 분석기능들을 별개의 모듈로 제공하는 것이 아니라 하나의 패키지로 통합하여 제공하고 있다는 점은 Stata의 중요한 특징 중의 하나라고 볼 수 있다. Stata에서 제공하고 있는 통계분석기능을 살펴보기 위해서는 메뉴바의 Statistics를 아래 그림과 같이 클릭하면 된다.

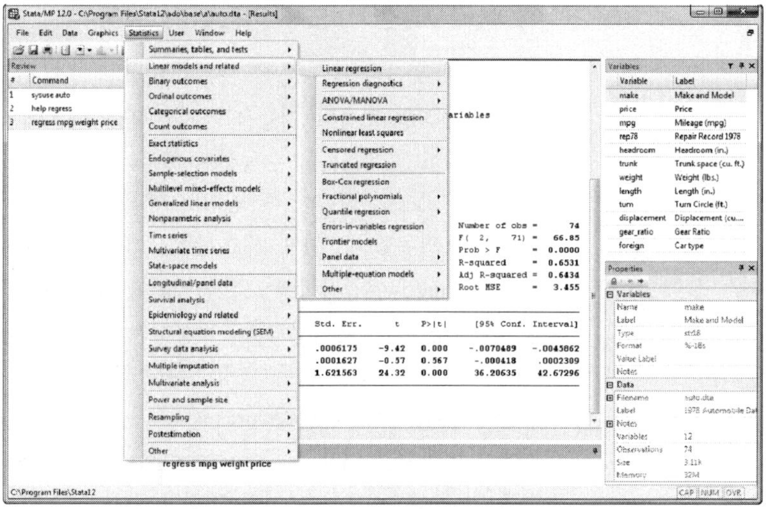

그림 1.1 Stata 통계분석기능의 예

3) 완벽한 데이터관리 기능

Stata가 가지고 있는 중요한 장점 중의 하나는 데이터 관리기능이 매우 탁월하다는데 있다. Stata의 관리명령어들은 모든 유형의 데이터를 사용자로 하여금 제어할 수 있도록 해준다. 데이터셋의 통합과 변형, 변수의 생성과 변환, 통계치의 요약 등을 Stata 명령어는 사용자 손쉽게 이용할 수 있도록 하고 있다. 특히, Stata 명령어는 인간중심 즉, 생활영어 수준의 영어능력만 갖추고 있다면 명령어의 이해가 손쉽도록 되어있다. 그리고 Stata는 byte, integer, long, float, double의 숫자와 문자 등 모든 변수의 표시형식과 함께 작업할 수 있다. 또한 Stata는 생존분석 데이터, 시계열 데이터, 패널 및 종단면 데이터, multiple imputation 데이터, 조사 데이터 등과 같은 특수한 데이터를 관리하기위한 고급 분석도구도 제공하고 있다.

4) 고품질의 그래픽 기능

Stata의 또 다른 중요한 특징 중의 하나는 그래픽 기능이 매우 강력하다는 것이다. Stata는 회귀적합(regression fit) 그래프, 시계열 그래프, 생존 도표, 등고선도 등 이차원의 고급 그래픽 기능 뿐만 아니라 3차원의 그래픽 기능을 제공하고 있다. 특히, 그래픽 기능은 최종 산출물인 보고서나 논문에 바로 게재가 가능할 정도로 높은 품질의 두드러진 스타일의 그래프를 제공하고 있다. 또한 사용자는 만들어진 그래프를 손쉽게 수정하고 재생산할 수 있도록 하고 있으며, 출간을 위하여 요구되는 다양한 그래픽 확장자, 예를 들어 출판을 위한 EPS 또는 tif, 웹을 위한 PNG, 그리고 PDF 등의 그래픽 확장자로도 저장을 할 수 있다. 그리고 그래프 에디터(Graph Editor)를 가지고 만들어진 그래프에 대하여 제목, 주석, 선 색 및 스타일, 화살표, 문자 등을 가감할 수 있다는 점도 Stata의 장점이라고 할 수 있다.

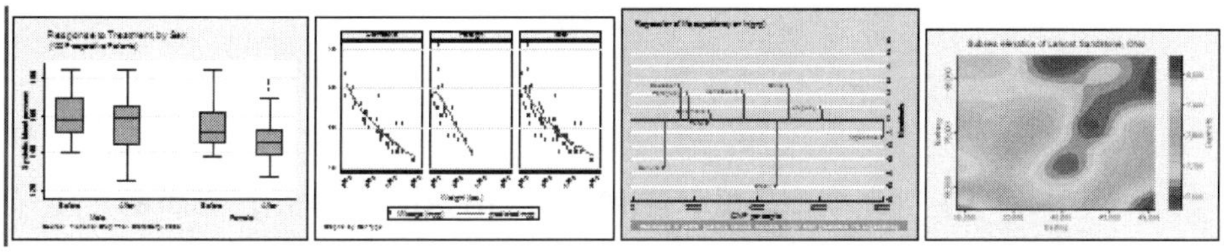

5) 풍부한 소통과 강력한 확장기능

Stata는 사용자가 프로그래밍을 손쉽게 할 수 있도록 하고 있기 때문에 오늘날 연구자들이 다양한 요구에 맞추어 새로운 프로그램을 개발자나 사용자가 Stata 패키지에 내려받아 바로 사용할 수 있도록 하고 있다. 사용하고 있는 컴퓨터가 인터넷에 연결되어 있다면 한 번의 클릭으로 새롭게 제공되는 분석기능 또는 명령어들을 설치할 수 있도록 하고 있다. 많은 새로운 특징과 유익한 정보를 담은 Stata 논문들은 분기별로 Stata Journal에 게재되며, 다양한 정보를 Statalist[5]에서 묻고 답하기 형식을 얻을 수 있다. 특히, Stata를 이용하다가 발생하는 새로운 의문, 에러에 대한 해결책, 대안적 방법론 등에 대하여 Statalist에서 제공하는 listserver에서 기존의 묻고 답하기 이력을 찾아서 손쉽게 해결할 수 있다는 것도 중요한 특징 중의 하나이다.

5) http://www.stata.com/statalist/ 참조

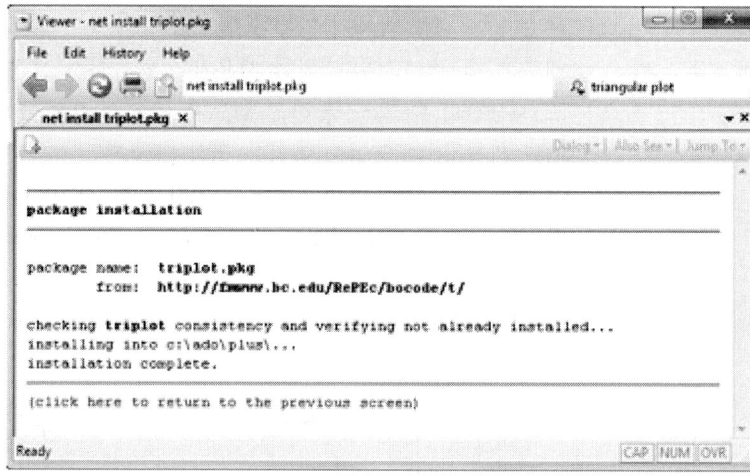

6) 매트릭스프로그램(Matrix programming, Mata)

대부분 Stata를 이용하는 사용자에게는 프로그램의 필요성을 느끼지는 않을 것이다. 그러나 고급 통계분석을 수행하고자 하는 사용자에게는 다를 수 있다. 이를 위하여 Stata는 빠르고 완벽한 매트릭스 프로그램밍 언어인 Mata를 제공하여 주고 있다. Mata는 Stata의 한 구성요소이며, Stata와 쌍방향 환경을 갖추고 있고, 개발환경도 제공하고 있다. Mata는 패널 데이터의 가공, 복잡한 매트릭스 운영, 객체중심 프로그램밍을 위한 완벽한 지원 기능을 수행하도록 하고 있다.

7) 컴퓨터 운영체계 호환기능

Stata는 Windows, Mac, Univ, Linux 등의 운영체계에서 작동하도록 되어 있으며, 특정 운영체계에 대한 협의의 라이센스가 아니므로 범용으로 사용할 수 있다. 그러므로 사용자는 어떠한 운영체계에서도 Stata를 설치할 수 있다. 또한 Stata의 데이터셋과 프로그램 등은 어떠한 특별한 추가적인 작업이 없이 다른 운영체계에서 동일하게 사용할 수 있도록 하고 있다.

Stata를 활용한 현대 미시경제학 입문(An Introduction to Modern Econometrics Using Stata)의 저자인 보스턴 대학의 경제학과 교수인 Baum (2006)[6]은 Stata를 사용자의 기호에 맞추어져 있기 때문에 강력한 분석도구라고 정의하고 있다. 그에 따르면, 대부분의 Stata 사용자들에게 Stata는 데이터를 불러들이고, 새로운 변수를 생성하고, 통계적 분석을 수행하고, 그래프를 그리는 통합된 패키지이다. 또한 다른 어떤 사람들에게는 어떠한 간섭이 없이 앞서 설명한 모든 단계를 실행하도록 명령어들을 저장하여 do-파일을 사용하는 명령어 중심의 패키지가 될 수 있다. 뿐만 아니라 데이터관리와 통계분석, 그래픽 능력을 배가시킬 수 있도록 새로운 Stata 명령어나 프로그램을 작성하는 프로그램언어로 활용하는 사용자도 있다. 이러한 프로그래밍은 do-파일을 이용하여 작성되며, stata의 능역을 확대하는 기능을 하고 있다. Baum(2006)은 이러한 Stata에 대하여 12가지를 제시하고 있다. 이 중 앞서 StataCorp에서 언급하고 있지 않은 내용을 중심으로 그 특징을 추가적으로 기술하면 다음과 같다.

8) 배우기 쉬운 명령어

앞서 설명한 배우기 쉽다는 첫 번째 특징과 유사하지만 보다 구체적으로 Stata의 장점으로서 명령어 구문을 알지 못하더라도 실행명령을 수행할 수 있다. Stata에서는 명령을 실행할 때마다 검토창(review window)에 그 명령문을 보여주고 있다. 이 검토창에 있는 명령어를 오른쪽 마우스로 클릭하여 바로 명령어창(command window)에서 실행할 수 있기 때문에, 명령어 구문을 정확하게 인지하고 있지 않더라도 유사한 명령어일 경우에는 이를 수정하여 다시 실행할 수 있다. 또한 검토창에 있는 명령구문들을 복사하여 Do-file 편집창(Editor window)에서 수정하고 실행할수 있도록 하고 있다. 이러한 점에서 명령구문을 알지 못하더라도 사용자 자신이 한 do-파일이나 타인이 작성한 do-파일을 편집하여 원하는 분석을 수행할 수 있다는 특징이 있다.

9) Do-파일 에디터를 이용한 분석시간의 절약

Stata를 배우는 초심자라면 SPSS와 같은 포인터-앤-클릭(point-and-click) 방식이 초기에는 선호될 수 있을 것이다. 그러나 어느 정도 Stata를 이용하여 온 경험이 있는 사용자는 do-파일 에디터를 이용하게 되면 명령어창에서 명령문을 각각 실행하는 것보다 분석을 수행하는 시간이 크게 절약

---

6) Christopher F. Baum (2006) "An Introduction to Modern Econometrics Using Stata", Stata Press, pp.1-4.

됨을 알 수 있을 것이다. 즉, Do-파일 에디터를 활용하여 분석전략의 방향, 재생산, 문서화를 수행할 수 있다. 특히, do-파일 에디터를 이용하게 되면 무엇을 하고자 이 명령문들을 사용했는지, 그리고 언제 하였는지, 그리고 어떻게 변수들을 변환하고 수정하였는지에 대한 이력을 한눈에 알 수 있도록 주석을 달 수 있어 매우 편리하다.

10) 단순명령으로 필요한 모든 분석 수행

Stata의 명령구문이 매우 단순하다는 점에서 시중에서 유통되고 있는 다른 통계프로그램이나 패키지와 중요한 차이가 있다. Stata의 데이터셋은 관측치로서의 행(raw)과 변수로서의 열(column)로 구성된 행렬(matrix)구조로 되어 있다. 사용자는 데이터보기창(Data Viewer)이나 데이터편집창(Data Editor)의 도구메뉴를 클릭함으로써 살펴볼 수 있다. 다른 통계패키지 언어와 달리 Stata는 또한 구체적인 관측치나 변수를 지정하지 않고도 명령을 실행할 수 있다.

11) 반복실행을 명령을 통한 시간과 노력의 절약

Stata의 가치는 여러개의 변수들에 대하여 데이터 변환과 추정 또는 그래프의 생성 과정들을 한번에 실행하도록 할 수 있다는 점에서 더욱 두드러진다. 이에 대한 적절한 명령어는 forvalues, foreach, macro 등을 이용하여 각각의 변수에 대하여 별도의 명령을 수행하기보다는 순환반복 실행을 do-파일에서 실행할 수 있다.

12) 'by-groups' 명령을 통한 프로그래밍의 필요성 감소

Stata는 'by-groups'을 통하여 하나 이상의 명목변수 또는 정수로 된 연속변수를 집단화할 수 있다. 이것은 매우 복잡한 데이터 변환 과정을 거치지 않고도 매우 간단하고 단순한 명령문을 통하여 수행할 수 있게 해준다.

13) 갱신(update)을 통한 잠재적 문제점의 해소

Stata는 컴퓨터가 인터넷에 연결되어 있다면 언제든지 주기적으로 새로운 정보와 내용을 갱신할 수 있다. 갱신을 위한 정보를 얻기 위해서는 단순히 명령어창(command window)에서 'update query'를 실행하고, 이의 절차를 밟아서 Stata의 실행프로그램과 ado-명령어를 내려받아 활용할 수 있다.

Stata 사용자들에 의하여 경험된 많은 문제들은 update에 의하여 언급되어 있다. 그러므로 사용자는 Stata 프로그램을 실행하기 이전에 미리 update에 의하여 이러한 문제점을 해결할 수 있는 정보와 do-실행파일을 내려받아 해결할 수 있다. 또한 다양한 추가적인 기능과 분석프로그램들이 보스턴대학에서 운영하는 통계소프트웨어구성(Statistical Software Compents, ssc) 창고에서 새로운 정보나 내용을 내려받을 수 있으며, 기존과 비교하여 갱신된 내용을 간단하게 설치할 수도 있다. 전자의 경우에는 ssc whatsnew, 후자의 경우에는 adoupdate 명령어로 확인과 수정이 가능하다.

3. 통계분석을 위한 Stata 활용비법(tips)

실용적인 측면에서 Stata를 이용하는 사용자에게 그 목적은 Stata의 강력한 기능인 데이터관리와 그래픽 기능을 충분히 활용하여 기초적인 통계분석에서부터 고급수준의 분석모델을 사용함으로써 연구의 목적을 달성하는 것이다. 따라서 Stata를 사용할 때에는 다른 통계패키지나 스프레드시트 소프트웨어에서 제공하는 비슷한 기능을 활용하는 것이 아니라 Stata가 제공하고 있는 강력한 기능을 충분히 활용할 때 그 빛은 더욱 발하게 될 것이다. 이러한 측면에서 Long & Freese(2006, pp.31-33)[7]은 데이터 분석을 효율적이면서 효과적으로 수행하기 위한 몇가지 광범위한 활용비법을 제시하고 있다. Stata 사용자는 이를 숙지하고 자신의 수준과 경험에 맞게 응용하여 Stata의 장점을 충분히 살려 활용하였으면 한다.

1) 모든 작업의 재생성(replicability)을 높여라.

데이터 분석이 신뢰성을 가지기 위하여서는 최초의 자료에서부터 최종 산출물인 보고서와 논문에 있는 표 작성까지의 모든 과정을 완전하고도 정확하게 추적하여 재생산할 수 있어야 한다. 그러므로 Stata에서 제공하고 있는 쌍방향 수단인 사용자 인터페이스(명령어창과 결과창 등)보다는

[7] Long, J. Scott & Freese, Jeremy (2006) Regression Models for Categorical Dependent Variables Using Stata, (2nd Edition), STATA Press., p.31-33.

do-파일을 이용하여 어떠한 영구적인 변화가 이루어지는 데이터 변환과 분석절차를 수행하도록 해야 한다. 만약 쌍방향 인터페이스를 이용하고자 한다면, 먼저 해야 할 일은 log-파일을 열어서 이들 실행명령들과 결과들을 기록하도록 하여야 할 것이다. 이러한 작업은 추후에 사용자의 쌍방향 분석과정과 결과들을 재생하는 do-파일을 생성할 수 있도록 한다. 특히, 작성된 do-파일과 log-파일은 분석결과를 1년 뒤에도 동일한 작업을 똑같이 수행할 수 있도록 해주며, 추가적인 분석 또는 수정을 할 수 있게 한다는 점에서 초보 사용자들도 가능하다면 do-파일과 log-파일을 사용하는 습관을 길러 두는 것이 좋다.

2) 자신의 do-파일을 문서화하라.

실행명령어만으로 가득 찬 do-파일은 6개월 뒤 또는 그 이후에 다시 반복 및 수정·보완 작업을 하고자 할 때 당황스러울 때가 많아질 것이다. 이를 피할 수 있도록 Stata는 do-파일 편집기에서 주석 등 다양한 코멘트 기능을 제공하고 있다. 그러므로 이들 기능을 이용하여 do-파일을 문서화한다면, 무엇을 하였으며, 왜 그것을 하였는지에 대한 기억을 도와주는 데 무한한 값어치를 하게 될 것이다.

3) 연구일지를 작성해서 간직하라.

복잡한 작업을 수행하는 경우에는 실행한 모든 프로그램의 설명, 특별한 방식으로의 변수값의 변환이유 등의 결정, 그리고 생성한 파일에 대한 설명에 연구일지를 작성하여야 한다. 훌륭한 자신의 연구일지는 원래의 데이터로부터 시작하여 작업한 모든 것을 재생산할 수 있도록 해준다. 프로젝트가 단기간에 성공적으로 끝나는 경우가 많지 않다. 또한 프로젝트를 통하여 작성한 보고서를 토대로 논문을 국내와 국제 저널에 게재하기 전에 상당한 시일이 소요되며, 심사의견에 따라 분석과정과 방법론의 변화를 꾀하여 재분석해야 할 때가 있다. 또한 종료된 프로젝트라 할지라도 향후에 보다 진전된 새로운 프로젝트를 수행하여야 할 때가 있다. 이러한 경우에 훌륭하게 작성된 연구일지가 있다면 당황하지 않고 원활하게 수정작업과 새로운 분석을 수행할 수 있게 될 것이다.

4) 자신만의 파일명명 체계를 개발하라.

일련의 분석을 수행하면서 만들어지는 do-파일과 log-파일은 동일한 접두어(예: clean_data.do와 clean_data.log)를 사용하여 파일을 명명하는 것이 바람직하다. 어떤 사람은 짧은 파일이름을 선호할 수도 있으며, 다른 어떤 사람은 긴 파일이름을 선호할 수도 있다. 그러나 여기서 중요한 것은 파일이름을 통하여 자신이 수행한 작업을 한눈에 알아볼 수 있도록 하는 파일 명명체계를 개발하는 것이 중요하다.

Pfaff(2009)도 데이터 파일, do-파일, log-파일을 자신만의 파일명명체계를 가지는 것이 필요하다고 역설하고 있다. 특히, 그는 하나의 마스터 do-파일 안에 개별적인 작업절차를 가진 do-파일을 작성하도록 하는 방법을 권하고 있다. 대부분의 분석절차는 데이터 불러오기(import), 데이터 변환 및 관리(prepare), 데이터 분석(analyze) 등의 일반적인 과정을 수행한다. 그러므로 하나의 프로젝트 폴더안에 이들 과정별로 데이터 파일과 do-파일 및 log-파일을 명명하여 저장하는 것이 편리하다고 한다(<그림 1.2 참조>). 그러나 최종적인 파일의 명명체계는 자신만의 방식으로 추신하는 것이 좋으며, 기억하기 쉽고 관리하기 편리하도록 하여야 하는 것은 보편적인 진리라는 점을 기억할 필요가 있다고 본다.

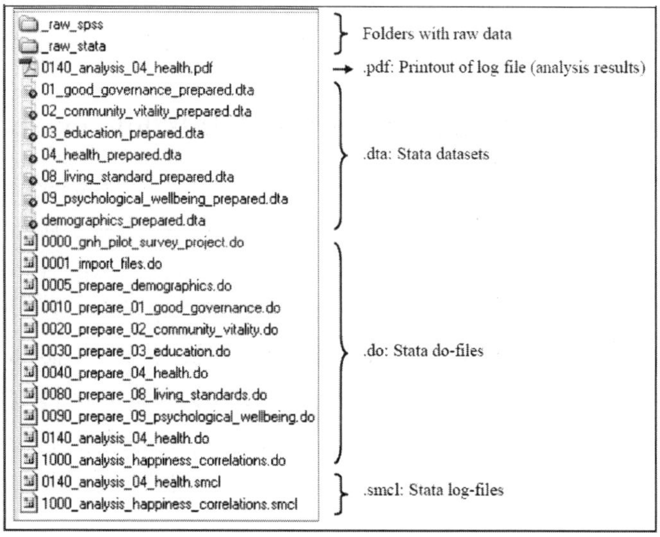

출처: Pfaff(2009), p.5

그림 1.2. Stata 파일들의 명명체계의 예

5) 새로운 변수와 파일에 대하여 새로운 이름을 사용하라.

수정한 데이터를 동일한 원자료의 파일이름으로 덮어 쓰지 말고, 최초의 데이터셋을 변화시켜서는 안된다는 것을 사용자는 명심할 필요가 있다. 그리고 데이터에 있는 변수의 변환을 수행하고자 할 때 단순히 대체(replace)하거나 변수값의 변환(recode) 명령어를 사용하는 것보다는 새로운 변수를 만들어 주는 것이 데이터를 훼손하지 않는 방법이다. 예를 들어 5점 리커트 척도의 변수 이름이 work_at일 경우 2점 척도로 변환하였을 경우에는 work_at2로 하여 새로운 변수와 논리적 일관성을 가지도록 하는 것이 좋다. 만약 새로운 변수와 파일을 만들지 않고 기존의 데이터와 변수에 덮어서 저장할 경우에는 데이터 불러들이기부터 최종 분석까지를 새로이 하여야 하는 커다란 문제가 발생할 수 있다는 점을 기억할 필요가 있다.

6) 라벨과 주석을 적극 활용하라.

사용자가 새로운 변수를 생성할 때 그 변수에 대하여 라벨을 주는 것을 습관화할 필요가 있다. 특히, 명목변수일 경우에는 변수의 수준(category)별로 값라벨(value label)을 부여함으로써 추후에 이해하기가 쉬워지게 된다. 또한 새로운 변수에 대하여서도 notes 명령어를 이용하여 그것이 무엇인지를 문서화하는 습관을 유지할 필요가 있다.

7) 모든 새로운 변수를 재확인(double-check)하라.

변환된 새로운 변수가 제대로 실행되었는지를 항상 재확인해야 한다. 이를 위하여 기존의 변수와 새로운 변수에 대한 교차빈도표 또는 그래픽 실행명령을 통하여 확인하는 것이 효과적이다. 이외에도 list 명령어를 이용하여 기존 변수와 새로운 변수의 변환을 교차확인할 수도 있다. 변수와 변수의 값의 변환에서의 어떠한 조그마한 실수도 있어서는 안된다. 그러한 조그마한 실수는 분석결과를 왜곡시킬 가능성이 높으며, 그 결과의 신뢰성을 저하시키게 된다. 그러므로 변수의 변환과 새로운 생성에 있어서는 항상 재확인하는 절차를 수행하고 조심스럽게 실수가 있는지 관찰하여야 한다.

8) 만족할만한 파일보관을 습관화하라.

자신이 수행한 모든 분석결과와 파일들을 백업하여 두는 것이 바람직하다. 컴퓨터 하드디스크에만 분석자료와 실행문, 그리고 분석결과를 쌓아두고 있으면 위험할 수 있다. 그러므로 외장하드나 다른 디렉토리 등에 자신의 작업내용을 별도로 보관하여 두는 것이 좋다. 자신이 사용하는 컴퓨터의 고장은 생각외로 많고, 데이터와 문서들을 회복하기 어려운 때가 종종 발생한다는 것을 많은 사람들은 경험하였을 것이다. 마찬가지로 Stata의 분석파일들을 외장하드 등에 별도로 보관하는 습관을 가지는 것이 바람직하다고 본다.

제3절 Stata 통계분석 절차

연구를 시작하여 분석을 하고, 분석결과를 논문 및 보고서의 형태로 출간하기 위해서는 연구주제 설정 → 선행연구고찰 → 가설설정 → 분석방법론 설정 → 설문지 작성 → 설문조사 → 통계분석 → 분석결과의 해석 → 보고서 작성 등의 순으로 진행된다. 물론 이러한 절차에서의 앞과 뒤의 순서는 약간 변동이 있을 수는 있지만 대부분 이러한 절차로 이루어진다고 보면 된다. 또한 이러한 절차는 부분적으로 환류(feedback)의 과정을 여러 번 거치는 것은 물론이다.

데이터의 이용은 기존에 조사된 자료를 활용하거나 직접 설문조사를 통하여 얻은 자료를 활용할 수 있다. 기존의 자료의 활용은 통계청 등에서 제공하는 집계화된 자료나 국민건강영양조사 원시자료 및 인구주택총조사 원시자료 등의 비집계화된 자료를 구득하여 사용할 수 있다. 설정된 연구목적을 달성하기 위하여 가능하다면 기존의 자료를 활용하는 것이 비용과 시간적인 측면에서 매우 바람직하다. 특히, 이들 자료는 이미 결측치의 제거와 데이터의 보정이 이루어져 있기 때문에 우리는 원하는 목적을 위하여 바로 분석에 들어갈 수 있다.

그러나 우리는 자주 직접 설문조사를 실행하여야 할 때가 있다. 이러한 경우에는 데이터에 대한 신뢰성은 연구의 생명이 될 정도로 중요하다. 그러므로 여기에서는 기존의 자료를 활용하는 것에 기반하지 않고, 직접적인 설문조사를 통하여 입력된 데이터를 이용하여 Stata를 활용한 통계분석의 기본적인 절차를 매뉴얼의 형식으로 간단하게 예시하여 보고자 한다. 여기서 활용되는 데이터는 "analysis_data_v1.dta" 파일이다. 이 자료는 서울 도심지역의 거주민, 직장인, 방문객을 대상으로 보행활동과 보행환경, 그리고 건강수준에 대하여 설문한 자료이다.

연구의 절차에서 통계분석은 기본적으로 데이터 구조와 변수의 확인, 변수의 속성 및 결측치 확인, 변수의 변환 및 수정, 관련 모델(가설)의 구축 및 분석, 분석결과의 해석의 순으로 진행된다. 후자의 두 절차는 연구주제와 설정된 분석방법론에 따라 다양하게 전개될 수 있다. 그러므로 이 두 절차는 나중에 구체적인 분석방법론에 대한 Stata의 설명이 이루어질 때 설명하기로 하고 여기서는 생략하도록 하겠다.

Stata를 활용하여 통계분석을 수행하기 위해서는 do-파일과 log-파일을 이용하는 것이 중요하다고 이미 언급한 바 있다. 그러므로 Stata 사용자는 항상 이 두 파일을 이용하는 것을 염두에 두고 분석을 시작하여야 한다. 여기서 사용되는 Stata의 주요 명령어는 다음 장에서 자세하게 설명될 것이므로, 실행명령의 구체적인 내용에 대한 설명은 생략하도록 한다. Stata를 활용하여 수행되는 분석절차는 10단계로 나누어 보았다. 이 절차는 분석과정에서의 가장 기본적인 절차로 보면 된다.

분석절차	실행명령어
① 기존 데이터 제거	clear
② log-파일 열기	log
③ 데이터 읽기	use
④ 데이터의 구조와 변수 파악하기	describe
⑤ 개별변수들의 속성과 특징 파악하기	summarize tabulate codebook
⑥ 개별변수들의 분포를 그래프로 확인하기	histogram
⑦ 변수의 생성과 변환 및 확인하기	recode tabulate
⑧ 변수에 라벨 붙이기	label
⑨ 변수의 관계 파악하기	correlate graph matrix
⑩ 변경된 데이터 저장하기	save
⑪ 로그파일 닫기	log close

분석을 시작하기 앞서 새로운 Do-파일을 열어야 한다. 메뉴바를 이용하여서는 Window > Do-File Editor > New Do-File Editor을 선택하면 된다. 단축키로는 Ctrl+9이다.

1) 메모리의 데이터 제거(clear)

메모리, Stata 화면에서 현재 사용 중인 데이터를 삭제할 경우에 clear 명령어를 사용하면 된다. Stata에서의 메모리는 현재 열려진 데이터 파일, 라벨값, mata 기능 등이 있다. 현재 열려진 데이터 파일과 라벨값을 지우기 위해서는 clear만을 이용하면 된다. 이외에 특정한 메모리를 지우기 위해서는 해당하는 부가적인 명령어를 이용하면 된다. clear mata는 메모리로부터 Mata 기능과 대상을 제거하도록 한다. clear results 는 메모리부터 저장된 결과들을 제거한다. 여기서의 결과는 변수의 생성과 추정에서 자동으로 저장되는 결과값들이다. clear programs 메모리에서 모든 프로그램을 제거한다. clear ado는 자동적으로 적재된 ado 파일 형태의 프로그램들을 제거한다. clear all 또는 clear *는 앞서 설명한 모두를 한번에 제거하는 명령어이다.

현재 불러들여져 있는 데이터셋을 describe로 살펴보자. 만약, 데이터셋이 Stata 화면에 없다면 use 명령어를 사용하여 "c:\data\examples\analysis_data_v1.dta" 파일을 불러보자. 불러들여져 있는 파일은 총 609개의 관측치와 90개의 변수 그리고 데이터의 크기와 변수에 대한 정보를 보여주고 있다.

describe

```
Contains data from C:\data\examples\analysis_data_v1.dta
  obs:           609
 vars:            90                          1 Feb 2012 16:29
 size:       191,226

              storage  display     value
variable name   type   format      label      variable label

id              int    %8.0g                  ID
place           str26  %26s                   PLACE
area            byte   %8.0g       area       survey area
purpose         byte   %15.0g      purpose    current travel purpose
gender          byte   %8.0g       gender     Gender
age             byte   %8.0g       age        Age(20-59)
walkfreq        byte   %8.0g       walkfreq   over-10min. walking frequencies per day
w_pur1st        byte   %13.0g      w_purrr    1st reason for walk
—more—
```

Stata 메모리에서 사용하고 있는 이 데이터셋을 삭제하는 clear 명령을 실행시켜 보자. 실행결과를 변수창과 속성창을 보면, 이전에 있던 변수들과 속성들에 없음을 보여준다.

```
clear
```

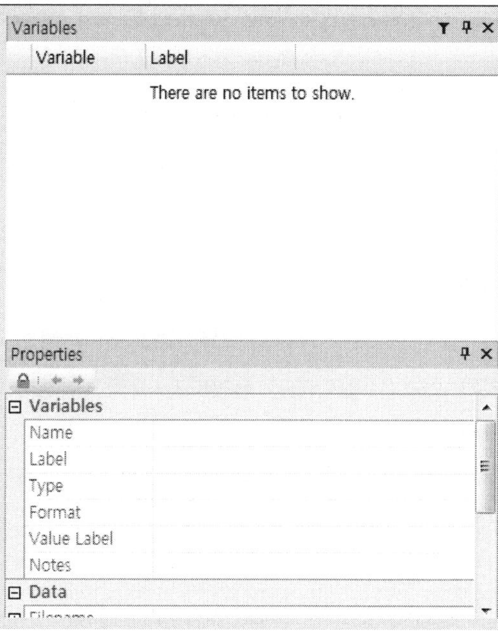

clear 명령을 실행한 뒤에 describe 명령을 한 번 더 실행해보자. 결과창에는 데이터가 삭제되었음을 보여주는 결과를 알려줄 것이다.

```
describe
```

```
Contains data
  obs:              0
 vars:              0
 size:              0
Sorted by:
```

2) log-파일 열기

데이터를 불러들여서 분석을 시작하기 이전에 항상 먼저 log-파일을 열어 앞으로 분석하게 될 명령문들과 그 결과를 기록하도록 하여야 한다. log-파일을 염으로써 기록을 시작할 준비가 되었다. 데이터는 "c:\data\examples\" 경로에 있는 "brief_tutorial.txt"로 로그파일의 이름을 명명하였다. 그 결과는 다음과 같이 저장 경로와 이름, log-파일의 저장형식과 로그파일을 연 날짜와 시간이 나와 있다.

```
log using "c:\data\examples\brief_tutorial.txt", text replace
```

```
      name:  <unnamed>
       log:  c:\data\examples\brief_tutorial.txt
  log type:  text
 opened on:   7 Feb 2012, 10:12:32
```

3) 데이터 읽기

데이터 파일을 여는 명령어는 use이다. 이 명령을 이용하여 파일이 있는 위치와 이름을 입력하면 데이터가 불러들여진다. 불러들여진 결과를 결과창(results window)에서 데이터 파일에 대한 간단한 설명이 있다. 또한 변수창(variables window)에서 불러들인 데이터의 변수들의 이름과 라벨을 보여주고 있음을 알 수 있다.

```
use "c:\data\examples\analysis_data_v1", clear
```

```
. use "c:\data\examples\analysis_data_v1", clear
(survey data for walking environment and activity(April, 2011))
```

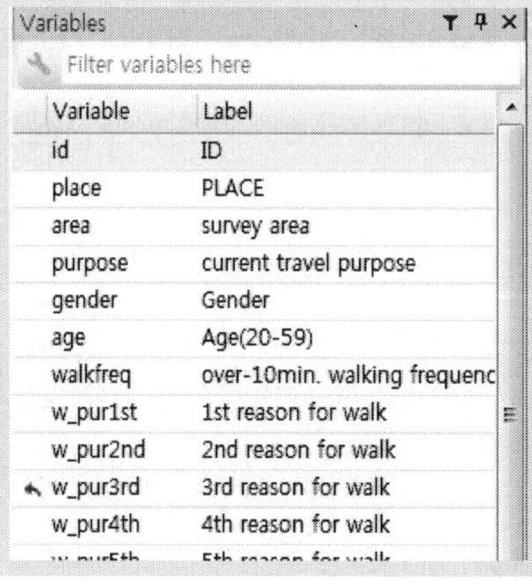

4) 데이터의 구조와 변수 파악하기

데이터의 구조와 어떠한 변수들이 있는지 알기 위해서는 describe 명령을 사용한다. 결과 창에서 데이터의 관측치수, 변수들의 개수, 용량, 변수의 속성을 전체적으로 볼 수 있다. 여기서는 총 609개의 관측치와 92개의 변수가 있음을 알 수 있다. 그리고 대부분 숫자형식(int, byte, float)의 변수들로 구성되어 있지만, place 변수는 문자(str26)로 되어 있음을 볼 수 있다.

describe

```
Contains data from c:\data\examples\analysis_data_v1.dta
  obs:           609                          survey data for walking
                                                environment and activity(April,
                                                2011)
 vars:            92                          3 Feb 2012 09:17
 size:       196,098
-------------------------------------------------------------------------------
              storage  display     value
variable name   type   format      label      variable label
-------------------------------------------------------------------------------
id              int    %8.0g                  ID
place           str26  %26s                   PLACE
area            byte   %8.0g       area       survey area
purpose         byte   %15.0g      purpose    current travel purpose
gender          byte   %8.0g       gender     Gender
age             byte   %8.0g       age        Age(20-59)
walkfreq        byte   %8.0g       walkfreq   over-10min. walking frequencies per
                                                day
w_pur1st        byte   %13.0g      w_purrr    1st reason for walk
w_pur2nd        byte   %13.0g      w_purrr    2nd reason for walk
w_pur3rd        byte   %13.0g      w_purrr    3rd reason for walk
w_pur4th        byte   %13.0g      w_purrr    4th reason for walk
w_pur5th        byte   %13.0g      w_purrr    5th reason for walk
w_pur6th        byte   %13.0g      w_purrr    6th reason for walk
w_pur7th        byte   %13.0g      w_purrr    7th reason for walk
w_pur8th        byte   %13.0g      w_purrr    8th reason for walk
walkrail        byte   %8.0g       yesno      walkability to rail station
wt_rail         byte   %8.0g                  walking time to the nearest rail
                                                station from home
walk_pur1       float  %17.0g      q111       1st walking purpose
walk_pur2       float  %17.0g      q111       2nd walking purpose
walk_pur3       float  %17.0g      q111       3rd walking purpose
work_mode       float  %9.0g       trpurpose
                                              commuting purpose
shop_mode       float  %9.0g       trpurpose
                                              shoping purpose
leis_mode       float  %9.0g       trpurpose
```

5) 개별 변수들의 속성과 특징 파악하기

개별 변수들의 변수의 속성과 특성을 파악하기 위하여 자주 사용되는 명령어는 summarize, tabulate, codebook이다. 파악하고자 하는 변수명을 선택하여 이 명령들을 통하여 그 속성과 특징을 파악하자.

summarize 명령은 결측치를 제외한 관측치의 수, 평균, 표준편차, 최솟값, 최댓값 등을 보여주는 기능을 한다.

```
summarize walkfreq bmi
```

Variable	Obs	Mean	Std. Dev.	Min	Max
walkfreq	608	3.154605	1.136099	0	7
bmi	574	22.27143	2.260312	15.21093	31.74179

tabulate 명령은 명목변수의 빈도분포를 파악하는데 매우 유용한 명령어이다. 나이(age) 그룹의 빈도와 백분율, 그리고 누적백분율을 볼 수 있다. 여기서는 20대(20s)가 가장 많은 30.26%의 분포를 보이고 있다.

```
tabulate age
```

Age(20-59)	Freq.	Percent	Cum.
20s	184	30.26	30.26
30s	153	25.16	55.43
40s	147	24.18	79.61
50s	124	20.39	100.00
Total	608	100.00	

codebook은 변수의 속성과 입력코드를 파악하는데 매우 편리하다. 변수의 표시형식(type), 범위(range), 변수속성의 고유값의 수(univeq values), 간단한 빈도표(tabulation), 입력코드(numeric)와 변수라벨, 그리고 결측치의 정보(missing) 등을 정리하여 한 눈에 볼 수 있도록 하고 있다.

```
codebook gender
```

```
gender                                                              Gender

              type:  numeric (byte)
             label:  gender

             range:  [1,2]                      units:  1
     unique values:  2                      missing .:  1/609

       tabulation:  Freq.   Numeric  Label
                      288         1  male
                      320         2  female
                        1         .
```

6) 개별변수들의 분포를 그래프로 확인하기

개별 변수들의 분포를 파악하는 방법으로 그래프 기능이 많이 사용된다. Stata는 그래픽 기능이 매우 탁월하므로 이를 사용하는 법을 익히게 되면 매우 유용하게 활용될 수 있을 것이다. 예제에서는 나이그룹(age)에 대한 도수분포도(히스토그램)를 백분율로 표시한 그래피이다.

```
histogram age, percent
```

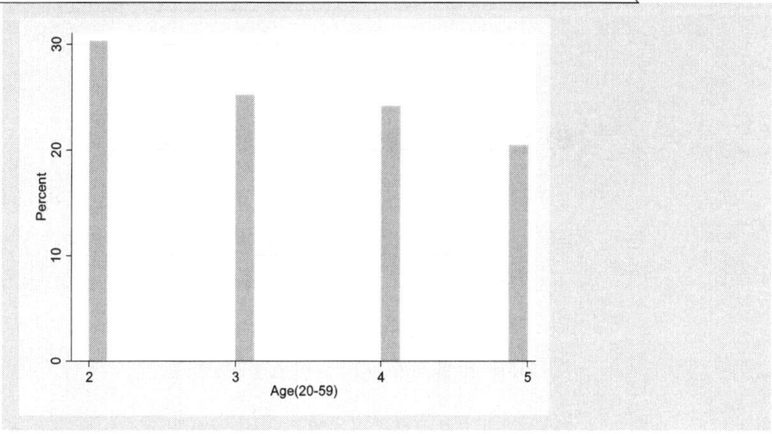

7) 변수의 생성과 변환 및 확인하기

구축되어 있는 변수들을 활용하여 새로운 변수를 만들거나 값을 변화시키는 등의 분석절차가 필요하다. 여기에서는 recode라는 명령을 통하여 성(gender)에서 남자(=1)와 여자(=2)로 되어 있는 값을 서로 바꾸어서 새로운 변수인 sex를 만드는 명령을 실행해보자.

```
recode gender 1=2 2=1, generate(sex)
```

```
(608 differences between gender and sex)
```

그리고 이들 결과가 제대로 바뀌어 있는지 확인하자. 변수의 변환과 생성이 이루어질 때 반드시 제대로 작동하였는지를 항상 확인하는 것은 매우 중요하다. 왜냐하면 이러한 작업에서의 오류는 분석결과에 정확성과 신뢰성을 크게 훼손할 수 있기 때문이다.

여기에서는 tabulate 명령으로 이원빈도표를 작성하여 확인하였다. 결과창에서 남자와 여자의 값의 변화가 제대로 변환되었음을 볼 수 있다.

```
tabulate sex gender, nolabel
```

RECODE of gender (Gender)	Gender 1	2	Total
1	0	320	320
2	288	0	288
Total	288	320	608

8) 변수에 라벨을 붙이고 문서화하기

새로 생성된 변수에 대하여 라벨을 붙이고 그에 대한 설명을 첨부하여 문서화함으로써 나중에 왜 이 변수를 생성시켰고, 그 변환의 내용은 어떻게 하였는지를 알 수 있도록 하여야 한다. label은 변수와 변수의 값에 각각 그 이름을 부여하는 기능을 한다. *, // 등의 기호를 통하여 작업내용에 대한 코멘트를 하는 것도 가능하다.

```
label variable sex "variable reocded from gender"
label define sex 1 "female" 2 "male"
label value sex sex
tabulate sex gender // 변수명과 값라벨 명명 확인
```

variable reocded from gender	Gender male	female	Total
female	0	320	320
male	288	0	288
Total	288	320	608

9) 변수의 관계 파악하기

변수의 관계를 파악하는 데에는 주로 변수들간 상관관계(correlate)와 매트릭스 산점도 그래프(graph matrix) 명령이 자주 사용된다. 키(height)

와 몸무게(weight), 그리고 비만정도를 진단하는 체질량지수(body mass index, bmi)의 관계를 두 명령문의 실행을 통하여 확인해보자.

correlate 실행으로, 세 변수의 상관관계 정도를 알 수 있다. 체질량지수는 키보다는 몸무게와 매우 높은 양의 상관성을 보이고 있으며, 키와 몸무게는 0.8126의 상관계수값을 가지고 있음을 보여준다.

```
correlate bmi weight height
```

(obs=574)

	bmi	weight	height
bmi	1.0000		
weight	0.7999	1.0000	
height	0.3053	0.8126	1.0000

위와 같은 관계를 산점도 매트릭스 그래프를 이용하여 살펴보자. 상관관계에서 파악한 결과를 눈으로 직접 확인할 수 있다.

```
graph matrix bmi weight height, half
```

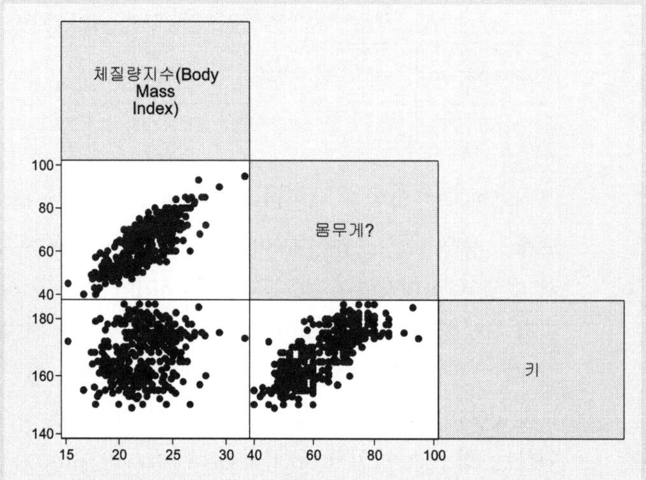

10) 변경된 데이터 저장하기

지금까지의 작업에서 몇몇 변수들이 새로 생성되고 변환되었다. 그러므로 이렇게 변화된 데이터를 새로운 이름으로 저장하여 둘 필요가 있다. 여기서 조심하여야 할 것은 데이터 파일을 기존 파일에 덮어씌워 저장해서는 안된다는 것이다. 만약 덮어씌울 경우 원자료를 복구할 수 없게 된다. 저장은 save 명령으로 실행된다.

```
save "c:\data\examples\tutorial_results.dta", replace
```

```
(note: file c:\data\examples\tutorial_results.dta not found)
file c:\data\examples\tutorial_results.dta saved
```

11) 로그파일 닫기

지금까지 통계분석 절차를 간략하게 살펴보았다. 그 분석의 과정과 결과를 기록한 파일을 닫고 저장하여야 한다. 이 명령은 log close이다. 로그파일을 열 때와 동일한 정보가 결과창에서 보여지고 있다.

```
log close
```

```
      name:  <unnamed>
       log:  c:\data\examples\brief_tutorial.txt
  log type:  text
 closed on:   7 Feb 2012, 14:52:15
```

기록한 로그파일을 텍스터로 작성된 파일을 열 수 있는 메모장이나 워드패드 등의 소프트웨어를 이용하여 확인하여 보자. 로그파일을 열고 나서 수행한 실행명령과 그 결과를 기록되어 있음을 확인할 수 있다. 지금까지 작성한 do-파일은 나중에 다시 추가 분석을 하거나 분석과정을 수정할 때 이용할 수 있다. do-파일로 작성된 파일을 열어서 하나씩 실행하여 보자. do-파일을 저장하기 위해서는 메뉴바의 File > Save As를 선택하여 원하는 경로와 파일명(brief_tutorial_analysis_process_v1)을 지정하여 확인버튼을 누르면 된다.

```
* openning a log file
log using "c:\data\examples\brief_tutorial.txt", text replace

* loading a data
use "c:\data\examples\analysis_data_v1", clear

* examining dataset
describe

* identifying the features of individual varables
summarize walkfreq bmi
tabulate age
codebook gender

* graphing variables
histogram age, percent

* creating variables and identifying its transformation
recode gender 1=2 2=1, generate(sex)
tabulate sex gender, nolabel

* labeling and documenting variables
label variable sex "variable reocded from gender"
label define sex 1 "female" 2 "male"
label value sex sex

tabulate sex gender // 변수명과 값라벨 명명 확인

* identifying relationship of variables
correlate bmi weight height
graph matrix bmi weight height, half

* saving the revised data
save "c:\data\examples\tutorial_results.dta", replace

* closing the log file
log close
```

제2장

Stata 명령문 구조와 데이터 관리

제1절
Stata 명령문 구조와 도움받기

1. Stata 명령문 구조의 소개

1) 기본적인 명령어 구조와 구문

①기본적인 명령문 구조의 개관

Stata에서 사용하는 기본적인 명령어 구문(syntax)은 접두어(prefix), 명령어(command), 변수목록(varlist), 조건문([if]와 [in]), 옵션(options)으로 구성되어 있다.

Syntax: [prefix: varlist] command [varlist] [=exp] [if] [in] [weight] [using filename] [, options]

①	prefix:	접두명령어	by gender: summarize age
②	command	명령어	summarize
③	varlist	변수목록	summarize gender age
④	=exp	표현식	replace gender=2
⑤	if	조건식	summarize age if gender==2
⑥	in	범위	summarize age in 1/10
⑦	weight	가중치	summarize age [fweight=pop]
⑧	using filename	읽어들일 파일	log using data_man.text
⑨	, options	선택	log using data_man.text , replace text

접두명령어와 본 명령어 사이에는 콜론(":")를 두어 이 두 명령어를 구분하게 해준다. 또한 명령어와 옵션의 구분은 쉼표(",")로 구분하도록 하고 있다. 꺽쇠괄호(또는 대괄호, [ ])는 명령을 수행하는데 있어 필수가 아니라 선택사항임을 의미한다. 그러므로 접두명령어, 변수목록, 가중치, 파일사용, 옵션 등은 모두 선택사항이다. 즉, 가장 기본적인 명령문은 명령어(command) 그 자체이다. 명령어 구문의 도움말은 "help language"를 입력하면 보기창(viewer window)이 나타나면서 보여지게 된다.

② 접두명령어: [prefix:]

명령어	설명	사용 예제
by	변수의 하위그룹별로 실행	sort foreign by foreign : summarize rep78 bysort foreign: sum rep78
statsby	'by'와 같으나 각 실행별 통계치를 모음	statsby, by(foreign): regress mpg
rolling	불러들인 자료의 샘플을 이용함	rolling mean=r(mean) median=r(p50), window(10): summarize inc, detail
bootstrap	Bootstrap 샘플링과 추정	bootstrap, reps(100): regress mpg weight
jackknife	잭나이프 추정	jackknife r(mean): summarize mpg
permute	몬테칼로 순열(permutation) 검정	permute using permdish, level(80)
simulate	몬테칼로 시뮬레이션 접두명령어	simulate mean=r(mean) var=r(Var), reps(10000): lnsim, obs(50) mu(-3) sigma(7)
svy	복잡한 조사자료에 대한 통계모델 구축	svy: mean zinc
nestreg	nested모델 통계치	nestreg: regress brate (medage) (medagesq) (reg2-reg4)
stepwise	단계적 추정방법 실행	stepwise, pr(.2): regress mpg weight
xi	명목변수에 대하여 더미변수로 변화시킴	xi: logistic low age lwt i.race smoke
capture	잘못된 실행은 무시하라는 명령어. do-files과 프로그램 작성시에 유용한 접두명령어	capture log close
noisily	실행결과를 보이라는 명령어	noisily: reg low age
quietly	결과를 보이지 말고 실행하라는 접두명령어	quietly: reg low age
version	지정된 버전으로 실행하라는 명령어이며, 프로그램 작성시 이전 버전으로 작성되었을 경우 그 버전으로 실행	program mypgm version 10

접두명령어(prefix commands)는 Stata의 본 명령어(command)와 함께 보조적으로 사용되는 명령어라고 할 수 있다. 이 명령어로 본 명령어의 출력결과의 입력 또는 수정하거나 실행을 반복하게 할 수 있다. 예를 들어 'xi'는 명령어의 변수들을 더미변수들로 변화시키는 기능을 한다. 명령어 다음에 오는 변수들 중에서 더미화가 가능하도록 하기 위해서는 해당 변수 바로 앞에서 "i."을 입력함으로써 그 변수가 더미변수임을 지정하여야 한다. 접두명령어 중에서 가장 많이 사용한 경험이 있는 명령어는 'xi' 이외에도 'by', 'stepwise', 'quietly'가 있다. 이외에도 아래와 같이 다양한 접두명령어들이 있지만 아직까지 사용한 경험이 없을 정도로 많이 사용되지 않은 명령어이므로, 참고만 하는 것이 좋을 듯 하다. 'capture', 'noisily', 'quietly', 'version'은 주로 Stata를 프로그램할 때 이용되며, 후자의 세가지 명령어는 콜론을 생략하고 사용할 수 있다.

접두명령어 중 수식어 'by'는 콜론(:) 앞에서 지정된 변수의 모든 수준별로 일련의 명령을 반복적으로 수행하도록 하는 명령어이다. 'by' 수식어가 포함된 명령문이 실행되기 이전에 해당되는 변수의 수준이 앞서 정렬(sort)되어 있어야 그 명령문이 실행된다. 이러한 번거로움을 없애기 위하여 'bysort'를 이용하면 미리 정렬해야 하는 번거로움을 들 수 있다. 아래와 같이 왼쪽의 명령어 구문과 오른쪽의 한 개 명령문은 동일한 결과를 보여준다. 자주 이용하는 접두명령어이므로 반드시 기억할 필요가 있다. 이 명령문은 foreign 변수의 수준에 대하여 데이터를 오름차순으로 정렬하여 rep78의 변수에 대한 통계치를 요약(summarize)하라는 명령문이다.

sort foreign by foreign: summarize rep78	=	bysort foreign: summarize rep78

③ 명령어: command

접두명령어 다음에 오는 명령어는 실제 실행하고자 하는 명령어이다. 명령어는 축약(abbreviation)하여 보다 간결하게 사용될 수 있다. 예를 들어, 'summarize'는 'su'만을 입력해서도 실행이 된다. 도움받기 보기창(viewer window)에서 'help summarize'를 입력해서 실행해보자. 아래그림에서 볼 수 있듯이 대부분의 명령어에 밑줄이 되어 있다. 'summarize'에서는 'su'가, 'detail'은 d가, 'meanonly'은 mean이, 'format'은 f가, 'seperator'는 sep가 밑줄이 있다. 그러므로 이 밑줄친 부분들(su, d, mean, sep)만을 입력하여도 그 해당명령어가 실행이 된다.

이 통계프로그램을 이용한 경험이 오래될수록 자기만의 명령어 적기 습관이 굳어진다. 나의 경우에는 summarize 명령어를 sum으로 하여 사용한다. 여기에서 알 수 있듯이 반드시 밑줄 친 부분만이 아니라 그 문자 이외에 추가하여도 명령문은 실행이 되도록 되어 있다.

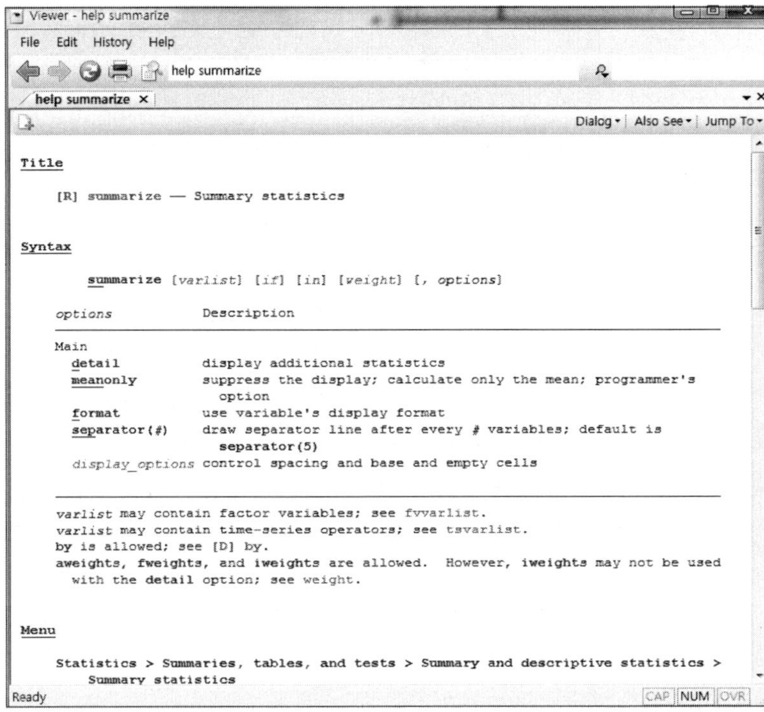

④ 변수목록: [varlist]

명령어 다음에 오는 변수목록은 해당 명령어로 지정한 변수들로 실행하라는 것이다. 명령어 뒤에 변수들을 지정하여 주지 않고 실행하면, 메모리 상에 불러 들여진 모든 변수들에 대하여 명령을 실행한다. 불러들인 파일에서의 변수들이 많지 않으면 지정할 필요가 없지만 변수들의 수가 많으면 필요한 변수들의 목록을 지정하여 주는 것이 바람직하다.

Stata는 모든 변수목록(varlist)을 일일이 지정하는 번거로움을 덜어주는 기능을 가지고 있다. 즉, 필요한 모든 변수들을 모두 입력하기보다는 다양한 약기방법들(shorthand conventions)을 사용할 수 있도록 하고 있다. 이 기능을 알아두면 매우 편리하다.

표기방법	내용
myvar	한개 변수
myvar yuvar	2개 변수
myvar*	myvar로 시작하는 모든 변수
*var	var로 끝나는 모든 변수
my*var	my로 시작하고 var로 끝나는 모든 변수
my~var	my로 시작하고 var로 끝나는 단 하나의 변수
my?var	my로 시작하고 var로 끝나면서 그 사이에 단 하나의 글자가 있는 모든 변수
myvar1-myvar6	myvar1, myvar2, myvar3, ……, myvar6
here-there	변수창(variable window)의 변수들 순서에서 here와 there 사이에 있는 모든 변수
_all	변수창에 있는 모든 변수

별표(*)는 하나 이상의 문자들을 지칭한다. ~는 하나 이상의 문자들을 지칭한다는 점에서 동일하지만 *와 달리 그에 해당하는 모든 변수가 아니라 단 하나의 변수만을 지정하도록 하고 있다. 만약 한 개 이상이 해당이 되는 경우에는 에러메세지가 뜨게 된다. 물음표(?)는 단 한 개의 문자가 지칭되며, 이에 해당하는 모든 변수들을 지정하게 된다. 대시 기호(-)는 지칭한 왼쪽 변수에서부터 오른쪽 변수에 해당하는 모든 변수를 지정하라는 것이다. 변수창에 있는 모든 변수를 지정하고자 할 때에는 앞서 설명하였듯이 아무런 변수들을 입력하여 지정하지 않거나 '_all'을 입력하면 된다.

⑤ 조건문: [if]

'if' 한정어(qualifier)는 명령문에서 구체화된 데이터만 이용하여 명령어를 실행하라는 것으로 명령어와 변수목록 뒤에서 작성하도록 되어 있다. 'if'문은 모든 Stata 명령어에서 사용되며, 매우 중요하므로 반드시 기억할 필요가 있다. 'if' 한정어는 논리연산자(logical operator)와 관계연산자(relational operator)와 함께 사용된다. 논리연산자와 관계연산자를 열거하면 다음과 같다.

	유형	의미
논리연산자	&	그리고(AND)
	|	또는(OR)
	!	아님(NO)
관계연산자	>	보다 크다(greater than)
	<	미만(less than)
	>=	이상(greater or equal)
	<=	이하(less or equal)
	==	똑같다(equal)
	!=	똑같지 않다(not equal)

'if' 한정어와 연산자를 이용하여 예시하면 다음과 같다. ①의 예는 foreign 변수가 1의 값을 가진 데이터만을 이용하여 rep78의 통계치를 요약하라는 명령문이다. ②의 예는 ①과 동일하지만 gender 변수가 male인 데이터만을 이용하라는 명령문이다. 여기에서 문자변수(string variable)가 이용될 경우에는 인용부호(quotation mark, " ")를 하여야 만이 연산자에서 문자로 인식하게 되므로 반드시 유의하여야 할 것이다. ③의 예는 age가 35세 보다 크고, foreign이 1인 값을 데이터만을 이용하여 rep78에 대한 통계치를 요약하라는 명령문이다. 여기서 한가지 주의 할 것은 age가 35세보다 크다라고 할 때 만약 age 변수에 결측치(missing values)가 있다면 이것도 포함하게된다는 것이다. Stata에서는 결측치는 기본적으로 마침표(". ")로 표현되면 무한대의 값을 가지도록 되어 있다. 이를 방지하기 위해서는 ④의 예와 같이 age 변수의 결측치가 아니면서 35세보다 크다라는 논리연산(&!)을 통하여 결측치가 포함되지 않도록 하는 방법을 고려할 수 있다.

	예제
①	summarize rep78 if foreign==1
②	summarize rep78 if gender=="male"
③	summarize rep78 if (age>35 & foreign==1)
④	summarize rep78 if (age>35 &! missing(age)) & foreign==1

⑥ 한정문: [in]

'in' 한정어는 명령어 및 변수목록의 뒤에 위치되어 있으며, 구체화된 관측치(observation)만을 이용하라는 것을 의미한다. if 한정어와 같이 대부분의 명령어와 함께 사용될 수 있다. in-한정어의 구문을 열거하면 다음과 같다.

in 10	10번째 관측치만 해당
in 1/10	첫 번째부터 10번째 관측치(즉 1에서 10까지의 관측치) 해당
in 10/20	10번째부터 20번째 관측치 해당
in -10/l	관측치의 마지막에서부터 10번째까지 해당 (여기서 l은 숫자 1이 아니라 소문자 L임)

[weight], [using filename], [,options]에 대한 설명은 각각의 명령어를 설명하는 장에서 기술하는 것이 보다 이해도를 높일 수 있기 때문에 여기에서는 생략하고자 한다.

⑦ 축약과 시스템변수의 소개

Stata에서는 명령어나 명령문을 구성하는 옵션에서 이름의 축약(abbreviation)을 허용하고 있다. 보기창의 도움말에서 각각의 명령어나 옵션 등에서 밑줄 친 부분이 있다면 그것은 그 명령을 실행할 때 밑줄 친 부분만 입력해도 된다는 것을 의미한다. 예를 들어, summarize의 명령구문을 보면, summarize는 su를, 옵션에서 detail은 d, meanonly는 mean, format는 f, separator (#)는 sep만을 입력해도 된다는 것이다.

```
Title

    [R] summarize — Summary statistics

Syntax

        summarize [varlist] [if] [in] [weight] [, options]

    options            Description
    ---------------------------------------------------------------------------
    Main
      detail           display additional statistics
      meanonly         suppress the display; calculate only the mean; programmer's
                         option
      format           use variable's display format
      separator(#)     draw separator line after every # variables; default is
                         separator(5)
      display_options  control spacing and base and empty cells
    ---------------------------------------------------------------------------
    varlist may contain factor variables; see fvvarlist.
    varlist may contain time-series operators; see tsvarlist.
    by is allowed; see [D] by.
    aweights, fweights, and iweights are allowed.  However, iweights may not be used
      with the detail option; see weight.
```

축약의 예

Stata에서 만들어진 시스템변수를 내재하고 있으며, 이 변수를 밑줄변수(underscore variable)라고도 한다. 왜냐하면 이들 변수들은 밑줄과 함께 시작되는 _variables로 되어 있기 때문이다.

변수명	설명
_cons	직접 사용되거나 간접적으로 회귀식에서 상수항(intercept term)으로 사용될 때 1과 같은 의미를 지님
_n	현재 관측치의 수
_N	데이터셋에서의 관측치의 총 개수
_pi	파이값의 정확한 숫자(machine precision)
_rc	capture명령어로부터의 복귀코드(return code)의 값

2. Stata 도움말 기능 활용

1) 찾기: search

사용하던 명령어가 기억이 나지 않거나 잘 모를 경우에는 관련된 비슷한 용어를 이용하여 찾아볼 수 있다. 예를 들어 summarize라는 정확한 명령어는 기억이 나지 않을 경우 또는 통계치 요약 기능을 활용하는 적합한 명령어를 찾아 보기위해서 summary를 이용하여 찾기(search) 해보자.

search summary를 명령어창에서 실행한 결과는 summary와 관련된 명령어와 인테넷 소스 등을 결과창에서 보여주고 있다. 이 중에서 자신이 원하는 부분을 찾아 읽으면된다. 원하는 부분에 가기 위하여서는 파란색으로 된 글자(예: ameans, centile 등)를 클릭하면 된다. 결과창에서 한 화면으로 충분하지 않은 경우네는 -more- 메시지를 보이게 된다. 이 경우에는 -more-에 마우스 커서를 위치시켜 클릭하거나, 키보드의 스페이스바를 누르면 다음 화면으로 넘어가게 된다.

search summary

```
. search summary

Keyword search

        Keywords:  summary
          Search:  (1) Official help files, FAQs, Examples, SJs, and STBs

Search of official help files, FAQs, Examples, SJs, and STBs


[R]     ameans . . . . . . . . . . .  Arithmetic, geometric, and harmonic means
        (help ameans)

[R]     centile . . . . . . . . . . . . Report centile and confidence interval
        (help centile)

[R]     lv  . . . . . . . . . . . . . . . . . . . . . . .  Letter-value displays
        (help lv)

[R]     misstable . . . . . . . . . . . . . . . . . .  Tabulate missing values
        (help misstable)

[R]     pkcollapse  . . . . . . . Generate pharmacokinetic measurement dataset
        (help pkcollapse)

[R]     rocreg postestimation . . . . . . . .  Postestimation tools for rocreg
        (help rocreg postestimation)

[R]     summarize . . . . . . . . . . . . . . . . . . . . . . Summary statistics
        (help summarize)

--more--
```

결과창(results window)에서 summary와 관련된 적합한 명령어와 사용예제 등 다양한 자료가 제공된다. 이를 활용하여 원하는 명령어 또는 예제를 살펴봄으로써 도움을 받을 수 있다. search의 결과에서 일곱번째 항목에서 찾고자 하는 명령어인 summarize가 있다. 왼쪽 마우스로 클릭해서 summarize의 명령문에 대하여 보다 자세히 알아볼 수 있다. search 기능은 명령어창(command window)에서도 사용할 수 있지만 보기창(viewer window)에서도 이용할 수 있다.

2) 도와주기: help

help 명령어를 이용하면 보기창(viewer window)에서 관련된 명령어의 구조와 사용 예 등에 대하여 도움을 받을 수 있다. 보기창에서 제시되어 있는 도움말은 제목(title), 구문(syntax), 설명(description), 선택사항(options), 예제(examples), 저장된 결과(saved results), 관련된 명령어들을 볼 수 있는 또한 보기(Also see)의 순서로 되어 있다. 항상 손쉽게 보고 도움을 받을 수 있어 매우 유용하다.

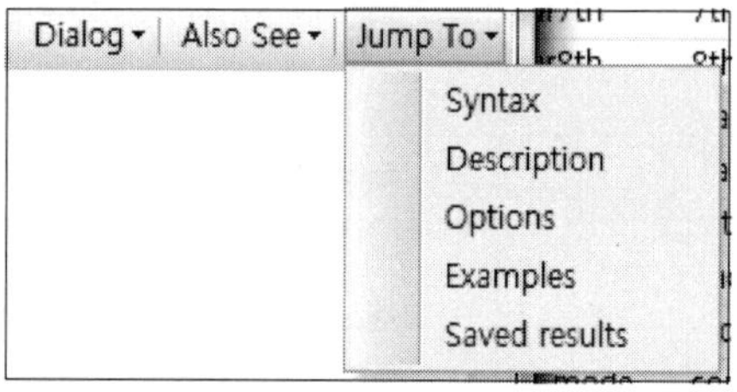

help summarize를 명령어창에서 실행하면, 도움말 기능을 수행하는 보기창(viewer window)에 summarize에 대한 내용을 보여주게 된다. 도움말 기능 중 명령어에 대한 구성은 주로 제목(Title), 명령구문(Syntax), 메뉴(Menu), 설명(Description), 선택사항(Options), 예제(Examples), 저장된 결과들(Saved Results)로 구성되어 있다. 이들 주제들로 바로 가기 위하여서는 보기창에서 오른쪽 위에 있는 Jump To에 커서를 위치시켜 원하는 내용으로 바로 이동하면 된다. 또한 summarize와 연관된 명령어 목록을 보여주는 Also See를 선택하면, 유사한 명령어들로 바로 이동할 수 있다.

help summarize

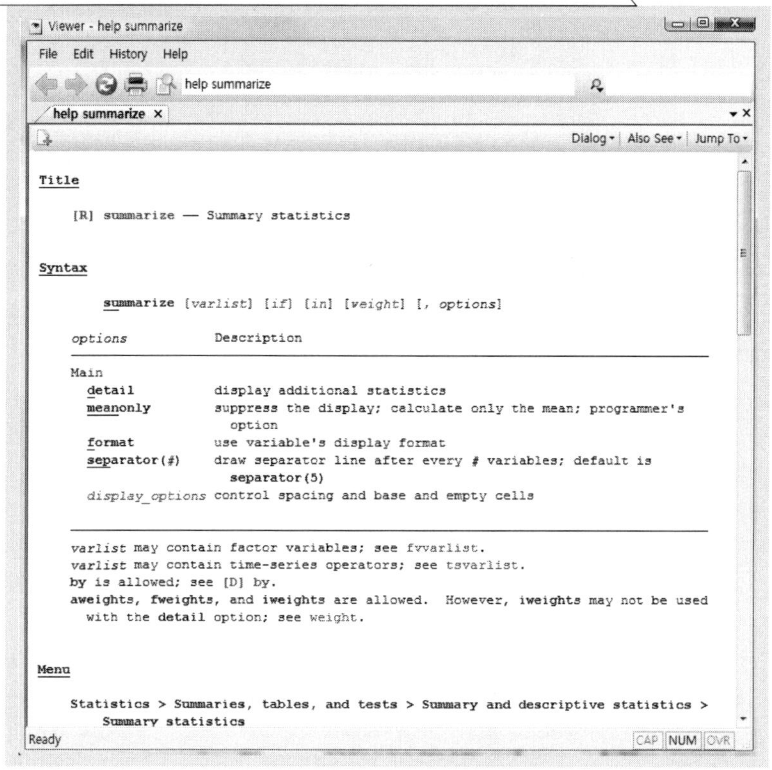

3) 찾아보기: findit

findit 명령어는 search 명령어와 유사하다. 영어로 '그것을 찾아라(find it)'가 의미하는 바와 같이, 어떤 주제에 대하여 Stata가 제공하는 모든 자료(sources)를 이용하여 찾아준다. 여기서 모든 자료는 Stata 웹사이트에서 공식적으로 제공하는 온라인 도움(online help), 자주 묻는 질문(Frequently Asked Questions, FAQ), 예제들, Stata 저널(Stata Journals, S-J)에서 관련 내용들을 보여준다. 이와 더불어 Stata와 관련된 인터넷 자료들을 연결하여 준다. 예를 들어, 회귀분석과 관련된 명령어와 관련 자료들을 찾고자 할 경우 findit regress를 명령어창에서 실행하면 된다. 실행결과는 보기창을 열어 regress와 관련된 명령어들과 자료들의 요약정보를 보여준다.

```
findit regress
```

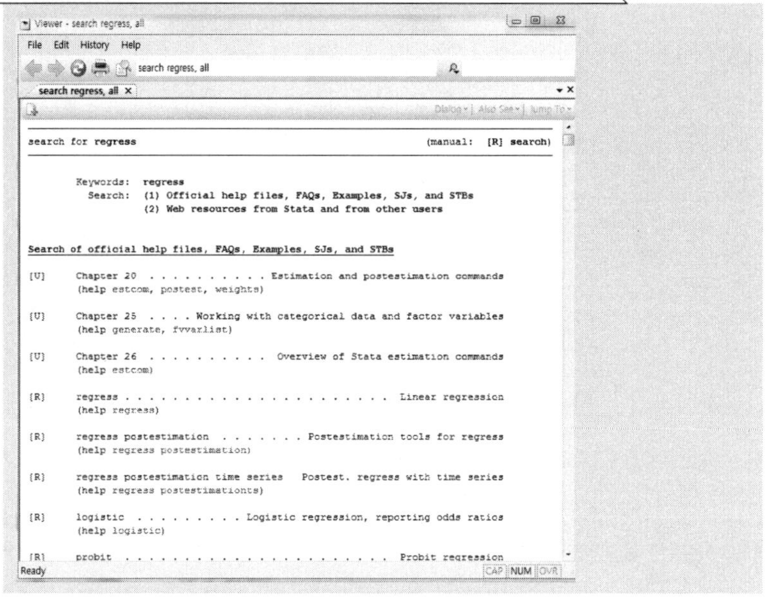

4) 보물창고 활용하기: ssc

통계소프트웨어 구성요소(statistical software components, ssc)의 약어인 ssc는 미국 보스톤대학 창고(Boston college archive)라고도 불리어 지는 창고에서는 Stata 패키지와 도움말 파일들을 가지고 있으며, 이를 활용할 수 있도록 도움을 주고, 설치와 삭제하는 등의 기능을 한다.

명령구문	설명
ssc whatsnew	가장 최근 ssc창고에 추가되었거나 개정된 패키지를 요약하여 보기창(viewer window)에 보여줌. 제시된 패키지 목록 중에서 관심있는 패키지를 보다 자세히 보거나 설치하고 싶을 때에는 해당 패키지에 클릭하면 됨
ssc describe	ssc에서 특정한 패키지를 설명하는 기능을 함
ssc install	ssc에 특정한 패키지를 설치하는 기능을 함
ssc uninstall	기존에 설치된 특정패키지를 삭제하는 기능을 함
ssc type	ssc에 저장된 특정한 패키지를 type
ssc copy	ssc창고에서 내 컴퓨터로 복사하는 명령어이지만 ssc install과 비슷한 기능으로, install에 비하여 잘 사용되지 않음

ssc는 ado 파일로 된 이용자 작성 프로그램(user-written software)과 이를 설명하고 있는 도움파일(help files)을 내려받는데 가장 많이 이용되는 웹사이트이다. Stata는 Stata 그 자체에서 제공되는 다양한 명령어 프로그램 이외에도 이용자가 만든 유용한 명령어들이 많다. 그러므로 필요할 때에 ssc install 기능을 이용하여 설치하면 많은 도움이 된다. 설치된 이용자 작성 프로그램을 최신판으로 유지하기 위해서는 adoupdate 명령어(예: adoupdate, update)를 이용하면 된다.

ssc whatsnew를 실행하게 되면 ssc창고에서 최근 만들어졌거나 수정된 Stata 모듈들의 목록들과 기본적인 정보가 보기창에서 보여진다. 화면 상에서는 오늘을 기준으로 지난 한달간 등록된 Stata 모듈들의 이름과 간략한 설명, 저자, 요구사양, 갱신 또는 신규 등록일자를 보여주고 있다.

ssc whatsnew

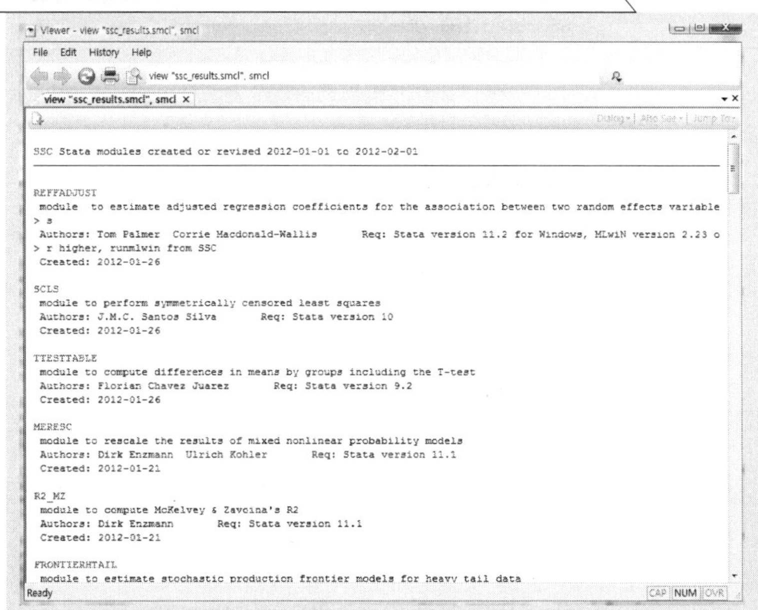

또 다른 예로 필요한 분석모듈을 인터넷으로 내려받아 설치하는 명령어인 ssc install을 실행하여 보자. gllamm 분석모듈은 Generalized linear latent and mixed models의 약자로 다수준 회귀모형 등 고급 회귀분석을 수행할

수 있도록 하여 준다. 이를 설치하기 위하여 ssc install gllamm을 실행할 경우, 이미 설치되어 있고, 새로운 갱신된 모듈이 없기 때문에 gllamm모듈을 설치하거나 복사하지 않았다는 메시지를 받게 된다. 설치되어 있는 것을 gllamm모듈을 ssc uninstall gllamm로 취소하고, 다시 install을 수행하여 보자. 그러면 설치가 완료되었다는 메시지를 결과창에서 보게 된다.

ssc install gllamm

```
. ssc install gllamm
checking gllamm consistency and verifying not already installed...

the following files already exist and are different:
    c:\ado\plus\g\gllamm.ado
    c:\ado\plus\g\gllam_ll.ado
    c:\ado\plus\g\gllapred.ado
    c:\ado\plus\g\gllarob.ado

no files installed or copied
(no action taken)
r(602);
```

ssc uninstall gllamm

```
package gllamm from http://fmwww.bc.edu/repec/bocode/g
      'GLLAMM': program to fit generalised linear latent and mixed models

(package uninstalled)
```

ssc install gllamm

```
checking gllamm consistency and verifying not already installed...
installing into c:\ado\plus\...
installation complete.
```

5) 새로운 소식 확인하기: news

Stata의 웹사이트에서 직접 제공하는 최근의 뉴스와 정보에 대하여 간략한 목록을 보여준다. news 명령어는 컴퓨터가 인터넷에 연결되어 있을 때 작용한다. 인터넷에 연결되어 있지 않을 경우에는 에러 메시지가 보여지게 된다. 명령어를 명령어창(command windows)에 입력하지 않고 동일한 정보를 확인하는 방법은 메뉴바(Help > News)를 이용하면 된다.

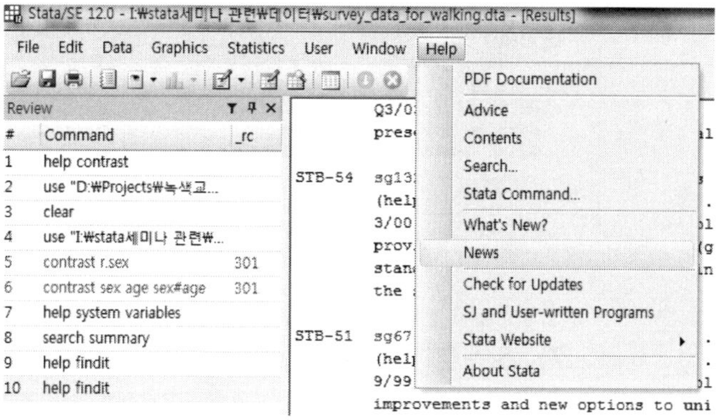

6) 갱신하기: update

현재 이용하고 있는 버전의 Stata가 오래 전에 설치되었다면 update 명령어를 이용하여 최신의 Stata를 100%활용해보자. 명령어창(command window)에서 update를 해보자. 현재 Stata 프로그램과 ado 파일들의 실행 폴더와 작성일자를 보여준다. Stata 웹사이트(http://www.stata.com)에서 최근에 제공하여 사용이 가능한 것과 컴퓨터에서 작성한 것을 비교하여 준다. 최신판으로 모든 프로그램을 갱신하기 위해서는 update all을 이용하거나 net 명령어 또는 adoupdate 명령어를 이용하여 입력하여 실행하면 된다.

update 명령구문	설명
update	현재 설치된 Stata의 갱신되어 있는 수준을 보여줌
update from	갱신할 자료가 있는 위치인 디렉토리나 URL의 설정하여 줌. 인터넷과 연결되어 있다면 update from http://www.stata.com를 입력
update query	갱신할 위치에서의 자료와 비교함
update ado	현재 설치된 ado 파일 또는 실행파일의 갱신수준을 비교하지만 그 자체로 사용되지는 않음. update all로 사용함
update executable	
update all	갱신할 ado 파일과 실행파일들을 검사해주고 설치하여 주는 기능을 함

현재 설치된 Stata의 갱신 상태를 보기 위하여 update 명령을 실행해보자. 결과창에 가장 최근 update를 찾아본 날짜와 현재 상태의 갱신일자 등을 보여주고, 갱신 가능한 목록들을 찾아볼 것인지에 대한 update query 명령과 함께 보여주고 있다.

update

```
Update status
    Last check for updates:  31 Jan 2012
    New update available:    none          (as of 31 Jan 2012)
    Current update level:    10 Nov 2011   (what's new)

Possible actions

    Check for available updates            (or type -update query-)
```

7) 스스로 도움받기

스스로 도움받기는 자신이 데이터를 불러들이고, 새로운 변수를 만들고, 데이터를 변환하고 하는 과정에서 이에 대한 간단한 설명 등을 설명지시자를 사용함으로써 도움을 받는 것을 의미한다. 데이터의 생성, 변환, 분석, 결과 확인 등의 절차를 Stata에서 수행하면 간단한 분석이 아니라 매우 복잡한 분석과정을 요구한다. 이럴 경우에는 스스로 왜 이 변수를 생성하였는지, 어떠한 분석을 하고자 하는 것인지를 해당하는 명령문에 기술하여 두면 하루 뒤, 일주일 뒤, 심지어는 1년 뒤에도 이를 활용하여 쉽게 이해할 수 있게 된다. 또한 이러한 설명은 다른 연구자가 이해하는 데에도 편리하기 때문에 다소 번거롭더라도 설명지시자를 활용하여 간단한 설명을 해두는 습관을 가지는 것이 매우 중요하다.

특히, 설명지시자는 do 파일에서 다수의 명령문을 작성할 때 매우 유용하다. 왜냐하면 다수의 명령어를 일괄 작성할 경우에 언제 작성했고, 왜 이것을 사용했고, 어떻게 하였는 지를 설명지시자('*', '/* */', '//')를 이용하면 나중에 이 명령어들을 쉽게 이용할 수 있다. 또한 명령구문이 한 줄을 넘어갈 정도로 많으면 '///' 지시자를 이용하면 매우 편리하고, 이해하기가 쉬워진다.

설명지시자	설명
*	줄의 맨 앞에 사용되며, 그 줄 모두의 내용은 실행명령에서 무시됨
/* and */	/*와 */의 사이에 있는 내용은 모두 무시되며, 한 줄 이상에서 주석인 설명을 달고 싶을 경우 유용함
//	줄의 끝부분에서 사용되며, //이후의 그 줄에서의 내용은 실행명령에서 무시됨
///	이 지시자는 줄의 맨 끝에 사용되며, 다음 줄에 있는 내용을 함께 실행하라는 뜻이며, 여러 줄에서 사용할 경우에는 각각의 줄의 맨 끝에 이 지시자를 작성하면됨

제2절
데이터 불러오기와 내보내기

1. 데이터의 위치 확인과 변경

데이터를 불러들이고 출력하기 이전에 현재 작업하고 있는 디렉토리나 폴더의 위치를 파악하고, 바꾸는 것에 대한 기본적인 명령어(cd, pwd, dir)를 알아볼 필요가 있다. 그리고 새로운 작업폴더를 생성(mkdir)할 수 있다. 또한 Stata에서도 파일의 복사(copy)하고 삭제(erase)하는 기능도 제공하고 있다.

명령어	설명	사용 예
cd 또는 pwd	작업 디렉토리의 확인 및 변경	cd cd \data\city cd d: cd detail
dir 또는 ls	현재의 작업 디렉토리 또는 지정한 디렉토리에 있는 파일들의 목록을 확인	dir dir *.dta dir \mydata*.dta
mkdir	새로운 디렉토리(폴더)를 생성	mkdir myproj mkdir c:\projects\myproj mkdir "c:\My Projects\Project 1"
copy	지정된 파일을 복사하여 다른 이름을 가진 파일로 복사	copy orig.dta newcopy.dta copy "my document" "copy of document" copy ..\mydir\doc.txt document\doc.tex
erase	지정된 파일을 삭제	erase oldfile.dta erase ..\mydata\oldfile.dta

2. Stata 데이터 파일 불러오기와 저장하기

1) 메뉴바로 데이터 불러오고 저장하기

Stata프로그램에서 작성한 데이터 파일은 .dta라는 확장자명을 가지고 있으며, 이를 불러들일 때에는 메뉴바(단축어: Ctrl+O)를 이용하거나 use 명령어를 사용하면 된다. 먼저 메뉴바를 이용할 때에는 File > Open 선택하여 직접 불러올 수 있다. 예를 들어 c:\data\examples\경로에 있는 analysis.data_v1.dta파일을 불러오고자 할 경우에는 File > Open 메뉴를 선택하거나 열기박스( )를 선택하면 다음과 같은 열기(open) 창이 뜬다. 이 창에서는 열고자 하는 파일이 있는 경로와 폴더를 선택하고 필요한 파일을 클릭하면 된다. 오른쪽 아래에 있는 확장자의 종류에서 볼 수 있듯이 데이터 파일 뿐만 아니라 Stata에서 사용하는 모든 파일을 여기서 읽어들일 수 있다.

2) 명령문으로 데이터 파일 불러오고 저장하기

① use

use 명령어 구문은 use 뒤에 불러오고자 하는 데이터 파일의 이름을 지정하여 주면 된다. 파일명에 확장자(.dta)를 지정하지 않은 경우에는 기본적으로 .dta를 인식하고 있기 때문에 확장자를 작성할 필요는 없다. 만약 현재 열려진 Stata 상에서 다른 데이터가 있을 경우에는 옵션으로, “clear”를 주면 이전 파일을 지우고 불러오고자 하는 데이터를 불러들인다. 만약 불러오고자 하는 데이터 파일이 현재의 작업 디렉토리에 있지 않다면 그 데이터 파일이 있는 경로를 함께 지정하여주면 된다. nolabel 선택사항(option)은 불러 올 데이터 파일에 있는 라벨값(value label)을 같이 불러들이고 싶지 않을 경우에 사용된다. 그러나 이 옵션을 사용하는 경우는 거의 없다.

```
use filename [, clear nolabel]
use [varlist] [if] [in] using filename [, clear nolabel]
```

데이터 파일 중에서 일부 데이터(subset data)만을 불러들일 수도 있다. 일부 데이터는 어떤 특정한 변수들만을 불러올 경우에는 use 뒤에 변수명을 지정하여 주면 된다. 어떤 조건에 해당하는 경우에는 if문을 이용할 수 있다. 또한 데이터의 특정한 관측치들만 불러들일 경우에는 in문을 사용하면 된다. 이와 같이 불러들이고자 하는 조건을 지정한 다음에 using과 함께 불러들이고자 하는 데이터 파일과 경로를 지정하여 주면 된다. clear와 nolabel 옵션도 사용할 수 있다.

Stata화면을 연 다음, c:\data\examples\의 경로에 있는 “analysis_data_v1.dta” 이름을 가진 Stata 파일을 아래와 같이 불러와보자. 불러들인 데이터 파일의 실행결과를 변수창에 있는 변수목록만을 떼어 보여주고 있다. 이후 기존의 메모리에 있는 데이터 파일을 삭제(clear)하고, 그 파일 중에서 성(gender), 나이(age), 보행횟수(walkfreq) 세 변수들만을 불러보자. 실행결과를 변수창에서 보면, gender, age, walkfreq만 불러들여져 있음을 알 수 있다.

```
use "c:\data\examples\analysis_data_v1"
```

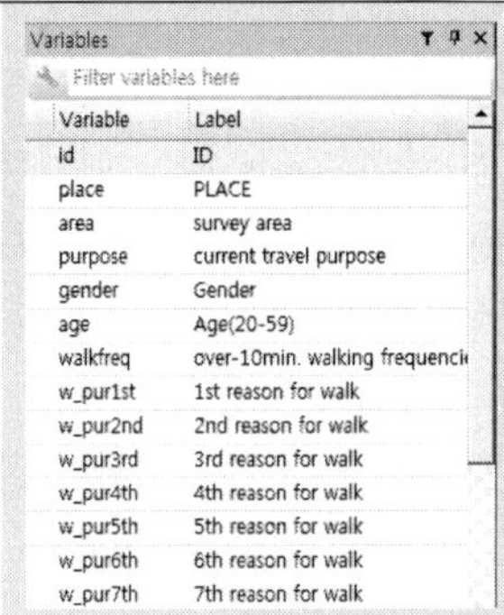


```
use gender age walkfreq using
"c:\data\examples\analysis_data_v1", clear
```

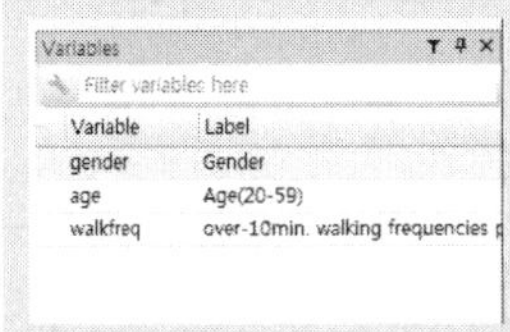

② save

불러오거나 작성한 데이터 파일을 이용하고 수정한 후에 Stata에서 저장하고 내보내는 방법도 불러오는 방식과 매우 유사하다. 먼저 Stata 데이터 파일(.dta)로 저장할 경우에는 메뉴바에서 File > Save를 이용하거나 save 명령어를 이용하면 된다. save 명령문을 이용할 경우에는 save 뒤에 저장할 경로와 파일명을 작성하면 된다. save 명령문의 옵션에는 replace가 많이 사용된다. 이 옵션이 사용되는 경우는 저장하고자 하는 파일명과 동이란 파일이 있을 경우에 그 파일을 저장할 새로운 파일로 대체할 때이다. 이럴 경우에는 이전 파일이 지워지므로 유의하여야 한다. 일반적으로 사용할 원본 데이터 파일은 대체하지 않고 남겨두도록 하여야 나중에 오류가 생길 경우 수정이 가능하다. 현재의 버전에서 이전 버전으로 저장할 경우에는 saveold 명령어를 이용하면 된다.

```
save [filename] [, save_options]
saveold filename [, saveold_options]
```

앞서 불러들인 폴더에 다른 데이터 이름(data_3variables)으로 저장하고자 할 때는 다음과 같이 실행하면 된다. 지정한 저장파일이 기존 폴더에 없기 때문에, 결과창에서 같은 이름의 파일이 없고, 이를 저장하였다는 메시지를 보여준다. 만약 같은 이름이 있다면 이를 대체(replace)하여 저장하게 될 것이다.

```
save "c:\data\examples\data_3variables", replace
```

```
(note: file c:\data\examples\data_3variables.dta not found)
file c:\data\examples\data_3variables.dta saved
```

3. 다양한 데이터 파일 불러오기와 내보내기

1) 메뉴바로 데이터 불러오고 내보내기

Stata에서 확장자가 .dta가 아닌 데이터를 불러오거나 입력하는 명령어는 파일이 어떠한 프로그램으로 만들어졌으며, 확장자가 무엇이냐에 따라 다양하다. Stata 확장자가 아닌 데이터 파일은 File > Import를 이용하여 데이터 포맷에 적합한 데이터를 불러들일 수 있다.

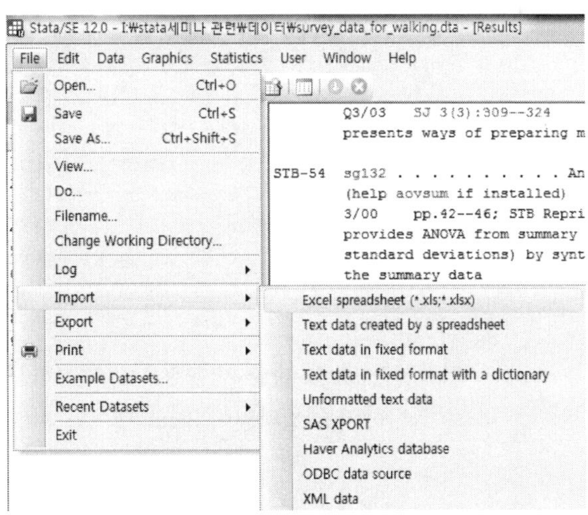

불러들일 수 있는 데이터 종류로는 엑셀 파일, 스프레드시트로 만들어진 텍스트 파일, 고정된 컬럼 포맷으로 된 텍스터 파일, 포맷되어 있지 않은 텍스터 파일, SAS XPORT FDA 데이터 파일 등이다. 최신 Stata 버전이 12에서는 엑셀 데이터 파일(.xlsa, .xlsx)도 직접 불러들일 수 있다.

데이터를 관리하고 분석하는 스프레트시트 프로그램 중에서 가장 많이 사용되는 Excel 파일을 불러보자. 메뉴에서 File > Import > Excel spreadsheet(*.xls, *.xlsx)를 선택하면, 엑셀불러오기(Import Excel) 창이 뜬다. 검색버튼 (Browse...)을 눌러 불러들일 파일이 있는 경로와 폴더를 선택하고, 불러들일 파일을 선택하여 확인(OK)을 누르면 아래 그림과 같이 된다. 엑셀파일에 있는 작업시트 중에서 원하는 시트를 선택할 수 있으며, 범위를 지정할 수도 있다. 또한 첫 행을 변수명으로 불러들일지 여부를 선택하거나 모든 엑셀데이터를 문자로 불러들일지 여부를 체크상자로 선택할 수 있다. 선택한 작업시트의 데이터의 내용을 미리 볼 수 있는 미리보기 창을 이용하여 데이터의 내용을 확인할 수도 있다.

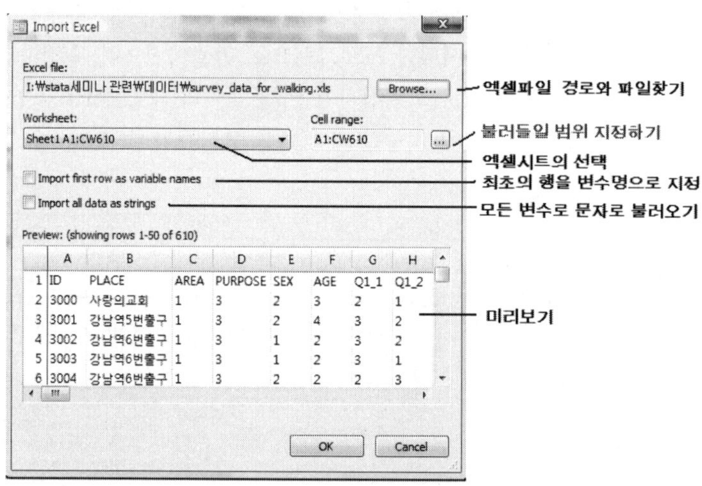

여기서는 첫째 행을 변수명으로 지정하고 확인버튼(OK)을 마우스로 클릭하면 엑셀파일이 Stata 데이터 파일로 불러들여짐을 알 수 있다.

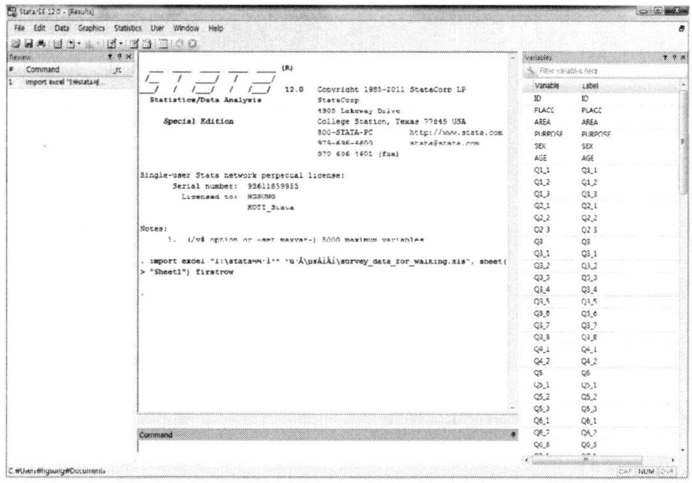

메뉴바로 작업한 Stata 포맷의 데이터를 다른 프로그램의 확장자로 내보낼 수 있다. File > Export를 선택하면 불러오기와 비슷한 메뉴가 내보내기 옵션으로 제시되어 있음을 알 수 있다. 여기서 불러오기와 마찬가지로 엑셀파일로 작업한 Stata 파일을 저장하여 보자.

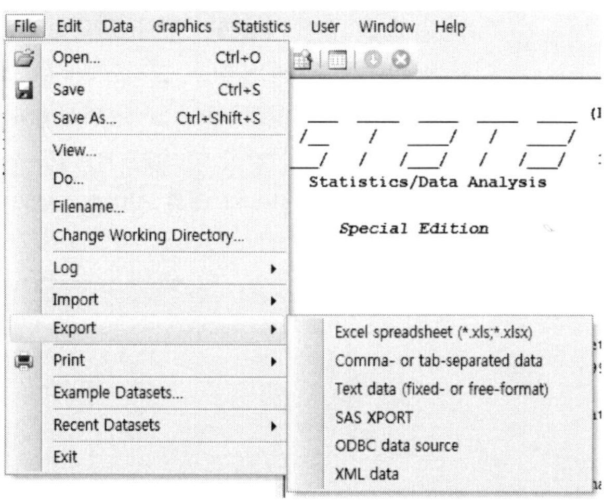

엑셀파일로 데이터 파일 내보내기 메뉴에서 Excel spreadsheet(*.xls, *.xlsx)를 선택하면, 엑셀파일로 내보내기(Export to Excel File) 창이 나타난다. 저장할 변수명 지정, 저장경로와 파일명 지정, 작업시트 지정 및 저장할 시작 셀 지정을 지정하고, 기존 시트의 수정 또는 대체 여부, 변수명과 라벨

저장여부, 그리고 기존 파일에 덮어쓰기 여부 등을 선택하여 확인버튼 (OK)을 누르면 엑셀파일로 내보낼 수 있다. 엑셀파일의 확장자를 이용하고 있는 엑셀버전에 맞게 저장경로와 파일명을 지정(Save As...)할 때, 선택하면 된다.

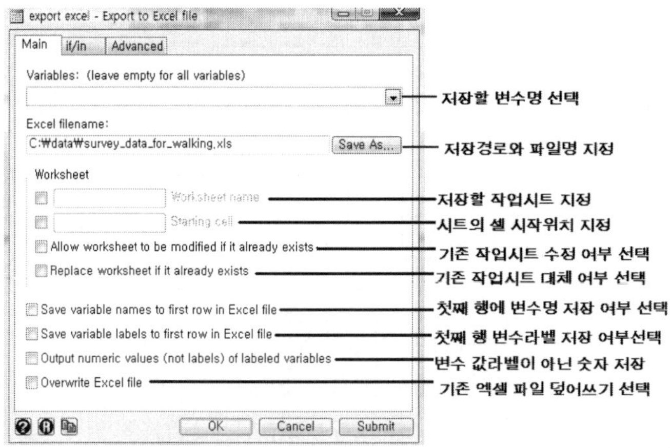

그리고 특정조건을 충족하는 데이터만 엑셀파일로 저장할 경우에는 if/in (if/in) 창을 열어 사용하면 된다. 관측치의 특정 범위만을 선택(in)하거나 어떤 조건만을 충족하는 경우, 그리고 이 두 가지 조건을 모두 충족하는 데이터만 내보낼 수 있게 된다. if 표현식에서는 표현식 만들기(Expression builder) 창이 아래와 같이 나타나므로 이를 활용하면 된다. 조건문의 논리, 관계, 산술 등의 연산자에 대한 설명은 아래 그림을 참조할 필요가 있다.

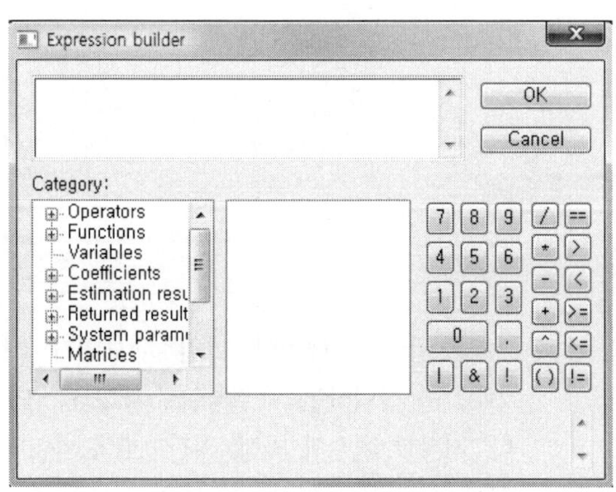

2) 명령문으로 다양한 데이터 파일 불러오고 내보내기

① 데이터 입출력 명령어 종류 개괄

메뉴바를 이용하여 다른 데이터 확장자 파일을 불러올 수도 있지만 명령문을 이용하여 동일한 불러오기 결과를 수행할 수 있다. 즉, 데이터 불러오기는 명령어창(command window)나 do-파일에서도 가능하다 텍스트 파일로 된 데이터를 불러오는 명령어는 import, insheet, infile, infix가 있다. 명령어의 영어 뜻에서도 알 수 있듯이, 스프레드시트(sheet), 데이터 파일(file) 등을 불러들이라(in)라는 의미이다. 불러들일 수 있는 다른 데이터 파일은 엑셀, 텍스터 파일, 포맷되지 않은 텍스터 파일, 고정컬럼(fixed-column) 텍스터 파일이 있다.

명령어	설명	사용 예
import excel	엑셀파일 불러오기	import excel auto.xls, firstrow clear import excel auto.xls, cellrange(:D70) firstrow clear
insheet	텍스터 파일 불러오기	insheet using auto.raw insheet using auto.raw, clear insheet using auto.raw, clear double
infile	포맷되지 않은 텍스터 파일 불러오기	infile str18 price mpg rep78 str8 foreign using myout
infix	고정된 컬럼 포맷(fixed-column format) 파일 불러오기	infix rate 1-4 speed 6-7 acc 9-11 using highway.raw
input	Stata에서 데이터를 직접 입력하기	input acc_rate spdlimit

Stata 데이터 파일이 아닌 다른 파일형태로 저장하는 명령어는 export, outsheet, outfile이 있다. 마찬가지로 out은 밖으로 라는 영어단어로 연상하여 기억하면 좋을 듯하다. 엑셀, 스프레드시트, 그리고 텍스터 파일로 작업한 Stata 파일을 저장할 수 있다.

명령어	설명	사용 예
export excel	엑셀파일로 저장하기	export excel auto, firstrow(variables) export excel auto.xlsx export excel make mpg weight using auto, replace
outsheet	스프레드시트 파일로 저장하기	outsheet using myauto outsheet using myauto, nonames replace
outfile	텍스터 파일로 저장하기	outfile using myout outfile using myout, comma replace

② 엑셀파일 불러오고 내보내기

엑셀파일을 불러오고 내보내는 명령어는 import와 export 명령어를 각각 사용하면 된다. 이들 명령어 구문과 사용할 수 있는 옵션을 살펴보자.

내용		명령구문
엑셀파일 불러오기		import excel [using] filename [, import_excel_options]
엑세파일 중 특정 변수만 불러오기		import excel extvarlist using filename [, import_excel_options]
엑셀파일의 내용 설명하기		import excel [using] filename, describe
옵션	sheet("sheetname)	엑셀의 불러들일 시트 선택
	cellrange([start][:end]	불러들이 데이터 범위 지정
	firstrow	최초의 행을 변수명으로 지정
	allstring	모든 데이터를 문자로 불러오기
	clear	메모리에 있는 데이터를 대체하기
엑셀파일로 내보내기		export excel [using] filename [if] [in] [, export_excel_options]
엑셀파일로 특정변수만 내보내기		export excel [varlist] using filename [if] [in] [, export_excel_options]
옵션	Sheet("sheetname")	엑셀 작업시트에 저장
	cell(start)	저장할 시작셀(왼쪽 위) 지정
	sheetmodify	엑셀 워크시트 수정
	sheetreplace	엑셀 워크시트 대체
	firstrow (variables|varlabels)	변수명 또는 변수라벨을 첫째 행으로 저장
	nolabel	값라벨 대신에 값을 저장
	replace	엑셀파일을 덮어쓰기

앞서 메뉴바를 이용하여 엑셀파일을 불러들이고, 작업한 Stata 파일을 내보내는 방식을 명령문으로 구현하면 다음과 같다. 먼저, 엑셀파일을 불러올 때 엑셀파일임을 지정하여 주고, 불러들일 파일경로와 파일명을 입력하면 된다. 불러올 엑셀파일에서의 작업시트명은 "Sheet1"이며, 첫째 행을 변수명으로 지정하라는 옵션을 선택하였다. 불러들인 엑셀파일의 내용을 변수창으로 예시하고 있다.

```
import excel
"C:\data\examples\survey_data_for_walking.xls",
sheet("Sheet1")  firstrow
```

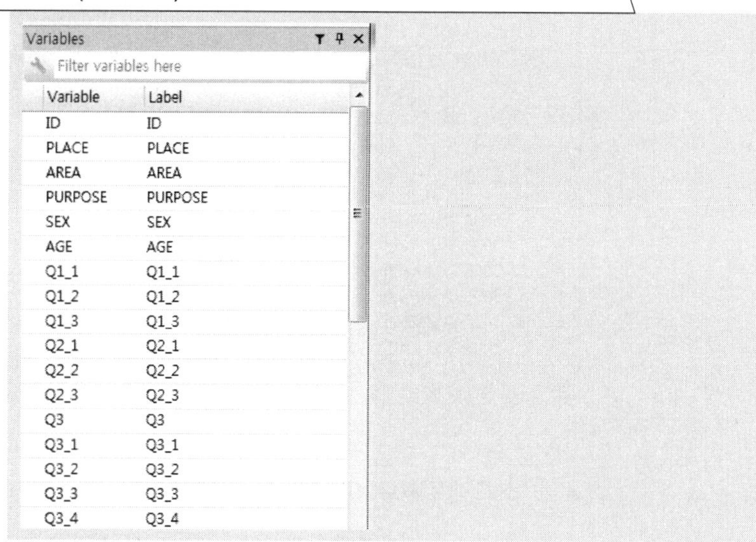

불러들인 엑셀파일은 이제 Stata 데이터 파일이 된다. 이 Stata 파일을 다시 Excel 파일로 저장하여보자. 저장 명령문은 export이며, 불러들인 동일한 경로와 엑셀파일명으로 저장을 하도록 설정하였다. 그러나 기존의 엑셀파일에 새로운 작업시트("data_500_남자")를 만들어서, 남자와 500개의 관측치만을 저장하면서 첫 행을 변수명으로 지정하라는 옵션을 주어보자. 결과창에서는 저장되었다는 메시지를 보여준다.

```
export excel using
"C:\data\examples\survey_data_for_walking.xls" if SEX ==1
in 1/500, sheet("data_500_남자") firstrow(variables)
```

```
file C:\data\examples\survey_data_for_walking.xls saved
```

엑셀파일로 저장된 결과를 엑셀프로그램으로 열어보자. "data_500_남자"라는 새로운 워크시트가 만들어져 있음을 알 수 있다.

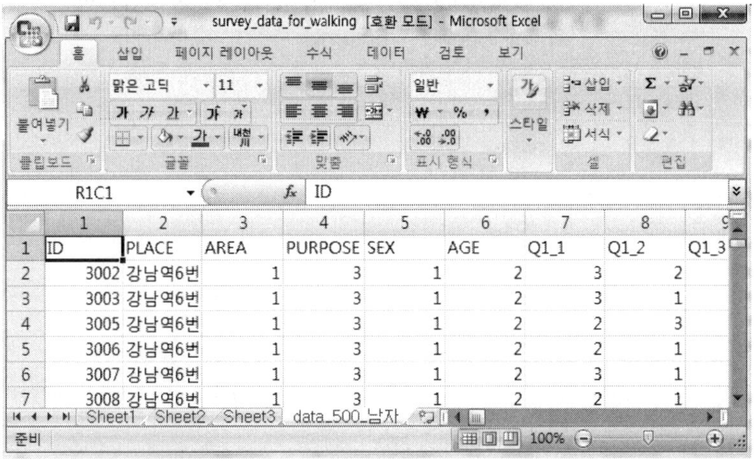

③ 스프레트시트 파일을 불러오고 저장하기

insheet는 스프레드시트로 만들어진 ASII 텍스트 파일을 불러들일 때 사용된다. 또한 insheet는 어떤 프로그램으로 만들어졌던 간에 라인 당 1개의 관측치로 되어 있으면서 탭(tab)이나 콤마(comma)로 분리되어 있는 텍스터 파일을 불러들일 수 있다. 첫줄은 변수명으로 인식하게 할 수 있다. 만일 불러들이고자 하는 파일의 포맷을 정확하게 알 수 없다면 infile을 사용할 수 있다. outsheet는 Stata에서 작업한 현재의 데이터 파일을 스프레트시트로 저장하라는 명령어이다.

불러오기		insheet [varlist] using filename [, options]
옵션	[no]double	기본저장유형(default storage type)인 float으로 또는 double로 설정 여부 지정
	tab	tab으로 구분
	comma	comma로 구분
	delimiter("char")	구분문자를 따로 지정(예: ;)
	clear	Stata에 있는 데이터 파일을 지우고 불러오기
	[no]names	불러올 파일의 첫줄을 변수명으로 설정여부 지정
내보내기		outsheet [varlist] using filename [if] [in] [, options]
옵션	comma	comma로 분리: 기본값은 tab임
	delimter("char")	구분자 지정
	nonames	첫줄을 변수명으로 지정하지 않기
	nolabel	값라벨이 아닌 숫자로 저장
	noquote	큰 따옴표(" ")로 문자변수를 설정하지 않기
	replace	기존의 스프레드시트를 지우고 저장

tab으로 구분된 스프레드시트를 불러와보자. insheet 명령문 뒤에 사용할(using) 파일의 경로(C:\data\examples\)와 파일명(data_sh.raw)을 지정하고, 기존의 메모리에 있는 Stata 파일을 삭제하여 불러들이라는 명령문을 사용하였다. 불러들인 스프레드시트 파일은 90개의 변수와 21개의 관측치가 있다는 정보를 결과창에서 보여주고 있다.

```
insheet using "C:\data\examples\data_sh.raw", clear
```

```
(90 vars, 21 obs)
```

불러들여 작업한 Stata 파일을 다시 스프레드시트 파일로 저장해보자. 경로는 동일하고, 파일명을 "data_sh_v2.raw"로 지정하였으며, 구분자는 ";"를 사용하여 저장해보자. 또한 첫줄의 변수명을 지정하지 않고, 값라벨이 아닌 원자료의 숫자로 저장(nolabel)하면서 기존의 파일이 있다면 저장하는 파일로 대체하라는 옵션을 주었다. 결과창에서 실행결과는 저장하는 파일이름과 동일한 파일이 없다는 메시지를 보여주고 있다.

```
outsheet using "C:\data\examples\data_sh_v2.raw",
delimiter(":") nonames nolabel replace
```

```
(note: file C:\data\examples\data_sh_v2.raw not found)
```

확장자명이 .raw으로 저장된 파일을 메모장으로 열어보자. 기존의 스프레드시트 파일(data_sh_v1.raw)과 비교하면, 새로 저장된 파일에서는 구분자가 ":"으로 되어 있으며, 첫줄의 변수명이 없음을 알 수 있다.

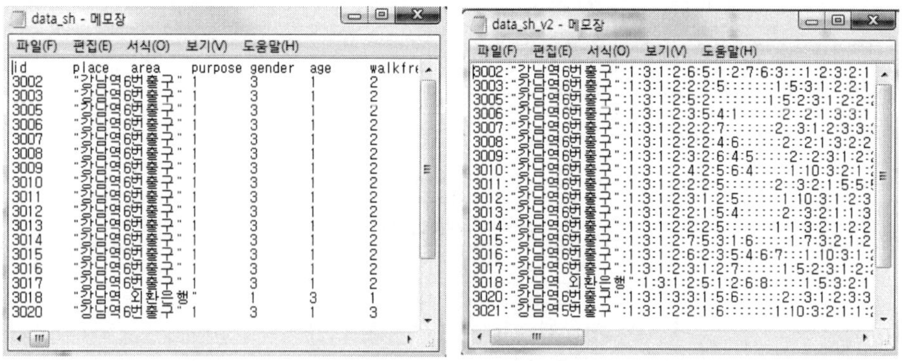

(a) 기존 스프레드시트 파일 내용 **(b)** 새로 저장된 스프레드시트 파일 내용

④ 텍스트 파일 불러오고 저장하기

㉠ infile과 outfile

infile은 특정한 포맷을 가지고 있지 않을 경우 사용되며, 포맷을 지정하여 불러들일 수 있다. 확장자를 지정하지 않을 경우에는 확장자는 .raw로 인식한다. 고정된 포맷으로 되어 있는 파일의 경우에는 infile2를 이용할 수도 있다. 만일 포맷이 탭이나 콤마로 되어 있으면서 한 줄이 하나의 관측치라면 insheet를 이용하는 것이 보다 편리하다.

㉡ infix와 outfix

infix는 고정된 컬럼 포맷을 가진 텍스트 파일을 불러들일 때 사용된다. 이 명령어는 한줄에 하나의 관측치로 되어있지 않은 데이터를 불러올 수 있다. infix는 변수마다 각각의 고정된 컬럼을 가지고 있으며, 데이터를 불러올 때 포맷도 지정하여 올 수 있다.

㉢ input

input은 Stata에서 데이터를 직접 입력할 경우에 사용된다. 간단한 데이터를 입력하는 경우를 제외하고는 잘 사용되지 않는다. 직접 입력할 경우에는 input 명령어 뒤에 변수명들을 입력하고 숫자를 차례대로 입력하고 마지막에 end를 입력하면 데이터가 생성된다.

제3절
데이터 관리하기

1. 변수 명명과 표시형식

Stata에서는 라벨과 포맷을 알아두는 것이 다른 여느 통계패키지와 마찬가지로 데이터를 관리하는데 있어 매우 중요하다. 라벨은 파일(file), 변수(variable), 변수의 수준(value)에 이름(또는 표식, 주석)을 붙이는 것으로 데이터 분석을 오랫동안 하거나 추후에 재분석을 수행하고자 할 때 이해를 도우는 중요한 기능을 한다. 또한 포맷은 변수의 형식(format)을 지정하는 것으로 이를 알고 있을 경우에 데이터 용량의 효율적 사용 및 변수의 생성과 변형 등 가공하는데 유익하게 활용될 수 있다.

명령어	설명	사용 예
label	라벨들 명명하고 정의하기	label data "fictional blood pressure data" label variable hbp "high blood pressure" label define yesno 0 "no" 1 "yes" label list yesno label values hbp yesno
notes	데이터의 주석달기	note: Send copy to Bob once verified. note mpg: is the 41 a mistake? Ask Bob.
format	변수포맷 설정하기	format medage %8.1f format hiredate %tdDD/NN/CCYY

1) 변수와 변수속성 명명하기: label과 notes

① label

데이터셋에 붙이는 label data 명령어가 있으며, 메모리에 있는 데이터 파일에 최대 80문자까지 가능하다. 이 라벨은 데이터를 불러들일 때(use 명령어 사용시)와 설명(describe)하고자 할 때 결과창에 보여진다. 옵션 no lable을 사용하면 라벨을 보여주지 않는다.

변수에 라벨을 붙여서 사용하고자 할 때에는 label variable 명령어를 사용하면 된다. 마찬가지로 최대 80자까지 허용되며, no label 옵션이 사용될 경우 보여주지 않는다.

변수의 수준(값)에 라벨을 붙이고자 하는 경우에는 먼저 변수의 값에 대한 이름을 정의(define)하고, 이후 그 변수에 대하여 값(value)을 부여하면 된다. 라벨의 정의(label define)는 다른 변수의 값(수준)이 동일할 경우 계속 사용할 수 있다.

값라벨(value labels)의 명칭에 대한 모든 목록 또는 지정한 변수의 명칭 목록을 보고자 하는 경우에는 label dir을 사용할 수 있으며, 명칭과 더불어 그 내용을 보고자 할 경우에는 label list를 이용할 수 있다. 지정한 값라벨을 저장(label save)할 수 있으며, 제거하고자 할 경우에는 label drop 명령을 사용하면 된다. 자주 사용하는 라벨명령어는 데이터 파일(label data), 변수(label variable), 변수의 값라벨의 정의(label define), 값라벨을 변수들에 할당(label values)이 있다.

명령문	설명
label data ["label"]	데이터 파일 명명
label variable varname ["label"]	변수 명명
label define lblname # "label" [# "label" ...]	값라벨 정의
label values varlist [lblname|.] [, nofix]	값라벨의 변수들 할당

현재 메모리에 있는 데이터파일을 문구를 “survey data for walking environment and activity(April, 2011)”를 붙이고 저장한 후, 확인을 위하여 다시 불러보자. 결과창에서는 데이터 파일에 붙은 라벨을 데이터 파일을 불러올 때 보여주고 있다.

```
label data "survey data for walking environment and
activity(April, 2011)"
use "c:\data\examples\analysis_data_v1.dta", clear
```

```
(survey data for walking environment and activity(April, 2011))
```

집에서 가장 가까운 지하철역까지 10분 이하 도보 접근성 변수(waccrail)에 대하여 “less than 10 min. walking access to rail station from home”이라는 라벨을 붙여보자. 변수창에서 waccrail 변수를 찾으면 표기한 라벨이 생성되어 있음을 알 수 있을 것이다.

```
label variable waccrail "less than 10 min. walking
access to rail station from home"
```

```
waccrail        less than 10 min. walking access to rail station from home
```

명목변수는 변수의 값이 연속형이 아니라 집단의 속성을 대변한다. 예를 들어, 성(gender)은 남자와 여자, 결혼여부는 미혼과 기혼으로 분류하여 어느 한 집단에 속하는 집단(카테고리)이 된다. 데이터 입력에서는 집단속성의 수준을 이름으로 지정하기보다는 숫자로 표현한다. 여기에서는 1을 남자, 2를 여자로 표기하였다. 그러나 사용자는 그러한 숫자와 집단의 실제 속성인 남자와 여자를 쉽게 이미지로 연결시키지 못한다. 그러므로 명목변수 등에 대한 값들에 대하여 라벨을 붙여 표기함으로써 데이터의 이해를 증진할 수 있다.

Stata에서는 변수의 집단 등의 속성값에 이름을 붙이는 것을 값라벨(value label)이라 한다. 값라벨을 붙이기 위해서는 두가지의 과정을 거친다. 먼저, 값라벨을 정의(define)하여야 하고, 이후 그 정의된 값라벨들을 변수에 지정하여 주면 된다. 라벨을 정의할 때의 변수명은 붙이고자 하는 변수명과 동일하게 하는 것이 사용하는데 매우 편리하다.

예를 들어, 집에서 지하철역까지 도보로 걸리는 시간을 10분이내(==1)와 10분이후(==2)로 지정한 변수(waccrail)에 값라벨을 붙이기 위하여 먼저 값들을 정의하고(define)하고 그 변수에 값(value)을 붙여보자. 제대로 실행되었는지를 살펴보기 위하여 변수창(variables window)에서 해당 변수를 클릭하여 속성창(properties window)에서 값라벨이 표기되었는지를 확인할 수 있다. 또한 waccrail 변수를 tabulate로 빈도표 만들기를 실행하면 그 결과를 바로 확인할 수 있다.

```
label define waccrail 1 "10분 이내" 2 "10분 이후"
label val waccrail waccrail
```

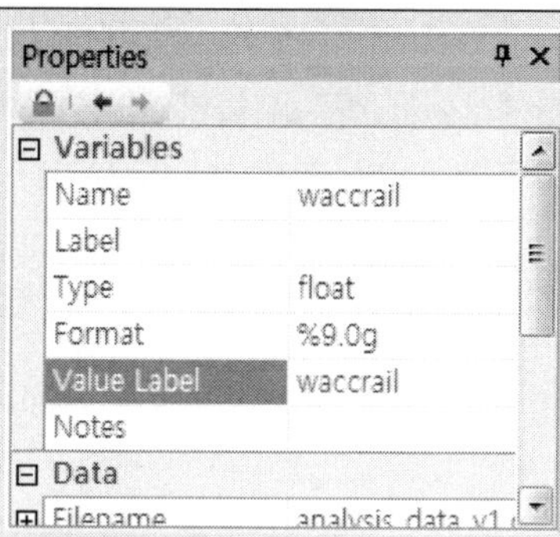


```
tabulate waccrail
```

less than 10 min. walking access to rail station from home	Freq.	Percent	Cum.
10분이내	384	63.47	63.47
10분 이후	221	36.53	100.00
Total	605	100.00	

② notes

메모리상에 있는 데이터셋에 관련 설명, 즉 주석을 붙이고자 할 경우에는 notes를 사용하면 된다. 이 주석은 메모리상의 데이터셋이 저장될 때 함께 저장되며, 그 데이터 셋이 다시 Stata에서 불러들여지면 재생된다. notes 데이터셋에 일반적으로 적용되지만 데이터셋에 있는 변수들에게도 사용할 수 있다.

notes를 명령으로 실행하여 입력할 수도 있지만, Stata 12의 새로운 버전에서는 속성창(properties window)을 이용하면 더욱 편리하다. 속성창에서 notes를 입력하기 위해서는 먼저 맹꽁이자물쇠 상자를 클릭하여 잠금상태를 풀어야 한다(→). 잠금이 풀리면 속성창에서 변수와 데이터셋의 속성을 변화시킬 수 있게 된다.

여기서는 waccrail 변수의 notes에 "wt_rail2 변수값을 변환하여 생성시킨 변수임"을 표기하여, 추후에 이 변수의 이력을 쫓아야 할 때 사용할 수 있도록 해보자. 먼저, notes에 클릭하면, ...가 나타나고 이를 클릭하면 새로운 창이 뜬다. 이 창에서 add 버튼을 눌러 입력한다면, 제출(submit)하면 된다. 속성창에서 추가된 notes가 표기되어 있으므로 이를 확인해보자.

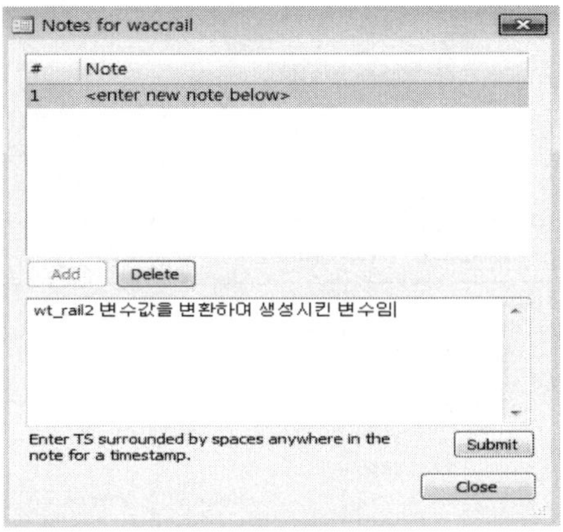

2) 표시형식 지정하기 : type과 format

① type

변수에는 4가지 속성값(변수명, 저장유형, 값라벨, 변수라벨)을 가질 수 있다. 이 중 저장유형(storage type)은 Stata의 데이터 메모리 크기를 좌우하게 된다. 그러므로 가능하다면 저장유형은 메모리 크기를 적게 차지하는 형태로 변수를 생성하거나 관리하는 것이 좋다. 예를 들어, ID의 경우에는 정수이고 대부분 7자리수를 넘어서지 않을 경우에는 float보다는 long으로 저장하면 데이터 메모리의 크기를 줄일 수 있다. 문자에서도 7자리가 최대일 경우에는 7자리로 지정(str7)하는 것이 보다 바람직하다.

저장유형 (storage type)	최솟값 (minimum value)	최댓값 (maximum value)	바이트 (bytes)
byte	-127	100	1
int	-32767	32740	2
long	-2,147,483,647	2,147,483,620	4
float	-1.70141173319*10^38	1.70141173319*10^38	4
double	-8.9884656743*10^307	8.9884656743*10^307	8

저장유형은 숫자와 문자로 대별된다. 숫자는 실수와 정수로 나누어지고, 이들의 정확도에 따라 다시 나누어지도록 되어 있다. 8자리 정확도를 가진 실수는 float으로 16자리 정확도를 가진 실수는 double로 나누어진다. 정수의 경우에는 최솟값과 최댓값의 범위에 따라 byte(-127≦byte≦100), int(-32767≦int≦21740), long(-2147483647≦long≦2147486620)으로 나누어진다. 소숫점(decimal places)의 정확도는 float경우는 36개 소숫점, double의 경우에는 약 232개까지의 정확도를 가지고 있다. 실질적으로는 실수 저장유형에도 정수로 저장된다면 정수로 인식할 수 있다.

문자는 1에서 244까지 저장이 가능하며, 한글은 한 글자가 2bytes이므로, 최대 122까지 저장이 가능하다. str1은 1자리수, str2는 두자리수, ... , str244는 244자리수이다. 숫자와 마찬가지로 저장유형은 최대 문자수를 고려하여 저장유형을 지정하는 것이 대용량 데이터를 관리하는데 유용하다.

② format

format은 변수들의 산출물의 형식(format)을 설정하는 명령어이다. format에는 숫자, 날짜, 문자의 형식이 있으며, 변수의 산출물의 정렬기능도 부여할 수 있다. 숫자 형식은 '%w.d'로 주어지며, w는 변수의 전체 폭(width)을, d는 소수점 자릿수(decimal place)로 정의되어 있다. '%w.d'의 바로 뒤에오는 문자 g는 일반적인 숫자를, f는 고정형식을, e는 지수형을 나타낸다. 또한 숫자, 날짜, 문자 모두 정렬할 수 있다. 오른쪽 정렬이 기본으로 설정되어 있으며, 왼쪽 정렬로 할 경우에는 '-'를 가운데 정렬일 경우에는 '~'를 % 바로 뒤에 삽입하면 된다. 숫자에서 천단위마다 콤마(comma)를 삽입하고자 할 경우에는 c를 맨 뒤에 붙여주면 된다.

%fmt	설명	사용 예와 의미	
%#.#g	general	%9.0g	소숫점이 없는 8자리 일반숫자
%#.#f	fixed	%9.2f	소숫점 두자리를 가진 9자리 고정형식의 숫자
%#.#e	exponential	%10.7e	소숫점 7자리를 가진 10자리의 지수
%#.#gc	general with comma	%9.0gc	천단위 구분자가 있으면서 소수점이 없는 9자리의 일반숫자
%#.#fc	fixed with comma	%9.2fc	천단위 구분자가 있으면서 소수점 두자리를 가진 고정형식의 숫자

날짜 형식은 날짜와 시간(date/time), 일(date), 주(week), 월(month), 4분기(quarter), 2분기(halfyear), 년(year), 일반(general)이 있다. 정렬은 숫자와 마찬가지로 왼쪽 정렬(기본값), 오른쪽 정렬(-), 가운데 정렬(~)를 % 뒤에 두어 활용할 수 있다.

날짜	설명	사용 예
%tc	날짜와 시간(date/time)	%tc
%td	일(date)	%td
%tw	주(week)	%tw
%tm	월(month)	%tm
%tq	4분기(quarter)	%tq
%th	2분기(halfyear)	%th
%ty	년(year)	%ty
%tg	일반(generic)	%tg

새로 생성되는 변수나 기존의 변수에 대한 표시형식(format)을 지정하거나 수정하기 위해서는 명령어 실행과 속성창 활용 두가지로 할 수 있다. 만약 format의 형식을 잘 모르거나 하나의 변수에 대하여 각각 지정 또는 수정하고자 한다면 속성창의 이용이 보다 편리할 듯하다. 그러나 표시형식에 대한 이해도가 높고, 여러 변수를 동시에 표시형식을 바꾸고자 할 경우에는 명령어 실행방식이 시간적인 측면에서 보다 유리하다고 본다.

먼저 표시형식을 format 명령어로 하는 방식을 먼저 알아보자. format 명령구분은 표시형식 설정, 소숫점 스타일 설정, 표시형식 보기 등 세가지가 있다. 소숫점 스타일 설정은 유럽식인 콤마(,)나 우리나라와 미국에서 사용하고 있는 마침표(.)로 스타일을 설정하는 것이다.

명령구문	설명	사용 예
format varlist %fmt format %fmt varlist	표시형식의 설정	format state %-14s format region %-8.0g
set dp {comma|period} [, permanently]	소숫점의 스타일 설정 (소숫점(",")은 유럽식임)	set dp comma
format [varlist]	long format 보이기	
옵션 permanently	현재의 변화를 기본값으로 저장하기	

라벨 예제에서의 waccrail 변수의 표시형식이 어떻게 설정되어 있는지를 살펴보자. format waccrail의 실행결과에서 표시형식은 소숫점이 0인 일반적인 숫자형식으로 설정되어 있음을 알 수 있다.

```
format waccrail
```

```
variable name  display format
------------------------------
waccrail       %9.0g
------------------------------
```

waccrail 변수는 1과 2로 되어 있다. 그러므로 일반적인 숫자형식(g)으로 오른 쪽 정렬(-)을 하면서 1개의 자릿수로, 소숫점이 자리가 0인 표시형식을 바꾸어 보자. 그리고 그 결과를 다시 파악하여 보자.

```
format %-1.0g waccrail
format waccrail
```

```
variable name  display format
------------------------------
waccrail       %-1.0g
------------------------------
```

다음으로는 속성창에서 특정한 한 변수의 표시형식을 바꾸는 절차를 예시하여 보도록 하겠다. 속성창에서 맹꽁이자물쇠가 잠금해제 상태로 바꾸어야 한다(→). 변수창에서 변경하고자 하는 변수를 선택하자. 이후 속성창에서 해당변수를 확인한 다음 표시형식(format)을 클릭하면 나타나는 ... 상자를 클릭하면, 표시형식창(Create Format)이 아래와 같이 새롭게 나타난다. 이 창에서 원하는 파일형식으로 지정하고, 확인(OK) 버튼을 누르면 표시형식의 변환이 완료된다.

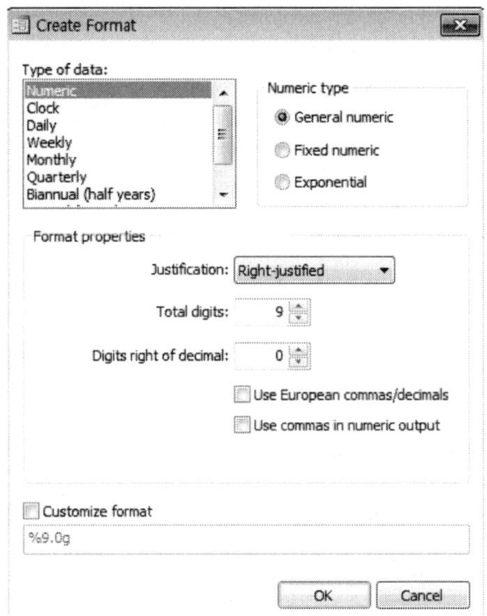

2. 데이터 용량관리

1) 데이터 용량 확인 및 설정

① memory

Stata에서 사용하는 메모리는 버전 12에서는 자동으로 할당하여 주므로 큰 문제가 없을 것이다. 그러나 이전 버전까지는 Stata에서 사용할 수 있는 최대 메모리를 설정하여 주어야 한다. 대용량 데이터를 이용하는 사용자라면 메모리 설정에 대한 많은 불편이 있었을 것이다. memory 명령어는 현재 메모리의 크기와 용도를 아래와 같이 보여준다. query memory 명령어도 유사한 명령어이다.

```
. memory

Memory usage
                                          used                allocated

  data (incl. buffers)                 114,070               33,554,432
  var. names, %fmts, ...                13,343                   32,619
  overhead                           1,064,964                1,065,360

  Stata matrices                             0                        0
  ado-files                              8,607                    8,607
  saved results                              0                        0

  Mata matrices                              0                        0
  Mata functions                             0                        0

  set maxvar usage                   1,391,728                1,391,728

  other                                  1,091                    1,091

  total                              2,592,219               36,053,837
```

② set memory

메모리 설정에 대한 명령어는 Stata 12버전에서는 자동으로 메모리를 데이터셋의 크기에 맞추어 할당하기 때문에 삭제되었다. 그 이전 버전을 사용하고 있는 Stata 이용자는 여전히 이 명령어가 필요하다. Stata 12에서는 set memory를 실행하면 "set memory ignored"라는 메시지가 결과창에 나타나고, 그 실행명령은 무시된다.

Stata의 이전 버전에서 set memory의 명령어를 활용하여 Stata가 작동하고 있는 동안에 컴퓨터 운영시스템의 의하여 할당되는 메모리의 크기를 증가 또는 감소시킬 수 있다. set memory의 명령구문은 다음과 같다.

```
syntax: set memory #[b|k|m|g] [, permanently]
```

메모리의 크기는 #에 구체화되며, 단위로는 b(=byte), k(=kilobyte), m(=megabyte), g(=gigabyte)를 사용할 수 있다. 단위를 표시하지 않을 경우에 기본값으로 k가 설정되어 있다. 옵션 permanently는 현재의 메모리를 변화시킴과 더불어 다음에 Stata를 열 때 이 새로운 메모리 크기로 할당하여 열라는 것이다.

③ set maxvar

메모리 크기보다는 불러들일 수 있는 변수의 최댓값을 변화시키는 명령어는 set maxvar이 있다. permanently 옵션도 여기에서 set memory와 같이 적용할 수 있다. Stata에서 열 수 있는 변수의 크기는 최대 2,048개~32,767개 사이에 있다.

④ set virtual

메모리상에서 가상 메모리를 보다 효율적으로 사용하도록 하는 명령어이다. set virtual에서 기본값은 가상메모리를 사용하지 않는 off이다. 가상메모리를 사용하고자 하는 경우 on 옵션을 이용하면 된다. 그러나 이 가상메모리 설정에 대한 명령어는 되도록 사용하지 않는 것이 좋다고 한다. 왜냐하면 Stata의 운영속도가 늦어지기 때문이다.

명령어	설명	사용 예
memory query memory	Stata의 메모리 크기와 용도 확인	memory query memory
set memory	Stata에 할당되는 메모리 크기의 변화	set memory 800m set memory 1g
set virtual	가상메모리를 효율적으로 사용하기 여부	set virtual on set virtual off
set maxvar	변수의 최대 수를 설정	set maxvar 5000

2) 데이터 용량 감축

① compress

데이터의 용량이 크다고 판단되면 compress 명령어를 이용해서 데이터를 압축할 수 있다. 이는 불필요한 포맷으로 인하여 커진 용량을 데이터의 정보를 손실함이 없이 압축할 수 있다. 압축은 현재 설정된 변수들의 포맷 수준을 자동으로 낮추는 방법으로 이루어진다. 그리고 자동으로 메모리 크기를 설정하여야 했던 버전 11이하에서는 변수의 생성 등으로 인하여 메모리 용량이 커진다면 용량을 줄이라는 알림이 뜨면서 메모리 설정(set memory)을 다시하거나 압축(compress)하도록 하고 있다.

현재 변수의 유형		압축 후의 변수 유형
double	▶	long, int, or byte
float	▶	int or byte
long	▶	int or byte
int	▶	byte
string	▶	더 짧은 string

compreess 명령어의 실행예제를 살펴보기 이전에 압축되기 이전의 현 상태의 데이터셋의 용량을 살펴보자. 현재 데이터 셋의 용량은 189.12K 임을 알 수 있다.

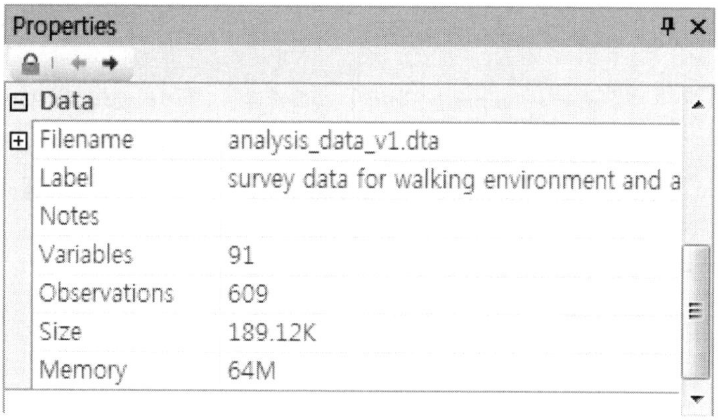

메모리와 용량을 줄이기 위하여 compress 명령을 실행해보자. 결과창에서 각각의 압축 가능한 변수들의 목록과 이전과 이후의 표시형식의 변화를 보여주고 있다. 총 90개의 변수에 대하여 압축 가능한 변수목록과 표시형식의 변환이므로 -more-를 클릭하거나 스페이스바를 누르면 보다 많은 전환되는 변수들을 보여주게 될 것이다.

compress

```
walk_pur1 was float now byte
walk_pur2 was float now byte
walk_pur3 was float now byte
work_mode was float now byte
shop_mode was float now byte
leis_mode was float now byte
walktime was float now int
reside was float now byte
workplace was float now byte
dr_lic was float now byte
marriage was float now byte
h_own was float now byte
lq_vas was float now byte
height was float now int
weight was float now byte
obesity was float now byte
exercise was float now byte
—more—
```

compress 명령이 실행결과로 데이터셋의 용량이 얼마나 줄어들었는지를 속성창에서 살펴보자. 데이터셋의 용량(size)이 이제는 72.56K임을 보여주고 있다. 실행명령 이전의 용량인 189.12K에 비하면 약 2배 이상의 용량이 감소한 것을 알 수 있다.

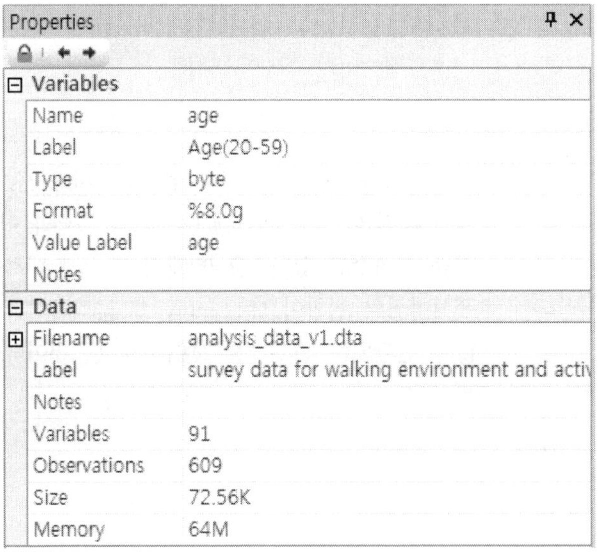

결과적으로 대용량 데이터셋을 이용할 때는 compress 명령을 통하여 데이터의 속성을 훼손함이 없이 용량을 감소시켜 처리속도를 높이는 방법을 고민할 필요가 있다.

② set obs #

명령어 set obs은 메모리상의 데이터셋에 있는 관측치의 수를 설정하는 것으로 데이터를 직접 입력하거나 생성하고자 할 경우에 유용하다. set obs 100은 변수들의 관측치가 100개로 설정하라는 명령어이다. 만일 100개를 넘는 데이터 셋을 가지고 있을 경우에는 100개를 제외한 나머지가 삭제되지 않고 에러메세지를 보여주게 된다.

현재 메모리에 있는 데어터를 모두 삭제(drop _all)하고, 관측치를 100개 만들어서(set obs 100), x의 값이 자신의 관측치의 숫자를 x 변수로 만들어보자(generate x= _n). 그리고 y 변수는 x 변수의 제곱값으로 생성(generate y=x^2)하여, 어떻게 변화되었는지를 살펴보자.

먼저, drop _all의 결과를 데이터 에디터(보기) 창(browse)으로 살펴보면, 데이터셋에 아무것도 없음을 알 수 있다.

```
drop _all
browse
```

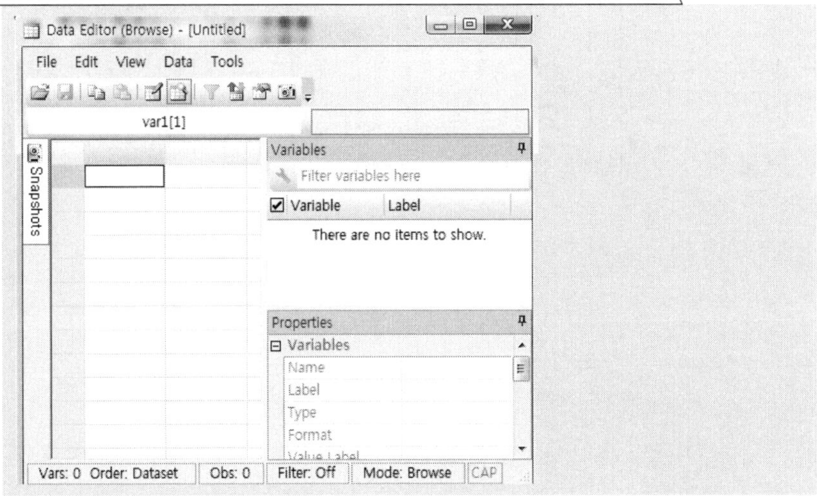

관측치 개수를 100개 설정하는 set obs 100 명령을 실행해보자. 결과창에서 이전 관측치가 0이었으나, 현재 관측치는 100로 되어 있음을 알리는 메시지가 나타남을 알 수 있다.

```
set obs 100
```

```
obs was 0, now 100
```

여기에 x변수를 현재의 관측치 숫자로 생성하고, y변수를 x변수의 제곱으로 생성하여 보자. 그리고 그 결과를 데이터 에디터(보기) 창으로 살펴보면, x와 y변수가 생성되어 있고, 그 값이 x변수는 1, 2, 3 ...으로, y변수는 1, 4, 9, ...으로 되어있음 알 수 있다.

```
generate x= _n
generate y= x^2
browse
```

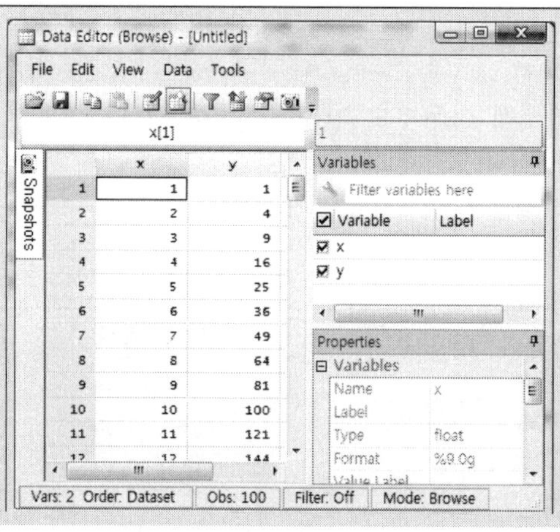

3. 데이터 관리기록과 나가기

1) 데이터 명령과 결과 기록: log

Stata 프로그램에서 사용하고자 하는 모든 명령어와 결과들을 기록하고 싶다면 log 명령어를 처음부터 사용할 필요가 있다. 로그파일을 사용하고 기록하고 닫는 방법은 매뉴바를 이용하거나 명령어를 이용하면 된다.

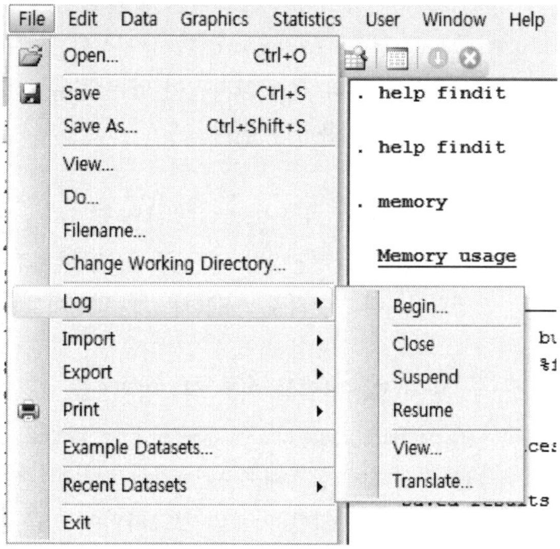

명령구문	설명	사용 예
log	로그파일의 현재 사용여부 확인	log
log query		log query
log using	로그파일 열기	og using mylog, append log using firstfile, name(log1) text log using secondfile, name(log2) smcl
log	로그파일 닫기, 일시 정지, 열기	log close log close log1 log off log1

log라는 영어단어의 뜻에서 의미하는 바와 같이 프로그램 운용상의 모든 일지를 기록한다. log 또는 log query는 현재 상태의 로그파일의 상태를 보여준다.

로그파일을 열어 기록을 시작하고자 할 때에는 log using 뒤에 경로와 로그파일명을 적어주면 된다. 로그파일의 포맷은 smcl과 text가 있다. text 파일로 기록하게 되면 문서창이나 기타 문서프로그램에서 편집과 활용이 편하다. 옵션 append는 기존에 기록된 로그파일에 덧붙여 기록함을 의미하고 옵션 replace는 기존에 있는 로그파일을 현재 기록될 로그파일로 바꾸는 것을 의미한다. 옵션 name(logname)은 여러 개의 로그파일을 사용할 경우에 그 중의 지정한 로그파일을 이용하여 기록하라는 명령어이다.

기록을 중지하고 로그파일을 닫을 경우에는 log close를, 기록을 잠시 중지할 경우에는 log off, 다시 시작할 경우에는 log on을 이용하면 된다. 여기서도 여러 개 로그파일이 있는 경우에는 이를 지정하는 옵션 name(logname)을 이용하면 된다.

일반적으로 가장 많이 사용하는 로그파일 명령어는 로그파일을 열고(log), 그 동안의 실행명령과 그 결과를 기록한 후에 로그파일을 닫는(log close) 명령어이다. 이 자주 사용하는 두 명령어를 실행하는 예제를 풀어보자.

먼저 로그파일을 여는 실행명령으로, "c:\data\examples\" 경로와 폴더에 "repare_data_analysis_record.txt"파일로 기록을 시작하라는 명령구문을 작성하여 실행해보자. 여기서 활용한 옵션은 replace와 text이다. 전자는 기존의 동일한 이름의 로그파일이 있을 경우에는 그 파일을 삭제하고 새로이 시작하라는 것이며, 후자의 옵션은 로그파일의 기록을 텍스터(text) 파일형식으로 기록하라는 것이다. 결과창에서는 로그파일이 위치한 경로와 이름, 그리고 로그파일의 유형이 text임을 보여주고 있으며, 언제 로그파일이 기록을 시작하였는지에 대한 날짜와 시간이 나와 있다.

```
log using "c:\data\examples\prepare_data_analysis_record.txt", replace text
```

```
      name:  <unnamed>
       log:  c:\data\examples\prepare_data_analysis_record.txt
  log type:  text
 opened on:   5 Feb 2012, 15:31:51
```

로그파일을 시작하고 나서, 필요한 데이터(use "c:\data\examples\analysis

_data_v1")를 불러들인 후, 변수의 설명(describe)과 포맷(format) 보여주기 명령을 gender와 age 변수에 대하여 실행하여 보자. 그리고 마지막으로 이제 모든 작업을 모두 수행하였다고 가정하고 로그파일을 닫아보자.

log close

```
      name:  <unnamed>
       log:  c:\data\examples\prepare_data_analysis_record.txt
  log type:  text
 closed on:   5 Feb 2012, 15:37:48
```

로그파일은 로그파일을 열 때와 마찬가지의 경로와 파일명으로 저장되어 졌으며, 로그파일을 닫은 시간을 보여주고 있다. 이제 로그파일에 기록된 내용을 확인하기 위하여 메모장이나 워드패드 프로그램으로 확인하여 제대로 기록되었는지를 살펴보자.

2) 데이터 확인과 Stata 나가기

① 데이터 확인과 수정: edit과 browse

input 명령어를 이용하지 않고도 직접 입력하는 방법은 데이터 편집창(data editor)을 열어(edit)서도 가능하다. 편집창은 데이터 입력 뿐만 아니라 불러들인 파일의 데이터를 직접 수정하는 것도 가능하다. 그러나 데이터의 수정은 가급적이면 편집창을 이용하지 않고 명령어창이나 do 파일창에서 수정하는 것이 좋다. 편집창에서 수정하면 나중에 어떻게 수정했고, 왜 그러하였는지를 추적할 수 없기 때문에 이를 이용하지 않는 것이 바람직하다.

② Stata 종료하기: exit

Stata 프로그램을 종료하기 위해서는 exit 명령어를 명령창(command window)에 입력하거나 메뉴바에서 File > Exit를 이용하면 된다. 또 다른 방법으로는 Stata의 왼쪽 맨 위에 있는  를 클릭하면 된다.

exit 명령을 실행하여 보자. Stata 메모리에 데이터가 수정되었음을 알리면서, 이것을 저장할 것인지 알려주는 조그마한 창이 뜰 것이다. 만약 저장하지 않고 종료하고 싶다면 예(Y) 버튼(예(Y))을 누르면 된다.

만약 저장하고 싶다면, 아니오 버튼(아니요(N))을 누르고 새이름으로 저장하면 된다. 만약 종료를 취소하고, 계속 Stata로 작업을 하고 싶다면 취소버튼(취소)을 누르면 된다.

```
exit
```

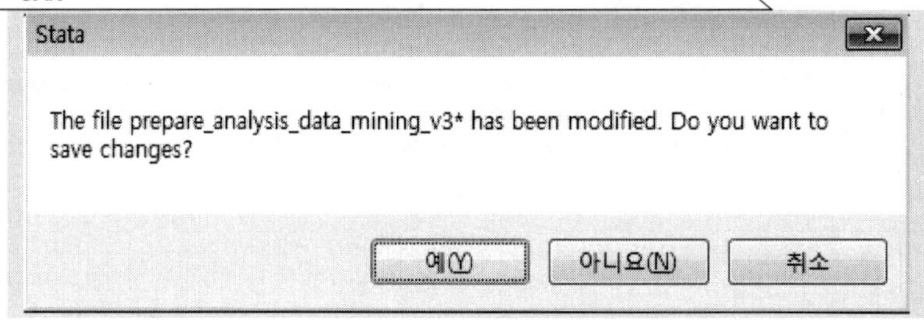

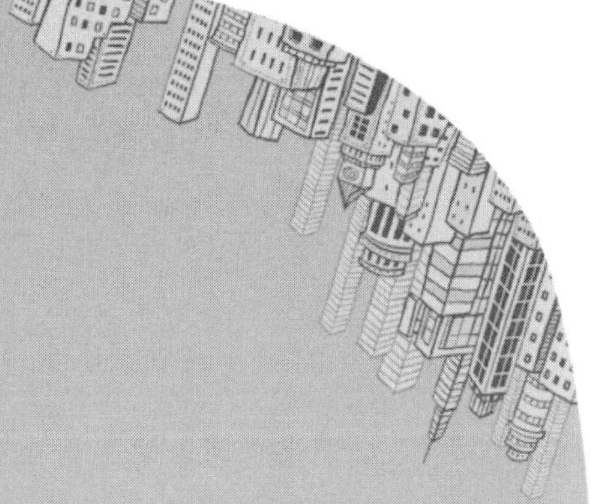

제3장

데이터 마이닝과 기초통계 분석

제1절 요약통계와 데이터 탐구하기

1. 요약통계 분석

불러들여진 데이터의 변수들에 대한 통계치의 통계량을 빠르게 확인하는 방법은 주로 summarize와 codebook의 명령으로 가능하다. 매우 자주 사용되는 필수적인 명령어이므로 반드시 기억하여야 한다.

명령어	설명	사용 예
summarize	변수의 통계치 요약	summarize mpg weight summarize mpg weight if foreign summarize mpg weight if foreign, detail
codebook	데이터 내용의 설명	codebook _all codebook, problems codebook, compact

1) summarize

summarize는 변수들의 통계치 요약을 살펴보는 가장 빈번하게 사용되는 명령어이다. 기본적인 통계치는 관측치수(obs), 평균(mean), 표준편차(std. dev.), 최솟값(min), 최댓값(max)이다. 보다 상세한 통계치를 살펴보고자 한다면 옵션으로 detail을 뒤에 쉼표(,)와 함께 입력하여 실행하면 된다. 이를 통하여 기본적인 요약통계에 대한 정보 이외에도 백분위의 값(perentiles), 가장 적거나 가장 큰 각각의 4개 값, 분산(variance), 왜도(skewness), 첨도(kurtosis)를 함께 보여준다. 첨도와 왜도를 통하여 정규분포에 가까운지 여부를 개략적으로 파악할 수 있다.

명령문	summarize [varlist] [if] [in] [weight] [, options]	
옵션	detail	백분위비율, 분산, 첨도, 왜도 등 부가적인 통계치를 보여줌
	meanonly	평균값만을 보여줌. 주로 프로그램 작성자들이 사용하는 옵션임
	format	요약통계치의 표시형식을 지정함
	separator(#)	출력 또는 표시될 구분선을 몇줄에서 각각 넣어주어야 할 지를 결정함. 5줄이 기본값임.

compact 옵션과 함께 codebook 실행결과를 비교하기 위하여, 동일한 변수들에 대하여 요약통계를 보여주는 summarize를 실행해보자. codebook, compact과 달리 표준편차(standard deviation, Std. Dev.)에 대한 정보를 보여주고 있다. 두 명령어 모두 데이터의 요약통계를 보여주는데 있어 중요한 명령어이며, 무엇을 더 보고자 하는지에 따라 사용자가 선택하면 되겠다.

summarize gender age child hhwork marriage

Variable	Obs	Mean	Std. Dev.	Min	Max
gender	608	1.526316	.4997181	1	2
age	608	3.347039	1.114362	2	5
child	531	.2429379	.5096447	0	2
hhwork	604	1.682119	.6451334	0	3
marriage	607	1.632619	.482489	1	2

summarize는 데이터 파일에 있는 모든 변수들의 요약통계를 한 눈에 파악하고자 할 때 사용되기도 한다. 모든 변수들의 요약통계를 보기위해서는 변수를 지정하지 않고, summarize라는 명령어만 입력한 후 실행하면 된다. 관측치 개수, 평균, 표준편차, 최솟값과 최댓값을 모든 변수에 대하여 표로 정렬하여 보여주고 있다. 한 화면에 보여지기에는 변수가 많으므로, -more-라는 메시지를 클릭하거나 키보드의 스페이스바를 누르면 다음 변수들에 대한 요약통계를 보여준다.

summarize

Variable	Obs	Mean	Std. Dev.	Min	Max
id	608	3841.156	559.7716	3000	4699
place	0				
area	608	1.493421	.5003684	1	2
purpose	608	2.004934	.8147985	1	3
gender	608	1.526316	.4997181	1	2
age	608	3.347039	1.114362	2	5
walkfreq	608	3.154605	1.136099	0	7
w_pur1st	606	2.410891	1.74142	1	8
w_pur2nd	584	4.282534	1.5208	1	8
w_pur3rd	446	5.246637	1.508679	1	8
w_pur4th	254	5.76378	1.342269	1	8
w_pur5th	77	5.38961	1.717984	1	8
w_pur6th	22	5	1.976047	1	7
w_pur7th	8	4.75	2.60494	1	8
w_pur8th	2	8	0	8	8
walkrail	605	1.170248	.3761615	1	2
wt_rail	502	10.16135	5.466269	1	60
walk_pur1	608	2.409539	.7539295	1	3
walk_pur2	608	1.840461	.7300613	1	3
walk_pur3	608	1.741776	.7979162	1	3
work_mode	526	2.638783	1.15912	1	5
shop_mode	607	2.813839	1.44078	1	6
leis_mode	606	2.665017	1.44027	1	6
walktime	609	54.68637	31.73288	0	420
wt_rail2	605	13.04959	6.753526	5	25

—more—

summarize는 detail 옵션과 함께 자주 사용된다. detail 옵션은 백분위, 분산, 첨도, 왜도 등 추가적인 통계 정보를 제공하여 준다. 하루 중 평균 걷는 시간(walktime)에 대한 상세한 요약통계를 보기위하여 detail 옵션과 함께 summarize를 실행해보자.

summarize walktime, detail

```
                          walktime
-------------------------------------------------------------
      Percentiles      Smallest
 1%            0              0
 5%           20              0
10%           30              0       Obs                 609
25%           30              0       Sum of Wgt.         609

50%           50                      Mean           54.68637
                        Largest       Std. Dev.      31.73288
75%           60            180
90%           90            190       Variance       1006.975
95%           90            240       Skewness       3.608961
99%          180            420       Kurtosis       34.54169
```

요약통계는 백분위의 비율(1%, 5%, 10%, 25%, 50%, 75% 등)에 해당하는 관측치의 값, 가장 적은 값과 가장 높은 값 5개의 관측치, 분산, 왜도, 첨도에 대한 정보를 추가로 제공하여 주고 있음을 알 수 있다. 설문응답자의 평균적으로 하루에 54.68분을 걷는데 시간을 할애하고 있으며, 왜도가 3.61, 첨도가 34.54의 값을 가지고 있음을 알 수 있다. 첨도와 왜도는 정규분포 성향을 파악하는 사용되는 통계치이다. 첨도와 왜도가 0보다 크므로, 왼쪽으로 편향되어 있으며 정상보다 뾰족한 분포곡선을 가지고 있다는 것을 의미한다.

왜도(skewness)와 첨도(kurtosis)

왜도(歪度, skewness)는 분포의 비대칭성을 나타내는 지표로, 평균과 중앙값이 같은 좌우의 대칭을 이루는 경우에는 0의 값을 가진다. 왜도가 음수일 경우에는 왼쪽 부분에 긴 꼬리를 가지며 오른쪽 중앙값을 지닌 자료가 많은 분포곡선 형태를 가지고 있다. 왜도가 양수일 때에는 그 반대의 분포패턴을 보여준다.

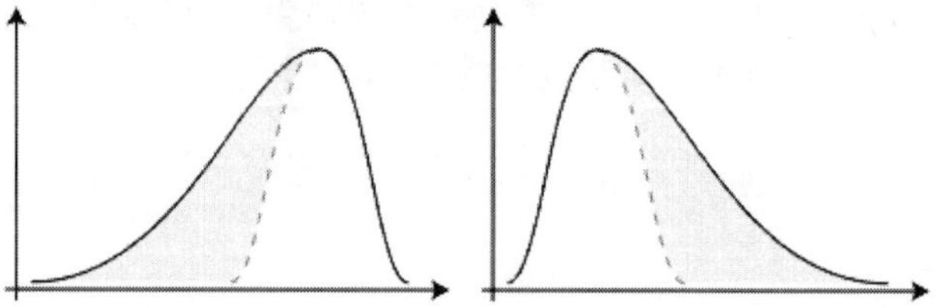

Negative Skew　　Positive Skew

첨도는 분포곡선이 뾰족한지 평평한지 나타내는 지표로, 정상분포곡선이면 0의 값을 지닌다. 정상분포곡선보다 뾰족하면 0보다 큰 값을, 보다 평평하게 분포곡선이 형성되어 있으면 0보다 작은 음수를 가지게 된다.

2) codebook

데이터셋에 있는 변수의 이름과 라벨, 정보 등을 describe보다 구체적으로 나타내어주며, 결측치에 대한 정보도 제공하여 주는 명령어이다. 이 명령어로 변수의 저장유형(type), 범위, 고유값, 단위, 일원빈도표의 빈도와 값, 결측치에 대한 요약정보를 볼 수 있다. 조건문(if)과 in 한정어를 사용할 수 있어 보다 구체적으로 필요한 변수들의 정보를 파악할 수 있다.

명령문	codebook [varlist] [if] [in] [, options]	
옵션	all	아래 header와 notes의 옵션을 추가적으로 모두 보여주기
	header	맨 나중에 저장된 데이터셋의 이름을 나열함
	notes	변수들에 붙여진 주석의 보여주기
	mv	지정된 변수와 다른 변수들과 비교하여 결측치의 패턴을 찾아서 보여주기
	tabulate(#)	변수가 명목인지 연속인지를 판단하기 위하여 변수들의 고유값의 수를 구체화하는 선택사항. 기본값은 9가지로 되어 있으며, 결측치는 포함되지 않음. 변수의 값에 대하여 평균과 표준편차, 백분위 비율을 보여줌
	problems	변수들의 잠재적 문제점을 진단한 결과에 대한 요약 보여주기. 잠재적 문제점은 (1) 항상 결측치를 갖는 변수들을 포함하는 연속변수 (2) 존재하지 않는 라벨값을 갖는 변수들 (3) 불완전하게 이름 붙여진 변수들 (4) 압축된 문자변수들 (5) 공백(blank)이 있는 변수들 (6) 정수형태가 아닌 날짜 변수들이다. 보다 자세한 내용은 help 기능을 이용하여 'code book problems'를 참조
	detail	problems와 함께 사용되지 않으며, all 옵션과 같음.
	compact	변수명, 관측치수, 고유값 개수, 평균, 최소, 최대, 라벨 등의 축약정보의 제공.
	dots	compact 옵션과 함께 사용되며, 변수의 수를 dots 보여줌

codebook은 describe보다 자세한 정보를 제공하여 준다. 그러므로 codebook은 모든 변수들에 대한 정보의 검색보다는 특정한 변수들에 대한 정보를 파악하는데 보다 유용한 명령어이다. 예를 들어, 성(gender)과 나이(age)에 대한 변수들의 정보를 codebook 명령어를 이용하여 파악해 보자.

codebook gender age

```
. codebook gender age

-------------------------------------------------------------------------------
gender                                                                   Gender
-------------------------------------------------------------------------------

                  type:  numeric (byte)
                 label:  gender

                 range:  [1,2]                        units:  1
         unique values:  2                        missing .:  1/609

            tabulation:  Freq.   Numeric  Label
                           288         1  male
                           320         2  female
                             1         .

-------------------------------------------------------------------------------
age                                                                 Age(20-59)
-------------------------------------------------------------------------------

                  type:  numeric (byte)
                 label:  age

                 range:  [2,5]                        units:  1
         unique values:  4                        missing .:  1/609

            tabulation:  Freq.   Numeric  Label
                           184         2  20s
                           153         3  30s
                           147         4  40s
                           124         5  50s
                             1         .
```

결과창에는 gender와 age의 두 변수에 대한 정보를 보여주고 있다. 변수의 정보는 저장유형, 변수라벨, 범위, 고유값 개수, 변수의 수준별 빈도와 값, 단위, 결측치를 포함하고 있다. 성(gender)의 codebook에서 저장유형은 바이트로 된 숫자이며, 변수라벨은 gender, 범위는 1~2의 값을 가지고 있으며, 변수값이 고유치는 2개이다. 남자(male)와 여자(female)로 값라벨이 주어져 있으며, 남자는 숫자 1로 되어 있으며, 288개의 관측치가 있음을 알 수 있다. 결측치는 1개가 있으므로 총609개의 관측치 중에서 결측치가 1개 있음을 codebook 실행결과는 보여주고 있다.

codebook 명령어는 summarize 명령어와 유사한 결과를 보여주는 선택옵션인 compact이 있다. 어떤 이들은 후자의 명령어보다는 compact과 함께 codebook을 사용하는 것이 보다 편리하다고 얘기한다. 어떤 것이 좋은가는 사용자의 선호도에 의하여 결정되며, 두가지 모두를 가끔씩 사용하는 것도 나쁘지는 않을 것이다. 성(gender), 나이(age), 미취학아동수(child), 가구내 직장인수(hh_work), 결혼여부(marriage)에 대하여 compact 옵션과 함께 codebook 명령을 실행해보자.

```
codebook gender age child hhwork marriage, compact
```

```
Variable     Obs Unique        Mean  Min  Max  Label

gender       608      2   1.526316    1    2  Gender
age          608      4   3.347039    2    5  Age(20-59)
child        531      3   .2429379    0    2  미취학아동수
hhwork       604      4   1.682119    0    3  가구내 근로자수
marriage     607      2   1.632619    1    2  결혼여부
```

변수명, 관측치수, 고유값 개수, 평균, 최솟값, 최댓값, 변수라벨에 대한 정보를 보여주고 있다. 실행결과에서 관측치가 변수별로 차이가 있으며, 특히 미취학아동수(child)의 결측치가 가장 많음을 알 수 있다. 또한 고유값 개수를 통하여 성(gender)에서는 남자와 여자, 결혼여부(marriage)는 기혼과 미혼으로 입력되어 있음을 알 수 있다. 이러한 기본적인 정보들은 데이터의 결측치와 입력이 제대로 되어 있는지를 알아보는 방법으로 자주 활용된다. 이 실행결과와 이후에 설명되는 summarize 결과와 비교하여 보자.

2. 데이터 탐구하기

Stata에서는 불러들인 데이터의 내용과 구조를 확인하는 다양한 명령어들을 제공하여 주고 있다. 이들 명령어들의 목록과 간단한 설명을 표로 예시하면 다음과 같다. 기초통계 분석과 고급통계 분석에서 자주 사용되는 명령어이므로 기억해 두는 것이 좋다.

명령어	설명	사용 예
describe	메모리나 파일에 있는 데이터의 설명	describe, fullnames describe, short describe, detail
list	변수의 값 목록 보여주기	list make-rep78 in 1/4, table list in 1/2, display list group costs profits, sum(costs profits) labvar(group)

assert	조건부 참과 거짓 확인하기	assert sex == 0 | sex == 1 assert bp >= 100
inspect	데이터속성의 단순통계 요약	inspect mpg
lookfor	변수명과 라벨의 문자찾기	lookfor married lookfor code married lookfor "price change"
count	특정조건을 만족하는 관측치의 집계	count if rep78>4 by foreign: count if rep78>4

1) describe

Stata 형식으로 저장된 데이터의 변수들의 요약통계를 보여준다. 변수들에 대한 기본적인 정보를 한 눈에 파악할 수 있다.

명령문	describe [varlist] [, memory_options] describe [varlist] using filename [, file_options]	
옵션	simple	변수명만 보여주기
	short	관측치수, 변수의 개수, 크기 정렬순서 등 일반적인 정보만 보여주기
	detail	변수명과 변수의 형식에 대한 부가적인 정보의 제공
	fullnames	변수명의 전체이름 보여주기 15자리 이상은 축약하여 기본적으로 Stata에서 제공함
	numbers	변수의 개수와 함께 부가적인 정보까지 제공하기

데이터 파일(analysis_data_v1.dta)을 불러들여서, 그 파일에 있는 모든 변수들에 대하여 describe를 실행해보자. 데이터 파일의 기본적인 정보를 보여준다. 관측치 총 609개, 변수는 90개, 데이터 용량은 191,226byte임을 알 수 있다. 그리고 변수들의 이름과 저장유형, 표시형식, 값라벨, 변수라벨에 대한 정보를 간략하게 보여주고 있다. 변수의 수가 90개이므로 한 화면에 표시되지 않기 때문에 -more-라는 메시지가 있다. 커서를 이동시켜 클릭하거나 키보드의 스페이스바를 누르면 다음 변수들의 정보를 보여주게 된다.

describe

```
. describe

Contains data from F:\stata¼¼¹Ì³ª °ü·Ã\µ¥ÀÌÅÍ\examples\analysis_data_v1.dta
  obs:           609
 vars:            90                          1 Feb 2012 16:29
 size:       191,226
-------------------------------------------------------------------------------
              storage  display     value
variable name   type   format      label      variable label
-------------------------------------------------------------------------------
id              int    %8.0g                  ID
place           str26  %26s                   PLACE
area            byte   %8.0g       area       survey area
purpose         byte   %15.0g      purpose    current travel purpose
gender          byte   %8.0g       gender     Gender
age             byte   %8.0g       age        Age(20-59)
walkfreq        byte   %8.0g       walkfreq   over-10min. walking frequencies
                                                per day
w_pur1st        byte   %13.0g      w_purrr    1st reason for walk
w_pur2nd        byte   %13.0g      w_purrr    2nd reason for walk
w_pur3rd        byte   %13.0g      w_purrr    3rd reason for walk
w_pur4th        byte   %13.0g      w_purrr    4th reason for walk
w_pur5th        byte   %13.0g      w_purrr    5th reason for walk
w_pur6th        byte   %13.0g      w_purrr    6th reason for walk
w_pur7th        byte   %13.0g      w_purrr    7th reason for walk
w_pur8th        byte   %13.0g      w_purrr    8th reason for walk
walkrail        byte   %8.0g       yesno      walkability to rail station
--more--
```

2) list

list는 지정된 변수들의 값들을 보여주는 명령어이다. 변수목록이 구체화되지 않으면, 메모리에 있는 데이터셋의 모든 변수들을 보여준다. list 명령어는 변수의 통계치에 대한 의문이 들 경우에 직접 그 데이터의 값들을 확인하고자 할 때 많이 사용된다. 그러므로 주로 in-한정어 또는 if-조건문과 함께 사용된다고 보면 된다. 다양한 옵션들이 있으나, 자주 사용되는 옵션들은 table과 summary가 있다.

명령문	list [varlist] [if] [in] [, options]	
옵션	table	테이블 형식을 지정함. 변수의 수가 적을 때 유용함
	summary 옵션	요약통계에는 평균, 합계, 관측치수를 하위집단별로 지정하여 볼 수 있음
	mean[(varlist2)]	지정한 변수의 평균 제시
	sum[(varlist2)]	지정한 변수의 값 합계 제시
	N[(varlist2)]	지정된 변수의 결측치가 아닌 관측치 개수 제시
	labvar(varname)	변수의 수준별 요약통계 제시

앞서 실행한 명령어인 summarize를 기억해보자. 미취학아동수(child)가 다른 변수들에 비하여 상당히 많은 결측치가 존재함을 짐작할 수 있다. 이를 확인하기 위하여 child의 값이 결측치(.)를 가진 요약통계 명령을 실행해보자. child의 결측치이지만 다른 변수들은 대부분 값을 가지고 있음을 알 수 있다. 여기에서는 약 77개가 다른 변수들과 비교하여 결측치가 많음을 알 수 있다. 이는 실제 응답을 하지 않아 만들어진 결측치가 될 수도 있지만 응답자가 미혼(marriage==1)이기 때문에 이에 설문응답을 하지 않아 결측치로 처리되었을 가능성이 높다.

```
summarize gender age child hhwork marriage if child==.
```

Variable	Obs	Mean	Std. Dev.	Min	Max
gender	77	1.454545	.5011947	1	2
age	77	3.350649	1.243575	2	5
child	0				
hhwork	73	1.863014	.6731986	1	3
marriage	77	1.506494	.5032363	1	2

이럴 경우 미혼이면서 미취학아동수(child)가 결측처리된 경우를 list 명령어로 보다 구체적으로 살펴볼 필요가 있다. list 명령어와 함께 summarize에 사용된 변수들의 관측치 리스트를 열람하는데, 조건문으로 미혼(marriage==1)이면서 미취학아동수(child==.)가 결측치인 경우로 지정하여 실행해보자.

```
list gender age child hhwork marriage if
marriage==1 & child==., nolabel
```

	gender	age	child	hhwork	marriage
5.	2	2	.	1	1
6.	1	2	.	2	1
8.	1	2	.	1	1
9.	1	2	.	1	1
11.	1	2	.	1	1
18.	1	2	.	2	1
22.	1	2	.	3	1
30.	2	2	.	1	1
33.	1	2	.	.	1
36.	1	2	.	1	1
38.	1	2	.	2	1
40.	2	4	.	.	1
45.	1	2	.	1	1
71.	1	2	.	2	1
114.	2	3	.	2	1
115.	1	3	.	1	1
116.	1	3	.	2	1
120.	1	2	.	.	1
121.	2	2	.	3	1
140.	2	2	.	2	1
145.	1	3	.	2	1
146.	1	3	.	.	1
147.	1	2	.	2	1
148.	1	2	.	3	1
204.	1	2	.	2	1

결과창에서 보여주는 관측치의 리스트에서 미혼자의 경우 미취학아동의 수가 결측처리된 경우가 많음을 알 수 있다. 미혼자의 경우 특별한 상황을 제외하고는 일반적으로 미취학아동수가 없으므로, 나중에 설명하게 될 replace를 명령으로 이 조건에 부합하는 경우는 0의 값으로 결측치를 변환시켜주는 것이 필요하다. 이 조건으로 변환되는 미취학아동수의 결측치의 개수는 38개임을 summarize 실행명령을 통해서 알 수 있다.

```
summarize marriage child if marriage==1 & child==.
```

Variable	Obs	Mean	Std. Dev.	Min	Max
marriage	38	1	0	1	1
child	0				

기혼이지만 나이가 50대인 경우에는 미취학아동이 없을 확률이 매우 높다. 그러므로 미취학아동수가 결측치를 가지고 있으면서, 나이가 50대(age==5)인 변수들을 조건으로 하여 변수들 값을 열람해보자. 특히 이러한 조건에 해당하는 관측치의 개수를 알기 위하여 요약통계 중 관측치 개수를 확인하는 N(varlist)를 선택하여 실행해보자.

```
list gender age child hhwork marriage if age==5 &
child==.,
  N(gender age child hhwork marriage)  nolabel
```

	gender	age	child	hhwork	marriage
26.	1	5	.	3	2
29.	2	5	.	2	2
110.	2	5	.	2	2
111.	2	5	.	3	2
112.	2	5	.	1	2
113.	2	5	.	2	2
117.	1	5	.	2	2
119.	1	5	.	1	2
123.	1	5	.	1	2
124.	2	5	.	1	2
128.	2	5	.	2	2
134.	2	5	.	1	2
135.	2	5	.	2	2
141.	2	5	.	1	2
144.	1	5	.	1	2
151.	2	5	.	1	2
217.	2	5	.	3	2
233.	2	5	.	1	2
241.	2	5	.	1	2
245.	2	5	.	1	2
439.	2	5	.	2	2
N	21	21	0	21	21

결과창에서는 미취학아동수가 결측치를 가지고 있으나, 나이가 50대(age==5)인 설문응답자는 모두 기혼(marriage==2)임을 알 수 있다. 그리고 요약통계 옵션을 선택한 이번 결과에서는 맨 아래 행에서 관측치수(N)를 보여주고 있다. 총 21명이 50대이면서 미취학아동수가 결측치로 처리되어 있다. 이 경우와 미혼 결과를 볼 때, 미취학아동수가 결측치인 값에 대하여 데이터 수정이 필요함을 알 수 있다. 이 경우에는 이러한 조건별

로 데이터를 수정하거나 아니면 연구자의 판단에 의거하여 미취학아동수가 결측치인 모든 경우에 대하여 0으로 바꾸어주는 것도 고려할 수 있을 듯 하다.

3) assert

대용량 데이터에서 모든 변수들에 대하여 범위 밖의 값들을 확인하기 위하여 browse 창이나 list 명령을 통하여 확인하기는 어려울 수 있다. assert는 그러한 경우에 유용한 명령어로, 지정한 조건을 충족하는지에 대한 참과 거짓을 판별하여 준다. 만약 모든 관측치들이 어떤 조건을 만족시킨다면 참으로 확인하고 어떠한 결과를 보여주지 않는다. 만약 어떤 조건을 벗어나는 관측치가 있다면 그 관측치의 수와 에러메세지를 결과창에서 보여준다. 에러메세지를 받은 경우에는 이들 관측치에 대한 변수의 삭제 또는 수정을 찾아서 할 수 있을 것이다. assert 명령문에서 접두명령어인 by도 사용될 수 있다.

명령문	assert exp [if] [in] [, rc0 null]	
옵션	rc0	판정이 거짓이라도 0의 값으로 강제
	null	귀무 주장(null assertion)의 값을 8로 지정

예를 들어 성(gender)이 남자(male==1) 또는 여자(female==2)로 입력되지 않은 관측치가 있는지 살펴보자. 또한 나이(age)도 20대(==2) 이상 50대(==5)이하로 제대로 입력되어 있는지 살펴보자. 두 실행결과 모두 605번째 관측치 1개가 거짓(false)으로 진단되었다. 두 개 모두 이러한 입력오류의 문제가 있는 동일한 관측치에 문제가 있으므로, 이를 수정하는 작업이 필요하다. 이 오류는 실제로는 엑셀파일을 Stata 데이터로 불러들이면서 생긴 오류로 실제 데이터의 관측치가 총 608개이지만 변환될 때 1개의 관측치가 모두 결측치로 인식하면서 덧붙여진 실행오류이다. 그러므로 609번째 관측치를 삭제(drop)할 필요가 있다.

```
assert gender==1 | gender==2
```

```
1 contradiction in 609 observations
assertion is false
```

```
assert age>=2 & age<=5
```

```
1 contradiction in 609 observations
assertion is false
```

4) inspect

inspect는 summarize에서 제공되는 요약통계와 다른 통계치를 재빨리 살펴볼 수 있다는 점에서 유용하다. 간단한 히스토그램과 고유값의 수, 그리고 음수, 양수, 영(zero)의 값을 정수와 비정수, 결측치에 대한 관측치 정보를 제공하여 준다. inspect 명령어를 사용할 때 by 접두어를 이용할 수도 있다.

명령문	inspect [varlist] [if] [in]

실제 사용 예로써 기혼자(marriage==2)인 응답자에 대하여 성(gender)과 나이(age)에 대하여 inspect 명령을 실행해보자. 두 변수에 대하여 간단한 히스트그램과 고유치의 수, 관측치들의 개수, 음수, 양수, 0의 값을 가지는 관측치의 개수, 결측치 개수 등의 정보를 결과창에서 보여줌을 알 수 있다. 기혼자인 경우는 두 변수 모두 양이 값을 가지고 있으며, 결측치는 없음을 알려준다. 그리고 맨 아래에 변수가 라벨이 되어 있으며, 변수 값들에도 모두 라벨이 되어 있다는 메시지를 보여주고 있다.

inspect gender age if marriage==2

```
gender:  Gender                              Number of Observations
                                          ------------------------------
                                          Total   Integers   Nonintegers
|     #                 Negative             -          -             -
|     #                 Zero                 -          -             -
|  #  #                 Positive           384        384             -
|  #  #                                   -----      -----         -----
|  #  #                 Total              384        384             -
|  #  #                 Missing              -
+----------------------                   -----
1                   2                      384
  (2 unique values)

   gender is labeled and all values are documented in the label.

age:  Age(20-59)                            Number of Observations
                                          ------------------------------
                                          Total   Integers   Nonintegers
|        #              Negative             -          -             -
|        #   #          Zero                 -          -             -
|     #  #   #          Positive           384        384             -
|     #  #   #                            -----      -----         -----
|     #  #   #          Total              384        384             -
|  #  #  #   #          Missing              -
+----------------------                   -----
2                   5                      384
  (4 unique values)

   age is labeled and all values are documented in the label.
```

5) lookfor

변수들의 이름과 라벨에 있는 특정한 문자를 찾아주는 기능을 한다. 변수의 이름이나 라벨을 정확하게 기억하고 있지 않다면 이 명령어를 사용하는 것이 좋다. 특정한 문자를 포함하고 있는 모든 변수나 라벨에 해당하는 관측치 정보를 제공하여 준다. 관측치 정보는 변수명, 저장유형, 표시형식, 값라벨과 변수라벨이다.

명령문	lookfor string [string [...]]

예를 들어 'ge' 또는 'ag'를 포함하는 변수이름과 라벨명이 포함된 변수에 대한 정보를 찾는 lookfor 명령을 실행해보자. 결과창에서는 그러한 문자가 포함된 변수들에 대하여 변수명, 저장유형, 표시형식, 값라벨, 변수라벨에 대한 정보를 보여준다. 'ge'또는 'ag'를 포함하는 문자에 대한 변수찾기 lookfor의 실행결과는 성(gender), 나이(age), 결혼여부(marriage),

일반적 만족도(gen_sat) 등 총 4개의 변수가 있음을 보여주고 있다.

```
lookfor ge ag
```

```
              storage  display     value
variable name   type   format      label      variable label

gender          byte   %8.0g       gender     Gender
age             byte   %8.0g       age        Age(20-59)
marriage        float  %9.0g       marriage   °áÈ¥¿©°Î
gen_sat         float  %9.0g                  °¸ÇàÈ¯°æ ÀüÃ¼ Àû¹ÝÀû ¸¸Á·µµ
```

6) count

구체적인 조건을 충족하는 관측치들의 집계를 보여준다. 한정어는 if와 in을 사용하면 된다. by 접두명령어도 함께 사용될 수 있다.

나이가 30대 이상(age>=3)인 관측치의 수와 이를 결혼여부의 값별(bysort)로 관측치의 수를 집계하라(count)는 명령을 실행해보자. 결과창에서는 나이가 30대 이상은 총 425개의 관측치가 있음을 보여준다. 그리고 결혼여부별 나이가 30대 이상은 미혼인 경우가 69개, 기혼인 경우가 354개, 결측치가 2개가 있음을 알 수 있다. 나이가 30대 이상만을 집계하였으므로, 기혼자가 미혼에 비하여 많을 수 있음을 보여준다.

```
count if age>=3
```

```
425
```

```
bysort marriage: count if age>=3
```

```
-> marriage = 미혼
  69

-> marriage = 기혼
  354

-> marriage = .
  2
```

3. 빈도분석과 요약통계

1) 빈도분석 주요 명령어 개괄

빈도분석은 주로 명목변수에 대한 요약통계와 분포를 살펴보는데 사용된다. 이러한 명령어는 주로 tabulate, tab1, tab2가 있다. 또한 명목변수와 연속변수 조합에 요약통계표의 작성을 Stata에서는 제공해주고 있다. 이 명령어는 tabstat와 table 등의 명령어를 활용하면 된다. 이 기능에 익숙해진다면 강력한 기초통계 능력을 가지게 될 것이다.

명령어	설명	사용 예
tabulate	일원빈도표 보기	tabulate region tabulate region, gen(reg) tabulate region agecat, row nofreq tabulate wgtcat foreign, summarize(mpg) means
tab1	변수 각각에 대하여 일원빈도표 보기	tab1 region agecat
tab2	모든 조합 가능한 이원빈도표 보기	tab2 region agecat wgtcat foreign, row
tabstat	요약통계표 보기	tabstat price weight mpg rep78, by(foreign) tabstat price weight mpg rep78, by(foreign) stat(mean sd min max) nototal
tabulate, summarize( )	요약통계표 보기	tabulate wgtcat foreign, summarize(mpg) means tabulate wgtcat foreign, summarize(mpg) nofreq
table	다수의 요약통계표 보기	table rep78, contents(n mpg) table rep78, c(n mpg mean mpg sd mpg median mpg)

2) 빈도분포표 만들기: tabulate, tab1, tab2

지정된 하나의 변수 또는 두 개의 변수들을 각각 일원 및 이원 빈도표로 보여주라는 명령어로, summarize와 더불어 기술통계 분석에서 가장 많이 사용된다. 일원빈도표는 하나의 변수에 대하여, 이원빈도표는 두 개의 변수에 대한 교차빈도를 보여준다. tabulate는 일원과 이원빈도표를 보여주는데 모두 사용된다.

tab1은 여러 개의 변수들에 대하여 각각의 일원 빈도표를 생성하여 보여주는 것으로 여러번 tabulate를 실행하는 효과를 가지면서도 시간절약이 가능하다는 점에서 알아 두는 것이 좋다. generate(stubname) 옵션은 명목변수의 빈도표를 보여주면서, 더미변수(또는 가변수라고도 함)를 생성하게 한다. 일반적으로 더미변수에 대하여 stata는 이를 생성하지 않고 접두어(xi)를 이용하면 자동으로 이를 인식하여 자동으로 변환해주고 있다. 그러나 가끔씩 tabulate 명령에서 generate를 옵션을 활용하는 것이 편리할 때가 있으므로, 알아두는 것이 좋다.

명령문	일원빈도표	tabulate varname [if] [in] [weight] [, tabulate1_options] tab1 varlist [if] [in] [weight] [, tab1_options]
옵션	missing	결측치도 포함하여 제시
	nofreq	빈도는 삭제하고 제시
	nolabel	값라벨 대신에 숫자코드로 제시
	plot	상대빈도를 막대그래프로 제시
	sort	빈도를 내림차순으로 정리하여 제시
	generate(stubname)	명목변수의 수준별로 새로운 더미변수들을 생성함

tab2는 지정된 2개 이상의 변수들에 대한 이원빈도표를 보여주는 것으로, 2개의 변수의 가능한 조합을 한번에 모두 보여주는 효과가 있다. 이 또한 시간절약 차원에서 알아두는 것이 좋다고 본다. 이원빈도표를 생성하여 보여주는 명령어는 간단한 이원분산분석 결과를 함께 볼 수 있다는 점에서 유용한 실행명령어라고 볼 수 있다. 분산분석 통계치에 대한 보다 자세한 내용은 분산분석 부문에서 구체적으로 설명되므로, 여기서는 생략하고자 한다.

명령문		이원빈도표	tabulate varname1 varname2 [if] [in] [weight] [, options]
옵션	기술통계	column	각 셀의 열값 상대빈도 보여주기
		row	각 셀의 행값 상대빈도 보여주기
		nofreq	빈도는 보여주지 않기
		missing	결측치를 포함하여 제시

		cell	각 셀의 상대빈도 제시
		expected	각 셀의 기대빈도 제시
	분산분석	chi2	행과 열의 독립성 가정에 대한 피어슨의 χ2 제시
		exact[(#)]	피셔의 exact 검정에 의한 유의성 제시
		gamma	순위변수일 경우에 Goodman과 Kruskal's gamma 제시
		lrchi2	χ2 제곱 적합도 제시
		taub	kendall의 tabu-b 통계치 제시
		v	Crams의 V값 제시
		clrchi2	피어슨 χ2 에 각 셀의 기여도 제시

① tabulate

성(gender)별 빈도표를 tabulate 명령어를 이용하여 실행해보자. 결과창에서 남자(male)와 여자(female)가 각각 288명, 320명임을 알 수 있으며, 그것의 백분율과 누적백분율을 보여주고 있다.

tabulate gender

Gender	Freq.	Percent	Cum.
male	288	47.37	47.37
female	320	52.63	100.00
Total	608	100.00	

나이(age) 그룹별 빈도표를 또한 tabulate 명령어로 실행해보자. 20대, 30대, 40대, 50대로 갈수록 비율이 낮아지고 있음을 알 수 있다.

tabulate age

Age(20-59)	Freq.	Percent	Cum.
20s	184	30.26	30.26
30s	153	25.16	55.43
40s	147	24.18	79.61
50s	124	20.39	100.00
Total	608	100.00	

이제 성별 나이별 이원빈도표를 동일한 tabulate 명령어로 실행해보자. 여기서 옵션으로 행(row)과 열(column)의 비율과 함께 변수값에 붙은 라벨을 사용하지 않고 값을 선택(nolabel)하여 빈도표를 만들어보도록 하자. 결과창에서는 변수의 값라벨이 붙지 않은 숫자로 표현된 것을 알 수 있으며, 행과 열의 각각의 백분율이 제시되어 있음을 알 수 있다.

```
tabulate gender age, row col nolabel
```

Gender	Age(20-59) 2	3	4	5	Total
1	107 37.15 58.15	70 24.31 45.75	58 20.14 39.46	53 18.40 42.74	288 100.00 47.37
2	77 24.06 41.85	83 25.94 54.25	89 27.81 60.54	71 22.19 57.26	320 100.00 52.63
Total	184 30.26 100.00	153 25.16 100.00	147 24.18 100.00	124 20.39 100.00	608 100.00 100.00

tabulate 명령어를 generate( )옵션을 이용하여 나이(age)에 대한 명목변수의 수준별로 더미변수를 만들어보자. 그리고 변수명은 기본적으로 agedumy라는 이름이 주어지도록 하여 보자. 실행결과는 결과창에서 나이의 그룹별 빈도표를 보여주고 있다.

```
tabulate age, generate(agedumy)
```

Age(20-59)	Freq.	Percent	Cum.
20s	184	30.26	30.26
30s	153	25.16	55.43
40s	147	24.18	79.61
50s	124	20.39	100.00
Total	608	100.00	

나이그룹별 더미변수가 제대로 생성되었는지를 살펴보기 위하여, age라는 문자가 있는 변수들의 통계를 요약하는 summarize 명령을 실행해보자. 나이(age) 변수 이외에 agedummy1-agedummy4까지 0과 1의 값을 갖는 4개의 변수가 생성되었음을 알 수 있다. 숫자 1-4는 나이그룹인 20대, 30대, 40대, 50대를 각각 의미한다.

tabulate gender age, row col nolabel

Variable	Obs	Mean	Std. Dev.	Min	Max
age	608	3.347039	1.114362	2	5
agedumy1	608	.3026316	.4597754	0	1
agedumy2	608	.2516447	.4343154	0	1
agedumy3	608	.2417763	.428512	0	1
agedumy4	608	.2039474	.4032621	0	1

② tab1

여러 개의 변수들을 tabulate 명령어로 일원빈도표를 한번에 실행할 수 없으나, tab1은 가능하게 하여 준다. 이제 tab1 명령어를 이용하여 성(gender), 나이(age), 결혼여부(marriage)에 대한 일원빈도표를 한 번에 실행하여 보자. 결과창에서는 3개의 변수들에 대한 각각의 일원빈도표를 보여주고 있음을 알 수 있다.

tab1 gender age marriage

-> tabulation of gender

Gender	Freq.	Percent	Cum.
male	288	47.37	47.37
female	320	52.63	100.00
Total	608	100.00	

-> tabulation of age

Age(20-59)	Freq.	Percent	Cum.
20s	184	30.26	30.26
30s	153	25.16	55.43
40s	147	24.18	79.61
50s	124	20.39	100.00
Total	608	100.00	

-> tabulation of marriage

결혼여부	Freq.	Percent	Cum.
미혼	223	36.74	36.74
기혼	384	63.26	100.00
Total	607	100.00	

③ tab2

tab2를 이용하여 세 개의 변수들의 가능한 조합에 대한 이원빈도표를 볼 수 있도록 하여 보자. 여기에서는 각 셀의 상대빈도(cell)와 행과 열의 독립성 가정에 대한 피어슨의 χ2 검정(chi2)의 옵션을 선택하였다. 결과창에서는 3개의 이원빈도표(gender by age, gender by marriage, age by marriage)가 보여지고, 각 셀의 상대빈도가 제시되어 있음을 알 수 있다. 3번째 빈도표(age by marriage)는 크기 때문에 생략하였다.

상대빈도는 행 또는 열의 합계의 백분율이 아니라 전체 608개에 대한 비율이다. 그러므로 각 셀들의 상대비율 합계는 100이 된다. 성과 나이에 대한 상대빈도가 가장 높은 그룹은 20대의 남자 그룹으로 17.6%이며, 그 다음은 40대의 여자 그룹으로 14.64%를 차지하고 있다.

또한 각 표들의 아래 쪽에 Pearson χ2 검정 결과가 제시되어 있음을 알 수 있다. 각 셀들의 카이제곱 검정결과는 유의확률(Pr)이 성과 나이, 성과 결혼여부, 나이와 결혼여부 모두 0.004, 0.000, 0.000보다 적은 값을 가지고 있어 서로 차이가 없다는 기각하므로, 독립적임을 보여주고 있다.

tab2 gender age marriage, cell chi2

-> tabulation of gender by age

Gender	Age(20-59) 20s	30s	40s	50s	Total
male	107 17.60	70 11.51	58 9.54	53 8.72	288 47.37
female	77 12.66	83 13.65	89 14.64	71 11.68	320 52.63
Total	184 30.26	153 25.16	147 24.18	124 20.39	608 100.00

Pearson chi2(3) = 13.4994 Pr = 0.004

-> tabulation of gender by marriage

Gender	결혼여부 미혼	기혼	Total
male	131 21.58	156 25.70	287 47.28
female	92 15.16	228 37.56	320 52.72
Total	223 36.74	384 63.26	607 100.00

Pearson chi2(1) = 18.5815 Pr = 0.000

Pearson $\chi 2$ 검정

두 집단 또는 다집단에 대한 동질성(homogeneity)을 검정하는 것으로 Pearson $\chi 2$ 검정이 자주 이용된다. 자유도가 N(=(i범주의 수 - 1) × (j범주의 수 - 1))인 $\chi 2$ 통계값이 유의수준(예: Pr<0.05) 보다 적으면, 각 셀이 동질적이다라는 귀무가설을 기각하고, 집단간, 즉 셀들간에 최소한 하나 이상이 차이가 있다고 본다.

성과 나이에 대한 동질성 검정을 예로 들면, 자유도가 3(=1×3)을 가지고 $\chi 2$=13.4994인 통계값이 유의수준 P-value<0.05보다 적은 0.004의 값을 지니므로, 이들 집단간 차이가 없다는 것을 기각하게 되고, 집단간 차이가 최소한 하나 이상이 있다는 논리로 귀결할 수 있다.

3) 요약통계표 만들기: tabstat, table 등

① tabstat

하나의 표로 일련의 숫자변수들의 요약통계치를 표현하는데 매우 유용한 명령어가 tabstat이다. 이 명령어는 다양한 기술통계를 어떤 측정한 조건하에서 추출하여 제시하는 데 탁월한 기능을 가지고 있으므로, 알아두면 매우 좋다. 통계치는 평균, 합계, 최솟값, 최댓값 등 summarize에서 제공하는 구체적인 통계정보와 더불어 보다 많은 통계치를 살펴볼 수 있다. 가장 많이 사용하는 통계치는 평균과 합계, 표준편차 등이며, 연구자에 따라 필요한 통계치를 지정하여 살펴보면 된다. 필요한 경우 help 기능을 이용하여 보다 구체적으로 사용할 수 있는 통계치는 어떠한 것이 있는가를 살펴보기를 권장한다.

명령문	tabstat varlist [if] [in] [weight] [, options]	
주요 옵션	by(varname)	변수 수준별 통계치
	statistics(statname [...])	구체적인 통계치의 요약
옵션	labelwidth(#)	by() 변수라벨의 폭 설정. 기본값은 16임
	varwidth(#)	변수폭 설정. 기본값은 12임
	columns(variables)	표의 열에서 변수들 보여주기
	columns(statistics)	표의 열에서 통계치 보여주기
	format[(%fmt)]	통계치에 대한 표시형식 지정하기. 기본값은 %9.0g임
	nototal	by()와 함께 사용되며, 합계의 통계치는 보여주지 않음
	missing	by()변수의 결측치의 통계치도 보여주기
	noseparator	by()변수의 수준사이의 분리선을 보여주지 않음
제공 가능한 통계치	mean	평균
	count	결측치를 제외한 관측치의 개수 합계
	n	count와 같음
	sum	합계
	max	최댓값
	min	최솟값
	range	범위(=최댓값-최솟값)
	sd	표준편차
	variance	분산
	skewness	왜도
	kurtosis	첨도
	median	중앙값
	:	:

성(gender)별 하루평균보행시간(walktime)과 하루 평균 10분 이상 보행 횟수(walkfreq)에 대하여 요약통계표(tabstat)를 만들어보자. 요약통계에는 관측치수(n), 평균(mean), 표준편차(sd), 왜도(skewness), 첨도(kurtosis)를 선택하고, 표시형식을 %8.3f로 지정하여 실행하여 보자. 두 개의 변수의 요약통계에서 남자(male)는 288명, 여자(female)는 320명으로, 남자가 여자보다 걷는 시간과 횟수 모두 평균적으로 높음을 알 수 있다.

```
tabstat walktime walkfreq, by(gender)
stat(n mean sd skewness kurtosis) format(%8.3f)
```

```
Summary statistics: N, mean, sd, skewness, kurtosis
  by categories of: gender (Gender)

gender |  walktime  walkfreq
-------+--------------------
  male |   288.000   288.000
       |    58.420     3.302
       |    30.553     1.242
       |     1.814     0.801
       |     9.479     3.586
-------+--------------------
female |   320.000   320.000
       |    51.497     3.022
       |    32.361     1.015
       |     5.150     0.388
       |    55.436     4.559
-------+--------------------
 Total |   608.000   608.000
       |    54.776     3.155
       |    31.681     1.136
       |     3.633     0.713
       |    34.769     4.225
----------------------------
```

② tabulate, summarize( )

tabulate, summarize( ) 명령어는 평균과 표준편차에 대하여 일원 및 이원 요약통계표를 보여주는 것이다. 옵션을 지정해주지 않으면 빈도표가 생성된다. summarize( )는 요약할 구체적인 변수를 지정하여 준다. 평균과 표준편차, 빈도와 관측치 개수에 대한 통계정보가 제공된다. 아래의 table이 보다 편리하지만 용량이 큰 데이터의 경우에는 동일한 요약통계를 보고자 한다면 이 명령어가 보다 빠르게 결과를 보여준다.

명령문	tabulate varname1 [varname2] [if] [in] [weight] [, options]	
옵션	summarize(variname)	지정된 변수에 대한 요약통계를 제시
	[no]means	평균의 포함 또는 삭제
	[no]standard	표준편차의 포함 또는 삭제
	[no]freq	빈도의 포함 또는 삭제
	[no]obs	관측치수의 포함 또는 삭제
	nolabel	값라벨이 아니라 숫자코드를 보여줌
	missing	결측치를 포함하여 빈도표를 작성하여 보여줌

하루 평균 보행시간(walktime)을 성(gender)별 나이(age) 그룹별 교차표로 요약통계를 tabulate, summarize( )를 활용하여 실행하여 보자. 결과창에서는 성별 나이별로 각셀의 값들은 평균, 표준편차, 빈도 순으로 정렬하여 보여주고 있다. 평균적으로 20대가 58.53분으로 다른 나이대 보다 많이 걷고 있으며, 20대 남자가 가장 많은 62.15분을 보행시간에 할애하고 있다. 나이대에 상관없이 남자가 또한 여자보다 많이 걷고 있으나, 나이가 많아질수록 남자와 여자의 걷는 시간의 차이는 줄어든 경향을 볼 수 있다. 즉, 20대와 30대에서는 남자가 여자보다 약 9분 정도 많이 걷고 있으나 50대에서는 약 3분 정도로 차이가 줄어들고 있다.

```
tabulate gender age , summarize(walktime)
```

Means, Standard Deviations and Frequencies of walktime

Gender	Age(20-59) 20s	30s	40s	50s	Total
male	62.149533	57.642857	56.37931	54.150943	58.420139
	37.265697	28.599197	24.383506	23.05378	30.552757
	107	70	58	53	288
female	53.506494	48.915663	52.52809	51.042254	51.496875
	25.158248	20.70478	48.171825	25.533975	32.361303
	77	83	89	71	320
Total	58.532609	52.908497	54.047619	52.370968	54.776316
	32.947533	24.93158	40.427228	24.456521	31.681216
	184	153	147	124	608

③ table

table은 주요 변수들의 요약통계표를 제시해주는 명령어이다. 이 명령어 또한 통계정보를 간단하게 요약하여 볼 수 있으며, 변수들의 조합에 의한 요약통계를 제공하고 있다는 점에서 유용하다. 요약통계는 tabstat에서 제공하는 것과 거의 동일함으로, contents(clist)에서 이들 통계치를 지정하면 그 결과를 볼 수 있으므로 참조하기 바란다.

명령문	table rowvar [colvar [supercolvar]] [if] [in] [weight] [, options]	
주요옵션	contents(clist)	표안의 통계치의 내용을 지정. 최대 5개까지 가능
	by(superrowvarlist)	상급열의 변수의 수준별로 통계치를 보여줌
옵션	cellwidth(#)	표의 구획(cell) 폭 지정
	csepwidth(#)	열의 폭 지정
	scsepwidth(#)	상급열 폭의 지정
	center	셀의 내용을 가운데 정렬함. 기본값은 오른쪽 정렬임
	left	셀의 내용을 왼쪽 정렬함
	row	행 합계의 통계 정보 추가 제공
	col	열 합계의 통계 정보 추가 제공
	scol	상위 열의 합계에 대한 통계정보 추가 제공
	missing	결측치를 포함하여 정보제공
	format(%fmt)	셀 안의 숫자의 표시형식 지정. 기본값은 %9.0g임

개인들의 하루 보행시간(walktime)과 보행횟수(walkfreq)의 평균을 성별 나이그룹별로 셀별 통계치를 요약하는 방법으로 table 명령을 실행하여 보자. 옵션으로 행과 열의 합계 통계치도 함께 제시하도록 하며, 가운데 정렬로 표를 만드는 옵션을 선택하자. 걷는 시간(walktime)은 앞서 결과와 같다. 하루 10분 이상 지속되는 보행횟수(walkfreq)도 남자보다는 여자가 많으나, 걷는 시간과 달리 나이의 증감에 따라 차이가 감소 또는 증가하는 경향을 보이지 않고 있다. 남자는 30대가 10분 이상 지속하는 보행횟수가 3.01로 가장 적음에 비하여 여자는 40대가 2.88로 가장 적은 분포를 보이고 있다.

```
table gender age, c(mean walktime mean walkfreq)
row col format(%9.2f) center
```

Gender	Age (20-59) 20s	30s	40s	50s	Total
male	62.15	57.64	56.38	54.15	58.42
	3.52	3.01	3.28	3.26	3.30
female	53.51	48.92	52.53	51.04	51.50
	3.32	3.00	2.88	2.90	3.02
Total	58.53	52.91	54.05	52.37	54.78
	3.44	3.01	3.03	3.06	3.15

제2절
데이터 수정하기

1. 새로운 변수의 생성과 연산자

1) 변수 생성 명령어: generate, replace, egen

여기서는 새로운 변수를 생성시키는 명령어는 generate, 기존 변수의 속성값, 즉 내용을 변화시키는 replace, 기존 변수의 속성값의 통계치(평균, 중상값, 분산 등)를 이용하여 새로운 변수를 생성하는 명령어인 egen에 대하여 알아보고자 한다.

명령어	설명	사용 예
generate	새로운 변수의 만들기	generate age2 = age^2 generate int age2 = age^2 if age > 30
replace	기존 변수의 내용 변경	replace odd = 5 in 3
egen	변수 생성 기능의 확장	egen avg = mean(cholesterol) egen totalsum = total(x) egen rank = rank(mpg)

2) generate와 replace

새로운 변수를 만들거나 변화시키는 명령어는 generate이다. 데이터를 관리할 때 자주 사용하는 명령어 중 하나이다. 변수의 값들은 새로운 변수명 다음에 "=exp"로 지정하면 된다. 새로운 변수의 저장유형도 변수명 앞에 지정할 수 있다. if와 in 한정어를 활용할 수도 있다.

replace는 generate 명령어와 함께 자주 사용되는 명령어이다. 새롭게 만들어진 변수나 기존 변수의 값들을 변화시키게 된다. 또한 generate는 다양한 함수기능을 이용하여 새로운 변수를 만들 수 있어 알아두면 유용한 경우가 많다.

<table>
<tr><td rowspan="3">명령문</td><td colspan="3">generate [type] newvar[:lblname] =exp [if] [in]</td></tr>
<tr><td colspan="3">replace oldvar =exp [if] [in] [, nopromote]</td></tr>
<tr><td>옵션</td><td>nopromote</td><td>기본값으로 변수형식은 float 도는 double로 저장되도록 되어있음. 이 유형으로 바꾸지 않고 기존 변수의 저장유형으로 보존</td></tr>
</table>

Stata에서 아래와 같이 5개의 산술연산자가 주어져 있다. 괄호("( )")로 우선적으로 계산될 부분을 지정하지 않는다면, 산술식에서 있어 계산은 가장 먼저 거듭제곱을, 그 다음으로 곱셈과 나눗셈을, 그리고 그 다음으로 덧셈과 뺄셈을 하게 된다.

<table>
<tr><th>기호</th><th>의미</th><th>산술우선순위</th></tr>
<tr><td>^</td><td>거듭제곱(power)</td><td>1</td></tr>
<tr><td>*</td><td>곱셈</td><td rowspan="2">2</td></tr>
<tr><td>/</td><td>나눗셈</td></tr>
<tr><td>+</td><td>덧셈</td><td rowspan="2">3</td></tr>
<tr><td>-</td><td>뺄셈</td></tr>
</table>

Stata에서 수학함수와 통계함수 등 다양한 함수를 제공하고 있다. 이들 중에서 자주 사용하는 함수들과 그 의미를 간단하게 기술하면 다음과 같다.

<table>
<tr><th colspan="2">함수식</th><th>의미</th></tr>
<tr><td rowspan="5">수학</td><td>abs(x)</td><td>절대값</td></tr>
<tr><td>acos(x)</td><td>아크코사인 값</td></tr>
<tr><td>asin(x)</td><td>아크사인 값</td></tr>
<tr><td>atan(x)</td><td>아트탄젠트</td></tr>
<tr><td>atan2(y, x)</td><td>y/x의 아크탄젠트 값</td></tr>
</table>

	cos(x)	코사인 값
	exp(x)	지수 값
	int(x)	정수 값
	ln(x)	자연로그 값
	logit(x)	로짓함수(ln{p/(1-p)} 값
	invlogit(x)	역로짓함수(exp(x)/{1+exp(x)} 값
	max(x1,x2,...,xn)	변수들 중 최댓값(결측치 무시): max(2,10,.,7)=10
	min(x1,x2,...,xn)	변수들 중 최솟값(결측치 무시): min(2,10,.,7)=2
	mod(x, y)	y로 x를 나누어 남은 값(=x-y*int(x/y))
	round(x)	가장 가까운 정수: round(6.7)=7
	round(x, y)	y의 단위로 round된 x의 값: round(5.8, 0.25)=5.75
	sin(x)	사인 값
	sqrt(x)	제곱근 값
	sum(x)	변수 첫 관측치부터 j번째 관측치까지의 합계
	tan(x)	탄젠트 값
문자	substr(x,n1,n2)	x의 문자에서 n1부터 n2의 길이 만큼 해당하는 문자의 추출 substr("abcdef",2,3) = "bcd" substr("abcdef",-3,2) = "de" substr("abcdef",2,.) = "bcdef"
기타	_n	해당 관측치의 수
	_N	데이터의 총 관측치 개수
	runiform()	0과 1사이의 무작위 수

3) egen

generate의 명령어의 확장(extensions)된 기능을 egen 명령어로 수행할 수 있다. egen은 데이터 관리에 필요한 일련의 대수와 문자 함수 등의 함수로 새로운 변수를 생성하게 되어 generate보다 강력한 기능을 가지고 있다. 예를 들어, 어떤 변수의 값의 평균값을 새로운 변수로 만들고 싶거나 관측치의 수를 새로운 변수로 만들고 싶을 경우에는 egen 명령어를 사용하면 가능해진다.

명령문	egen [type] newvar = fcn(arguments) [if] [in] [, options]
함수	**뜻**
egen y=count(x)	x변수의 결측치가 없는 관측치의 개수
egen y=diff(x1 x2 ... xn)	x1-x n의 값들이 동일하면 1, 그렇지 않으면 0
egen y=kurt(x)	x변수의 첨도
egen y=mean(x)	x변수의 평균값
by z: egen y=mean(x)	z의 카테고리별 x변수의 평균값
egen y=median(x)	x변수의 중앙값
egen y=max(x)	x변수의 최댓값
egen y=min(x)	x변수의 최솟값
egen y=rank(x), field	x변수의 가장 높은 값을 1로 하여 순위값
egen y=rank(x), trace	x변수의 가장 낮은 값을 1로 하여 순위값
egen y=sd(x)	x변수의 표준편차
egen y=skew(x)	x변수의 왜도
egen y=total(x)	x변수의 합계
egen y=rowmin(x1-x10)	10개 변수의 관측치 최솟값
egen y=rowmax(x1-x10)	10개 변수의 관측치 최댓값
egen y=rowmedian(x1-x10)	10개 변수의 관측치 중앙값
egen y=rowmean(x1-x10)	10개 변수의 관측치 평균값
egen y=rowsd(x1-x10)	10개 변수의 관측치 표준편차
egen y=rowtotal(x1-x10)	10개 변수의 관측치 합계
egen y=rowmiss(x1-x10)	10개 변수의 관측치 중 결측치 개수
egen y=rownomiss(x1-x10)	10개 변수의 관측치 중 비결측치 개수
egen y=cut(x), at(# #[(#)] #)	x 연속변수를 #의 범위로 명목변수화하기
egen y=cut(x), group(5)	x 연속변수 관측치를 오름차순으로 5개 카테고리로 나누기
egen y=group(x1 x2)	x1과 x2의 명목변수 조합으로 집단화하기

2. 변수명과 변수값 변환하기

1) 변수명과 변수값 변환을 위한 주요 명령어

이미 불러들인 파일에서 기존의 변수명을 새로운 변수명으로 재명명하고자 할 때에는 rename을 사용하면 된다. 이러한 경우는 가끔 다른 연구자가 명명한 변수명이 흡족하지 않은 경우 또는 기존의 변수명이 실제 그 변수의 속성을 대변하지 충분히 대변하지 못하다고 판단될 때 사용된다. 그리고 기존의 변수속성을 변화시키고자 하는 경우에는 recode 명령어를 활용하면 된다. 또한 변수의 표시형식을 바꾸고자 하는 경우에는 recast 명령어를 사용할 수 있다. 변수명과 변수값을 변환하는 세가지 명령어에 대한 간단한 설명과 사용 예를 제시하면 다음과 같다.

명령어	설명	사용 예
rename	변수명 재명명	rename exp experience rename inc income
recode	변수수준(값) 바꾸기	recode x1 (1 = 2) (2 = 1) recode x2 (1 2 = 1) (3 = 2) (4/7 = 3)
recast	변수유형 바꾸기	recast byte mpg recast int headrooom

2) rename과 renpfix

변수의 값이나 내용을 변화하지 않고, 변수명을 바꾸고자 할 경우에는 rename 명령어를 사용하면 된다. rename의 명령문은 현재의 변수명(old_name)과 새로운 변수명(new_varname)으로 입력하면 된다. 이와 유사하지만 변수명들의 접두어(prefix)를 바꾸고자 한다면 renpfix 명령어를 사용하면 된다. renpfix는 Stata 12버전에서는 rename 통합되었으므로, 12버전 사용자는 전자를 사용하지 말고, 후자의 명령어를 사용하여야 한다.

명령문	
명령문	rename old_varname new_varname rename (old1 old2 ...) (new1 new2 ...) [, options1] rename old1 old2 ..., {upper|lower|proper} [options2]
	renpfix old_stub [new_stub]

명목변수의 값들의 재분류하고자 한다면 recode 명령어를 사용하면 된다. 이 명령어는 명목변수의 값들을 지정한 법칙에 따라 숫자변수를 바꾸고자 하는 경우에 적용되며, 조건에 맞지 않는 변수의 값들은 변화하지 않고 남아 있게 된다. recode에 사용되는 법칙은 다음과 같다.

법칙(rule)	사용 예	의미
# = #	3=1	3은 1로 바꿈
# # = #	2 1 = 9	2와 1은 9로 바꿈
# / # = #	1/5 = 4	1부터 5까지의 값은 4로 바꿈
nomissing = #	nomiss = 8	결측치가 아니면서 지정되지 않은 모든 값은 8로 바꿈
missing = #	miss = 9	결측치는 9로 바꿈

명령문	recode varlist (rule) [(rule) ...] [, generate(newvar)]	
옵션	generate(newvar)	변환된 값들의 새로운 변수명 지정. 지정하지 않을 경우에는 기존 변수가 대체된다.
	prefix(str)	2개 이상의 변수의 값 변화시에 새로운 변수들의 접두어를 설정
	label(name)	값라벨의 명칭 지정
	test	법칙들이 충돌되거나 중복되는지 여부의 대한 검사 시행

설문조사에서 직업유형(sq2)을 9가지로 분류하여 설문한 응답의 결과가 다음과 같이 나왔을 경우, 농림어업종사자(=7)가 1명밖에 없다. 이 직업유형을 기타(=9)로 분류하고 재분류하여 새로운 변수로 jobtype을 만들어 보자. 이 경우 7의 값이 기타로 분류되어 없으지므로, 7이하의 변수값이 하나씩 작아지도록 재분류할 필요가 있다. 실행 결과에서는 sq2변수와 새로 생성한 jobtype 변수간에 총42개의 차이가 있음을 보여주고 있다. 새로운 변수를 빈도표로 확인하였을 때, 6 이전값은 동일하고, 8의 값이 하나 증가하였음을 알 수 있다.

```
tabulate sq2
```

SQ2	Freq.	Percent	Cum.
1	74	13.24	13.24
2	99	17.71	30.95
3	38	6.80	37.75
4	86	15.38	53.13
5	70	12.52	65.65
6	150	26.83	92.49
7	1	0.18	92.67
8	20	3.58	96.24
9	21	3.76	100.00
Total	559	100.00	

```
recode sq2 8=7 7 9=2, gen(jobtype)
```

```
recode sq2 8=7 7 9=8, gen(jobtype)
(42 differences between sq2 and jobtype)
```

```
tabulate jobtype
```

RECODE of sq2 (SQ2)	Freq.	Percent	Cum.
1	74	13.24	13.24
2	99	17.71	30.95
3	38	6.80	37.75
4	86	15.38	53.13
5	70	12.52	65.65
6	150	26.83	92.49
7	20	3.58	96.06
8	22	3.94	100.00
Total	559	100.00	

4) recast

변수의 저장유형(storage type)을 바꾸고자 할 때 사용하는 명령어이다. 저장유형은 숫자변수의 경우에는 byte, int, long, float, double이며, 문자변수의 경우에는 str1-str244에서 원하는 유형으로 바꿀 수 있다.

명령문	recast type varlist [, force]	
옵션	force	정확도의 손실, 결측치의 생성 또는 문자의 절단 등의 정보손실에도 불구하고 강제로 시행하라는 옵션으로, 조심스럽게 사용될 필요가 있음

3. 문자와 숫자변수의 변환

1) 문자 및 숫자변수의 변환에 대한 주요 명령어

이미 입력된 데이터 파일을 불러들이거나 다른 확장자를 가진 데이터 파일을 Stata에서 불러들일 경우 가끔 숫자변수로 작성되어 있음에도 불구하고, Stata에서는 문자변수로 인식하는 경우가 있다. 또한 실제 문자변수로 표시형식을 지정하였으나 그 속성은 숫자인 경우가 있다. 마찬가지 반대의 경우도 자주 발견된다. 이와 같은 경우에는 문자변수를 숫자변수로, 숫자변수를 문자변수로 변환하여 분석에 사용하여야 한다. Stata에서 이러한 경우에 대하여, encode, decode, destring, tostring이라는 명령어로 변환이 가능하다. 또한 문자변수에서 특정문자나 띄워쓰기 등의 구분자로 구분되어 있는 경우에는 이를 분리할 수도 있다. 이는 split이라는 명령어를 활용하면 된다. 문자와 숫자변수의 전환과 분리에 대한 명령어와 간단한 설명, 그리고 사용 예를 예시하면 다음과 같다.

명령어	설명	사용 예
encode	문자변수를 숫자변수로 바꾸기	encode sex, generate(gender)
decode	숫자변수를 문자변수로 바꾸기	decode female, generate(sex)
destring	문자변수를 숫자변수로 바꾸기	destring, generate(id2 num2 income2) destring, replace
tostring	숫자변수를 문자변수로 바꾸기	tostring year day, replace
split	문자변수를 하나 이상의 문자변수들로 나누기	split var1, destring split address, p(@)

2) encode와 decode

encode는 문자변수를 숫자변수로, decode는 숫자변수를 문자변수로 바꾸라는 명령어이다. encode는 문자변수의 고유값 또는 값라벨에 기반하여 숫자로 된 새로운 변수를 생성하게 된다. decode는 부호화된(encoded) 숫자변수 또는 값라벨이 지정된 숫자변수를 새로운 문자변수로 바꾸는 기능을 한다.

<table>
<tr><td>명령문</td><td colspan="2">encode varname [if] [in] , generate(newvar) [label(name) noextend]</td></tr>
<tr><td rowspan="2">옵션</td><td>generate(newvar)</td><td>새로운 변수명 지정</td></tr>
<tr><td>label(name)</td><td>값라벨의 이름 지정</td></tr>
<tr><td>명령문</td><td colspan="2">decode varname [if] [in] , generate(newvar) [maxlength(#)]</td></tr>
<tr><td rowspan="2">옵션</td><td>generate(newvar)</td><td>새로운 변수명 지정</td></tr>
<tr><td>maxlength(#)</td><td>값라벨의 문자의 수 지정. 기본값은 244자이며, 1~244개 문자까지 가능함</td></tr>
</table>

먼저, 값라벨이 설정되어 있는 숫자변수(gender)를 문자변수로 바꾸는 명령을 실행하여 보자. 실행하기에 앞서 gender 변수가 어떤 코드값을 가지고 있는지 살펴보기 위하여 codebook을 적용하여 보자. 저장유형(type)로 바이트(byte)로 된 숫자(numeric)이며, 범위는 1과 2로 구성되어 있음을 알 수 있다. 그리고 그 변수의 값들은 숫자 1과 2로 구성되어 있으며, 값라벨이 male과 female로 각각 설정되어 있음을 알 수 있다. 총 609개의 관측치 중에서 1개가 결측치의 값(.)을 가지고 있다.

codebook gender

```
gender                                                          Gender

                  type:  numeric (byte)
                 label:  gender

                 range:  [1,2]                       units:  1
         unique values:  2                       missing .:  1/609

            tabulation:  Freq.   Numeric  Label
                           288         1  male
                           320         2  female
                             1         .
```

gender라는 숫자변수를 문자변수로 변환(decode)시키면서, 그 변수의 이름을 sex로 하여 새로운 변수로 생성시키는 명령을 실행하여 보자. 실행결과가 어떻게 되었는지를 살펴보기 위하여 새로 생성된 sex변수에 대하여 codebook 명령을 실행하여 보자.

```
decode gender, gen(sex)
codebook sex
```

```
sex                                                              Gender

                type:  string (str6)

       unique values:  2                       missing "":  1/609

         tabulation:  Freq.  Value
                          1  ""
                        320  "female"
                        288  "male"
```

숫자변수(gender)와 decode를 실행하여 생성한 문자변수(sex)의 code book 실행결과를 비교하여 보자. sex 변수는 저자유형이 6개의 글자(str6)로 된 문자(string)임을 알려주고 있다. 값라벨이 "female"과 "male"로 고유값이 2개이며, 결측치는 공백(" ")으로 전환되었음을 보여주고 있다.

새로 생성한 문자변수(sex)를 숫자변수로 다시 전환(encode)시켜보자. 이 변수는 gender2라는 변수명으로 생성시켜서 그 실행결과를 codebook 명령을 통하여 확인하여 보자. 결과창에서 gender2의 코드의 구체적인 정보를 보여주고 있다. gender2 변수는 long 타입의 숫자변수이면서, female은 1로 male은 2의 값을 가지는 숫자변수임을 보여주고 있다.

```
encode sex, gen(gender2)
codebook gender2
```

```
gender2                                                          Gender

                type:  numeric (long)
               label:  gender2

               range:  [1,2]                        units:  1
       unique values:  2                        missing .:  1/609

          tabulation:  Freq.   Numeric  Label
                         320         1  female
                         288         2  male
                           1         .
```

숫자변수인 gender와 gender2의 차이를 비교하여 보자. 2가지의 변화가 있다. 첫째는 숫자의 저장유형이 byte에서 long 타입으로 차이가 있다. 이는 문자변수를 숫자로 전환할 때 기본값이 long 타입으로 되어있기 때문이다. 둘째는 변수의 수준 값에 차이가 있다. 원래의 값은 male이 1의 값을, female이 2의 값을 가지고 있었으나, 문자를 숫자로 변환한 gender2의 값은 그 반대의 값으로 설정되어 있다. 이는 숫자에서 문자로 전환할 때 알파벳 순서로 전환되었고, 이를 다시 숫자변수로 변환될 때 알파벳 순서로 값이 설정되었기 때문이다.

3) destring과 tostring

destring은 문자변수를 숫자변수로, tostring은 숫자변수를 문자변수로 전환시키는 명령어이다. 간혹 숫자변수임에도 불구하고 문자변수로 형식이 지정되어 있거나 그 반대의 경우가 있다. 또한 변수 값에서 특정 문자와 함께 숫자로 되어 있는 변수가 있다. 이러한 경우에 본래의 값을 표현하고 싶다면 destring과 tostring 명령어를 사용하면 된다. 전환하고자 하는 변수 목록을 지정하지 않은 경우에는 데이터에 있는 모든 변수에 대하여 전환을 시행하게 된다. 옵션을 사용하여 전환된 변수를 새로운 변수로 생성(generate)하거나 기존의 변수를 대체(replace)할 수 있다. 즉, generate와 replace 둘 중 한 옵션을 선택하여야 하며, 두 옵션 모두를 사용할 수 없다.

명령문	destring [varlist] , {generate(newvarlist)|replace} [destring_options]	
옵션	generate(newvarlist)	새로운 변수명 지정
	replace	기존의 변수명 사용; 기존 변수 삭제
	ignore("chars")	제거할 구체적인 문자 지정. 지정되지 않은 문자가 전환할 변수값에 있다면 그 변수는 숫자로 전환되지 않음
	force	지정하지 않은 문자를 가진 변수값들은 결측치(.)로 처리
	float	숫자형식을 float으로 지정. 기본값은 double임
	percent	변수의 값에서 % 표시를 제거하고, 100으로 나누어 비율로 표시
명령문	tostring varlist , {generate(newvarlist)|replace} [tostring_options]	
옵션	generate(newvarlist)	새로운 변수명 지정
	replace	기존의 변수명 사용
	force	정보가 손실되더라도 문자로 전환
	format(format)	전환될 표시형식 설정
	usedisplayformat	각 변수의 현재의 표시형식으로 설정

destring과 tostring의 예제를 실행하기 위하여 Stata에서 제공하고 있는 데이터셋을 활용하여 보자. 먼저 웹에서 데이터를 다운받아 불러들이기 위하여 webuse destring1 실행하고, 불러들여진 파일에 대해 알기 위하여 describe를 실행하여 보자. 결과창에서는 웹에서 다운받아 불러진 데이터의 웹주소와 파일명이 제시되어 있으며, 관측치가 10개, 변수의 수는 5개, 그리고 변수들은 모두 문자로 저장형식이 설정되어 있음을 알 수 있다.

```
webuse destring1
describe
```

```
Contains data from http://www.stata-press.com/data/r12/destring1.dta
  obs:            10
 vars:             5                          3 Mar 2011 10:15
 size:           200
--------------------------------------------------------------------
              storage  display     value
variable name   type   format      label      variable label
--------------------------------------------------------------------
id              str3   %9s
num             str3   %9s
code            str4   %9s
total           str5   %9s
income          str5   %9s
--------------------------------------------------------------------
Sorted by:
```

이 데이터의 변수들이 문자로 설정되어 있지만 실제 어떤 값들을 가지고 있는지 살펴보기 위하여 list 명령을 실행하여 보자. 5개의 변수 모두 표시형식을 문자이지만 숫자형태를 띠고 있다. 가끔 엑셀파일이나 텍스터 파일을 Stata에서 불러들일 때 숫자변수이지만 문자로 인식될 때가 있다. 이럴 경우 destring의 명령이 유용하다.

```
list in 1/5
```

	id	num	code	total	income
1.	111	243	1234	543	23423
2.	111	123	2345	67854	12654
3.	111	234	3456	345	43658
4.	222	345	4567	57	23546
5.	333	456	5678	23	21432

destring 명령을 활용하여 이들 5개 문자변수를 숫자변수로 전환시키면서, 이들 각각의 변수명을 다르게 주어 실행하여 보자. 결과창에서 실행결과를 보면, 5개의 변수들의 문자들 모두가 숫자형식을 가지고 있음을 알려주고 있다. 또한 이들 변수들이 int 형식과 long 형식의 숫자로 표시형식이 설정되어 지정한 변수로 생성되었음을 보고하고 있다.

destring, generate(id2 num2 code2 total2 income2)

```
id has all characters numeric; id2 generated as int
num has all characters numeric; num2 generated as int
code has all characters numeric; code2 generated as int
total has all characters numeric; total2 generated as long
income has all characters numeric; income2 generated as long
```

이들 새로운 변수들이 제대로 작동하였는지를 살펴보기 위하여 desribe 명령을 실행하여 보자. 새로운 변수들이 destring 실행결과에서 보고한 것처럼 저장유형이 int와 long 형식의 숫자형태로 저장유형이 설정되어 있음을 보여주고 있다.

destring, generate(id2 num2 code2 total2 income2)

```
              storage  display     value
variable name   type   format      label      variable label
-------------------------------------------------------------
id2             int    %10.0g
num2            int    %10.0g
code2           int    %10.0g
total2          long   %10.0g
income2         long   %10.0g
```

destring과 반대의 경우인 tostring으로 숫자로 표시형식이 잘못 설정된 변수들을 문자형식으로 바꾸는 방법을 살펴보자. 먼저 웹에서 데이터(tostring.dta)를 다운받아 불러서, describe 명령을 실행하여 보자. 결과창에서 4개의 변수들 중에서 2개의 문자변수(id와 month)로, 나머지 두 변수는 float 형태의 숫자변수로 설정되어 있음을 알 수 있다. 실제 데이터 값들이 어떻게 되어있는지를 또한 살펴보기 위하여 list 명령을 실행하여 보면, day와 year가 숫자이지만, month는 문자로 되어 있다.

```
webuse tostring, clear
describe
```

```
Contains data from http://www.stata-press.com/data/r12/tostring.dta
  obs:            10
 vars:             4                          27 Apr 2010 10:14
 size:           200

              storage  display     value
variable name   type   format      label      variable label

id              str9   %9s
month           str3   %9s
day             float  %9.0g
year            float  %9.0g

Sorted by:
```

```
list in 1/5
```

```
     +------------------------------------+
     |        id   month   day   year     |
     |------------------------------------|
  1. | 123456789     jan    10   2001     |
  2. | 123456710     mar    20   2001     |
  3. | 123456711     may    30   2001     |
  4. | 123456712     jun     9   2001     |
  5. | 123456713     oct    17   2001     |
     +------------------------------------+
```

월-일-년의 형식에 맞추기 위하여 day와 year를 문자로 바꾸는 tostring 명령을 실행하여 보자. 이번에는 새로운 변수를 만들지 않고, 기존 변수로 대체(replace)하라는 옵션을 선택하여 보자. 결과창에서는 year와 day 변수의 표시형식이 float에서 str#으로 바뀌었음을 보고하고 있다. 그리고 실행결과를 살펴보기 위하여 describe 명령을 다시 한 번 실행하여 보자. 결과창에서 4개 변수가 모두 문자형식을 보여주고 있다.

tostring year day, replace

```
year was float now str4
day was float now str2
```

describe

```
Contains data from http://www.stata-press.com/data/r12/tostring.dta
  obs:            10
 vars:             4                          27 Apr 2010 10:14
 size:           180

              storage  display     value
variable name   type   format      label      variable label

id              str9   %9s
month           str3   %9s
day             str2   %9s
year            str4   %9s

Sorted by:
     Note:  dataset has changed since last saved
```

3) split

문자변수의 내용을 분할하여 1개 이상의 새로운 변수들로 만들라는 명령어이다. split은 2개 이상의 단어, 즉 공백이나 특정 문자로 일정하게 나누어진 2개 이상의 단어들로 변수가 이루어져 있을 경우 그 변수를 훼손하지 않고 새로운 변수들로 만들어주므로, 필요할 경우에 매우 유용한 명령어라고 볼 수 있다. 또한 분할하여 새로운 변수들을 생성하면서 숫자변수로 전환할 수 있으며, 이는 destring 옵션으로 가능하다.

명령문	split strvar [if] [in] [, options]	
옵션	generate(stub)	새로운 변수들의 초기문자 지정
	parse(parse_string)	분할할 구분문자의 지정; 공백(" ")은 기본값임
	limit(#)	새로 생성할 변수의 수 설정
	destring	새로운 문자변수를 숫자변수로 전환
	ignore("char")	제거할 구체적인 문자 지정. 지정되지 않은 문자가 전환할 변수값에 있다면 그 변수는 숫자로 전환되지 않음
	force	지정하지 않은 문자를 가진 변수값들은 결측치(.)로 처리
	float	숫자형식을 float으로 지정. 기본값은 double임
	percent	변수의 값에서 % 표시를 제거하고, 100으로 나누어 비율로 표시

split 명령구문의 실행예제를 웹데이터(splitxmpl.dta)로 활용하여 보자. 데이터를 불러들인 다음에 변수가 어떻게 구성되어 있는지 알기 위하여 list 명령을 실행하여 보자. var1과 var2 두 개의 변수가 있다.

```
webuse splitxmpl, clear
list in 1/5
```

	var1	var2
1.	South Alabama	29.30
2.	West Alaska	26.10
3.	West Arizona	29.20
4.	South Arkansas	30.60
5.	West California	29.90

이 중 var1 변수는 미국의 주 명칭과 그 주에서의 지역(south, west 등) 이름이 합쳐져 있으며, 그 구분자는 공백(" ")임을 알 수 있다. 그러므로 split 명령을 활용하여 이들이 분리된 두 개의 변수를 만들어 보자. 옵션은 geog라는 접두어로 시작되는 변수명으로 설정하여 새로운 변수를 만들라는 것이다. 결과창에서는 geog1과 geog2 두 개의 변수가 문자변수로 생성되었음을 보고하고 있다. 이들 결과를 list 명령을 통하여 확인하여 보면 그 실행결과를 보다 명확하게 알 수 있을 것이다.

```
split var1, generate(geog)
```

```
variables created as string:
geog1  geog2
```

```
list in 1/5
```

	var1	var2	geog1	geog2
1.	South Alabama	29.30	South	Alabama
2.	West Alaska	26.10	West	Alaska
3.	West Arizona	29.20	West	Arizona
4.	South Arkansas	30.60	South	Arkansas
5.	West California	29.90	West	California

제3절
데이터 통합과 변환하기

1. 데이터 통합과 변환의 주요 명령어

데이터 관리하기에서는 변수나 관측치의 제거, 데이터의 정렬과 이동, 데이터의 통합과 변형 등을 다루고자 한다. 기존의 데이터 파일에서 특정 관측치나 변수를 제거하거나 그것만을 가지고 분석하고자 할 때에는 drop 또는 keep 명령어를 활용할 수 있다. 데이터의 구조에서 순서를 바꾸고자 할 경우에는 order, aorder, sort, gosrt의 명령어를 활용하면 도움이 된다. 그리고 2개 이상의 데이터를 통합하고자 할 경우에는 통합하고자 데이터의 속성에 따라 merge, joinby, append 중에서 택일하여 사용하면 된다. 뿐만 아니라 데이터의 구조를 변환하거나 집계화된 데이터로 새로 생성하고자 할 경우에는 collapse, reshape, separate 명령어를 이용하여 수행할 수 있다. 이들 명령어들에 대한 간단한 설명과 사용 예를 요약하면 다음과 같다.

명령어	설명	사용 예
drop	지정된 변수 또는 관측치 제거	drop pop* drop marriage divorce drop if medage > 32 drop in 1/2
keep	지정된 변수 또는 관측치만 유지	keep pop* keep marriage divorce keep if medage > 32 keep in 1/2

order	지정한 변수들을 맨앞으로 정렬	order make mpg
aorder	알파벳 순으로 변수들의 정렬	aorder
move	지정한 변수를 다른 지정된 변수의 앞으로 옮기기	move make mpg
sort	지정된 변수의 값을 기준으로 알파벳 순으로 관측치 정렬	sort mpg sort mpg, stable
gsort	오름차순(+)과 내림차순(-)으로 관측치의 정렬	gsort +price gsort -price +mpg
merge	데이터들 합치기	merge make using autocost
joinby	집단내 모든 pariwise 조합의 형성	joinby family_id using child
append	데이터 붙이기	append using domestic, keep(make price mpg rep78 foreign)
collapse	요약통계치 데이터 만들기	collapse (p25) gpa [fw=number], by(year) collapse (mean) gpa hour [fw=number], y(year) cw

2. 데이터의 정렬과 관리

1) 변수와 관측치의 제거: drop과 keep

데이터에 있는 지정된 변수나 관측치를 삭제하는 명령어는 drop이며, keep은 정반대의 명령어이다. keep은 지정된 변수나 관측치 이외의 다른 변수나 관측치를 삭제하라는 명령어이다.

명령문		의미
drop	drop varlist	지정된 변수들을 삭제
	drop if exp	지정한 관측치 삭제
	drop in range [if exp]	관측치의 범위와 지정한 조건에 따라 삭제
keep	keep varlist	지정된 변수들 이외 삭제
	keep if exp	지정한 관측치 이외 삭제
	keep in range [if exp]	지정한 범위 이외와 조건 이외는 삭제

2) 데이터의 순서 변환: order, move, aorder

변수들의 정렬순서를 바꾸고자 할 때에는 order, move, aorder 명령어로 실행할 수 있다. order는 지정한 변수들을 데이터셋의 맨앞으로 옮기라는 명령어이다. move는 지정한 변수를 다른 지정된 변수의 앞으로 재배치하라는 명령어이다. aorder는 지정한 변수들을 알파벳순으로 배열하여 데이터셋의 맨앞으로 정렬하라는 명령어이다. 만약 aorder에서 변수목록을 지정하지 않는다면 모든 변수들이 알파벳 순으로 정렬될 것이다.

명령문	의미
order varlist	지정된 변수들을 맨앞으로 이동
move varname1 varname2	먼저 지정된 변수를 이후 지정된 변수 앞으로 이동
aorder [varlist]	알파벳순으로 정렬

3) 데이터의 정렬: sort와 gsort

현재 데이터에서 지정한 변수들의 값을 기준으로 관측치를 오름차순으로 정렬하고자 할 때 sort가 사용된다. 정렬하고자 하는 변수들의 수에 대한 한계는 없다. 결측치가 있을 경우에는 가장 큰 값으로 인식되기 때문에 맨 아래에 위치하게 된다. gsort는 sort와 유사하지만, 오름차순 뿐만 아니라 내림차순으로도 정렬이 가능하다는 점에서 차이가 있다. 오름차순은 정렬하고자 하는 변수명 앞에 "+"를, 내림차순으로는 "-"를 붙이면 된다. 숫자변수 뿐만 아니라 문자변수도 정렬된다.

명령문	sort varlist [in] [, stable]	
옵션	stable	같은 값을 가진 관측치의 경우는 정렬 이전의 순서를 유지함. stable 옵션이 선택되지 않을 경우 무작위로 정렬하게 됨
명령문	gsort [+|-] varname [[+|-] varname ...] [, generate(newvar) mfirst]	
옵션	generate(newvar)	정렬된 데이터에 의하여 표시된 각 그룹에 대하여 새로운 변수들을 생성함
	mfirst	내림차순 정렬에서 결측치가 마지막이 아니라 맨 앞에 위치시킴

3. 데이터의 통합

1) 데이터의 수평통합: merge와 joinby

① merge

동일한 종류의 관측치들을 가지고 있으면서도 다른 변수들을 포함하고 있는 여러 개의 데이터셋들은 merge 명령어를 이용하여 통합하여 하나의 데이터셋으로 만들 수 있다. 현재 컴퓨터에서 사용하고 있는 데이터셋(Stata에서는 'mastr file'이라고 한다)을 기준으로 하여 동일한 관측치를 가지면서 다른 변수들을 포함하는 하나 이상의 다른 데이터셋들('using dataset'이라고 한다)을 합칠 수 있다. 이 때 적어도 통합하고자 하는 데이터셋들과 현재 사용하고 있는 데이터셋에서 최소한 하나 이상의 공통변수(varlist)를 가지고 있어야 한다. 여기서는 주요키(primary key)로 불리운다. Stata에서는 합쳐진 데이터셋에서 자동으로 '_merge' 변수를 생성하여 데이터 통합에 대한 중요한 정보를 제공하여 준다. 그러므로 merge를 실행한 후에는 'tab _merge'로 데이터 통합정보를 확인하는 것이 좋다. 통합정보에 대한 '_merge' 변수의 값의 의미는 다음과 같다. 만약 '_merge'가 모두 3의 값만을 가진다면 두 데이터셋 모두 동일한 관측치를 가지고 있으므로 통합이 잘 되어있다는 것을 의미한다.

변수값	의미
_merge == 1	'master' 데이터셋에만 있는 관측치
_merge == 2	'using' 데이터셋에만 있는 관측치
_merge == 3	'master'와 'using'의 모든 데이터셋에 공통된 관측치
_merge == 4	두 데이터셋에 있지만 갱신된 결측치
_merge == 5	두 데이터셋에 있지만 상호 충돌하는 관측치

merge는 master 파일과 using 파일의 매칭방식에 따라 5가지 유형이 있다. 통합하고자 하는 데이터셋의 통합유형을 고려하여 사용자가 적합한 유형으로 선택할 필요가 있다. 1:1은 주요 키 변수들에서 master 파일과 using 파일이 1:1로 대응하여 통합된다는 것이다. m:1은 using 파일의 한

관측치가 master 파일의 여러 개의 관측치와 대응함을 의미하며, 1:m은 그 반대의 경우에 사용된다. m:m은 두 통합 파일 모두 대응하는 관측치들이 서로 여러 개일 때 사용된다. 1:1 _n은 변수가 아니라 관측치에 의하여 대응한다는 것을 의미한다.

명령문	1:1		merge 1:1 varlist using filename [, options]
	m:1		merge m:1 varlist using filename [, options]
	1:m		merge 1:m varlist using filename [, options]
	m:m		merge m:m varlist using filename [, options]
	1:1 _n		merge 1:1 _n using filename [, options]
옵션	keepusing(varlist)		'using' 데이터에서 통합될 변수목록 지정. 이 옵션이 없으면 모든 변수들이 해당됨
	generate(newvar)		통합정보를 제공하는 변수의 명명
	nogenerate		_merg 변수를 생성하지 않기
	nolabel		'using' 데이터에서의 라벨 가져오지 않기
	nonotes		'using' 데이터의 주석(notes) 가져오지 않기
	replace		동일 변수명에 대하여 using 파일의 변수값으로 대체
	noreport		통합결과요약 테이블의 제시하지 않기
	sorted		이미 데이터셋이 정렬되어 있으므로, 정렬하지 말라는 의미
	버전10의 통합유형 지정 옵션	unique	'master'와 'using' 데이터셋의 통합기준이 되는 변수가 관측치의 고유값이 유일함을 설정(one-to-one merge)
		uniqmaster	'master' 데이터에서만 주요키 변수의 관측치가 유일함을 설정(one-to-many merge)
		uniqusing	'using' 데이터에서만 주요키 변수의 관측치가 유일함을 설정(many-to-one merge)

② joinby

joinby는 merge 명령어와 거의 동일한 기능을 수행한다. 후자와의 차이점은 첫째, joinby는 통합할 때 다-대-다(many-to-many)를 기본으로 하고 있다는 것이며, 둘째는 이로 인하여 작업처리시간에서의 차이가 있을 수 있다는 것이다. 물론 joinby과 merge 모두 one-to-one, one-to-many, many-to-one과 더불어 many-to-many 통합기능도 실행한다는 점에서는 동일하다.

명령문	joinby [varlist] using filename [, options]		
옵션	keep(varlist)		'using' 데이터에서 통합될 변수목록 지정. 이 옵션이 없으면 모든 변수들이 해당됨
	_merge(newvar)		통합정보를 제공하는 변수의 명명
	nolabel		'using' 데이터에서의 라벨 가져오지 않기
	관측치가 통합되지 않았을 때의 옵션	unmatched(none)	통합되지 않은 모든 관측치 무시. 기본값임
		unmatched(both)	두 데이터셋의 모든 관측치 포함
		unmatched(master)	'master' 데이터의 관측치만 포함
		unmatched(using)	'using' 데이터의 관측치만 포함

2) 데이터의 수직통합: append

merge와 joinby가 수평적 데이터셋들의 통합기능를 실행하는 명령어라면, append는 데이터셋들의 수직적 통합기능을 수행한다고 정의할 수 있다. append 명령을 실행하면 현재 사용하고 있는 데이터셋(master data)의 끝에 붙여질 데이터가 놓여지게 된다.

명령문	append using filename [, options]	
옵션	keep(varlist)	'using' 데이터에서 통합될 변수목록 지정. 이 옵션이 없으면 모든 변수들이 해당됨
	nolabel	'using' 데이터에서의 라벨 가져오지 않기
	nonotes	'using' 데이터의 주석(notes) 가져오지 않기

3) 데이터의 생성: contract와 expand

contract는 변수들의 값의 조합에 대한 관측의 빈도 또는 백분율로 새로운 데이터셋을 만드는 명령어이며, expand는 정확하게 contract와 반대의 기능을 실행하는 명령어이다. expand는 데이터셋의 관측치 수만큼 복사하여 새로운 데이터셋에서 생성하게 된다. 만약 정수가 아니라면 가장 가까운 정수로 인식하며, 1보다 적거나 결측치이면 1로 인식하여 데이터셋을 만들게 된다.

명령문	contract varlist [if] [in] [weight] [, options]	
옵션	freq(newvar)	빈도변수의 명명. 기본값은 _freq임
	cfreq(newvar)	누적 빈도변수 생성 및 명명
	perent(newvar)	빈도의 백분율 생성 및 명명
	cpercent(newvar)	누적 백분율 생성 및 명명
	float	float 저장형식 지정. 기본값은 double
	format(format)	백분율 변수들의 표시형식 지정
	zero	빈도가 0인 조합도 포함
	nomiss	결측치가 있는 조합의 빈도의 변수 삭제
명령문	expand [=]exp [if] [in]	

4. 집계화 데이터의 생성과 데이터의 구조 변환

1) 집계화 데이터의 생성: collapse

비집계화된 데이터를 집계화된 데이터로 만들고자 할 경우에는 collapse 명령어 매우 유용하다. contract 명령어와 유사하기는 하지만 빈도와 백분율 뿐만 아니라 평균, 표준편차 등 다양한 통계를 생성할 수가 있기 때문에 비집계 자료를 명목변수들의 집단이나 수준에 기준하여 집계화 데이터를 손쉽게 생성할 수 있다. 집계화 명령문 작성시 변수(varname)마다 하나 이상의 통계치(stat)를 새로운 변수(target_var)로 지정하여 만들 수 있다.

명령문	collapse clist [if] [in] [weight] [, options] collapse [(stat)] varlist [[(stat)] ...] [if] [in] [weight] [, options] collapse [(stat)] target_var=varname [target_var=varname ...] [[(stat)] ...] [if] [in] [weight] [, options]		
옵션	stat	mean	평균. 기본값임
		median	중위값
		p1	첫 번째 백분위
		p2	두 번째 백분위
		...	....

		p99	99번째 백분우
		sd	표준편차
		sum	합계
		rawsum	행합계
		count	결측치를 제외한 관측치수
		max	최댓값
		min	최솟값
		iqr	4분위간 영역(interquartile range)
		first	최초값
		last	마지막값
		firstnm	최초의 비결측치
		lastnm	마지막 비결측치
	by(varlist)		지정된 집단별 통계치 제시
	cw		조건부 삭제(casewise deletion)

2) 데이터 구조의 변환: reshape와 separate

① reshape

반복측정된 데이터셋의 경우 데이터 구조를 바꾸어 분석할 필요가 자주 발생하게 된다. 지정한 변수들을 기준으로 행과 열의 전환이 필요할 때에는 reshape 명령어를 사용하면 된다. reshape 명령을 실행하기 이전에 현재의 데이터셋이 long-form인지 wide-form인지를 확인하여야 한다.

<table>
<tr><td>명령문</td><td colspan="2">reshape long stubnames, i(varlist) [options]
reshape wide stubnames, i(varlist) [options]
reshape long
reshape widereshape xij fvarnames [, atwl(chars)]</td></tr>
<tr><td rowspan="4">옵션</td><td>i(varlist)</td><td>ID변수들 설정</td></tr>
<tr><td>j(varname [values])</td><td>고유값을 갖는 하위관측치를 지정하는 변수 설정</td></tr>
<tr><td>string</td><td>j()이 문자값을 지닐 수 있음을 설정</td></tr>
<tr><td>atwl(char)</td><td>데이터를 long-form으로 전환할 때 지정한 문자(char)는 @문자로 바꿈을 설정</td></tr>
</table>

② separate

어떤 명목변수나 특정한 조건에 부합하는 연속변수를 기준으로 한 변수에 대하여 2개 이상의 분리된 변수들로 분할하고자 할 때 separate 명령어가 사용된다. 이 명령어는 주로 그래프를 작성할 때 사용되는 경향이 크다. 예를 들어, 남자와 여자의 소득수준의 분포패턴을 하나의 그래프에 중첩하여 그리고자 할 때 이 명령어를 수행한 후 그래프를 작성하여 원하는 그래프를 깔끔하게 만들어 낼 수 있다

명령문	separate varname [if] [in] , by(byvar|exp) [options]	
옵션	by(byvar)	집단으로 분할하고자 하는 변수 지정
	by(exp)	표현식에 의하여 정의된 두 집단으로 분류 지정. by(exp)는 참(1)과 거짓(0)으로 평가함
	generate(stubname)	새로운 변수들의 접두어 변수명 지정
	sequential	1부터 순차적으로 번호 지정 방식 지정
	missing	결측치에 대해서도 집단으로 분류하여 실행

제4장

그래프 작성방법과 활용

제1절
그래프 작성방법과 종류

1. 그래프 작성방법 개요와 그래프 구조[8)]

1) 그래프 작성방법

Stata는 다른 통계프로그램에 비하여 그래프 기능이 매우 탁월하다. Stata에서 제공하고 있는 그래프는 산점도(scatter plots), 산점도 매트릭스, 막대도표(bar charts), 점도표(dot chart), 상자도표(box-and-whisker plot), 파이 도표(pie chart) 등이다. 이외에도 해바라기 도표, 분위도표 등 다양한 그래프 유형을 작성할 수 있다. 그러므로, Stata를 사용하고자 하는 연구자에게는 Stata를 이용하여 그래프를 작성하는 방법과 내용에 대하여 충분히 숙지할 필요가 있다.

Stata로 그래프를 그리는 방법은 그래프의 사용자 인터페이스(Graphical User Interface, GUI)를 활용하거나 직접 명령문을 입력하여 실행하는 방법이 있다. Stata 초심자에게는 GUI인 대화상자(dialog box)를 이용하는 것이 쉬울 수 있다. 그러나 조금이라도 Stata에 익숙한 사용자에게는 간단한 명령문으로 그래프를 만든 다음에 그래픽 편집기로 원하는 구미에 맞

---

8) 그래프에 대한 보다 자세한 내용은 다음의 웹사이트를 찾아서 살펴볼 필요가 있다.
http://www.ats.ucla.edu/stat/Stata/library/GraphExamples/default.htm
http://www.survey-design.com.au/Usergraphs.html
http://www.stata.com/support/faqs/graphics/gph/statagraphs.html
그래프에 대한 더욱 구체적인 내용을 살펴보고자 한다면 Michael Mitchell(2008)의 "A Visual Guide to Stata Graphics"(2nd Edition)을 구입하는 것도 하나의 방법이다.

게 다듬는 과정을 거치는 것이 보다 편리할 수 있다. 이는 명령문으로 작성하는 경우에 그래프의 편집이 보다 용이하기 때문이다. 여기에서는 두 가지 방법을 모두 설명하고자 한다.

2) 그래프 도해

Stata의 그래프의 구성요소를 도해하면, 도해영역, 제목, 소제목, x축 및 y축 제목, 범례, 주, 표제 등으로 나눌 수 있다. 남자와 여자별로 몸무게(weight)와 체질량지수(Body Mass Index, BMI)의 산점도를 중복하여 작성한 그래프에 대하여 이들의 구성요소를 각각 표기하였다.

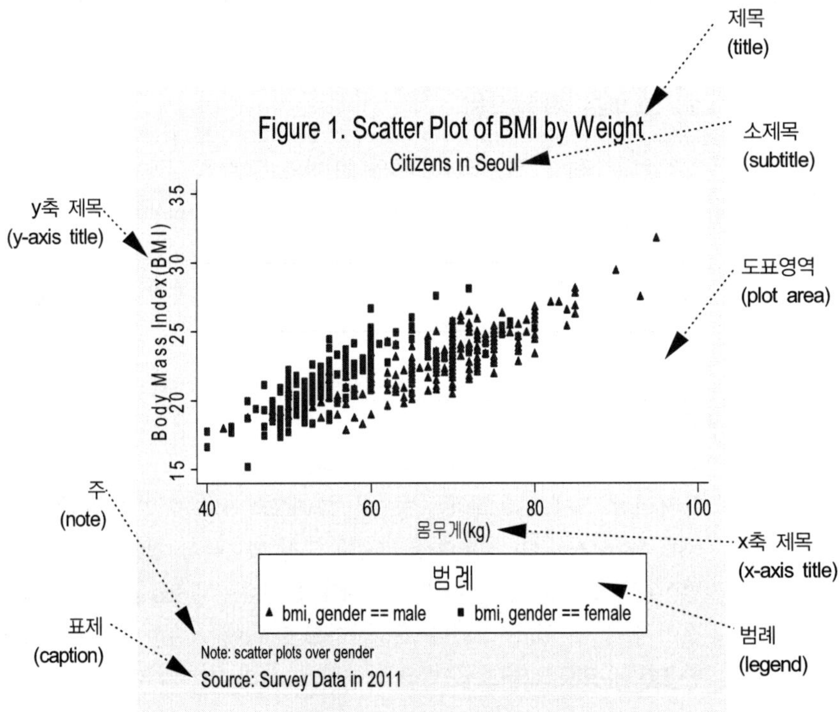

그림 4.1 Stata 그래프의 도해

2. Stata 그래프 작성하기

1) 대화상자(dialog box) 열기와 구성요소

대화상자로 그래프를 작성하기 위해서는 메뉴바에서 작성하고자 하는 그래프의 종류를 먼저 선택하여야 한다. 여기서는 산점도 그래프를 작성하는 방법과 절차를 예로 들어 설명하고자 한다.

산점도 그래프를 작성하기 위하여 대화상자를 여는 것은 메뉴바에서 아래 그림에서와 같이 Graphics > Twoway graph (scatter, line, etc.)를 선택하면 된다.

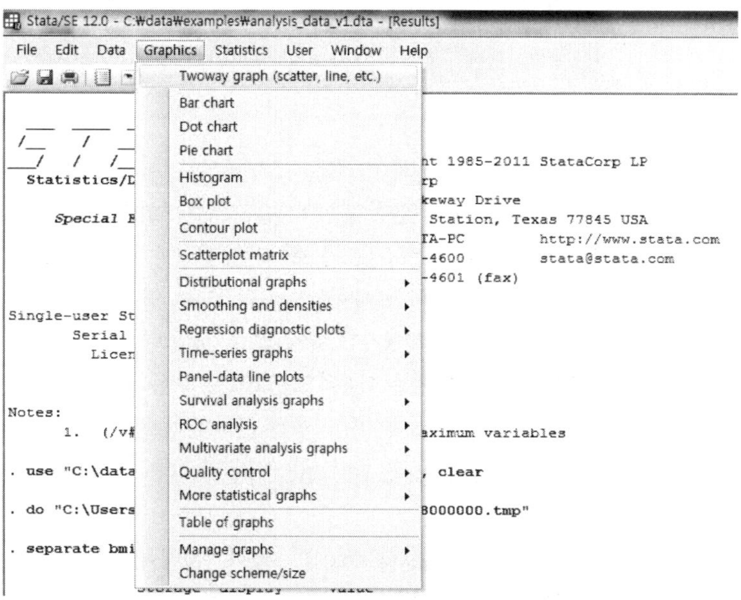

그림 4.2 그래프 메뉴바 주요내용

최초로 나타나는 대화상자에는 그래프 종류와 변수를 선택하여 만들고, x축과 y축의 옵션, 제목 및 표제, 그리고 범례를 작성하는 하위창들이 있다. 이들에 대한 설명은 다음에 보다 구체적으로 이루어질 것이다.

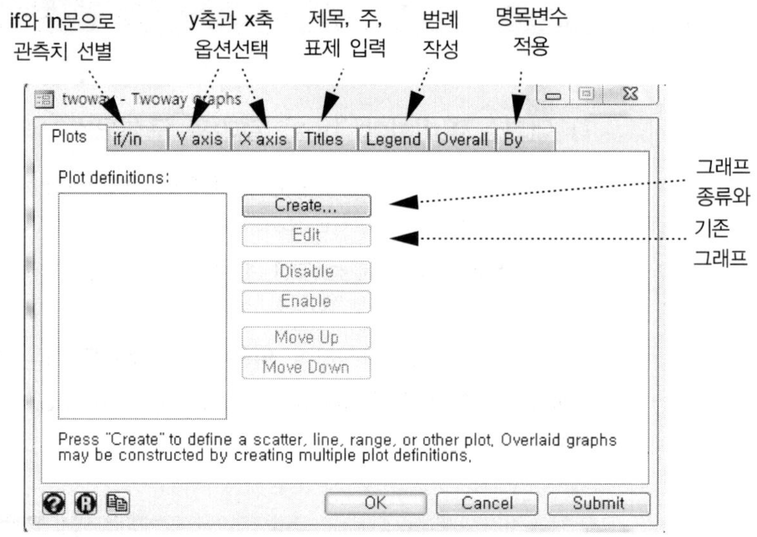

그림 4.3 대화상자의 주요 구성요소

대화상자의 왼쪽 아래에는 확인버튼(OK), 취소버튼(Cancel), 제출버튼(Submit)이 있다. 확인버튼은 작성한 그래프를 최종 확인하고 대화상자를 닫으면서 작성한 그래프를 보이라는 명령이다. 취소버튼을 작성하고 있는 그래프 작성을 중지하고, 대화상자를 닫으라는 명령이다. 제출버튼을 현재까지 작성된 그래프를 대화상자를 닫지 않고 확인하기 위하여 그래프 결과를 보이라는 명령이다. 확인버튼 최종적으로 그래프 작성이 완료되었을 때, 제출버튼은 중간 결과를 확인하기 위하여 사용된다. 만약 종료된 그래프를 다시 그리고자 할 때는 다시 대화상자를 열어 편집버튼(Edit)을 눌러 다시 편집하면 된다.

대화상자(diaglog box)의 오른쪽 아래에 세 종류의 조그마한 정사각형 버튼이 있다. ❓는 도움말(help) 기능을, Ⓡ은 재설정(reset) 기능을, 그리고 📋은 명령어를 클립보드로 복사하라는 기능을 가지고 있다. 이전에 대화상자에서 작성한 그래프가 있다면 새롭게 대화상자를 열 때에도 이전의 그래프 작성에 대한 내용이 나온다. 이를 지우고 새롭게 그래프를 작성하고자 할 때에는 Ⓡ상자를 마우스로 클릭하면 된다. 또한 지금까지 대화상자에서 선택한 내용을 결과창(results window)에서 확인하고 싶다면 📋를 클릭하면 된다.

2) 대화상자(dialog box)로 그래프 작성하기

먼저, "c:\data|examples\" 경로에 있는 "analysis_data_v1.dta" 파일을 열어서, 앞 장에서 작성한 separate 명령어로 bmi 변수를 성별로 분리하여 두 변수(bmi1=bmi for male, bmi2=bmi for female)를 만들어야 한다.

```
separate bmi, by(gender) generate(bmi)
```

```
              storage  display     value
variable name   type   format      label      variable label
-------------------------------------------------------------------
bmi1            float  %9.0g                  bmi, gender == male
bmi2            float  %9.0g                  bmi, gender == female
```

이제 대화상자를 이용하여 남자와 여자별로 몸무게와 체질량지수의 분포 패턴을 파악하는 그래프를 작성하여 보자. 대화상자에서 그래프의 종류와 변수를 선택하여 기본적인 그래프를 작성하는 생성버튼(Create...)을 이용하여 Twoway 그래프 종류와 x축과 y축에 해당하는 변수들을 선택하면 된다. 선택하면 plot 1이라는 창이 뜬다. 이 창에서 기본적인 그래프(basic plots)를 선택하고, 오른 쪽 박스에서 산점도(scatter)를 선택하자. 그리고 Y축 변수로 여자의 체질량지수(bmi1)을 선택하고, x축 변수로 몸무게(weight)를 선택하고 제출버튼(Submit)을 눌러 그래프의 작업결과를 점검하여 보자.

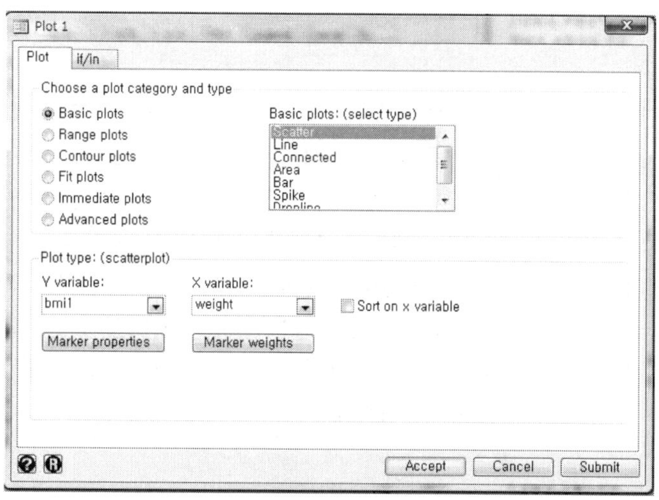

그림 4.4 산점도 그래프 작성하기(1단계)

산점도 그래프 작성하기 1단계의 결과에서 bmi1과 weight의 산점도의 기본적인 그래프가 완성되어 있음을 알 수 있다. 받아들임 버튼(Accept)을 눌러 원래의 대화상자로 돌아가 보자. 생성한 그래프가 대화상자 기본 메뉴에서 plot 1이라는 그래프 이름으로 나와 있음을 확인할 수 있다.

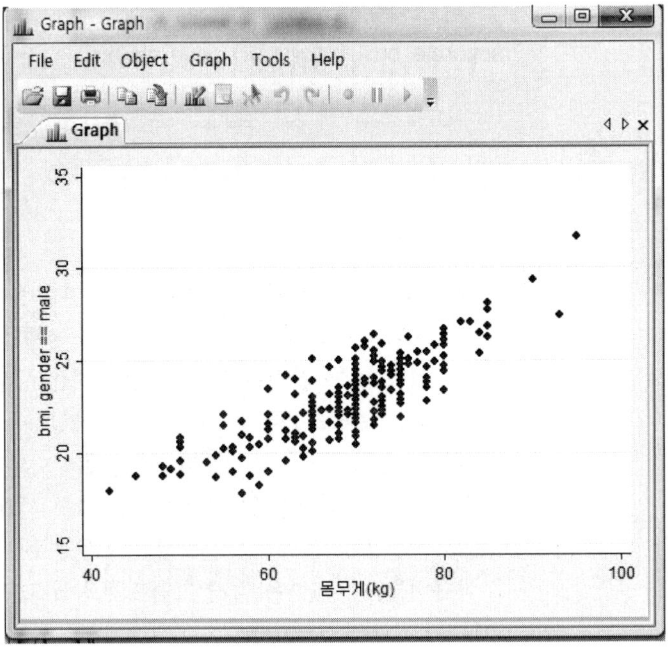

그림 4.5 산점도 그래프 1단계 결과

동일한 절차를 bmi2와 weight의 산점도 그래프 작성에도 적용하여 보자. 이를 하기 위해서는 생성버튼(Create...)을 이용하여 Twoway 그래프 종류와 x축 변수는 동일하게 선택하고, y축 변수를 bmi2로 선택하면 된다. 그 결과를 제출버튼(Submit)을 눌러 점검하여 보자. 그래프가 남자와 여자의 체질량지수(bmi1과 bmi2)가 중첩되어 작성되면서, 범례가 생성되고, y축 제목이 없음을 알 수 있을 것이다. Accept 을 누르면 나타나는 원래의 그래프 대화상자에서 두 개의 그래프가 plot 1과 plot 2로 작성되었음을 알려준다.

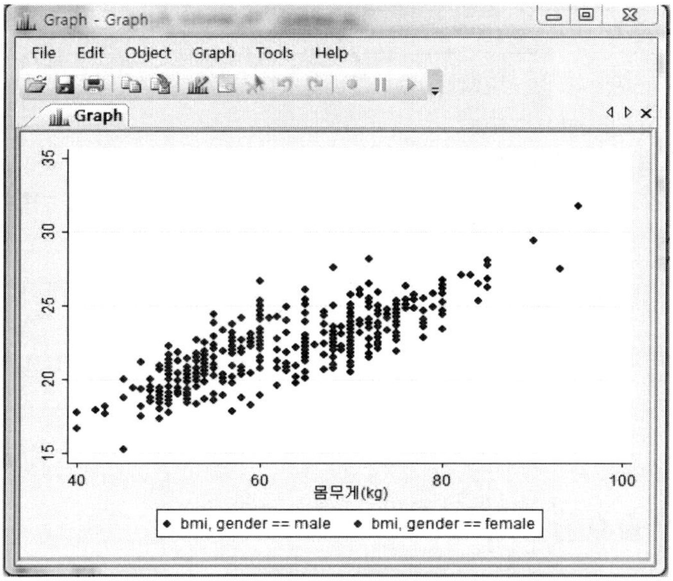

그림 4.6 산점도 그래프 2단계 결과

3. 대화상자로 그래프 편집하기

이제 각종 옵션을 활용하여 작성된 그래프들을 편집하여 보자. 두 개의 그래프가 중첩되어 작성되어 있으나, 실제로는 이들 중첩된 그래프들은 1개의 그래프로 인식된다. 그러므로 지금부터 적용되는 옵션들은 이 1개의 그래프에 대한 옵션들이다.

1) if/in 옵션

작성한 그래프에 대하여 관측치를 일정한 조건이나 범위를 설정하는 그래픽 옵션창이다. 조건(if)은 if문으로 직접 작성할 수도 있으나, 생성버튼(Create...)을 눌러서 표현식(Expression builder) 창에서 마우스로 클릭하여 원하는 조건을 설정하고, OK버튼을 누르면 된다. 관측치의 범위설정은 관측치 범위를 활성화하는 확인을 누르고, 원하는 범위를 설정하면 된다.

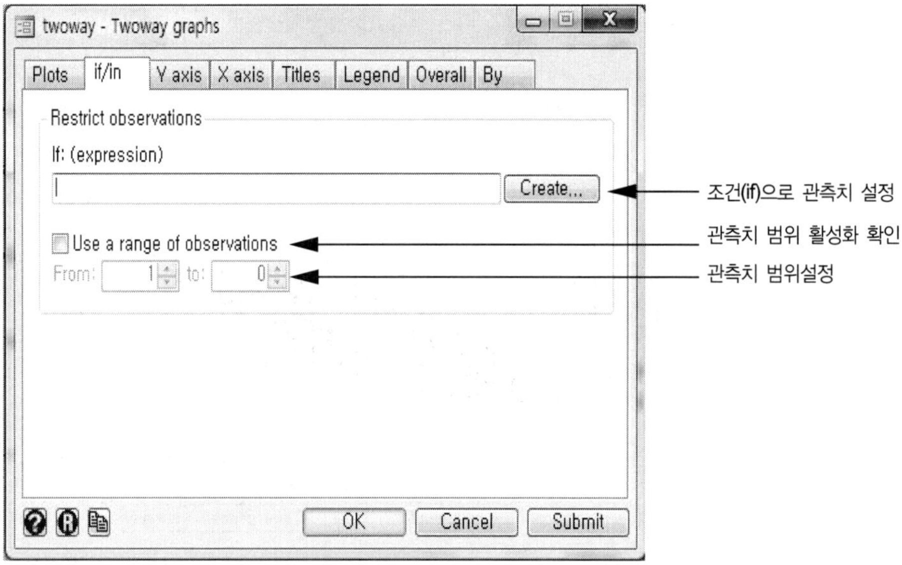

그림 4.7 대화상자의 if/in 옵션창

2) 축(axis) 옵션

축옵션에는 x축과 y축으로 나뉘어져 있다. 사용할 수 있는 옵션은 축의 제목, 축의 라벨, 축의 눈금, 축의 격자선, 축의 색 등을 지정할 수 있도록 하는 하위옵션들이 있다. x축과 y축 옵션창의 구조와 내용은 동일하다. 여기서는 y축을 열고, 간단하게 이들 하위 옵션들에 대하여 알아보자.

축의 옵션창은 제목입력, 제목의 속성 지정, 축의 눈금과 라벨 속성, 축의 추가선 설정, 축 보이지 않기와 위치 비꿈 등에 대하여 선택할 수 있도록 하고 있다.

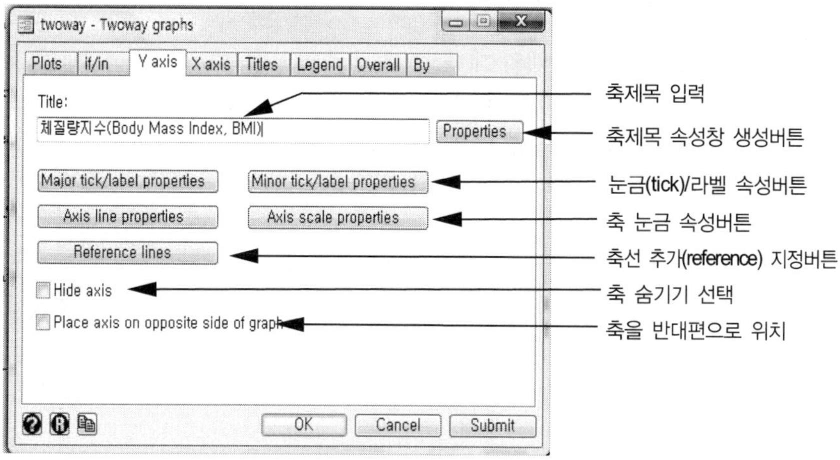

그림 4.8 축옵션창의 구조와 내용

y축의 제목을 "체질량지수(Body Mass Index, BMI)"로 입력하여 확인버튼(OK)을 눌러 제출하여 보자. x축에는 어떠한 옵션도 설정하지 않았다. 제출버튼(Submit)을 눌러 그 중간결과를 확인하여 보자.

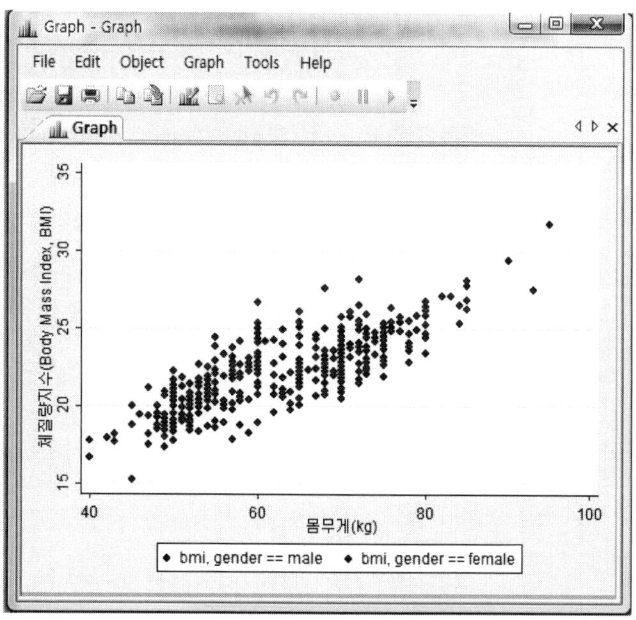

그림 4.9 Y축 제목 설정결과

3) 제목(Titles) 옵션

제목옵션은 원래의 대화상자에서 "Titles"을 마우스로 선택하면 보여진다. 크게 제목(Title), 소제목(subtitle), 표제(Caption), 주(note)를 입력하는 칸들이 있고, 이들의 크기, 색, 위치 등에 대하여 선택하는 속성버튼들이 각각의 오른쪽에 위치하고 있다.

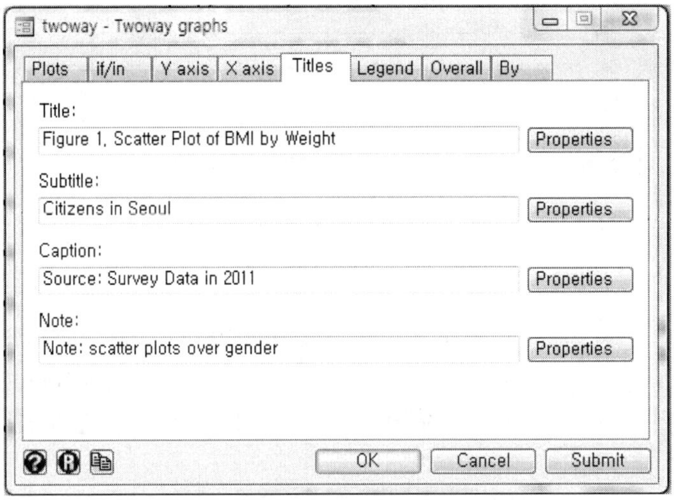

그림 4.10 제목옵션 구성창과 입력내용

제목을 "Figure 1. Scatter Plot of BMI by Weight", 소제목을 "Citizens in Seoul", 표제를 "Source: Survey Datain 2011", 그리고 주를 "Note: scatter plots over gender"로 입력하자. 그리고 제출버튼(Submit)을 눌러 그래프에서 제목과 캡션, 그리고 주에 대한 내용이 바르게 작성되었는지를 확인하여 보자. 그래프에서 제목, 소제목, 표제와 주가 표기되어 있음을 확인할 수 있다.

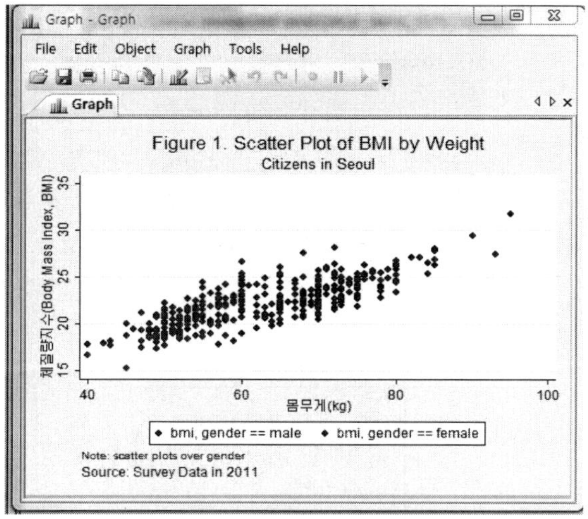

그림 4.11 제목옵션 입력 결과

4) 범례(Legend) 옵션

범례옵션에서는 범례를 숨기거나 보이기 위한 선택 여부를 체크할 수 있다. 또한 범례의 제목과 라벨의 모양과 색 등을 바꿀 수 있도록 하는 하위 옵션창을 열 수 있는 범례조직 및 형상 버튼(Organization / Appearance *)이 있다. 그리고 범례의 위치를 지정하는 위치시킴 버튼(Placement)이 있다.

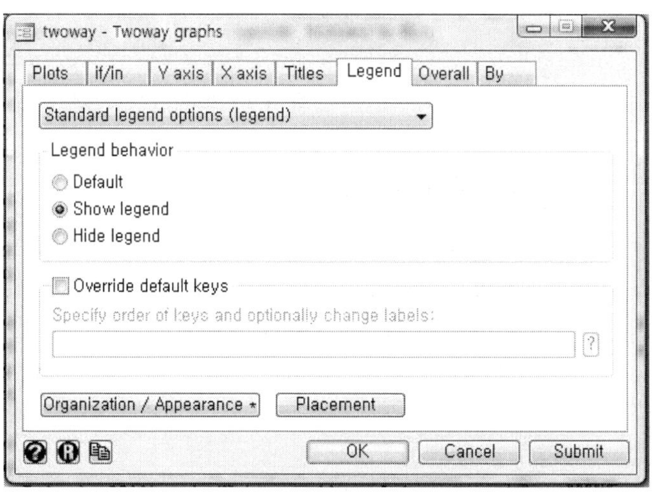

그림 4.12 범례옵션창 구성과 주요 내용

범례옵션창에서 범례 보이기(Show legend)를 선택하고, 조직 및 형상 버튼(Organization / Appearance)을 누르면 범례 조직 및 형상 선택창이 나타난다. 여기에서 라벨의 색(Color)을 검정(black)으로 그리고 라벨의 여백을 (Margin)을 중간보다 적은(Medsmall)로 선택하자. 그리고 라벨의 문자상자(Text box)에서 문자상자 보이기(Show box)에서 Yes를 선택하면서 상자의 색깔을 금색(Gold)로 선택하여 보자. 또한 제목에서 "범례"를 입력하여 제출버튼(Submit)을 눌러 그 결과를 확인하여 보자.

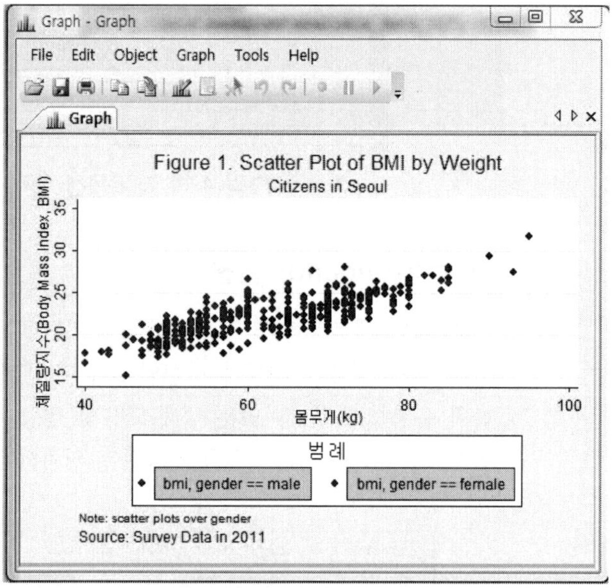

그림 4.13 범례옵션 입력 결과 그래프

5) 분할(by) 옵션

분할(by) 옵션은 어떤 다른 명목변수의 값별로 그래프를 분할하라는 것이다. 분할하고자 하는 대상이 되는 변수선택 칸이 있고, 합계(totals)나 결측치(missing values)를 함께 보기 등의 선택옵션이 있으며, 분할된 그래프의 구성이나 제목, 축 등을 설정하는 버튼이 있음을 알 수 있다.

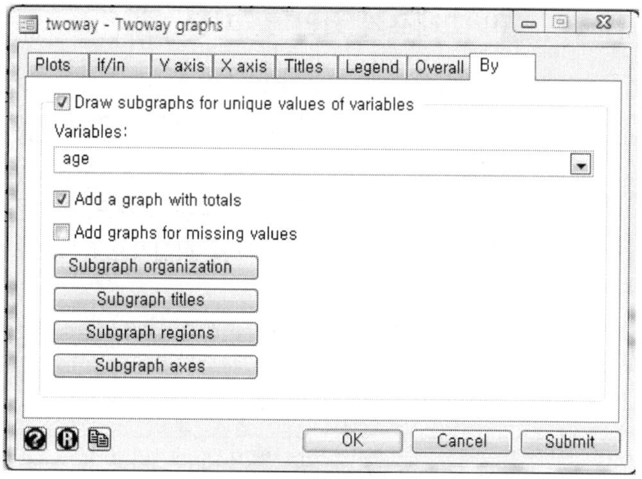

그림 4.14 분할옵션 구성 및 주요 내용

분할옵션에서는 나이그룹 변수(age)를 선택하여 보자. age는 2, 3, 4, 5의 값을 가지고 있으며, 20대, 30대, 40대, 50대로 각각 값라벨이 지정되어 있다. 또한 합계를 함께 보기 옵션을 선택하여 제출버튼(Submit)을 눌러 그 결과를 확인하여 보자. 합계를 포함하여 총 5개의 그래프가 보여지고 있다. 제목과 축제목 등은 변하지 않고 동일하다.

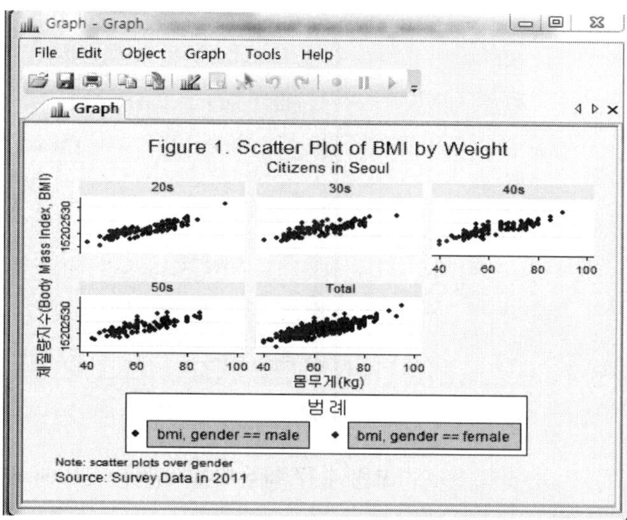

그림 4.15 나이그룹 변수(age)의 분할 옵션의 결과

6) 그래프의 확인 및 저장

대화상자를 이용하여 그래프를 작성하였다면 최종적으로 확인버튼(OK)을 누르면, 그래픽 사용자 인터페이스(Graphic User Interface, GUI) 창이 뜨고, 결과창에서는 최종 작성된 그래프에 대한 명령구문이 나타나게 된다. 만약 이 작성된 그래프 명령문을 나중에 다시 작성하고 수정하고자 한다면 Do-파일 편집창으로 복사하여 저장하여 두면 된다.

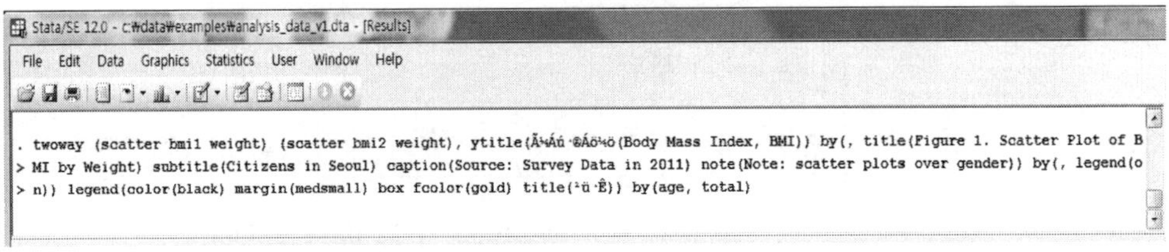

그림 4.16 결과창에서의 대화상자로 작성한 그래프의 명령문

작성된 그래프를 저장하기 위해서는 대화상자가 아닌 GUI 창에서 저장하면 된다. 메뉴바에서 File > Save As를 선택하고, 저장하고자 하는 경로와 파일이름, 그리고 그림파일 형식을 지정하여 저장버튼(저장(S))을 누르면 그래프가 저장된다.

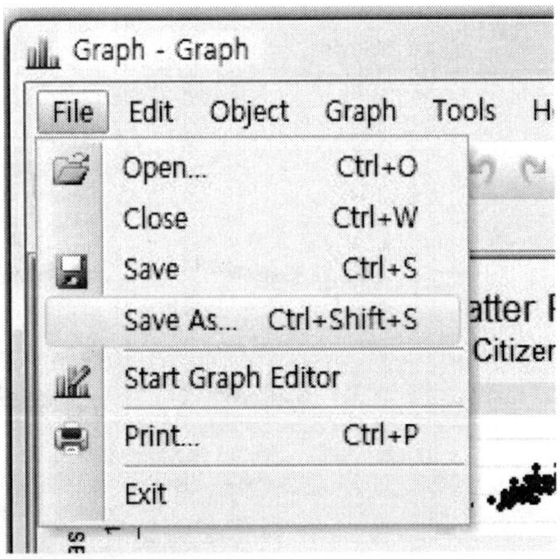

그림 4.17 메뉴바를 이용한 GUI에서의 그래프 저장

최종적인 그래프의 저장경로를 "c:\data\examples" 로 저장하고, 파일

이름을 "나이그룹별 몸무게와 체질량지수 산점도 그래프"로 입력하고, 그림파일 형식을 Enhanced Metafile(*.emf)로 설정하는 화면을 보여주고 있다.

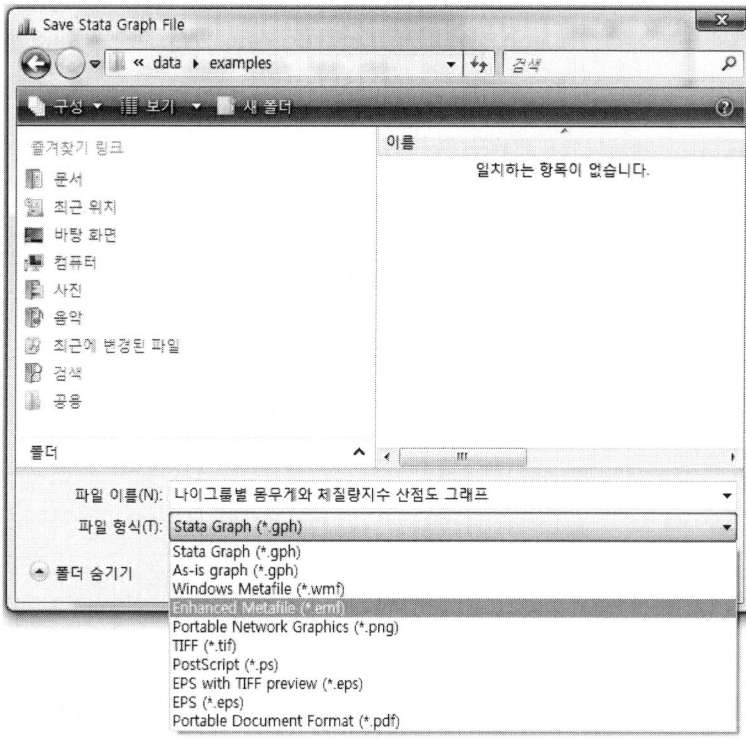

그림 4.18 그래프 파일의 저장경로, 파일명, 확장자명 지정

7) 그래프 출력하기

그래프창에서 보여지는 그래프를 출력하는 방식은 매우 간단하다. 그래프창에서 메뉴바를 활용하여 File > Print > Graph를 선택하면 된다.

4. 그래프 종류와 그래프 명령문 구조

1) 그래프 명령어 유형과 내용 구성

일반적으로 그래프의 명령문은 그래프의 유형을 선택하고, 저장하고, 출력하고, 관리하는 명령어들로 대별될 수 있다. 이들의 기본적인 명령어는 다음과 같다.

명령어 유형	명령어	설명
그래프 유형 지정 및 작성	histogam	히스토그램
	kdensity	커널밀도 함수곡선
	twoway	산점도와 선도표
	graph twoway	산점도와 선도표
	graph matrix	산점도 매트릭스
	graph bar	막대 도표
	graph dot	점 도표
	graph box	상자 도표
	graph pie	원형(파이) 도표
그래프 저장	graph save	그래프 저장
	graph use	저장된 그래프 불러 오기
	graph display	현재 그려진 그래프의 재생
	graph combine	다수 그래프 통합하여 보여주기
그래프 출력	graph print	현재 보여지는 그래프의 출력
	graph printcolor	그래프 출력시의 색 지정
	graph export	그래프 파일(.gph)을 다양한 그래프 유형으로 출력하여 저장
그래프 관리 명령어	graph display	그래프 보여주기
	graph dir	저장되어 있는 그래프의 목록 보여주기
	graph describe	그래프이 내용 보여주기
	graph rename	메모리에 있는 그래프의 이름 바꾸기
	graph copy	메모리에 있는 그래프를 새이름으로 복사
	graph drop	메모리에 있는 그래프의 삭제

2) 그래프의 종류와 기본적인 명령문

Stata에서는 다양한 그래프를 작성할 수 있도록 하고 있다. Stata에서는 그래프 유형별로 명령어가 다소 다르며, 그래프의 특성에 따라 사용되는 옵션도 조금씩 다르다는 것을 미리 염두에 둘 필요가 있다. 예를 들어, 히스토그램과 커널밀도함수곡선은 graph의 접두명령어가 없이도 실행된다. 또한 twoway 그래프는 접두명령어인 graph가 있어도 되고, 그러하지 않아도 된다.

Stata에서 제공하는 그래프의 종류는 히스토그램, 커널밀도 그래프, 산점도와 선그래프, 막대그래프, 점그래프, 상자그래프, 파이그래프 등이 있으며, 간단하게 그 기본 명령어와 사용 예를 살펴보면 <표 4.1>과 같다.

표 4.1 Stata의 그래프 종류와 명령구문 예

명령어		설명	사용 예
histogram		연속변수 및 명목변수의 히스토그램	histogram volume, fraction histogram volume, freq normal histogram mpg, discrete by(foreign, total)
kdensity		다변량 커널밀도추정 그래프	kdensity length kdensity weight, kernel(parzen) gen(x2 parzen)
graph	twoway	산점도와 선 그래프	twoway scatter le year twoway line le year twoway connected le year
	matrix	산점도 매트릭스 그래프	graph matrix popgrowth-safewater graph matrix popgr lgnp safe lexp, half
	bar	막대 그래프	graph bar revenue graph bar revenue profit graph bar revenue, over(division)
	dot	점 그래프	graph dot wage, over(occ, sort(1))
	box hbox	수직 상자그래프 수평 상자그래프	graph box bp_before bp_after graph box bp, over(agegrp)graph hbox wage, over(industry)
	pie	파이 그래프	graph pie div1_revenue div2_revenue graph pie revenue, over(division)

여기에서는 graph twoway 명령을 활용하여 그래프를 작성하고, 저장하고, 출력하는 명령문을 작성하는 방법을 알아보고자 한다.

3) 이변량 그래프의 일반적 명령문 구조

그래프의 명령문은 그래프의 종류(twoway), if와 in문을 이용한 그래프의 관측치의 범위지정 옵션, 기타 옵션(, twoway_options)이 있다. [ ] 사이에 있는 명령은 선택사항(옵션)임을 기억하도록 하자.

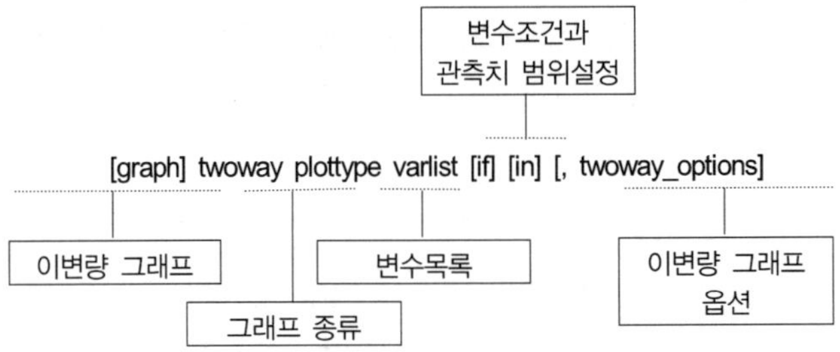

그림 4.19 이변량 그래프 작성을 위한 일반적인 명령문 구조

두 개의 변수 중 하나의 변수가 동일하면서 다른 종류의 그래프를 하나의 그래프로 중첩하여 표현하고자 하는 경우에는 (plot1) (plot2) 또는 plot1 || plot2 을 아래와 같이 사용하면 된다. 물론 2개의 그래프 이상의 그래프들을 중첩하는 것도 동일한 구문을 반복하면 된다.

( )로 구분	[graph] twoway (plottype varlist ..., options) (plottype varlist ..., options)
||으로 구분	[graph] twoway plottype varlist ..., options || (plottype varlist ..., options)

4) 이변량 그래프(graph twoway)의 종류

이변량 그래프(graph twoway)는 숫자 데이터의 변수간 관계를 보여주는 그래픽 기능 명령어로, 산점도 뿐만 아니라 선그래프등을 작성할 수 있다. 그래프 기능에서 if와 in을 사용할 수 있어, 필요한 조건을 충족하는 관측치만을 대상으로도 그래프를 작성할 수 있다. 뿐만 아니라 적합한 회귀식의 예측치 도표(lfit, qfit 등)도 함께 볼 수 있기 때문에 자주 사용되는 그래프 유형 중의 하나이다.

이변량 그래프 명령으로 작성할 수 있는 그래프 유형(plottype)을 기본적인 그래프, 범위 그래프, 회귀분석 추정 그래프로 대별하여 예시하면 다음과 같다.

표 4.2 이변량 그래프의 유형(plottype)

기본그래프		범위그래프		회귀분석 그래프	
scatter	산점도	rarea	음영선	tsline	시계열 선
line	선	rbar	음영막대	tsrline	시계열 범위
connected	연결선	rspike	음영스파이크	lfit	선형추정
area	면적	rcap	캡	qfit	이차함수 추정
bar	막대	rcapsym	상징 캡	fpfit	분수다항식 추정
spike	스파이트	rscatter	산점도	lfitci	신뢰구간 + 선형추정
dropline	줄낚싯줄	rline	선	qfpfitci	신뢰구간+분수 다항식 추정
dot	점	rconnected	연결선		

지금 설명되는 그래프 옵션은 다른 그래프 유형에도 적용될 수 있음을 기억하는 것이 좋다. 그래프 유형(plottype)이 가지는 옵션은 제목, 라벨, 표제, 범례 등이 있으며, 이들 각각에 대하여 세부적인 옵션으로 색, 크기 등을 지정할 수 있다. 그래프 옵션의 세부적인 내용은 아래와 같다.

```
title("str")    subtitle("str")    ytitle("str")    xtitle("str")    caption("str“)
xlabel(values) ylabel(values) other_options
```

5. 명령문으로 그래프 작성하기

1) 이변량 기본적인 산점도 그래프 그리기

몸무게(wegiht)와 체질량지수(body mass index, bmi)에 대한 이변량 그래프(graph twoway)를 작성하여 보자.

먼저 산점도 그래프를 두 변수에 대하여 아래와 같은 명령어로 작성하여 보자. 실행명령 결과는 그래픽 사용자 인터페이스(GUI)인 그래프창이 자동으로 열리면서 보여준다.

```
graph twoway scatter bmi weight
```

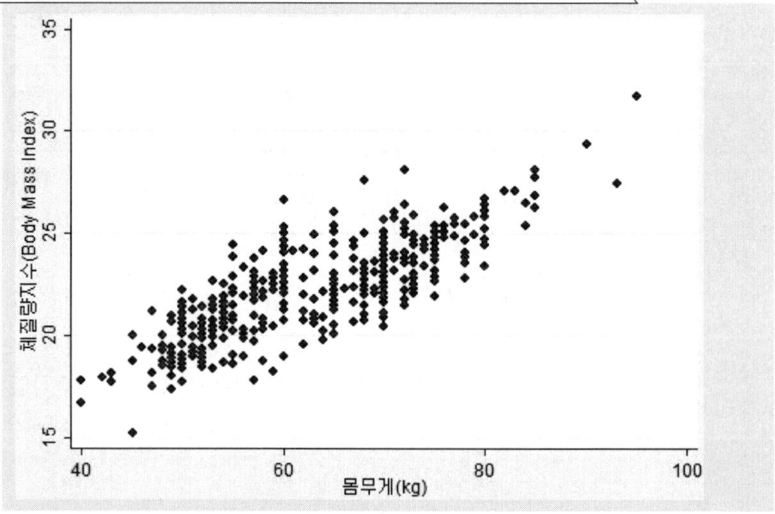

그래프를 보게 되면, 그래프 유형이 산점도(scatter plot)임을 알 수 있다. 또한 두 변수들 중 먼저 입력한 변수가 y축 변수로, 맨 마지막에 입력한 변수가 x축 변수로 지정됨을 알 수 있다.

2) 그래프 제목 붙이기

그래프 제목(titles)에는 그래프 전체의 제목(title)과 소제목(subtitle), x축 제목(xtitle), y축 제목(ytitle), 표제(caption), 주(note) 등이 있다. 대화상자로 작성한 바와 같이 제목들을 작성하여 보자.

```
graph twoway scatter  bmi weight
      , title("Figure 1. Scatter Plot of BMI by Weight ")
     subtitle("Citizens in Seoul")
     ytitle("Body Mass Index(BMI)")
     note("Note: scatter plots over gender")
     caption("Source: Survey Data in 2011")
```

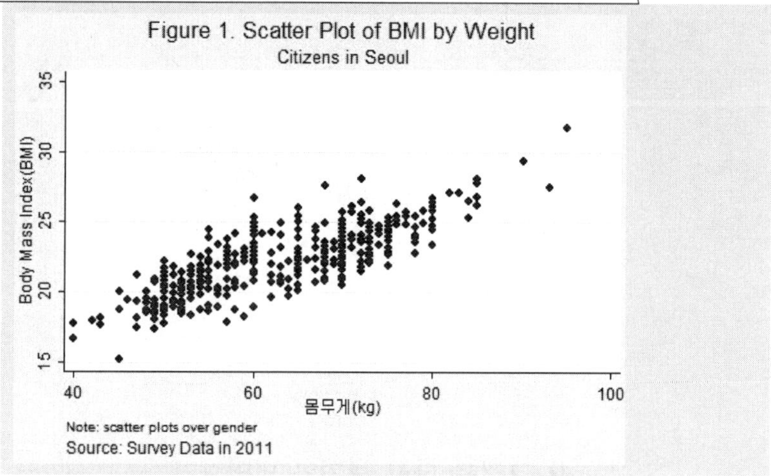

3) 축라벨 설정하기

x와 y의 두 개 축의 라벨(labels)을 수정할 수 있다. x축 라벨과 y축 라벨은 각각 xlabel()과 ylabel()이며, ( )안에 직접 숫자를 입력하면 된다. 여기에서는 x축 라벨을 20단위에서 10단위로 변환시켜보자.

축라벨을 설정하는 방법에는 두가지 방식이 있다. 하나는 원하는 숫자는 각각 지정하는 방법이 있으며, 다른 하나는 최솟값과 최댓값을 설정하고, 그 사이의 값을 10단위로 지정하는 방식이 있다. 두 가지 방식 모두 동일한 결과를 보여주게 된다. 그러나 축라벨의 값이 많은 경우에는 후자의 방식이 더욱 편리하다. 그래프창(Graph Window)에서 x축의 라벨이 10단위로 변환되었음을 확인할 수 있다.

```
graph twoway scatter  bmi weight
      , xlabel(40 50 60 70 80 90 100)
```

```
graph twoway scatter  bmi weight
      , xlabel(40 50(10) 100)
```

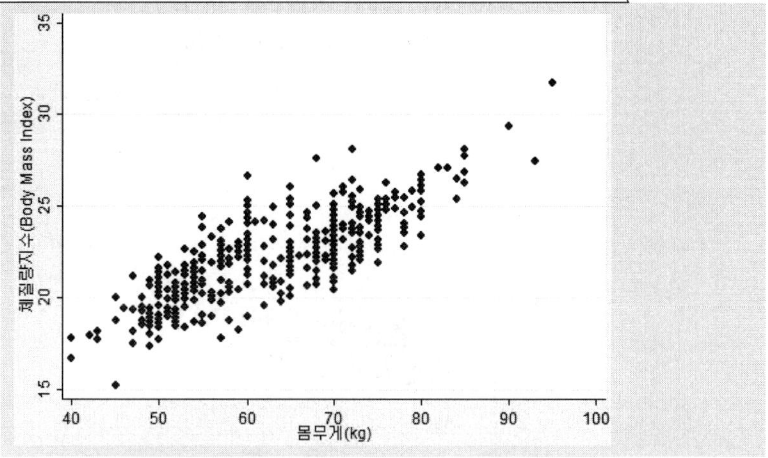

4) 그래프 다시 보기와 명명하기

그래프를 작성하게 되면 그래프 창에서 그 결과가 보이고, 그 그래프는 메모리상에서 임시적으로 저장된다. 그래프창을 닫고 나서 이전에 작성했던 그래프를 다시 보고자 할 경우에는 graph display를 실행하게 되면 앞서 작성하였던 그래프가 메모리상에서 저장되어 있기 때문에 그래프창에서 다시 볼 수 있다.

만약 메모리에 여러 개의 그래프를 임시적으로 저장하고, 관련 그래프들을 보고 싶을 때에는 name( )옵션을 사용하면 된다. 여기에서는 축라벨 설정에서 작성한 그래프 이름(name)을 graph_bw로 지정하여 메모리에 임시적으로 저장하여 보자. 그리고 그래프창을 닫고 나서 graph display graph_bw를 입력하여 실행하여 보자. 그래프창의 왼쪽 위에서 그래프 이름이 graph_bw로 되어 있음을 알 수 있다. 만약 동일한 이름을 가진 그래프가 이미 있다면 name( ) 옵션에 "", replace"를 추가하면 된다.

```
graph twoway scatter bmi weight
        , xlabel(40 50(10) 100) name(graph_bw)
graph display graph_bw
```

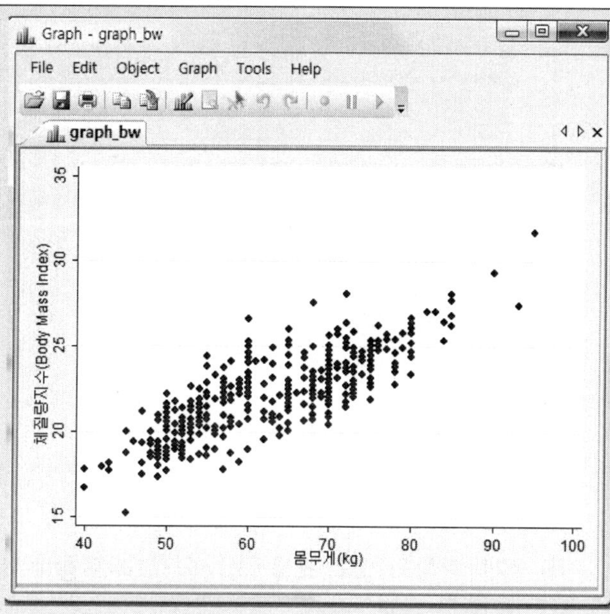

이번에는 이변량 산점도 그래프를 키(height)와 몸무게(weight)로 작성하고, 그 그래프의 이름을 "graph_hw"로 명명하여 보자. 그래프창에서의 왼쪽 위에 그래프 이름이 graph_hw로 되어 있으며, 그래프는 키와 몸무게의 산점도를 보여주고 있다.

```
graph twoway scatter height weight
        , xlabel(40 50(10) 100) name(graph_hw, replace)
```

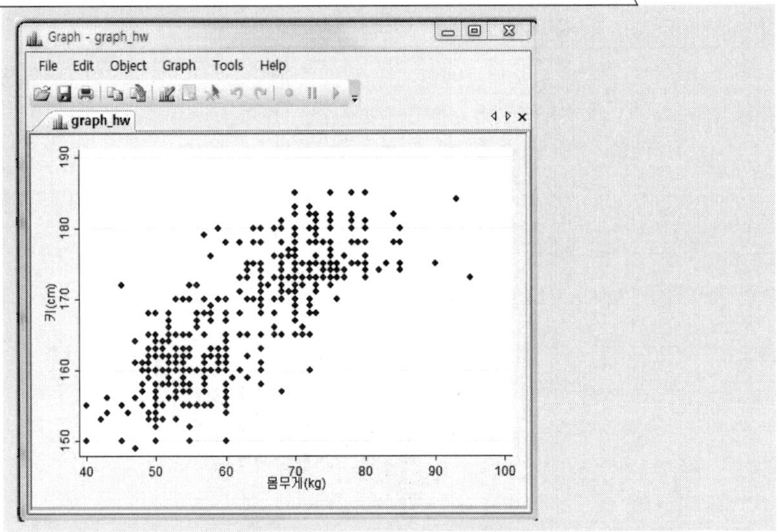

5) 2개 이상의 그래프를 하나의 그래프창에서 보기

몸무게에 대하여 체질량지수와 키에 대한 2개의 그래프를 하나의 그래프창에서 보는 방법은 graph combine 명령을 사용하면 된다. 앞서 작성한 graph_bw와 graph_hw를 하나의 그래프창에서 확인하여 보자.

```
graph combine graph_bw graph_hw, imargin(small)
```

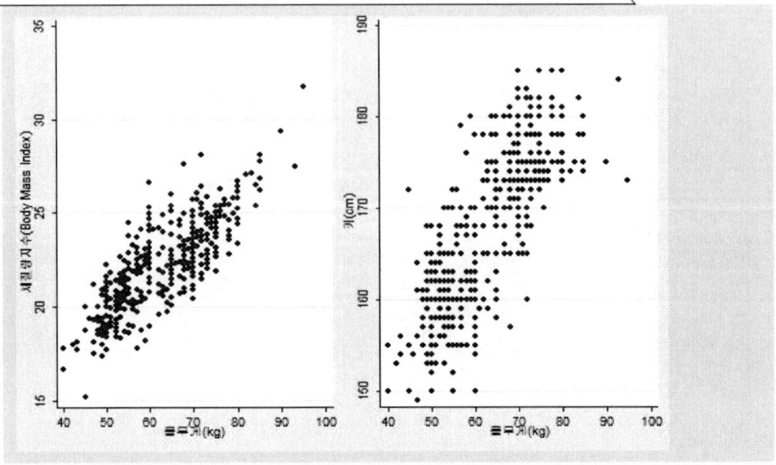

여기서 imargin(small) 옵션은 그래프간 간격(interval)을 작게(small)하라는 것이다. 그리고 그래프 합치기(combine)의 기본옵션은 수평으로 그래프를 합쳐서 보여준다. 만약 수직으로 두 개의 그래프를 보고자 한다면 “col(1)”로 지정하여 컬럼(열)을 하나로 선택하여 실행하면 된다.

```
graph combine graph_bw graph_hw, imargin(small) col(1)
```

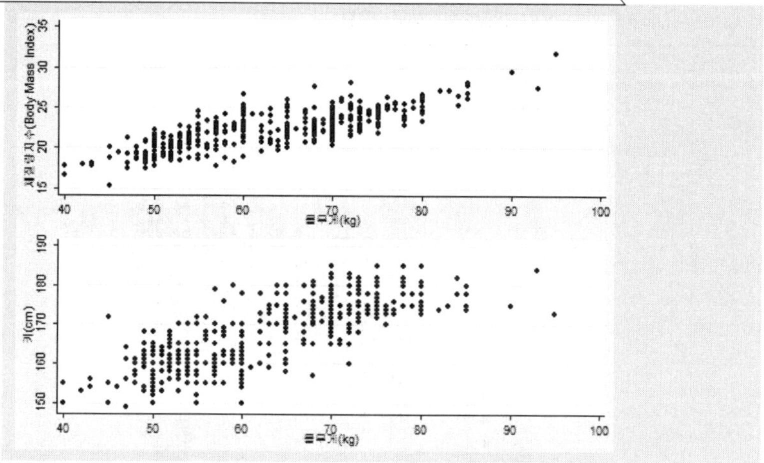

몸무게와 체질량지수의 산점도를 나이그룹(age)별로 구분하여 하나의 그래프창으로 작성하고자 할 때에는 by( )옵션을 사용하면 된다.

```
graph twoway scatter bmi weight, by(age)
```

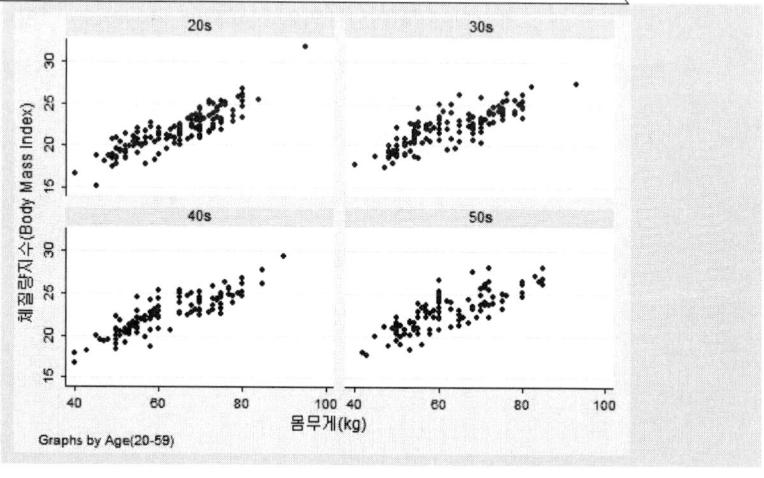

다중축을 활용하여 2개의 그래프를 중첩시키면서 y축을 2개로 작성할 수도 있다. 이 때에는 각각의 그래프를 선택하고, plottype 옵션에서, "yaxis(1)"과, "yaxis(2)"로 지정하면 된다. 1은 왼쪽 y축, 2는 오른쪽 y축을 각각 나타낸다. y축의 왼쪽은 체질량지수, 오른쪽은 키를 보여주고 있다.

```
graph twoway (scatter bmi weight, yaxis(1)) (scatter
height weight, yaxis(2))
```

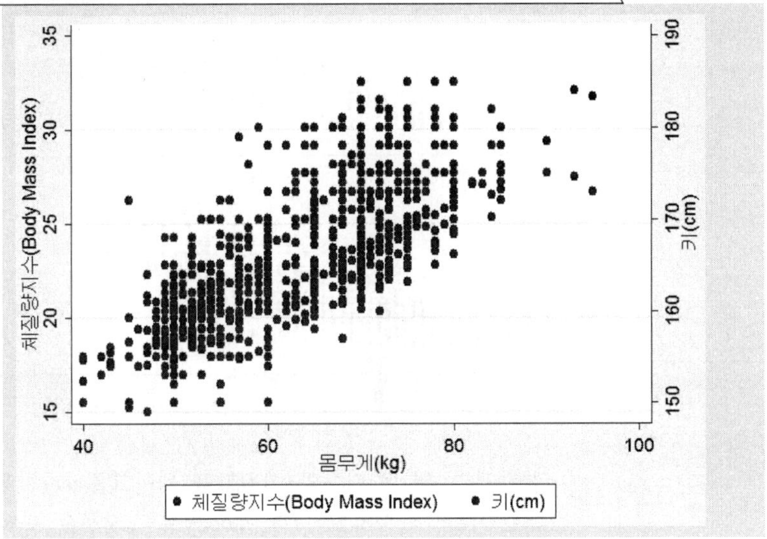

남자와 여자의 몸무게와 BMI의 산점도를 보고자 한다면 plottype을 ( ) 또는 ||로 구분하고, if문을 이용하면 가능하다. 그리고 범례 옵션(legend( ))에서는 범례제목(title)과 변수의 라벨을 1은 "Males"로 2는 "Females"로 나타내어 보자. 또한 범례의 위치를 그래프 영역(plot area) 오른쪽 하단에 위치시켜 보자.

```
graph twoway (scatter bmi weight if gender==1)
(scatter bmi weight if gender==2)
```

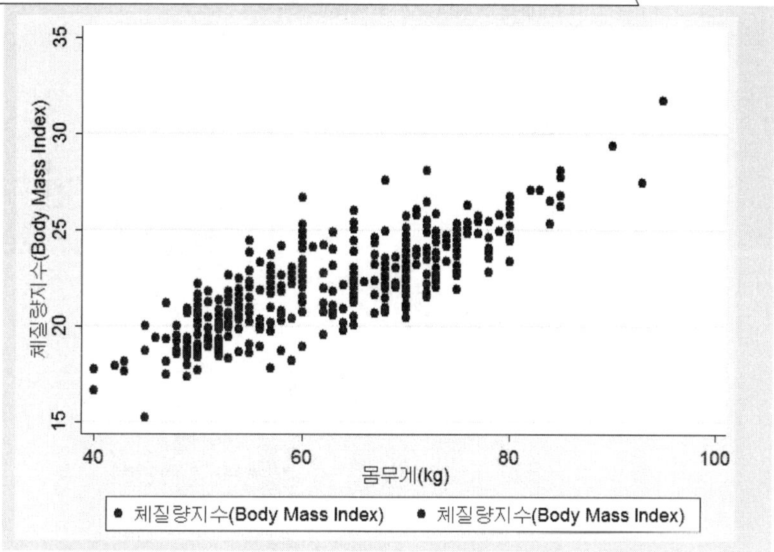

6) 범례(legend)와 마커(marker) 수정하기

남자와 여자에 대하여 몸무게와 체질량지수 산점도를 중첩하여 보여준 그래프에서는 두가지 문제가 있다. 하나는 두 개의 그래프에 대한 범례가 동일하다. 즉, 남자인지 여자인지를 구분할 수가 없다.

이 경우에는 twoway_options에서의 범례 옵션을 활용하여 수정이 가능하다. legend(label(1 "Males") (2 "Females"))을 지정하여 보자.

```
graph twoway (scatter bmi weight if gender==1)
(scatter bmi weight if gender==2), legend(label(1
"Males") label(2 "Females") )
```

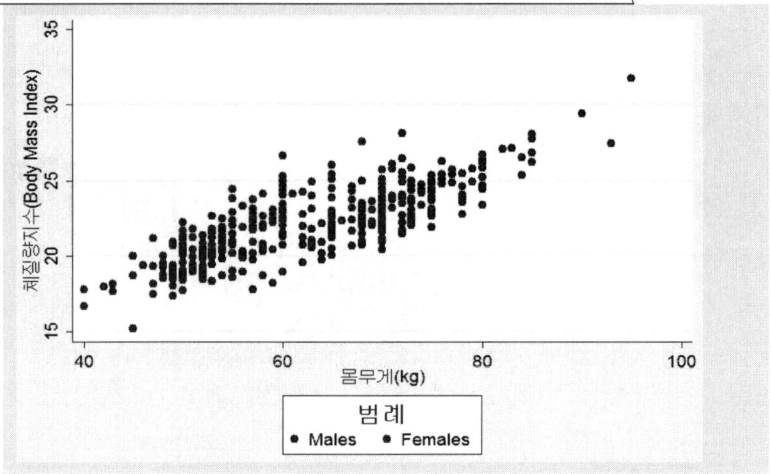

다른 하나는 비록 색으로 마커(marker) 기호가 구분이 되지만 흑백으로 출력할 경우에는 이러한 구분을 할 수가 없다. 그러므로 마커기호를 이용하여 산점도의 점의 형식을 바꿀 수 있다. 남자의 경우에는 삼각형, 여자의 경우에는 정사각형으로 지정하여 보자. 이 때 마커기호의 옵션은 각각의 그래프에 대하여 설정하는 것이므로 각각의 그래프 내에서의 옵션으로 지정하여야 한다.

마커기호(marker symbol)는 msymbol( ) 옵션으로 설정할 수 있으며, 마커의 형태, 크기의 조절, 음영의 유무 등을 조합하여 표현할 수 있다. 마커기호의 형태는 ●, ◆, ▲, ■, +, ×, · 등 7가지가 있다. 마커기호를 보이고 싶지 않을 경우에는 i를 붙이면 된다. 마커기호를 크게 하고 싶을 경우에는 명령어를 대문자로, 작게 하고 싶은 경우에는 소문자로 표시하면 된다. 그리고 기호에 음영이 없이 공백으로 할 경우에는 h(=hollow)를 뒤에 붙이면 된다.

기호	명령어	기호	명령어	기호	명령어	기호	명령어
●	O	○	Oh	●	o	○	oh
◆	D	◇	Dh	◆	d	◇	dh
▲	T	△	Th	▲	t	△	th
■	S	□	Sh	■	s	□	sh
+	+			+	simplus		
×	×			×	×		
				·	p		

주: O는 circle, D는 Diamond, T는 Triangle, S는 Square, p는 point, h는 hollow임, I는 invisible

범례옵션(legend options)을 그 내용과 위치 등을 수정할 수 있다. 여기에서는 범례의 라벨을 다시 명명하여 주는 label( )을 사용하였다. 마커기호와 범례 옵션을 사용한 그래픽 명령을 다시 작성하여 보자. 먼저 남자의 경우는 삼각형 마커기호(msymbol(t))를, 여자의 경우는 안이 빈 사각형 마커기호(msymbol(sh))를 적용하여 다시 실행하여 보자.

```
graph twoway (scatter bmi weight if gender==1,
msymbol(t)) (scatter bmi weight if gender==2,
msymbol(sh)), legend(label(1 "Males") label(2
"Females") )
```

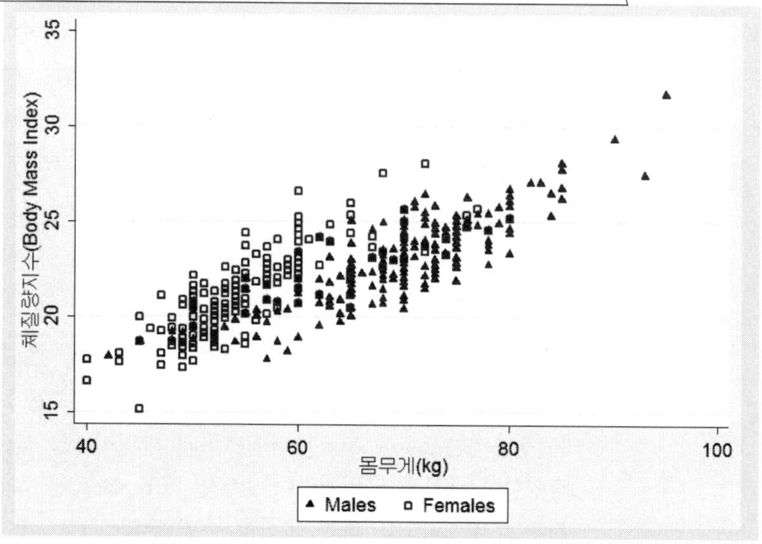

지금까지 성별로 체질량지수와 몸무게로 작성한 그래프 명령문을 종합하여 하나로 정리하여 보자.

```
graph twoway (scatter bmi weight if gender==1,
msymbol(t)) (scatter bmi weight if gender==2,
msymbol(sh)) ///
      , legend(label(1 "Males") label(2 "Females") )
```

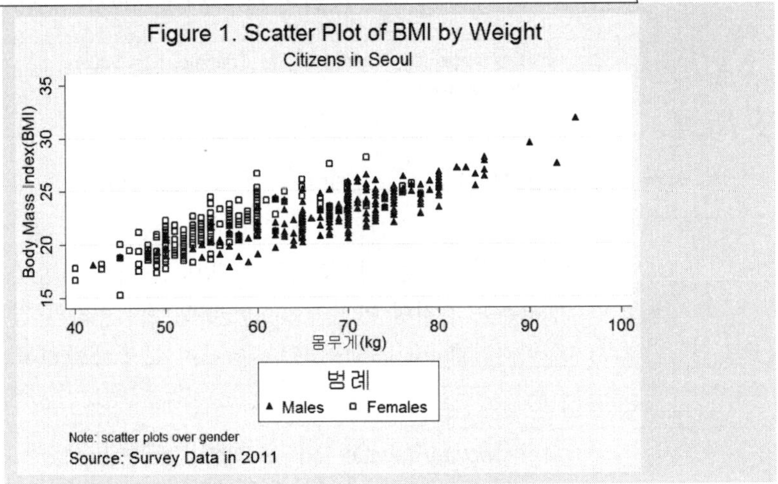

7) 그래프 저장하기

명령어로 그래프를 저장하는 디스크에 저장하는 방법은 두가지가 있다. 하나는 그래프를 만들면서 동시에 저장하는 방법, 다른 하나는 그래프를 만들고 나서 저장하는 방법이다. 두가지 모두 자주 사용되며, 이용자의 선호에 의하여 결정될 수 있다. 그러나 후자의 경우에는 만들어진 그래프를 확인하고 수정할 수 있다는 장점이 있다고 본다.

① graph save

그래프를 만들면서 동시에 저장하는 명령어는 graph를 만드는 명령문에서 옵션으로 saving( )을 사용하면 된다. 그래프를 만들고 나서 저장하는 경우에는 graph save [graph_name] 파일이름을 사용하면 된다. 이전에 작성한 그래프의 파일이름이 있다면 ", replace"를 적용하여 기존 파일을 지우고 대체하도록 하는 옵션을 주면 된다.

즉시 저장	나중에 저장
graph ... , ... saving(myfile [,replace])	graph ...., ... graph save myfile[, replace]

지금까지 작성한 그래프를 graph save 명령어로 저장경로는 "c:\data\examples\"로 하고, 파일이름을 graph_bw로 하여 저장하여 보자. 그래픽 에디터 창에 그래프가 보여지면서 결과창(results window)에서는 그 그래프가 지정한 경로와 파일이름으로 저장되었다고 하는 메시지를 보여준다.

```
graph twoway (scatter bmi weight if gender==1,
msymbol(t)) (scatter bmi weight if gender==2,
msymbol(sh)) legend(label(1 "Males") label(2
"Females") )
graph save c:\data\examples\graph_bw, replace
```

```
(file c:\data\examples\graph_bw.gph saved)
```

그래프를 작성하면서 동시에 저장하는 명령어는 그래프 명령문의 옵션인 saving( )으로 수행할 수 있다. 동일한 저장 경로와 파일이름, 그리고 replace 옵션을 적용하면 된다.

② graph export

그래프의 확장자는 Stata에서는 .gph로 되어있다. 이는 Stata의 그래프 에디터창에서 다시 불러 들여 편집할 수 있다. 그러나 다른 프로그램에서는 불러들이기가 힘들다. 그러므로 Stata에서는 다른 프로그램에서 사용할 수 있도록 다양한 포맷으로 그래프를 내보내는 명령어를 제공하고 있다.

그래프의 명령문은 graph export를 활용하면 된다. 그리고 내보낼 수 있는 그래프 유형은 확장자명으로 지정하여 주면 된다. Stata에서는 PostScript, EPS, Window Metafile, Windows Enhanced Metafile, PDF, PNG, TIFF형식 등을 지원하여 준다.

명령문	graph export newfilename.suffix [, options]		
옵션	name(windowname)		메모리에서 그래프 이름 지정한 경우 사용
	replace		디스크에 있는 기존 파일 대체
	그래프 유형	확장자	저장형식
		.ps	PostScript
		.eps	EPS (Encapsulated PostScript)
		.wmf	Windows Metafile
		.emf	Windows Enhanced Metafile
		.pdf	PDF
		.png	PNG (Portable Network Graphics)
		.tif	TIFF

앞서 작성된 그래프를 지정경로와 파일이름은 동일하게 하고, 확장자를 EMF(Windows Enhanced Metafile)로 저장하여 보자. 결과창에서는 기존의 파일이 없으며, EMF 형식으로 저장되었음을 알려주는 메시지를 보여준다.

```
graph export c:\data\examples\graph_bw.emf, replace

(note: file c:\data\examples\graph_bw.emf not found)
(file c:\data\examples\graph_bw.emf written in Enhanced Metafile format)
```

6. 그래프 에디터로 편집하기

Stata는 그래픽 사용자 인터페이스(Graphical User Interface, GUI)인 graph editor를 제공하고 있다. 이를 이용하여 출판물 수준의 정교한 그래프 편집이 가능하다. graph editor는 대화상자나 명령문으로 간단한 그래프를 작성한 후 보다 정교하게 그래프를 편집할 수 있다.

1) 그래프 편집기의 시작과 중지

그래프 편집기(graph editor)를 시작하기 위해서는 대화상자나 그래프 명령문으로 간단한 그래프를 생성하여야 사용할 수 있다. 그러므로 체질량지수(bmi)와 몸무게(weight)에 대한 산점도 그래프를 명령문으로 아래와 같이 생성하여 보자.

```
graph twoway scatter bmi weight
```

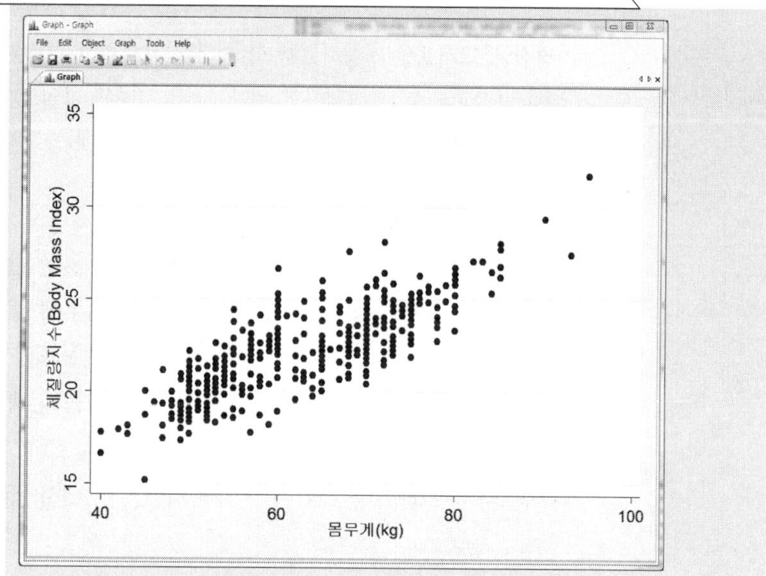

그래프 편집기(graph editor)는 그래프창의 메뉴에서 File > Start Graph Editor를 선택하거나, 화면 상단에 있는 도구상자(tool box) 중 를 마우스로 클릭하면 활성화된다.

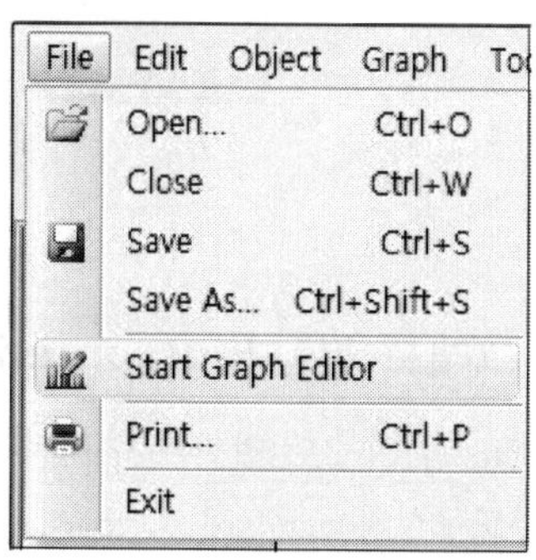

그림 4.20 그래프 편집 시작메뉴

그래프 편집기를 활성화하여 편집을 수행한 후 작업을 중단하고자 할 경우에는 메뉴에서 File > Stop Graph Editor를 선택하거나 동일한 도구상자인 를 클릭하면 중지된다. 또 다른 방법으로는 그래프 편집기에서 마우스를 오른쪽 클릭하면 Stop Graph Editor를 선택할지 여부에 대한 조그마한 상자화면이 뜨므로, 이를 선택하면 중지된다.

편집한 그래프를 저장하고자 할 경우에는 복귀한 그래프창에서 File > Save나 File > Save As를 선택하면 된다. Stata 그래프 파일로 저장할 경우에는 전자를, 다른 확장자명을 가진 파일로 저장할 경우에는 후자를 선택하면 된다.

그래프창을 닫고자 할 경우에는 상단 메뉴에서 File > Exit를 선택하거나 화면 오른쪽 상단의 닫기 버튼(x)을 마우스로 클릭하면 된다. 그래프창을 닫기 전에 편집한 그래프를 저장하기 여부에 대한 질문을 하는 조그마한 창이 뜬다. 이 때 [아니요(N)] 버튼을 누르면 저장하지 않으며, [예(Y)] 버튼을 누르면 저장하기(File > Save)를 선택한 것과 같은 창이 나타나므로 파일이름을 입력하고 저장하면 종료된다. [취소] 버튼을 누르면 다시 그래프창으로 돌아가서 작업을 시작할 수 있다.

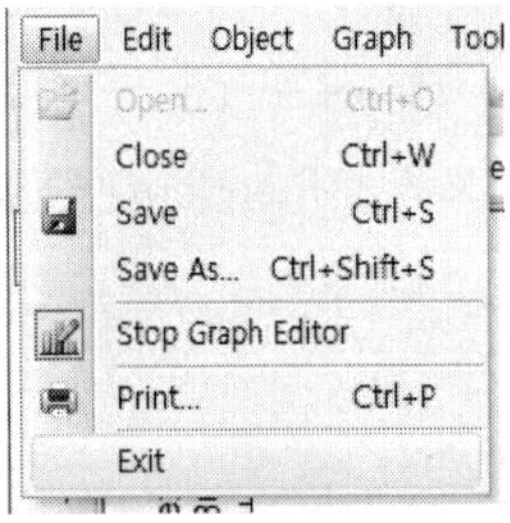

그림 4.21

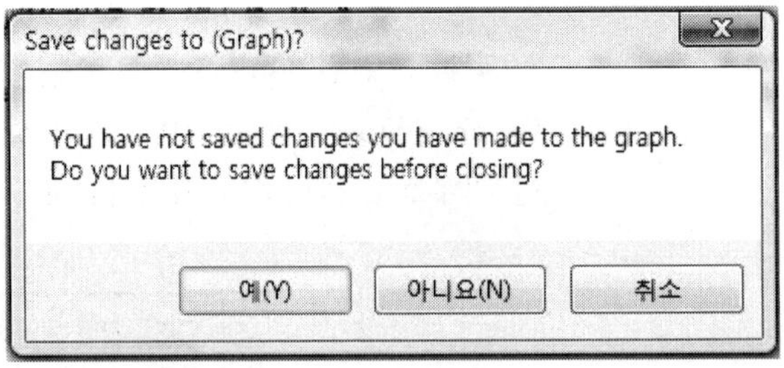

그림 4.22

2) 그래프 편집기(graph editor) 화면구성과 주요내용

Stata의 그래프 편집기(graph editor)는 기본적으로 주메뉴(main menu), 표준도구상자(standard toolbar), 문맥도구상자(contextual toolbar), 객체탐색기(object browser), 주 메뉴 중에서 도구메뉴(tools bar)의 메뉴를 화면 왼쪽에 제시하고 있다.

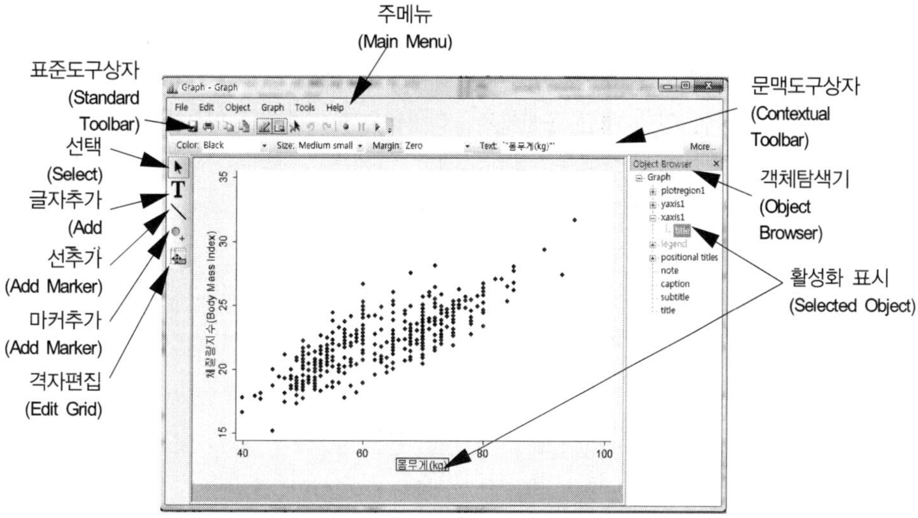

그림 4.23 그래프편집기(graph editor) 화면구성

그래프를 편집하고자 할 경우에는 주메뉴, 표준도구상자, 문맥도구상자, 객체탐색기, 도구상자 선택메뉴, 또는 그래프 창에서 편집하고자 하는 객체에 커서를 움지역 마우스 왼쪽 클릭으로 선택하면 된다.

선택한 객체에는 활성화되었음을 의미하는 빨간색 상자(▭)가 나타나게 되며, 객체탐색기(object brower)에는 선택된 객체에 대하여 역음영(예: title)으로 표시하여 준다. 또한 문맥도구상자는 선택된 객체에 대한 기본적인 옵션의 내용들을 하나의 메뉴로 제시하여 준다.

그래프를 편집하고 수정하고자 할 경우에는 마우스로 편집 대상이 되는 그래프에서 직접 객체에 대하여 더블 클릭(double click)하거나 객체탐색기에서 해당하는 곳을 또한 더블 클릭하면 관련 속성창이 뜨게 된다. 이 속성창에서 편집과 수정을 하면 된다.

3) 문맥도구바(contextual toolbar)로 편집하기

그래프 편집기에서 편집하는 가장 손쉬운 방법 중의 하나는 문맥도구상자(contextual toolbar)를 이용하는 것이다. 수정 또는 편집하고자 하는 객체(y축 라벨, x축 라벨, x 또는 y축 제목 등을 마우스로 클릭하여 활성화하게 되면 문맥도구상자의 내용이 활성화된 객체의 옵션들로 변환된다.

예를 들어, "몸무게(kg)"라는 x축 제목을 활성화하였다면, 문맥도구상자는 이에 대한 옵션들과 그 내용을 보여주게 된다. 현재 상태에서는 x축 제목의 글자색은 검정(black), 크기는 Medium small, 여백(Margin)은 Zero, 제목 문자는 "몸무게(kg)"로 되어 있다.

수정 이전

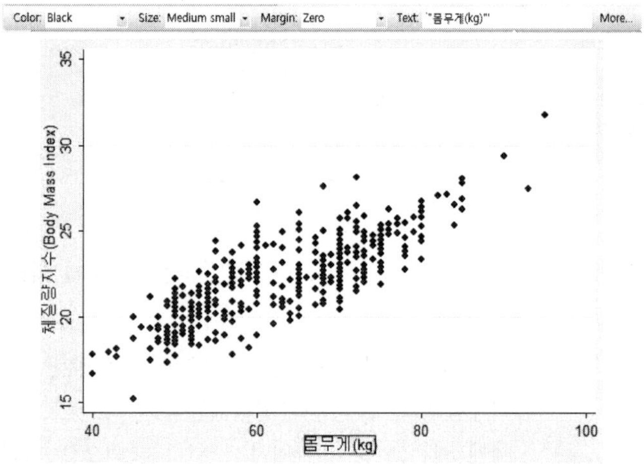

x축 제목에 대한 옵션을 문맥도구상자를 이용하여, 글자색을 Blue, 크기를 Large, x축과의 여백을 Large로 선택하고 그래프 영역에서의 변화를 살펴보자. 글자색과 크기, 여백이 바뀌어져 있음을 확인할 수 있다.

수정 이후

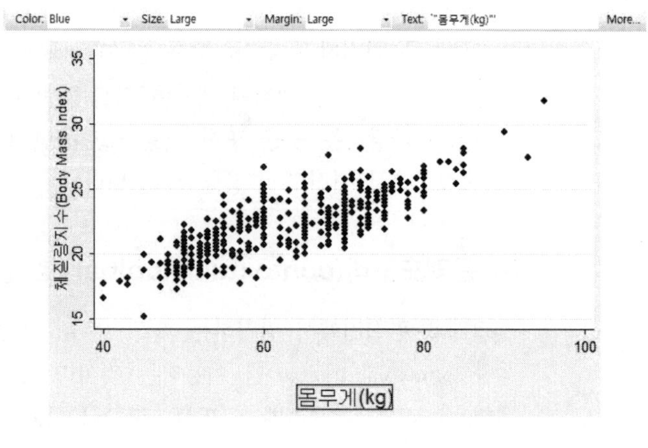

또 다른 예로써 이번에는 그래프의 종류와 색 등을 변화시켜보자. 먼저 그래프 영역을 마우스로 클릭하여 활성화하면 빨간색 상자(▭) 등이 표시되며, 표준도구상자의 내용이 바뀌어 있음을 알 수 있다.

수정 이전

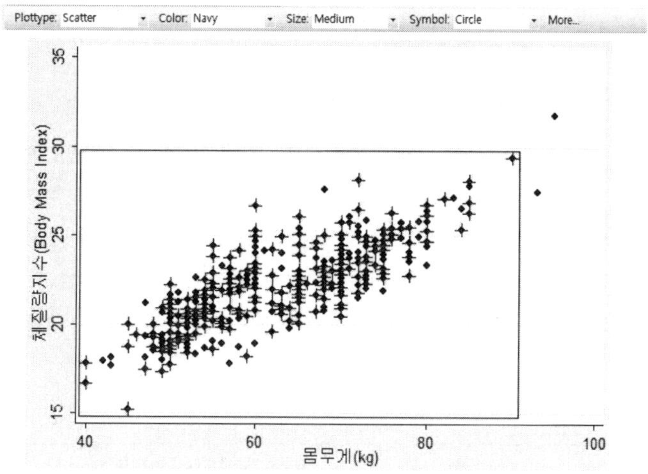

그래프의 유형(plottype)을 막대 그래프(bar graph)로 바꾸고, 막대의 색을 purple로, 막대의 외곽선 두께(Outline Width)를 thin으로 설정하여 보자. 그래프의 유형과 색, 외곽선 두께가 변화되어 있음을 바로 확인할 수 있을 것이다.

수정 이후

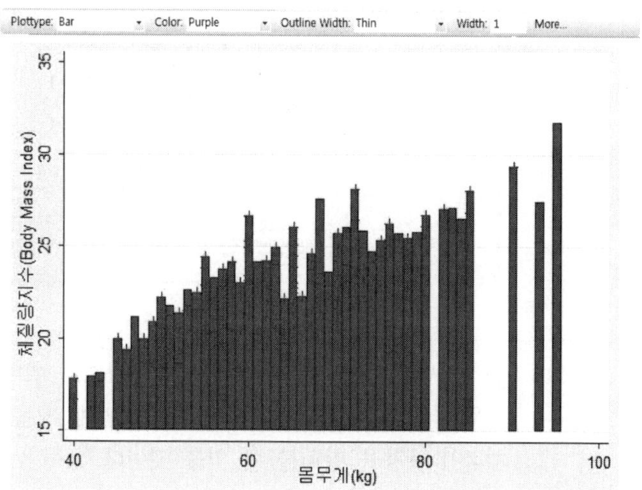

4) 객체탐색기(object browser)로 편집하기

객체탐색기(object browser)는 그래프에 있는 모든 객체들의 목록을 담고 있다. 객체탐색기는 그래프영역(plotregion), y축, x축, 범례, 제목들 위치(positional titles) 등의 한 객체 안에 보다 상세하게 분류된 객체들을 담고 있는 특징을 가지고 있다. 예를 들어 제목들 위치 앞에는 주(note), 표제(caption), 그래프의 제목과 소제목의 입력 등을 편집할 수 있는 객체들이 또한 포함되어 있다. 그러므로 그래프를 편집하고자 하고자 할 때에는 이들을 각각 선택하여 선택 또는 입력하면 된다.

명령문으로 남자(gender==1)와 여자(gender==2)별로 몸무게(weight)와 체질량지수(bmi)에 대한 산점도를 중첩하여 작성한 그래프를 아래와 같이 다시 실행하고, 도구상자를 클릭하여 그래프 편집기(graph editor)를 활성화하여 보자.

```
graph twoway (scatter bmi weight if gender==1)
(scatter bmi weight if gender==2)
```

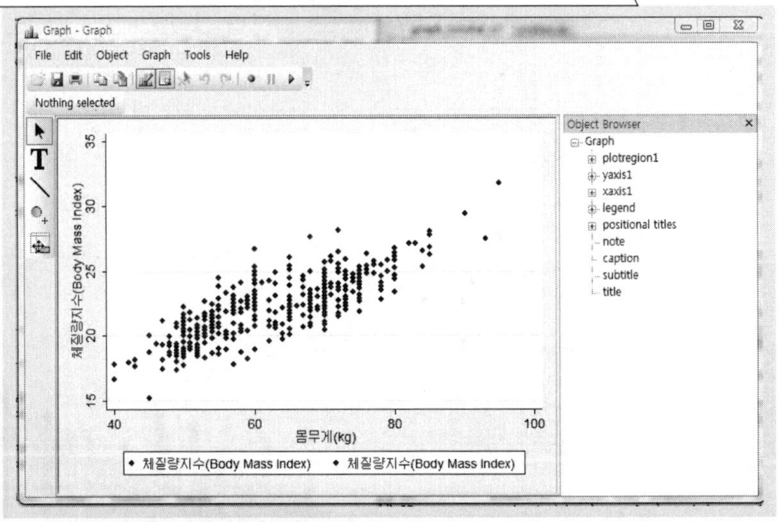

객체탐색기에서 하위 객체들을 파악하기 위하여 ⊞에 커서를 이동하고 모두 클릭하여 보자. 그래프영역, 축, 범례, 제목 등에 대한 하위폴더의 구체적인 내용을 살펴볼 수 있을 것이다.

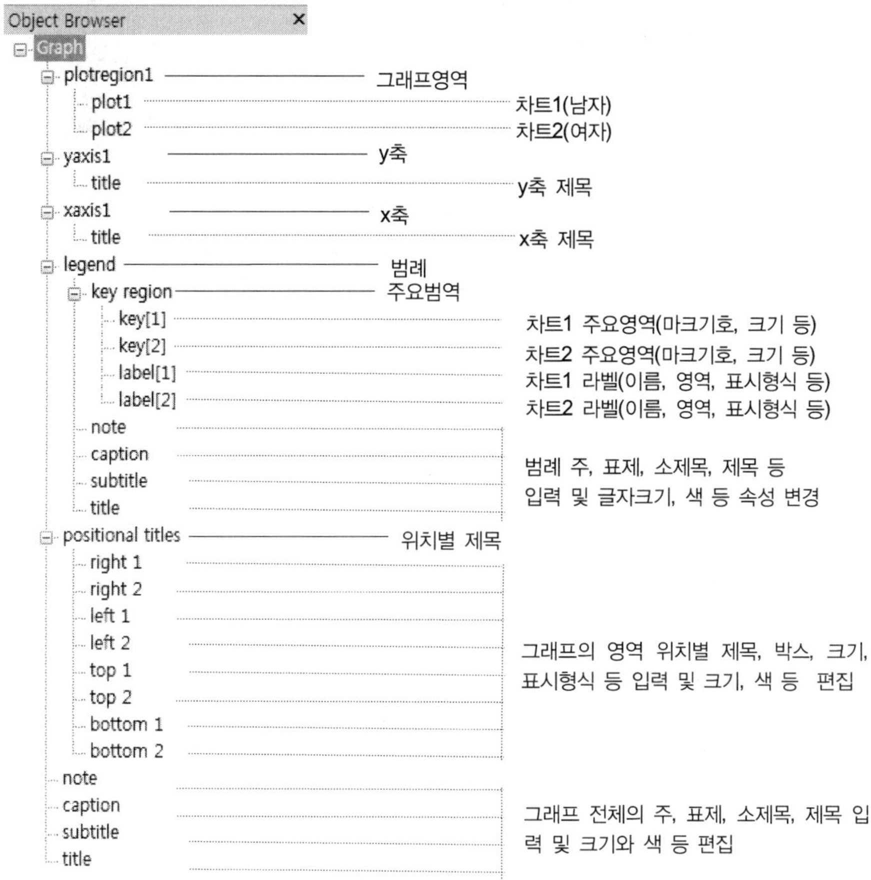

그림 4.24 객체탐색기의 구성과 주요내용

이들 하위 객체들 중 하나를 더블 클릭하면 그에 대한 옵션을 제공하는 작은 창이 뜨게 된다. 이들 창에서 나타나고 있는 옵션들을 사용자의 원하는 편집방향에 맞게 설정한 후 제대로 되었는지를 확인버튼(OK)를 누르면 편집이 완료된다. 한편, 각각의 객체에 대한 옵션의 설정이 제대로 작동하였는지를 살펴보기 위해서는 확인버튼을 누르기 이전에 Apply 버튼을 누르면 바로 그래프 편집기에서 확인할 수 있다.

예를 들어, 범례(legend)의 주요 영역(key region) 중 남자의 산점도에 대한 라벨(label[1])에 대하여 수정을 하여 보자. 먼저 label [1]을 더블 클릭하면 문자(Text), 상자(Box), 표시형식(Format), 고급(Advanced) 탭 등 4개의 구성되어 있음을 볼 수 있다.

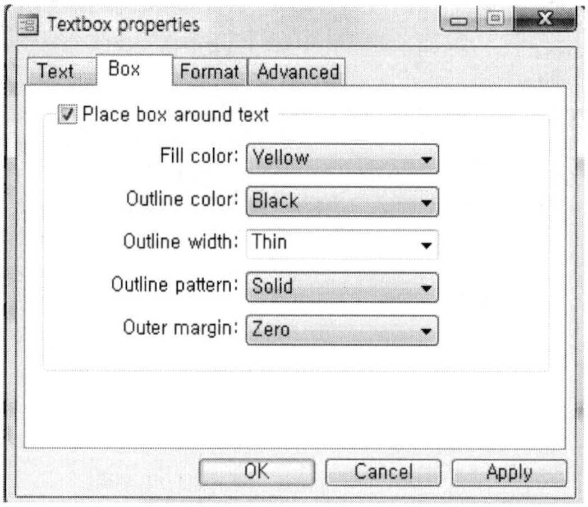

여기에서는 문자 탭에서 문자를 "체질량지수(Body Mass Index)"에서 Male로, 상자 탭에서 텍스트 주위의 상자를 위치시키고, 상자의 음영색을 yellow로 선택하여 Apply 버튼을 눌러 확인하여 보자. 그래프 범례가 바뀌어 있음을 알 수 있을 것이다.

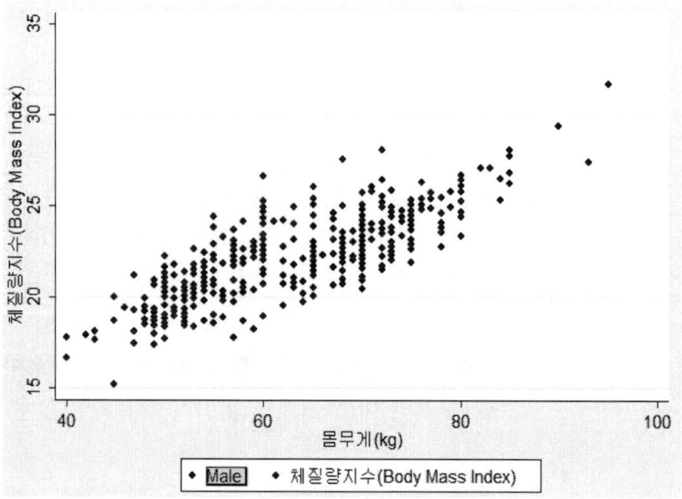

객체탐색기에서의 문자의 입력시에는 " "를 사용하지 않아도 문자로 인식하며, " "를 사용하여도 " "는 나타나지는 않는다.

명령문을 활용하여 작성한 그래프와 동일한 그래프를 객체탐색기로 적용하여 보자. 그래프 전체의 제목(title)을 "Figure 1. Scatter Plot of BMI by Weight", 소제목(subtile)을 "Citizens in Seoul", 주(note)를 "Note: scatter plots over gender", 표제(caption)를 "Source: Survey Data in 2011"로 입력하여 보자. 위에서처럼 label[1]의 이름을 Male로, label[2]의 이름을 Female로, 그리고 라벨명의 상자에 대한 음영색을 Gold로 선택하여 보자. 그리고 범례의 주요영역에서 key[1]을 small triangle로, key[2]를 Hallow small square로 선택하여 보자. 최종 결과의 그래프를 확인하여 보면 다음과 같이, 명령문으로 작성한 그래프와 거의 동일하게 작성되었음을 알 수 있다.

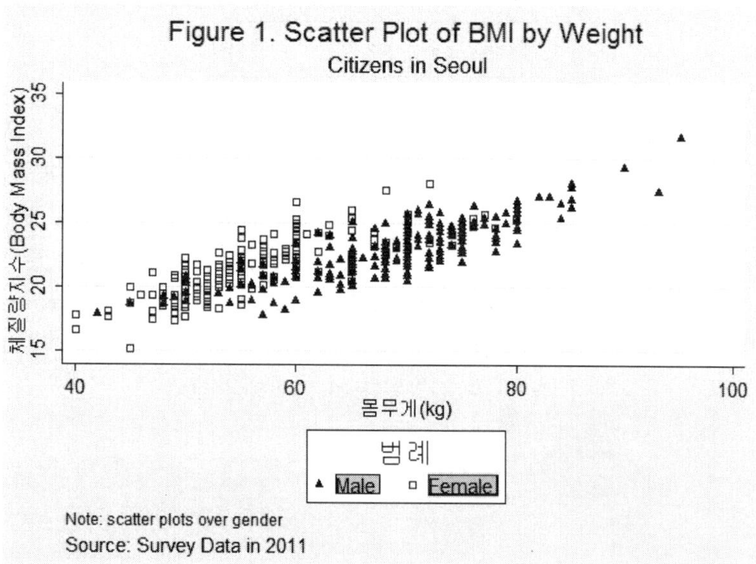

5) 도구상자로 객체 추가와 편집

그래프 편집기에서 왼쪽에 있는 도구상자들은 Tools 메뉴를 정렬하고 있는 것이다. 이들 도구상자를 이용하여 선과 점, 문자 등을 추가할 수 있다.

예를 들어, 앞서 작성한 성별 체질량지수와 몸무게의 산점도 그래프를 활용하여 몸무게와 체질량지수의 평균값에 대한 추가선을 각각 추가하고, 이에 대한 값들을 문자로 입력하여 그래프에 보이게 해보자.

우선 두 변수의 평균을 파악하여야 한다. 평균을 파악하기 위해서는 summarize 또는 tabstat 명령을 실행하면 된다. 여기서는 tabstat 명령문으로 작성하였다.

```
tabstat bmi weight, by(gender) format(%9.2f)
```

```
Summary statistics: mean
  by categories of: gender (Gender)

gender |       bmi    weight
-------+--------------------
  male |     23.08     69.53
female |     21.50     55.80
-------+--------------------
 Total |     22.27     62.50
----------------------------
```

체질량지수(bmi)와 몸무게(weight)의 각각의 평균값인 22.27과 62.50의 값을 이용하여 먼저 2개의 선을 축가하여 보자. 먼저 x축 속성을 그래프 영역에서 x축의 눈금이 있는 곳을 더블 클릭하여 축속성창(Axis properties)을 활성화시켜 보자. 그 창에서 Reference line 탭을 클릭하면 x축의 참고선의 값을 입력하는 작은 창에 62.50의 값을 입력하고, 확인버튼(OK)을 눌러 확인하여 보자.

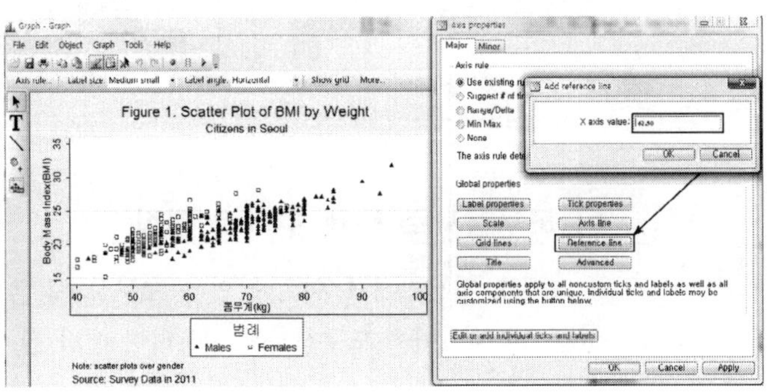

마찬가지로 Y축 속성창을 활성화하고, 동일한 방식으로 y축의 참고선의 값인 22.27의 값을 입력하여 그 결과를 그래프 편집기에서 확인하여 보자. x축과 y축에 각각 1개의 선이 추가되었으며, 그 선의 기준은 두 변수의 각각의 평균이다.

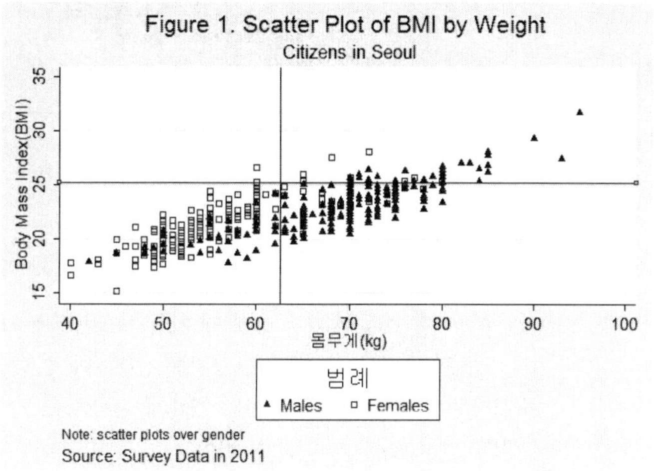

이제 도구상자에서 참고선(reference line)의 종류와 이들 선에 대한 참고선의 설명을 그래프에 작성하여 보자. 선의 수정을 위해서는 도구상자인 버튼을 눌러 활성화하고 편집하고자 하는 선에 커서를 더블 클릭하면 참고선 속성(Reference line properties) 창이 뜬다. 여기에서 선색을 Gray로, 선패턴을 Dash로 선택하여 확인버튼(OK)을 누르면 된다. 두 개의 참고선에 동일하게 적용하여 보자. 또한 T 도구상자를 눌러 문자입력을 활성화하고, 커서를 원하는 위치에 두고, "몸무게 평균(62.50kg)"과 "체질량지수 평균(25.2cm/kg2)"을 각각 입력하여 그 결과를 확인하여 보자.

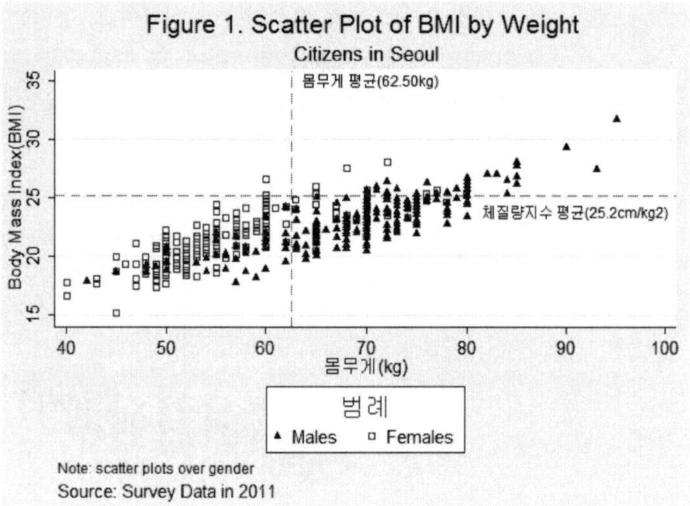

객체의 이동과 수정은 상자를 선택하여 수정할 수 있다. 먼저, 상자를 선택하여 활성화한 후 원하는 객체에 커서를 두고, 더블 클릭하면 수정할 수 있는 관련 창이 뜨게 된다. 만약 어떤 객체를 이동하고 싶다면 커서를 그 객체에 한번 클릭하여 활성화한 후 커서로 원하는 곳으로 이동시켜주면 된다.

6) 그래프 기록기의 활용

그래프 에디터에서는 편집하는 것을 기록하게 하는 그래프 기록기(Graph Recorder)가 있다. 이는 그래프 명령문 사용과 달리 그래프 에디터에서 편집하여 작성한 그래프는 추후에 동일한 그래프를 재생산하기가 어렵다는 단점을 보완하는데 사용된다. 또한 유사한 그래프를 그릴 때도 그래프 기록기로 이전에 사용하였던 편집과정을 기록해두면 그래프를 작성하는데 시간을 절감할 수 있기 때문에 매우 유용하다.

그래프 기록을 시작할 때에는 도구상자 메뉴에 있는 를 클릭하면 기록이 시작된다. 만약 기록을 잠시 중지하고 싶다면 를 클릭하고, 기록을 끝내고 싶다면 를 다시 클릭하면 된다. 를 클릭하면 그 기록을 파일(*.grec)로 저장할지 여부에 대하여 묻는 창이 뜬다. 여기서 파일이름을 입력하고 저장하거나 무시하면 된다. 저장된 그래프 기록을 이용하여 동일한 그래프를 재생하고 싶다면 를 클릭하여 기록된 파일을 선택하면 된다.

몸무게와 체질량지수에 대한 산점도를 작성하고, 그래프 에디터에서 마커기호(marker symbol)를 Hollow square로 바꾸는 작업을 기록하여 다른 산점도 그래프에서 동일한 작업을 재생하여 보자.

먼저, 몸무게와 체질량지수에 대한 산점도 그래프 작성을 위한 명령문을 실행한 후, 그래프창에서 그래프 편집기를 활성화하여 보자.

```
graph twoway scatter bmi weight
```

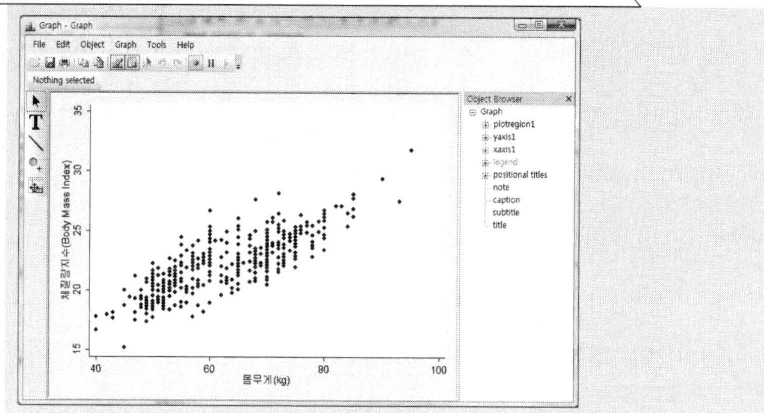

그래프 편집기 창에서 을 클릭하여 기록을 시작하도록 하자. 그리고 그래프 영역에서 산점도의 마커기호를 circle에서 hollow square로 선택하여 바꾸도록 한 후 을 클릭하여 기록을 종료하자. 그러면 다음과 같은 창이 뜰 때, 그 기록을 graph_hw_recording1라는 이름으로 저장하여 보자.

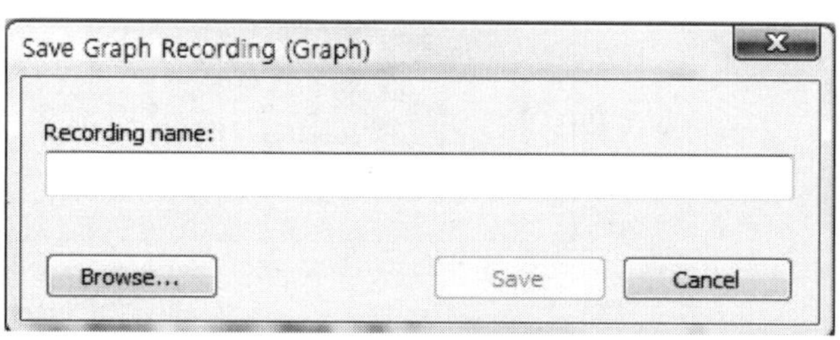

그 기록을 이용하여 이제는 몸무게(weight)와 키(height)에 대한 산점도의 마커기호를 동일하게 바꾸어 보자. 그림에서처럼 를 클릭하면 이전

에 저장된 그래프 기록기 파일이름을 보여진다. 이를 선택하면 마커기호가 circle에서 Hollow square로 바뀌어져 있음을 확인하게 될 것이다.

```
graph twoway scatter height weight
```

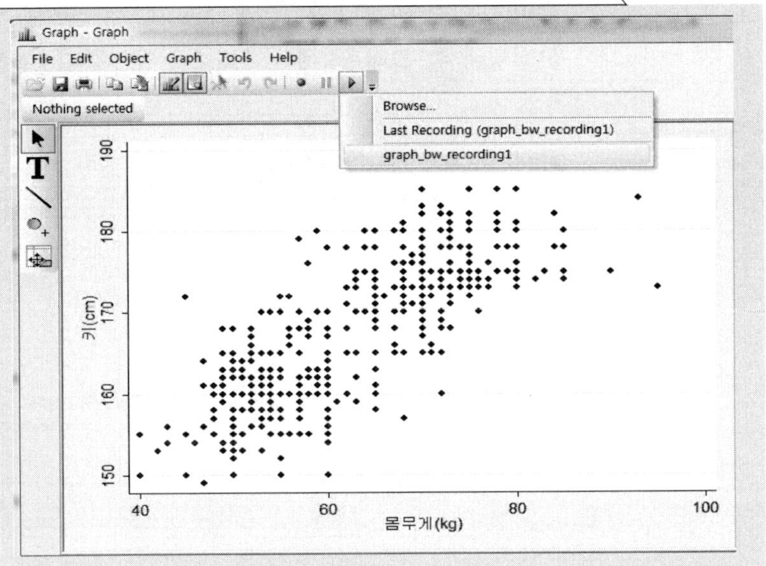

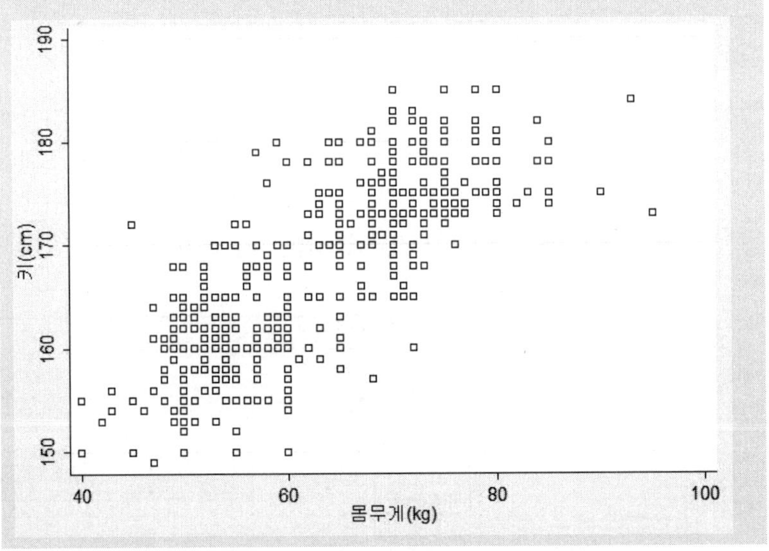

그래프 기록기로 저장한 파일을 이용하여 그래프 명령문에서 바로 실행하는 방법도 있다. 예를 들어 체질량지수(bmi)와 몸무게(weight)의 산점도의

그래프 편집을 그래프 기록기로 기록하여, "c:\data\examples\" 저장경로에 "graph_bw_recording2.grec"의 파일이름으로 저장하였다고 하자. 편집의 내용은 마커기호를 Hollow square로 하고, 그래프의 표제(caption)를 "Source: survey data for Seoul citizens in 2011"로 붙인 것이다. 이를 키(height)와 몸무게(weight)의 산점도 작성에서 옵션으로 play(graph_bw_recording2.grec)를 적용하여 보자. 그래프 편집기에서 실행한 것처럼 동일한 결과를 얻을 수 있다.

```
graph twoway scatter height weight,
play(graph_bw_recording2.grec)
```

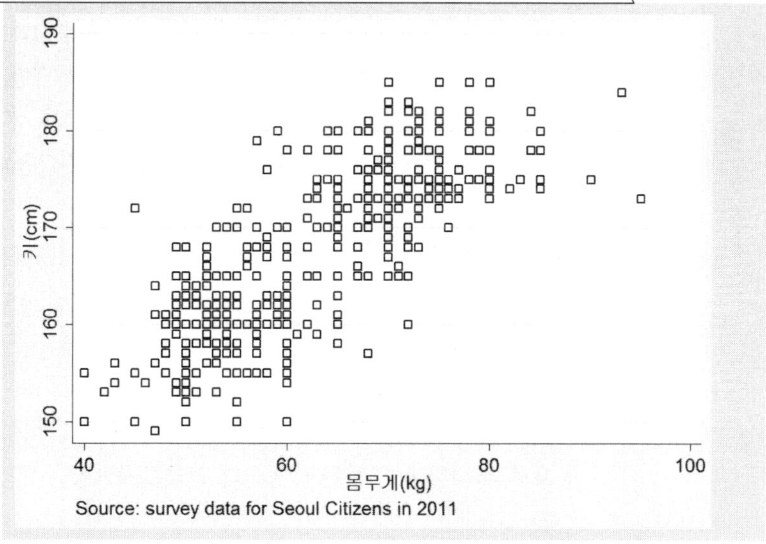

7. 그래프 작성에서의 편집기와 명령문의 장단점 비교[9)]

지금까지 Stata에서 그래프를 작성하는 방법과 절차에 대하여 살펴보았다. Stata에서 대화상자나 명령문으로 그래프를 작성할 수 있음을 알 수 있었다. 대화상자의 이용은 Stata 명령문이 익숙하지 않은 초심자에게 보다 편리할 수 있다. 그러나 그 초심자가 점점 더 경험을 쌓게 된다면 그래프를 명령문으로 작성하는 것이 보다 편리할 수 있다.

한편, 그래프의 편집을 명령문 또는 그래프 편집기를 활용하여 수행할 수 있음을 알 수 있었다. 그렇다면 Stata에서 고품질의 그래프를 작성하고자 할 때 두가지 방법 중에서 어떤 것이 보다 편리할까에 대한 의문이 들 수 있다. 이에 대하여 Mitchell(2008: pp.80-86)은 두 방식 모두 장단점이 있기 때문에 두가지를 상호 보완하여 사용하는 것이 더욱 편리하다고 말한다.

1) 명령문의 장점

먼저 Stata에서 명령문으로 그래프를 작성할 때 가지는 장점은 다섯가지로 대별할 수 있다.

첫째, 그래프의 확대재생산이 쉽다. 그래프 에디터에서 그래프 기록기(Graph Recorder)로 작업명령을 기록하여 적용할 수 있으나, 그래프 명령문으로 작성하면 언제든지 동일한 그래프를 바로 재생산할 수 있다.

둘째, 옵션의 무한한 주문제작(customization)이 가능하다. 이는 다양한 그래프를 작성할 때, 이미 작성한 그래프 명령문을 이용하여 유사한 그래프에 약간의 수정만을 통하여 복잡하고 정교한 그래프를 제작할 수 있다. 특히, 옵션 중에서 마커기호와 색, 라벨 등은 다른 그래프에서도 공통적일 경우 기존의 명령문 옵션을 복사하여 사용하면 된다.

셋째, 막대와 상자, 그리고 점 그래프의 정렬기능이 보다 우수하다. 막대, 상자, 점 그래프를 작성할 때 정렬옵션이 다소 복잡한 경우에도 가능하다.

---

9) Mitchell, Michael N. (2008), pp.80-86의 내용을 참조하여 정리한 것임

반면에 그래프 편집기에서는 한정된 정렬기능을 제공하여 주고 있다.

넷째, 문자를 가진 축의 명명이 보다 편리하다. 여러개의 문자에 대한 명명을 할 경우에 그래프 편집기에서는 각각에 대하여 하나하나씩 해줘야 함에 반하여 명령문은 한번에 실행이 가능하다. 예를 들어, x축 변수의 수준별로 다른 이름의 명명(labeling)이 필요한 경우, 명령문은 그 옵션으로 xlabel(2 "20s" 3 "30s" 4 "40s" 5 "50s")으로 한번에 실행되지만 그래프 편집기는 이들 각각에 대하여 선택하고 입력해야 하는 번거로움을 가지고 있다.

다섯째, 부등간 척도의 라벨이 가능하다. 대부분의 Stata 사용자가 등간척도로 x축 변수의 눈금을 표시하게 된다. 그러나 연구자의 목적에 따라서 부등간 척도를 그래프에 부여하여야 할 때가 있다. 이럴 경우에는 명령문에서만 실행이 가능하며, 그래프 편집기는 부등간척도를 삽입하기가 쉽지 않다. 예를 들어, x축의 눈금을 1, 10, 100, 1000으로 하게 될 경우, 명령문에서는 xlabel(1, 10, 100, 1000)으로 작성하여 실행하면 된다. 그러나 그래프 편집기는 그러한 옵션을 제공하지 않고 등간척도만 부여가 가능하도록 되어 있다.

2) 그래프 편집기의 장점

Mitchell(2008)은 또한 명령문으로 그래프를 작성 또는 편집하는 것보다 그래프 편집기가 보다 더 우위를 갖는 다섯가지의 특징들이 있다고 한다. 첫째, 객체의 추가기능이 보다 우수하다. 그래프에서 문자, 선, 새로운 마커를 도구상자인 **T**, , 를 이용하여 쉽게 추가할 수 있다.

둘째, 객체의 수정과 이동이 보다 편리하다. 그래프 편집기에서는 어떤한 객체를 로 클릭하여 문자, 선, 색 등을 자유롭게 수정할 수 있다. 또한 를 이용하여 객체들의 이동을 보다 쉽게 할 수 있다는 장점도 있다.

셋째, by( ) 옵션에 의하여 여러 개의 그래프가 통합되어 작성되었을 경우에 축과 제목의 수정이 보다 용이하게 이루어질 수 있다. 특히, 어떠한 제목이나 그래프 옵션의 숨기기와 보여주기를 선택하여 보이지 않기를 하는 등의 작업을 수행할 수 있다.

넷째, 막대, 상자, 그리고 점 그래프에서 축들의 순환을 보다 용이하게 할 수 있다. 예를 들어, 나이그룹(age)별 성(gender)별 몸무게(weight), 키(height), 그리고 체질량지수(bmi)의 수평 막대그래프(bar graph)를 명령문으로 작성하여 보자.

```
graph hbar weight height bmi, over(gender) over(age)
```

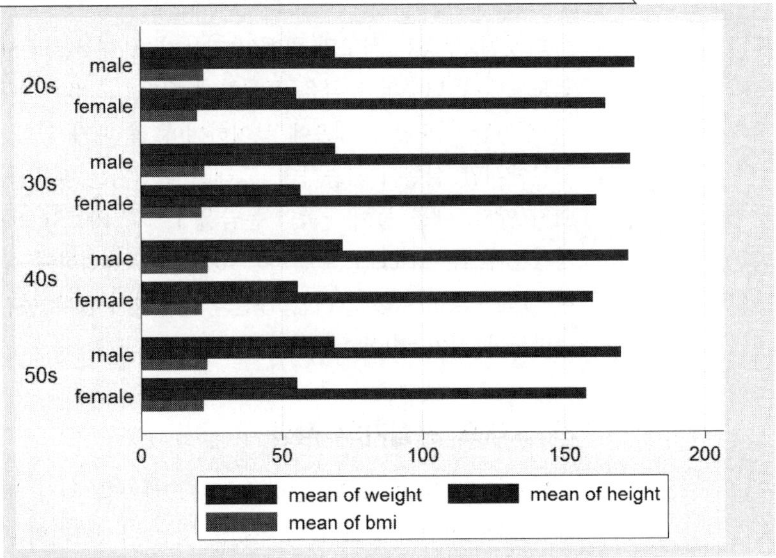

이 그래프를 편집기의 객체탐색기(object browser)에서 막대영역(bar region)을 더블 클릭하면 나타나는 속성창의 카테고리 순환(Rotate categories)을 클릭하여 가면서 그래프의 축들이 어떻게 변화하는지를 살펴보면 다음과 같다. 이들 중에서 사용자는 보다 연구목적에 부합하는 그래프를 선택하여 사용할 수 있다.

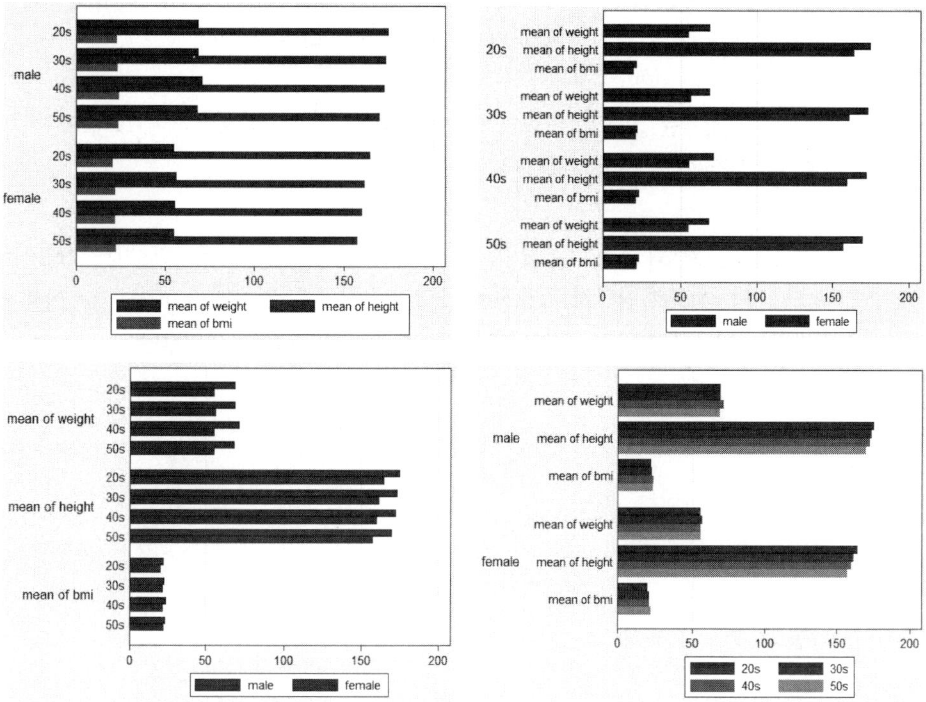

마지막으로 그래프 편집기의 보다 우수한 점은 즉각적인 환류(immediate feedback)를 통하여 그래프를 확인하고 편집할 수 있다는 것이다. 그래프 명령문으로는 그래프의 모양이 어떠한지를 바로 알 수 없다. 그러나 그래프 편집기에서 각각의 옵션들에 대한 설정 후 Apply 을 클릭하면 바로 편집창에서 그 형상을 확인할 수 있고, 마음에 들지 않는 경우 재설정을 할 수 있다는 장점이 있다.

3) 그래프 명령문과 편집기의 상호보완적 사용

그래프 명령문과 편집기로 그래프를 작성하는 것은 상호 장단점이 있기 때문에 이 두가지 방식을 상호보완적으로 사용하기를 Mitchell(2008)은 추천하고 있다. 상호보완적으로 사용하는 방법은 세가지를 제시하고 있다.

첫째는 그래프 편집기를 이용하여 빠른 환류절차를 통하여 그래프의 형상을 확인하는 것이다.

둘째는 그래프 명령문으로 그래프를 초벌구이 한 다음 보다 정교한 그래프 편집 작업은 그래프 편집기를 활용하는 것이다.

셋째는 그래프 편집기에서의 그래프 기록기를 활용하여 그래프 작성의 시간을 절약하는 것이다.

위와 같은 상호보완적 활용은 Stata의 숙련도나 습관에 따라 사용자마다 조금씩 차이가 있을지라도 이러한 제언을 염두에 두고 작업을 하게 된다면 그래프의 질적 수준은 보다 높아질 것임에 틀림없다.

제2절
그래프 종류별로 작성하기

1. 산점도 그래프

1) 산점도 그래프의 소개

산점도(scatterplot)는 두 변수간의 관계를 파악하는데 사용된다. 산점도를 그리기 위한 명령어는 "graph twoway scatter"이며, 메뉴바를 이용할 경우에는 Graphics > Twoway graph(scatter, line, etc.)를 선택하면 된다.

산점도의 종류는 2개의 연속변수에 대한 기본적인 산점도(a), 2개의 산점도를 중복하여 보여주는 중복산점도(b), 변수라벨의 값과 함께 보여주는 라벨산점도(c), 모집단의 가중치를 크기로 보여주는 가중치 산점도(d)가 있다.

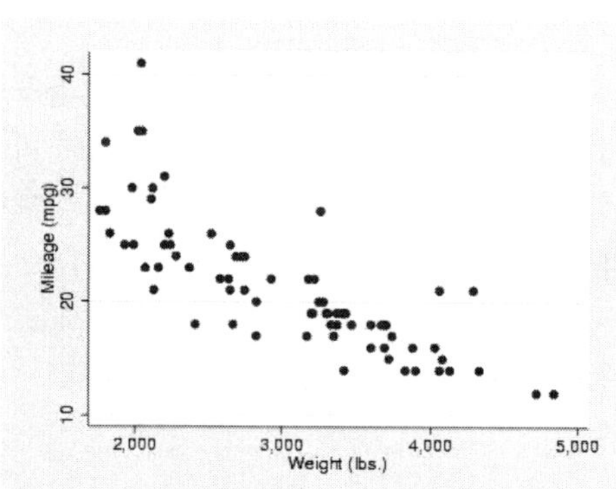

(a) 산점도

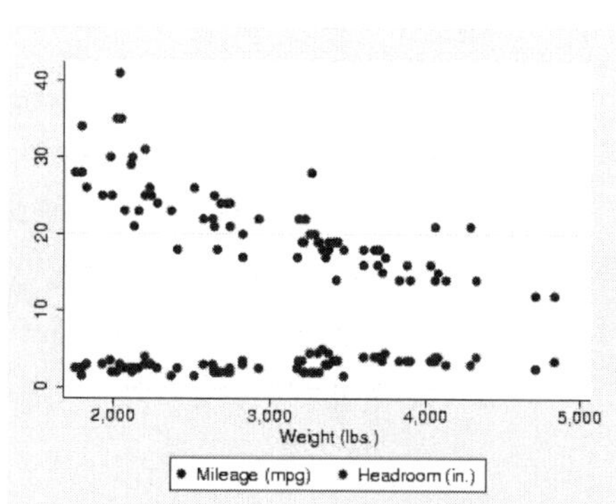

(b) 중복(overlaid) 산점도

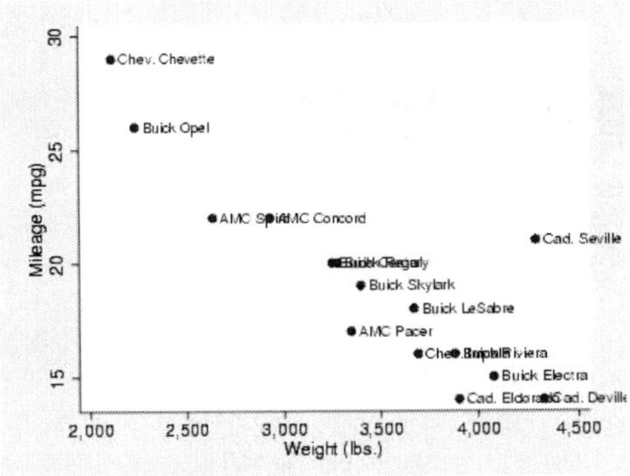

(c) 라벨 산점도

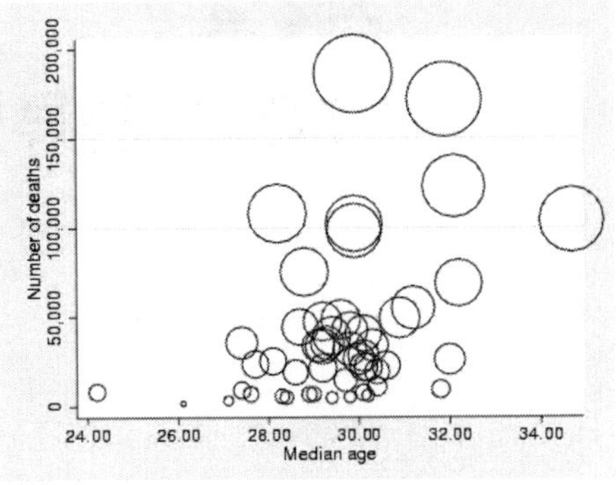

(d) 가중치 산점도

2) 다른 그래프와 중첩하여 나타내기

산점도 그래프 작성 예제는 앞서 많이 활용하였기 때문에 생략하고자 한다. 대신에 여기에서는 산점도와 다른 그래프와 중첩하여 사용하는 법을 명령문으로 작성하는 방법을 예시하고자 한다.

일반적으로 산점도 그래프는 두 변수간의 관계를 파악하고자 하는데 많이 사용된다. 그러므로 산점도 그래프와 가장 많이 사용되는 그래프는 선형예측그래프(linear prediction plot)와 이차함수 예측그래프(quadratic prediction graph)이다. 두 그래프의 작성을 위한 명령어는 각각 graph twoway lfit와 graph twoway qfit이다. 이들 그래프는 회귀식의 함수관계를 파악하는 데 주로 사용되므로, 산점도 그래프와 같이 보여주면 편리하다.

키(height)와 몸무게(weight)에 대한 산점도 그래프와 선형예측 그래프를 작성하는 명령문을 작성하여 보자. 옵션으로 산점도 그래프에 대하여 마커 기호를 음영이 없는 공백의 삼각형(th)으로, 선형예측 그래프는 선의 패턴(lpattern)을 solid로 하여 보자. 그리고 공통옵션으로 y축 제목(ytitle)을 "키(cm)"로, 범례(legend)에서 산점도 그래프 마커의 라벨을 "Scatter plot"로, 선형예측 그래프의 라벨을 "Linear prediction plot"으로 하여 보자.

```
graph twoway (scatter height weight, msymbol(th))
(lfit height weight, lpattern(solid)), ytitle("키(cm)")
legend(label(1 "Scatter plot") label(2 "Linear
prediction plot"))
```

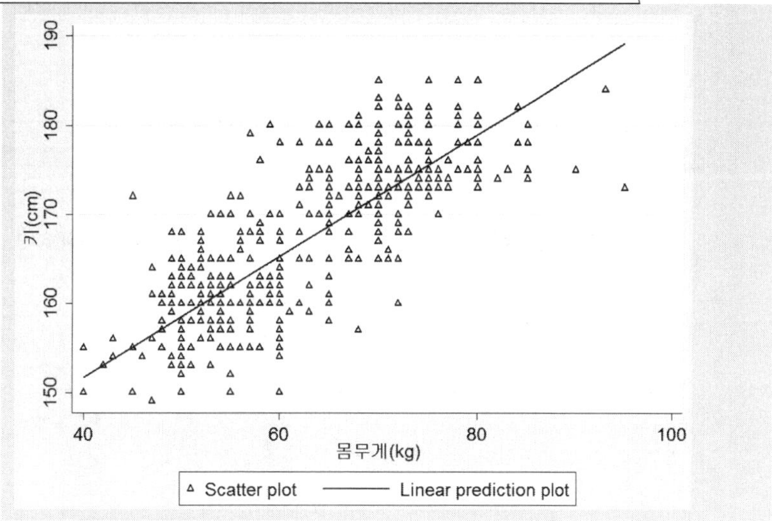

2. 선 그래프

1) 선그래프의 소개

선그래프는 시계열 자료에서 추세나 패턴을 파악하는데 자주 사용된다. 또한 순위형 명목변수의 패턴을 파악하는 데도 사용될 수 있다. Stata에서 선 그래프를 사용하기 위해서는 "graph twoway line" 명령어를 사용하거나 메뉴바에서 Graphics > Twoway graph(scatter, line, etc.)를 선택하면 된다.

선그래프의 종류는 기본적인 선그래프(a), 두 개의 선을 통합하여 보여주는 중복 선그래프(b), 점들을 연결한 점연결 선그래프(c), 그리고 두 개의 점연결 중복 선그래프(d)로 대별할 수 있다.

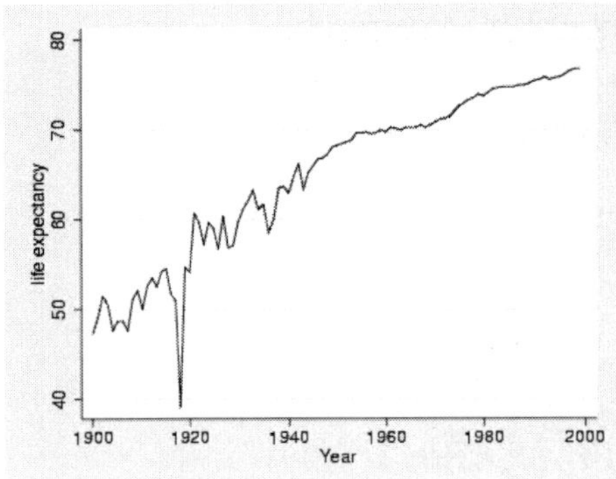

(a) 선그래프

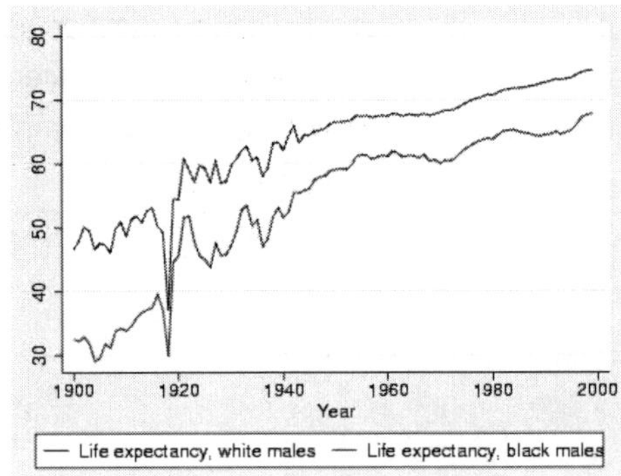

(b) 중복(overlaid) 선그래프

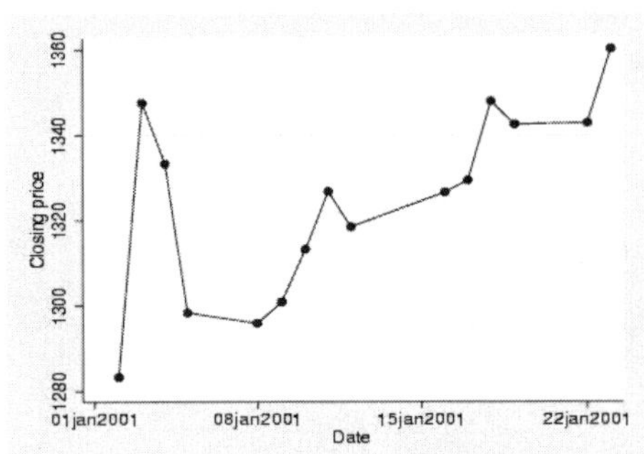

(c) 점연결 선그래프

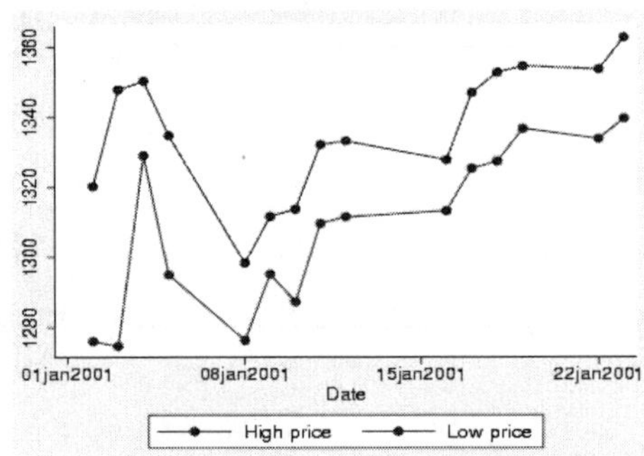

(d) 점연결 중복 선그래프

2) 선그래프의 명령문과 작성 예

선그래프를 작성하는 명령어는 세가지가 있다. 첫째는 graph twoway line 명령어를 이용하는 방법, 둘째는 graph twoway connected, 셋째는 graph twoway scatter 그래프 명령문에서 connect(l)을 활용하는 방법이다. 첫째와 둘째의 그래프 명령의 차이는 후자의 경우에 기본값(default)으로 이어지는 점들이 마커기호로 구분되고, 마커기호의 변환이 가능하다는 점이다. 이러한 차이 때문에 대부분의 Stata 이용자는 graph twoway line 명령어보다는 graph twoway connected를 선호한다.

선그래프를 작성할 때에는 sort 옵션을 사용하여야 한다는 것을 기억할 필요가 있다. 선그래프는 기본적으로 두 변수의 값들에 대하여 정렬되어야 하기 때문이다. 예를 들어 체질량지수(bmi)와 몸무게(weight)에 대한

twoway line 선그래프 명령문에서 sort 옵션을 사용하지 않았을 때와 사용하였을 때를 비교하여 보자. 정렬하지 않았을 경우에는 체질량지수와 몸무게의 점들이 선으로 연결되는 모습이 체계적이지 않고, 패턴을 알아보기 힘들다. 반면에 sort 옵션을 이용하였을 경우에는 그 형상이 패턴을 알기 쉽게 표현되어 있음을 알 수 있다.

```
graph twoway line bmi weight
```

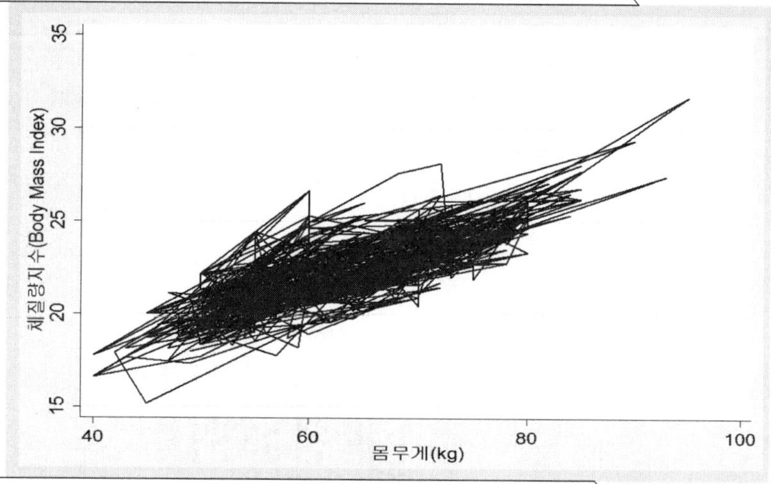


```
graph twoway line bmi weight, sort
```

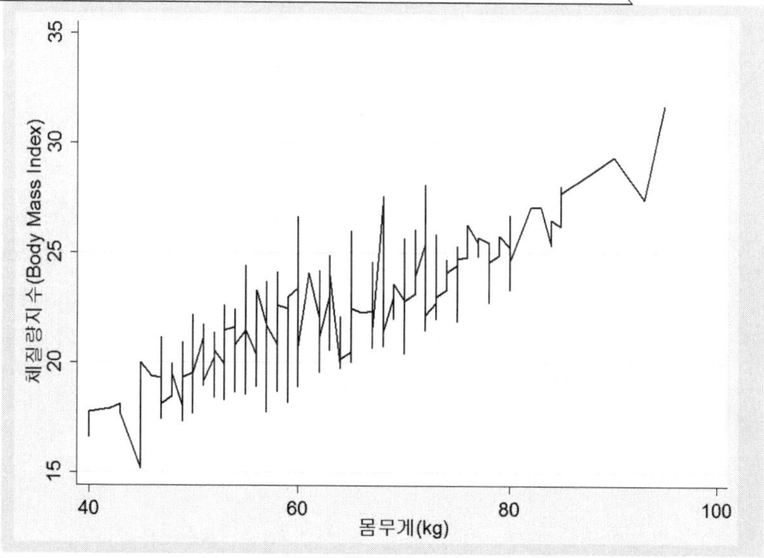

동일한 두 변수에 대하여 선그래프를 twoway connected 명령문으로 실행하여 보자. 앞서의 twoway line 그래프와 동일하지만 마커기호가 점으로 연결되어 있다는 차이가 있다. 이와 동일한 그래프를 twoway scatter 명령문에서 connect(l) 옵션을 이용하여 실행한 결과도 동일하다. connect (l)은 점들을 연결하는데 선(line, l)으로 연결하라는 옵션이다. 그리고 twoway scatter 명령으로 실행할 때에도, 데이터가 정렬되어 있어야 하므로 항상 sort 옵션과 함께 사용된다.

```
graph twoway connected bmi weight, sort
graph twoway scatter bmi weight, connect(l) sort
```

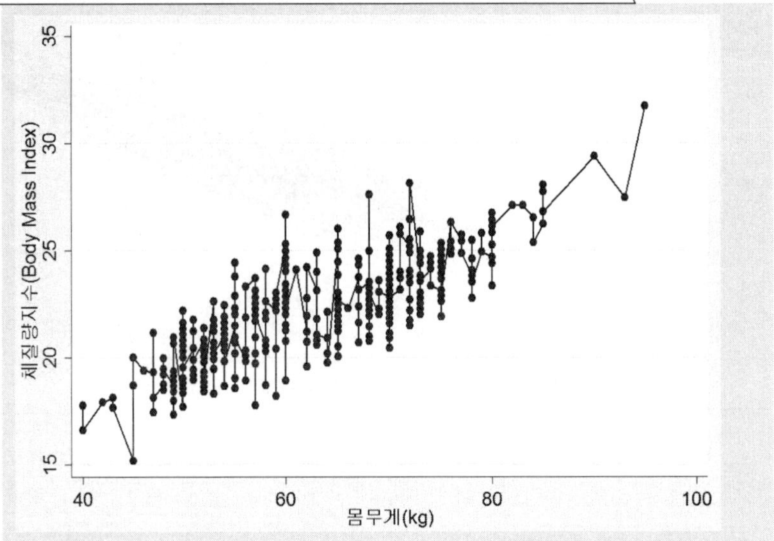

체질량지수(bmi)와 몸무게(weight)에 대한 선그래프를 twoway connected 명령어로 실행을 하면서, 남자(gender==1)와 여자(gender==2)별로 표현하여 보자. 이 때 남자의 경우에 마커기호(msymbol)를 음영이 없는 다이아몬드(diamond hollow, dh)로 나타내고, 범례의 라벨을 남자는 "Male BMI", 여자는 "Female BMI"로 명명하여 보자.

```
graph twoway (connected bmi weight if gender==1,
sort msymbol(dh) lpattern(dash)) (connected bmi
weight if gender==2, sort), legend(label(1 "Male
BMI") label(2 "Female BMI"))
```

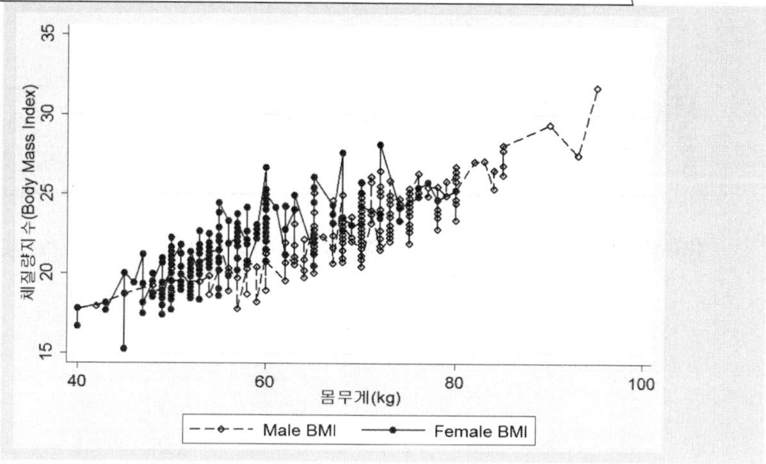

3. 범위 그래프

1) 범위그래프의 소개

범위그래프(range graph)는 두 개의 y변수들의 범위(range)를 음영으로 하여 보여주는 그래프이다. 이 그래프는 주식가격의 날짜별 최고점과 최저점의 변동을 파악하거나 상위와 하위의 신뢰구간을 파악하는데 사용된다. 그래프 명령어는 "graph twoway rbar"이며, 메뉴바로 작성할 경우에는 Graphics > Twoway graph (scatter, line, etc.)를 선택하면 된다.

범위 그래프의 종류는 6가지로 세분할 수 있다. 먼저, 범위를 면적(area)으로 나타내는 범위면적그래프(a), 막대(bar)로 보여주는 범위막대그래프(b)가 있다. 그리고 최저값과 최고값들을 모자(cap)으로 하고, 범위 안에 있는 값들을 선(spike)으로 나타내는 범위모자그래프(c)가 있으며, 모자를 상징(symbol)을 지정하여 표현하는 범위심벌그래프(d)가 있다. 또한 범위의 최저값들과 최고값들을 선으로 연결하여 표현하는 범위점선그래프(e)와 최고와 최저에 대한 상징을 사용하지 않고 범위를 선으로 연결할 경우에는 범위선그래프(f)가 있다.

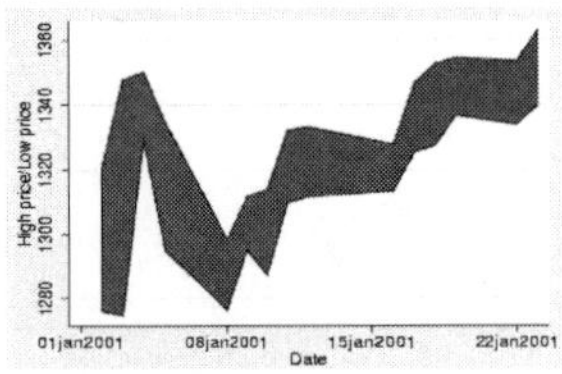

(a) 범위면적그래프

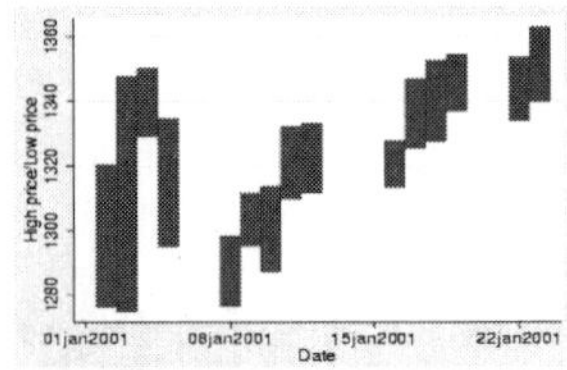

(b) 범위막대그래프

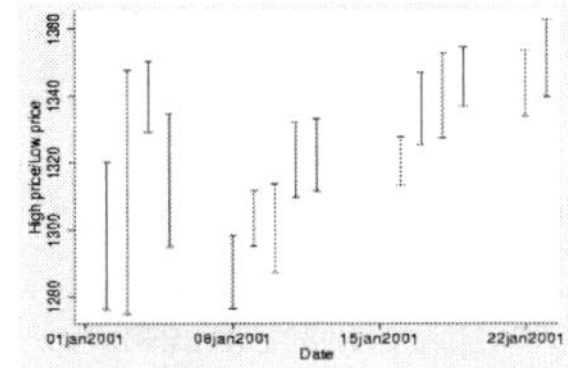

(c) 범위모자그래프

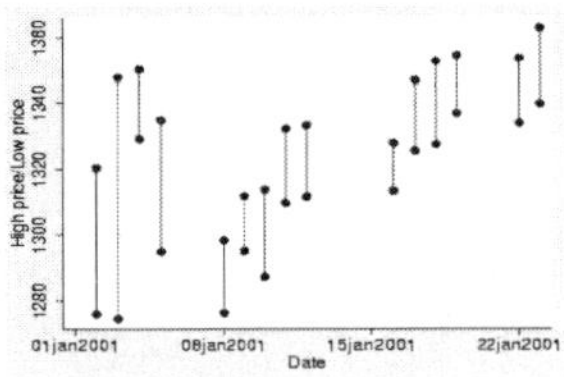

(d) 범위심벌그래프

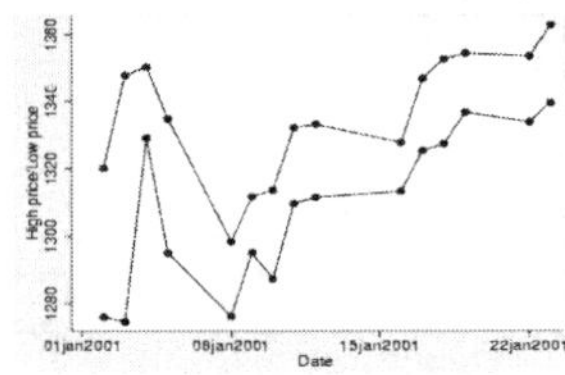

(e) 범위점선그래프

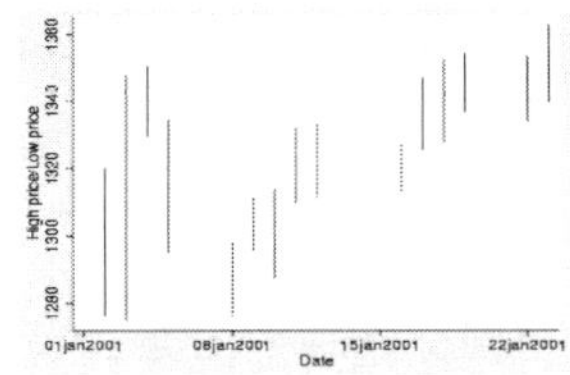

(f) 범위선그래프

범위그래프는 종류에 따라 명령어가 약간 차이가 있다. 동일한 것은 앞의 두 명령어인 graph twoway이며, 이후 어떠한 범위그래프를 작성하고자 하느냐에 따라 이후의 명령어를 다르게 사용하면 된다. 범위를 면적으로 나타낼 경우에는 rarea을, 막대로 표현하고자 할 경우에는 rbar 명령어를 사용하면 된다. 그리고 최저와 최고를 모자(cap)으로 표현할 때는 rcap으로, 모자를 상징(symbol)로 표현하고자 할 때는 rcapsym를 선택하면 된다. 또한 상위값들과 하위값들을 선으로 연결할 경우에는 rconnected를, 범위를 단순하게 선으로 표현할 경우에는 rspike를 사용하면 된다.

2) 범위그래프의 작성 예

범위그래프(range graph)는 주로 최소와 최대의 값들을 동시에 가지는 경우에 자주 사용된다. 이를테면 하루하루의 주식가격의 변동이나 매월 전월세 가격의 변동 등 시계열 자료를 이용하여 그 변동의 폭을 추이를 살펴보고자 할 때 유용하다.

여기에서는 지금까지 사용해 온 변수들인 체질량지수(bmi)를 몸무게별로 최솟값과 최댓값을 인위적으로 변형시킨 데이터 자료를 활용하고자 한다. 이를 위해서는 먼저 몸무게별로 체질량지수의 최솟값과 최댓값을 생성하기 위하여 collapse 명령문을 작성하여, 그 결과를 변수창(variables window)에서 살펴보자. 몸무게와 체질량지수(bmi)의 최솟값(min_bmi)과 최댓값(max_bmi) 변수만이 남아 있음을 확인할 수 있다. browse를 명령을 통하여 데이터 편집창을 열어 데이터셋이 어떻게 구성되어 있는지를 확인하여 보는 것도 좋다.

```
collapse (min) min_bmi=bmi (max) max_bmi=bmi ,
by(weight)
```

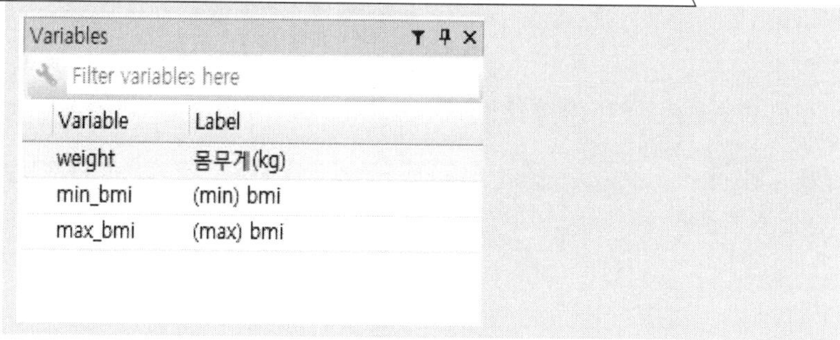

이제 체질량지수의 몸무게(weight)별로 최솟값과 최댓값에 대하여 범위그래프를 명령문으로 작성하여 보자. 여기에서는 범위막대그래프(rbar)와 범위심벌그래프(rcapsym)를 중첩하여 한 그래프에 표현하도록 한다. 옵션으로는 rbar 그래프에서의 색상(color)을 orange로, 마커기호(msymbol)를 triangle small hollow(th)로 선택하자. 그리고 y축 제목(ytitle)을 "BMI Range", rbar 그래프 범례를 "Min/Max BMI Bar", rcapsym 그래프 범례를 "Min/Max Cap Symbol"로 선택하여 보자. 그리고 그래프창에서 그래프의 형상을 확인하여 보자.

```
graph twoway (rbar min_bmi max_bmi weight,
color(orange)) (rcapsym min_bmi max_bmi weight,
msymbol(th)) , ytitle("BMI Range")legend(label(1 "Min/Max
BMI Bar") label(2 "Min/Max BMI Cap Symbol"))
```

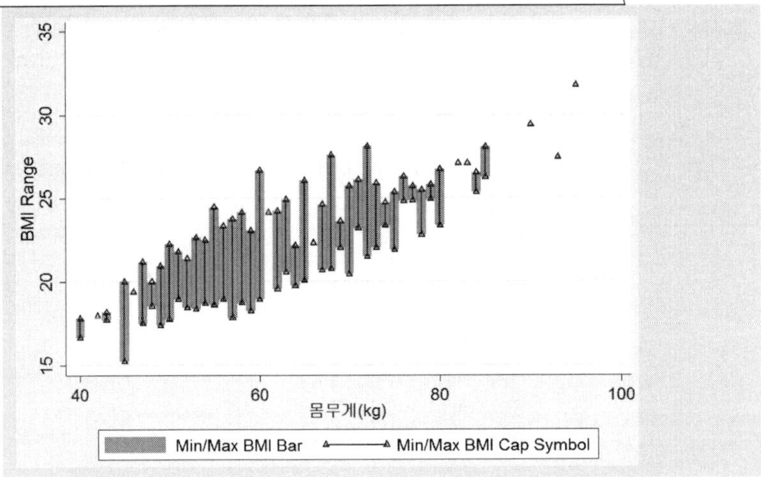

4. 면적 그래프

1) 면적그래프의 소개

면적그래프는 x와 y의 값들을 각각 선으로 연결하고, 그 범위내 값들을 음영으로 표현하는 그래프이다. 면적그래프의 종류는 기본적인 그래프인 면적그래프(a), 범위중복그래프(b), 범위수평그래프(c) 등 세가지가 있다.

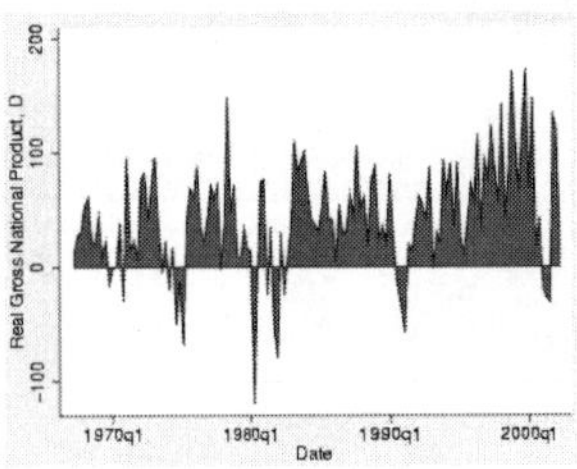

(a) 면적그래프

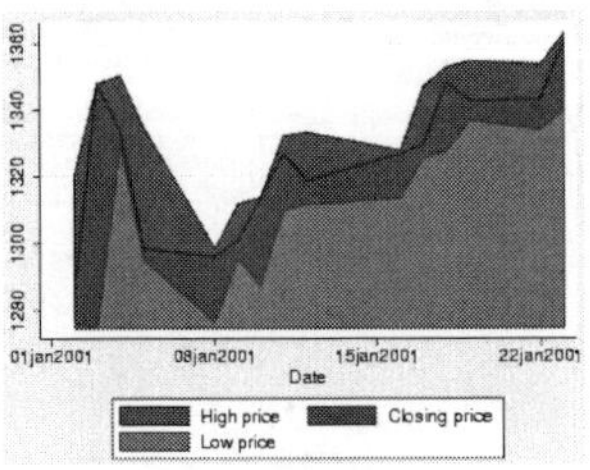

(b) 범위중복그래프

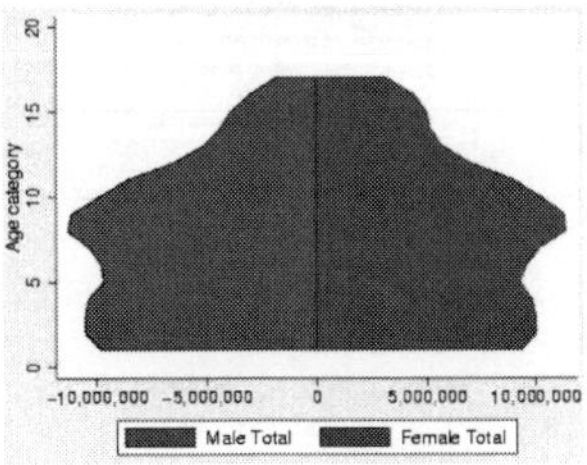

(c) 범위수평그래프

면적그래프를 그리기 위해서는 graph twoway area 명령어를 사용하거나 메뉴바의 Graphics > Twoway graph (scatter, line, etc.)를 선택하여 대화상자를 활용하면 된다.

2) 면적그래프의 작성 예

면적그래프를 작성 예로써 몸무게별 체질량지수의 최솟값, 평균값, 최댓값에 대하여 그래프를 작성하여 보자. 평균값이 추가되어 있으므로, 데이터(analysis_data_v1)를 다시 불러들여 collapse 명령을 실행하여 새로운 데이터셋을 만들어보자. 범위그래프와 동일하지만 체질량지수의 평균값을 새로운 변수(mean_bmi)로 설정하였다.

```
collapse (min) min_bmi=bmi (max) max_bmi=bmi
(mean) mean_bmi=bmi, by(weight)
```

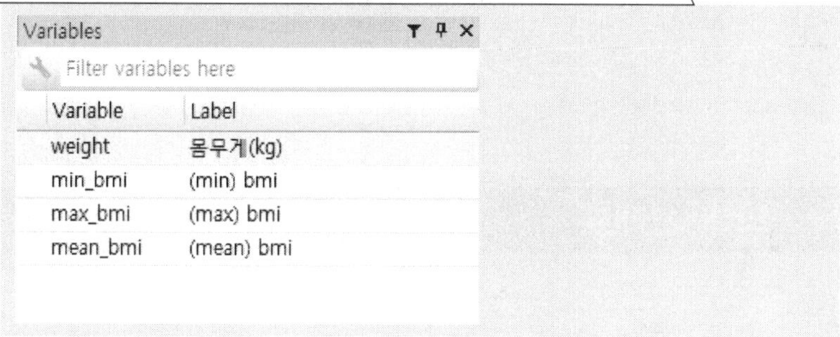

새로운 데이터셋을 이용하여 면적그래프를 twoway area 명령문으로 작성하여 보자. 옵션으로 y축 제목을 "Body Mass Index"로 선택하였다. 여기서 한가지 주의할 것은 중첩되는 면적그래프에서 큰 값을 가지는 변수를 먼저 입력하고 값이 적을수록 나중에 입력하여야 중첩된 형상이 나타나게 된다는 것이다. 실행결과를 그래프창에서 확인하여 보자.

```
graph twoway area max_bmi mean_bmi min_bmi
weight, ytitle("Body Mass Index")
```

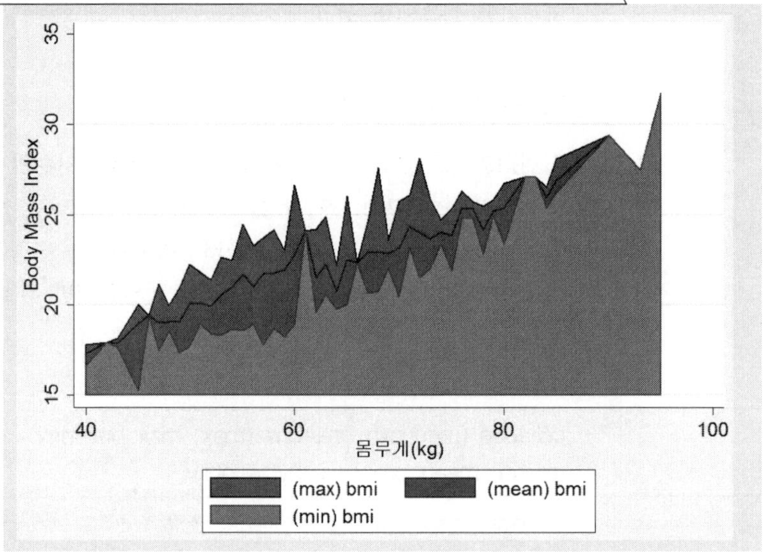

5. 막대 그래프

1) 막대그래프의 소개

막대그래프는 두 변수의 관계를 막대상자(bar box)로 보여주는 그래프이다. 이 그래프는 시계열 자료의 막대도표를 그릴 때 자주 사용된다. 또한 등간척도를 가진 데이터일 경우 사용될 수 있다.

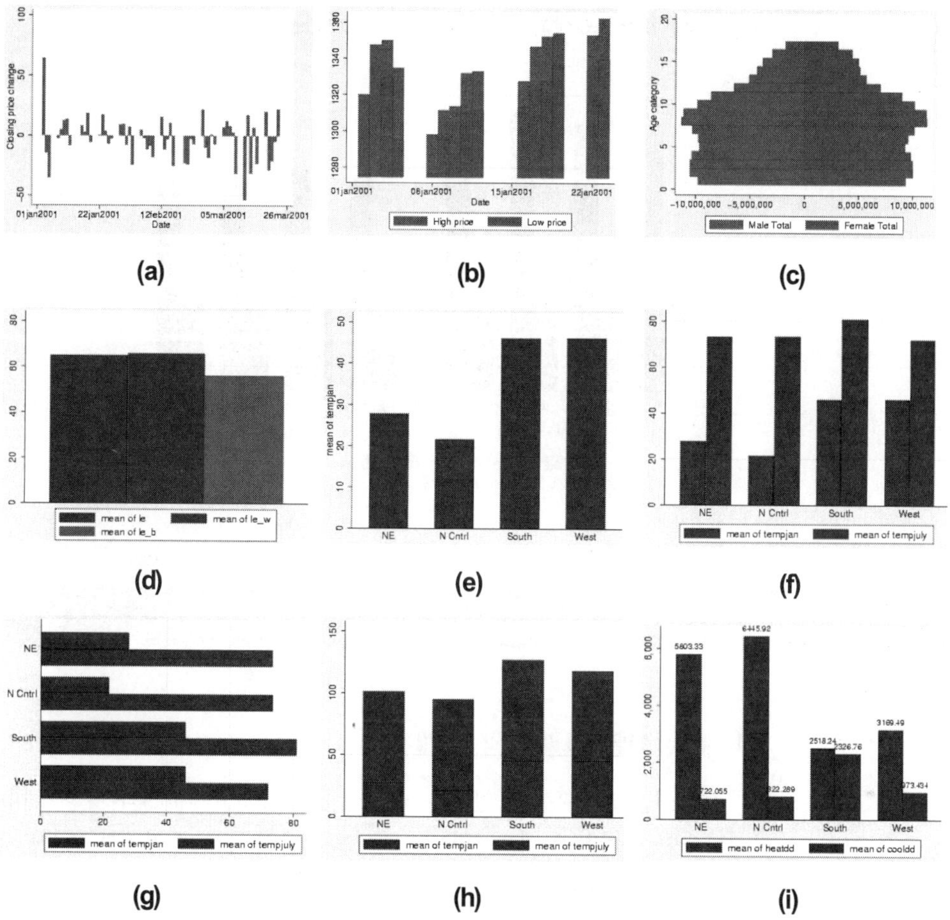

막대그래프를 작성하기 위해서는 graph twoway bar 명령어를 이용하거나 메뉴바의 Graphics > Twoway graph (scatter, line, etc.)를 선택하여 그래픽 대화상자를 활용하는 방법이 있다.

2) 막대그래프 작성 예

나이그룹(age)별 성(gender)별 체질량지수(bmi)와 몸무게(weight)의 평균에 대한 막대그래프를 작성하여 보자. 명령문은 graph bar이며, 연령별 성별은 over( ) 옵션으로 각각 설정하여 주면 된다. 그 결과를 그래프창(graph window)에서 확인하여 보자.

```
graph bar bmi weight, over(age) over(gender)
```

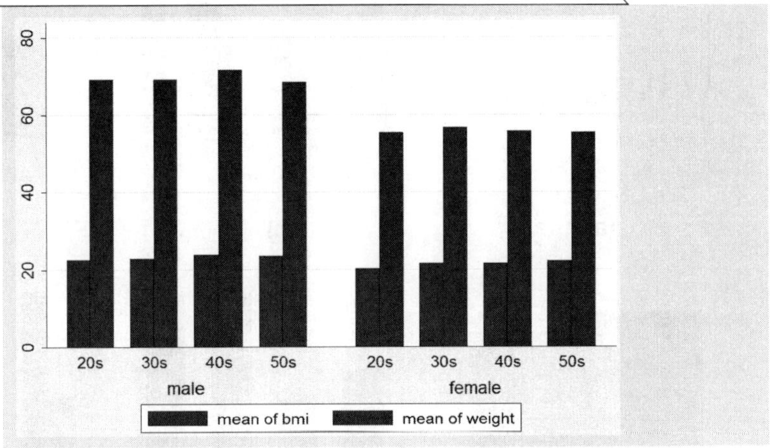

6. 줄낚싯줄 그래프

1) 줄낚싯줄 그래프의 소개

줄낚싯줄 그래프는 표현하는 방식이 줄낚시줄(drop-line)과 형상이 비슷하다하여 붙여진 그래프이다. 이 그래프는 y 또는 x 값이 0과 가까운 값들을 가지는 경우에 자주 사용된다.

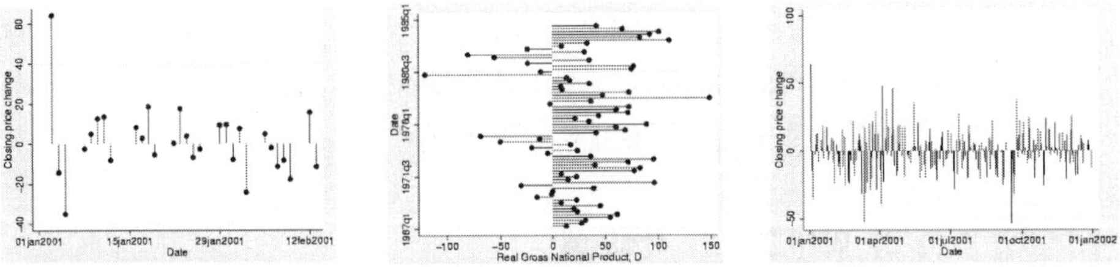

(a) (b) (c)

줄낚싯줄 그래프는 graph twoway dropline 명령어를 이용하거나 메뉴바의 Graphics > Twoway graph (scatter, line, etc.)를 선택하여 대화상자를 이용하면 된다.

2) 줄낚싯줄 그래프 작성 예

줄낚싯줄 그래프를 작성하는 예제로써 몸무게(weight)별로 남자와 여자의 체질량 지수의 평균 차이(diff_bmi)를 작성하여 보자.

이를 적용하기 위해서는 먼저 남자의 평균 체질량지수(male_bmi)와 여자의 평균 체질량 지수(female_bmi)를 몸무게(weight)별로 나타내는 데이터셋을 생성하여야 한다. 이를 위해서 collapse 명령문을 활용하여 남자와 여자에 대하여 각각 몸무게별 체질량지수의 평균값에 대한 데이터를 생성하여 저장하고, merge 명령문으로 두 개의 데이터셋을 몸무게 변수에 대하여 수평적 통합을 하여야 한다. 그리고 통합된 데이터셋에서 남자와 여자의 평균체질량지수가 결측인 값, 즉 두 데이터셋에서 매칭되지 않은 관측치(_merge==1 또는 _merge==2)를 삭제(drop)하여야 한다.

```
use "c:\data\examples\analysis_data_v1", clear
collapse (mean) male_bmi=bmi if gender==1,
by(weight)
save male_bmi, replace
use "c:\data\examples\analysis_data_v1", clear
collapse (mean) female_bmi=bmi if gender==2,
by(weight)
merge m:m weight using male_bmi
```

```
Result                           # of obs.
-----------------------------------------
not matched                            21
    from master                         7  (_merge==1)
    from using                         14  (_merge==2)

matched                                26  (_merge==3)
-----------------------------------------
```

그리고 몸무게별 남자와 여자의 체질량지수 차이에 대한 변수(diff_bmi)를 생성(generate)해야 최종적인 그래프 작성을 위한 준비가 완료된다. 새로 만들어진 데이터셋을 browser로 확인하여 보자. 총 5개의 변수가 있으며, 몸무게별 남자와 여자의 체질량지수의 차이변수(diff_bmi)가 생성되어 있음을 알 수 있다.

```
drop if _merge==1 | _merge==2
generate diff_bmi=male_bmi-female_bmi
browse
```

	weight	female_bmi	male_bmi	_merge	diff_bmi
1	45	18.99024	18.73049	matched (3)	-.2597466
2	48	19.1573	18.90923	matched (3)	-.2480717
3	49	19.04397	19.14063	matched (3)	.0966549
4	50	20.09267	19.86497	matched (3)	-.2276955
5	53	20.61448	19.4674	matched (3)	-1.147079
6	54	21.16237	19.25992	matched (3)	-1.902452
7	55	21.73263	21.23937	matched (3)	-.4932594
8	56	21.67511	19.777	matched (3)	-1.898106
9	57	22.19966	20.04219	matched (3)	-2.157463
10	58	22.13114	19.94277	matched (3)	-2.188372
11	59	22.68515	19.31255	matched (3)	-3.372604
12	60	23.16071	21.47647	matched (3)	-1.684246

남자와 여자의 체질량지수의 평균의 차이(diff_bmi)에 대하여 graph twoway dropline 그래프를 작성하여 보자. 옵션으로 y축 제목을 "BMI Difference"를 주어 실행하여 보자.

```
graph twoway dropline diff_bmi weight, ytitle("BMI
Difference")
```

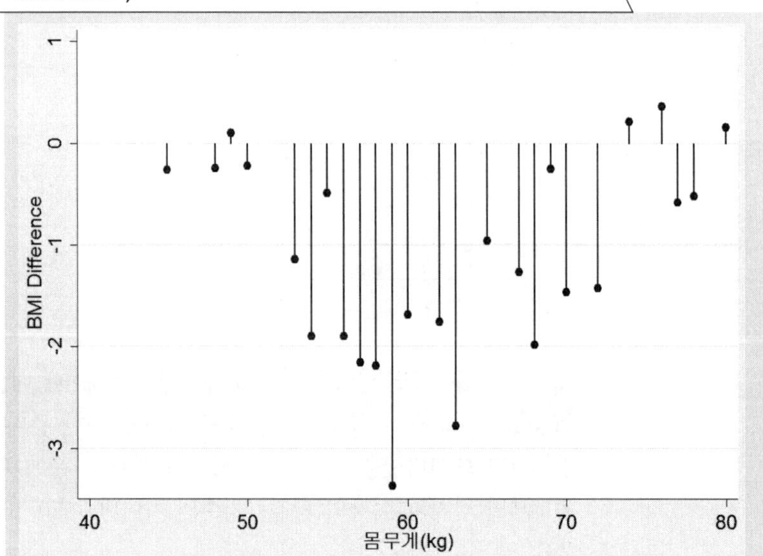

줄낚싯줄 그래프 예제에서 몸무게별 체질량지수의 차이(diff_bmi)가 음수의 값이 보다 많음을 볼 때, 남자보다는 여자가 동일한 몸무게에서는 보다 체질량지수가 높은 경향을 보인다. 즉, 같은 체중에서는 남자보다는 여자가 보다 비만 체형을 가질 확률이 높다고 볼 수 있다.

7. 파이 그래프

1) 파이그래프의 소개

파이그래프(pie chart)는 원형차트로 어떤 변수의 값들의 빈도를 나타내어 주는 그래프이다. 명목변수일 경우에 그 값을 이용하여 백분율을 눈으로 직접 확인하고자 할 경우에 사용된다.

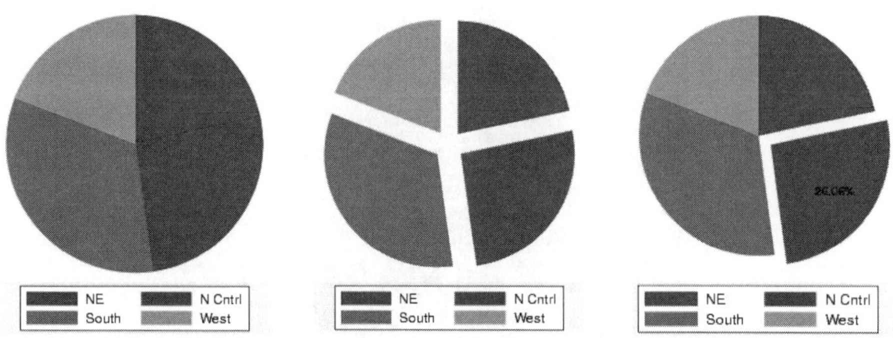

(a) (b) (c)

파이그래프는 graph pie 명령어를 사용하거나 메뉴바의 Graphics > Pie chart를 선택하면 나타나는 대화상자에 직접 변수를 선택하면서 작성하면 된다.

2) 파이그래프의 작성 예

나이그룹(age)별 체중(weight)의 빈도를 백분률로 파이그래프를 작성하면서, 30대(age==2)를 따로 떼어내어 보도록 하자. 따로 떼어내어 보기 옵션은 pie( )이다. 추가적인 옵션으로 범례(legend)를 보이지 않게 하고(off), 파이라벨(plabel)에 라벨명(name)과 백분율(percent)을 파이 그래프 안으로 위치시켜 보자. 그리고 라벨의 색상(color)을 흰색으로 하고, 백분율의 표시형식을 소수점 첫째자리로 한정하여 보자. 마지막으로 그래프 제목을 "Percent of Weight Frequency over Age Group"으로 설정하여 보자. 여기서 plabel의 gap( ) 옵션에서 음수는 중심에서 중심으로 더 가까이 위치시키라는 뜻이며, 양수는 그 반대를 의미한다.

```
graph pie weight, over(age) plabel(_all name,
size(large) gap(-5) color(white)) plabel(_all
percent,gap(5) format(%3.1f)) pie(2, explode)
legend(off) title("Percent of Weight Frequency over
Age Group")
```

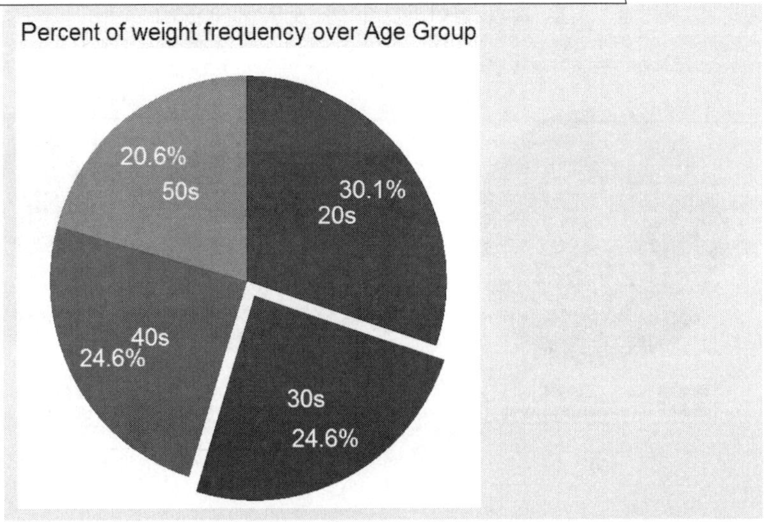

나이그룹별 체중의 빈도에 대한 파이그래프를 성별로 대별하여 각각 작성하여 보자. 성별로 대별하여 그래프를 작성하라는 옵션은 by( )를 활용하면 된다. 추가되는 옵션으로는 파이라벨(plabel)에 백분율(percent)을 모두 표시함을 선택하여 보자.

```
graph pie weight, over(age) by(gender) plabel(_all percent)
```

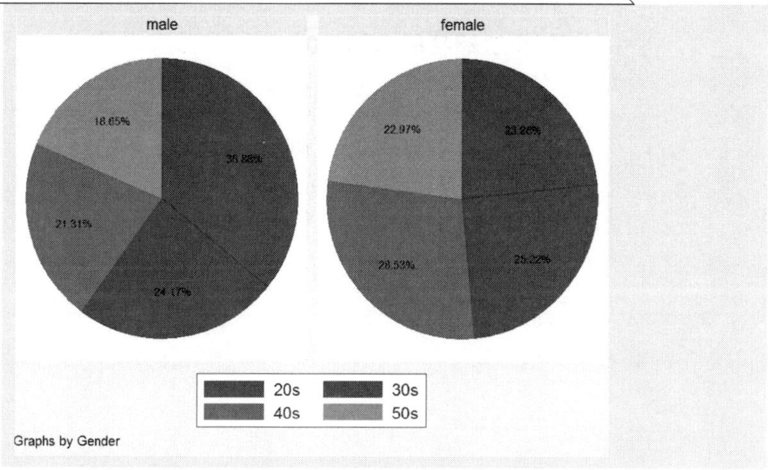

8. 점 그래프

1) 점그래프의 소개

점 그래프는 수평적인 점 차트를 그리는데 사용된다. 수직축은 명목척도로, 수평축은 숫자로 된 연속변수로 해서 작성된다. 그럼에도 불구하고, 숫자 축은 y축으로 명목척도 축은 여전히 x축으로 불리운다.

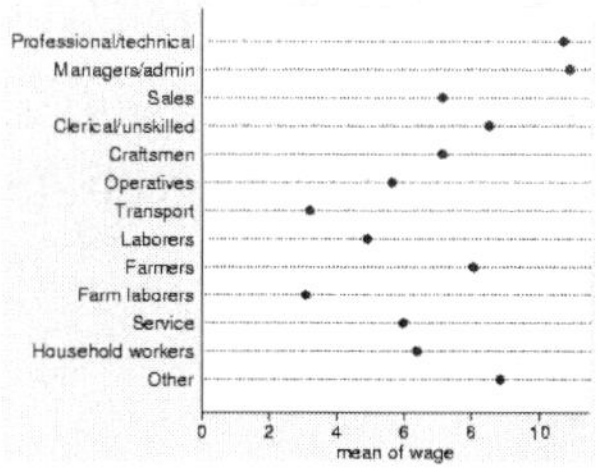

(a)

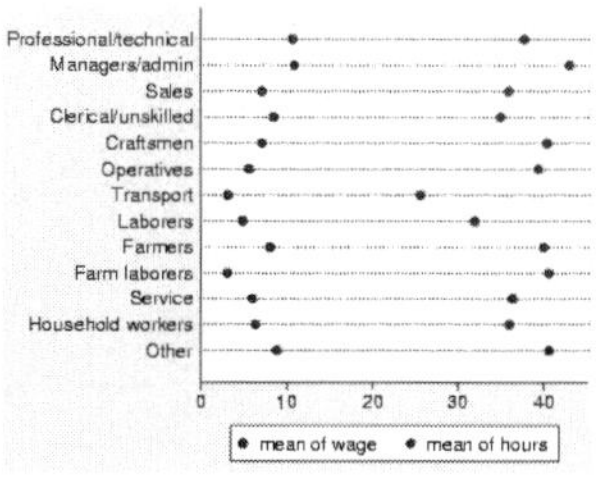

(b)

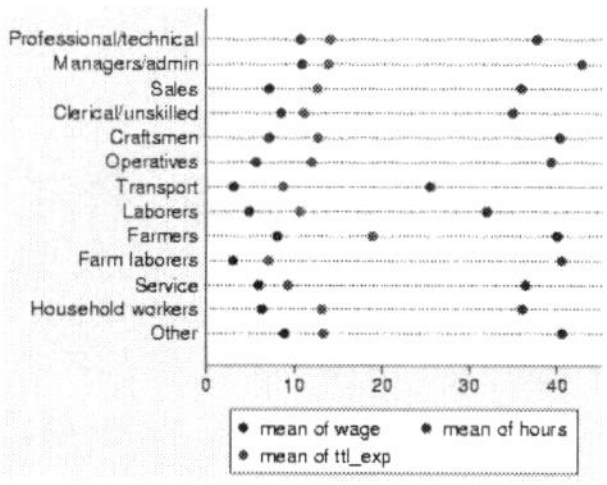

(c)

점 그래프를 작성하기 위해서는 graph dot 명령어를 사용하거나 메뉴바의 Graphics > Dot chart을 선택하면 나타나는 대화상자로 작성하면 된다.

2) 점그래프의 작성 예

직업(jobtype)별 몸무게(weight)의 평균을 점그래프(graph dot)로 작성하여 보자. 옵션으로 over(jobtype)를 선택하면 된다. "전업주부/무직"인 직업유형이 다른 직업유형보다 체중이 보다 적음을 알 수 있다.

```
graph dot weight, over(jobtype)
```

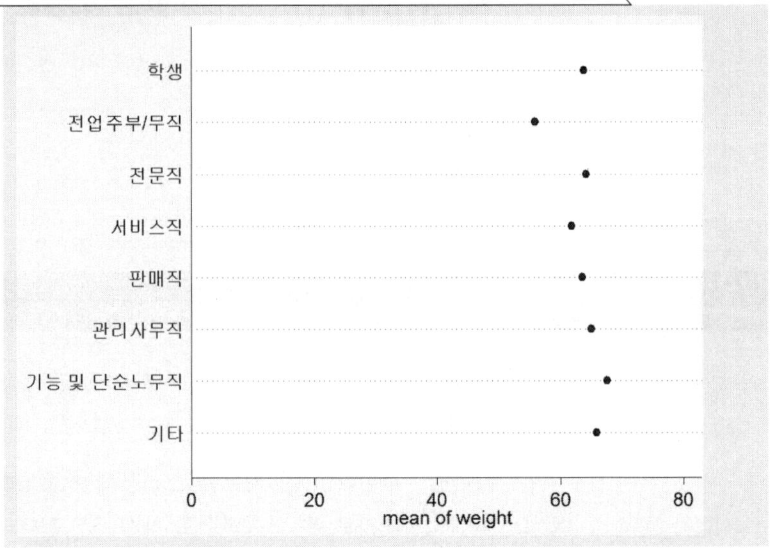

또한 직업별 성별로 체중의 평균에 대한 점그래프도 함께 작성하여 보자. 성별로 직업유형별 평균체중에서는 남자인 경우 무직(남자이므로 전업주부는 해당하지 않음)이 체중이 적게 나감을 알 수 있다. 여자의 경우는 전업주부임보다는 학생이 보다 평균체중이 적게 나타남을 알 수 있다.

```
graph dot weight, over(jobtype) over(gender)
```

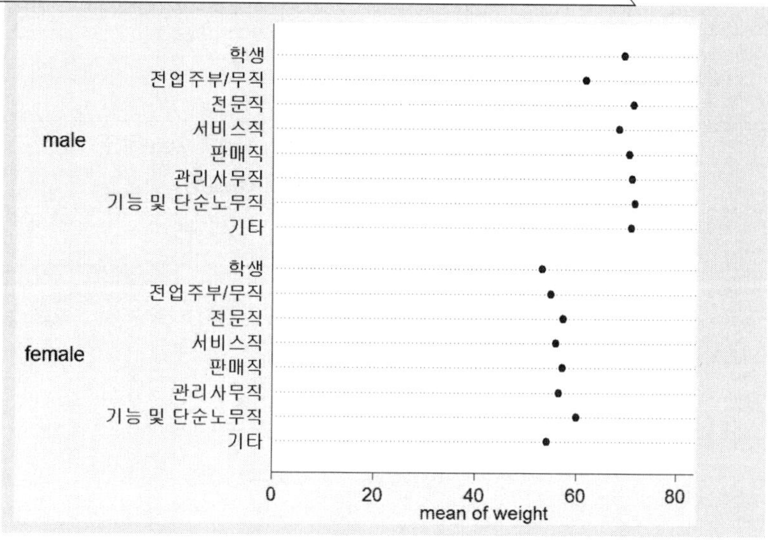

이번에는 체질량지수(bmi), 체중(weight), 신장(height)의 평균을 직업유형별로 하나의 점그래프에 표현하여 보자. 명령문은 동일하지만 변수가 추가하면 된다. 평균 체질량지수(bmi)는 직업별로 차이가 없으나, 체중과 신장에서 전업주부/무직 군이 다른 직업유형에 비하여 낮음을 알 수 있다.

```
graph dot bmi weight height, over(jobtype)
```

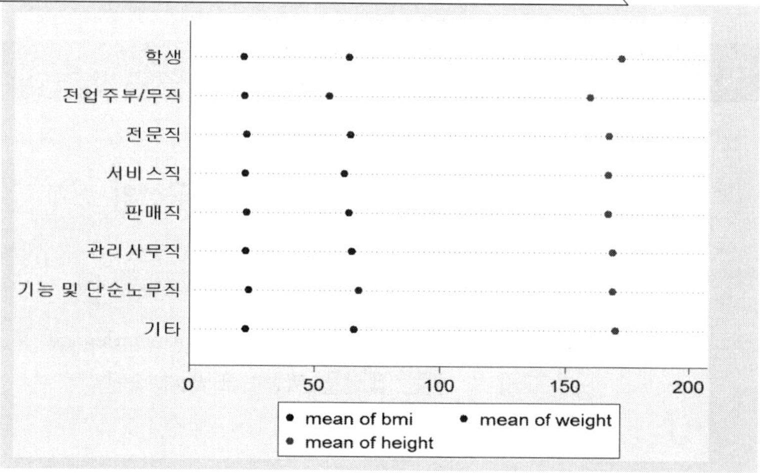

직업유형별로 체중(weight)의 평균(mean), 중앙값(median=p50), 10% 백분위수를 점그래프로 표현하여 보자. 옵션으로 범례(legend)를 한 행에 모두 표현(rows(1))하게 하자.

```
graph dot (median) weight (mean) weight (p10)
weight, over(jobtype) legend(rows(1))
```

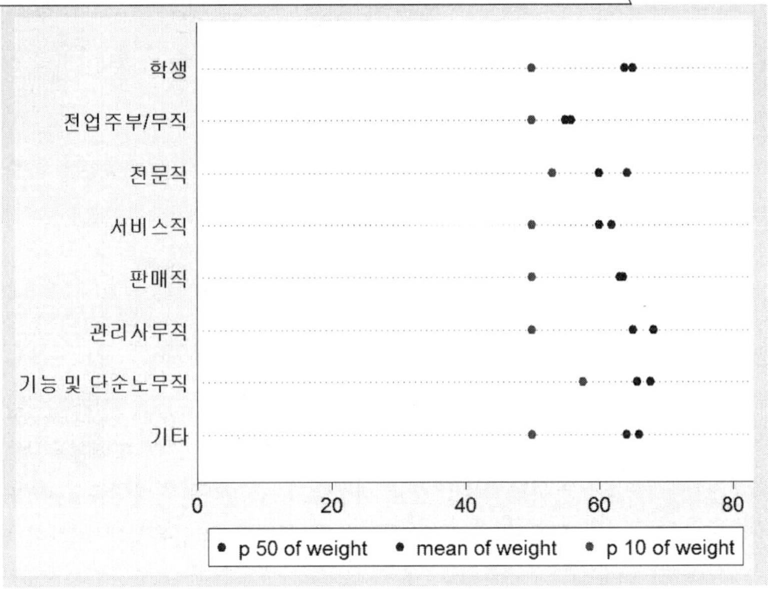

9. 히스토그램과 커널밀도 함수곡선

1) 히스토그램과 커널밀도 함수곡선의 소개

도수분포도(histogram)는 막대그래프로도 불러워지며, 연속변수 및 명목변수의 분포도를 작성할 때 사용된다. 이 그래프는 막대그래프(a)와 더불어 kernel density 분포곡선(b)과 normal density 분포곡선(c)도 중복하여 그릴 수 있는 옵션을 제공하고 있다.

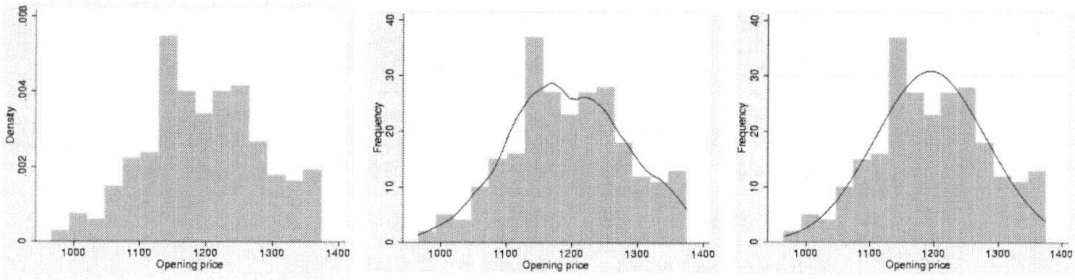

(a) (b) (c)

도수분포도를 그리기 위하여서는 histogram 명령어를 사용하거나 메뉴방의 Graphics > Histogram을 선택하여 대화상자로 작성하면 된다.

2) 히스토그램 명령문 구조

histogram은 지정한 변수에 대하여 빈도분포를 나타내는 도수분포도(기둥도표)를 그리라는 명령어이다. 다른 그래프 명령어와 달리 graph를 접두명령어로 사용하지 않는다는 것을 기억할 필요가 있다.

히스토그램은 빈도분포를 볼 때 가장 많이 사용하는 그래프 기능으로, 명목변수 뿐만 아니라 연속변수에서도 분포의 패턴을 파악할 때 유용하다. tabulate, tab1, tab2의 명령어는 명목변수만 빈도분포의 패턴을 파악할 수 있음에 반하여 histogram은 연속변수도 그 패턴을 간단하게 볼 수 있다는 점에서 편리한 기능이라고 볼 수 있다. 또한 histogram은 밀도함수 그래프로 중첩하여 보여줄 수 있어 정규분포의 정도를 개략적으로 파악할 수 있다.

명령문		histogram varname [if] [in] [weight] [, [continuous_opts | discrete_opts] options]	
주요옵션	연속변수	bin(#)	X축에 표시할 막대(상자)의 수 설정
		width(#)	X축 상자의 폭 설정
		start(#)	X축의 막대표시의 이론적 최솟값 설정. 기본값은 관측치의 최소치임
	명목변수	discrete	명목변수임을 지정
		width(#)	X축 상자의 폭 설정. 명목변수에서의 거의 사용하지 않음
		start(#)	X축의 막대표시의 이론적 최솟값 설정. 연속변수에서의 거의 사용하지 않음

옵션	density		Y축을 밀도로 표현. 기본값임.
	fraction		Y축을 비율로 표현. Y값 전체의 합은 1
	frequency		Y축을 빈도로 표현. Y값은 관측치의 수
	percent		Y축을 백분율로 표현. Y값 전체의 합은 100
	밀도 도표 옵션	normal	정규밀도 그래프를 추가로 표시
		normopts(line_option)	정규밀도 곡선의 색과 스타일 등 지정
		kdensity	커널밀도 그래프를 추가로 표시
		kdenopts(kdensity_option)	커널밀도 곡선의 색과 스타일 등 지정

3) 커널밀도 함수곡선 명령문 소개

kdensity는 커널밀도 추정치를 생성하여 그 결과를 그래프로 그리라는 명령어이다.

명령문	kdensity varname [if] [in] [weight] [, options]		
주요옵션	kernal(kernal)	커널밀도함수의 유형 지정	
		epanechnikov	Epanechnikov 커널함수. 기본값
		epan2	대안적 Epanechnikov 커널함수
		biweight	Biweight 커널함수
		cosine	코사인 형식의 커널함수
		gaussian	Gaussian 커널함수
		parzen	Parzen 커널함수
		rectangle	장방형의 직사각형 커널함수
	biwidth(#)		커널의 반각 폭을 지정. 기본값은 최적(optimal) 폭임
	generate(newvar_x newvar_d)		추정결과의 저장. newvar_x는 커널밀도가 추정된 점들이며, newvar_d는 밀도추정치임
	n(#)		밀도추정치가 평가되는 점들의 수. 기본값은 관측치의 수 또는 50임(=min(N, 50))
	nograph		그래프 보이지 않기. generate( )옵션과 자주 사용됨
커널도표 옵션	normal		정규밀도 도표 추가
	normopts(cline_options)		정규밀도 곡선의 색과 스타일 지정
	student(#)		자유도 #을 가진 스튜던트 t 밀도 분포 추가
	stopts(cline_options)		스튜던트 t 밀도 분포곡선의 색과 스타일 지정

커널밀도함수(Kernel Density Function)

Kernel은 비모수추정기법에서 사용되는 가중치함수(weighting function)로, 확률밀도함수를 추정하는데 사용된다. 커널은 다음의 두가지 조건을 충족시키는 non-negative 적분함수 K이다.

$$\int_{-\infty}^{+\infty} K(u)du = 1$$

첫 번째 조건은 확률밀도함수로 전체의 합은 1이 되어야 한다는 것이다.

$$K(-u) = K(u) \text{ for } all\, values\, of\, u$$

두 번째 조건은 상응하는 분포의 평균은 사용된 표본의 평균과 같다는 것이다.

커널함수의 유형은 분포의 패턴에 따라 장방형의 직사각형(univariate or rectangle)함수, 삼각형함수, Epanechinikow함수, 4차방정식(biweight)함수, 가우시안(Gaussian)함수 등이 있다.

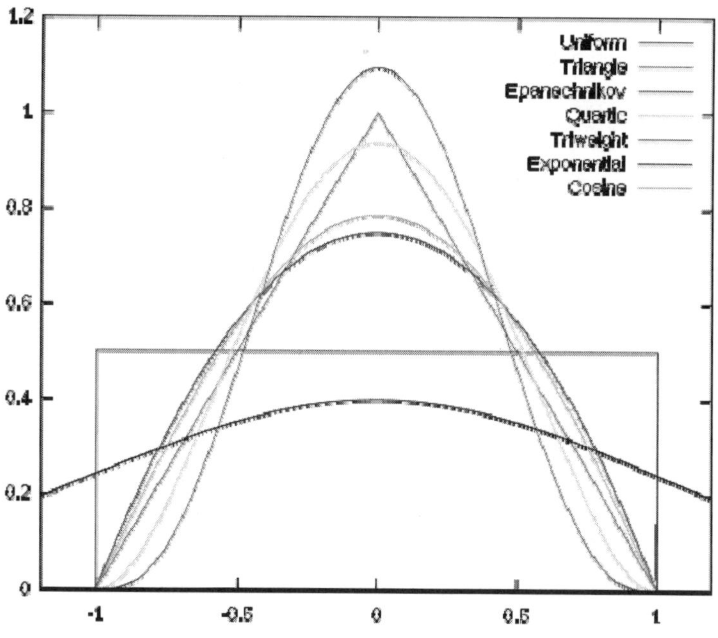

출처: http://en.wikipedia.org/wiki/Epanechnikov

4) 히스토그램과 커널밀도 함수곡선의 작성예

체중(weight)에 대하여 히스토그램을 작성하여 보자. 옵션으로 y축을 밀도(density) 대신 빈도(frequency)로 입력하여 보자. 결과창(results window)에서는 히스토그램의 막대수(bin)가 23개, 시작값이 40, 막대의 두께가 2.391로 작성되었음을 알려준다. 그리고 그래프창에서는 그 히스토그램을 볼 수 있다.

histogram weight, frequency

결과창 (bin=23, start=40, width=2.3913043)

그래프창

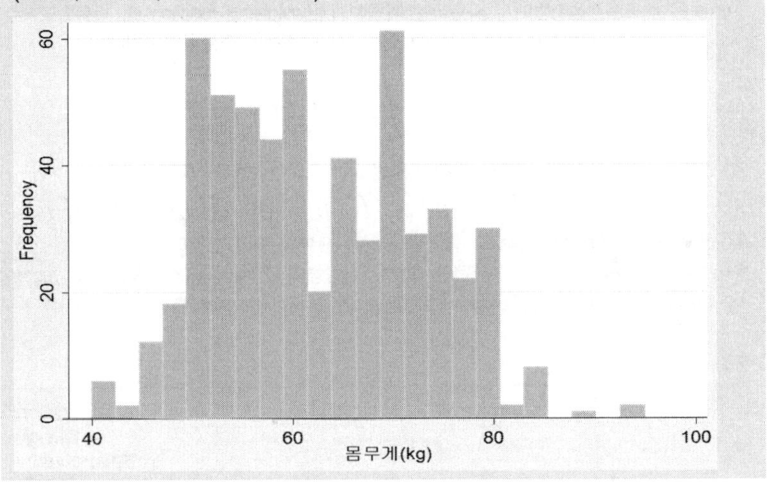

동일한 변수에 대하여 이번에는 커널밀도 함수곡선(kdensity)를 작성하여보자. 옵션으로는 이 함수곡선 패턴과 정규분포 곡선과 비교하기 위하여 normal 옵션을 선택하여 보자. 그래프창에서 두 곡선이 함께 제시되어 있음을 알 수 있다. 그래프의 왼쪽 하단에 Epanechnikov 커널함수로 추정하였다는 것을 보여주고 있다.

kdensity weight, normal

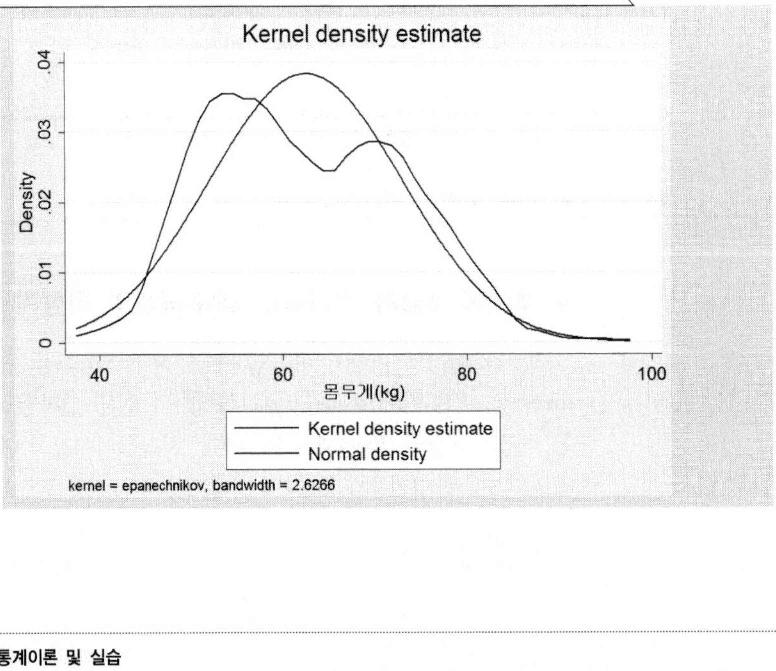

이번에는 히스토그램과 커널밀도 함수곡선, 그리고 정규분포 함수곡선을 함께 표현할 수 있도록 빈도를 나타내는 히스토그램 명령문(histogram)을 활용하여 보자. 옵션으로 normal과 kdensity를 주면 된다. 그래프창에서 세 개의 그래프가 하나의 영역에 형상화되어 있음을 알 수 있다.

```
histogram weight, frequency normal kdensity
```

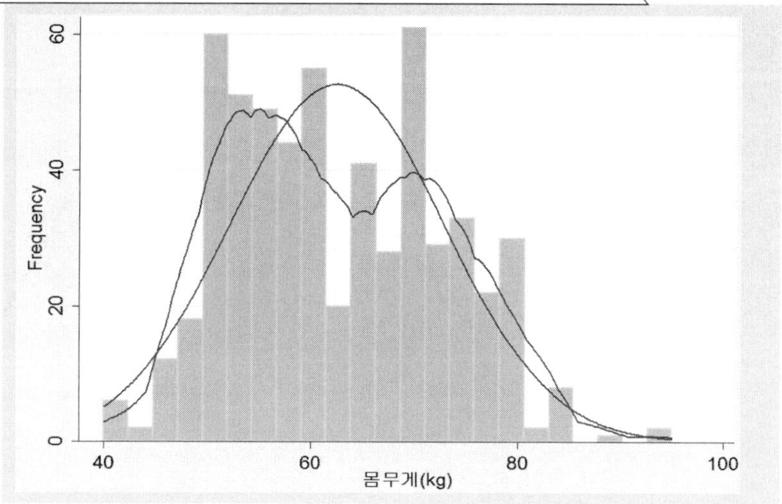

여기에서 커널곡선과 정규분포 곡선의 스타일(lpattern), 색상(lcolor), 두께(lwidth)가 같아 구분이 어렵다. 그러므로 커널곡선의 옵션(kdenopts)으로 선스타일을 solid로, 두께를 thcik으로 선택하자. 또한 정규분포곡선의 옵션(normopts)으로 선스타일을 dash로, 색상을 orange로 선택하여 그 결과를 확인하여 보자. 두 곡선의 형태를 이제는 구분할 수 있을 것이다.

```
histogram weight, frequency normal
normopts(lpattern(dash) lcolor(orange)) kdensity
kdenopts(lpattern(solid) lwidth(thick))
```

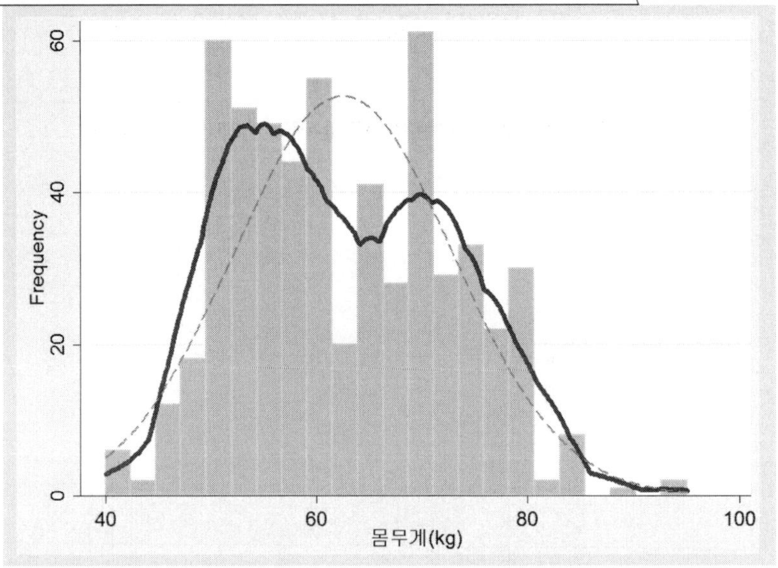

10. 상자그래프

1) 상자그래프의 소개

상자그래프는 명목변수에 대한 수직축 또는 수평축으로 상자로 분포도를 파악하는 데 사용된다. 수직축의 상자그래프는 graph box 명령어로, 수평축의 상자그래프는 graph hbox 명령을 활용하면 된다. 메뉴에서의 상자그래프 작성은 Graphics > Box plot를 선택하여 사용하면 된다.

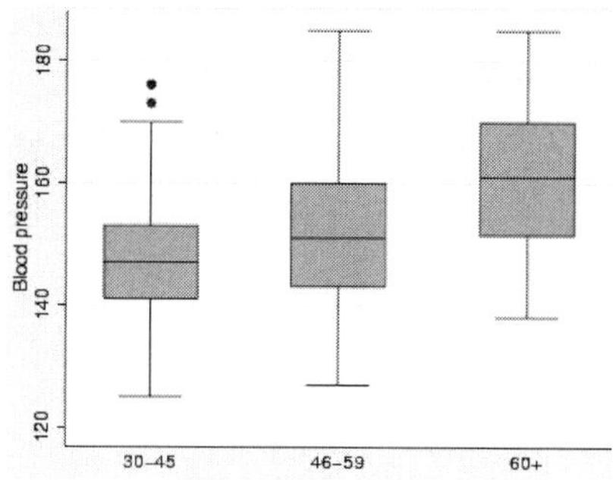

(a)

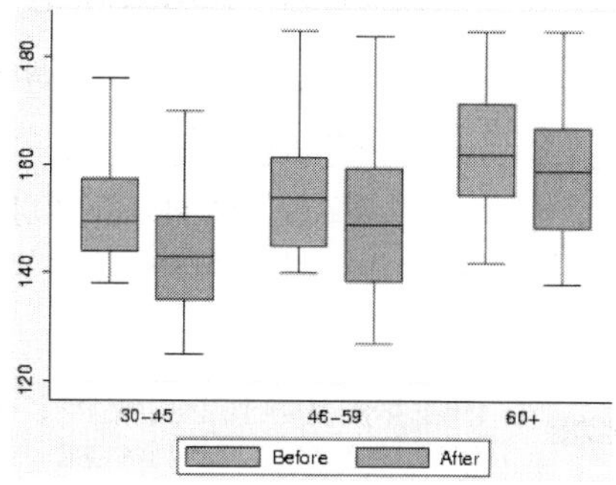

(b)

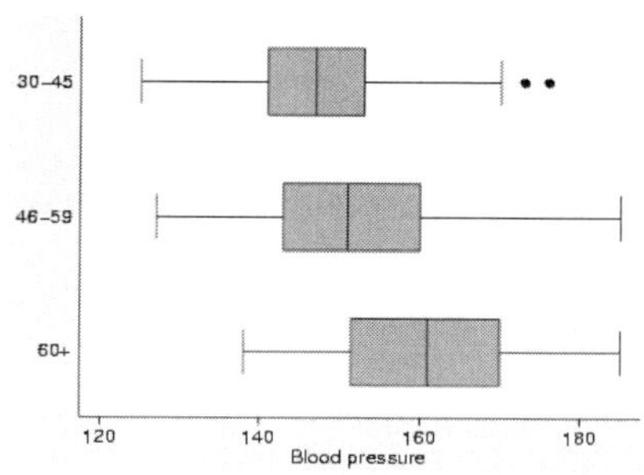

(c)

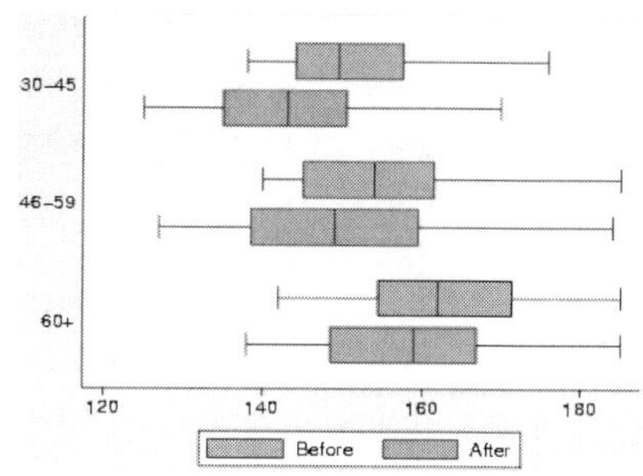

(d)

상자그래프의 상자의 형태는 다음과 같이 표현된다. 이상치, 상위인접값, 75%백분위, 중앙값, 25% 백분위, 하위인접값 등을 각각의 상자와 기호로 형상화하기 때문에 변수의 범주별 분포를 용이하게 파악할 수 있다.

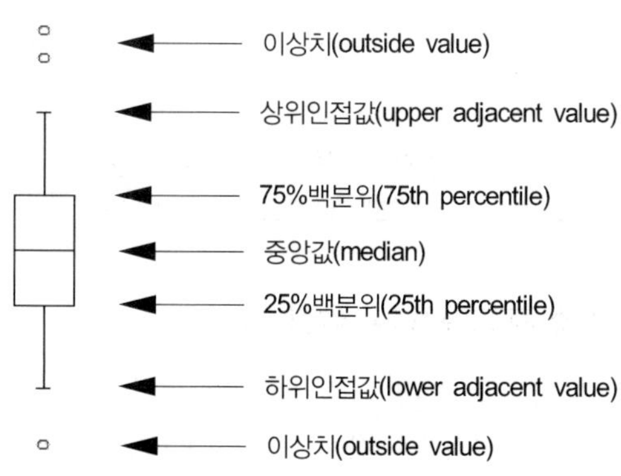

2) 상자그래프의 명령문 소개

graph box는 수직형태의 상자그래프를 작성하라는 명령어이며, y축은 숫자(연속)변수, x축은 명목변수가 된다. graph hbox는 수평형태의 상자그래프를 작성하라는 명령어이며, x축의 명목변수가 수직적으로, y축의 연속변수가 수평적으로 표현된다.

명령문	graph box yvars [if] [in] [weight] [, options] graph hbox yvars [if] [in] [weight] [, options]		
주요옵션	over(varname[, over_subopts])		범주 변수 설정: 2개 이상도 가능
	over 하위옵션	total	전체 그룹도 같이보여줌
		relabel(# "text"...)	축라벨 변경
		label(cat_axis_label_options)	x축 라벨의 형상 설정
		axis(cat_axis_line_options)	x축 선의 설정
		gap([*]#)	over( )내의 상자간 간격: 상자폭의 67%이 기본값임
		sort(varname)	상자를 변수명으로 정렬
		descending	기본값의 상자정렬 역순 설정
	group_option	nofill	빈 카테고리 생략
		missing	결측치를 한 범주 설정
		allocategories	데이터에 있는 모든 범주 포함
	boxlook_option	nooutsides	이상치 값 생략
		box(#, barlook_options)	#번째 상장모양 설정
		intensity([*]#)	음영의 강도 설정
		lintensity([*]#)	상자외곽선 강도 설정
		medtype(line|cline|marker)	중위값 표현방식 설정
	기타	asyvars	첫 번째 over( ) 변수를 다중 y변수로 설정
		legend(off)	범례 보이지 않기 설정
		legend(rows(#))	범례를 #개의 줄로 설정
		by(varist, ...)	범주변수별로 그래프 작성

3) 상자그래프의 작성 예

나이그룹(age)별 성(gender)별 체질량지수(bmi)의 상자그래프를 작성하여 보자. 여기에서 옵션은 성별에 대한 전체그룹도 함께 표현하도록 설정하여 보자.

```
graph box bmi, over(age) over(gender, total)
```

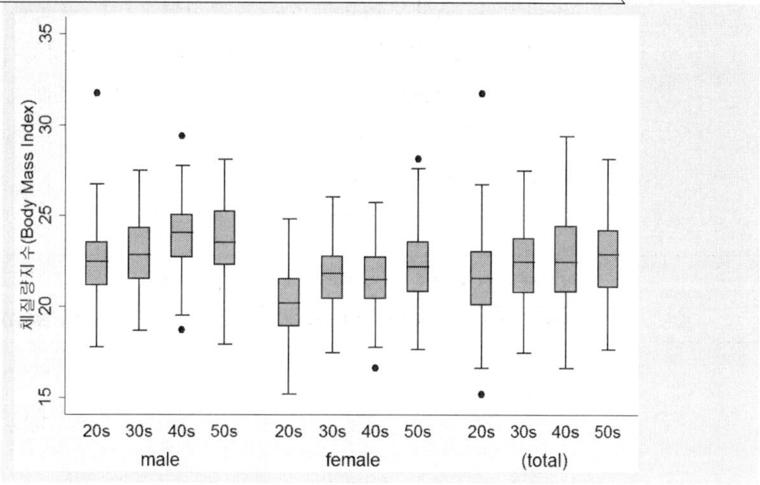

동일한 상자그래프를 작성하되, 첫 범주변수(age)를 범주별로 y축 변수로 설정하라는 옵션을 추가하여 보자. 또한 범례(legend)를 한줄(rows(1))로 표현하도록 하여보자.

```
graph box bmi, over(age) over(gender, total)
legend(rows(1)) asyvars
```

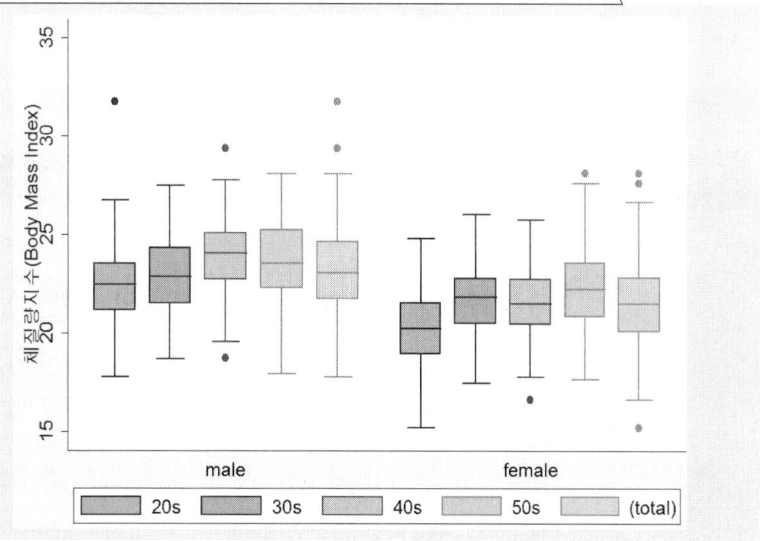

이번에는 상자그래프를 수평으로 작성하라는 명령어(graph hbox)를 사용하면서, 조사장소(area)별로 구분하여 나이그룹(age)별 성(gender)별 체질량지수(bmi)의 분포를 파악하는 명령문을 작성하여 보자. 옵션으로는 나이그룹의 상자간 간격을 상자폭의 30%로 축소하고, 성별 상자간의 간격을 200%로 설정하여 보자. 또한 성별의 범례의 라벨(rlabel)을 남자와 여자로 설정하여 보자.

```
graph hbox bmi, nooutsides over(age, gap(25))
over(gender, gap(200) relabel(1 "남자" 2 "여자" )) by(area)
```

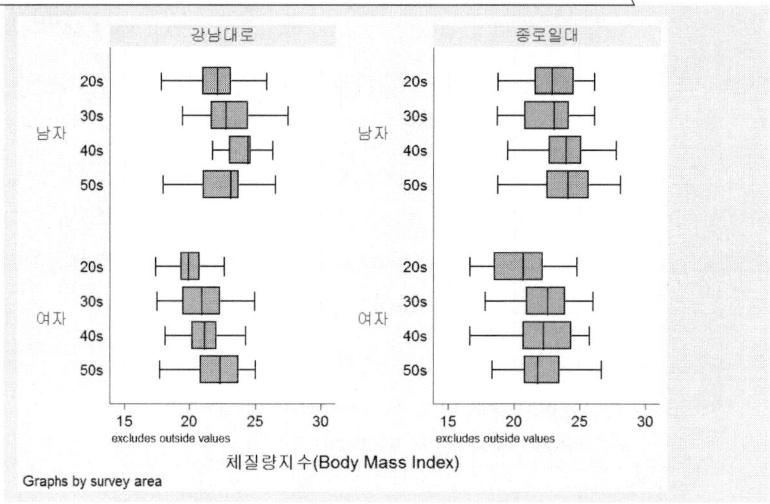

11. 변수변형 정규분포 진단그래프

1) 변수변형 정규분포 진단그래프의 소개

변수의 다양한 함수형태별 정규분포를 파악하기 위하여 도수분포도(histogram)로 한꺼번에 보여주는 진단형태의 그래프이다. 이 진단그래프는 1차함수, 2차함수, 3차함수, 지수함수, 역지수함수, 로그함수 등 9개의 함수형태를 적용하고 있다. 명령어는 gladder이며, 지정한 변수의 다양한 함수형태에서의 분포곡선을 한번에 보여주며, ladder 명령어와 함께 사용된다.

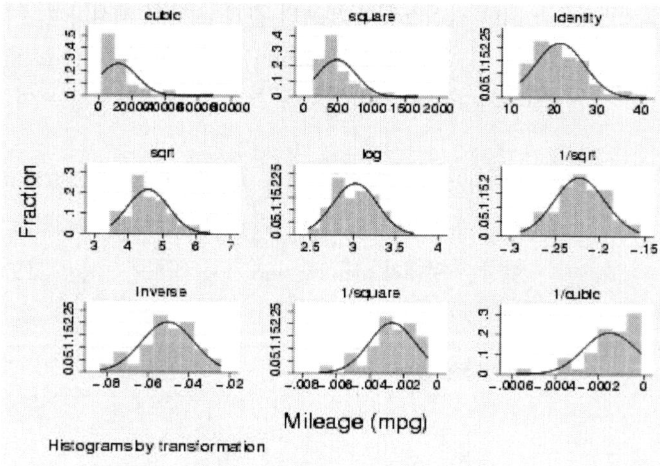

그림 4.31 변수의 함수형태 정규분포 진단그래프

2) 변수변형 정규분포 진단그래프의 적용예

진단그래프 명령어인 gladder를 사용하기 이전에 ladder 명령어를 사용하여 체질량지수(bmi) 다양한 함수변형 변수들에 대한 정규분포 정도를 진단하여 보자. ladder는 지정한 변수에 대하여 함수관계를 이용한 변형변수들에 대하여 Turkey(1977)의 the ladder of powers를 적용하여 정규분포 여부를 진단하여 준다.

```
ladder bmi
```

Transformation	formula	chi2(2)	P(chi2)
cubic	bmi^3	66.15	0.000
square	bmi^2	24.15	0.000
identity	bmi	3.06	0.216
square root	sqrt(bmi)	0.05	0.976
log	log(bmi)	2.04	0.360
1/(square root)	1/sqrt(bmi)	8.35	0.015
inverse	1/bmi	17.93	0.000
1/square	1/(bmi^2)	50.03	0.000
1/cubic	1/(bmi^3)	.	0.000

변수의 변형은 세제곱(cubic), 제곱(square), 동일(identifity), 제곱근(square root), 로그(log), 제곱근의 역수(1/(square root)), 역수(inverse), 제곱의 역수(1/square), 세제곱의 역수(1/cubic)의 함수들을 적용하며, 이에

대한 카이스퀘어 분포의 값과 p-값을 제시하여 준다. 여기에서 체질량지수는 그 자체의 분포(identity), 제곱근 변환 분포, log 변환 분포 등이 허용 유의수준 0.05의 값보다 크므로, 정규분포성을 가지고 있다고 볼 수 있다.

이러한 ladder의 진단을 히스토그램과 정규분포곡선으로 형상화하는 명령어가 gladder이다. 이를 적용하여 그래프를 살펴보자. 정규분포곡선에 가장 부합하는 형태가 identity, sqrt, log 정도임을 눈으로도 확인할 수 있을 것이다.

```
gladder bmi
```

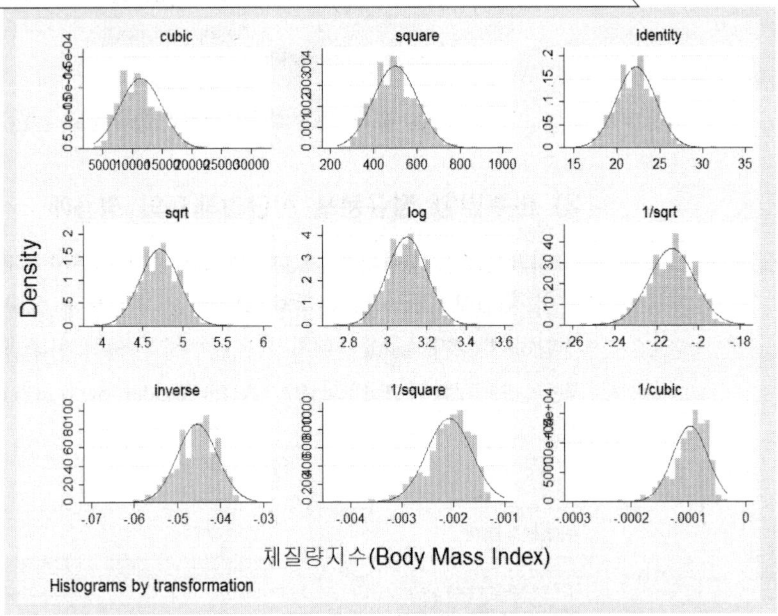

12. 회귀추정그래프

1) 회귀추정 그래프의 소개

Stata는 앞서 설명한 그래프 이외에도 다양한 그래프들을 만들 수 있다. 이 중에서 회귀적합도와 신뢰구간을 추정하여 간단하게 보여주는 회귀추정 그래프(regression fit graph)이 있다.

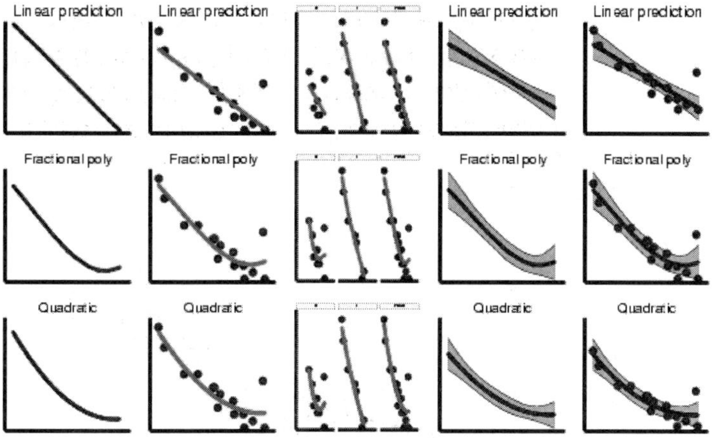

그림 4.32 회귀신뢰구간 추정그래프의 예

회귀신뢰구간 추정그래프 명령어는 선형추정(graph twoway lfit), 제곱선형추정(graph twoway qfit), 분수다항식추정(graph twoway fpfit), 구간선형추정(graph twoway lowess) 등이 있다. 또한 이들 회귀추정의 신뢰구간을 보여주는 선형신뢰구간(graph twoway lfitci), 제곱선형 신뢰구간(graph twoway qfitci), 분수다항식 신뢰구간(graph twoway fpfitci) 등이 있다.

2) 회귀추정 그래프의 적용예

몸무게(weight)와 키(height)에 대하여 선형추정(lfit) 그래프와 구간선형추정(lowess) 그래프, 그리고 산점도(scatter)를 하나의 그래프에 중첩하여 작성하여 보자. 구간선형추정 그래프의 옵션으로는 선의 패턴을 dash, 색상을 red, , 두께를 thick로, 산점도 그래프의 옵션으로 마커기호를 triangle hollow(th), 마커색상을 black로 설정하여 보자. 그리고 전체 그래프에서는 y축 제목(ytitle)을 "몸무게(kg)", 범례를 한줄(rows(1))로 나타내면서, 라벨을 선형그래프에 대해서는 "Linear prediction", 구간선형그래프는 "Local linear smooth"로 설정하여 보자.

```
graph twoway (lfit weight height) (lowess weight height,
lpattern(dash) lcolor(red) lwidth(thick)) (scatter weight height,
msymbol(th) mcolor(black)) , ytitle("몸무게(kg)") legend(rows(1)
label(1 "Linear prediction") label(2 "Local linear smooth" ))
```

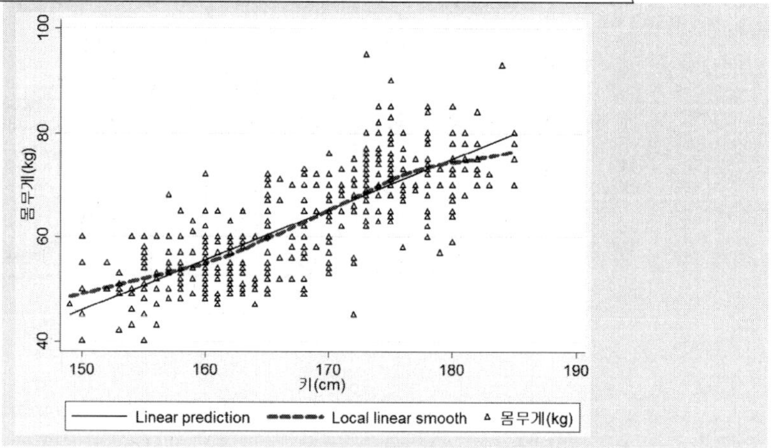

회귀추정 그래프를 선형과 구간선형으로 비교하여 보면, 전반적으로 몸무게와 키가 작거나 또는 클 경우에는 선형과 구간선형의 차이가 있음을 알 수 있다. 위와 같은 차이를 선형 회귀신뢰구간 추정그래프(lfitci)를 이용하여 살펴보자. 옵션으로는 y축 제목(ytitle)을 "몸무게(kg)"로 설정하여 보자.

```
graph twoway (lfitci weight height) (scatter weight
height) , ytitle("몸무게(kg)")
```

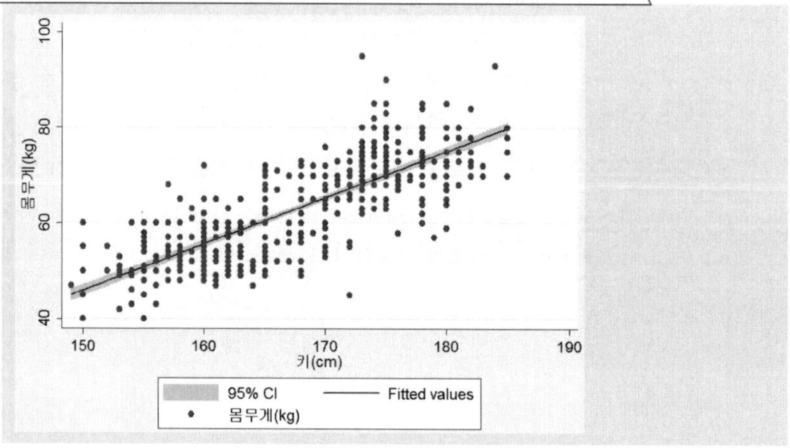

제5장
평균과
비율 검증

제1절
평균 검증

1. 단일표본 평균비교 검증

1) 단일표본 평균비교 검증 개요

단일표본 평균비교 검증(one-sample mean-comparison test)은 하나의 표본에 대한 평균의 동질성 검증을 수행하는 것을 말하며, 모집단의 구성요소들이 정규분포를 이룬다는 기본가정을 충족할 때 사용된다. 이 검증 방법으로 z-test와 t-test 둘 다 적용이 가능하다. 그러나 전자가 모집단의 분산을 알고 있을 때 적합한 방법이지만 대부분 이를 알기는 어렵기 때문에 t-test를 가장 일반적으로 사용하게 된다.

Stata에서의 t-test 명령문은 다음과 같이 구성된다. 여기서 t-test의 명령문은 지정한 변수(varname)가 #의 평균을 가지고 있다는 것을 검증함을 의미한다. 조건(if)과 한정(in) 지시자를 활용하여 관측치를 제한할 수 있다. 단일표본 평균비교검증에서의 옵션은 신뢰구간(level(#))을 설정하는 것이 유일하다.

명령문	ttest varname == # [if] [in] [, level(#)]	
주요옵션	level(#)	신뢰구간을 설정하는 것으로 기본값은 level(95)임

단일표본 평균비교 검증의 사례로 몸무게(weight)의 평균에 대한 검증을 실행하여 보자. 먼저, 몸무게의 통계치(summarize)를 보다 상세(detail)

하게 살펴보자. 결과창에서 평균이 62.5이고, 중앙값(median)이 60임을 알 수 있다.

```
summarize weight, detail
```

```
                          몸무게(kg)
-------------------------------------------------------------
      Percentiles      Smallest
 1%           42             40
 5%           48             40
10%           50             40       Obs                 574
25%           54             40       Sum of Wgt.         574

50%           60                      Mean               62.5
                        Largest       Std. Dev.      10.39747
75%           70             85
90%           77             90       Variance       108.1073
95%           80             93       Skewness       .2609869
99%           85             95       Kurtosis       2.287188
```

여기서 몸무게의 중앙값이 평균과 동일하다(weight==60)는 가설을 검증하여 보자. 결과창에서는 검증하고자 하는 변수의 요약통계(summary statistics)와 검증통계(test statistics)를 함께 보여주고 있다.

```
ttest weight==60
```

```
One-sample t test
------------------------------------------------------------------------------
Variable |     Obs        Mean    Std. Err.   Std. Dev.   [95% Conf. Interval]
---------+--------------------------------------------------------------------
  weight |     574        62.5    .4339819    10.39747    61.64761    63.35239
------------------------------------------------------------------------------
    mean = mean(weight)                                           t =   5.7606
Ho: mean = 60                                    degrees of freedom =      573

    Ha: mean < 60               Ha: mean != 60                 Ha: mean > 60
 Pr(T < t) = 1.0000         Pr(|T| > |t|) = 0.0000          Pr(T > t) = 0.0000
```

2) 분석결과: 요약통계(summary statistics)

① Variable	② Obs	③ Mean	④ Std. Err.	⑤ Std. Dev.	[95% Conf.	Interval] ⑥
weight	574	62.5	.4339819	10.39747	61.64761	63.35239

그림 5.1 요약통계

① 변수(Variable)

변수는 검증을 수행할 변수를 지칭한다. 여기서는 몸무게(weight)가 이에 해당한다.

② 관측치(Obs)

관측치(Observation, Obs)는 t-test를 계사할 때 결측치를 제외한 관측치의 수를 의미한다. t-test계산에 사용된 몸무게 관측치 개수는 574개임을 나타낸다.

③ 평균(Mean)

평균(Mean)은 t-test를 수행한 변수의 평균을 의미한다. 여기서는 몸무게의 평균이 62.5임을 보여주고 있다.

④ 표준오차

표준오차(Standard Error, Std. Err.)는 표본평균의 추정된 표준편차를 의미한다. 표준오차는 표준편차에 대하여 표본수의 제곱근으로 나눈 값이 된다. 여기서는 관측치 574개에 대한 몸무게의 표준오차가 0.434임을 모여주고 있다.

표준편차, 표준오차, 중심극한정리

평균 μ와 표준편차 σ를 가진 모집단에서 크기 n의 표본을 반복하여 추출하면 표본평균 $\bar{x}$의 분포는 정규분포와 근사하게 되며, 평균 μ와 표준편차 $\frac{\sigma}{\sqrt{n}}$가 된다.

또한 표본의 분포는 추출하는 개수(n)이 클수록 정규분포에 가까워지게 된다. 이를 중심극한정리(central limit theorem)라 한다.

표준오차(standard error)는 모집단에서 추출한 n개의 표본의 표준편차를 말한다. 모집단의 표준편차 σ를 모를 경우 표본의 표준편차인 s를 사용하여 $\frac{s}{\sqrt{n}}$가 표준오차가 된다. 평균의 표준오차는 표본의 variability를 측정하기 때문에 표준오차가 적으면 저을수록 표본평균은 진실한 모집단의 평균에 가까워지게 된다.

display 명령어를 이용하여 몸무게의 표준오차를 계산하여 보자. 결과창에서 표준오차인 0.43398201의 값을 보여준다. 요약통계의 값과 비교하면 소숫점 6번째 자리에서 값의 적은 변화가 있으나, 이는 소숫점 차이에서 비롯된 것이라고 보면 된다.

```
display 10.39747/sqrt(574)
```

```
.43398201
```

⑤ 표준편차

표준편차(Standard Deviation, Std. Dev.)는 평균에서 관측치의 값들이 얼마나 차이가 있는지를 나타내는 통계치로, 값이 크면 클수록 평균에서 멀어진 관측치들이 많음을 의미한다. 몸무게의 표준편차는 10.40이다.

⑥ 95% 신뢰구간

신뢰구간(Confidence Interval)은 모집단 평균이 존재할 값들의 범위를 상위와 하위구간으로 제시하는 것이다. Stata에서는 기본값으로 95% 신뢰구간을 지정하고 있다.

신뢰구간

표본에서 추정된 값이 진실한 모집단의 값이 될 확률의 구간을 신뢰구간(confidence interval)이라 한다. 여기서는 추정된 평균이 모집단의 평균이 될 수 있을 확률의 구간으로 95% 신뢰구간을 두고 있다.

3) 분석결과: t-통계(t-statistics)

```
    mean = mean(weight)                                   t =   5.7606
Ho: mean = 60                            degrees of freedom =      573

    Ha: mean < 60              Ha: mean != 60               Ha: mean > 60
 Pr(T < t) = 1.0000       Pr(|T| > |t|) = 0.0000        Pr(T > t) = 0.0000
```

그림 5.2 t-통계

⑦ 평균(mean)

평균(mean)은 검증하게 될 평균을 의미한다. 이 검증하게 될 평균이 실제 표본의 평균(mean(weight))과 동일하다는 것을 검증하게 된다. 여기서는 몸무게의 60kg이 실제 표본의 평균인 62.5kg와 다르지 않음을 검증하게 되는 것이다.

⑧ t-통계(t-statistics)

여기서 제시되는 t-통계(t-statistics)는 Student-t 통계를 의미하며, 모집단의 분산(또는 편준편차를 알 수 없으면서, 표본의 크기가 작은 경우에 유용한 통계량이다. 관측치의 수가 30이상이면 z-통계를 사용할 수 있으나, 일반적으로 t-통계가 보다 엄격하다는 점에서 t-통계를 이용하게 된다. t-통계는 평균의 표준오차와 표본평균과의 차이의 비율로 산정된다. 여기서는 t값은 5.7606(=(62.5-60)/0.4339819)이 된다.

t-값

T로 지칭되는 검증통계(test statistic)는 무작위 표본의 함수이며, 추정된 통계값은 t를 산출하게 된다. t 검증통계량은 다음과 같이 계산된다.

$$t = \frac{\bar{x} - \mu_0}{s/\sqrt{n}} \quad (d.f. = n-1)$$

$$\begin{aligned} \text{여기서, } \bar{x} &= \text{표본의 평균} \\ \mu_0 &= \text{모집단의 평균값} \\ s &= \text{표본의 표준편차} \\ s/\sqrt{n} &= \bar{x}\text{의 표준오차} \end{aligned}$$

⑨ 귀무가설(H0)

검증될 귀무가설(H0)을 의미한다. 단일표본 평균검증은 모집단 평균이 주정진 수와 동일하다는 귀무가설을 검증하게 된다. 여기서의 귀무가설은 모집단 평균은 60이다.

귀무가설(H0)과 대립가설(Ha), 그리고 통계적 유의수준

귀무가설(null hypothesis, H0)은 설정한 가설의 확률이 적어 처음부터 버릴 것이 예상되는 가설로 영가설이라고도 불리운다. 귀무가설은 데이터가 대안적 가설인 대립가설을 선택하기 이전까지 진리임을 가정하는 가설이다. 대립가설(alternative hypothesis, Ha)은 그 반대로 연구자가 진리임을 확인하고자 하는 가설이다.

가설검증은 귀무가설을 기각하고, 대립가설을 채택한다라는 결론을 도출하기 위해서는 귀무가설에 대한 합리적 의심을 뛰어넘는 어떤 증거를 보여주어야 한다. 이 증거는 통계적 유의수준(statistical significance level, p-value) 또는 허용 유의수준(α)를 사용하고 있다.

가설검증을 통하여 귀무가설을 기각하거나 채택하게 되는데, 이에 대한 두 종류의 오류가 있을 수 있다. 하나는 귀무가설을 기각하였으나 그 가설이 진실일 오류로 1종 오류(Type I error)라 한다. 다른 하나는 귀무가설을 기각하지 않았으나 그 가설이 진실이 아닐 경우의 오류로 2종 오류(Type II error)라 한다.

통계적 유의수순이 p-값과 허용 유의수준인 α는 1종 오류를 범하지 않을 정도의 적은 값을 설정하는 것이 좋다. 일반적으로 0.1, 0.05, 0.01을 허용 유의수준으로 주게 된다. 이러한 세가지 허용 유의수준 중에서 1종 오류와 2종 오류를 범하지 않기 위한 적정한 유의수준은 절대적이지 않지만 많은 연구자들이 α=0.05의 값으로 사용하고 있다.

⑩ 자유도(degrees of freedom)

단일표본 t-검증에서 자유도(degrees of freedom)는 결측치를 제외한 관측치의 개수에서 1을 뺀 값(N-1)이다. 표본으로부터 평균을 추정하였기 때문에 검증을 위하여 사용되지 못하게 된다. 그러므로 1개를 추정할 자유가 없음을 의미하고, 이것이 자유도라 정의된다. 여기서는 관측치의 개수가 574개에서 1개의 평균을 추정하였기 때문에 573(=574-1)이 된다.

자유도

t-검증에서의 자유도(degrees of freedom)는 평균이 μ로 주어졌을 때, 이 값을 표현하는 필요한 독립적인 변량의 개수를 의미한다. t-검증에서 평균을 60으로 설정하였기 때문에 그 평균을 도출하기 위하여 필요한 자유로운 관측치의 개수인 자유도는 (n-1)개 된다.

⑪ 왼쪽 단측검증 p-값(Pr(T<t))

왼쪽 단측검증 p-값(on-left one-tailed p-value)을 의미하며, 귀무가설에 대하여 평균이 60보다 적다라는 대립가설(Ha: mean<60)을 평가하는 것이다. p-값이 0.05나 0.01보다 적다면 평균은 귀무가설의 평균값보다 통계적으로 유의하게 적음을 의미한다. 여기에서는 몸무게가 60이라는 귀무가설에 대하여 60보다 적다는 대립가설의 p-값이 0.05보다 크기 때문에 대립가설 대신 귀무가설을 채택하게 된다. 즉, 왼쪽 단측검증 결과는 몸무게가 60보다 적다는 것을 기각하지 못하기 때문에 귀무가설인 몸무게가 60임을 채택할 수 있다는 것을 의미한다.

⑫ 오른쪽 단측검증 p-값(Pr(T>60)

오른쪽 단측검증(on-right one-tailed p-value)은 왼쪽 단측검증과 반대의 대립가설을 평가하게 된다. 몸무게가 60보다 크다라는 대립가설의 검증결과로서 p-값은 0.01보다 적은 0.0001보다 적으므로, 몸무게의 평균이 60이라는 귀무가설 대신에 60보다 크다라는 대립가설을 채택하게 된다.

⑬ 양측검증 p-값(Pr(|T|>|t|)

양측검증 p-값(two-tailed p-values)은 몸무게의 평균이 60이 아니다라는 대립가설에 대하여 귀무가설을 평가하는 값이다. 이것은 귀무가설에서 t의 절대값보다 큰 값을 관측하게 될 확률을 의미한다. p-값이 0.05나 0.01보다 적은 0.0001이기 때문에 몸무게에 대한 평균은 60과 다르다라는 대립가설을 채택하게 된다.

단측검증과 양측검증

통계적 유의수준의 검증을 수행할 때, 통계적 유의수준인 p-값이 주어지게 된다. 검증통계량(여기서는 t-값)이 좌우 대칭으로 분포되어 있을 때, 세가지의 대립가설(alternative hypotheses) 중의 하나를 선택할 수 있다. 양측검증은 통계적 유의 수준을 확인하고자 할 때 보다 적합하고, 단측검증은 그 효과의 크기, 즉 방향을 확인하고자 할 때 보다 유용하다. 즉, 양측검증에서는 같지 않다라는 대립가설을, 단측검증에서는 크다(Pr(T>t)) 또는 적다(Pr(T<t))라는 대립가설을 설정하게 된다. 예를 들어 신약을 개발하여 그 약의 효과를 검증하기 위해서는 그 약의 복용으로 건강이 더 좋아졌다라는 것을 확인하고자 한다면 단측검증을 하는 것이 바람직하다.

2. 정규분포 검증

단일표본의 평균비교 검증에는 모집단이 정규분포를 이룬다는 가정을 하고 있다. 모집단의 정규성은 중심극한정리에 의하여 그 표본의 크기가 30이상이면 주로 정규분포를 이루게 된다고 볼 수 있다. 즉, 표본의 크기가 30보다 적을 경우에 정규성 진단이 유의성을 지니고 있다. 정규성 진단에서 표본의 크기가 큰 경우에는 적은 변동으로도 정규분포를 이루고 있다라는 오류를 범할 수 있으므로, 조심하여 정규성 진단을 수행할 필요가 있다.

정규성을 진단하기 위해서 Stata에서는 커널밀도함수곡선을 통하여 살펴보고, 정규성에 대한 왜도와 첨도의 정규성(normality) 검증을 할 수 있다. 전자의 명령어는 kdensity이며, 후자의 경우는 sktest, swilk, ksmirnov, sdtest 등을 이용할 수 있다.

1) 커널밀도 함수: kdensity

먼저 앞서 단일 표본평균검증(t-test)에 사용한 몸무게(weight)에 대하여 커널밀도 함수곡선과 함께 옵션으로 정규분포(normal) 곡선을 함께 작성하도록 하여 보자. 정규분포곡선보다 뾰족함이 덜 하고, 다소 왼쪽으로 보다 치우쳐 있는 경향을 볼 수 있다.

```
kdensity weight, normal
```

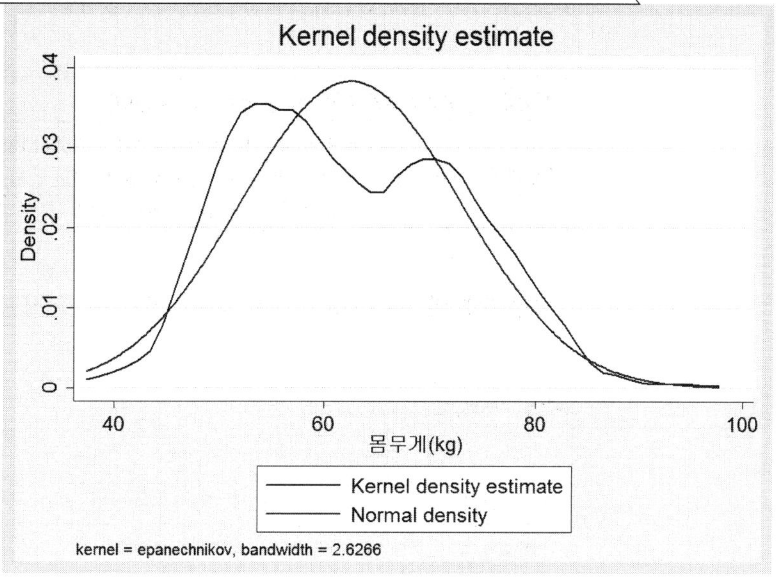

2) 첨도와 왜도의 진단: sktest

몸무게에 대한 t-test를 수행하기 이전에 실행한 요약통계량(summarize)에서 첨도(kurtosis)와 왜도(skewness)의 값을 통하여 진단하여 보자.

첨도는 자료의 분포형태가 중앙에 얼마나 집중되었는가를 나타내는 척도로 모집단이 정규분포를 따르는 경우 첨도는 3의 값을 가진다. 만약 3보다 크면 정규분포보다 뾰족한 형태를, 작으면 보다 편평한 형태를 보이게 된다. 몸무게의 첨도가 2.287의 값을 지니고 있음을 볼 때 정규분포에 가깝지만 다소 편평한 형태를 지닌다고 볼 수 있다.

왜도는 데이터의 분포형태가 평균을 중심으로 해서 어느 한 방향으로 치우쳐 있는 정도를 평가하는 척도로 활용된다. 값이 0에 가까우면 어느 방향으로도 치우치지 않은 좌우 대칭형태를 보인다고 할 수 있다. 0보다 적은 음수값은 우편향(right-skewness), 양수값은 좌편향(left-skewness) 형태를 보인다고 평가할 수 있다. 몸무게(weight)의 왜도는 0.2610을 가지고 있어 다소 좌편향 형태의 분포곡선을 보인다고 볼 수 있다.

Stata에서는 첨도와 왜도, 그리고 이 두 척도를 결합하여 전반적인 분포에 대한 정규성 진단을 sktest 명령으로 실행할 수 있다.

명령문	sktest varlist [if] [in] [weight] [, noadjust]	
주요옵션	noadjust	첨도와 왜도의 전반적 통계량 검증에서 Royston(1991)에 의하여 수정된 카이스퀘어 값(adjusted-χ^2)과 유의수준(significance level) 대신에 수정되지 않은 원래의 값과 유의수준을 선택

몸무게에 대한 정규성 진단을 sktest 명령문을 적용하여 수행하여 보자.

```
sktest weight
```

```
                    Skewness/Kurtosis tests for Normality
                                                       ------- joint -------
Variable |   Obs   Pr(Skewness)   Pr(Kurtosis)  adj chi2(2)      Prob>chi2
---------+------------------------------------------------------------------
  weight |   574      0.0109         0.0000        29.96           0.0000
```

왜도(skewness)에 대한 p-값이 0.0109로, 허용유의수준(α=0.05)에서는 좌우대칭이라는 귀무가설을 기각할 수 있음을 보여준다. 또한 첨도(kurtosis)에서의 p-값이 0.0001보다 적으므로 첨도에 대한 정규성을 지닌다라는 귀무가설을 기각할 수 있다. 또한 첨도와 왜도 두 척도를 결합하여 전반적인 정규성 진단에서도 p-값이 0.0001보다 적으므로, 몸무게가 정규분포를 지니고 있다라는 귀무가설을 기각할 수 있다.

3) Shapiro-Wilk 정규성 진단: swilk

정규성에 대한 Shaprior-Wilk의 W검증을 수행하는 명령어가 swilk이다. 이 검증은 표본이 정규분포를 지닌 모집단으로부터 추출되었다는 귀무가설(null hypothesis)를 검증하는 것으로 Samuel Shapiro와 Martin Wilk(1965)이 제시하였다. 검증통계량이 W가 적으면 적을수록 귀무가설을 기각할 수 있다. 그러나 검증통계량에서 W에 대한 값 그 자체보다는 이 실행명령에 의하여 제시되는 p-값을 기반으로 정규성의 여부를 판단하도록 하자.

명령문	swilk varlist [if] [in] [, swilk_options]	
주요옵션	generate(newvar)	W검증계수를 새로운 변수로 생성
	lnnormal	로그정규성(lognormality)을 검증

몸무게의 정규성 진단을 Shapiro-Wilk의 W검증으로 실행하여 보자. W-통계량이 0.97637이고, 이에 대한 통계적 유의수준인 p-값이 0.0001보다 적다. 그러므로 몸무게가 정규분포를 지닌다라는 귀무가설을 기각하게 된다.

```
swilk weight
```

```
                   Shapiro-Wilk W test for normal data

Variable |    Obs        W           V          z       Prob>z
---------+-----------------------------------------------------
  weight |    574    0.97637      9.003      5.315     0.00000
```

4) Kolmogorov-Smirnov 진단: ksmirnov

정규성을 진단하는 또 다른 Stata 명령어는 Kolmogorov-Smirnov가 개발한 K-S 검증이다. 이 K-S검증은 단일 표본 또는 두 표본의 확률분포의 동질성(equlaity)에 대한 비모수 검증 방법이다. 이 검증통계량은 단일 표본에서 준거가 되는 확률분포 또는 두 표본의 분포함수간의 거리를 계량화하여 나타내게 된다. 일반적으로 이 검증은 두 표본에 대하여 보다 유용하게 사용된다.

명령문	단일표본	ksmirnov varname = exp [if] [in]
	두표본	ksmirnov varname [if] [in] , by(groupvar) [exact]
주요옵션	by(groupvar)	두 표본의 정규성진단에서는 필수. 두 표본을 지시하는 이변량 변수를 선택
	exact	exact p-값을 산출하도록 함

명령구문에서 varname은 분포를 검증하고자 하는 변수이다. 두 표본 검증명령구문에서 옵션 by(groupvar)에 의한 변수는 2개의 고유치를 가져야 한다. 이 명령문에서 groupvar의 최초의 값에 대한 변수의 분포는 두

번째 값과 비교하여 분포의 동질성을 진단하게 된다.

또 다른 옵션에서의 exact 통계량(exact statistics)은 통계검증과 구간추정에서 보다 정확한 결과를 도출하기 위하여 개발된 통계량으로 어떤 표본크기에도 적용된다. 이 통계량은 등분산 가정과 같은 전통 전통적인 통계적 방법의 비합리적인 가정을 회피할 수 있게 하여 준다. 여기서 제시되는 p-값은 일반화된 p-값(generalized p-value)으로, 어떠한 표본의 크기에 대한 타당한 정확한 확률에 기반한 검증을 수행하기 때문에 고전적 p-값의 확장이라고 볼 수 있다.

단일표본의 몸무게(weight)의 정규성 진단결과는 정규분포를 지니고 있지 않음을 보여주고 있다. 몸무게는 일반적으로 남자와 여자별로 차이가 있다. 그러므로 성별(gender), 즉, 남자와 여자의 몸무게의 분포가 동일하지 않다라는 것을 증명하여 보자.

먼저, 몸무게에 대한 커널밀도함수곡선을 작성하고, 그래프명을 weight_graph로 하여 메모리에 저장하여 보자.

그리고 몸무게에 대하여 남자와 여자 각각에 대하여 커널밀도함수 곡선의 분포형태를 작성하고, 그래프명을 weight_gender로 명명하여 메모리에 저장하여 보자. 그리고 이 두 그래프를 합쳐서(combine) 하나의 그림 영역으로 그래프를 작성하여 보자.

```
kdensity weight, name(weight_graph)
```

```
kdensity weight if gender==1, plot(kdensity weight if gender==2) legend(label(1 "Males") label(2 "Females") rows(1)) name(weight_gender)
```

```
graph combine weight_graph weight_gender
```

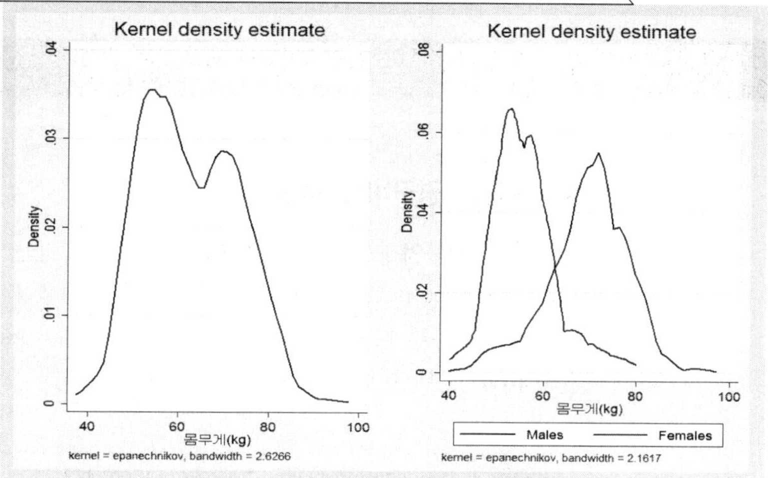

그래프창(graph window)에서 결합된 두 그래프의 분포형태를 살펴보면 남자와 여자의 몸무게의 각각의 분포가 동일한 모집단에서 나왔다고 보기에 어렵다고 볼 수 있다. 즉, 남자와 여자의 몸무게의 분포는 동일하지 않을 것이라는 가정을 할 수 있다.

그러므로 K-S 검증을 통하여 분포함수의 동질성(equality)에 대한 진단을 수행하여 보자. 몸무게(weight)에 대한 두 집단의 동질성 검증이므로, by( )옵션에서 변수명을 gender로 지정하여 주어야 한다.

```
ksmirnov weight, by(gender)
```

```
Two-sample Kolmogorov-Smirnov test for equality of distribution functions

 Smaller group        D       P-value  Corrected
 ------------------------------------------------
 male:              0.0000    1.000
 female:           -0.7104    0.000
 Combined K-S:      0.7104    0.000      0.000
```

귀무가설에서 남자의 몸무게의 분포가 여자의 몸무게의 분포와 동일하다라는 귀무가설은 p-값이 0.001보다 적으므로 기각되고, 동일하지 않다라는 대립가설을 채택하게 된다. 결과적으로 남자와 여자의 몸무게의 분포는 다르다라고 결론지을 수 있다.

3. 평균비교 및 차이 검증

1) 두집단 평균비교 검증

쌍으로 이루어지지 않은 단일표본의 두 집단 평균비교검증(two-group mean-comparison test)은 마찬가지로 t-검증을 이용하게 된다. 이 경우에는 by( ) 옵션을 필수로 선택하여 특정한 변수(varname)에 대한 두 집단(groupvar)에 대한 평균을 비교하게 된다.

명령문	ttest varname [if] [in] , by(groupvar) [options1]	
주요옵션	by(groupvar)	두 집단을 정의하는 변수명 지정
	unequal	등분산을 가정하지 않은 쌍을 이루지 않은 자료임을 지정
	welch	검증에 대한 유사자유도(approximate degrees of freedom)를 산출하며, 이분산일 경우에만 적용 가능
	level(#)	신뢰수준의 지정. 기본값은 95% 신뢰수준임

예를 들어, 앞서 성(gender)에 대한 남자(==1)와 여자(==2)간의 몸무게(weight)에 대한 평균이 동일하다는 귀무가설을 검증하여보자. 이를 위하여 먼저 bysort 접두명령어를 활용하여 몸무게의 남녀의 요약통계량을 살펴보자. 남자(male)는 280개의 관측치에 평균 몸무게는 69.53kg이고, 여자의 경우는 294명의 평균몸무게가 55.80kg이다.

bysort gender: summarize weight

```
-> gender = male

    Variable |       Obs        Mean    Std. Dev.       Min        Max
-------------+--------------------------------------------------------
      weight |       280    69.53214    8.592676         42         95

-----------------------------------------------------------------------
-> gender = female

    Variable |       Obs        Mean    Std. Dev.       Min        Max
-------------+--------------------------------------------------------
      weight |       294    55.80272    6.989157         40         80
```

일반적으로 관측치의 개수가 비슷하여야 평균의 비교에서 의미가 있다. 여기서 관측치 개수의 차이는 14로 그렇게 커다란 차이를 보이지 않는다고 볼 수 있다.

남자와 여자의 몸무게의 평균의 비교검증을 t-test로 분석하여 보자. 하나의 표본에 대하여 두 집단의 평균을 비교하는 것이므로, by( )옵션을 이용하여야 한다. 결과창에서는 요약통계량과 t-통계량을 함께 보여주고 있다.

test weight, by(gender)

```
Two-sample t test with equal variances
------------------------------------------------------------------------------
   Group |     Obs        Mean    Std. Err.   Std. Dev.   [95% Conf. Interval]
---------+--------------------------------------------------------------------
    male |     280    69.53214    .5135106    8.592676     68.5213    70.54299
  female |     294    55.80272    .4076159    6.989157    55.00049    56.60495
---------+--------------------------------------------------------------------
combined |     574        62.5    .4339819    10.39747    61.64761    63.35239
---------+--------------------------------------------------------------------
    diff |            13.72942    .6523705                12.44809    15.01076
------------------------------------------------------------------------------
    diff = mean(male) - mean(female)                              t =  21.0454
Ho: diff = 0                                     degrees of freedom =      572

    Ha: diff < 0                 Ha: diff != 0                 Ha: diff > 0
 Pr(T < t) = 1.0000         Pr(|T| > |t|) = 0.0000          Pr(T > t) = 0.0000
```

단일평균 비교검증과 달리 요약통계량에서는 남자와 여자의 요약통계와 더불어 전체의 요약통계량(combined)과 차이에 대한 요약통계량(diff)을 보여주고 있다. 남자와 여자의 평균의 차이는 13.729로 남자보다는 여자가 약 13.7kg 더 체중이 나간다는 것을 알 수 있다.

두 집단 또는 두 표본의 평균의 비교 또는 차이에 대한 검정을 위한 t-통계량은 다음과 같은 공식을 가지고 있다. 이 공식에서 평균의 차이는 0을 귀무가설로 설정하고 있으므로, 결과적으로 t-통계량은 두 평균의 차이를 표준오차로 나누어 준 값이 된다.

$$t = \frac{(\overline{x_1} - \overline{x_2}) - D_0}{s\sqrt{\frac{1}{n_1} + \frac{1}{n_2}}} \quad (d.f. = n_1 + n_2 - 1)$$

여기서, x_1 = 표본또는 집단1의 평균
x_2 = 표본또는 집단2의 평균
D_0 = 귀무가설로 설정된 두 집단또는 표본의 차이값
s = 두 집단또는 표본의 결합표준편차(σ)의 추정치
n_1 = 표본또는 집단1의 관측치 개수
n_2 = 표본또는 집단2의 관측치 개수
$s\sqrt{\frac{1}{n_1} + \frac{1}{n_2}}$ = $(\overline{x_1} - \overline{x_2})$의 표준오차

t-검증은 남자와 여자의 평균들간의 차이(diff=mean(male)-mean(female))가 없다(=0)는 귀무가설(H0)에 대하여 두 평균을 비교하는 것이다. t-통계량은 21.0454로 차이의 평균에 대한 차이의 표준오차의 비율(=13.72942/0.6523705)로 산출된다. 자유도는 각 집단에 대한 평균을 추정하기 위하여 1개의 자유도를 사용하였으므로, 관측치의 총 개수에서 2를 차감(n-2)하게 된다.

양측 유의수준인 p-값이 0.0001보다 적으므로 귀무가설을 기각하고 대립가설인 남녀간 평균의 차이가 있다를 채택하게 된다. 단측검증 결과에서는 남자의 몸무게의 평균이 여자에 비하여 적다라는 대립가설(Ha: diff<0)에 대하여서는 p-값이 1.0으로 기각하지 못하며, 그 반대의 경우인 남자의 몸무게가 여자보다 많다(Ha: diff>0)라는 대립가설을 채택할 수 있음을 분석결과는 보여주고 있다.

2) 분산비교 검증: sdtest

t-검증은 두 집단 또는 두 표본의 분산 또는 표준편차가 동일하다는 가정을 가지고 실행하게 된다. 그러므로, 이들의 평균의 비교검증에서는 등분산에 대한 검증을 앞서 수행할 필요가 있다.

분산비교검증(variance-comparison test)은 단일 표본이나 두 개의 표본, 또는 두집단의 표준편차 또는 분산의 동질성을 확인하는 것이다. 단일표본에 대하여서는 표준편차가 어떠한 값(#)이다라는 귀무가설을, 두 개의 표본 또는 집단간 비교에서는 두 변수 또는 두 표본의 표준편차가 똑같다라는 귀무가설을 검증하게 된다. 단일 표본에서의 두 집단간 표준편차의 동질성(equality)은 by( ) 옵션이 반드시 필요하다.

명령문	단일표본	sdtest varname == # [if] [in] [, level(#)]
	두표본	sdtest varname1 == varname2 [if] [in] [, level(#)]
	두집단	sdtest varname [if] [in] , by(groupvar) [level(#)]
주요옵션	level(#)	신뢰구간을 설정하는 것으로 기본값은 95% 신뢰구간 (level(95))임
	by(groupvar)	비교될 집단을 정의하는 변수를 지정

남자와 여자에 대한 몸무게의 분산(표준편차)의 동질성을 검증하여 보자. 이 경우에는 단일 표본에 대한 두집단의 비교이므로, by( ) 옵션으로 gender를 입력하면 된다.

```
sdtest weight, by(gender)
```

```
Variance ratio test
------------------------------------------------------------------------------
   Group |     Obs        Mean    Std. Err.   Std. Dev.   [95% Conf. Interval]
---------+--------------------------------------------------------------------
    male |     280    69.53214    .5135106    8.592676     68.5213    70.54299
  female |     294    55.80272    .4076159    6.989157    55.00049    56.60495
---------+--------------------------------------------------------------------
combined |     574        62.5    .4339819    10.39747    61.64761    63.35239
------------------------------------------------------------------------------
    ratio = sd(male) / sd(female)                                 f =   1.5115
Ho: ratio = 1                                  degrees of freedom =  279, 293

    Ha: ratio < 1               Ha: ratio != 1                 Ha: ratio > 1
  Pr(F < f) = 0.9998         2*Pr(F > f) = 0.0005           Pr(F > f) = 0.0002
```

결과창에서 요약통계량은 남자와 여자, 그리고 전체에 대하여 관측치의 개수(Obs), 평균(Mean), 표준오차(Std. Err.), 표준편차(Std. Dev.), 그리고 95% 신뢰구간을 보여주고 있다.

분산의 차이에 대한 여부를 진단하는 이 검증은 분산에서의 F-test를 사용하게 된다. F-test는 단순하게 두 집단의 분산의 비율에 대한 검증이다. 남자와 여자의 두 집단의 귀무가설은 남자와 여자의 표준편차의 비율이 1, 즉 남자와 여자의 표준편차는 똑같다로 설정되어 있음을 알 수 있다. 이러한 귀무가설에 대하여 남자와 여자의 몸무게의 표준편차는 동일하지 않다라는 대립가설의 p-값은 0.0005이다. 그러므로 동일하다라는 귀무가설을 기각하고 동일하지 않다라는 대립가설을 채택하게 된다.

3) 이분산 평균비교검증

남녀의 몸무게의 분산의 동질성 검증으로부터 남자와 여자의 몸무게의 분산이 동일하지 않다라는 결론을 도출할 수 있다. 이는 남녀의 몸무게에 대한 등분산 가정이 충족되지 않음을 의미하므로, 이분산을 가정한 두 집단의 평균의 차이에 대한 비교 검증이 수행됨이 바람직하다. 그러므로 ttest 명령문에서 unequal 옵션을 적용하여야 한다.

ttest weight, by(gender) unequal

```
Two-sample t test with unequal variances

   Group |     Obs        Mean    Std. Err.   Std. Dev.   [95% Conf. Interval]
---------+--------------------------------------------------------------------
    male |     280    69.53214    .5135106    8.592676     68.5213    70.54299
  female |     294    55.80272    .4076159    6.989157    55.00049    56.60495
---------+--------------------------------------------------------------------
combined |     574        62.5    .4339819    10.39747    61.64761    63.35239
---------+--------------------------------------------------------------------
    diff |            13.72942    .6556248                12.44152    15.01732
------------------------------------------------------------------------------
    diff = mean(male) - mean(female)                              t =  20.9410
Ho: diff = 0                      Satterthwaite's degrees of freedom =  537.978

    Ha: diff < 0                 Ha: diff != 0                 Ha: diff > 0
 Pr(T < t) = 1.0000         Pr(|T| > |t|) = 0.0000          Pr(T > t) = 0.0000
```

이분산을 가진 남녀간 평균의 몸무게의 차이검증 결과에서 등분산 가정에서의 요약통계량과 동일하다. 다만 등분산이 아닌 이분산을 가정하기 때문에 t-통계량(=20.9410)과 자유도에서 차이가 있으며, 이에 대한 t-검증을 수행하게 된다.

여기서 이분산 가정에서의 Satterthwaite의 자유도는 독립적인 표본분산의 선형조합의 자유도에 대한 근사치를 계산하여 준다. 일반적으로 이분산의 자유도는 등분산 가정하의 자유도보다 적은 값을 가지게 된다. 남녀의 평균에 대한 Satterthwaite의 자유도는 537.978임을 보여주고 있다.

동일하지 않은 분산을 가진 남녀의 평균의 차이에 대한 검증결과는 동분산 가정을 한 검정결과로 동일한 결론을 보여주고 있다.

4. 쌍대 평균검증

쌍으로 이루어진 두 표본 평균비교검증(paired two-sample mean-comparison test)은 표본의 값들이 쌍(pair)을 이루고 있는 경우에 수행되는 평균의 차이 검증 방법이다. 이 쌍을 이룬 표본들은 상호 독립적이지 않고, 하나의 모집단이기 때문에 t-검증통계량과 자유도가 두 집단 또는 두 표본의 평균비교 검증과 다름을 기억할 필요가 있다.

쌍대 평균비교검증(paired t-test)은 서로 독립적이지 않은 두 표본의 평균의 차이를 검증하는 것으로, 반복측정(repeated measurement)이나 동일한 모집단으로부터 나온 두 표본을 검증할 때 사용된다. 예를 들어 동일한 학생들로부터 수학과 영어 성적의 평균의 차이 검증이나 실험 전과 실험 후의 차이 검증에 이 방법이 적용된다고 볼 수 있다. 명령구문은 다음과 같다.

명령문	ttest varname1 == varname2 [if] [in] [, level(#)]	
주요옵션	level(#)	신뢰구간을 설정하는 것으로 기본값은 95% 신뢰구간 (level(95))임

쌍대 평균의 차이 검증을 위하여 "C:\data\examples\"의 폴더에서 건강관련 데이터("health_analysis_data_v1")를 불러보자. 이 데이터는 승용차를 이용하던 직장인 남성을 대상으로 12주 동안 승용차 대신 도보, 자전거, 대중교통으로 이용하게 한 후 건강수준의 변화를 측정한 데이터이다.

여기에서는 12주 동안 승용차 대신 신체적 활동량이 많은 대안적 교통수단을 이용하여 출퇴근하였을 경우 허리둘레에서 실험 이전(waist_b)과 비교하여 실험 이후(waist_a)에 차이가 있는지를 검증(ttest)하여 보자.

```
ttest waist_b==waist_a
```

```
Paired t test
------------------------------------------------------------------------------
Variable |     Obs        Mean    Std. Err.   Std. Dev.   [95% Conf. Interval]
---------+--------------------------------------------------------------------
 waist_b |      60      87.445    .9222958    7.144073    85.59949    89.29051
 waist_a |      60       86.85    .9087195    7.038911    85.03166    88.66834
---------+--------------------------------------------------------------------
    diff |      60    .5950002     .316553    2.452009   -.0384208    1.228421
------------------------------------------------------------------------------
     mean(diff) = mean(waist_b - waist_a)                         t =   1.8796
 Ho: mean(diff) = 0                              degrees of freedom =       59

 Ha: mean(diff) < 0           Ha: mean(diff) != 0           Ha: mean(diff) > 0
 Pr(T < t) = 0.9674         Pr(|T| > |t|) = 0.0651          Pr(T > t) = 0.0326
```

요약통계에서 총 60명을 대상으로 12주 동안의 실험 전과 후의 허리둘레는 87.45㎝와 86.85㎝로 대안적 교통수단으로 이용한 후에 약 0.595㎝ 정도 낮아졌음을 알 수 있다.

t-통계량은 1.8796으로 평균의 차이에 대한 차이의 표준오차의 비율(= 0.5950002/0.316553)이다. 이 때의 쌍을 이룬 관측치에 대한 자유도는 관측치의 개수에서 1을 차감한 값(n-1=59)이 된다. 이것은 하나의 모집단으로부터 평균의 차이를 검증하기 때문이다. t-통계량은 다음과 같이 산정된다.

$$t = \frac{\bar{d} - D_0}{s_d \sqrt{n}} \quad (d.f. = n-1)$$

여기서, $\bar{d}$ = 두 표본의 차이의 평균
D_0 = 귀무가설로 설정된 두 표본의 차이
s_d = 표본 차이의 표준편차
$s_d \sqrt{n}$ = $\bar{d}$ 의 표준오차

쌍대평균비교검증에서 귀무가설은 실험 전과 실험 후의 허리둘레의 차이가 없다(H0: mean(diff)=0)가 된다. 이 때의 대립가설은 실험 전과 후의

허리둘레의 차이가 있다(Ha: mean(diff) != 0) 또는 실험 전에 비하여 실험 후에 허리둘레가 적어졌다(Ha: mean(diff)>0)로 설정할 수 있다. 실질적으로 실험의 목적에 차이가 있다는 것을 확인하는 것보다는 실험을 통하여 허리둘레가 적어졌다라는 것을 검증하는데 목적이 있으므로, 후자의 대립가설에 대한 귀무가설의 통계적 유의수준을 살펴볼 필요가 있다. 12주 동안 대안적 교통수단의 이용으로 허리둘레가 적어졌다는 대립가설(Ha)에 대한 귀무가설의 통계적 유의수준인 p-값은 0.0326으로, 허용유의수준(α)을 0.05로 볼 경우 귀무가설을 기각하고 대립가설을 채택하게 된다.

5. 즉시적 평균검증: ttesti

Stata에서는 관측치 개수(obs), 평균(mean), 표준편차(sd)를 알고 있으면, 데이터없이 즉시적으로 평균차이 검증을 할 수 있도록 명령어(ttesti)를 제공하고 있다. 이를 이용하여 간단하게 평균차이검증을 해보도록 하자.

명령문	단일표본	ttesti #obs #mean #sd #val [, level(#)]
	두 표본	ttesti #obs1 #mean1 #sd1 #obs2 #mean2 #sd2 [, options2]
주요옵션	unequal	등분산을 가정하지 않은 쌍을 이루지 않은 자료임을 지정
	welch	검증에 대한 유사자유도(approximate degrees of freedom)를 산출하며, 이분산일 경우에만 적용 가능
	level(#)	신뢰수준의 지정. 기본값은 95% 신뢰수준임

예를 들어, 건강관련 데이터("health_analysis_data_v1")에서 체질량지수의 실험 이전과 이후의 요약통계만을 알고 있다고 가정하고. 12주 동안의 실험 전과 후의 평균의 차이에 대한 검증을 실행하여 보자.

먼저 체질량지수의 실험 전(bmi_b)과 후(bmi_a)의 요약통계량을 summarize를 명령으로 확인하여 보자.

```
summarize bmi_b bmi_a
```

Variable	Obs	Mean	Std. Dev.	Min	Max
bmi_b	60	25.35	2.860751	19.3	32
bmi_a	60	25.26	2.850584	19.5	31.7

관측치는 60이고, 평균은 실험 전은 25.35, 후는 25.26, 표준편차는 전과 후가 각각 2.86과 2.85임을 보여주고 있다.

체질량 지수의 실험 전과 후의 평균의 차이를 검증은 단일 모집단으로부터 뽑은 두 표본이기 때문에 두 표본의 쌍을 이룬 평균차이 검증을 수행할 필요가 있다. 요약통계량만을 가지고 t-검증을 하는 명령문을 아래와 같이 작성하여 결과창에서 그 결과를 확인하여 보자.

```
ttesti 60 25.35 2.86 60 25.26 2.85
```

```
Two-sample t test with equal variances

         |     Obs       Mean    Std. Err.   Std. Dev.   [95% Conf. Interval]
---------+--------------------------------------------------------------------
       x |      60      25.35    .3692244       2.86    24.61118    26.08882
       y |      60      25.26    .3679334       2.85    24.52377    25.99623
---------+--------------------------------------------------------------------
combined |     120     25.305    .2595605   2.843342    24.79104    25.81896
---------+--------------------------------------------------------------------
    diff |                .09    .5212501              -.9422171    1.122217

    diff = mean(x) - mean(y)                                      t =   0.1727
Ho: diff = 0                                     degrees of freedom =      118

    Ha: diff < 0                 Ha: diff != 0                 Ha: diff > 0
 Pr(T < t) = 0.5684         Pr(|T| > |t|) = 0.8632          Pr(T > t) = 0.4316
```

요약통계량은 관측치 개수(Obs), 평균(Mean), 표준편차(Std. Dev.)에 설정한 것과 동일하게 제시되어 있음을 알 수 있다. 실제 데이터를 사용하지 않고, 요약통계량을 설정하여 차이를 검증하고 있기 때문에 두 표본의 변수명은 단순하게 x와 y로 지칭되어 있다.

체질량지수가 실험 전과 실험 후의 차이가 0.09이며, 이러한 차이가 유의미한지에 대한 검증은 두가지로 살펴볼 수 있다. 즉, 차이가 있다라는 대립가설(Ha: diff !=0)에 대한 양측검증과 단측검증 중 차이가 0보다 크다라는 대립가설(Ha: diff > 0)에 대한 오른쪽 단측검증을 할 수 있다. 둘 다 통계적 유의수준인 p-값이 0.8632와 0.4316으로, 0.09의 체질량지수이 감소는 통계적으로 유의미한 차이가 없음을 검증결과는 보여주고 있다.

제2절
비율(차이) 검증

1. 단일표본 비율검증

단일표본의 비율검증은 대규모 표본의 비율의 동질성을 검증하는 것이다. 비율검증에서는 z-검증통계량을 적용하게 된다. 왜냐하면 일정 규모 이상의 표본의 크기(대체로 n≥30)에서는 중심극한정리에 의하여 정규분포를 지니면서 표준편차는 알고 있다는 가정을 하고 있기 때문이다.

단일표본의 비율검증(one-sample test of proportion)에 대한 명령구문(prtest)은 다음과 같다. if-조건문과 in-한정문을 사용하여 필요로 하는 적정한 조건에 대하여 검증을 실시할 수 있으며, 옵션으로 level(#)으로 신뢰수준을 지정하여 줄 수 있다.

명령문	prtest varname == #p [if] [in] [, level(#)]	
주요옵션	level(#)	신뢰수준의 지정. 기본값은 95% 신뢰수준임

단일표본의 비율검증을 실행하기 위하여 "c:\data\examples\": 경로에 있는 데이터 "analysis_data_v1.dta"를 불러들이자. 이 데이터셋에서 설문조사시 남자와 여자의 비율을 동일하게 하도록 조사설계를 하였다고 가정하여 보자. 실제로도 이 조사에서는 남자와 여자의 비율을 거의 동일하게 하여 조사하도록 설계하였다. 그러므로 설문대상자들의 남자와 여자의 비율은 동일하다고 가정할 수 있다.

단일표본의 비율검증을 수행하기 위한 것이므로 귀무가설은 남자와 여자의 비율 동일하다. 즉, 비율(proportion)은 0.5이고, 대립가설은 0.5가 아니다라고 할 수 있다.

귀무가설(H0): p=0.5
대립가설(Ha): p≠0.5

이 가설검증을 위하여 성(gender)에 대한 코드를 바꾸어 줄 필요가 있다 왜냐하면 남자는 1, 여자는 2로 되어 있기 때문에 비율검증을 위하여서는 0과 1로 바꾸어주어야 한다. 따라서 남자는 1로, 여자는 0로 코드를 바꾸어 주면서, 새로운 변수 gender2로 명명하여 보자. 또한 동시에 변수의 수준에 대한 라벨을 붙여보자.

```
recode gender (1 = 1 male) (2=0 female),
gen(gender2)
```

```
(320 differences between gender and gender2)
```

결과창에서는 gender와 새로 생성한 gender2의 변수의 차이가 320개임을 알려주고 있다. 이것은 남자는 코드의 변화가 없으나 여자의 코드가 2에서 0으로 재설정되었고, 이것의 관측치 개수가 320개라는 뜻이다.

변수의 변환이나 생성시에는 항상 제대로 수행되었는지를 확인하는 작업을 해야 한다. 그러므로 빈도표(tabulate)를 이용하여 제대로 코드가 변환되었는지를 확인하여 보자. 결측치도 빈도표에 제시하라는 옵션을 선택하자. 결측치는 굉장히 큰 값으로 프로그램은 인식하고 있기 때문에 변수의 변환에서는 항상 확인할 수 있도록 하여야 한다.

tabulate gender gender2, missing

Gender	RECODE of gender (Gender) female	male	.	Total
male	0	288	0	288
female	320	0	0	320
.	0	0	1	1
Total	320	288	1	609

결과창에서 빈도표를 보면, 결측치가 1개 있으며 코드의 변환 이후에도 동일하게 결측치로 인식되어 있음을 알 수 있다. 또한 남자와 여자의 관측치 개수도 변환 전과 후에 동일하기 때문에 변수의 변환이 제대로 실행되었음을 확인할 수 있다. 여자는 320명, 남자는 288명으로, recode 명령에서 차이가 320이라는 수치는 여자의 코드가 바뀜에 따라 나타난 것임을 알 수 있다.

한편, 새로 생성한 gender2의 코드가 원하는 대로 실행되었는지를 알기 위하여 codebook 명령문을 실행하여 보자. 결과창에서의 실행결과는 남자(male)가 1, 여자(female)가 0으로 코딩되어 있음을 알 수 있다.

codebook gender2

```
gender2

                  type:  numeric (byte)
                 label:  gender2

                 range:  [0,1]                    units:  1
         unique values:  2                    missing .:  1/609

           tabulation:  Freq.   Numeric  Label
                          320         0  female
                          288         1  male
                            1         .
```

이제 단일표본의 비율검증을 실행하여 보자. 남자와 여자가 동일하게 추출되었을 확률을 비율로 표현할 경우 0.5가 된다. 실행명령어는 prtest이다.

prtest gender2=0.5

```
One-sample test of proportion                  gender2: Number of obs =      608

    Variable |       Mean   Std. Err.                 [95% Conf. Interval]
-------------+-----------------------------------------------------------
     gender2 |   .4736842   .0202496                  .4339958    .5133726

    p = proportion(gender2)                                   z =  -1.2978
Ho: p = 0.5

     Ha: p < 0.5                 Ha: p != 0.5               Ha: p > 0.5
 Pr(Z < z) = 0.0972         Pr(|Z| > |z|) = 0.1944      Pr(Z > z) = 0.9028
```

결과창에서의 실행결과는 t-검증과 마찬가지로 요약통계와 검증통계량이 제시되어 있음을 보여주고 있다. 남녀 성(gender2)의 비율은 0.4736으로 남자(male==1)보다는 여자(female==0)가 다소 많은 비율을 차지하고 있음을 알 수 있다. 이러한 비율이 0.5와 다르지 않다. 즉, 남자와 여자의 비율이 동일하게 추출되었다는 것을 z-검증을 이용하여 확인하게 된다.

검증통계량은 귀무가설(Ho: p=0.5)이고, 남녀의 비율은 평균 0.4737과 표준오차 0.0202에 대한 z-통계량은 -1.2978(≒(0.4736842-0.5)/0.0202496)이다. z-통계량은 다음과 같은 공식을 통하여 산출된다.

$$z = \frac{\hat{p} - p_0}{SE_{\hat{p}}} = \frac{\hat{p} - p_0}{\sqrt{\frac{p_0 q_0}{n}}}$$

여기서, $\hat{p}$ = 비율추정치로서 이 표본의 비율값(평균)

p_0 = 귀무가설로 설정된 모집단의 비율값(0.5)

$q_0 = 1 - p_0$

$SE_{\hat{p}}$ = $\hat{p}$의 표준오차

대립가설은 남녀의 비율이 동일하지 않다. 즉, 0.5가 아니다라는 양측검증에 대한 통계적 유의수준인 p-값을 살펴보자. p-값이 0.1944로 귀무가설을 기각하지 못하므로, 남녀의 비율은 동일하다라고 결론을 도출할 수 있다.

2. 두표본 비율검증

두 표본으로부터 비율을 비교하기 위해서는 두표본 비율검증(two-sample test of proportions)을 실행하면 된다. 명령어는 prtest로 동일하지만 두 표본의 비율이 같다라는 가설을 검증하기 위해서는 두 개의 변수(varname1과 varname2)가 같다라는 명령구문을 설정하면 된다. 여기서도 if-문과 in-문을 이용하여 적합한 조건에 맞는 관측치에 대하여 검증을 수행할 수도 있다.

명령문	prtest varname1 == varname2 [if] [in] [, level(#)]	
주요옵션	level(#)	신뢰수준의 지정. 기본값은 95% 신뢰수준임

체질량지수(bmi)를 이용한 비만비율과 주관적 체형인식(obesity)의 비만 비율이 동일한지에 대한 두표본 비율의 검증을 실행하여 보자. 검증을 실행하기에 앞서 먼저 변수의 변환이 필요하다.

체질량지수(bmi)가 25보다 크거나 같으면 이를 과체중과 비만이라하므로, 체질량지수가 위의 조건을 충족하면 비만(==1), 그렇지 않으면 0으로 변환하여 새로운 변수인 ob_bmi를 생성하여 보자. 체질량지수의 요약통계량은 다음과 같다. 최솟값은 15.21이고 최댓값은 31.74임을 알 수 있다.

```
summarize bmi
```

Variable	Obs	Mean	Std. Dev.	Min	Max
bmi	574	22.27143	2.260312	15.21093	31.74179

먼저 관측치 모두가 결측치인 비만여부에 대한 새로운 변수(ob_bmi)를 생성하여 보자. 그리고 25보다 적거나 최솟값보다 큰 경우는 비만이 아니다(==0)를 replace 명령어로 변환하여 보자. 결과창에서 총 609명 중에서 509명이 비만이 아닌 그룹으로, 65명이 비만인 그룹으로 전환되었음을 알려주고 있다.

```
generate ob_bmi=.
replace ob_bmi=0 if bmi>15 & bmi<25
replace ob_bmi=1 if bmi>=25 & bmi<32
```

```
(609 missing values generated)
(509 real changes made)
(65 real changes made)
```

그리고 table 명령어로 그룹변수(ob_bmi)에 대한 체질량지수(bmi)의 관측치수, 평균, 최솟값, 최댓값을 확인하여 제대로 변환되었는지를 살펴보자. 여기서 표시형식은 소숫점 2째자리로, 표안의 내용을 중앙으로 정렬, 그리고 열과 행의 합계도 표현하라는 옵션을 선택하였다.

```
table ob_bmi, c(n bmi mean bmi min bmi max bmi)
format(%9.2f) center row col
```

ob_bmi	N(bmi)	mean(bmi)	min(bmi)	max(bmi)
0	509	21.78	15.21	24.98
1	65	26.12	25.06	31.74
Total	574	22.27	15.21	31.74

결과창에서는 체질량지수로 계산한 비만여부(ob_bmi)에 대하여 체질량지수의 관측치수와 평균, 최솟값과 최댓값이 제시되어 있다. 비만인 경우(==1)의 평균이 26.12로, 최솟값이 25.06, 최댓값이 31.74로 모두 비만유형으로 분류되는 값(bmi $\geq$ 25)에 적합한 것으로 확인할 수 있다.

또한 설문대상자에게 주관적으로 자신의 체형에 대하여 비만의 정도에 대한 설문을 한 변수(obesity)가 있다. 이 설문항목에서는 1은 "아주 비만" 2는 "비만" 3은 "보통" 4는 "비만 아님" 5는 "전혀 아님"으로 구성하였다. 이를 또한 비만여부의 변수로 변환하여 새로운 변수(ob_obe)로 생성하여 보자.

비만정도(obesity)에 대한 코드를 살펴보기 위하여 codebook 명령을 실행하여 보자. 아주 비만과 비만이라고 답한 응답자가 각각 41명과 138명임을 알 수 있다.

```
codebook obesity
```

```
obesity

                 type:  numeric (float)
                label:  obesity

                range:  [1,5]                        units:  1
        unique values:  5                        missing .:  8/609

           tabulation:  Freq.   Numeric  Label
                           41         1  아주 비만
                          138         2  다소 비만
                          319         3  보통
                           87         4  비만아님
                           16         5  전혀 아님?
                            8         .
```

이 비만정도(obesity)의 변수를 이용하여 자기 자신이 아주 비만(==1)과 비만(==2)에 해당한다고 응답한 사람은 비만(==1), 그렇지 않은 경우는 결측치를 제외하고는 비만 아님(==0)으로 하여 새로운 변수(ob_obe)를 생성하여 보자. 이 때 사용하는 명령어는 recode이며, 값의 변환을 하면서 새로운 변수의 수준에 대하여 라벨을 붙여보자.

```
recode obesity (1/2=1 "obese") (3/5= 0 "not obese"), generate(ob_obe)
```

```
(560 differences between obesity and ob_obe)
```

이제 체질량지수로 비만여부(ob_bmi)와 주관적 체형인식으로 비만여부(ob_obe)에 대한 두표본 비율검증을 실행하기 위한 변수변환이 끝났다. 이 두 변수에 대한 교차빈도표를 먼저 실행하여 비만 정도의 차이가 어떠한지를 살펴보자. 이 때 결측치도 표함하여 빈도표를 작성하라는 옵션(missing)을 선택하였다.

```
tabulate ob_bmi ob_obe, missing
```

ob_bmi	RECODE of obesity (주관적 체형) not obese	obese	.	Total
0	377	126	6	509
1	18	47	0	65
.	27	6	2	35
Total	422	179	8	609

결과창에서의 빈도표에서는 주관적 체형에 의한 비만여부(ob_obe)와 체질량지수에 의한 비만여부(ob_bmi)의 결측치가 각각 8개와 35개임을 알려주고 있다. 한편, 두 비만여부에서 모두 비만 유형으로 분류되는 경우가 47명에 불과하며, 체질량지수에서는 비만이 아님(ob_bmi==0)에도 불구하고 주관적인 인식에 의하여 자신이 비만이라고 생각하는 경우(ob_obe)가 126명에 달하는 것으로 나타났다. 즉, 몸무게와 키를 활용하여 객관적으로 측정한 것과 비교할 때 비만이라고 주관적으로 인식한 사람이 상당히 많음을 알 수 있다.

이제 두 변수에 대한 비만여부의 비율이 동일하다라는 귀무가설에 대한 검증을 z-검증통계량으로 수행하여 보자. 명령어는 prtest이다.

```
prtest ob_bmi=ob_obe
```

```
Two-sample test of proportions                  ob_bmi: Number of obs =       574
                                                ob_obe: Number of obs =       601

    Variable |       Mean   Std. Err.      z    P>|z|     [95% Conf. Interval]
-------------+----------------------------------------------------------------
      ob_bmi |   .1132404   .0132266                      .0873168     .139164
      ob_obe |   .2978369    .018654                      .2612758     .334398
-------------+----------------------------------------------------------------
        diff |  -.1845965   .0228673                     -.2294156   -.1397775
             |  under Ho:   .0236732    -7.80   0.000
------------------------------------------------------------------------------
        diff = prop(ob_bmi) - prop(ob_obe)                        z =  -7.7977
    Ho: diff = 0

    Ha: diff < 0                 Ha: diff != 0                 Ha: diff > 0
 Pr(Z < z) = 0.0000         Pr(|Z| < |z|) = 0.0000          Pr(Z > z) = 1.0000
```

결과창에서 요약통계량과 z-검증통계량이 제시되어 있다. 체질량지수에 의한 비만여부(ob_bmi)의 관측치는 574개, 주관적 체형인식에 의한 비만여부는 601개로 차이가 있다. 이는 몸무게에 민감성 때문에 체질량지수의 결측치 많기 때문으로 볼 수 있다. 체질량 지수에 의한 비만비율은 0.113이고, 주관적 체형인식에 의한 비만비율은 0.298로 후자가 약 0.185, 즉 18.5% 정도 많다.

두표본의 비율검증에서의 z-검증통계량은 다음과 같이 산정된다. 여기서 귀무가설로 설정된 두 표본의 비율차이($p_1 - p_2$)는 0이고, 두 표본의 추정비율의 차이($\widehat{p_1} - \widehat{p_2}$)는 -0.185이다. 이 값을 표준오차(=0.0237)로 나눈 값이 z-검증통계량인 -7.7977이 된다.

$$z = \frac{(\widehat{p_1} - \widehat{p_2}) - (p_1 - p_2)}{\sqrt{\frac{\hat{p}\hat{q}}{n_1} + \frac{\hat{p}\hat{q}}{n_2}}}$$

여기서, $\widehat{p_1}$ = 비율추정치로서이 표본1의 비율값

$\widehat{p_2}$ = 비율추정치로서이 표본2의 비율값

p_1 = 모집단1의 비율값

p_2 = 모집단2의 비율값

$\hat{q} = 1 - \hat{p}$

$\sqrt{\frac{\hat{p}\hat{q}}{n_1} + \frac{\hat{p}\hat{q}}{n_2}} = SE =$ $(\widehat{p_1} - \widehat{p_2})$의 표준오차

체질량지수에 의한 비만비율과 주관적 체형인식에 의한 비만비율은 동일하다라는 귀무가설(Ho: diff=0)에 대한 대안적 가설인 대립가설은 세가지가 있다. 여기서는 동일하지 않다라는 것이 대한 차이를 보자. 이 경우에는 양측 검정인 p-값을 이용하여 통계적 유의수준을 확인하여야 한다. p-값이 0.0001보다 적으므로 동일하다라는 귀무가설을 기각하고, 대안적 가설을 채택하게 된다.

그런데 여기서 추가적으로 쌍으로 된 두 표본의 비율검증을 수행하여 보자. 이럴 경우 if문을 이용하여 두 변수 모두 결측치가 없는 관측치들만을 대상으로 비율의 동일성을 진단하여야 한다. 그 실행명령문과 결과는

다음과 같다. 두 변수의 평균의 차이는 -0.190이고, 표준오차는 0.0241이다. z-검증 통계량은 -7.8738로 통계적 유의수준인 p-값이 0.0001보다 적으므로, 두 표본 비율검증 결과에서도 두 변수의 비율의 차이가 있다라는 결론을 도출하게 된다.

```
prtest ob_bmi=ob_obe if ob_bmi~=. & ob_obe~=.
```

```
Two-sample test of proportions                  ob_bmi: Number of obs =       568
                                                ob_obe: Number of obs =       568

    Variable |       Mean   Std. Err.      z    P>|z|     [95% Conf. Interval]
-------------+----------------------------------------------------------------
      ob_bmi |   .1144366   .0133573                      .0882568    .1406164
      ob_obe |   .3045775   .0193107                      .2667291    .3424258
-------------+----------------------------------------------------------------
        diff |  -.1901408   .0234802                     -.2361613   -.1441204
             |  under Ho:   .0241484    -7.87   0.000
------------------------------------------------------------------------------
        diff = prop(ob_bmi) - prop(ob_obe)                        z =  -7.8738
    Ho: diff = 0

    Ha: diff < 0                 Ha: diff != 0                 Ha: diff > 0
 Pr(Z < z) = 0.0000         Pr(|Z| < |z|) = 0.0000          Pr(Z > z) = 1.0000
```

3. 두집단 비율검증

두 집단의 비율검증(two-group test of proportions)은 한 변수에 대하여 두 개의 집단인 변수를 by( ) 옵션으로 선택하여 줌으로써 실행된다.

명령문	prtest varname [if] [in] , by(groupvar) [level(#)]	
주요옵션	level(#)	신뢰구간을 설정하는 것으로 기본값은 95% 신뢰구간(level(95))임
	by(groupvar)	비교될 집단을 정의하는 변수를 지정

체질량지수에 의한 비만여부(ob_bmi)에 대하여 남자와 여자의 비율의 차이 검증을 실행하여 보자. by( ) 옵션으로 gender 변수를 지정하고, 실행하면 된다. 귀무가설은 남자와 여자가 비만인 비율(diff=0)은 같다가 된다.

```
prtest ob_bmi, by(gender)
```

```
Two-sample test of proportions                     male: Number of obs =       280
                                                 female: Number of obs =       294

    Variable |       Mean   Std. Err.      z    P>|z|     [95% Conf. Interval]
-------------+----------------------------------------------------------------
        male |   .1785714   .0228882                        .1337114    .2234315
      female |   .0510204    .012833                        .0258683    .0761725
-------------+----------------------------------------------------------------
        diff |    .127551   .0262403                        .0761209    .1789811
             |  under Ho:    .026461     4.82   0.000
------------------------------------------------------------------------------
        diff = prop(male) - prop(female)                          z =   4.8203
    Ho: diff = 0

    Ha: diff < 0                 Ha: diff != 0                 Ha: diff > 0
 Pr(Z < z) = 1.0000         Pr(|Z| < |z|) = 0.0000          Pr(Z > z) = 0.0000
```

결과창에서 보여지는 요약통계량과 z-검증 통계량을 살펴보자. 남자는 280명, 여자는 294명의 관측치가 있다. 비만비율은 각각 0.1786과 0.0510으로, 여자가 남자에 비하여 비만인 비율이 0.1276 정도 적다. 이러한 비율의 차이가 통계적으로 유의한지에 대한 z-검증 통계량은 4.8203이다. 남자와 여자의 비만비율이 차이가 있다라는 대안적 가설(Ha: diff !=0)에 대한 p-값은 0.0001보다 적기 때문에 귀무가설을 기각하고 대립가설을 채택할 수 있다.

4. 즉시적 비율검증

비율의 차이검증에 대하여 평균의 차이검증과 마찬가지로 요약통계량만을 가지고 즉시적 z-검증을 수행할 수 있도록 Stata는 명령어를 제공하여 주고 있다. 즉시적 z-검증 명령어는 prtesti이다.

명령문	단일 표본	prtesti #obs1 #p1 #p2 [, level(#) count]
	두 표본	prtesti #obs1 #p1 #obs2 #p2 [, level(#) count]
주요옵션	level(#)	신뢰구간을 설정하는 것으로 기본값은 95% 신뢰구간 (level(95))임
	count	비율대신에 관측치의 개수를 선택

요약통계량만을 알고 있다고 가정하고, 주관적 체형인식에 의한 비만비율(ob_obe)의 남녀간 차이가 없다라는 가설검증을 수행하여 보자. 먼저 ob_obe의 남자와 여자별 요약통계량을 알기 위하여 bysort 접두명령어로 gender를 정렬하고 난 후 요약통계량 실행명령(summarize)을 실행하여 보자. 285명의 남자가 비만이라고 인식하는 비율은 0.312이고, 316명의 여자는 0.284이다.

bysort gender: summarize ob_obe

```
-> gender = male

    Variable |       Obs        Mean    Std. Dev.       Min        Max
-------------+--------------------------------------------------------
      ob_obe |       285    .3122807    .4642388          0          1

----------------------------------------------------------------------
-> gender = female

    Variable |       Obs        Mean    Std. Dev.       Min        Max
-------------+--------------------------------------------------------
      ob_obe |       316    .2848101    .4520398          0          1
```

주관적 체형인식에 의한 남녀의 비만인식의 비율차이에 대한 즉시적 검증을 수행하여 보자. 이 때 남녀의 관측치와 비만일 비율을 알면 즉시적 검증을 아래와 같이 수행할 수 있다.

prtesti 285 0.312 316 0.284

```
Two-sample test of proportions                   x: Number of obs =      285
                                                 y: Number of obs =      316
------------------------------------------------------------------------------
    Variable |       Mean   Std. Err.      z    P>|z|     [95% Conf. Interval]
-------------+----------------------------------------------------------------
           x |       .312   .0274441                      .2582105    .3657895
           y |       .284   .0253672                      .2342812    .3337188
-------------+----------------------------------------------------------------
        diff |       .028   .0373721                     -.0452479    .1012479
             |  under Ho:   .0373374     0.75   0.453
------------------------------------------------------------------------------
        diff = prop(x) - prop(y)                                  z =   0.7499
    Ho: diff = 0

    Ha: diff < 0                 Ha: diff != 0                 Ha: diff > 0
 Pr(Z < z) = 0.7733         Pr(|Z| < |z|) = 0.4533          Pr(Z > z) = 0.2267
```

결과창에서의 즉시적 검증결과는 세가지 대립가설 모두 통계적 유의수준이 0.1보다 크기 때문에 허용 유의수준(α)을 0.1로 볼 경우 모두 귀무가설을 기각할 수 없다는 결과를 보여주고 있다. 즉, 결론은 주관적 체형인식은 체질량지수에 의한 비만비율의 검증결과와 달리 남자와 여자간의 비만인식의 비율차이는 없다라고 볼 수 있다.

제3절 비모수 가설검증

1. 순위합계(Mann-Whitney U) 검증

가설검증에서 Mann-Whitney U-검증은 Mann-Whitney-Wilcoxon 또는 Wilcoxon의 순위합계(rank-sum) 검증(이하 순위합계 검증)이라고도 불리우며, 독립된 두 표본의 분포의 동질성에 대하여 비모수적 통계량을 검증할 때 활용된다. 순위합계 검증은 두 표본 검증(t-test)과 동일한 조건하에서도 적용이 가능하다. 뿐만 아니라, 이 검증은 등간척도가 아니라 서열척도인 경우에 경우, 즉 인접한 값이 연속이라고 보기 어려울 때도 보다 유용하게 사용된다. 만약 두 표본이 독립적이 아니라 쌍으로 대응된 표본이라면 순위합계 검증보다는 Wilcoxon의 부호-서열 검증을 사용하여야 한다.

순위합계 검증에 대한 Stata에서의 명령어는 ranksum이다. 조건문(if)과 한정문(in)으로 관측치의 선택할 수 있으며, 두 집단에 대한 분포의 동질성을 검증하는 것이기 때문에 by( )옵션에 집단에 대한 변수명을 반드시 선택하여야 한다.

명령문	ranksum varname [if] [in], by(groupvar) [porder]	
주요옵션	by(groupvar)	비교될 집단을 정의하는 변수를 지정
	porder	첫 번째 집단이 두 번째 집단보다 클 확률

순위척도에 대한 순위합계 검증을 실행예제로 하기 위해서 “c:\data\examples\” 경로에 있는 데이터(“analysis_data_v1.dta”) 중에서 보행환경

의 전반적 만족도(gen_sat)을 선택하여 보자. 이 설문조사는 강남대로와 종로일대의 가로환경의 이용자에 대하여 7점 리커트 척도로 아주 불만족(=1), 보통(4), 아주 만족(=7)으로 응답하도록 하였다.

보행환경의 전반적 만족도(gen_sat)에 대한 조사지역별 빈도분포표를 작성하기 위하여 tabulate 명령어를 활용하여 보자. 옵션으로 열을 기준으로 백분율을 보여주는 column을 사용하였다.

```
tabulate gen_sat area, column
```

보행환경 전체 전반적 만족도	survey area 강남대로	종로일대	Total
1	1 0.32	0 0.00	1 0.16
2	6 1.95	23 7.67	29 4.77
3	36 11.69	40 13.33	76 12.50
4	72 23.38	77 25.67	149 24.51
5	138 44.81	102 34.00	240 39.47
6	55 17.86	58 19.33	113 18.59
Total	308 100.00	300 100.00	608 100.00

결과창의 빈도표를 보면 아주 만족(==7)은 없고, 아주불만족(==1)도 1명만이 응답한 것을 알 수 있다. 만족도에 대한 7점 리커트 척도의 조사지역별 분포비율은 5점대가 가장 높고, 그 주변으로는 점차 낮아지는 경향을 보이고 있다.

보행환경의 전반적 만족도(gen_sat)에 대하여 분포의 동질성을 적용하여 보자. 그런데, 이 척도의 단위는 등간이라고 볼 수 없고, 서열이라고 할 수 있다. 그러므로 t-검증보다는 순위합계 검증이 보다 적합하다고 볼 수 있다.

강남대로와 종로일대 가로환경의 시민들의 전반적 만족도의 차이가 있는지를 확인하기 위하여 순위합계 검증 명령어인 ranksum을 실행하여 보자. by( ) 옵션에 조사지역을 분류하고 있는 변수인 area를 반드시 입력하여 실행하여야 한다. 또 다른 옵션으로는 첫 번째 집단이 두 번째 집단보다 클 확률, 즉 단측검증을 실행하도록 선택하자.

ranksum gen_sat, by(area) porder

```
Two-sample Wilcoxon rank-sum (Mann-Whitney) test

        area |      obs    rank sum    expected
-------------+---------------------------------
    강남대로 |      308       97774       93786
    종로일대 |      300       87362       91350
-------------+---------------------------------
    combined |      608      185136      185136

unadjusted variance   4689300.00
adjustment for ties   -397201.38
                      ----------
adjusted variance     4292098.62

Ho: gen_sat(area==강남대로) = gen_sat(area==종로일대)
             z =   1.925
    Prob > |z| =   0.0542

P{gen_sat(area==강남대로) > gen_sat(area==종로일대)} = 0.543
```

결과창에서 요약통계는 관측치 개수, 강남일대와 종로일대의 순위의 합계와 더불어 귀무가설에 기반하여 기대되는 순위합계를 각각 보여주고 있다. 또한 순위의 동일한 경우(ties)에 대하여 조정되지 않은 분산과 조정된 분산값을 함께 보여주고 있다.

강남대로와 종로일대의 보행환경 만족도는 동일하다라는 귀무가설에 대하여 유사정규분포를 가정한 z-값은 1.925이며, p-값은 0.0542이다. 허용유의수준(α)을 0.05라 한다면, 귀무가설을 기각하지 못하게 된다. 즉, 강남대로와 종로일대의 만족도 차이는 없다고 결론지을 수 있다. porder 옵션의 실행결과는 강남대로의 만족도가 종로일대의 만족도보다 크다라는 대립가설에 대하여서는 p-값이 0.542로 귀무가설을 기각하지 못함을 보여주고 있다.

2. Wilcoxon의 부호-서열 검증

Wilcoxon의 부호-서열 검증(signed-rank test)은 쌍으로 대응하는 두 표본이나 반복 측정된 하나의 표본에 대하여 모집단의 평균순위가 다른지에 대하여 평가하는 비모수 통계검증이다. 즉, 이 검증은 정규분포를 가정할 수 없거나 서열척도일 때 쌍대 평균검증(paired t-test)의 대안적 방법으로 사용된다.

Stata에서는 Wilcoxon의 부호-서열검증을 위하여 signrank라는 명령어를 제공하고 있다.

명령문	signrank varname = exp [if] [in] signrank varname1 = varname2

부호-서열검증은 두 표본의 차이에 대한 절대값의 순위를 음수(negative)와 양수(positve)로 각각 합하여, 유사-z 검증통계량으로 분포의 동질성을 검증하는 것이다.

```
tabulate gen_sat safe_sat
```

보행환경 전체 전반적 만족도	안전성만족도(7점리커트) 1	2	3	4	5	6	7	Total
1	1	0	0	0	0	0	0	1
2	2	11	4	9	2	1	0	29
3	3	10	16	28	9	4	6	76
4	4	12	21	56	18	21	17	149
5	0	6	15	49	45	72	53	240
6	0	5	6	12	28	42	20	113
Total	10	44	62	154	102	140	96	608

부호-서열검증을 위한 보행환경의 전반적 만족도(gen_sat)와 보행안전 만족도(safe_sat)의 7점 리커트 척도에 대하여 분포의 동질성을 검증하여 보자. 이를 위하여 먼저 두 변수의 빈도분포를 tabulate 명령어를 이용하여 살펴보자.

빈도분포에서 보행환경의 전반적 만족도(gen_sat)가 높은 그룹(5점과 6

점)은 보행안전의 만족도(safe_sat)에서도 점수가 높게 나타나고 있으며, 전자가 낮으면 후자도 낮은 점수를 응답자는 부여하고 있는 것으로 보여진다.

보행환경의 전반적 만족도와 보행안전의 만족도에 대하여 부호-서열검증을 수행하기 이전에 두 변수간 차이와 차이에 대한 절대값의 순위를 산출하여 보자. 이를 위해서 generate, egen, order 명령어를 적용하였다. gender는 두 변수의 차이를 새로운 변수(sat_diff)로 생성하고, egen은 이 차이의 절대값에 대하여 순위를 매겨서 새로운 변수를 생성(abs_rank)하라는 명령이다. order는 보기창에서 생성된 변수들을 쉽게 보기위하여 사용된 변수들을 첫 열로 이동하라는 명령어이다.

```
generate sat_diff=gen_sat - safe_sat
egen abs_rank=rank(abs(sat_diff))
order safe_sat gen_sat sat_diff abs_rank
```

	safe_sat	gen_sat	sat_diff	abs_rank	id
1	3	4	1	297.5	3000
2	6	5	-1	297.5	3001
3	4	2	-2	490.5	3002
4	6	5	-1	297.5	3003
5	4	4	0	86	3004
6	4	5	1	297.5	3005
7	4	6	2	490.5	3006
8	2	4	2	490.5	3007
9	2	5	3	577	3008
10	4	4	0	86	3009
11	4	4	0	86	3010
12	3	3	0	86	3011

데이터 편집창(Data Editor Window)에서 사용한 두 변수(safet_sat, gen_sat) 및 생성된 두 변수(sat_diff, abs_rank)에 대한 값들을 보여주고 있다. id가 3000인 사람은 보행안전 만족도(safe_sat)에 3점, 보행환경 전반적 만족도(gen_sat)에 4점을 주었다. 이 차이는 1이 되며, 차이에 대한 절대값의 순위는 297.5임을 알 수 있다. id가 3001인 사람은 차이가 -1이지만 절대값을 이용하였기 때문에 순위는 동일함을 알 수 있다.

이제 Wilcoxon의 부호-서열검증을 두 변수에 대하여 실행하여 보자.

```
signrank gen_sat = safe_sat
```

```
Wilcoxon signed-rank test

        sign |      obs   sum ranks    expected
-------------+---------------------------------
    positive |      173     65570.5       85215
    negative |      264    104859.5       85215
        zero |      171       14706       14706
-------------+---------------------------------
         all |      608      185136      185136

unadjusted variance     18775876
adjustment for ties   -384785.88
adjustment for zeros   -420346.5
                      ----------
adjusted variance       17970744

Ho: gen_sat = safe_sat
             z =  -4.634
    Prob > |z| =   0.0000
```

결과창에서는 부호(sign)별로 관측치의 개수, 순위합계, 귀무가설하에서의 기대되는 순위합계가 제시되어 있다. 근사 z-값은 -4.634이며, p-값은 0.0001보다 적다. 그러므로 보행환경 전반적 만족도(gen_sat)와 보행안전 만족도(safe_sat)는 동일하다라는 귀무가설을 기각하고, 대립가설인 동일하지 않다를 채택하게 된다.

3. Kolmogorov-Smirnov (K-S) 검증

Kolmogorov-Smirnov (K-S) 검증은 단일 표본 또는 두 표본의 분포의 동질성을 평가하는 비모수 검증이다. 단일 표본에 대하여서는 연속적인 변수에 대하여 기준이 되는 분포(예를 들어 정규분포)와 비교하여 동질적인지 여부를 진단하게 하여 준다. 반면에 두 표본의 분포의 동질성은 두 변수의 분포가 동일한지에 대한 검증을 수행하게 된다.

K-S 검증의 실행명령어는 ksmirnov이다. 두 표본에 대하여 실행할 경우에는 by( ) 옵션에서 비교될 집단을 지칭하는 변수명을 선택하여야 한다. 두 표본에 대하여서는 exact p-값[10]을 계산하여 추가적으로 보여주라는 옵션을 선택할 수 있다.

명령문	단일표본	ksmirnov varname = exp [if] [in]
	두표본	ksmirnov varname [if] [in] , by(groupvar) [exact]
주요옵션	by(groupvar)	비교될 집단을 정의하는 변수를 지정
	exact	exact p-값을 산출

K-S 검증 통계량은 단일 표본에 대하여서는 기준이 되는 분포함수와 표본의 분포함수간의 거리를 계량화하여 보여준다. 두 표본은 두 표본의 분포함수간 거리에 대하여 산축하게 된다. T-S 검증에서 기준이 되는 분포와 표본의 분포가 동일하다 또는 두 표본의 분포가 하나의 모집단에서 추출되어 분포가 동일하다라는 귀무가설(Ho)에 대한 진단을 하게 된다.

먼저, 몸무게(weight)에 대하여 정규분포와 동일한 분포를 가지고 있는지를 진단하여 보자. 이를 위하여서는 몸무게에 대한 정규분포의 추정되는 정규분포의 기준을 찾기 위하여 summarize를 활용하여 평균과 표준편차를 구하고, z-값을 산출하여야 한다.

```
summarize weight
```

Variable	Obs	Mean	Std. Dev.	Min	Max
weight	574	62.5	10.39747	40	95

summarize를 활용한 요약통계량은 자동으로 r( )형식을 시스템에 내재

10) Fisher의 exact 검증은 명목척도의 분석에서 사용되는 통계적 유의성 검증이다. 다른 검증은 표본의 크기가 무한대로 증가함에 따라 정확하게 유의수준이 산출되는 근사(approximation) 유의수준의 추정을 사용함에 반하여, exact 검증은 귀무가설에서의 편차의 유의수준으로 정확하게 계산하는 방식을 취하게 된다. 이 검증은 명목변수의 데이터에 대하여 유용하다.

되게 된다. 그러므로 요약통계에서 z-통계치를 산출하기 위한 평균(Mean)과 표준편차(Std. Dev.)는 r(mean)과 r(sd)를 각각 활용하면 된다.

단일 표본에 대한 몸무게(weight)의 분포가 정규분포와 동일하다는 귀무가설(H0)을 K-S 검증을 이용하여 확인하여 보자.

```
ksmirnov weight=normal((weight-r(mean))/r(sd))
```

```
One-sample Kolmogorov-Smirnov test against theoretical distribution
          normal((weight-r(mean))/r(sd))

 Smaller group        D        P-value  Corrected
 ------------------------------------------------
 weight:            0.1107     0.000
 Cumulative:       -0.0817     0.000
 Combined K-S:      0.1107     0.000      0.000

Note: ties exist in dataset;
      there are 46 unique values out of 574 observations.
```

K-S 검증 통계량은 분포의 차이를 거리(D)로 다음과 같이 산출된다. 여기서 $F_n(x)$는 항상 0과 1사이의 값을 가지게 되므로, 거리 또한 이 사이의 값을 가지게 된다.

$$D_n = |F_n(x) - F(x)|$$

$$\text{여기서}, F_n(x) = \frac{1}{n}\sum_{i=1}^{n} I_{X_i \le x}$$

$$I_{X_i \le x} = 1\,(X_i \le x\text{이면}), else\,0$$

$$X_i = \text{관측치}$$

K-S 검증통계량은 0.1107이며, 이에 대한 p-값은 0.001보다 적다. 그러므로, K-S 검증에 의하면 몸무게(weight)가 정규분포와 동일하다라는 귀무가설은 기각된다. 이러한 결과는 첨도와 왜도를 활용한 정규성 검증(sktest)의 결론과 동일하다.

몸무게에 대한 남자와 여자간의 분포의 동질성을 비모수 검증방법인 K-S 검증을 실행하여 보자. 옵션으로는 Fisher의 exact 검증도 함께 산출하도록 exact를 입력하여 보자.

```
ksmirnov weight, by(gender) exact
```

```
Two-sample Kolmogorov-Smirnov test for equality of distribution functions

 Smaller group       D       P-value     Exact
 ----------------------------------------------
 male:             0.0000     1.000
 female:          -0.7104     0.000
 Combined K-S:     0.7104     0.000      -0.000

Note: ties exist in combined dataset;
      there are 46 unique values out of 574 observations.
```

두 표본에 대한 K-S 검증통계량인 D는 두 표본의 분포함수의 거리의 차이에 대한 것으로 기준이 되는 표본은 남자(male)로 되어 있음을 D의 통계량을 보면 알 수 있다. 여자의 몸무게의 분포를 남자의 몸무게 분포에 기준으로 산정할 경우 D-통계량은 0.7104이며, p-값은 0.001보다 적다. 그러므로 몸무게의 남자와 여자의 분포는 동일하다라는 귀무가설은 기각할 수 있게 된다.

제4절
독립성 검증

1. 카이스퀘어 검증

카이스퀘어 검증(chi-squared test)은 χ^2 검증이라고도 불리운다. 이 검증은 검증통계량의 표본 분포가 카이스퀘어 분포인지에 대한 통계적 가설검증을 수행할 때 사용된다. 귀무가설이 진실일 때, 즉 귀무가설을 기각하지 못한다면 표본분포는 근사(approximate) 카이스퀘어 분포를 가지고 있다고 할 수 있다.

카이스퀘어 분포(chi-squared 또는 χ^2 distribution)는 k의 자유도를 가지고 있을 때 k개의 독립적인 표준정규 무작위의 변수의 제곱합의 분포를 말한다. k의 자유도를 가진 카이스퀘어 분포의 확률밀도함수는 다음과 같이 정의된다.

$$f(x;k) = \begin{cases} \dfrac{1}{2^{k/2}\Gamma(k/2)} x^{k/2-1} e^{-2x/2}, & x \geq 0; \\ 0, & x < 0 \end{cases}$$

여기서, $\Gamma(k/2) = k/2$를 가진 감마함수

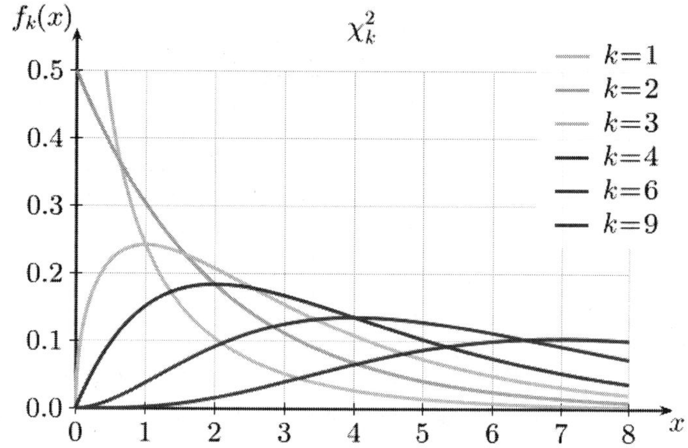

(출처: http://en.wikipedia.org/wiki/Chi-squared_distribution)

그림 5.3 k의 자유도를 가진 카이스퀘어 확률밀도합수의 분포

카이스퀘어 분포는 관측된 분포 적합도(goodness of fit)나 두 명목변수의 분류의 독립성에 대한 검증을 수행할 때 적용된다. Stata는 Pearson의 카이스퀘어 검증을 위한 명령어를 제공하고 있다.

카이스퀘어 검증에서 귀무가설은 한 개의 표본에서 관측된 어떤 이벤트들의 빈도분포의 확률은 독립적이고, 그 확률의 전체의 합은 1이다라는 것이다. 이 검증은 적합도와 독립성 검증에 적용된다.

한 변수에 대한 검증통계량은 다음과 같이 산출된다.

$$\chi^2 = \sum_{i=1}^{n} \frac{(O_i - E_i)^2}{E_i}$$

여기서, $O_i = i$의 관측빈도
E_i = 귀무가설에 의한 기대빈도
n = 빈도표에서의 셀들의 개수

두 개의 명목척도의 변수들에 대한 독립성 검증은 위의 검증통계량의 산출공식을 확장하여 이루어지게 된다.

$$\chi^2 = \sum_{i=1}^{r}\sum_{j=1}^{c}\frac{(O_{i,j}-E_{i,j})^2}{E_{i,j}}$$

$$\text{여기서}, E_{i,j} = \frac{\sum_{k=1}^{c} O_{i,k} \sum_{k=1}^{r} O_{k,j}}{N}$$

$N =$ 전체 관측치 개수

$degress\,of\,freedom = (r-1)(c-1)$

성(gender)별 연령대(age)별 분포의 독립성 검증을 카이스퀘어 검증으로 진단하여 보자. 카이스퀘어 분포를 이용한 독립성 검증은 Stata에서는 매우 간단하게 수행할 수 있다. 이미 알고 있는 빈도분포표 작성명령어인 tabulate에서, 옵션으로 카이스퀘어 검증을 수행하라는 chi를 주면 된다. 여기에서는 추가적으로 독립적이다라는 귀무가설에 의하여 기대된 빈도도 함께 표현하도록 expected 옵션을 주어 그 결과를 확인하여 보자.

```
tabulate gender age, expected chi2
```

```
+--------------------+
| Key                |
|--------------------|
|     frequency      |
| expected frequency |
+--------------------+

           |                   Age(20-59)
    Gender |       20s        30s        40s        50s |     Total
-----------+--------------------------------------------+----------
      male |       107         70         58         53 |       288 
           |      87.2       72.5       69.6       58.7 |     288.0 
-----------+--------------------------------------------+----------
    female |        77         83         89         71 |       320 
           |      96.8       80.5       77.4       65.3 |     320.0 
-----------+--------------------------------------------+----------
     Total |       184        153        147        124 |       608 
           |     184.0      153.0      147.0      124.0 |     608.0 

          Pearson chi2(3) =  13.4994   Pr = 0.004
```

결과창에서는 실제빈도(frequency)와 기대빈도(expected frequency)를 성별 연령대별로 차례로 보여주고 있다. 남자와 여자의 연령대별 분포가 독립적이다라고 가정하였을 경우, 남자 20대(male과 20s)의 실제빈도는 107

개이지만 기대되는 빈도는 87.2개이어야 함을 빈도표는 보여주고 있다.

이러한 차이에 대하여 Pearson의 카이스퀘어 검정통계량과 통계적 유의수준이 p-값을 살펴보자. 먼저 성별과 연령대별 분포의 독립성에 대한 자유도는 3이다. 이는 성별 분류(2)와 연령대별 분류(4)에서 1을 차감한 값의 곱(=1×3)으로 산출된다. 3의 자유도를 가진 카이스퀘어 분포에서의 검증통계량은 13.4994이고, 이때의 통계적 유의수준은 0.004이다. 결론적으로 p-값이 0.01보다 적기 때문에 성별과 연령대별의 빈도분포는 독립적이다라는 귀무가설을 기각하게 된다.

2. Cramer's V 통계량

Stata에서는 독립성 검증에 있어 카이스퀘어 통계량 이외에도 Fisher 정확도 검증(exact test), Goodman and Kruskal의 감마(gamma), Kendall의 taub-b, Crame의 v 등의 통계량도 제공하여 주고 있다. 이 중에서 Crame의 V 통계량을 부가적으로 살펴보자.

Crame의 V 검증은 파이(phi, ϕ_c) 검증이라고도 하며, 두 명목척도간의 상호관계에 대한 평가척도이다. 만약 두 개의 명목척도의 수준(또는 분류)이 각각 2개 일 경우에는 파이검증이라고 하며, 그 이상일 경우에는 V 검증으로 확장되어 사용된다.

$$\phi_c = \sqrt{\frac{\phi^2}{k-1}} = \sqrt{\frac{\chi^2}{N(k-1)}}$$

여기서, ϕ^2 = 파이 계수(ϕ $coefficent$)
χ^2 = $Pearson$의 카이스퀘어 검증통계량
N = 총 관측치 개수
k = 행 또는 열의 수 중 작은 값($\min(r-1, c-1)$)

이 검증통계량은 0과 1의 값 사이의 값을 가지게 된다. 0은 두 명목변수간에 어떠한 관계가 없다는 것을 의미하며, 1은 두 변수간 분포가 완벽

하게 일치할 때 가지게 되는 값이다. 그러므로 1의 값에 근접할수록 두변수의 빈도 분포의 상관성은 높아지는 경향을 가지고 있다고 말할 수 있다.

그러나 Crame의 통계량은 유의수준을 제공하지는 않으며, 다만 두 명목변수의 수준별 빈도의 상호관계를 보여준다는 점에서 주로 카이스퀘어 검증 통계량과 함께 사용하는 것이 보다 바람직하다고 볼 수 있다.

Crame의 검증을 성별 연령대별에 카이스퀘어검증과 더불어 적용하여 보자. 두 명목변수에 대한 빈도표를 작성하라는 명령어는 tabulate 이외에도 tab2라는 명령어가 있다. 어느 명령어를 사용하더라도 동일한 결과를 보여주므로, 이번에는 tab2를 이용하여 성별 연령대별 이원빈도표를 작성하도록 명령을 실행하여 보자. 옵션으로 카이스퀘어 검증통계량(chi2)과 기대빈도(expected), 그리고 Crame의 V통계량(V)을 제시하도록 하여 보자.

tab2 gender age, chi2 V expected

```
+--------------------+
| Key                |
|--------------------|
|     frequency      |
| expected frequency |
+--------------------+

           |                 Age(20-59)
    Gender |       20s        30s        40s        50s |     Total
-----------+--------------------------------------------+----------
      male |       107         70         58         53 |       288
           |      87.2       72.5       69.6       58.7 |     288.0
-----------+--------------------------------------------+----------
    female |        77         83         89         71 |       320
           |      96.8       80.5       77.4       65.3 |     320.0
-----------+--------------------------------------------+----------
     Total |       184        153        147        124 |       608
           |     184.0      153.0      147.0      124.0 |     608.0

          Pearson chi2(3) =  13.4994   Pr = 0.004
               Cram?'s V =    0.1490
```

결과창에서의 실행결과는 Crame의 V 통계량을 보여주는 것 이외에는 카이스퀘어 검증과 동일하다. 카이스퀘어 검증에서 성별 연령대별 분포는 독립적이지 않고, 서로 관련되어 있다는 것을 결과를 도출하였다. 그렇다면 그 상호관련성의 정도는 얼마일까? Crame의 V통계량으로 볼 때,

0.149의 상호관련성(intercorrelation)을 가지고 있다고 볼 수 있다.

그렇다면 Crame의 V통계량인 0.149는 독립적이지 않다라는 평가에 어떠한 정도를 의미하는 것인지 의문이 들 수 있다. 여기에서 그 정도의 크기는 행 또는 열의 수, 즉 두 명목척도의 수준(분류)의 개수 중 작은 값의 크기를 기준으로 다음과 같은 값을 가지고 그 정도를 평가할 수 있다.

표 5.1 Cramer의 V통계량 평가기준

교차표에서의 작은 값의 크기	상호관계의 정도		
	적음	보통	큼
2	0.10	0.30	0.50
3	0.07	0.21	0.35
4	0.06	0.17	0.29

출처: 이학식·임지훈(2011), p.183

성별과 연령대별은 수준의 크기는 각각 2와 4이므로, 작은 값인 2를 기준으로 할 때 Crame의 V의 상호관련성의 정도는 적음과 보통의 중간인 다소 적음으로 분류될 수 있다. 즉, 성별과 연령대의 상호관련성은 통계적으로 유의미하지만 그 관계의 정도는 다소 적다라고 평가할 수 있다.

3. 순위척도의 종속성 검증

Crame의 V통계량은 두 명목척도간 상호 독립성을 검증하지만 그 관계가 순위적 성격을 가지는 것을 가정하지는 않는다. 즉, 두 변수가 순위척도로 되어 있다면 그 수위의 본질을 이용하지 않고 있다. 그러므로 두 변수가 순위척도이라면 이 통계량보다는 감마(gamma, γ)와 타우비(taub, τ_b) 통계량을 이용하여야 한다.

감마와 타우비 통계량은 일치(concordance)의 개념을 적용하고 있다. 만약 어떤 사람이 다른 사람보다 더 행복하다면, 행복과 밀접한 관계를 가지고 있는 건강수준도 더 높다라고 할 수 있다. 이러한 관계를 가지고 있다면 여기서는 일치(concordance)한다고 볼 수 있으며, 그러하지 않을 경우에는 일치하지 않는다(discordance)라고 볼 수 있다.

타우비 통계량은 다음과 같이 산출된다. 쌍(pair)을 (x_1, y_1), (x_2, y_2),⋯, (x_n, y_n)으로 대별하고, 관측치의 쌍인 (x_i, y_i)과 (x_j, y_j)을 비교하여, 두 변수의 동일하게 크거나 작다면 일치한다라고 볼 수 있다. 그렇지 않을 경우에는 일치하지 않는다고 정의한다. 이렇게 평가된 쌍의 수를 표본의 크기를 고려하여 산출하는 것이 타우비 통계량이다.

$$\tau_b = \frac{n_c - n_d}{\sqrt{(n_0 - n_1)(n_0 - n_2)}}$$

여기서, $n_0 = n(n-1)/2$

$n_1 = \sum t_i(t_i - 1)/2$

$n_2 = \sum t_j(t_j - 1)/2$

n_c = 일치한 쌍의 수

n_d = 일치하지 않은 쌍의 수

t_i = 첫번째 값에 대하여 i번째 그룹의 동점(tie)인 값들의 수

t_j = 두번째 값에 대하여 j번째 그룹의 동점(tie)인 값들의 수

타우비 통계량은 -1과 1 사이의 값($-1 \le \tau_b \le 1$)을 지니며, 두 관계가 완벽하게 일치한다면 1의 값을 어느 하나라도 일치하지 않는다면 0의 값을, 그리고 완벽하게 반대의 관계를 지닌다면 -1의 값을 지니게 된다.

감마통계량은 타우비와 마찬가지로 순위철도의 변수들의 관계의 정도를 파악하는 데 사용된다. 그러나 타우비 통계량과 달리 동점(tie)인 그룹은 산정에서 제외되기 때문에 타우비 통계량보다는 감마통계량의 값이 일반적으로 크게 제시된다. 감마통계량의 산출은 다음과 같다.

$$g = \frac{n_c - n_d}{n_c + n_d}$$

순위척도인 두 변수의 상호관련성을 파악하기 위하여 감마와 타우비 통계량을 산출하여 보자. 순위척도이기 때문에 7점 리커트 척도로 파악한 보행환경의 전반적 만족도(gen_sat)와 보행안전성 만족도(safe_sat)의 관계를 tab2 명령어로 실행하여 보자. 옵션으로 감마(gamma)와 타우비(taub) 옵션과 더불어 기대빈도와 카이스퀘어 검증 및 crame의 V통계량도 같이 파악할 수 있도록 하여보자.

```
tab2 gen_sat safe_sat, expected chi V taub gamma
```

보행환경 전체 전반적 만족도	안전성만족도(7점리커트) 1	2	3	4	5	6	7	Total
1	1 0.0	0 0.1	0 0.1	0 0.3	0 0.2	0 0.2	0 0.2	1 1.0
2	2 0.5	11 2.1	4 3.0	9 7.3	2 4.9	1 6.7	0 4.6	29 29.0
3	3 1.3	10 5.5	16 7.8	28 19.3	9 12.8	4 17.5	6 12.0	76 76.0
4	4 2.5	12 10.8	21 15.2	56 37.7	18 25.0	21 34.3	17 23.5	149 149.0
5	0 3.9	6 17.4	15 24.5	49 60.8	45 40.3	72 55.3	53 37.9	240 240.0
6	0 1.9	5 8.2	6 11.5	12 28.6	28 19.0	42 26.0	20 17.8	113 113.0
Total	10 10.0	44 44.0	62 62.0	154 154.0	102 102.0	140 140.0	96 96.0	608 608.0

```
Pearson chi2(30) = 227.5333   Pr = 0.000
      Cram?'s V =    0.2736
          gamma =    0.4316  ASE = 0.036
 Kendall's tau-b =    0.3386  ASE = 0.029
```

결과창에서 실제빈도와 기대빈도를 함께 보여주고 있으며, 검증 통계량은 총 4개가 제시되어 있음을 알 수 있다. 보행환경의 전반적 만족도와 보행안전성 만족도의 독립성 검증을 카이스퀘어 검증 통계량으로 보면, 이 둘의 관계가 독립적이지 않음을 알 수 있다.

그리고 이 두 변수가 순위척도이기 때문에 crame의 V 통계량보다는 감마와 타우비 통계량을 이용하여 살펴보자. 두 통계량의 값은 0.4316과 0.3386을 각각 제시하고 있다. 여기서 두 통계량을 이용하여 관계가 있음의 정도를 파악하는 것은 일반적인 상관관계와 다르기 때문에 다음의 기준을 가지고 그 정도를 파악할 필요가 있다. 타우비 통계량이 0.3386이므로 그 관계의 정도는 보통정도이라고 평가할 수 있다.

표 5.2 타우비(τ_b) 통계량 평가기준

약함(weak)	보통(moderate)	강함(strong)
0.0~0.2	0.2~0.49	0.5이상

출처: Acock (2010), p.132

Stata에서는 타우비와 감마 통계량에 대하여 값을 제시하고 있지만 그 통계적 유의수준은 제시하고 있지 않다. 그러나 각각의 통계량에 대한 점근적 표준오차(asymptotic standard error, ASE)를 제공하여 주고 있기 때문에, 직접 z-통계량을 계산하여 z-검증을 수행할 수 있다.

타우비 통계량이 0.3386이고, ASE가 0.029이므로, z-값은 약 11.68(=0.3386/0.029)이다. z≤1.96인 경우에는 통계적 유의수준이 p<0.05, z≤2.60인 경우에는 통계적 유의수준이 p<0.01, z≤3.32인 경우에는 통계적 유의수준이 p<0.0001이다. 이를 고려할 경우 타우비 통계량으로 계산된 z-값이 11.68이므로, 그 통계량은 통계적으로 유의하다고 결론지을 수 있다. 결과적으로 보행환경의 전반적 만족도(gen_sat)와 보행안전성 만족도(safe_sat)는 보통의 양의 상호관계를 가지고 있으며, 통계적으로 유의하다고 볼 수 있다.

제6장

상관관계 분석

제1절
피어슨 상관관계 분석

1. 상관관계의 개념과 해석

상관관계는 두 변수간의 선형상관성(linear relationship)을 진단할 때 사용된다. 일반적으로 키가 큰 사람은 몸무게가 높은 경향이 있다. 이 경우 통계학에서는 키와 몸무게는 양(positive)의 상관관계가 존재한다라고 표현한다. 또한 월 500만원의 평균 소득을 가지고 있는 사람은 월 300만원의 소득을 가지고 있는 사람에 비하여 월별 지출하는 비용은 높은 경향이 있다. 이 경우도 소득수준과 지출수준은 정(positive)의 상관관계가 있다고 볼 수 있다. 그러나 어떤 사람은 소득수준이 높음에도 불구하고 낮은 사람에 비하여 저축을 많이 하고 적게 지출할 수 있을 것이다. 그러므로 우리는 상관관계의 정도(크기)와 유의수준을 활용하여 상관관계를 진단할 필요가 있다.

등간척도를 가진 두 변수의 상관관계를 분석할 때 사용되는 통계량은 Pearson의 상관계수를 일반적으로 사용하게 된다. 이 상관계수는 두 변수의 공분산(covariance)을 표준편차의 곱으로 나눈 값으로 정의된다.

모집단의 상관계수는 ρ(rho)로 표현되며, 산출공식은 다음과 같다.

$$\rho_{X,Y} = \frac{cov(X, Y)}{\sigma_X \sigma_Y} = \frac{E[(X-\mu_X)(Y-\mu_Y)]}{\sigma_X \sigma_Y}$$

여기서, $cov(X, Y) = X$와 Y변수의 공분산
$\sigma_X = X$의 표준편차
$\sigma_Y = Y$의 표준편차
$\mu_X = X$의 평균
$\mu_Y = Y$의 평균

표본상관계수는 r로 정의되며, 산출공식은 표본의 자유도(n-1)를 고려하여 쌍으로 된 두 변수의 관측치(X_i, Y_i)의 표준득점(standard score)의 곱의 평균으로 표현된다.

$$r = \frac{\sum_{i=1}^{n}(X_i - \overline{X})(Y_i - \overline{Y})}{\sqrt{\sum_{i=1}^{n}(X_i - \overline{X})^2} \times \sqrt{\sum_{i=1}^{n}(Y_i - \overline{Y})^2}} = \frac{1}{n-1}\sum_{i=1}^{n}\left(\frac{X_i - \overline{X}}{s_X}\right)\left(\frac{Y_i - \overline{Y}}{s_Y}\right)$$

여기서, $n =$ 관측치수
$X_i = i$번째 X변수 관측치
$Y_i = i$번째 Y변수 관측치
$\overline{X} = X$의 표본평균
$\overline{Y} = Y$의 표본평균
$s_X = X$의 표준편차
$s_Y = Y$의 표준편차
$\left(\frac{X_i - \overline{X}}{s_X}\right) = X$의 표준득점
$\left(\frac{Y_i - \overline{Y}}{s_Y}\right) = Y$의 표준득점

상관계수(correlation coefficient, r)는 -1과 1사이의 값을 가지며, X와 Y 두 변수의 관계가 선형 관계를 의미한다. r이 0보다 크면, X가 증가함에 따라 Y가 증가하는 양의 상관관계를 가진다고 말할 수 있다. 상관계수가 0이면 어떠한 관계도 없다는 것이 아니라 선형의 상관성이 없음을 의미하므로 주의하여야 한다. 즉, 상관관계가 0이면 선형의 상관이 없는 것이지 이차함수, 지수형, 로그형 등 다양한 비선형 관계는 가질 수 있음에

주의할 필요가 있다.

또한 상관계수의 크기와 관계의 정도에 대하여서는 분석의 목적이나 표본의 크기 등에 따라 다를 수 있다. 일반적으로 다음과 같이 상관계수와 그 결과의 해석을 시도할 수 있다. 그러나 이러한 관계에 대한 결과의 해석을 연구자마다 차이가 있다. 이와 달리 어떤 연구자는 $r=|0.1|$, $r=|0.3|$, $r=|0.5|$의 기준을 두어 나약한 상관관계, 보통의 상관관계, 강한 상관관계로 해석하기도 한다. 일반적으로 표본의 크기가 크다면 적은 값을 기준으로도 상당한 상관성이 있다고 해석하는 것이 바람직하다.

표 6.1 상관계수의 크기와 해석

r의 범위	상관관계 분석결과의 해석
$-1.0 \le r \le -0.7$	강한 음적 선형관계
$-0.7 \le r \le -0.3$	뚜렷한 음적 선형관계
$-0.3 \le r \le -0.1$	약한 음적 선형관계
$-0.1 < r < 0.1$	거의 무시될 수 있는 선형관계
$0.1 \le r \le 0.3$	약한 양적 선형관계
$0.3 \le r \le 0.7$	뚜렷한 양적 선형관계
$0.7 \le r \le 1.0$	강한 양적 선형관계

상관관계는 분포형태에서 두 변수의 선형과 얼마나 근소한 지 여부를 보아 진단하는 것이므로, 선형의 기울기를 보는 것이 아니다. 그림에서 맨 위의 행에 대한 그림들은 선형의 관계를 보여주고 있으나, 분포의 형태가 선형에서 퍼져 있는 정도에 따라 그 계수이 절대값의 크기가 달라짐을 알 수 있다. 반면에 두 번째 행에서의 그림들은 선형의 기울기에서의 차이가 있으나, 거의 선형에 근소하게 분포되어 있는 유형을 보여주고 있다. 이 때의 선형의 상관계수의 절대값은 1이다. 또한 세번째 행에서는 상관계수가 0인 분포의 형태를 보여주고 있다. 이들은 모두 선형의 상관성은 없어 보인다.

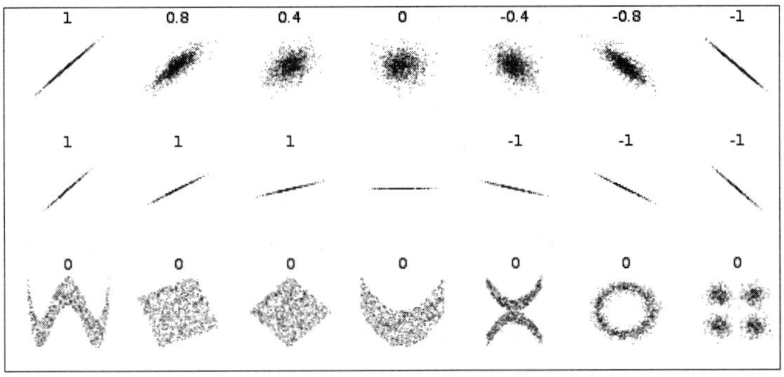

주: 각각의 그림 위의 숫자는 상관계수를 의미함
출처: wikipedia(http://en.wikipedia.org/wiki/Correlation)

그림 6.1 상관관계와 분포형태

2. 상관관계 명령구문과 예제

1) 상관관계 명령구문의 소개와 비교

등간척도를 가진 연속변수들에 대하여 Stata에서 상관관계를 진단하는 명령어는 두가지가 있다. 하나는 correlate 명령어를 사용하는 것이고, 다른 하나는 pwcorr 명령어를 사용하는 것이다.

corrleate 명령어는 상관관계 분석에 사용된 변수들 중 어느 하나의 변수에 결측치가 있다면 그 관측치를 제외한 관측치들만을 대상으로 상관관계를 파악하는 것이다. 예를 들어, 500개의 관측치를 가진 5개의 변수에서 어느 한 변수의 관측치가 20개라면, 20개를 제외한 나머지 480개만을 사용하여 상관관계 분석을 하는 것이다. correlate 명령어가 pwcorr과 또 다른 차이점은 pwcorr과 달리 상관성의 통계적 유의수준(significance level) 통계량을 제공하지 않는다라는 점이다. 이러한 두가지 차이점 때문에 pwcorr이 보다 포괄적이고, 보다 많이 사용되는 명령어라고 볼 수 있다.

pwcorr은 목록별(listwise) 또는 사례별(casewise) 결측치를 모든 분석에서 제외하지 않고, 해당되는 두 변수의 관계에서만 제외하여 분석할 때 사용된다. 뿐만 아니라 correlate처럼 결측치가 있는 관측치들을 모두 제외하여 분석하는 방법도 옵션(listwise 또는 casewise)을 주어 사용할 수 있다. pwcorr에서는 관측치수, 통계적 유의수준, 수정된 유의수준(adjusted significance level) 등을 다양한 통계량을 제공하고 있다.

명령문	correlate [varlist] [if] [in] [weight] [, correlate_options]	
주요옵션	means	상관관계 매트릭스와 함께 평균, 표준편차, 최솟값 및 최댓값 제시
	noformat	변수와 관련된 표시형식 무시
	covariance	상관계수 대신에 공분산 제시
	wrap	광폭 메트릭스(wide matrix)로 표시(보고서 작성에 유용)
명령문	pwcorr [varlist] [if] [in] [weight] [, pwcorr_options]	
주요옵션	obs	각각의 상관관계에 관측치 개수 표시
	sig	각각의 상관관계에 유의수준 표시
	listwise	목록별 결측치를 제외한 관측치 활용
	casewise	사례별 결측치를 제외한 관측치 활용(listwise와 동의어)
	print(#)	상관계수의 유의수준을 함께 제시
	star(#)	지정한 유의수준(#)별 별표 표시
	bonferroni	Bonferroni 유의수준 제시(sidak과 병행 표시 안됨)
	sidak	Sidak 유의수준 제시(bonferroni과 병행 표시 안됨)

상관관계 분석을 할 수 있는 두 명령어의 명령구문은 다음과 같다. 먼저 correlate 명령어는 옵션으로 means, noformat, covariance, wrap를 사용할 수 있다. 여기서 다소 유용하게 사용되는 옵션들은 means, covariance, wrap가 있다. means의 옵션을 사용하게 되면 상관관계 분석에 사용된 변수들의 통계량을 함께 보여주게 된다. covariance의 옵션은 상관계수 대신에 공분산 계수를 보여주게 된다. wrap은 많은 수의 변수들에 대하여 상관관계 분석을 할 때에도 하나의 매트릭스로 표현하여 주게 된다. 이 옵션을 사용하지 않으면 일정 개수 이상의 변수들이 분석에 사용될 때, 2개 이상의 매트릭스로 표현하여 사용된다. wrap옵션은 보고서에 하나의 매트릭스로 표현하고자 할 때 유용하게 사용될 수 있다.

pwcorr 명령구문에서 사용할 수 있는 옵션은 obs, sig, listwise, casewise, print(#), star(#), bonferroni, sidak이 있다. pwcorr은 쌍으로 된 변수들에 대한 상관관계(pairwise correlation) 분석을 하기 때문에 각각의 상관관계 분석에 사용된 관측치의 수가 다를 수 있다. 그러므로 관측치의 수를 확인하는 옵션인 obs를 사용하여 이를 확인할 수 있다. pwcorr은 상관관계의 정도에 대한 통계적 유의수준을 sig 옵션을 이용하여 표현하게 할 수 있다. listwise나 casewise는 correlate 명령어와 동일한 방식으로 모든 상관관계 분석에서 결측치를 제외한 관측치만을 대상으로 상관관계를 파악하라는 옵션이다. print(#)은 통계적 유의수준의 값(#)을 지정하여, 그 수준보다 적은 유의수준을 가진 상관관계 통계량만을 보화면에 출력하라는 옵션이다. star(#)은 상관관계 통계량을 모두 보여주되, 유의수준이 #이하인 상관계수에 *표시를 하여 화면에 보여주라는 옵션이다. 예를 들어, 허용유의수준인 α를 0.05로 하였을 경우, print(0.05)는 p-값이 0.05 이하인 상관계수 통계량을 보여주게 된다. 반면에 star(0.05)는 모든 상관관계 통계량을 보여주되, p-값이 0.05 이하인 경우에는 *표시를 하여 보여주게 된다. bonferroni와 sidak 옵션은 3개 이상의 변수들에 대한 상관관계 분석을 수행할 때 발생하는 다중비교(multiple)의 문제를 해결하기 위하여 사용되는 옵션들이다. 이에 대한 보다 자세한 설명은 해당 옵션이 사용될 때 제공하고자 한다.

2) 상관관계 분석1: correlate

체질량지수(bmi), 몸무게(weight), 키(height)에 대하여 상관관계 분석을 correlate 명령어를 활용하여 실행하여 보자. 앞서 설명하였듯이 correlate는 어느 한 변수에서라도 결측치가 있는 경우의 관측치는 제외하고 모든 변수에 공통으로 결측치가 없는 경우에 대하여 상관관계 분석을 시행하게 된다. correlate를 세 변수에 대하여 다음과 같이 실행하여 보자.

```
correlate bmi weight height
```

```
(obs=574)

             |      bmi   weight   height
-------------+---------------------------
         bmi |   1.0000
      weight |   0.7999   1.0000
      height |   0.3053   0.8126   1.0000
```

결과창에서는 실행명령구분 바로 아래에 574개의 관측치를 가지고 상관계수를 산출하였음을 보여주고 있다. 체질량지수(bmi)와 체질량지수(bmi)는 완벽한 선형이기 때문에, 상관계수(r)이 1의 값을 가지고 있다. 즉, 모든 동일한 변수와의 상관성은 항상 1이다. 반면에 체질량지수(bmi)와 몸무게(weight)는 0.7999로, 강한 양의 선형 상관성을 지니고 있다고 볼 수 있다. 즉, 체질량지수가 높을수록 몸무게도 많이 나감을 알 수 있다. 몸무게(weight)와 키(height)도 강력한 양의 선형 상관성을 가지고 있다고 볼 수 있을 정도의 상관계수(r=0.8126)를 가지고 있다. 반면에 체질량지수(bmi)와 키(height)의 관계는 양의 선형 관계를 가지고 있으나, 그 관계의 정도는 미약하다고 해석할 수 있을 것이다.

correlate 명령어는 분석에 사용된 관측치들에 대한 요약통계량과 공분산을 보여주는 옵션이 있다. 앞서 사용한 변수의 관측치들에 대한 요약통계량(평균, 표준편차, 최솟값과 최댓값)과 더불어 상관계수 대신에 공분산을 화면에 출력하라는 옵션인 means와 covariance을 사용하여 보자.

```
correlate bmi weight height, means covariance
```

(obs=574)

Variable	Mean	Std. Dev.	Min	Max
bmi	22.27143	2.260312	15.21093	31.74179
weight	62.5	10.39747	40	95
height	167.0226	8.715266	149	185

	bmi	weight	height
bmi	5.10901		
weight	18.7983	108.107	
height	6.01429	73.6344	75.9559

결과창에서는 574개의 관측치(Obs)가 사용되었고, 이들 관측치들에 세 변수에 대한 요약통계량이 제시되어 있음을 알 수 있다. 체질량지수(bmi)의 평균은 22.27, 몸무게는 62.5kg, 키는 167.02임을 요약통계표는 보여주고 있다.

공분산(covarinace) 옵션을 이용하였기 때문에 상관관계 매트릭스에 상관계수 대신에 공분산이 주어져있다. 공분산은 두 연속변수 X와 Y가 얼마나 많이 함께 변화되는지를 판단하는 척도로, 공분산을 정규분포화시키면 상관계수가 구해지게 된다. 공분산값이 양수이고 크다면 양의 선형관계를, 음수이고 큰값을 지니면 음의 선형상관성이 높다고 할 수 있다. 그러나 공분산 값의 크기로 선형 관계의 정도를 해석하기가 어렵기 때문에 공분산의 정규화된 상관계수를 일반적으로 분석에 많이 사용하게 된다. 세 변수에 대한 공분산값은 모두 양수이므로, 여기에서는 세 변수들의 관계는 양의 선형상관성을 지니고 있다고 해석할 수 있다. 그러나 이들의 크기를 가지고 그 정도를 파악할 수는 어렵기 때문에 앞에서 사용한 상관계수를 이용하여 해석하는 것이 보다 바람직하다.

3) 상관관계 분석2: pwcorr

상관관계 분석을 위한 또 다른 명령어는 pwcorr이다. 이 명령어는 각각의 두변수의 쌍에 대하여 분석을 수행하기 때문에 결측치의 제외는 각각의 쌍에 대하여서만 적용된다. 일반적으로 설문조사 결과를 보면 어떤 특정한 변수, 예를 들어 소득수준과 몸무게에 대하여서는 응답을 하지 않기 때문에 다른 변수에 비하여 상당히 많은 결측치가 있게 된다. 이럴 경우 이들 변수가 포함된 변수들에 대한 상관관계 분석을 correlate를 명령어를 사용하게 되면 분석결과의 편의가 발생하게 된다. 예를 들어 몸무게에 대한 질문은 여성에게 보다 민감하다고 가정하여 보자. 이럴 경우 correlate를 이용하게 되면 여성의 응답자 관측치가 상당부분 제외되어 상관관계의 계수와 유의수준에서 결과는 편의가 있다고 볼 수 있다. 그러므로 이때에는 pwcorr를 이용하여 쌍체분석(pairwise analysis)을 하는 것이 좋다.

pwcorr를 실행해보기 위하여 "c:\data\examples\"에 있는 "analysis_data_v1"을 use 명령구문을 이용하여 불러보자. 그리고 삶의 질(lq_vas)[11], 체질량지수(bmi), 몸무게(weight), 키(height), 하루 평균 도보시간(walktime)에 대한 쌍으로 된 상관관계(pairwise correlation, pwcorr) 명령문을 실행하여 보자. 여기에서 사

---

[11] 삶의 질(lq_vas) 지수는 삶의 질 지표로 사용된다. LQ-VAS는 Living Quality -. Visual Analogue Scale)의 약자로, 1과 100 사이의 값을 가지고 있으며, 값이 높을수록 개인의 건강수준이 높다는 것을 의미한다. 설문 대상자에게는 삶의 질 점수를 1에서 100까지 눈금이 새겨진 자를 그림으로 제시하여 응답하게 함으로 VAS가 덧붙여진다.

용되는 옵션은 분석에 사용된 관측치수를 보여주는 obs를 선택하였다.

```
pwcorr lq_vas bmi weight height walktime, obs
```

	lq_vas	bmi	weight	height	walktime
lq_vas	1.0000 608				
bmi	-0.0917 574	1.0000 574			
weight	0.0483 574	0.7999 574	1.0000 574		
height	0.1722 606	0.3053 574	0.8126 574	1.0000 606	
walktime	0.0323 608	0.1128 574	0.1527 574	0.1453 606	1.0000 609

결과창에서는 설정한 5개 변수에 대한 관측치와 상관계수가 매트릭스로 제시되어 있음을 알 수 있다. 여기서 각각의 쌍으로 된 상관관계 분석에서 사용된 관측치의 수가 다르게 나타나 있음을 알 수 있다. 예를 들어 삶의 질(lq_vas)과 체질량지수(bmi), 몸무게(weight)는 574개, 키(height)는 606개, 하루 평균 보행시간(walktime)은 608개의 관측치가 각각의 상관관계 분석에 사용되었을 보여주고 있다. 즉, 결측치는 쌍으로 된 분석에서만 제외되고 해당되지 않는 변수들의 분석에서는 관측치가 포함되어 계산되었음을 의미한다.

상관관계 분석결과를 해석하면 다음과 같다. 먼저 삶의 질(lq_vas)은 체질량지수(bmi)와 음의 상관관계를, 나머지 세 변수들은 양의 상관성을 가지고 있음을 알 수 있다. 전자의 두 변수의 상관분석결과를 통하여 체질량지수가 높을수록 삶의 질은 낮아지는 경향이 있음을 알 수 있다.

모든 결측치를 제외한 상관관계 분석을 pwcorr 명령어로 수행하여보자. 이 경우에는 casewise나 listwise의 두 옵션 중 어느 하나를 선택하면 된다. 그리고 또 다른 옵션으로 관측치 개수를 보여달라는 obs와 함께 통계적 유의수준인 p-값을 보여달라는 옵션인 sig를 선택해보자.

```
pwcorr lq_vas bmi weight height walktime, obs sig listwise
```

	lq_vas	bmi	weight	height	walktime
lq_vas	1.0000				
	574				
bmi	-0.0917	1.0000			
	0.0281				
	574	574			
weight	0.0483	0.7999	1.0000		
	0.2482	0.0000			
	574	574	574		
height	0.1677	0.3053	0.8126	1.0000	
	0.0001	0.0000	0.0000		
	574	574	574	574	
walktime	0.0253	0.1128	0.1527	0.1323	1.0000
	0.5458	0.0068	0.0002	0.0015	
	574	574	574	574	574

pwcorr 명령구문을 활용하였음에도 listwise 옵션을 선택함으로써 모든 결측치가 제외된 574개의 관측치만을 이용하여 5개의 변수들에 대한 상관관계 분석을 수행하였음을 알 수 있다.

또한 추가적으로 통계적 유의수준이 p-값을 보여주고 있다. p-값을 볼 때, 삶의 질(lq_vas)는 체질량지수(bmi)와 음의 상관관계가 허용유의수준인 α를 0.05로 보았을 때, 통계적으로 유의함을 알 수 있다. 반면에 몸무게(weight)와 하루 평균 보행시간(walktime)은 양의 상관관계를 가지고 있지만 이러한 관계는 통계적으로 유의하지 않다고 진단할 수 있다. 반면에 삶의 질과 키(height)는 통계적으로 유의(p-value=0.00q)한 양의 상관관계(r=0.1677)를 가지고 있다. 즉, 키가 크면 클수록 삶의 질은 보다 양호하다고 인식하게 되는 경향을 지니고 있음을 알 수 있다.

pwcorr에서 통계적으로 유의하지 않은 상관관계를 제외하고 그 결과를 살펴보고자 할 경우에는 print(#) 옵션을 활용할 수 있다. 다소 많은 상관관계를 분석할 때 모든 변수들의 결과를 보는 것은 눈의 피로도가 커지게 된다. 그러므로 연구자가 생각하고 있는 허용유의수준(α)를 지정하여 통계적으로 유의하지 않은 변수들의 관계는 제외하고 그 결과를 확인하여 보자. 여기서 α는 0.05로 지정하였다.

pwcorr lq_vas bmi weight height walktime, obs print(0.05)

	lq_vas	bmi	weight	height	walktime
lq_vas	1.0000				
	608				
bmi	-0.0917	1.0000			
	574	574			
weight		0.7999	1.0000		
		574	574		
height	0.1722	0.3053	0.8126	1.0000	
	606	574	574	606	
walktime		0.1128	0.1527	0.1453	1.0000
		574	574	606	609

결과창에 출력되는 5개 변수들 각각의 쌍에 대한 상관관계와 관측치 결과에서 허용유의수준이 0.05보다 큰 통계적 유의수준인 p-값을 가진 쌍들은 삭제되어 있음을 알 수 있다. 즉, 여기서는 삶의 질(lq_vas)에 대한 몸무게(weight)와 하루 평균 보행시간(walktime)이 통계적으로 유의하지 않아 제외되었음을 보여준다. 이외의 상관관계는 허용유의수준이 0.05의 기준으로 볼 때 통계적으로 모두 유의함을 알 수 있다.

pwcorr에서 위와 같이 통계적으로 유의하지 않은 쌍들에 대한 분석결과를 출력하지 않을 수도 있지만, 통계적으로 유의한 쌍들에 대하여 특정한 기호(여기서는 *)를 활용하여 살펴볼 수도 있다. 이를 위해서는 star(#) 옵션을 활용하여야 한다. 허용유의수준을 이번에는 0.01로 보다 엄격하게 적용하였으며, 관측치를 보여달라는 옵션(obs)은 선택하지 않았다.

```
pwcorr lq_vas bmi weight height walktime,
star(0.01)
```

	lq_vas	bmi	weight	height	walktime
lq_vas	1.0000				
bmi	-0.0917	1.0000			
weight	0.0483	0.7999*	1.0000		
height	0.1722*	0.3053*	0.8126*	1.0000	
walktime	0.0323	0.1128*	0.1527*	0.1453*	1.0000

결과창에서는 허용유의수준을 0.01로 하였을 경우에 통계적으로 유의한 관계를 보이는 쌍들에 대하여 *기호가 표시되어 있음을 알 수 있다. 삶의 질(lq_vas)과 체질량지수(bmi)와의 관계는 음의 상관성을 가지고 있지만 통계적 유의수준(p-값)이 0.0281이기 때문에 별표가 없음을 알 수 있다.

3. 분포형태와 산점도 그래프

1) 상관관계와 분포의 형태

통계적으로 유의한 상관관계를 가지고 있다고 판단하더라도 실질적인 분포형태를 확인하여 볼 필요가 있다. 왜냐하면 동일한 상관계수를 가지고 있다 하더라도 실질적으로 그 분포의 형태는 다르게 나타날 수 있다. 아래 그림은 상관계수가 0.816인 4개의 선형의 분포형태를 보여주고 있다. 그림 (a)는 선형에서 균일하게 분포되어 있는 형태를 보이고 있음에 반하여, (b)의 경우는 X값이 커질수록 Y의 값도 증가하다가 일정 값에서는 오히려 반대의 상관성을 보여주고 있음을 알 수 있다. 그림(c)의 경우는 선형관계에서 Y의 특정한 값이 이상치(outlier)로 인하여 상관계수의 값에 변화를 크게 주는 경우라 할 수 있다. 마지막으로 (d)의 경우는 특정한 한 값을 제외하고는 상관관계가 없다고 할 수 있으나, 그로 인하여 선형의 관계가 있다고 보여지는 경우다.

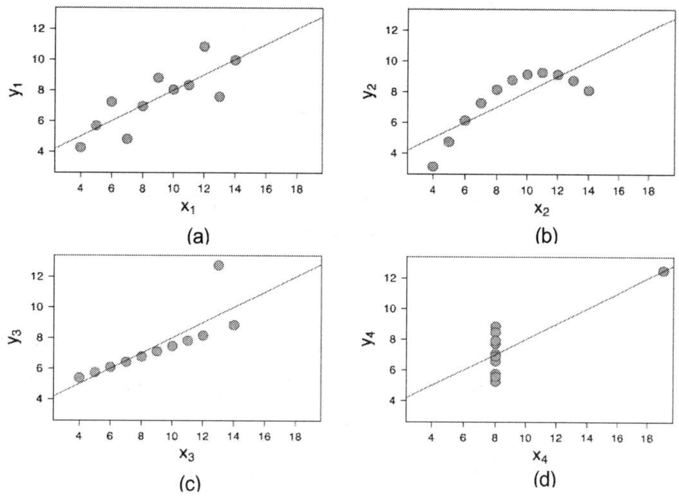

주: 4개 모두 0.816의 상관계수를 지님
출처: Wikipeida(http://en.wikipedia.org/wiki/Correlation)

그림 6.2 상관관계와 선형성

동일한 상관관계를 가지고 있다하더라도 위의 분포형태들은 실질적으로 (a)를 제외하고는 변수의 함수관계의 변형 또는 이상치(outlier)의 제거를 통하여 보다 정확한 관계를 파악할 수 있을 것이다. 그림 (b)의 경우는 함수형태가 선형 관계이기보다는 이차함수형태에 가깝다. 또한 그림 (c)와 (d)는 특정한 한 개의 관측치로 인하여 관계에 대한 분석의 오류가 발생할 수 있음을 보여주고 있다.

2) 분포형태 확인을 위한 산점도 그래프 활용

① 이변량 상관관계:산점도 그래프와 선형추정 그래프

상관관계 분석을 위해서는 상관관계 계수와 유의수준 뿐만 아니라 두 변수간 산점도 그래프를 작성하여 그 분포형태를 활용하는 것이 매우 중요하다. 여기에서는 체질량지수(bmi)와 몸무게(weight)의 상관관계와 산점도 그래프를 작성하여 보자.

```
pwcorr bmi weight, sig
```

	bmi	weight
bmi	1.0000	
weight	0.7999 0.0000	1.0000

pwcorr 명령어를 이용한 체질량지수(bmi)와 몸무게(weight)의 상관계수는 0.7999이고, 통계적 유의수준은 0.0001보다 적기 때문에 통계적으로 유의함을 알 수 있다. 즉, 체질량지수와 몸무게는 양의 선형상관성을 지니고 있으며, 통계적으로도 유의하다고 볼 수 있다.

체질량지수와 몸무게에 대한 산점도 그래프를 통하여 선형 상관성에 대한 분포도를 작성해보자. 여기서는 산점도 그래프와 함께 체질량지수에 대한 몸무게의 선형 추정그래프(lfit)을 작성해보자. 산점도 그래프의 옵션으로는 마커심벌(msymbol)을 작은 삼각형(th)으로 하고, 색상을 검정(black)으로 설정하였다. 또한 선형추정 그래프(lfit)에 대하여서는 선의 두께(lwidth)을 두껍게(thick)하고, 선의 색상을 푸른색(blue)으로 설정하였다. 그리고 전체 그래프의 y축 제목(ytitle)으로 "Body Mass Index"를, 전체 제목으로는 "Scattergram relating body mass index(BMI) to weight"를 지정하여 보이게 하였다.

```
graph twoway (scatter bmi weight, msymbol(th)
mcolor(black))
      (lfit bmi weight, lwidth(thick) lcolor(blue))
      , ytitle(Body Mass Index) title(Scattergram relating
body mass index(BMI) to weight)
```

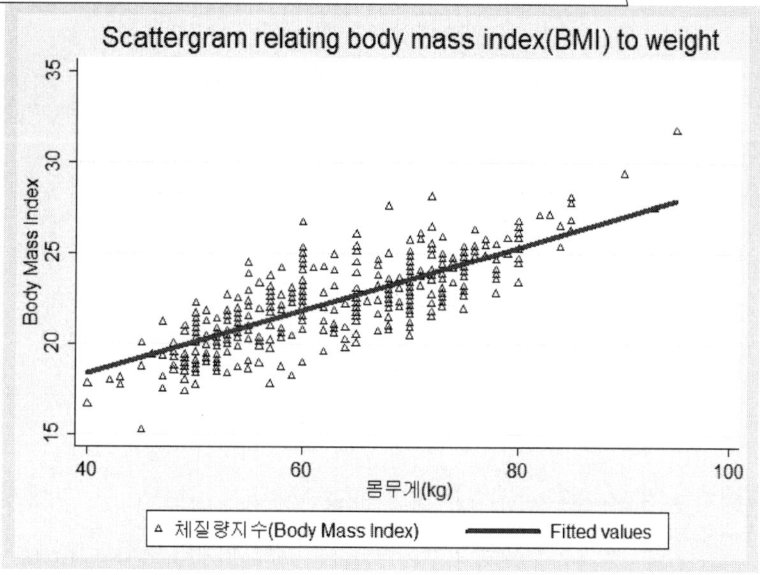

산점도 그래프와 선형추정 회귀식의 그래프를 중첩하여 준 결과를 그래프창(Graph Window)에서 확인하여 보자. 위의 그림과 같이 몸무게와 체질량지수는 양의 선형 관계를 보이고 있음을 알 수가 있다.

체질량지수(bmi)와 몸무게(weight)의 관계는 성(gender)별로 다를 수 있다. 그러므로 남자(male)와 여자(female)별 두 상관관계 분석을 실행하여 보자. 성별로 상관관계를 pwcorr 명령어로 보고자 할 때에는 bysort 접두 명령어를 함께 사용하면 간단하다. 옵션은 동일하게 주었다.

```
bysort gender: pwcorr bmi weight, sig
```

```
-> gender = male

             |      bmi   weight
-------------+------------------
         bmi |   1.0000 
             |
             |
      weight |   0.8449   1.0000 
             |   0.0000
             |

-> gender = female

             |      bmi   weight
-------------+------------------
         bmi |   1.0000 
             |
             |
      weight |   0.7737   1.0000 
             |   0.0000
```

결과창에서는 남자가 여자에 비하여 체질량지수와 몸무게의 양의 상관성의 정도가 보다 큰 경향을 볼 수 있다. 남자와 여자 모두 양의 상관관계를 가지고 있으나 남자가 여자에 비하여 상관관계가 보다 밀접하게 분포하고 있음을 알 수 있다.

남자와 여자별로 체질량지수와 몸무게에 대한 산점도 그래프와 선형회귀추정 그래프를 중첩하여 표현하여 보자. 이를 위해서는 앞서의 그래프 작성 명령구문에서 옵션으로 by(gender)를 추가하면 된다. 전체 그래프 제목(title) 옵션은 여기서는 생략하였다.

```
graph twoway (scatter bmi weight, msymbol(th)
mcolor(black))
      (lfit bmi weight, lwidth(thick) lcolor(blue))
      , by(gender) ytitle(Body Mass Index)
```

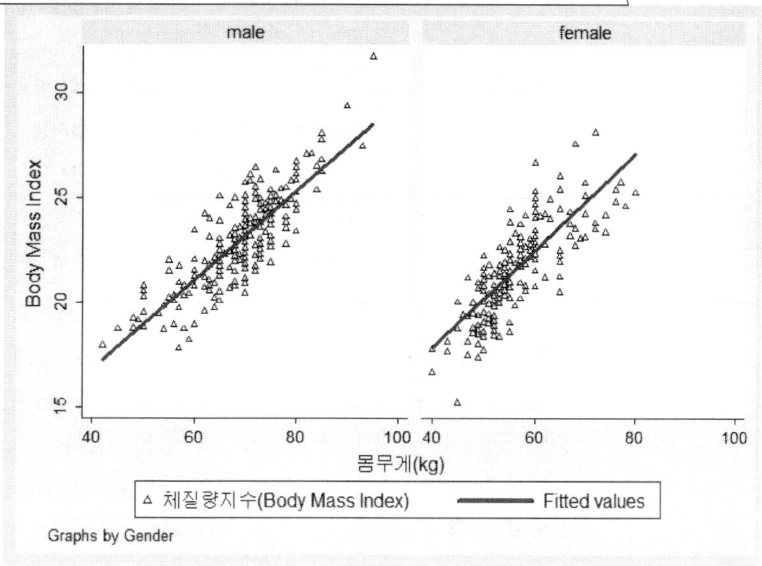

② 다변량 상관관계: 산점도 매트릭스(graph matrix)

두 변수의 산점도 그래프를 작성할 때에는 graph twoway scatter 명령어를 이용하면 된다. 그러나 세 개이상의 변수들의 그래프를 작성하여 그 분포형태를 보고자 할 때에는 scatter 명령어로 작성하는 것보다 산점도 매트릭스인 graph matrix를 활용하면 보다 쉽게 작성하여 그 결과를 볼 수 있다.

graph matrix에서는 if와 in문을 이용하는 것이 가능하다. 그리고 graph matrix의 명령문 옵션으로는 half, by, diagnal과 마커 옵션 등이 주로 사용된다. half 옵션은 작성하게 될 매트릭스를 정사각형 형태가 아닌 하위의 삼각형 형태로만 보고자 할 때 사용된다. by( )옵션은 산점도 매트릭스를 지정한 변수들의 수준별 조합으로 대별하여 보여달라는 것이다. 1개 이상의 변수들이 사용될 수 있다. 이들 변수는 주로 명목척도인 변수들이다. diagonal ( ) 옵션은 변수명 라벨을 새로이 지정하고자 할 때 사용된다.

<table>
<tr><td>명령문</td><td colspan="3">graph matrix varlist [if] [in] [weight] [, options]</td></tr>
<tr><td rowspan="7">주요옵션</td><td colspan="2">half</td><td>작성하게 될 매트릭스를 하위 삼각형만 보이라는 명령</td></tr>
<tr><td colspan="2">by(varlist, ...)</td><td>산점도 그래프를 지정한 변수수준별로 보이라는 명령</td></tr>
<tr><td colspan="2">diagonal(stringlist, ...)</td><td>대각선의 변수명 라벨 입력. "."은 원래 주어진 라벨을 사용하라는 것임</td></tr>
<tr><td rowspan="4">마크
옵션</td><td>msymbol(symbolstyle)</td><td>마커심벌지정</td></tr>
<tr><td>mcolor(colorstyle)</td><td>마커색상지정</td></tr>
<tr><td>msize(markersizestyle)</td><td>마커크기지정</td></tr>
<tr><td>mfcolor(colorstyle)</td><td>마크음영색 스타일 지정</td></tr>
</table>

3개 이상의 변수의 상관관계의 정도를 산점도 그래프로 한꺼번에 작성하기 위하여 graph matrix를 실행하여 보자. graph matrix의 실행예제로 삶의 질(lq_vas), 체질량지수(bmi), 몸무게(weight), 키(height), 하루 평균 보행시간(walktime) 등 다섯 개 변수들의 상관관계와 산점도 그래프를 작성하여 보자.

```
pwcorr lq_vas bmi weight height walktime, sig
```

	lq_vas	bmi	weight	height	walktime
lq_vas	1.0000				
bmi	-0.0917	1.0000			
	0.0281				
weight	0.0483	0.7999	1.0000		
	0.2482	0.0000			
height	0.1722	0.3053	0.8126	1.0000	
	0.0000	0.0000	0.0000		
walktime	0.0323	0.1128	0.1527	0.1453	1.0000
	0.4268	0.0068	0.0002	0.0003	

결과창에서 상관계수의 결과비교에서는 몸무게(weight)와 키(height)가

0.8126으로 제일 높고, 그 다음으로 체질량지수(bmi)와 몸무게(weight)가 0.7999로 높음을 알 수 있다. 허용유의수준인 α를 0.01로 하였을 때, 통계적으로 유의하지 않은 관계는 삶의 질(lq_vas)에 대하여 체질량지수(bmi), 몸무게, 하루 평균 보행시간(walktime)이다. 이외의 상관관계는 모두 통계적으로 유의함을 알 수 있다.

이들 변수들의 상관관계에 대한 분포형태를 산점도 매트릭스 그래프로 작성하여 보자.

```
graph matrix lq_vas bmi weight height walktime
```

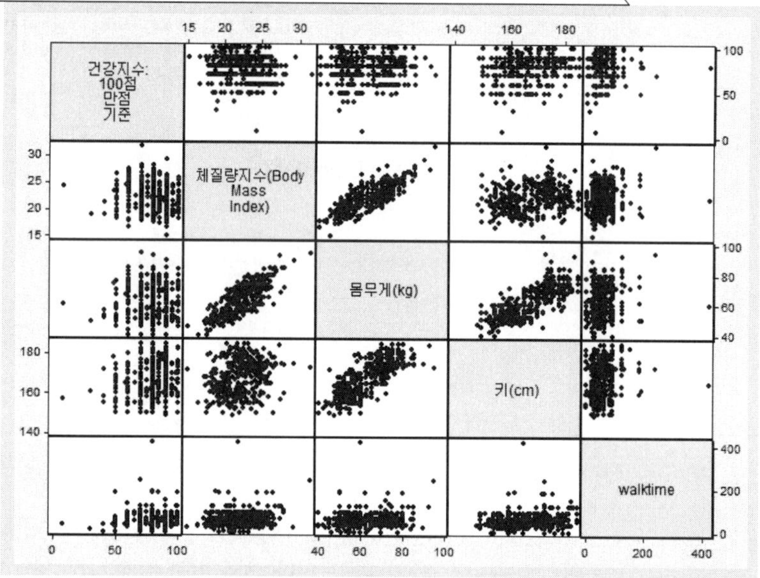

그래프창에서는 다섯 개 변수들에 대한 산점도를 정사각형의 매트릭스 형태로 보여주고 있다. 산점도 분포에서 선형의 상관성이 가장 높았던 체질량지수(bmi)와 몸무게(weight), 몸무게(weight)와 키(height)가 가장 뚜렷하게 선형관계의 분포를 보여주고 있음을 알 수 있다.

다섯 개 변수 중 삶의 질(lq_vas)과 하루평균 보행시간(walktime)의 변수에서 특이한 이상치 변수가 있음을 알 수 있다. 전자는 가장 낮은 값이, 후자는 가장 높은 값이 분포형태에서 이상치(outlier)의 경향을 보여주고 있다.

이상치의 경향을 파악하기 위하여 요약통계량 명령어인 summarize를 사용하면서 옵션으로 detail를 선택해보자.

```
summarize lq_vas walktime, detail
```

건강지수: 100점 만점 기준

	Percentiles	Smallest		
1%	50	8		
5%	60	30		
10%	60	40	Obs	608
25%	70	40	Sum of Wgt.	608
50%	80		Mean	79.09375
		Largest	Std. Dev.	12.17146
75%	90	100		
90%	90	100	Variance	148.1444
95%	95	100	Skewness	-1.020447
99%	100	100	Kurtosis	5.250423

walktime

	Percentiles	Smallest		
1%	0	0		
5%	20	0		
10%	30	0	Obs	609
25%	30	0	Sum of Wgt.	609
50%	50		Mean	54.68637
		Largest	Std. Dev.	31.73288
75%	60	180		
90%	90	190	Variance	1006.975
95%	90	240	Skewness	3.608961
99%	180	420	Kurtosis	34.54169

결과창에서 삶의 질(lq_vas)의 가장 최솟값은 8이며, 차하위값은 30으로 그 차이가 22가 나고 있다. 하루평균 보행시간(walktime)에서 최댓값은 420분으로 차상위값인 240분에 비하여 180분 많다.

이상치 형태를 보이는 두 변수의 관측치의 최솟값과 최댓값 각각은 선형 상관성의 정도를 저해할 우려가 있다. 그러므로 이 관측치 각각을 제외한 상관관계 분석을 실행하고, 그 결과를 앞서의 상관관계 분석결과와 비교하여 보자.

```
pwcorr lq_vas bmi weight height walktime if
lq_vas~=8, sig
```

	lq_vas	bmi	weight	height	walktime
lq_vas	1.0000				
bmi	-0.0850	1.0000			
	0.0419				
weight	0.0472	0.8009	1.0000		
	0.2588	0.0000			
height	0.1660	0.3077	0.8131	1.0000	
	0.0000	0.0000	0.0000		
walktime	0.0255	0.1142	0.1525	0.1441	1.0000
	0.5308	0.0062	0.0002	0.0004	

결과창에서 삶의 질(lq_vas)의 최솟값인 8을 제외한 나머지에 대하여 상관관계 분석한 결과를 모두 포함한 것과 비교하여 보자. 우선 상관계수에서 체질량지수(bmi)는 -0.0917에서 -0.0850으로, 몸무게는 0.0483에서 0.0482로, 키는 0.1722에서 0.1660으로, 그리고 하루 평균 보행시간은 0.0349에서 0.0255로 전부 감소하였음을 알 수 있다. 또한 통계적 유의수준에서도 삶의 질 변수에 대하여 체질량지수와 몸무게의 상관관계의 통계적 유의수준인 p-값이 0.0283에서 0.0419로, 0.2482에서 0.2588 높아졌음을 알 수 있다. 일반적으로 이상치를 제거하게 되면 상관계수의 값이 오히려 높아지거나 통계적 유의수준이 낮아지게 된다. 그러나 삶의 질과 관련된 상관관계 검증통계량은 오히려 나빠지는 방향으로 바뀌어져 있음을 알 수 있다. 그러므로 8이라는 최솟값은 상관관계 분석에서 제외하는 것은 옳지 않을 것이라는 결론을 도출할 수 있다.

이번에는 하루평균 보행시간(walktime)의 최댓값을 제외한 나머지 관측치에 대하여 상관관계 분석을 실행하고, 그 결과를 제외하지 않았을 때와 비교하여 보자.

```
pwcorr lq_vas bmi weight height walktime if walktime~=420, sig
```

	lq_vas	bmi	weight	height	walktime
lq_vas	1.0000				
bmi	-0.0917	1.0000			
	0.0283				
weight	0.0483	0.7999	1.0000		
	0.2482	0.0000			
height	0.1722	0.3053	0.8126	1.0000	
	0.0000	0.0000	0.0000		
walktime	0.0349	0.1304	0.1789	0.1696	1.0000
	0.3902	0.0018	0.0000	0.0000	

상관계수가 삶의 질(lq_vas)에 대하여 0.0255에서 0.0349로, 체질량지수(bmi)와는 0.1142에서 0.1304로, 몸무게(weight)와는 0.1525에서 0.1789로, 키(height)와는 0.1441에서 0.1696으로 증가하였다. 또한 통계적 유의수준도 삶의 질과는 0.5308에서 0.3902, 체질량지수와는 0.0062에서 0.00158, 몸무게와는 0.0002에서 0.0000으로, 키와는 0.0004에서 0.0000으로 낮아졌음을 알 수 있다. 이와 같이 하루평균보행시간이 420분인 관측치를 제외하였을 때, 상관계수는 높아지면서 통계적 유의수준이 낮아짐을 볼 때, 이를 제외하는 것이 통계적 추정에 보다 유리하게 작용하였음을 짐작할 수 있다. 그러므로 이 관측치를 제외하고 분석하는 것이 보다 바람직하다고 결론지을 수 있다.

산점도 매트릭스의 작성을 하루평균보행시간(walktime) 중에서 420분인 관측치를 제외하고, 하위 삼각형태(half)로 제시하도록 하여 보자. 옵션은 추가적으로 산점도의 점의 형태를 사각형 빈칸(sh)으로, 그리고 대각선에서 주어지는 변수명(diagonal)을 삶의 질(lq_vas)과 체질량지수(bmi), 그리고 하루 평균보행시간(walktime)을 "건강지수", "체질량지수", 그리고 "보행시간(분)"으로 바꾸면서 그 변수명이 들어가는 사각형의 색상

(fcorlor)을 노랑(yellow)으로 설정하여보자. diagonal 옵션에서 변수명은 지정한 변수목록의 순서대로 작성되며, 원래 변수명을 사용하고자 할 때에는 "."를 사용하면 된다.

```
graph matrix lq_vas bmi weight height walktime
        if walktime~=420, half msymbol(sh)
 diagonal("건강지수" "체질량지수"  . . "보행시간(분)",
fcolor(yellow))
```

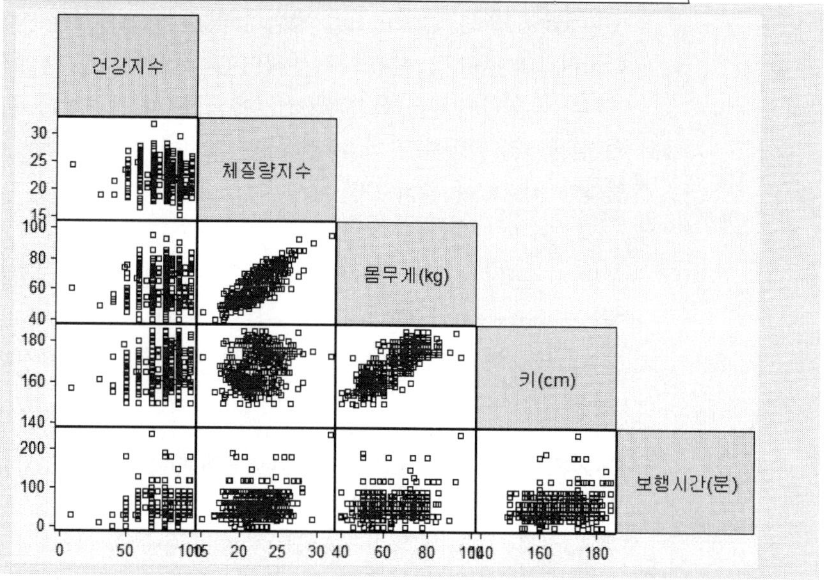

4. 다중상관관계에서의 수정 유의수준의 사용

두 변수만의 관계가 아닌 3개 이상의 상관관계 분석을 하고자 할 경우에 다중비교의 문제에 직면할 수 있다. 다중비교(multiple comparisons) 또는 다중 검증(multiple testing)의 문제는 일련의 통계적 추론(statistical inferences)이 동시에 진행될 때 발생하는 것으로, 여기에서는 동일한 모집단을 포함하는데 실패하게 될 신뢰구간(confidence intervals) 추정에서의 오류를 말한다. 즉, 3개 이상의 변수들에 대하여 한꺼번에(simultaneously)

상관관계를 분석할 때, 실제 이들 관측치들 모두가 어떠한 동일한 모집단에서 추출되지 않을 가능성이 있기 때문에 다중 상관관계의 통계적 유의수준은 과도하게 추정될 수 있다는 것을 의미한다. 그러므로 통계적 유의수준은 적절한 방법론을 적용하여 보수적(conservative)으로 다시 추정할 필요가 있다.

3개 이상의 변수들의 상관관계를 동시에 추정하고자 할 때 발생하는 다중비교의 문제를 해결하는 방법으로는 Bonferroni 또는 Sidak 조정(correction 또는 adjustment) 방법이 있다. Stata에서는 상관관계에 대한 다중비교의 동시적 시행으로 인하여 발생하게 되는 통계적 추정오류를 제어하기 위하여 bon 옵션과 sidak 옵션 둘 다 제공하여 주고 있다. 이들의 실제 적용결과를 유의수준에 대한 조정이 없는 원래의 상관관계 분석결과와 비교하여 살펴보자.

먼저, 결측치를 모두를 제외한 쌍으로 된 상관관계 분석을 하루평균보행시간(walktime)이 420분인 관측치를 제외하고 실행하여 보자. 옵션으로는 casewise와 함께 통계적 유의수준을 보여주는 sig를 선택하였다.

```
pwcorr weight height bmi walkfreq walktime if
walktime~=420, casewise sig
```

	weight	height	bmi	walkfreq	walktime
weight	1.0000				
height	0.8126 0.0000	1.0000			
bmi	0.7999 0.0000	0.3053 0.0000	1.0000		
walkfreq	0.1414 0.0007	0.1982 0.0000	0.0414 0.3228	1.0000	
walktime	0.1789 0.0000	0.1554 0.0002	0.1304 0.0018	0.4572 0.0000	1.0000

다음으로 Bonferroni의 조정된 유의수준(adjusted or corrected significance level)을 살펴보기 위하여 옵션으로 bonferroni를 선택하여 보자. Bonferroni의 조정된 유의수준을 보기 위해서는 sig 옵션과 함께 bonferroni 옵션이 사용돼야 한다.

```
pwcorr weight height bmi walkfreq walktime if
walktime~=420, casewise sig bonferroni
```

	weight	height	bmi	walkfreq	walktime
weight	1.0000				
height	0.8126	1.0000			
	0.0000				
bmi	0.7999	0.3053	1.0000		
	0.0000	0.0000			
walkfreq	0.1414	0.1982	0.0414	1.0000	
	0.0069	0.0000	1.0000		
walktime	0.1789	0.1554	0.1304	0.4572	1.0000
	0.0002	0.0019	0.0175	0.0000	

두 상관관계 분석결과를 비교할 때 상관계수의 값은 변함이 없으며, 통계적 유의수준인 p-값만 조정이 되어 있음을 알 수 있다. 또한 bonferroni의 옵션을 이용한 p-값이 보다 크게 나타나고 있다. 이는 조정된 유의수준이 보수적으로 해석되도록 하고 있기 때문이다.

통계적 유의수준의 비교에서 예를 들어 하루평균보행시간(walktime)에 대하여 키(height)와 체질량지수(bmi)의 유의수준을 비교한다면, 조정되지 않았을 경우에는 p-값이 0.0002와 0.0018로 허용유의수준을 0.01로 하였을 경우에 통계적으로 유의하다. 그러나 Bonferroni 조정 유의수준으로는 동일한 허용 유의수준에서는 통계적으로 유의하지 않다고 결론을 도출할 수 있다.

Sidak의 조정 유의수준(adjusted or corrected significance level)을 적용

하는 옵션으로 sidak를 bonferroni 대신 선택하여 보자. 결과창에서 상관관계 매트릭스의 요약통계량에서 마찬가지로 상관계수는 변하지 않았으며, 통계적 유의수준만 차이가 있음을 알 수 있다. Bonferroni 조정 결과와 비교할 때, 그 값이 거의 근사함을 보여주고 있다. 일반적으로 Bonferroni 조정 유의수준이 사용된다.

```
pwcorr weight height bmi walkfreq walktime if
walktime~=420, casewise sig sidak
```

	weight	height	bmi	walkfreq	walktime
weight	1.0000				
height	0.8126 0.0000	1.0000			
bmi	0.7999 0.0000	0.3053 0.0000	1.0000		
walkfreq	0.1414 0.0069	0.1982 0.0000	0.0414 0.9797	1.0000	
walktime	0.1789 0.0002	0.1554 0.0019	0.1304 0.0174	0.4572 0.0000	1.0000

제2절
서열(순위) 상관관계 분석

1. 순위상관관계의 의미와 종류

통계학에서 순위상관관계(rank correlation)는 비모수 통계기법으로 서열척도로 측정한 자료의 경우에 사용되는 상관관계 분석기법이다. Pearson의 상관관계는 연속 또는 비율척도로 측정되었을 경우에 사용되지만 측정지표가 서열척도인 경우에는 적용하기가 어렵다. 그러므로 이 경우에는 Pearson의 상관관계 분석기법이 아니라 순위의 관계를 파악하고자 하는 순위상관관계 분석기법을 적용하여야 한다.

순위상관계수(rank correlation coefficient)는 통계적 유의수준을 평가하기 위하여 사용되며, 두 순위간의 유사성의 정도를 측정하는 지표이다.

순위상관계수가 클수록 순위간 일치하는 정도가 높아짐을 의미한다. 순위상관계수는 -1과 1 사이의 값을 지니고 있다. -1의 값은 두 순위간 일치하는 정도가 정반대임을 의미하며, 이 경우 완벽한 음의 상관성을 지니고 있다고 평가한다. 0은 두 순위간 관계가 완전히 독립적임을 의미하고, 두 순위간 상관성이 전혀 없다고 평가하게 된다. 1은 두 순위간 일치하는 정도가 완벽함을 의미한다.

순위상관계수는 다양한 계수들이 있지만 주로 사용되는 상관계수는 Spearman의 ρ(rho), Kendall의 τ(tau), Goodman과 Kruskal의 γ(gamma)가 있다. Stata에서는 일반적으로 순위상관계수에 대하여 Spearman의 ρ(rho)와 Kendall의 τ(tau)를 제공하고 있으며, 이들 두 순위상관 통계량 중에서 Spearman의 ρ(rho)가 보다 많이 사용되고 있다.

2. Spearman 서열상관관계

Spearman의 순위상관계수(ρ, rho)는 두 변수간 통계적 의존도를 측정하는 비모수 통계분석 기법이다. Spearman의 상관계수인 ρ는 X_i, Y_i의 원래 값들을 순위 값들인 x_i, y_i로 변환하여 다음과 같이 산출된다. 동일한 순위들은 각각의 순위들의 평균 순위로 할당된다.

$$\rho = \frac{\sum_i (x_i - \bar{x})(y_i - \bar{y})}{\sqrt{\sum_i (x_i - \bar{x})^2 \times \sum_i (y_i - \bar{y})^2}}$$

Stata에서 Spearman의 순위상관계수(ρ, rho)와 이와 관련된 통계치의 산출과 유의수준의 진단은 spearman 명령어를 이용하여 실행하게 된다. Spearman의 통계량은 순위상관계수(rho), 관측치수(obs), 유의수준 모두를 stata( )옵션에 입력하면 된다. print(#)과 star(#)은 Pearson의 상관관계 명령어인 pwcorr에서 제공하는 옵션과 동일하다. 또한 결측치 모두를 제외하지 않고, 해당되는 쌍에 대하여만 결측치를 배제하라는 옵션인 pw가 있다.

명령문	spearman [varlist] [if] [in] [, spearman_options]	
주요 옵션	stats(spearman_list)	보여줄 통계치의 목록: 기본값은 rho임
	rho	Spearman의 상관계수
	obs	관측치수
	p	유의수준
	print(#)	계수들을 보여줄 유의수준의 설정
	star(#)	별표 기호를 표시할 유의수준의 설정
	sidak	Sidak 수정(Sidak-adjusted) 유의수준(Sidak-adjusted)의 사용
	pw	쌍으로 된 상관계수의 계산 적용
	matrix	매트릭스 형태로 산출

서열척도의 변수들에 대한 순위상관계수와 통계적 유의토록 파악하기 위하여 Spearman의 상관관계 분석명령어인 spearman을 실행하여 보자. 여기서 적용된 변수들은 모두 서열척도이며, 나이그룹(age), 보행

환경의 일반적 만족도(gen_sat), 그리고 보행안전성 만족도(safe_sat)이다. 나이는 4개의 수준으로, 후자의 두 변수의 수준은 7점 리커트 척도로 되어 있다. 옵션으로는 통계량(stata)을 상관계수(rho), 관측치수(obs), 유의수준(p) 모두를 선택하였으며, 허용유의수준이 0.05를 기준으로 이를 충족하지 않은 쌍의 상관관계 통계량은 출력하여 보여주지 말라는 옵션인 print(0.05) 선택하였다.

```
spearman age gen_sat safe_sat, stats(rho obs p)
print(0.05)
```

```
+-----------------+
| Key             |
|-----------------|
|   rho           |
|   Number of obs |
|   Sig. level    |
+-----------------+

             |      age  gen_sat safe_sat
-------------+---------------------------
         age |   1.0000
             |      608
             |
             |
     gen_sat |             1.0000
             |                608
             |
             |
    safe_sat |             0.4139   1.0000
             |                608      608
             |             0.0000
             |
```

결과창에서는 나타내고자 하는 통계량(Stata)에 입력된 rho, number of obs, sig. level의 세 통계량이 순서대로 제시되었음을 제일 먼저 알려주고 있다. 먼저, print(0.05)의 옵션에 의하여 나이그룹(age)에 대한 두 만족도 변수들(gen_sat와 safe_sat)은 통계적 유의수준인 0.05를 만족하지 못하여 출력되지 않았음을 알 수 있다. 유일하게 통계적 유의수준을 충족시킨 상관관계는 보행환경의 일반적 만족도(gen_sat)와 보행안전성 만족도(safe_sat)로 상관계수는 0.4139로 양의 상관성을 가지고 있으며, 통계적 유의수준인 p-값이 0.0001보다 적음을 알 수 있다. 그리고 분석에 사용된 변수는 총 608개임을 알 수 있다.

동일한 변수들에 대하여 이번에는 조사지역(area)별로 Spearman의 상관관계를 분석하도록 bysort 접두명령어를 활용하여 보자. 통계량의 선택은 동일하며, 옵션으로는 허용유의수준 α를 0.01로 보다 엄격하게 적용하고, Sidak

옵션을 활용하여 보다 엄격한 유의수준을 산출하도록 하자. 또 다른 옵션으로는 결측치의 제외를 해당 쌍으로 된 분석에서만 제외하는 pw를 선택하였다.

```
bysort area: spearman age gen_sat safe_sat,
stats(rho obs p) star(0.05) sidak pw
```

```
-> area = 강남대로

+-----------------+
| Key             |
|-----------------|
| rho             |
| Number of obs   |
| Sig. level      |
+-----------------+

             |      age  gen_sat safe_sat
-------------+---------------------------
         age |   1.0000
             |      308
             |
             |
     gen_sat |   0.0044   1.0000
             |      308      308
             |   0.9998
             |
    safe_sat |  -0.0721   0.4630*  1.0000
             |      308      308      308
             |   0.5015   0.0000
             |

-> area = 종로일대

+-----------------+
| Key             |
|-----------------|
| rho             |
| Number of obs   |
| Sig. level      |
+-----------------+

             |      age  gen_sat safe_sat
-------------+---------------------------
         age |   1.0000
             |      300
             |
             |
     gen_sat |   0.0623   1.0000
             |      300      300
             |   0.6301
             |
    safe_sat |   0.0669   0.3328*  1.0000
             |      300      300      300
             |   0.5746   0.0000
```

결과창에서는 bysort의 접두명령어로 인하여 조사지역인 강남대로와 종로일대 각각에 대하여 Spearman의 상관관계 통계량이 제시되어 있다. 두 조사지역을 따로 대별하더라도 나이그룹에 대한 두 만족도는 통계적으로 유의하지 않다. 그리고 보행환경의 일반적 만족도(gen_sat)와 보행항전성 만족도(safe_sat)는 두 지역 모두 통계적으로 유의하며, 강남대로에서 상관계수의 값이 다소 높게 나타나고 있다. 즉, 종로일대보다는 강남일대에서의 보행환경 전반적 만족도는 보행안전성과 보다 밀접한 경향을 가지고 있음을 알 수 있다.

3. Kendall의 서열상관관계

Kendall의 순위상관계수(rank correlation coefficient, τ)는 두 변수들간의 조합(association)를 측정하는데 사용되는 통계량이다. τ-검정은 특히, 순위상관의 척도에 대하여 통계적 의존도에 대한 검증하기 위하여 상관계수를 사용하는 비모수 가설검정이다.

두 변수 X와 Y로 부터의 쌍체 관측치(joint observation)로 모든 값들의 순위들의 각각의 쌍, 예를 들어 (x_i, y_i), (x_j, y_j)에 대한 순위가 "일치하는지 또는 그러하지 않는지를 먼저 진단하게 된다. 전자를 일치하는 쌍(concordant pairs)"이라고 하고, 그러하지 않은 경우는 "일치하지 않는 쌍(discordant pairs)"라 한다. 이들 두 쌍들의 차이로 나타나게 되는 것이 Kendall의 순위상관계수인 τ이다.

$$\tau = \frac{(Nmber\,of\,concordant\,pairs) - (Nmber\,of\,discordant\,pairs)}{n(n-1)/2}$$

$$= \frac{n_c - n_d}{n(n-1)/2}$$

여기서, n_c = 일치하는 쌍의 수
n_d = 일치하지 않는 쌍의 수
n = 관측치의 수

Kendall의 순위상관계수의 범위는 $-1 \le \tau \le 1$이다. 순위가 완벽하게 일치한다면 τ는 1의 값을, 순위가 완벽하게 일치하지 않는다면 -1의 값을, 순위가 상호 독립적이라면 0의 값을 가지게 된다.

Kendall의 순위상관분석의 명령문은 ktau로 시작하게 된다. 여기서도 by 또는 bysort의 접두명령어를 사용할 수 있으며, 주어지는 옵션은 통계량(stata)를 제외하고는 spearman과 거의 동일하다. τ의 통계량은 순위가 동일할 경우에는 계수산정에 포함시키지 않은 τ_a가 있으며, τ_b는 동률을 고려하여 산출하고 있다는 점에서 차이가 있다. τ_b 산출식은 다음과 같다.

$$\tau_b = \frac{n_c - n_d}{\sqrt{(n_0 - n_1)(n_0 - n_2)}}$$

$$\begin{aligned} \text{여기서, } n_0 &= n(n-1)/2 \\ n_1 &= \sum t_i(t_i - 1)/2 \\ n_2 &= \sum t_j(t_j - 1)/2 \\ n_c &= \text{일치한 쌍의 수} \\ n_d &= \text{일치하지 않은 쌍의 수} \\ t_i &= \text{첫번째 값에 대하여 } i\text{번째 그룹의 동점}(tie)\text{인 값들의 수} \\ t_j &= \text{두번째 값에 대하여 } j\text{번째 그룹의 동점}(tie)\text{인 값들의 수} \end{aligned}$$

Kendall의 순위상관분석에서 통계량은 득점(score), 득점의 표준오차(se), 관측치수(obs), 통계적 유의수준(p)도 함께 선택할 수 있다.

명령문	ktau [varlist] [if] [in] [, ktau_options]	
주요옵션	stats(ktau_list)	보여줄 통계량의 목록: 기본값은 taua임
	taua	tau_a 상관계수
	taub	tau_b 상관계수
	score	득점
	se	득점의 표준오차
	obs	관측치수
	p	유의수준
	print(#)	계수들을 보여줄 유의수준의 설정
	star(#)	별표 기호를 표시할 유의수준의 설정
	sidak	Sidak 수정(Sidak-adjusted) 유의수준(Sidak-adjusted)의 사용
	pw	쌍으로 된 상관계수의 계산 적용
	matrix	매트릭스 형태로 산출

Kendall의 순위상관관계 분석을 위하여 ktau를 적용하여 보자. 여기서는 spearman과 유사하게 명령구문을 작성하되, 성(gender)를 추가하여 보자. 옵션으로는 허용유의수준 0.05를 기준으로 별표기호를 사용하고, 통계량은 τ_a, τ_b와 통계적 유의수준이 p-값을 출력하도록 하였다.

```
ktau gender age gen_sat safe_sat, star(0.05)
stats(taua taub p)
```

	gender	age	gen_sat	safe_sat
gender	0.4994 1.0000			
age	0.0729* 0.1194* 0.0013	0.7463 1.0000		
gen_sat	0.0068 0.0112 0.7635	0.0132 0.0179 0.5974	0.7329 1.0000	
safe_sat	0.0331 0.0519 0.1495	-0.0365 -0.0468 0.1555	0.2617* 0.3386* 0.0000	0.8152 1.0000

결과창에서는 두 tau계수가 제시되어 있으며, 동률을 고려한 τ_b가 보다 높은 상관계수를 전반적으로 가지게 되는 경향을 엿볼 수 있다. 통계적 유의성은 허용유의수준인 α를 0.05로 하였을 경우 성별(gender)과 나이그룹(age)과 일반적 보행환경 만족도(gen_sat)와 보행안전성(safe_sat) 만족도가 양의 상관관계를 가지면서 통계적으로 유의하게 나타나고 있다.

제3절
편상관관계와 부분상관관계

두 변수의 상관관계 분석과 더불어 세 개 이상의 변수들의 상관관계를 파악할 필요가 자주 생기게 된다. 그러나 지금까지의 상관관계 분석은 세 개 이상의 변수들에 대하여 각각의 두변수의 조합에 의한 상관관계를 살펴본 것이다.

3개 이상의 변수들의 상관관계 분석에서 어느 한 변수와 다른 한 변수의 순수한 상관관계를 살펴보고자 할 때, 나머지 변수들의 상관관계를 제어하고 살펴보는 것이 필요하다. 예를 들어, 체질량지수(bmi)와 키(height)의 순수한 상관관계를 보고자 할 때에 몸무게(weight)와 체질량지수와의 상관관계를 제어할 필요가 있다. 왜냐하면 체질량지수는 키와 몸무게의 함수 형태로 산출되기 때문이다.

체질량지수(bmi)와 키(height)와 몸무게(weight)의 상관관계를 pwcorr의 명령문을 통하여 실행하여 보자. 옵션으로는 관측치 개수(obs), 통계적 유의수준(sig), 그리고 결측치를 모두 제외한 상관분석을 시행(casewise)하도록 설정하였다.

```
pwcorr bmi weight height, obs sig casewise
```

	bmi	weight	height
bmi	1.0000		
	574		
weight	0.7999	1.0000	
	0.0000		
	574	574	
height	0.3053	0.8126	1.0000
	0.0000	0.0000	
	574	574	574

결과창에서 보면 체질량지수는 몸무게 뿐만 아니라 키와 양이 선형 상관성이 있으며 통계적으로 유의함을 보여주고 있다. 뿐만 아니라 몸무게와 키 또한 통계적으로 유의하면서도 양의 상관성이 있음을 알 수 있다.

상관관계 분석에서 체질량지수(bmi)와 키(height)의 순수한 상관관계를 분석하기 위해서는 몸무게(weight)를 통제한 상태에서 이루어질 필요가 있다. 반대로 체질량지수와 몸무게의 순수한 상관관계를 파악하고자 할 때에는 키를 통제한 상태에서 이루어져야 하는데 이를 편상관관계(partial correleation) 분석이라 한다.

이를 그림을 통하여 설명하여 보자. 먼저, 체질량지수와 키는 다음과 같이 키에 의하여 설명되는 분산이 있다. 이 때의 분산을 A라 하자.

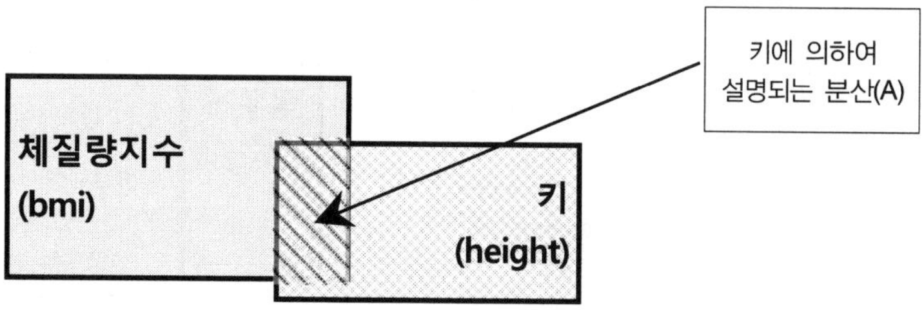

그림 6.3 체질량지수와 키의 상관관계 도식도

또한 체질량지수는 몸무게에 의하여 설명되며, 이 분산을 B라 하자.

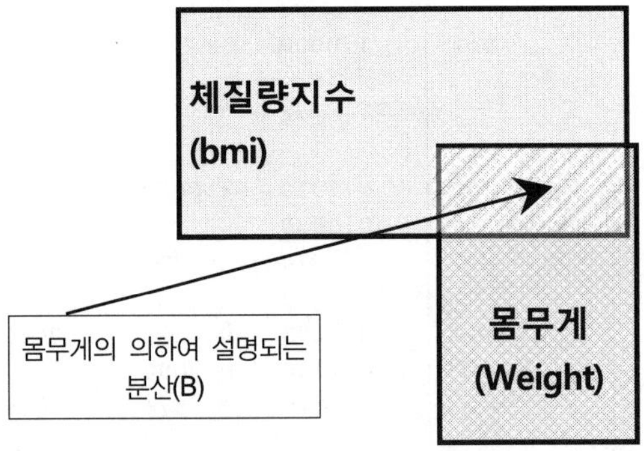

그림 6.4 체질량지수와 몸무게의 상관관계 도식도

체질량지수에 대하여 키와 몸무게가 설명하는 각각의 분산(A와 B) 중에서 두 변수 모두 공통으로 설명되는 분산(c)이 있다. 그러므로 체질량지수에 대하여 키가 순수하게 설명하는 분산은 A의 분산 중에서 c를 제외한 분산인 a이다. 반면에 몸무게의 순수한 분산은 마찬가지로 B 중에서 c를 제외한 b이다.

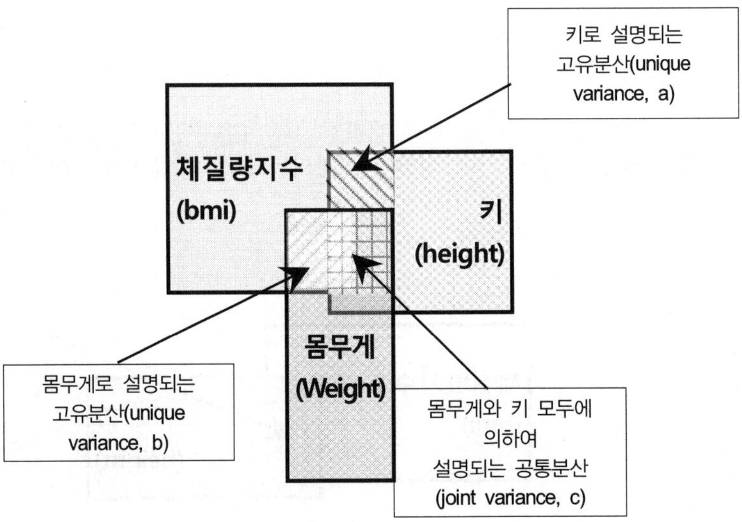

그림 6.5 편상관계수와 부분상관계수의 설명

편상관관계는 체질량지수에 대하여 키에 의하여 설명되는 분산 중에서 키에 대하여서는 a, 몸무게에 대하여서는 b의 값을 분산의 값을 의미한다.

한편, 편상관계수와 더불어 부분상관관계(semi-partial or part correlation)가 있다 이는 어떤 다른 변수를 제어한 상태에서 설명되는 고유분산(unique variance)과 공통분산(joint variance)을 합쳐 설명되는 분산의 값을 의미한다.

Stata에서는 편상관계수와 부분상관계수를 산출할 수 있도록 pcorr의 명령구문을 제공하고 있다. pcorr 명령어의 실행은 맨 먼저 입력되는 변수(varname1)에 대하여 그 이후 입력되는 변수목록(varlist)과의 상관관계를 다른 모든 변수들의 효과를 제어한 후 그 결과를 보여주도록 되어 있다. 실행결과는 편상관계수(partial correlation coefficent)와 부분상관계수(semi-partial or part correlation coefficient)와 이들 각각의 제곱값, 그리고 유의수준을 보여주게 된다.

명령문	pcorr varname1 varlist [if] [in] [weight]

체질량지수(bmi)에 대한 몸무게(weight)와 키(height)의 편상관관계와 부분상관관계를 pcorr 명령구문을 활용하여 적용하여 보자.

pcorr bmi weight height

```
(obs=574)

Partial and semipartial correlations of bmi with

             Partial  Semipartial      Partial  Semipartial   Significance
   Variable    Corr.        Corr.      Corr.^2      Corr.^2          Value

     weight   0.9942       0.9467       0.9884       0.8963         0.0000
     height  -0.9853      -0.5914       0.9709       0.3497         0.0000
```

결과창에서는 가장 먼저 574개의 관측치(Obs)가 사용되었음을 보여준다. 이는 모든 결측치를 제외한 관측치만을 대상으로 산출하였음을 의미한다. 요약통계량 표에서는 체질량지수(bmi)에 대한 몸무게(weight)와 키(height)의 편상관계수(partial correlation)와 부분상관계수(semipartial correlation), 그리고 이들의 제곱값들인 R2를 보여주고 있다.

체질량지수에 대한 키를 통제한 상태에서의 몸무게와 체질량지수의 순수한 상관관계는 0.9942로 원래의 상관계수 0.7999보다 높아졌다. 즉, 키라는 변수를 제어한 상태에서 몸무게는 체질량지수와의 선형 상관성의 정도가 높아졌다고 할 수 있다.

몸무게를 제어한 상태에서의 체질량지수와 키의 순수한 상관관계는 -0.9853으로 제어하지 않은 상태에서의 상관계수인 0.3053에 비하여 관계의 방향성도 달라지고, 그 계수의 절대값도 크게 증가한 것을 알 수 있다. 이는 몸무게를 통제하지 않은 상태에서는 체질량지수와 양의 상관성을 지니지만, 몸무게를 통제한 상태에서의 선형 상관성은 오히려 음의 상관관계를 가지고 있다는 것을 의미한다. 즉, 몸무게가 일정한 경우에서는 키가 클수록 체질량지수는 적어지는 경향이 있다고 할 수 있다.

편상관관계와 부분상관계의 통계적 유의수준인 p-값은 0.0001보다 모두 적으므로, 이들 상관성은 통계적으로 유의하다고 결론지을 수 있다.

이번에는 삶의 질(lq_vas)에 대하여 체질량지수(bmi), 몸무게(weight), 키(height)의 편상관관계와 부분상관관계를 파악하여 보도록 하자. 먼저 어느 다른 변수들을 통제하지 않은 상태에서의 선형 상관관계를 파악하기 위하여 pwcorr 명령어를 이들 변수들에 대하여 실행하여 보자. 옵션으로는 통계적 유의수준을 보여주는 sig와 결측치를 모두 제외한 상태에서의 상관관계를 파악하라는 casewise를 선택하였다.

```
pwcorr lq_vas bmi weight height, sig casewise
```

	lq_vas	bmi	weight	height
lq_vas	1.0000			
bmi	-0.0917	1.0000		
	0.0281			
weight	0.0483	0.7999	1.0000	
	0.2482	0.0000		
height	0.1677	0.3053	0.8126	1.0000
	0.0001	0.0000	0.0000	

결과창에서 삶의 질(lq_vas)는 체질량지수(bmi)와 음의 상관관계(=-0.0917)를 가지고 있으며, 허용 유의수준을 0.05를 기준으로 할 때 통계적으로도 유의하다. 반면에 몸무게(weight)는 양의 상관성을 가지고 있으나 통계적으로 유의하지 않다. 그리고 키(height)는 양의 상관성을 가지고 있으며, 통계적 유의수준인 p-값이 0.0001을 가지고 있어 통계적으로 유의함을 알 수 있다.

이번에는 삶의 질(lq_vas)과 다른 변수들을 통제한 상태에서 각각의 변수들에 대한 순수한 선형 상관관계를 파악하기 위하여 pcorr 명령어를 적용하여 실행하여 보자.

```
pcorr lq_vas bmi weight height
```

(obs=574)

Partial and semipartial correlations of lq_vas with

Variable	Partial Corr.	Semipartial Corr.	Partial Corr.^2	Semipartial Corr.^2	Significance Value
bmi	0.0006	0.0005	0.0000	0.0000	0.9893
weight	-0.0172	-0.0168	0.0003	0.0003	0.6812
height	0.0391	0.0381	0.0015	0.0015	0.3503

결과창에서는 574개의 관측치(Obs)가 분석에 사용되었음을 알려주고 있다. 다른 두 변수를 통제한 상태에서 삶의 질(lq_vas)과 체질량지수

(bmi), 몸무게(weight), 키(height)에 대한 편상관계수는 0.0006, -0.0172, 0.0391이다. 여기에서도 다른 변수들을 통제한 상태에서의 편상관계수의 부호가 체질량지수(bmi)와 몸무게(weight)가 바뀌어져 있음을 알 수 있다. 즉, 다른 두 변수의 효과를 통제한 상태에서의 체질량지수는 양의 상관성을 가지고 있으며, 몸무게는 음의 상관성을 가지고 있다고 볼 수 있다. 체질량지수와 몸무게를 제어한 상태에서의 키는 삶의 질과 양의 상관성을 가지고 있다고 볼 수 있다.

그러나 통계적 유의수준이 체질량지수(bmi)는 0.9893, 몸무게(weight)는 0.6842, 키(height)는 0.3503으로 허용유의수준인 α를 0.05를 기준으로 할 때 통계적으로 유의하지 않다고 볼 수 있다. 즉, 이들 세 변수들의 순수한 상관관계는 통계적으로 유의미하지 않다고 결론지을 수 있다.

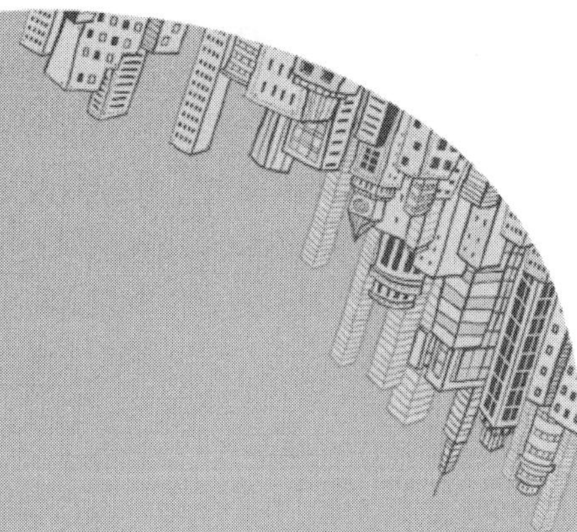

제7장

단순회귀분석과 진단

제1절
단순선형회귀분석

1. 단순선형회귀분석의 개요

선형회귀분석(linear regression analysis)은 거의 연속형 변수들에 대하여 인과관계를 가정하여 원인이 되는 독립변수(또는 설명변수라고도 함)와 결과가 되는 종속변수를 선형적 관계를 파악하는 추정통계방법이다. 설명변수의 경우에는 연속형 변수가 아닌 범주형 변수들이 사용될 수도 있으며, 이때는 가변수(또는 더미변수)로 처리하여 선형관계식을 파악하게 된다. 선형회귀분석은 선형의 관계식으로 설정된 모형이 얼마나 잘 설명하고 있는 지를 살펴볼 수 있는 적합도도 측정하게 된다.

단순선형회귀분석(simple linear regression analysis)은 1개의 독립변수와 1개의 종속변수의 선형관계를 규명하는 것이다. 2개 이상의 설명변수가 분석에 사용되면 다중선형회귀분석(multiple linear regression analysis)이라고 한다.

통계학에서 단순선형회귀(simple linear regression)는 1개의 독립변수와 1개의 종속변수의 직선 관계를 추정하는 선형회귀모형의 최소자승추정량이다. 이 선형회귀는 기대치와 실측치와의 차이인 잔차(residual)의 최소자승합이 가능한 적게 되도록 하는 직선관계를 추정하는 모형을 찾아내게 한다.

예를 들어, n개의 관측치를 가진 데이터에서 종속변수(y_i)와 독립변수

(x_i)의 선형관계식을 예측하게 되면 다음과 같이 나타나게 된다. 최적의 선형회귀모형을 추정하기 위하여서는 기대치와 실측치의 차이인 잔차(ϵ_i)의 합을 최소화하면 된다.

$$y_i = \alpha + \beta x_i + \hat{\epsilon_i}$$

$$\begin{aligned}
\text{이 때, } y_i &= i\text{번째 종속변수의 값} \\
x_i &= i\text{번째 독립변수의 값} \\
\alpha &= \text{상수항}(y\text{절편}) \\
\beta &= \text{기울기}[\text{회귀계수}(regression\, coefficient)] \\
\hat{\epsilon_i} &= i\text{번째 잔차}(residual)
\end{aligned}$$

그러므로 선형회귀모형의 잔차의 자승합을 최소화하는 선을 추정하기 위하여 서는 다음과 같이 식이 변형되게 된다.

$$\text{minimize}[\sum_{i=1}^{n}\hat{\epsilon_i^2} = \sum_{i=1}^{n}(y_i - \hat{\alpha} - \hat{\beta}x_i)^2]$$

이 때 잔차의 자승합이 최소가 되기 위한 최적의 회귀계수$(\beta = \hat{\beta})$는 다음의 공식을 통하여 구해진다.

$$\hat{\beta} = \frac{\sum_{i=1}^{n}(x_i - \overline{x})(y_i - \overline{y})}{\sum_{i=1}^{n}(x_i - \overline{x})^2} = \frac{\sum_{i=1}^{n}x_i y_i - \frac{1}{n}\sum_{i=1}^{n}x_i\sum_{i=1}^{n}y_i}{\sum_{i=1}^{n}x_i^2 - \frac{1}{n}(\sum_{i=1}^{n}x_i)^2} = r_{xy}\frac{x - \overline{x}}{s_x}$$

여기서, r_{xy}는 두 변수들의 상관계수(correlation coefficient)이고, s_x는 독립변수인 x의 표준편차(standard deviation), $\overline{x}$는 평균, $\overline{y}$는 종속변수인 y의 평균을 의미한다.

회귀계수$(\hat{\beta})$가 산출되면, 자연스럽게 절편$(\alpha = \hat{\alpha})$는 다음의 식을 통하여 구해지게 된다.

$$\hat{\alpha}=\overline{y}-\hat{\beta}\overline{x}$$

회귀분석은 크게 네가지 정도의 가정을 바탕으로 한다. 첫째 잔차의 평균은 0이다. 둘째, 잔차는 모든 독립변수의 값에 대하여 동일한 분산을 갖는다. 셋째, 데이터의 분산은 정규분포를 이루고 있다. 넷째, 독립변수 상호간의 상관성은 없다.

추정된 회귀분석의 결과를 설명하기 이전에 앞서 설명한 가정을 충족시키는지를 진단할 필요가 있다. 만약, 이들 가정이 위반되는 경우에는 이를 수용할 수 있는 다른 회귀추정 방법론을 적용하거나 변수의 변환 등을 통하여 그 가정을 충족시킬 수 있도록 하여야 한다. Stata를 활용하여 이들 가정에 대한 진단은 본 절의 마지막 부분에서 다루어지고 있으므로, 참조하기 바란다.

2. 선형회귀 명령문 구조와 분석결과

연속형 종속변수에 대한 선형회귀분석을 위한 Stata 명령문은 regress라는 명령어로 시작하게 된다. 선형회귀분석 명령문 구조는 regress 명령어 뒤에 분석하고자 하는 종속변수와 한 개 이상의 설명변수들을 차례로 입력하여 실행하면 된다. 이 명령문에는 if와 in을 활용하여 조건에 맞는 관측치들만을 대상으로 분석을 수행할 수도 있다.

회귀분석 명령문에 자주 사용되는 옵션에는 상수항을 압축하여 보이지 않게 하는 noconstant와 회귀분석 실행결과에서 보여지게 되는 신뢰구간의 수준을 설정하는 level(#), 그리고 표준화된 회귀계수(standardized regression coefficient, beta)를 신뢰구간 대신에 보여주는 beta 옵션 등이 있다. 명령문 구조를 간단하게 살펴보면 다음과 같다.

명령문	regress depvar [indepvars] [if] [in] [weight] [, options]	
주요옵션	noconstant	모형에서 상수항(절편) 압축하여 보이지 않기
	level(#)	신뢰수준 설정: 기본값은 level(95)임
	beta	표준화된 회귀계수로 보여주기

Stata에서의 단순선형회귀분석을 실행하여 보자. 먼저 regress라는 명령어를 입력한 다음에 종속변수인 체질량지수(bmi)에 몸무게(weight)가 미치는 영향을 파악할 수 있도록 변수들을 입력하여 실행하여 보자.

regress bmi weight

```
      Source |       SS       df       MS              Number of obs =     574
-------------+------------------------------           F(  1,   572) = 1016.02
       Model |  1872.99767     1  1872.99767           Prob > F      =  0.0000
    Residual |  1054.46424   572  1.84346896           R-squared     =  0.6398
-------------+------------------------------           Adj R-squared =  0.6392
       Total |  2927.46191   573  5.10900858           Root MSE      =  1.3577

------------------------------------------------------------------------------
         bmi |      Coef.   Std. Err.      t    P>|t|     [95% Conf. Interval]
-------------+----------------------------------------------------------------
      weight |   .1738856   .0054552    31.88   0.000     .1631709    .1846004
       _cons |   11.40358   .3456295    32.99   0.000     10.72472    12.08244
------------------------------------------------------------------------------
```

결과창에서는 분석결과가 3개의 부문으로 나뉘어져 있음을 알 수 있다. 왼쪽 상단은 회귀모형(regression model)에 대한 분산분석표, 오른쪽 상단은 모형의 적합도와 결정계수 등을 보여주고 있다. 분석결과의 하단에는 설명변수와 상수항의 계수(coefficients), 표준오차, t-값과 p-값, 그리고 95% 신뢰구간을 보여주고 있다.

3. 분석결과의 해석

1) 결정계수와 모형의 적합도 판정

데이터셋에서의 x_i와 y_i의 관측치들을 산점도로 나타낸 그래프는 다음과 같다. 여기서 α와 β는 잔차의 자승합((RSS)을 최소화하는 함으로써 구해질 수 있다. 잔차의 자승합은 여기서 n-2, 즉 추정된 회귀계수(α와 β)를 관측치수(n)에서 뺀 자유도인 572의 추정치인 1054.5를 보여주고 있다. 관측치(그림에서 ◦)이다.

단순선형회귀에 대한 자승합에 대하여 보다 구체적으로 설명하면 다음과 같다[12].

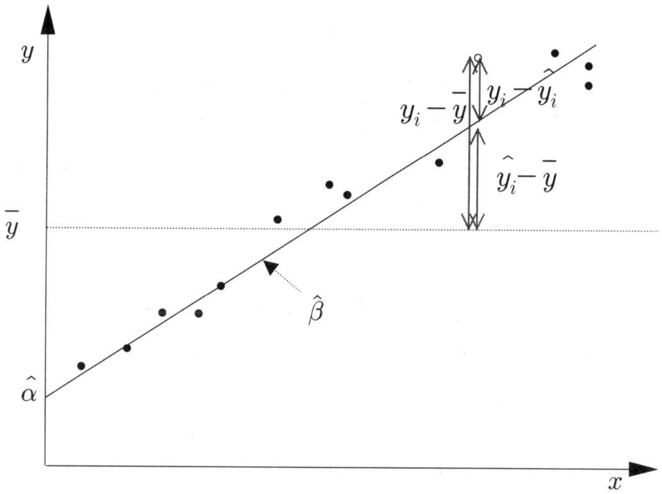

출처: Rabe-Hesketh & Skrondal(2008, p.13)

그림 7.1 단순선형회귀에 대한 자승합의 설명예시

구체적으로 왼쪽 상단의 회귀모형의 분산분석표에서 변동(variance)의 주요 자원(Source)인 모형(Model)과 잔차(Residual)에 대한 자승합(Sum of Square, SS), 자유도(degree of freedom, df) 그리고 모형의 자승합에 대한 값들이 제시되어 있다.

오른 쪽 상단에서는 관측치수(Number of obs.), F분포와 그 값, F-통계량의 유의수준인 p-값, 결정계수(R-squared, R^2), 수정된 결정계수(Adj.

---

12) Rabe-Hesketh, Sophia & Skrondal, Anders (2008) Multilevel and Longitudinal Modeling Using Stata, A Stata Press Publication, Texas.

R-squared, $\overline{R^2}$)가 제시되어 있다. 이들 통계량을 활용하여 구축한 회귀식 모형의 적합도를 최종적으로 판정하게 된다.

분석에 사용된 관측치 수는 총 574개이며, 모형에 대한 검정은 F-검정을 수행하게 된다. F-값, 즉 F-통계량은 모형에 의하여 설명되는 자승합의 평균(MMS)을 잔차의 자승합의 평균(RMS)을 나눈 값이다. 구체적으로 이 통계량은 다음과 같이 산출할 수 있다.

$$F=\frac{\sum n_i(\hat{y}-\bar{y})^2/(K-1)}{\sum(y_i-\hat{y})^2/(N-K)}=\frac{MMS}{\mathrm{S}}=\frac{1873.00}{1.8435}\approx 1016.02$$

여기서, MMS= 모형에 의하여 설명된 평균자승합(설명된 분산)
S= 모형에 의하여 설명된지 않은 잔차의 자승합(설명되지 않은 분산)

그러므로 F분포는 모형에 대한 자유도 1과 잔차의 자유도 572(=574-2)에서의 F-분포 검정통계량($F(1,572)$ 1016.02에 대하여 통계적 유의수준을 검정하게 된다. 통계적 유의수준(p-값)은 0.0001보다 적으므로, 체질량지수(bmi)와 몸무게(weight)와의 관계는 통계적으로 유의하다라는 그 결과를 해석할 수 있게 된다.

또한 이들 분산분석의 통계량들은 추정된 회귀식의 결정계수(coefficient of determination, R2)를 산출하는데 활용된다. 결정계수는 추정된 회귀식의 적합성을 진단하는데 사용된다. 결정계수는 추정된 회귀식이 주어진 자료를 얼마나 잘 설명하여지는지를 판단하는 기준이 된다. 결정계수는 총분산(TSS)에 대한 추정된 회귀식으로 설명되는 분산(MSS)의 비율이다. 또한 결정계수는 총분산에 대하여서 총분산에서 설명이 되지 않는 분산(RSS, $\sum_{i=1}^{n}\epsilon^2$)의 차이의 비율로도 표현할 수 있다.

$$R^2=\frac{MSS}{TSS}=\frac{TSS-RSS}{TSS}=\frac{\sum(y_i-\bar{y})-\sum(y_i-\hat{y_i})}{\sum(\hat{y_i}-\bar{y})}=\frac{2927.46-1054.46}{2927.46}\approx\frac{1873.00}{2927.46}\approx 0.6398$$

결정계수 0.6398의 의미는 추정된 회귀식의 모형에서 몸무게(weight)가 체질량지수(bmi)의 변동을 추정하는 데 63.98%를 설명하고 있다는 것이다.

수정된 결정계수(adjusted R-squared, $\overline{R^2}$)는 2개 이상의 많은 독립변수들이 있거나 표본의 수가 적을 경우 체계적이 아닌 우연하게 설명되게 되는 경우에 대한 R^2의 부분을 조정하여 나타나게 한다. 여기에서는 표본의 수가 570개로 대규모 표본이고, 독립변수의 수가 하나이므로 수정된 결정계수는 거의 동일하게 0.6392의 값을 보이고 있다. 다음의 식을 살펴보면, 추정하고자 하는 회귀계수 즉, 독립변수의 개수가 많으면 많을수록 수정된 결정계수는 적어지게 되어있다.

$$\overline{R^2} = 1-(1-R^2)\frac{n-1}{n-k-1} = 1-(1-0.6398)\frac{573}{571} \approx 0.6392$$

여기서, R^2 = 수정되지 않은 결정계수
n = 관측치수
k = 회귀모형에서 회귀계수의 개수(=2)

일반적으로 추정하고자 하는 회귀계수의 수가 다른 두 개이상의 모형의 적합도를 비교하고자 할 경우에는 수정된 결정계수($\overline{R^2}$)를 이용하면 된다. 두 개 이상의 모형들에서 수정된 결정계수가 상대적으로 높으면 그 모형이 보다 더 종속변수의 변동을 보다 더 적합하게 설명하고 있다고 해석할 수 있다.

2) 추정회귀식과 회귀계수의 통계적 유의도 판정

한편, 추정된 회귀식은 결과창에서의 하단의 결과표에서 회귀계수(α와 β)를 이용하여 다음과 같이 나타낼 수 있다.

$$\hat{y_i} = \hat{\alpha} + \hat{\beta}x_i = 11.40 + 0.17x_i$$

여기서 α는 y절편인 상수항(_cons) 11.40의 값을 보여주고 있으며, 몸무게(weight)의 회귀계수 β는 0.17의 값을 보여주고 있다. 상수항은 몸무게(weight)가 0일 때 체질량지수(bmi)의 값의 11.40임을 의미한다. 그러나 실제 몸무게가 0인 사람은 없으므로 여기서는 실질적인 의미를 가지지 못한다. 그러나 회귀계수는 이 분석결과에서 중요한 의미를 지닌다. 즉, 회귀계수 β는 몸무게가 1kg 증가할 때 체질량지수(bmi)는 0.17 증가함을 의미한다.

하단의 결과표에서는 회귀계수 이외에도 상수항(_cons)과 몸무게(weight)에 표준오차(standard error, Std. Err.), t-값, p-값, 그리고 95%신뢰구간을 보여주고 있다. 이들 통계량들은 해당하는 추정된 회귀계수의 값이 0과 같다($H_0 : \hat{\beta}=0$ 또는 $H_0 : \hat{\alpha}=0$)라는 귀무가설(null hypothesis)을 검정하는 통계량들이다. t-값은 회귀계수($\hat{\beta}$)를 표준오차(Std. Err., SE)로 나누면 된다. 다음은 몸무게(weight)에 대한 t-값을 산정한 결과를 보여주고 있다. p-값은 0.001보다 적으므로, 귀무가설을 기각하게 되어 추정된 회귀값이 통계적으로 유의함을 보여준다.

$$t = \frac{\hat{\beta}-\beta}{\sqrt{\widehat{\sigma^2}}} = \frac{\hat{\beta}-0}{SE} = \frac{0.17}{0.0055} \approx 31.88$$

4. 다수의 회귀분석 비교표 만들기

회귀분석결과를 저장하고 다듬을 수 있도록 Stata는 estimates 명령어를 제공해주고 있다. 이 명령어를 이용하여 다음에 이용하기 위하여 추정결과를 저장할 수 있으며, 여러개의 추정결과를 비교할 수 있는 표를 만들 수 있도록 하고 있다.

estimates는 선형 및 로지스틱 등 다양한 회귀분석을 수행하고 난 뒤에 사용하도록 되어 있으며, 3가지 기능을 가지고 있다. 첫째는 컴퓨터에 추정결과를 파일로 저장할 수 있도록 함으로써 그것들을 나중에 재사용할 수 있다. 둘째는 메모리에 최대 300개까지 추정결과를 저장할 수 있도록 함으로써 바로 다른 결과들과 비교할 수 있도록 하고 있다. 셋째는 메모리에 저장된 어떤 추정결과들을 비교할 수 있도록 표를 만들 수 있다.

Stata 사용자들이 자주 활용하는 명령문은 두 번째와 세 번째로, 여러 개의 회귀분석결과를 메모리에 저장하고, 이를 하나의 표로 작성하여 한 눈에 비교할 수 있도록 하는 것이다. 어떤 하나의 회귀모형을 추정한 결과를 저장하기 위한 명령문은 estimates store로, 이 명령어 뒤에 회귀모형 추정결과를 저장할 이름을 지정하여 주면 된다. 세 번째 명령문은 2개 이상의 모형 추정결과들을 비교하기 위하여 하나의 표로 작성하라는 것으로, estimates table 뒤에 저장한 이름들(namelist)을 입력하여 실행하면 된다. 비교할 추정결과들이 많으면, _all 또는 * 등을 활용할 수 있다.

<table>
<tr><th>명령문</th><th colspan="3">estimates table [namelist] [, options]</th></tr>
<tr><td rowspan="16">주요옵션</td><td colspan="2">stats(scalarlist)</td><td>추정결과의 스칼라 통계량을 표에 보여줌</td></tr>
<tr><td rowspan="6">통계량
(scalarlist)</td><td>N</td><td>관측치수</td></tr>
<tr><td>r2</td><td>회귀결정계수</td></tr>
<tr><td>r2_a</td><td>수정회귀결정계수(adjusted R2)</td></tr>
<tr><td>F</td><td>F-통계량</td></tr>
<tr><td>ll</td><td>로그우도(log likelihood) 통계량</td></tr>
<tr><td>chi2</td><td>카이스퀘어 통계량</td></tr>
<tr><td colspan="2">star[(#1 #2 #3)]</td><td>유의수준에 충족하는 경우 별표를 나타냄.
예를 들어(0.05 0.01 0.0001)은 $p<0.05$의 경우 *, $p<0.01$인 경우 **, $p<0.001$인 경우 ***로 표시됨. 이 옵션은 se, t, p 등의 옵션과 병행하여 사용되지 않음</td></tr>
<tr><td rowspan="5">숫자
형식</td><td>b[(%fmt)]</td><td>회귀계수(b)의 표시형식 지정. %9.3f는 소숫점 셋째자리로 표시. 이 값은 기본값임</td></tr>
<tr><td>se[(%fmt)]</td><td>표준오차(se)의 표시형식 지정</td></tr>
<tr><td>t[(%fmt)]</td><td>t- 또는 z-통계량의 표시형식 지정</td></tr>
<tr><td>p[(%fmt)]</td><td>p값의 표시형식 지정</td></tr>
<tr><td>stfmt(%fmt)</td><td>스칼라 통계량의 표시형식 지정. stats( )와 함께 사용</td></tr>
<tr><td colspan="2">eform</td><td>지수함수형태(exponentiated form)로 회귀계수를 표시. 이 경우 표준오차도 같이 변형됨</td></tr>
<tr><td colspan="2">label</td><td>변수명 대신에 변수라벨로 제시</td></tr>
<tr><td colspan="2">title(string)</td><td>표위에 나타나게 될 제목을 지정</td></tr>
</table>

```
quietly regress bmi weight
estimates store bmi_total
quietly regress bmi weight if gender==1
estimates store bmi_male
quietly regress bmi weight if gender==2
estimates store bmi_female
estimates table bmi_*, b(%9.3f) t(%9.2f) p(%9.3f)
stats(N r2 r2_a  F)
```

Variable	bmi_total	bmi_male	bmi_fem~e
weight	0.174	0.212	0.231
	31.88	26.34	20.87
	0.000	0.000	0.000
_cons	11.404	8.338	8.615
	32.99	14.78	13.84
	0.000	0.000	0.000
N	574	280	294
r2	0.640	0.714	0.599
r2_a	0.639	0.713	0.597
F	1016.018	693.537	435.492

legend: b/t/p

메모리나 파일로 저장된 추정결과들을 비교하기 위한 표를 작성하는 또 다른 방법은 esttab을 활용하면 된다. 이 명령어는 estimates table과 비교하면 배열이나 순서 등에서 변경이 자유로우면서 보고서 출간 수준의 정교한 비교표를 작성하게 해준다는 특징이 있다.

특히, 이 명령문을 이용하여 작성된 표를 결과창에 직접 보여주기도 하지만 이를 다양한 파일형식으로 저장할 수 있다. 저장은 using 입력 이후에 경로와 파일명을 작성하면 된다. 만약 기존의 동일한 파일명이 있을 경우에는 replace를 옵션으로 하여 파일을 덮어쓰기할 수 있다. 또한 append 옵션을 이용하여 기존 파일에 있는 덧붙이기도 할 수 있다. 파일 저장형식은 파일확장자 옵션을 이용하면 된다. 파일확장자를 ".smcl"로 저장하고 싶을 경우 smcl을, ".txt"일 경우 fixed 또는 tab를, "csv"일 경우에는 csv 또는 scsv를, ".rft"일 경우 rtf 등을 선택하여 입력하면 된다. 기본값은 smcl이다.

표로 작성하고자 하는 저장된 추정결과를 직접 입력하여 지정(namelist)하거나 *나 ? 등의 기호를 이용하여 선택하면 된다. 이하 다른 옵션들은 estmiates table과 유사하며, 보다 구체적인 내용은 다음의 명령구문 표에 간략하게 제시되어 있다.

<table>
<tr><th>명령문</th><td colspan="3">esttab [namelist] [using filename] [, options]</td></tr>
<tr><th rowspan="22">옵션</th><td rowspan="8">주요 옵션</td><td>b(fmt)</td><td>회귀계수 및 표시형식 지정</td></tr>
<tr><td>beta[(fmt)]</td><td>표준화된 회귀계수(beta) 및 표시형식 지정</td></tr>
<tr><td>t(fmt)</td><td>t-통계량 및 표시형식 지정</td></tr>
<tr><td>z[(fmt)]</td><td>z-통계량 및 표시형식 지정(해당되는 경우)</td></tr>
<tr><td>se[(fmt)]</td><td>표준오차 및 표시형식 지정</td></tr>
<tr><td>p[(fmt)]</td><td>p-값 및 표시형식 지정</td></tr>
<tr><td>ci[(fmt)]</td><td>t-통계량 대신에 신뢰구간 및 표시형식 지정</td></tr>
<tr><td>[no]constant</td><td>상수항 계수를 보여주거나 보여주지 않음</td></tr>
<tr><td colspan="2">[no]star[(list)]</td><td>특정 유의수준에 대하여 별표를 보여주거나 보여주지 않음</td></tr>
<tr><td rowspan="5">요약 통계</td><td>r2|ar2|pr2[(fmt)]</td><td>회귀결정계수(r2), 수정결정계수(ar2), 또는 비선형 회귀모형일 경우 pseudo 결정계수 선택</td></tr>
<tr><td>aic|bic[(fmt)]</td><td>AIC와 BIC 통계량 및 표시형식 지정</td></tr>
<tr><td>scalars(list)</td><td>자동 저장되는 스칼라 통계량 목록 선택</td></tr>
<tr><td>noobs</td><td>관측치 정보 보여주지 않기</td></tr>
<tr><td>obslast</td><td>관측치 정보 맨 아래에 위치시키기</td></tr>
<tr><td rowspan="4">배열 및 제목</td><td>wide</td><td>t-통계량과 표준오차 등을 회귀계수와 병렬 표시. 기본값은 회귀계수 아래, 즉 수직으로 배열</td></tr>
<tr><td>label</td><td>변수명 대신에 변수라벨로 표시</td></tr>
<tr><td>title(string)</td><td>표 전체 제목 설정</td></tr>
<tr><td>mtitles[(list)]</td><td>모형제목 보이기</td></tr>
<tr><td>표작성 형식</td><td colspan="2">smcl | fixed | tab | csv | scsv | rtf | html | tex | booktabs</td></tr>
<tr><td rowspan="2">출력물 형식</td><td>replace</td><td>기존 파일 덮어쓰기</td></tr>
<tr><td>append</td><td>기존 파일에 덧붙이기</td></tr>
</table>

세 개의 다른 선형회귀모형 분석결과를 esttab 명령문을 이용하여 그 결과를 활용하여 보자. 먼저 앞서 수행한 세 개의 회귀모형의 분석결과를 메모리에 저장한 이름을 bmi와 함께 별표(*)로 지정하였다. 선택옵션으로는 회귀계수(b)와 t-값(t)의 표시형식을 전자는 소숫점 4째자리를 가진 총 10자리를, 후자는 소숫점 2째자리를 가진 총 9자리를 지정하였다. 또한 결정계수(r2)와 수정결정계수(ar2)를 표시하고, 이를 소숫점 4째자리를 가진 총 9자리로 표시형식으로 지정하여 보여달라는 옵션을 선택하였다. 그리고 Stata가 자동으로 메모리에 저장하는 통계량(scalars) 중 관측치수(N), F-값(F), 그리고 우도비(log likelihood, ll)를 표에 제시하라는 옵션을 주고 있다. 마지막으로 변수명 대신에 변수라벨을 이용하여 표시하고, 회귀모형의 분석결과를 저장한 제목을 사용하라는 옵션을 주었다. 이의 실행결과를 결과창에서 확인하여 보자. estimates table의 명령문의 실행결과와 비교하여 본다면 보다 더 우리가 각종 논문이나 보고서에서 작성하는 형태로 분석결과가 제시되어 있음을 알 수 있을 것이다.

```
esttab bmi*, b(%10.4f) t(%9.2f) r2(%9.4f) ar2(%9.4f)
scalars(N F ll) label mtitles
```

	(1) bmi_total	(2) bmi_male	(3) bmi_female
몸무게(kg)	0.1739***	0.2120***	0.2310***
	(31.88)	(26.34)	(20.87)
Constant	11.4036***	8.3376***	8.6152***
	(32.99)	(14.78)	(13.84)
Observations	574	280	294
R-squared	0.6398	0.7139	0.5986
Adjusted R-squared	0.6392	0.7128	0.5972
F	1016.0180	693.5365	435.4918
ll	-989.0123	-436.7273	-498.6974

t statistics in parentheses
* p<0.05, ** p<0.01, *** p<0.001

제2절
회귀모형의 가정과 진단

1. 종속변수의 정규성 진단

선형회귀분석은 종속변수의 정규성(normality)을 가정(assumption)하여 이루어지게 된다. 그러므로 종속변수의 정규성 진단이 회귀모형을 분석하기 이전에 수행될 필요가 있다.

정규성 진단은 히스트그램 그래프를 이용하거나 분포에 대한 첨도와 왜도의 값을 이용하여 간단하게 살펴볼 수 있다. 먼저 체질량지수(bmi)가 종속변수로 회귀모형을 구축할 경우에 히스토그램 그래프를 이용하여 정규분포의 형태를 보이는지를 확인하여 보자.

Stata에서 histogram 명령문으로 작성하면서, kdensity와 정규분포(normal distribution)를 함께 보여주는 옵션을 선택하면 된다. 여기서 막대(bin)의 수는 30개로 하고, 값은 빈도(frequency)를 기준으로 하였다. 그리고 정규분포(normal)의 그래프를 그리면서 선(lpattern)은 진하게(solid), 선의 폭(lwidth)은 두껍게(solid), 선색(lcolor)은 녹색(green)으로 하도록 설정하고 있다. 또한 kdensity 그래프(kdensity)를 함께 보여주면서 선의 패턴은 점선(dash), 폭은 중간두께(meidumthick), 색은 파란색(blue)으로 보여주라는 옵션을 선택하였음을 알 수 있다. 실행결과에서는 체질량지수의 분포가 정규분포에 매우 근접하여 있음을 알 수 있다.

```
histogram bmi, frequency bin(30) normal
normopts(lpattern(solid) lwidth(thick) lcolor(green))
kdensity
        kdenopts(lpattern(dash) lwidth(meidumthick)
lcolor(blue))
```

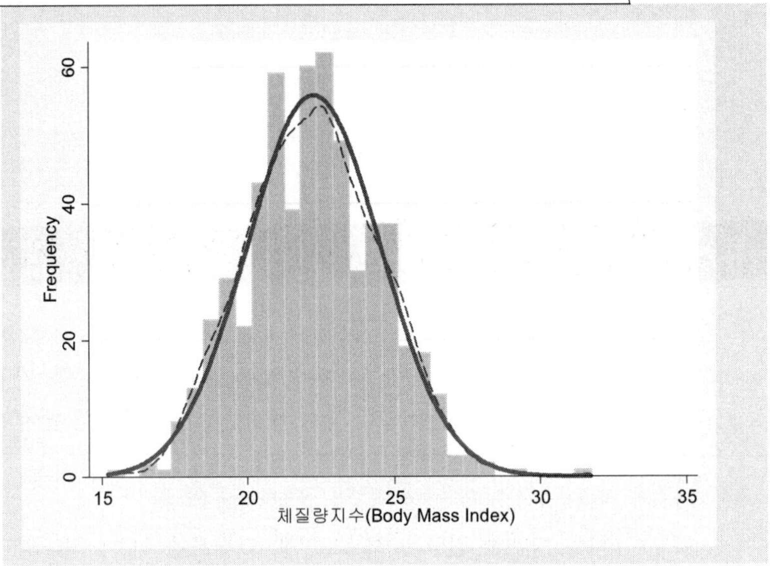

체질량지수가 정규분포의 형태를 가지고 있는 지를 알기 위한 또 다른 방법은 첨도(kurtosis)와 왜도(skewness)의 값을 확인하여 볼 수 있다. 첨도는 분포의 뾰족함의 정도를 타내는 통계량으로 3의 값보다 크면 급첨, 3보다 적으면 완첨이라 한다. 왜도는 분포의 비대칭 정도를 나타내는 통계량으로 0을 기준으로 값이 클수록 분포의 꼬리가 오른쪽으로 치우쳐 있음을, 값이 적으면 적을수록 반대방향으로 치우쳐 있음을 의미한다. 즉, 첨도가 3에 가깝고 왜도가 0에 가까우면 정규분포의 형태를 가지고 있다고 할 수 있다.

통계치 요약을 보여주는 명령어(summarize)와 함께 옵션으로 보다 상세한 통계량을 제시하라는 detail 옵션을 선택하여 체질량지수(bmi)의 첨도와 왜도 값들을 확인하여 보자. 실행결과에서 왜도(skewness)는 0.163의 값을, 첨도(kurtosis)는 3.116의 값을 가지고 있음을 보여주고 있다. 이러한 값은 거의 정규분포에 가까운 형태임을 확인하여 준다.

summarize bmi, detail

```
                    체질량지수(Body Mass Index)
-------------------------------------------------------------
      Percentiles      Smallest
 1%      17.6693       15.21093
 5%     18.64534       16.64932
10%     19.39619       16.64932       Obs                 574
25%     20.76125       17.36111       Sum of Wgt.         574

50%     22.24734                      Mean           22.27143
                        Largest       Std. Dev.      2.260312
75%      23.8088       28.07504
90%     25.24934         28.125       Variance       5.109009
95%     26.12245       29.38775       Skewness       .1630813
99%     27.58733       31.74179       Kurtosis       3.116278
```

첨도와 왜도의 통계량들을 이용하여 체질량지수의 분포의 형태가 정규분포에 매우 근사함을 알 수 있지만 통계적 유의성을 검증할 수는 없다. Stata에서는 sktest라는 명령어로 첨도와 왜도의 통계량을 이용하여 정규성 검증을 할 수 있도록 하고 있다. 실행명령창에서 sktest 명령어와 함께 체질량지수(bmi)를 입력하여 실행시켜 보자.

sktest bmi

```
                   Skewness/Kurtosis tests for Normality
                                                     ------- joint -------
Variable |   Obs   Pr(Skewness)   Pr(Kurtosis)  adj chi2(2)    Prob>chi2
---------+-----------------------------------------------------------------
     bmi |   574      0.1085         0.4859         3.06          0.2161
```

결과창에서는 관측치의 수가 574개이며, 왜도(skewness)의 통계적 유의수준을 0.05로 하였을 경우, p-값이 0.1085로 왜도의 값이 0이라는 것을 귀무가설을 기각할 수 없음을 보여주고 있다. 또한 첨도(kurtosis)의 통계량이 3이라는 귀무가설을 기각할 수 없음을 0.4859의 p-값을 통하여 알 수 있다. 뿐만 아니라 첨도와 왜도의 통합검증에서도 통계적 유의수준이 0.2161이기 때문에 정규분포의 형태라는 귀무가설을 기각하지 못하게 됨으로, 체질량지수의 분포형태는 정규성을 가지고 있음을 통계적 검증을 통하여 알 수 있다.

정규성을 가지고 있는 체질량지수(bmi) 대신에 정규분포의 형태를 띠고 있지 않은 삶의 질 지표(lq_vas)에 대하여 히스토그램 그래프와 통계량 확인, 그리고 정규선 진단을 실행하여 보자.

먼저, 삶의 질 지표(lq_vas)에 대한 히스토그램 그래프 작성 명령문을 실행하여 보자. 변수명이 bmi에서 lq_vas만 다르게 입력하고, 나머지 옵션은 앞서의 그래프 작성과 동일하게 선택하여 그 실행결과를 살펴보면 다음과 같다.

```
histogram lq_vas, frequency bin(30) normal
normopts(lpattern(solid) lwidth(thick) lcolor(green))
kdensity kdenopts(lpattern(dash) lwidth(meidumthick)
lcolor(blue)
```

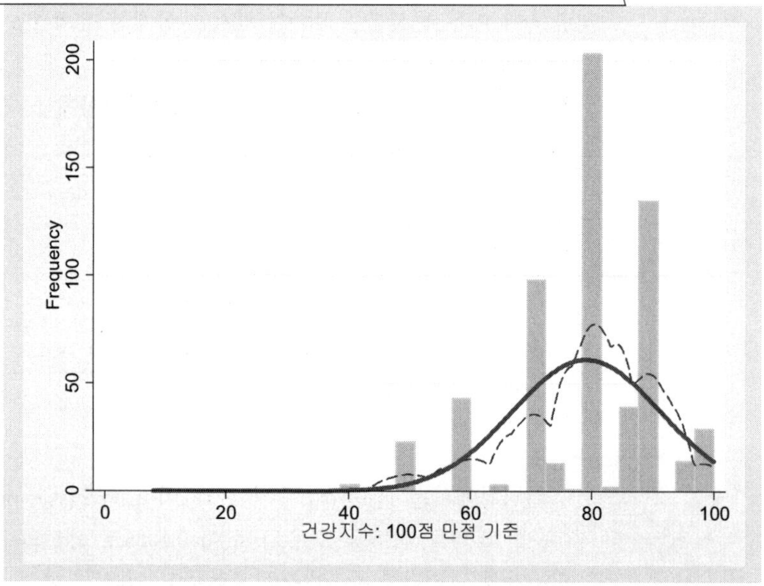

그래프 창에서 분포의 실제 형태와 정규분포 곡선(초록색 곡선)을 비교하여 보자. 분포의 높이가 정규분포에 비하여 높고, 왼쪽으로 꼬리가 길게 형성되어 있음을 알 수 있다. 즉, 첨도는 3보다 높은 값을 보이고, 왜도는 음의 값을 보일 것으로 예상할 수 있다.

삶의 질 지표(lq_vas)에 대한 요약통계량(summarize)을 보다 자세하게 보여달라는 옵션(detail)과 함께 입력하여 실행하여 보자. 실행결과창에서는 왜도(skewness)가 -1.020, 첨도(kurtosis)가 5.250의 값을 가지고 있음을 알 수 있다.

```
summarize lq_vas, detail
```

건강지수: 100점 만점 기준

	Percentiles	Smallest		
1%	50	8		
5%	60	30		
10%	60	40	Obs	608
25%	70	40	Sum of Wgt.	608
50%	80		Mean	79.09375
		Largest	Std. Dev.	12.17146
75%	90	100		
90%	90	100	Variance	148.1444
95%	95	100	Skewness	-1.020447
99%	100	100	Kurtosis	5.250423

첨도와 왜도에 대한 통계량이 정규분포의 형태에서의 바람직한 통계량인 3과 0과 같다라는 정규성 검증을 sktest 명령어를 이용하여 확인하여 보자. 왜도와 첨도, 그리고 두 통계량의 통합 검증에 대한 p-값은 모두 0.000보다 적음을 보여주고 있기 때문에 삶의 질 지표(lq_vas)는 정규분포의 형태가 아니라는 결론을 도출할 수 있다.

```
sktest lq_vas
```

Skewness/Kurtosis tests for Normality

				joint	
Variable	Obs	Pr(Skewness)	Pr(Kurtosis)	adj chi2(2)	Prob>chi2
lq_vas	608	0.0000	0.0000	.	0.0000

종속변수가 정규성을 띠지 않을 때 선형회귀분석을 수행할 수 있는 방법은 크게 3가지가 있다. 첫째는 로버스트 추정방법을 활용한 회귀분석(robust regression analysis)을 이용할 수 있다. 둘째는 부스트랩(bootstrap) 회귀분석을 활용하는 것이다. 이 두 방식은 선형회귀분석에서 regress 명령문에서 표준오차의 유형을 구체화하는 vce( ) 옵션을 이용하여 실행하

면 된다. 그리고 마지막으로는 종속변수의 분포형태를 정규분포의 형태에 맞도록 변수의 변환을 통하여 해결하는 방법이 있다

로버스트 회귀분석은 OLS 회귀분석의 기본적인 가정을 충족시키지 않는 경우에 사용되는 회귀분석 방법론이다. 이러한 회귀분석의 방법이 필요한 경우는 이분산성의 강하게 의심될 때 또는 이상치(outlier)가 존재할 때 사용된다. 여기에서는 종속변수의 정규성이 의심되는 경우이므로 전자의 경우에 해당한다고 볼 수 있다. 종속변수가 정규성의 가정을 충족하지 않는 경우에서의 두 번째의 대안적인 접근은 기존의 데이터에서 반복적으로 임의로 추출한 표본에 대하여 회귀분석을 수행하는 방식이다. 이 두 방법을 이용하여 삶의 질 지표(lq_vas)가 소득수준에 의하여 어떠한 영향을 받는지를 확인하는 회귀분석을 수행하여 보자.

먼저, 삶의 질 지표(lq_vas)와 소득수준(income)과의 관계가 어떠한지를 요약통계표 작성 명령어(tabstat)를 이용하여 개략적인 관계를 파악하여 보자. 요약통계량은 관측치 개수(N), 평균(mean), 표준편차(sd), 최솟값(min), 그리고 최댓값(max)을 설정하도록 한다.

```
tabstat lq_vas, by(income) stat(N mean sd min max)
```

Summary for variables: lq_vas
by categories of: income (세금공제후 가구전체 월소득)

income	N	mean	sd	min	max
200만원 미만	42	75.95238	14.3237	40	100
200-300만원미만	138	76.25362	14.54219	8	100
300-500만원미만	258	79.88372	11.31414	30	100
500만원 이상	160	80.625	9.917743	50	100
Total	598	78.96823	12.13936	8	100

실행결과창에서는 소득수준별 삶의 질 지표(lq_vas)에 대한 요약통계량을 보여주고 있다. 200만원 미만인 경우는 평균이 79.95, 200-300만원 대의 월소득 가구는 76.25, 300-500만원 대의 가구소득은 79.88, 500만원 이상은 80.63의 값을 보여주고 있다. 이러한 요약통계량으로 판단할 때, 소득수준

이 높으면 높을수록 삶의 질 지표(lq_vas)의 값은 증가함을 알 수 있다.

삶의 질 지표에 대한 소득수준의 영향을 파악하기 위하여 단순선형회귀분석을 실행하여 보자. 여기서는 3가지 추정방법을 모두 적용한 분석한 결과를 비교하여 보고자 한다. 첫 번째 회귀모형(lqvas_ols)은 최소자승법을, 두 번째 회귀모형(lqvas_robout)은 로버스트 추정방식을, 세 번째 회귀모형(lavas_bootstrap)은 부스트랩 추정방식을 이용한 결과이다. Stata 실행명령문은 quietly 접두명령어를 이용하여 분석결과를 보이지 말고 실행하고, 그 결과를 저장하라(estamate store)는 명령문을 세가지 회귀분석에 모두 적용한 것이다. 그리고 이세 분석결과를 하나의 표로 작성(estimate table)하고, 회귀계수(b), t-통계량(t), p-통계량(p)에 대한 표시형식을 지정하였으며, 모형의 통계량은 관측치(N), 결정계수(r2), 수정된 결정계수(r2_a), 그리고 F-통계량을 보이라는 옵션을 선택하였다.

```
quietly regress lq_vas income
estimate store lv_ols
quietly regress lq_vas income, vce(robust)
estimate store lv_robust
quietly regress lq_vas income, vce(bootstrap,
reps(1000))
estimate store lv_boot
estimates table lv_ols lv_robust lv_boot, b(%9.3f)
t(%9.2f) p(%9.3f) stats(N r2 r2_a  F)
```

Variable	lv_ols	lv_robust	lv_boot
income	1.943	1.943	1.943
	3.46	3.30	3.26
	0.001	0.001	0.001
_cons	73.340	73.340	73.340
	43.19	38.61	38.46
	0.000	0.000	0.000
N	598	598	598
r2	0.020	0.020	0.020
r2_a	0.018	0.018	0.018
F	11.993	10.866	

legend: b/t/p

분석결과에서는 가구당 월평균 소득이 증가할수록 삶의 질 지표(lq_vas)는 높아지며, 이러한 경향은 통계적 유의수준인 0.01에서도 유의함을 알 수 있다. 그리고 이 세가지 회귀분석 추정방법론의 결과는 동일함을 보여주고 있다.

마지막으로 종속변수가 정규분포의 형태를 가지고 있지 않다라고 판단될 때에는 함수식을 이용하여 변수를 변환한 후 그 변환된 변수가 정규분포를 가질 수 있도록 하는 방법이 있다. Stata에서는 ladder라는 명령어를 이용하여 변환된 변수가 정규분포를 띠고 있는지를 알려주는 간편한 방법이 있다. 이 방법을 통하여 어떠한 함수형태가 정규성을 충족시켜주는지를 진단할 수 있으므로, 이를 활용한 후 적절한 함수식을 이용하여 회귀분석을 수행할 수 있다. 이 때 유의할 점은 종속변수의 변환된 분포형태가 정규분포를 보인다고 하더라도 실제 회귀분석에 사용될 수 있는 지는 조금 더 신중하여야 한다.

Stata의 ladder 명령어는 9가지 형태의 변환된 변수들에 대하여 정규성을 진단하여 주고 있다. 정규성 진단에 대한 검증통계량은 sktest 명령에 의하여 실행되는 첨도와 왜도의 통합 검증통계량과 같다. 이 명령어를 삶의 질 지표(lq_vas)에 대하여 적용하여 보자. 결과창에서는 9개의 변환된 함수형태의 정규성 진단에 대한 검증 통계량을 보여주고 있다. 여기서 9개의 변환된 변수들 중에서 세제곱 함수형태(cubic)만이 유일하게 정규분포의 형태와 동일하다라는 귀무가설을 기각할 수 없음을 보여주고 있다. 즉 세제곱 함수형태로 변수를 변환할 경우 정규분포의 형태가 됨을 분석결과는 보여주고 있다.

```
ladder lq_vas
```

Transformation	formula	chi2(2)	P(chi2)
cubic	lq_vas^3	2.09	0.352
square	lq_vas^2	11.08	0.004
identity	lq_vas	.	0.000
square root	sqrt(lq_vas)	.	0.000
log	log(lq_vas)	.	0.000
1/(square root)	1/sqrt(lq_vas)	.	0.000
inverse	1/lq_vas	.	0.000
1/square	1/(lq_vas^2)	.	.
1/cubic	1/(lq_vas^3)	.	.

또 다른 예로써, 체질량지수(bmi)에 대하여 함수변환과 정규성 진단을 실행하여 보자. 결과창에서는 함수의 변환을 하지 않은 형태(identity), 로그 형태(log), 제곱근 형태(square root)만이 정규성을 가지고 있다라고 볼 수 있다. 이외의 나머지는 첨도와 왜도의 통계량이 정규분포의 통계량과 동일하다라는 귀무가설을 기각하게 되어 정규분포의 형태가 아니라다는 결론을 도출할 수 있다. 그러므로 이 분석결과를 볼 때, 체질량지수(bmi)는 함수형태의 변환이 없이도 종속변수의 정규성이 확보되므로 회귀분석을 수행할 수 있다.

```
ladder bmi
```

Transformation	formula	chi2(2)	P(chi2)
cubic	bmi^3	66.15	0.000
square	bmi^2	24.15	0.000
identity	bmi	3.06	0.216
square root	sqrt(bmi)	0.05	0.976
log	log(bmi)	2.04	0.360
1/(square root)	1/sqrt(bmi)	8.35	0.015
inverse	1/bmi	17.93	0.000
1/square	1/(bmi^2)	50.03	0.000
1/cubic	1/(bmi^3)	.	0.000

2. 과대 및 과소 추정의 문제: 잔차의 정규성 진단

선형회귀분석에서 또 다른 하나의 가정은 잔차가 정규분포 형태를 가지고 있다는 것이다. 잔차가 정규분포를 형성하고 있다면 예측치를 과대 또는 과소로 추정하는 문제를 유발하지 않을 것이다.

잔차가 정규분포의 형태를 띠고 있는지 여부를 진단하기 위하여 체질량지수(bmi)와 몸무게(weight)의 산점도(twoway scatter)와 선형예측선(lfit)을 하나의 그래프에 중복(||)하여 그려보자.

```
twoway scatter bmi weight || lfit bmi weight
```

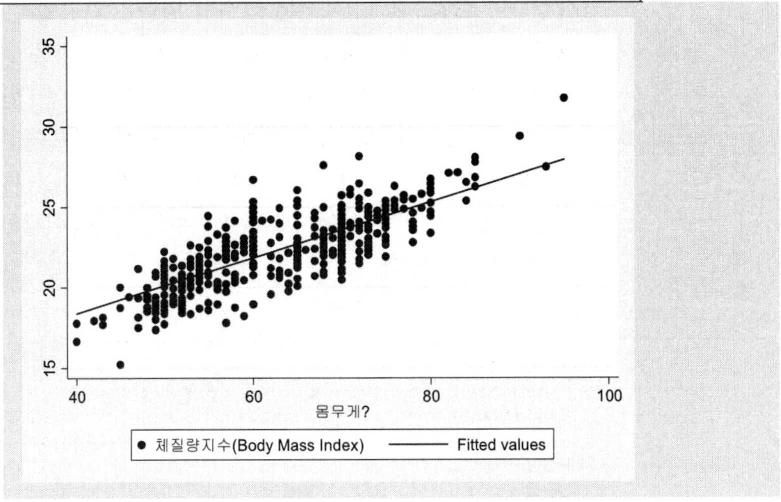

그래프 창에서의 결과를 보면 몸무게가 약 40kg에 가까울수록 체지량지수의 예측값보다 실제 값이 보다 적게 형성되어 있어 다소 과대 추정될 여지가 있음을 알 수 있다. 반면에 몸몸무게가 90~100kg대는 오히려 예측값보다 실측값이 보다 높게 보이고 있으므로, 과소 추정의 여지가 있다고 볼 수 있다. 즉, 몸무게에 대한 극단의 값들은 과소 또는 과대 추정의 여부가 있을 수 있다고 분석결과를 보여준다.

산점도와 선형 예측선을 그래프로 작성하여 잔차의 정규분포 여부를 진단하는 것은 2개 이상의 설명변수에 대하여서는 그러한 진단이 어렵다고 볼 수 있다. 그러므로 잔차와 예측치와의 관계를 보여주는 잔차의 정규성 여부에 대한 그래프(resdiual-versus-fitted value plot)는 rvfplot 명령어를 활용하는 것이 바람직하다. 예측치(predictor)와 잔차의 정규성 진단은 회귀분석을 실행하고 난 후에 rvfplot을 입력하여 실행하면 된다. 이 명령어는 예측치와 잔차에 대한 산점도(scatter plot)를 그래프로 보여주는 것이다. 예를 들어 체질량지수(bmi)가 몸무게(weight)에 의하여 어떠한 영향을 받는지를 조용히(quietly) 회귀분석을 수행하고, 이 잔차(residuals)와 예측치(fitted values)와의 관계를 산점도로 보여주면 다음과 같다. 옵션으로 y축의 0의 값을 기준으로 한 개의 선(yline)을 추가하여 보자.

```
quietly regress bmi weight
rvfplot, yline(0)
```

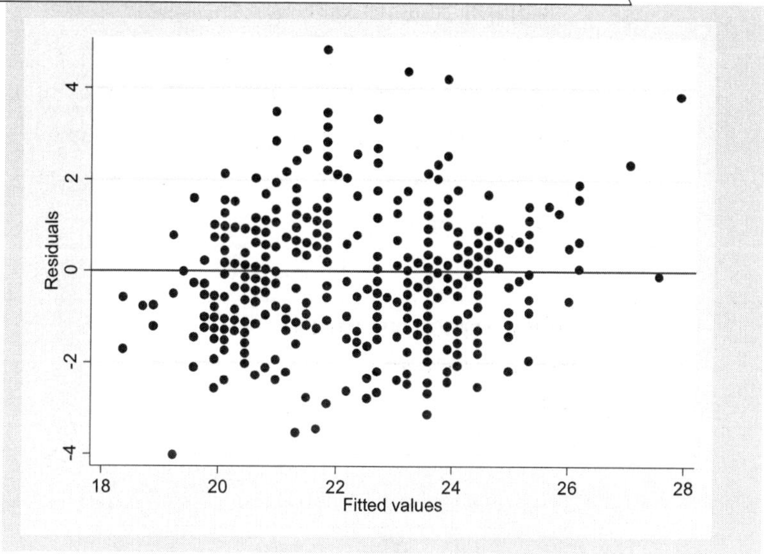

그래프 창의 실행결과에서는 잔차가 예측치와의 관계가 어떤 특정한 패턴을 보이고 있지는 않지만 체질량지수(bmi)의 예측치가 20~25사이에서 잔차가 0보다 큰 값들이 많이 분포되어 있음을 알 수 있다. 그러므로 잔차의 정규성 진단을 sktest와 Shapiro-Wilk의 W-검증(W-test)[13]을을 실행하여 보자.

sktest는 정규분포를 확인할 수 있는 첨도와 왜도의 통계량을 이용하여 검증을 수행하는 것으로 앞서 설명한 바가 있다. 추가로 수행할 수 있는 방법은 모집단이 정규분포의 형태를 띠고 있다는 귀무가설을 검증하는 또 다른 방법으로 만약 p-값이 주어진 통계적 유의수준(α)보다 적으면 귀무

---

13) Samuel Shapro and Martin Wilk이 1965년에 제시한 것으로 어떤 표본이 정규분포화된 모집단에서 추출되었다라는 귀무가설을 검증하는 것이다. 만약 p-값이 선택한 통계적 유의수준인 α값보다 작다면 그 귀무가설은 기각되어져, 그 표본은 정규분포를 이루어고 있는 모집단으로부터 추출되지 않았다라는 대립가설을 채택하게 하여준다. 그러나 만약 통계적 유의수준인 α값이 p-값보다 작다면 귀무가설을 채택하게 된다. 예를 들어 W-검증에서 p-값이 0.001이고, 통계적 유의수준인 α가 0.01이라고 한다면 p-값이 α보다 적기 때문에 귀무가설을 채택하게 된다.

가설을 기각하여 정규분포를 띠고 있지 않다라고 결론을 도출할 수 있다.

체질량지수(bmi)에 대한 몸무게(weight)의 잔차의 정규분포를 진단하기 위해서는 잔차를 먼저 산출하여야 한다. 잔차의 값들을 산출하기 위해서는 predict라는 명령어를 이용하면서 옵션으로는 잔차(residual)를 선택하면 된다. 여기서는 잔차의 예측값에 대한 변수명을 간단하게 r로 명명하였으며, 이 잔차값을 이용하여 sktest 또는 W-test를 실행하여 정규성 여부를 진단하여 보자.

```
quietly regress bmi weight
predict r, residual
sktest r
```

Skewness/Kurtosis tests for Normality

Variable	Obs	Pr(Skewness)	Pr(Kurtosis)	joint adj chi2(2)	joint Prob>chi2
r	574	0.0002	0.0176	16.86	0.0002

```
swilk r
```

Shapiro-Wilk W test for normal data

Variable	Obs	W	V	z	Prob>z
r	574	0.98957	3.974	3.337	0.00042

정규성 진단에 대한 두 검증 결과는 모두 체질량지수의 잔차의 분포가 정규분포가 아니라는 결론으로 도달하게 해준다. 첨도(kurtosis)와 왜도(skewness)를 이용한 sktest는 두 통계량 모두 정규분포가 아니며, 통합 검증 통계량도 0.0002의 값을 가지고 있어 정규분포의 통계량과 동일하다라는 귀무가설을 기각하게 하고 있다. 마찬가지로 Shaprio-Wilk검증에서도 p-값이 0.00042로 통계적 유의수준을 0.01로 하더라도 잔차가 정규분포를 이루고 있다라는 귀무가설을 기각할 수 있음을 보여주고 있다.

3. 이상치(outlier) 진단

회귀모형의 분석결과에 대한 진단에서 이상치(outliers)가 존재하고 있는 가를 파악하는 것은 중요한 절차 중의 하나이다. 일반적으로 이상치란 회귀분석에서 설명변수의 관측치 중에서 극단의 효과를 가질 수 있는 극단값(extreme values)을 확인하는 것이다. 회귀분석에서는 이상치는 예측문제를 심각하게 초래할 수 있는가를 확인하는 것으로, 일반적으로 예측된 값에서 원거리에 위치하고 있는 관측치들을 의미한다.

회귀분석에서 이상치의 존재가 심각할 수 있는 문제로 인식되는 때는 적은 수의 데이터로 분석을 수행할 때 주로 발생한다. 즉, 소규모 샘플수로 예측할 때 한 개 또는 몇 개의 극단의 관측치는 예측값에 커다란 영향을 미치게 된다. 간단하게 이를 확인할 수 있는 방법은 회귀분석에서 이상치로 의심되는 몇 개의 관측치를 제외하고 분석하였을 경우에 OLS 추정치가 크게 변동하게 되면 이상치로 정의할 수 있을 것이다. 이상치는 회귀분석의 결과에 큰 영향을 줄 수 있다는 점에서 결정적 관측치(influential observations)로 정의하기도 한다.

이상치로 의심되는 경우가 발생하는 이유는 여러 가지가 있다. 첫째는 입력오류(coding error) 또는 계산오류(calculation error)로 인한 것이다. 개인이 연구목적으로 설문조사를 하고, 이를 입력하게 될 때 실수를 하게 되는 경우가 자주 발생하게 된다. 연령(age)을 예로 들면 그 값이 10임에도 불구하고 입력하는 사람의 실수로 100으로 입력하는 등의 오류가 발생할 수 있다. 이러한 입력오류는 일반적으로 설문응답지의 원본을 확인하여 쉽게 수정할 수 있다. 이러한 입력 오류 이외에도 실수에 의하여 이루어지는 경우에는 기존 분석항목에서 새로운 변수를 만들어 낼 때 발생하는 경우가 있다. 예를 들어, 월평균 가구소득이 연속변수로 측정된 기존 변수를 범주형 변수로 변환하여 분석하고자 하는 경우가 있다고 가정하여 보자. 이때 연속형 변수를 범주형 변수로 변환하면서 범주형 변수의 값을 잘 못 지정하는 경우가 발생할 수 있다. 이러한 경우에도 Stata는 원자료를 수정하지 않고 do-파일에서 변수의 생성과 변환 등의 명령문을 사용하고 있었다면 추적하여 쉽게 수정할 수가 있을 것이다. 이러한 입력

및 계산 오류에 의한 것은 요약통계량 명령어(summarize)로 최솟값과 최댓값을 확인하는 노력에 의하여 해소되는 경우가 많다.

둘째는 실제 설문응답자가 극단값에 응답하게 되는 경우이다. 예를 들어 삶의 질 지표(lq_vas)는 0에서 100사이의 범위에서 자신의 행복과 건강에 대하여 몇 점을 줄 것인가에 대한 응답을 하도록 하였다고 가정하자. 보통 일반적인 경우는 70-80점대에서 응답하게 되지만 소수의 경우에는 0점 등의 극단의 값을 취하게 되는 경우가 있다. 그러나 이는 입력오류가 아니다. 극단의 값에 대한 응답의 사례가 발생하게 되는 경우는 가끔은 설문항목이 객관적 기준이 아니라 주관적 기준에 의하여 만들어질 때 발생한다. 그러므로 극단의 값들에 대한 응답을 배제하기 위하여서는 조사설계시에 설문항목에 대한 주관적 기준을 가급적 배제하거나 통제할 수 있는 방안을 강구할 필요가 있다. 그럼에도 불구하고 이러한 극단의 값이 회귀분석에서의 예측에 커다란 영향을 미치게 되는 경우에는 이들 관측치들을 제거하고 분석하는 방법이 있다. 그러나 이 경우는 연구자의 주관적 판단이 개입되는 결과를 초래하여 분석결과의 편이를 발생하게 할 수 있다. 그러므로 이러한 경우에는 이상치를 포함한 회귀분석결과와 포함되지 않은 결과를 함께 보여주고, 이에 대한 변동의 해석을 시도할 필요가 있다. 또한 이 경우는 소규모 표본추출로 인하여 모집단을 대표하지 못하고 그 모집단 중에서 특정한 하위의 모집단이 대표될 때 발생할 수 있다. 이 때에는 만약 시간과 비용이 허락한다면 모집단을 대표할 수 있도록 조사표본의 수를 증가시키려는 노력이 필요하다.

이상치를 진단하는 방법은 앞서 간략하게 언급하였듯이 예측된 값과 실측된 값의 차이가 매우 큰 경우를 파악하면 된다. 그러므로 회귀분석을 수행한 후에 예측값과 잔차, 그리고 표준화된 잔차를 이용하여 확인할 수 있다. 그리고 이들 값들을 제거하였을 때와 제거하지 않았을 때의 회귀분석 결과를 비교하여 보면 이상치의 존재가 얼마나 되고 결과에 어떠한 영향을 미치는지를 알 수 있게 된다.

Stata에서 이상치를 진단하는 방법과 그 이상치의 영향력을 살펴보기 위하여 일주일간 운동횟수(exercise)가 삶의 질 지표(lq_vas)에 어떠한 영향을 주고 있는 지를 살펴보자. 일주일간 운동횟수는 새로운 설명변수이며, 최솟값이 0회이고 최댓값이 6회 이상으로 설문하였기 때문에 빈도표를 작성(tabulate)하여 그 내용을 살펴보자. 실행결과창에서는 일주일에 2회 정도 운동하는 경우가 가장 많음을 알 수 있다.

```
tabulate exercise
```

1주일 운동횟수	Freq.	Percent	Cum.
없음	85	15.07	15.07
1회	110	19.50	34.57
2회	179	31.74	66.31
3회	122	21.63	87.94
4회	14	2.48	90.43
5회	45	7.98	98.40
6회이상	9	1.60	100.00
Total	564	100.00	

일주일간 운동횟수(exercise)에 의하여 삶의 질 지표(lq_vas)가 어떻게 변화되는지를 예측하는 회귀분석을 실행(regress)하고, 이 결과를 잠재적 이상치를 제외한 결과와 비교하기 위하여 lqvas_R1이라는 이름으로 저장(estimate store)하여 보자.

```
regress lq_vas exercise
estimate store lqvas_R1
```

Source	SS	df	MS
Model	1444.61215	1	1444.61215
Residual	82768.9393	562	147.275693
Total	84213.5514	563	149.58002

Number of obs =	564
F(1, 562) =	9.81
Prob > F =	0.0018
R-squared =	0.0172
Adj R-squared =	0.0154
Root MSE =	12.136

lq_vas	Coef.	Std. Err.	t	P>|t|	[95% Conf.	Interval]
exercise	1.109272	.3541831	3.13	0.002	.4135874	1.804956
_cons	76.57139	.8944551	85.61	0.000	74.8145	78.32827

결과창에서는 일주일간 운동횟수(exercise)가 1회 증가할수록 삶의 질 지표(lq_vas)는 1.1점 정도 높아지며, 통계적으로 유의함을 보여주고 있다. 그러나 수정된 결정계수(Adj. R-squared)는 0.0154로 다소 낮다.

회귀분석 후에 잠재적 이상치를 확인하는 방법은 두가지가 있다. 하나는 잔차와 예측치와의 관계를 산점도 그래프를 이용하는 방법과 다른 하나는 잔차의 값을 표준화하여 예측하는 방법이다. 먼저 잔차와 예측치의 관계를 산점도 그래프를 작성(rvfplot)하여 잠재적 이상치들을 육안으로 확인하여 보자. 그래프에서 연구자의 주관에 따라 2개 정도의 이상치를 확인할 수 있다.

rvfplot

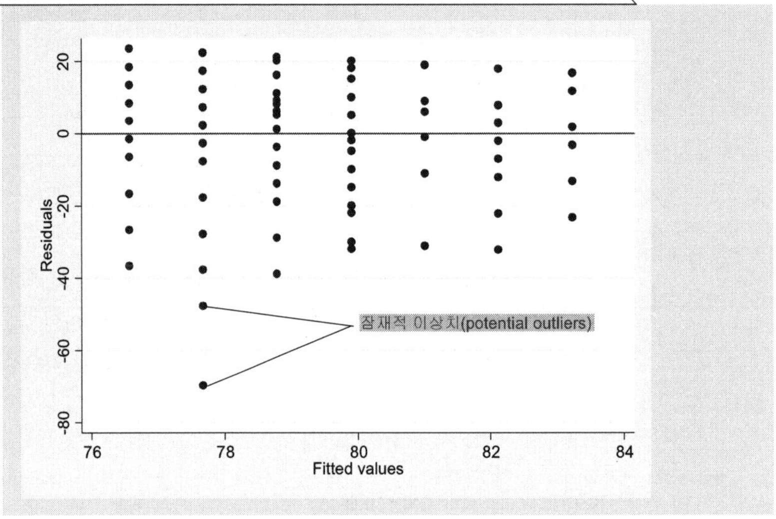

그래프로 확인하는 방법은 잠재적 이상치의 가능성을 육안으로 주관적으로 판단하는 것이며, 실질적인 이상치 여부를 파악하기에는 그 기준이 모호하다. 그러므로 잔차에 대한 표준화된 값을 이용하여 잔차의 이상치를 파악하는 것이 보다 바람직하다. 잔차(residual)의 표준화된 값(rstandard)의 어떠한 기준으로 이상차를 확인할 수 있을까? 이것도 연구자의 주관에 의한 것이지만 양측검정에서 통계적 유의수준이 0.01인 2.58에 대한 절대값(abs)보다 큰 값을 지닌 잔차의 z-score를 가진 관측치들을 잠재적 이상치라고 가정하여 확인하여 보자. Stata에서 predict 명령을 이용하여 예측값(yhat), 잔차(residual), 표준화된 잔차(rstandard)의 값을 불러올 수 있다. 이들 값들을 중에서 우리가 잠재적 이상치라고 정의한 값들에 해당하는 목록(list)을 보여달라는 명령을 최종적으로 실행하여 보자. 이 때는 list 명령문에 조건문 if를 이용하여 2.58의 절대값보다 큰 값만을 선택하도록 하

자. 여기에서는 또한 추가적으로 잔차의 절대값이 결측치인 값들을 제외하도록 하였다.

```
predict lq_yhat
predict lq_residual, residual
predict lq_rstandard, rstandard
list lq_vas lq_yhat lq_residual lq_rstandard if
abs(lq_rstandard)>2.58 & lq_rstandard<.
```

	lq_vas	lq_yhat	lq_resi~l	lq_rsta~d
37.	48	79.8992	-31.8992	-2.631837
144.	40	78.78993	-38.78993	-3.199188
225.	30	77.68066	-47.68066	-3.934371
239.	40	76.57139	-36.57138	-3.021751
241.	8	77.68066	-69.68066	-5.749702
243.	40	77.68066	-37.68066	-3.109221
388.	50	82.11774	-32.11774	-2.658633
508.	50	82.11774	-32.11774	-2.658633

실행결과창에서는 총 8개의 관측치가 잠재적 이상치로 나타났음을 알 수 있다. 예를 들어 첫 번째 잠재적 이상치의 실제 삶의 질 지표(lq_vas)는 48점이지만 예측치(lq_yhat)는 79.90임을 알 수 있다. 즉, 실측치와 예측치의 차이가 -31.90임을 알 수 있다. 모든 잠재적 이상치가 대부분 실측치보다 예측치가 높은 값들을 보이고 있기 때문에 과대추정의 가능성을 보여주고 있다.

잠재적 이상치들을 분석모형에서 제외하고 회귀분석을 수행하여 보자. 이 때 앞서의 회귀분석 명령문에서 조건문 if를 이용하여 잠재적 이상치는 제외하고 분석을 실행하도록 하면 된다. 그리고 이 결과를 앞서의 결과와 비교하기 위하여 분석결과를 lqvas_R2라는 이름으로 저장(estimate store)하도록 하자. 잠재적 이상치를 제거하지 않고 실행한 회귀분석 결과(lqvas_R1)와 제거한 분석결과(lqvas_R2)를 비교하는 표를 작성(estimate table)하여 보자.

```
quietly regress lq_vas exercise if abs(lq_rstandard) < 2.58
estimate store lqvas_R2
estimate table lqvas_R1 lqvas_R2, b(%9.3f) t(%9.2f)
p(%9.3f) stats(N r2 r2_a  F)
```

Variable	lqvas_R1	lqvas_R2
exercise	1.109	1.086
	3.13	3.32
	0.002	0.001
_cons	76.571	77.206
	85.61	93.63
	0.000	0.000
N	564	556
r2	0.017	0.020
r2_a	0.015	0.018
F	9.809	11.020

legend: b/t/p

잠재적 이상치를 포함한 결과(lqvas_R1)와 이를 제거하고 분석한 결과(lqvas_R2)를 비교하여 볼 때 커다란 차이를 보이고 있지 않음을 알 수 있다. 먼저 회귀계수(exercise)의 비교에서는 전자의 경우는 1회 운동을 더 하게 될 경우는 1.10점의 삶의 질 지표가 증가하지만 후자의 경우는 1.09점의 증가를 보이고 있다. 수정된 결정계수(r2_a)에서는 전자가 0.015이며, 후자는 0.018을 보이고 있다. 즉, 수정된 결정계수의 값은 소폭 증가하였음을 알 수 있다. 여기에서 잠재적 이상치를 포함할 것인가 그러하지 않을 것인가의 판단은 연구자의 주관에 맡길 수 밖에 없을 것이다. 그러나 만약 연구자가 저자라면 커다란 영향력을 잠재적 이상치가 유발하지 않았다고 판단할 수 있다. 즉, 입력오류가 없기 때문에 잠재적 이상치를 포함한 결과를 최종 결과로 도출하고 있다.

4. 이분산성의 진단

이분산성(Heteroskedasticity)의 잠재적 존재는 분산분석 또는 회귀분석을 수행할 때 문제가 된다. 이는 모형의 잔차가 상관성이 없다라는 것과 정규분포를 이루고 있다는 가정(assumption)을 위반하기 때문에 통계적 유의성 검증을 무효로 만드는 결과를 초래한다.

회귀분석에서 이분산성은 회귀계수에 대하여서가 아니라 회귀계수의 분산의 추정에 대한 편이(bias)를 왜곡하게 된다. 그러므로 이분산 분포를 지닌 데이터를 이용하게 되면 설명변수와 종속변수의 관계에 대하여 편이를 유발하게 되는 것이 아니라 그 분석으로부터 획득된 표준오차와 일련의 추론(inferences)에 대한 타당성을 의심하게 하는 효과가 있다. 즉, 이분산성을 가진 표준오차는 실질적인 모집단을 대표할 수 있다는 귀무가설에 대한 통계적 유의성을 확보하기 어렵게 하는 문제를 가지고 있다.

회귀분석에서 이분산성의 존재에 대한 검증 방법은 연속변수에 대하여서는 White 검증, Breusch-Pagan 검증, Cook-Weisbert 검증 등 여러 가지가 있다. Stata에서는 이 중에서 후자의 두 검증방법을 이용하여 회귀분석 후에 수행할 수 있도록 해주고 있다. 명령어는 estat hettest이며, 기본값으로 회귀장애(regession disturbances)가 정규분포를 이루고 있다라는 가정에 대한 검증통계량을 산출하여 제시하도록 하고 있다.

예를 들어, 일주일한 운동횟수(exercise)에 의한 삶의 질 지표(lq_vas)에 대한 회귀분석을 수행한 후에 전자의 이분산성 검증(estat hettest)을 실행하여 보자. 이 검증은 회귀분석 후에 수행하는 명령문이므로, 먼저 삶의 질 지표(lq_vas)에 운동횟수(exercise)의 효과를 파악하기 위하여 회귀분석을 실행결과창에 결과를 보이지 않고 조용히(quietly) 실행하고, 이분산성 검증을 실행하여 보자.

```
quietly regress lq_vas exercise
estat hettest exercise
```

```
Breusch-Pagan / Cook-Weisberg test for heteroskedasticity
         Ho: Constant variance
         Variables: exercise

         chi2(1)      =     4.53
         Prob > chi2  =   0.0334
```

실행결과창에서는 일주일간 운동횟수(exercise)에 대한 이분산성의 검증을 Breusch-Pegan과 Cook-Weisbert 검증을 수행하였다는 것을 알려주고 있다. 이 검증에서의 귀무가설(H_0)은 분산이 일정하다(constant variance)라는 것이며, 검증통계량은 카이스퀘어 통계량과 p-값을 보여주고 있다. 귀무가설에 대한 통계적 유의수준인 α를 0.05로 하였을 경우에는 그 귀무가설을 기각하지 못하게 되어 일주일간 운동횟수는 분산이 일정하다라는 결론을 도출하게 된다.

Stata에서는 연속변수에 대한 이분산성 검증 이외에도 순위척도에 대한 검증통계량도 estat szroeter이라는 명령어로 분석할 수 있다. 일주일간 운동횟수(exercise)는 연속변수로 볼 수도 있지만 엄밀한 의미에서는 순위척도로도 간주할 수 있다. 그러므로 이를 순위척도에 대한 검증으로 수행하여 그 결과를 살펴보자.

```
estat szroeter exercise
```

```
Szroeter's test for homoskedasticity

    Ho: variance constant
    Ha: variance monotonic in exercise

        chi2(1)      =      9.12
        Prob > chi2  =    0.0025
```

실행결과창에서는 이분산성에 대한 Szroeter 검증을 하였음을 알려주고 있다. 귀무가설(H_0)은 분산이 일정하다라는 것이며, 대립가설(H_α)은 운동횟수(exercise)의 분산이 단조롭다(monotonic)라는 것이다. 분석결과는 카이스퀘어 통계량과 함께 p-값이 0.0025임을 보여주고 있다. p-값이 통계적 유의수준 α를 0.01로 하였을 때보다 작기 때문에 귀무가설을 채택할 수 없음을 분석결과는 보여주고 있다. 즉, 순위척도로 일주일간 운동횟수(exercise)를 가준하는 경우에는 등분산성에 대한 결론을 보다 공고하게 하여주고 있다.

제8장

다중회귀분석과 진단

제1절 다중회귀분석과 표준화회귀계수

1. 다중회귀분석 개요

다중회귀분석은 회귀모형에서 설명변수가 2개 이상이 포함되는 분석을 말하며, 1개의 설명변수만이 포함된 단순선형회귀모형의 확장이라고 보면 된다. 다중회귀모형의 방정식은 아래와 같이 k개의 설명변수로 구성이 되며, 단순선형회귀모형과 마찬가지로 각각의 설명변수는 종속변수의 선형의 관계를 가지고 있다고 가정하게 된다.

$$y_i = \alpha + \beta_1 x_{1i} + \beta_2 x_{2i} + \beta_3 x_{3i} + \cdots + \beta_k x_{ki} + \epsilon_i$$

Stata로 다중회귀분석을 수행하여 보자. 여기에서는 체질량지수(bmi)가 몸무게(weight), 하루 평균 보행시간(walktime), 일주일간 10분 이상 보행일수(walkfreq), 일주일간 운동일수(exercise)에 의하여 어떠한 영향을 받게 되는 지를 회귀분석을 통하여 살펴보자.

다중회귀분석을 수행하는 일반적인 절차는 요약통계량, 상관관계, 산포도 매트릭스, 그리고 마지막으로 회귀분석의 순으로 이루어지게 된다. 먼저 요약통계량(summarize) 명령어로 관측치수(Obs), 평균(Mean), 표준편차(Std. Dev.), 최솟값(Min), 최댓값(Max) 등을 확인하는 것이다. 여기서 관측치의 수가 각각 몇 개나 되는지? 그리고 입력오류가 없는지? 등을 살펴보아야 한다. 요약통계량은 다중회귀분석에 포함되는 종속변수와 설명변수들을 모두 포함하여야 한다. 이를 summarize 명령어로 실행하여 보자.

```
summarize bmi weight walktime walkfreq exercise
```

Variable	Obs	Mean	Std. Dev.	Min	Max
bmi	574	22.27143	2.260312	15.21093	31.74179
weight	574	62.5	10.39747	40	95
walktime	609	54.68637	31.73288	0	420
walkfreq	608	3.154605	1.136099	0	7
exercise	564	2.072695	1.444054	0	6

실행결과창에서는 종속변수(bmi)와 4개의 설명변수들에 대한 요약통계량이 제시되어 있음을 알 수 있다. 여기서 평균과 최솟값, 최댓값 등에 대한 입력오류와 이상치 등에 대한 진단을 간략하게 볼 수 있으며, 관측치수(Obs)가 동일한지를 확인할 수 있다. 결과창에서는 결측치로 인하여 관측치수가 다양함을 알 수 있다. 그러므로 keep이라는 명령어를 이용하여 각 변수마다 포함된 결측치를 모두 제외하여 보자.

```
keep if bmi~=.
keep if weight ~=.
keep if walktime ~=.
keep if walkfreq ~=.
keep if exercise~=.
```

```
. keep if bmi~=.
(35 observations deleted)

. keep if weight ~=.
(0 observations deleted)

. keep if walktime ~=.
(0 observations deleted)

. keep if walkfreq ~=.
(0 observations deleted)

. keep if exercise~=.
(41 observations deleted)
```

실행결과창에서는 체질량지수(bmi)의 결측치가 35개이며, 이들이 데이터에서 제거되었음을 알려주고 있다. 몸무게(weight), 하루 평균보행시간(walktime), 일주일간 10분 이상 보행일수(walkfreq)는 제거된 체질량지수(bmi)의 관측치에서 모두 결측치가 있기 때문에 0개의 관측치가 제거되었다고 보고하고 있다. 마지막으로 일주일간 운동횟수(exericse)는 체질량지수의 결측치를 제거하였음에도 불구하고, 41개의 관측치가 있고 이를 데이터에서 제거하였음을 보고하여 주고 있다. 모든 변수의 결측치를 제외한 데이터에서 요약통계량의 확인을 다시 한 번 수행하여 보자.

```
summarize bmi weight walktime walkfreq exercise
```

Variable	Obs	Mean	Std. Dev.	Min	Max
bmi	533	22.30141	2.26736	15.21093	31.74179
weight	533	62.7636	10.39504	40	95
walktime	533	56.24765	32.51938	0	420
walkfreq	533	3.183865	1.107036	1	7
exercise	533	2.125704	1.435701	0	6

실행결과창에서는 관측치의 수가 533개임을 보여주고 있다. 그리고 최솟값(Min)과 최댓값(Max)으로 판단할 때 변수들마다 가지고 있는 범위를 벗어나지는 않고 있어, 범위를 벗어나는 입력오류는 없는 것으로 파악할 수 있다.

이번에는 쌍대 상관관계(pair-wise)를 pwcorr의 명령어로 수행하여 보자. 여기에서 상관계수의 통계적 유의수준을 α를 0.05로 하고, 이보다 작은 p-값, 즉 통계적으로 유의한 상관계수에 대하여서는 별표(star, *)를 보여주라는 옵션을 선택하여 보자.

```
pwcorr bmi weight walktime walkfreq exercise ,
star(0.05)
```

	bmi	weight	walktime	walkfreq	exercise
bmi	1.0000				
weight	0.8021*	1.0000			
walktime	0.1185*	0.1422*	1.0000		
walkfreq	0.0382	0.1207*	0.3993*	1.0000	
exercise	0.0710	0.0832	0.1166*	0.0718	1.0000

실행결과창에서는 체질량지수(bmi)와 유의한 상관관계를 가지고 있는 변수들은 몸무게(weight)와 하루평균보행시간(walktime)임을 알 수 있으며, 나머지 두 변수는 그러하지 아니하다. 이들 모든 변수들은 관계의 정도는

다르지만 체질량지수와 양의 관계를 가지고 있음을 알 수 있다. 설명변수와 설명변수와의 상관계수값과 통계적 유의수준을 가지고서는 개략적으로 다중공선성(multicollinearity) 여부를 살펴볼 수 있다. 별표가 있는 상관계수는 4개이며, 이중에서 가장 높은 상관계수는 하루평균보행시간(walktime)과 일주일간 10분 이상 보행일수(walkfreq)이며, 0.3993의 값을 가지고 있다. 다중공선성 진단은 다음에서 보다 자세하게 설명하게 될 것이다.

회귀모형에 포함될 종속변수와 설명변수들의 관계를 산점도 매트릭스를 이용하여 개략적으로 살펴보면서, 이상치(outliers)의 잠재적 존재 가능성 등을 확인하여 보자. 옵션으로는 half를 선택하여 전체가 아닌 대각선을 중심으로 아래쪽 부분만을 보이게 하여 보자.

```
graph matrix bmi weight walktime walkfreq exercise, half
```

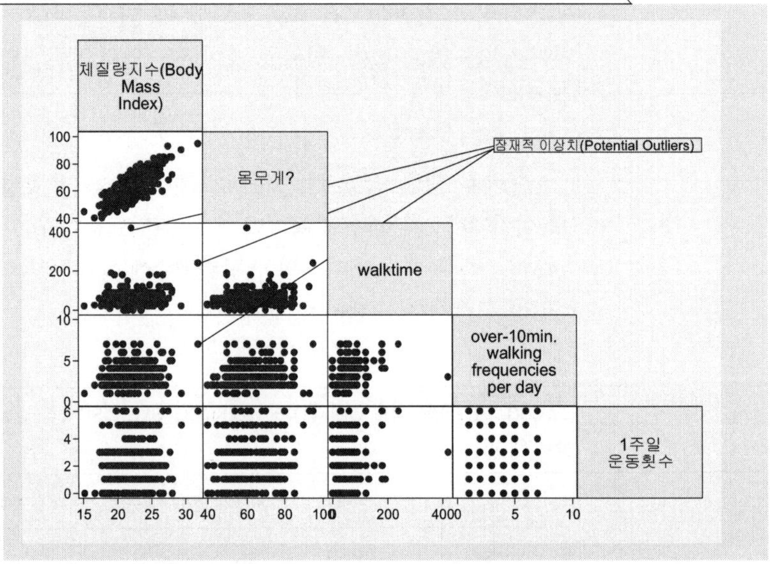

그래프창에서는 모든 변수들에 대한 산점도(scatter) 그래프를 매트릭스 형태로 보여주고 있다. 여기에서 우리는 간략하게 관계의 분포를 통하여 두가지를 살펴볼 수 있다. 첫째는 종속변수와 설명변수 그리고 설명변수들간의 관계에 대한 함수형태를 살펴볼 수 있다. 예를 들어 체질량지수(bmi)와 몸무게(weight)는 선형의 상관성이 뚜렷하게 나타나고 있다. 둘째는 잠재적 이상치(potential outliers)를 발견할 수 있다. 체질량지수와 하루평균 보행시간(walktime) 및 10분 이상 지속된 일주일간 보행일수(walkfreq)에서 잠재적 이상치를 볼 수 있다. 앞서 이상치 여부의 진단과 분석방법에 대하여서는 자세하게 설명하였으므로, 여기에서는 이를 치유하지 않고 바로 회귀분석을 수행하기로 한다. 그러나 실제 분석에서는 이를 반드시 확인하고 회귀분석의 절차로 넘어가는 것을 권한다.

다중회귀분석의 실행명령은 단순회귀분석과 동일하며, 회귀분석의 명령어(regress)어 다음으로 종속변수(bmi)를 먼저 입력하고, 그 다음으로 설명변수들 모두를 입력하여 실행하면 된다.

regress bmi weight walktime walkfreq exercise

```
      Source |       SS       df       MS              Number of obs =     533
-------------+------------------------------           F(  4,   528) =  242.75
       Model |  1771.62584     4  442.90646            Prob > F      =  0.0000
    Residual |  963.345527   528  1.82451804           R-squared     =  0.6478
-------------+------------------------------           Adj R-squared =  0.6451
       Total |  2734.97137   532  5.14092362           Root MSE      =  1.3507

------------------------------------------------------------------------------
         bmi |      Coef.   Std. Err.      t    P>|t|     [95% Conf. Interval]
-------------+----------------------------------------------------------------
      weight |   .1757618   .0057182    30.74   0.000     .1645286     .186995
    walktime |   .0022441   .0019827     1.13   0.258    -.0016508     .006139
    walkfreq |  -.1481186   .0578591    -2.56   0.011    -.2617809   -.0344562
    exercise |    .008496   .0411759     0.21   0.837    -.0723927    .0893846
       _cons |   11.59728    .383358    30.25   0.000     10.84418    12.35037
------------------------------------------------------------------------------
```

실행결과창에서는 모형에 대한 통계량과 설명변수들의 통계량으로 단순회귀모형과 동일한 형태로 그 결과가 제시되어 있음을 알 수 있다. 먼저 모형에 대한 통계량에 대하여 간략하게 살펴보면 다음과 같다. 분석된 총 관측치수(Number of obs)는 533개이며, 모형의 수정결정계수(Adj R-squared)는 0.6451이다. 결정계수가 0.6451이라 함은 총 4개의 설명변수에 의하여 종속변수인 체질량지수(bmi)의 변동이 64.51%가 설명된다는 것을 의미한다.

실행결과창에서의 설명변수들에 대한 통계량은 회귀계수(Coef.), 표준오차(Std. Err.), t-통계량(t), p-값(P>|t|), 그리고 95% 신뢰구간에 해당하는 회귀계수를 보여주고 있다. 결과에 대하여 해석을 하면, 몸무게(weight)와 10분 이상 보행일수(walkfreq)를 제외하고는 설명변수들이 체질량지수

(bmi)에 통계적으로 유의하게 영향을 미치지 않음을 알 수 있다. 몸무게(weight)가 증가할수록 체질량지수(bmi)는 증가하며, 1kg의 몸무게 증가는 체질량지수의 값을 0.176 정도 높이는 경향이 있음을 알 수 있다. 반면에 하루 10분 이상 보행일수(walkfreq)는 체질량지수에 부정적으로 영향을 미치는 것으로 파악할 수 있다. 1회 10분 이상 보행일수의 증가는 -0.148 정도의 체질량지수(bmi)의 값을 감소시킬 수 있음을 보여주고 있다. 이들 두 설명변수의 관계는 직관적으로 이해가 가능하다. 즉, 몸무게가 많은 사람은 체질량지수가 높으며, 10분 이상 지속된 보행일수가 많으며 체질량지수는 감소하게 된다. 그러나 walkfreq에 대하여 통계적 유의수준인 α를 0.01로 설정하게 되면 근소한 차이지만 통계적으로 유의하다고 말할 수 없음을 보여주고 있다. 즉, walkfreq의 p-값이 0.011이다.

한편, 이러한 두 개의 통계적으로 유의한 설명변수들 중에서 체질량지수에 대한 영향력은 어떤 것이 보다 클까라는 의문을 가질 수 있다. 그러나 회귀계수만으로는 그것에 대한 평가를 하기가 어렵다. 왜냐하면 두 설명변수의 단위가 다르고 분포가 차이가 있기 때문이다. 이러한 경우에는 표준화 회귀계수를 산출하여 비교할 수 있다.

2. 표준화회귀계수

일반적으로 표준화된 회귀계수(standardized or beta coefficients)는 분석모형에서 다른 설명변수간의 영향력의 정도를 비교할 때 자주 사용된다. 다중회귀분석에서의 두 개 이상의 설명변수들의 평균과 분산의 정도가 다르고 분석단위도 다르기 때문에 일반적인 회귀계수들의 크기를 비교하면서 어떠한 설명변수가 다른 설명변수에 비하여 영향력이 보다 크다라고 말하기 어렵다. 그러나 표준화된 회귀계수는 변수의 값의 평균을 0으로 하고 분산을 1로 한 값으로 바꾸어주기 때문에 분석단위가 다르거나 분포가 다른 변수들의 회귀계수값을 상호비교할 수 있다는 장점이 있다. 다중회귀모형의 수식을 종속변수와 설명변수로 표준화하여 표현하면 다음과 같다.

$$(y_i-\overline{y})/\widehat{\sigma_y}=(\widehat{\sigma_1}/\widehat{\sigma_y})\widehat{\beta_1}[(x_{1i}-\overline{x_1})/\widehat{\sigma_1}]+(\widehat{\sigma_2}/\widehat{\sigma_y})\widehat{\beta_2}[(x_{2i}-\overline{x_2})/\widehat{\sigma_2}]$$
$$+(\widehat{\sigma_3}/\widehat{\sigma_y})\widehat{\beta_3}[(x_{3i}-\overline{x_3})/\widehat{\sigma_3}]+\cdots+(\widehat{\sigma_k}/\widehat{\sigma_y})\widehat{\beta_k}[(x_{ki}-\overline{x_k})/\widehat{\sigma_k}]+(\epsilon_i/\widehat{\sigma_y})$$

여기서, σ는 각 변수의 표준편차, $\overline{y}$와 $\overline{x}$는 평균을 의미함

이 때 표준화된 회귀계수(standardized coefficient 또는 beta coefficients)는 해당되는 추정된 회귀계수($\widehat{\beta_i}$)에 그 변수의 표준편차와 종속변수의 비율($\widehat{\sigma_i}/\widehat{\sigma_y}$)을 곱한 값(= $(\widehat{\sigma_i}/\widehat{\sigma_y})\widehat{\beta_i}$)이 된다. 표준화된 회귀계수는 설명변수의 1단위 표준편차의 변화가 얼마나 많은 종속변수의 표준편차의 단위를 변화시키는지를 의미하게 된다. 한편으로는 이러한 표준화된 회귀계수에 대한 해석이 용이하지 않기 때문에 이것의 사용을 비판하기도 하지만, 만약 연구자가 모형에 포함된 다른 설명변수들간의 종속변수에 대한 영향력의 정도를 비교하고자 한다면 유용한 방법임에는 틀림없다.

표준화 회귀계수에 대한 예제를 앞서 실행한 다중회귀모형을 이용하여 산출하여보자. 표준화된 회귀계수(Stata에서는 beta)의 산출은 옵션으로 beta를 입력하면 된다.

```
regress bmi weight walktime walkfreq exercise, beta
```

```
      Source |       SS       df       MS              Number of obs =     533
-------------+------------------------------           F(  4,   528) =  242.75
       Model |  1771.62584     4  442.90646           Prob > F      =  0.0000
    Residual |  963.345527   528  1.82451804           R-squared     =  0.6478
-------------+------------------------------           Adj R-squared =  0.6451
       Total |  2734.97137   532  5.14092362           Root MSE      =  1.3507

------------------------------------------------------------------------------
         bmi |      Coef.   Std. Err.      t    P>|t|                     Beta
-------------+----------------------------------------------------------------
      weight |   .1757618   .0057182    30.74   0.000                 .8058049
    walktime |   .0022441   .0019827     1.13   0.258                 .0321858
    walkfreq |  -.1481186   .0578591    -2.56   0.011                -.0723187
    exercise |    .008496   .0411759     0.21   0.837                 .0053797
       _cons |   11.59728    .383358    30.25   0.000                        .
------------------------------------------------------------------------------
```

실행결과에서는 표준화된 회귀계수의 값을 보여주고 있다. 모형에 대한 통계량과 회귀계수 등은 앞서의 회귀분석결과와 동일하다. 다만 95% 신뢰구간에 대한 내용이 없어지고, 그 자리에 표준화된 회귀계수(beta) 값이

제시되어 있음을 알 수 있다. 몸무게(weight)와 하루 10분 이상 보행일수(walkfreq)만이 통계적으로 유의하므로, 이들 두 변수들에 대한 체질량지수의 영향력을 크기로 비교하여 보자. 절대값의 비교에서는 weight가 0.806이고, walkfreq가 0.072로 나타나고 있다. 그러므로 전자가 후자에 비하여 그 영향력의 크기가 상당히 크게 나타나고 있음을 알 수 있다. 즉, 체질량지수는 현재의 몸무게가 보다 큰 영향을 미치며, 하루 평균 보행일수는 그에 비하여 미미한 효과를 가지게 됨으로 해석할 수 있다.

3. 모형의 구체화: 회귀계수의 가설검증

다중회귀분석에서 모형의 검증과 더불어 설명변수들이 적절하게 적용되었는 지에 대한 모형의 구체성(model specification)을 진단할 필요가 있다. 모형의 구체성, 즉, 설명변수들의 회귀계수가 적합하게 구체화되었는지를 판단하는 검증(test)에는 Wald-검정(Wald test), LM 검증(Lagrange multiplier test), 그리고 LR 검증(Likelihood-ratio test)이 있다. 이 중에서 LR 검증이 Wald 검증보다도 선호된다고 한다. 그 이유는 전자는 분포의 형태가 chi-squared라는 것을 기준으로 검증하지만, 후자는 표준오차와 분포(여기서는 chi-sqaured 분포)를 활용하여 검증하므로 검증결과의 일관성이 보다 우수하기 때문이다(Frank, 2001; Pawitan, 2001; Collett, 2003)[14]. 이들 검증은 대규모 표본크기를 요구하며, 어떠한 검증방법을 사용하느냐의 문제는 보통 분석의 편이성에 기초한다고 보면 된다(Baum, 2006).

다중선형회귀분석에서의 회귀계수의 가설검증에는 wald 검증이 일반적으로 사용된다. Stata에서 회귀계수의 가설검증에 대한 명령어는 test, testparm, lincom 등 세가지가 있다. test는 선형가설을 검증하는데 사용되고, testparm은 모수(parameters) 검정에 사용되고, lincom은 모수 추정량(estimators)의 선형조합의 검증에 사용된다. 첫 번째와 두 번째의 통계

14) 이러한 주장은 wikipeidia의 wald test에서 인용된 것이며, 보다 구체적인 내용을 확인하고자 할 때에는 www.wikipedia.org 를 방문하여 wald test를 입력하여 확인하여 보기 바란다.

검증방법은 매우 유사하며, Stata에서 유일한 차이는 testparm 명령어가 와일드카드(*, -, ? 등)를 사용할 수 있으나, test는 이를 허용하고 있지 않다는 것에 있다.

Stata에서는 회귀분석의 산출물로 각 회귀계수가 0이다라는 귀무가설의 검증을 위하여 이에 대한 ANOVA의 F-분포, t-값, 그리고 p-값에 대한 검증통계량을 자동으로 생성하고 있다. 그러므로 회귀분석 이후에 이들에 대한 검증을 하고 싶다면 test, testparm, lincom을 실행하면 된다.

먼저 하나의 설명변수의 회귀계수에 대하여, "추정된 회귀계수가 0과 같다"라는 귀무가설($H_0 : \beta_i = 0$)를 검증하고자 한다면, test 명령문을 사용하면 된다. 예를 들어, 앞서 실행한 회귀분석을 실행하여 보자. 이 회귀분석은 체질량지수(bmi)가 몸무게(weight), 일주일간 10분 이상 지속된 보행일수(walkfreq), 하루 평균보행시간(walktime), 일주일간 운동횟수(exercise)에 의하여 영향을 받는다라는 회귀모형에 대한 분석을 의미한다.

regress bmi weight walktime walkfreq exercise

```
      Source |       SS       df       MS              Number of obs =     533
-------------+------------------------------           F(  4,   528) =  242.75
       Model |  1771.62584     4  442.90646            Prob > F      =  0.0000
    Residual |  963.345527   528  1.82451804           R-squared     =  0.6478
-------------+------------------------------           Adj R-squared =  0.6451
       Total |  2734.97137   532  5.14092362           Root MSE      =  1.3507

------------------------------------------------------------------------------
         bmi |      Coef.   Std. Err.      t    P>|t|     [95% Conf. Interval]
-------------+----------------------------------------------------------------
      weight |   .1757618   .0057182    30.74   0.000     .1645286     .186995
    walktime |   .0022441   .0019827     1.13   0.258    -.0016508     .006139
    walkfreq |  -.1481186   .0578591    -2.56   0.011    -.2617809   -.0344562
    exercise |    .008496   .0411759     0.21   0.837    -.0723927    .0893846
       _cons |   11.59728    .383358    30.25   0.000     10.84418    12.35037
------------------------------------------------------------------------------
```

여기서 각각의 설명변수에 대한 회귀계수, 표준오차, t-값, p-값을 보여주게 된다. t-값은 추정된 계수(Coef.)와 표준오차(Std. Err.)의 비율이 t-분포의 가정하에 그 값(-0.56=-0.1481186/0.0578591)을 가지고 되며, 이 때의 p-값은 0.0107이다.

이제 회귀분석을 실행한 이후에 "walkfreq의 추정된 회귀계수가 0이다"라는 귀무가설($H_0 : \beta_{walkfreq} = 0$)을 검증하기 위하여 test 다음에 walkfreq를 입력하여 실행하여 보자.

test walkfreq

```
( 1)  walkfreq = 0

      F(  1,   528) =    6.55
           Prob > F =    0.0107
```

실행결과창에서는 귀무가설과 F-통계량, 그리고 p-값을 보여주고 있다. test에 의하여 실행된 결과창에서는 t-값 대신에 F(1, N-k)의 값을 보여주고 있다. 이는 회귀벡터에 대하여 하나 이상의 제한(restriction)을 가정하여 가설을 설정하기 때문에 t-값 보다는 F-값을 보여주게 된다. test의 결과로 귀무가설을 기각할 수 없다면 회귀모형에서 삭제하는 것이 일반적으로 이루어지게 된다. 10분 이상 지속된 보행일수(walkfreq)는 6.55의 F-값을 가지고 있으며, 통계적 유의수준(α)을 0.05로 할 경우에는 귀무가설을 기각하게 되어 추정된 회귀계수가 0이 아니다라는 대립가설을 채택하게 된다.

test의 또 다른 실행은 "두 설명변수의 회귀계수가 동일하다", 즉 "두 설명변수의 회귀계수는 θ라는 동일한 값을 가진다"라는 귀무가설($H_0 : \beta_i = \beta_j = \theta$)을 검증하는 경우가 있다. 예를 들어, 하루 평균보행시간(walktime)과 walkfreq는 체질량지수에 대하여 동일한 값을 가질 수 있다라고 의심할 수 있다. 왜냐하면 두 변수들 모두 걷기라는 동일한 유산소 운동의 대리변수로 간주할 수 있기 때문이다. 그러므로 여기에서는 걷기라는 두 대리변수의 효과가 동일하다라는 가설을 검증하여 볼 필요가 있다. 이런 경우에도 test의 명령어를 활용할 수 있다. 실행명령문은 test 다음에 두 설명변수의 회귀계수가 동일하다라는 내용으로 'walkfreq=walktime'를 입력하여 실행하면 된다.

test walkfreq=walktime

```
( 1)  walkfreq - walktime = 0

      F(  1,    528) =     6.57
           Prob > F =     0.0106
```

실행결과창에서는 두 회귀계수가 동일한 값을 가진다라는 귀무가설을 α가 0.05일 경우에는 기각하게 된다. 그러나 α가 0.01일 경우에는 그러하지 못하므로, 두 회귀계수가 동일한 값을 가지지 않는다라는 것을 강하게 지지하기는 어렵다는 결론을 도출할 수 있다.

2개 이상의 설명변수에 대하여 추정된 회귀계수의 값들이 모두 0이다라는 하나의 묶음(set)에 대한 귀무가설을 검증하기 위한 명령어는 test와 testparm 모두 사용할 수 있다. 유일한 차이는 후자의 명령어가 와일드카드(*, ?, -)를 사용할 수 있다는 것이다. 예를 들어, walkfreq, walktime, exercise의 세 설명변수의 추정된 회귀계수가 모두 0이다라는 귀무가설($H_0 : \beta_{walkfreq} + \beta_{walktime} + \beta_{exercise} = 0$)을 검증하기 위하여 test와 testparm을 모두 사용하여 그 결과를 비교하여 보자. 대신에 testparm에서는 와일드 카드(*)의 표시로 간략하게 실행명령을 걷기(walk*)에 대한 설명변수를 표기하여 보자.

test walkfreq walktime exercise

```
( 1)  walkfreq = 0
( 2)  walktime = 0
( 3)  exercise = 0

      F(  3,    528) =     2.20
           Prob > F =     0.0869
```

testparm walk* exercise

```
( 1)  walkfreq = 0
( 2)  walktime = 0
( 3)  exercise = 0

      F(  3,    528) =     2.20
           Prob > F =     0.0869
```

실행결과창에서는 test 명령문과 testparm 명령문의 실행결과를 모두 보여주고 있으며, 그 검증통계량은 동일함을 알 수 있다. 보행횟수(walkfreq), 보행시간(walktime), 운동횟수(exercise)의 모든 설명변수의 회귀계수가 0이다라는 것에 대하여 F-분포는 2.20의 값을 가지고 있으며, p-값은 0.0869이다. 이들 검증통계량과 α를 0.05로 설정할 경우에는 이들 추정된 세 회귀계수의 값이 모두 0이다라는 것을 기각할 수 없게 된다. 즉, 이들 세가지 설명변수 중에서는 적어도 하나의 회귀계수가 0과 같다라고 볼 수 있다. 그러므로 각각의 회귀계수에 대한 가설검증을 추가적으로 수행하여야 한다.

앞서 보행횟수(walkfreq)에 대하여 test 결과는 회귀계수가 0이 아님을 이미 보여 주었다. 그러므로 나머지 두 설명변수의 회귀계수에 대한 가설검증을 각각 실행하여 보자. 실행결과창에서는 두 설명변수 모두 통계적 유의수준인 0.05보다 크기 때문에 이 두 설명변수는 체질량지수(bmi)에 통계적으로 유의할 정도로 영향을 주지 않는 변수라고 규정할 수 있다.

```
test walktime
```

```
( 1)  walktime = 0

      F(  1,   528) =     1.28
           Prob > F =    0.2582
```

```
testparm exercise
```

```
( 1)  exercise = 0

      F(  1,   528) =     0.04
           Prob > F =    0.8366
```

둘 이상의 설명변수의 회귀계수의 선형조합(linear combination)에 대한 가설검증도 test, testparm, lincom을 이용하여 실행할 수 있다. 여기에서는 lincom의 명령어를 활용하여 앞서의 세 설명변수(walkfreq, walktime, exercise)의 회귀계수의 합은 0이다라는 귀무가설($H_0 : \beta_{walkfreq} + \beta_{walktime} + \beta_{exercise} = 0$)을 검증하여 보자. 실행명령문으로는 lincom 다음에 'walkfreq+walktime+exercise'라고 입력하면 된다. 여기서 주의할 점은 세 설명변수의 합이 0이다라고 하여 "=0"을 입력하면 안된다는 것이다.

lincom walkfreq + walktime + exercise

(1) walkfreq + walktime + exercise = 0

bmi	Coef.	Std. Err.	t	P>|t|	[95% Conf. Interval]	
(1)	-.1373785	.0695306	-1.98	0.049	-.2739689	-.000788

실행결과창에서는 체질량지수(bmi)에 대한 세 설명변수의 추정된 계수의 합(coef.)이 -0.1373785이며, 표준오차는 0.0695306, t-값은 -1.98, p-값은 0.049이다. 즉, p-값으로 볼 때 세 설명변수의 추정된 회귀계수의 합인 -0.1373785의 값은 0이다라고 보기에는 어렵다는 것을 알 수 있다. 이 분석결과는 세가지 설명변수의 추정된 회귀계수에 대한 각각의 검증이 아니라 하나의 통합된 선형조합의 결과이기 때문에 모형의 구체화를 위하여서는 추가적인 분석이 필요하다.

즉, 앞서 보행시간(walktime)과 운동횟수(exercise)의 각각에 대한 회귀계수는 0과 같다라는 귀무가설을 기각하지 못하였다. 그러므로 이 두 설명변수에 대한 회귀계수의 합(선형조합)은 어떠한지를 추가적으로 분석하여볼 필요가 있다. lincom의 명령문을 이용하여 실행하여 보자. 실행결과창에서는 두 설명변수의 선형 조합의 회귀계수는 0.0107이며, 통계적으로 유의하지 못함을 알 수 있다.

lincom walktime + exercise

(1) walktime + exercise = 0

bmi	Coef.	Std. Err.	t	P>|t|	[95% Conf. Interval]	
(1)	.0107401	.0410467	0.26	0.794	-.0698948	.091375

결과적으로 모형의 구체화 검증결과를 토대로 하여 최종 모형은 보행시간(walktime)과 운동횟수(exercise)의 설명변수를 제거하고, 몸무게(weight)와 보행횟수(walkfreq)를 이용하여 회귀분석을 수행하는 것이 바람직하다. 4개의 설명변수가 모두 포함된 모형을 'm1_total'로, 두 변수만

포함된 모형을 'm2_sig'로 하여 회귀분석을 조용히(quietly) 실행하여 그 결과를 저장(estimate store)하고, 그 결과를 하나의 표로 비교(estimate table)하여 보자.

```
quietly regress bmi weight walktime walkfreq
exercise
estimate store m1_total
quietly regress bmi weight walkfreq
estimate store m2_sig
estimate table m1_total m2_sig, b(%9.3f) t(%9.2f)
p(%9.3f) stats(N r2 r2_a  F)
```

Variable	m1_total	m2_sig
weight	0.176	0.177
	30.74	31.12
	0.000	0.000
walktime	0.002	
	1.13	
	0.258	
walkfreq	-0.148	-0.122
	-2.56	-2.29
	0.011	0.023
exercise	0.008	
	0.21	
	0.837	
_cons	11.597	11.610
	30.25	30.56
	0.000	0.000
N	533	533
r2	0.648	0.647
r2_a	0.645	0.646
F	242.753	485.388

legend: b/t/p

실행결과 모든 변수가 포함된 모형의 수정된 결정계수(r2_a)는 0.645이고, 통계적으로 유의하지 않은 설명변수가 제외된 모형의 수정된 결정계수(r2_a)는 0.646으로, 후자가 다소 높아졌음을 알 수 있다. 이는 통계적으로 유의하지 않은 설명변수가 포함되지 않았을 경우에 모형의 전체적인 분산의 설명력이 오히려 높다는 것을 의미한다.

4. 한계효과와 탄력성

Stata의 강력한 통계분석 기능 중의 하나는 회귀분석 이후에 한계효과(marginal effects) 또는 탄력성(elasticities)을 mfx 명령어를 이용하여 산출할 수 있다는 것이다. mfx 명령어는 주로 앞서 수행한 회귀분석에 대하여 수행하게 되어 있다. 한계효과(dydx)는 기본값을 설정되어 있으며, Ln함수 형태로도 탄력성 값만을 산출하도록 되어 있다. 구체적인 명령문의 옵션은 다음과 같다.

명령문	mfx [compute] [if] [in] [, options]	
모형 옵션	varlist(varlist)	한계효과(또는 탄력성)를 산출할 변수를 지정하는 것이며, 기본값은 모든 설명변수임
	dydx	한계효과의 산출. 기본값임
	eyex	설명변수(x)와 종속변수(y)에 대하여 모두 ln값의 형태로 탄력성을 산출함
	dyex	종속변수(y)에 대하여서만 ln함수 형태로 탄력성 산출
	eydx	설명면수(x)에 대하여서만 ln함수 형태로 탄력성 산출
	nodiscrte	더미변수를 연속변수로 처리
	nose	한계효과 또는 탄력성의 표준오차를 산출하지 않도록 함

dydx는 기본값으로 설정되어 있으며, 한단위 변화에 의한 회귀계수의 표를 다시 보여주게 된다. mfx 명령어를 통하여 얻고자 하는 가장 관심 있는 지표는 탄력성(elasticity, eyex)과 반탄력성(semielasticity, dyex 또는 eydx)의 값들이다. 첫 번째 eyex는 $\vartheta\log(y)/\vartheta\log(x_i)$로 표현되는 x_i와 관련하여 y의 탄력성을 구하여 준다. 두 번째 dyex($\vartheta\log(y)/\vartheta x_i$)는 모형에서 이미 종속변수 y가 로그변환된 함수형태로 변환되어 있고 x_i가 그러하지 않은 경우에 적합하다. 이러한 함수형태의 회귀모형을 로그선형모형(log-linear model)이라고 한다. 세 번째 eydx($\vartheta y/\vartheta\log(x_i)$)는 설명변수 x_i가 이미 로그변환된 함수형태로 변환되어 있고, 종속변수 y가 그러하지 않을 경우 적합한 탄력성의 형태이다.

탄력성(elasticity, η)은 변수 x_i의 변화율에 대한 변수 y의 변화율의 비의 극한으로, 변동의 크기를 나타내는 개념이다. 만약 η의 절대치가 1보다 크면 탄력적, 1보다 적으면 비탄력적이라고 한다. 계량경제학에서 탄력성(η)은 다음과 같이 산출된다.

$$\eta = \lim_{\Delta x_i \to 0} \frac{x_i}{y} \times \frac{\Delta y}{\Delta x_i} = \frac{x f'(x)}{f(x)} = \frac{x_i}{y} \times \frac{dy}{dx_i} = d(\frac{\log y}{\log x_i})$$

앞서 실행한 회귀모형은 설명변수와 종속변수 모두 로그 변환되지 않은 경우이므로 eyex의 옵션을 선택하여 각 설명변수에 대한 탄력성을 산출하는 것이 바람직하다. 체질량지수(bmi)에 대하여 몸무게(weight)와 보행횟수(wlakfreq)의 탄력성을 산출하기 위하여 eyex의 옵션을 선택하여 실행하여 보자.

```
quietly regress bmi weight walkfreq
mfx, eyex
```

```
Elasticities after regress
      y  = Fitted values (predict)
         =  22.301414
```

variable	ey/ex	Std. Err.	z	P>|z|	[95% C.I.]		X
weight	.4967864	.01602	31.02	0.000	.465397	.528176	62.7636
walkfreq	-.017398	.0076	-2.29	0.022	-.032301	-.002495	3.18386

탄력성의 유의수준은 회귀분석결과와 동일하다. 그리고 몸무게(weight) 모두는 체질량지수(bmi)에 대하여는 비탄력적임(1의 값보다적음)을 실행 결과창은 보여주고 있다. 몸무게는 체질량지수에 대하여 약 0.5배의 탄력성을 가지고 있고, 보행횟수(walkfreq)는 오히려 -0.02배의 탄력성만을 가지고 있음을 분석결과는 보여주고 있다.

5. 다중공선성 진단: vif

1) 다중공선성의 개념

공선성(corlinearity)은 두 설명변수간의 선형의 상관성(linear relationship)을 의미한다. 다중공선성(multicollinearity)은 선형 회귀모형에서 2개 이상의 설명변수가 강하게 상관관계를 가지고 있을 때 나타나는 통계적 문제를 표현할 때 사용되는 통계용어이다. 일반적으로 다중공선성은 모형의 설명력이나 신뢰성의 문제를 초래하지 않지만 설명변수의 회귀계수에 대한 추정편이(estimation bias)와 통계적 유의성에 대하여 문제를 초래하기 때문에 회귀분석을 수행할 때 많은 연구자들이 관심을 가지게 된다.

2) 다중공선성의 진단

다중공선성의 진단방법은 여러 가지가 있지만 일반적으로 상관관계행렬(매트릭스)과 분산팽창계수(variance inflation factor, VIF)를 주로 이용하게 된다. 상관관계 행렬은 두 변수간의 상관의 정도를 보여주는 행렬을 보여주고 있지만, 어느 한 설명변수와 다른 하나 이상의 설명변수들과의 상관계수의 값이 높을 때에는 다중공선성이 의심될 수 있다고 보면 된다. 예를 들어 소득수준에 대하여 나이와 교육수준 둘 다 상관계수가 높을 경우에는 나이와 교육수준의 변수는 다중공선성이 있다고 할 수 있다. 일반적으로 상관관계가 높다라고 할 경우는 0.8의 값을 기준으로 판단하지만 다중공선성이 의심된다고 보는 경우는 0.4의 값을 보고 판단할 수 있다.

상관관계 행렬을 이용한 진단은 일반적으로 연구자의 임의적 재량에 의존하게 되지만 분산팽창계수(VIF)는 모형에 포함된 어떤 한 독립변수와 이외의 다른 설명변수들과의 회귀식을 이용하여 산정하게 되므로 보다 객관적인 진단방법이라고 할 수 있다. 분산팽창계수(VIF)는 다음과 같이 표현된다.

$$VIF_i = \frac{1}{1-R_i^2}$$

여기서, $R_i^2 = X_i$에 대한 다른 설명변수들의 회귀모형의 결정계수 그러므로 어떤 설명변수 X_1에 대한 분산팽창계수(VIF_i)를 산출하기 위해서는 먼저 결정계수(R_i^2)를 산출하여야 하며, 이를 산출하기 위한 회귀식은 다음과 같다.

$$X_1 = a_0 + a_2X_2 + a_2X_2 + a_2X_2 \cdots + a_kX_k + \epsilon$$
여기서, a_0는 상수, a_k는 X_k의 회귀계수, ϵ는 잔차항임

분산팽창계수(VIF)는 회귀분석모형에 포함하고자 하는 설명변수들의 개수만큼 산출된다. 산출된 설명변수 각각의 분산팽창계수(VIF_i)의 양으로 다중공선성의 진단이 이루어지게 된다. 만약 어떤 설명변수 i의 VIF가 5 또는 10보다 클 경우에는 다중공선성이 의심된다고 한다. 일반적으로 대부분의 통계학 책이나 논문에서는 10보다 큰 경우에 다중공선성을 제거할 수 있는 방법을 찾아보아야 한다고 한다(Field, 2006; Baum, 2006; Acock, 2010). 그러나 다중공선성에 대한 의심은 보다 더 적은 5의 값을 기준으로 하는 경우도 있다(이성우 외, 2005)[15].

분산팽창계수의 전체 평균($\overline{VIF}$)도 설명변수들의 다중공선성 진단에 사용되게 된다. 일반적으로 $\overline{VIF}$의 값이 1보다 크면 모형에 포함된 설명변수들의 다중공선성 여부를 의심해 보는 것이 좋다(Field, 2006; Acock, 2010).

분산팽창계수와 함께 보여주는 공차한계(또는 상태지수, tolerance)는 전자보다 보다 직관적으로 설명이 된다. 공차한계는 분산팽창계수의 역수($\frac{1}{VIF_i} = 1 - R_i^2$)로 표현된다. 만약 어떤 설명변수($X_i$)에 대하여 다른 설명변수들의 회귀분석 결과로서 결정계수(R_i^2)가 0.17이라면, X_i가 다른 설명변수들에 의하여 설명되는 것이다. 이 때의 공차한계($= 1 - R_i^2$)는 0.83이 된다. 즉, 이외의, 다른 설명변수들에 의하여 설명되지 않는 X_i의 변동(variance)이 83%라는 것이다. 결과적으로 한 회귀모형에서 종속변수의 추정에 X_i의 순수한 영향력은 83%임을 의미한다. 일반적으로 공차한계

15) 이성우·민성희·박지영·윤성도 (2005) 로짓·프라빗모형 응용, 박영사

(tolerance)의 값이 0.1보다 적으면 심각한 다중공선성을 의심하여야 하며, 만약 그 값이 0.1~0.2 사이에 있으면 잠재적 가능성이 있다고 볼 수 있다(Menard, 1995; Field, 2006).

Stata에서 분산팽창계수(VIF)를 활용한 다중공선성 진단은 회귀분석을 실행 후에 이루어지도록 되어 있다. 다중공선성 진단은 estat vif 또는 단순히 vif를 입력하여 실행하면 된다. 실행예제로써 체질량지수(bmi)에 대한 앞서의 네가지 설명변수로 회귀모형을 구축하여 분석을 조용히(queitly) 실행(regress)하고, 다중공선성을 진단(vif)하여 보자.

```
quietly regress bmi weight walktime walkfreq exercis
estat vif
```

Variable	VIF	1/VIF
walktime	1.21	0.824976
walkfreq	1.20	0.835929
weight	1.03	0.970662
exercise	1.02	0.981348
Mean VIF	1.11	

구축된 회귀모형에 대한 4가지 설명변수의 분산팽창계수(VIF)는 모두 5의 값보다 적으며, 공차한계(1/VIF=tolerance)도 0.1 또는 0.2의 값보다 크다. 또한 분산팽창계수의 평균(Mean VIF)의 값도 1.11에 불과하여 4개의 설명변수의 다중공선성은 없는 것으로 최종 진단할 수 있다.

3) 다중공선성의 치유

만약 분석모형에서의 설명변수들간의 다중공선성이 심각하다고 진단되는 경우에 이를 치유할 수 있는 방안을 크게 여섯가지로 제시하고자 한다.

① 그대로 두라

다중공선성이 심하게 의심되는 변수일지라도 분석하고자 하는 중요한 변수가 아닌 통제변수일 경우에는 어떠한 조치를 취하지 않고 분석을 할 수도 있다. 다중공선성은 회귀분석에서의 여러 가지 가정 중 어느 하나를 위반한 것이 아니라 설명변수들간의 강한 공선성에 의하여 해당하는 회귀계수들의 강도(magnitude)와 통계적 유의성(significance)을 훼손하는 결과를 초래한다. 즉, 다중공선성은 회귀모형의 설명력, 즉 결정계수에 대한 값의 변화나 모형의 신뢰도를 훼손하지 않기 때문에 분석의 중요한 대상이 되는 설명변수가 다중공선성에서 심각한 의심이 들지 않는다면 그대로 분석모형을 사용하여도 문제가 크지 않다. Wooldridge(2000)는 다중공선성에 대하여 많은 계량경제학자들이 집착을 가지고 있다고 비판하면서, 다중공선성의 문제점에서 명확하게 밝혀진 것은 회귀계수의 추정에 영향을 미치게 된다는 것이다. 그러므로 설명변수들이 분석의 목적이 되는 회귀계수들의 추정을 보다 명확하게 하기 위한 통제변수들인 경우에는 다중공선성의 문제는 크지 않다고 보고 있다.

② 더미변수의 함정(dummay variable trap)을 확인하라

종종 발생하게 되는 완벽한 다중공선성(perfect multicollinearity)은 더미변수의 함정에서 비롯될 수 있다. 성별(남자와 여자) 또는 계절별(봄, 여름, 가을, 겨울)에 대하여 설명변수로 더미변수를 모형에 이들 더미 모두를 포함하게 되면 완벽한 다중공선성 문제를 유발하게 된다. 예를 들어 성별은 남자(0)와 여자(1)로 분리하여 여자가 더미로 일반적으로 모형에 포함하게 된다. 그러나 아주 가끔은 남자를 1로 하고, 여자를 0으로 전환한 변수도 함께 모형에 들어가게 되는 경우는 모든 관측치에 대하여 두 개의 더미변수의 회귀계수의 값은 상수항이 된다. Stata에서는 더미변수를 xi접두어를 이용하여 자동으로 생성하여 분석모형에 포함시키므로 문제가 되지 않는다. 그러나 가끔 더미변수를 만들어서 분석모형에 포함하는 경우에는 가끔 이러한 오류로 인하여 다중공선성의 문제를 일으키기도 한다. 완벽한 다중공선성의 문제는 또한 Stata에서는 처리가 자동으로 되기 때문에 크게 걱정하지 않아도 된다.

③ 해당하는 변수들 중 하나를 제거하라

다중공선성의 문제가 발생하게 되면 자주 사용하게 되는 소극적(passive)인 방법은 해당하는 변수들 중에서 어느 한 변수를 제거하고 분석을 하는 것이다. 그러나 이 방법은 제거한 변수에 대한 정보를 누락시키게 되고, 이로 인하여 남아 있는 설명변수들에 대한 회귀계수의 추정편이(estimation bias)를 유발하게 된다(Wooldridge, 2000). 그러므로 변수의 변환이나 변수의 압축을 통하여 다중공선성의 문제를 해결하는 것이 보다 더 선호된다.

④ 변수들을 통합 또는 압축하라

만약 다중공선성이 의심되는 2개 이상의 설명변수들에서 어떤 특정한 변수의 회귀계수를 연구의 목적으로 두고 있지 않다면 이들 변수들의 값을 합치는 등의 방법을 통하여 하나의 변수로 분석모형에 포함하는 것도 하나의 방법이 될 수 있다. 물론 이러한 경우도 개별 변수에 대한 순수한 정보를 잃어버리게 되지만 남아 있는 설명변수들의 추정편이에 대한 우려는 줄일 수 있게 된다.

다중공선성이 의심되는 변수들을 단순하게 통합하여 하나의 변수로 분석모형에 포함하는 방법과 함께 또 다른 문제 해결의 유사한 방법은 바로 요인분석(factor analysis)을 활용하여 변수를 압축하여 최종 분석모형에 포함시키는 방법이다. 이러한 방법은 다중공선성의 문제가 많은 설명변수들에서 발견될 때 보다 유용하다. 변수의 통합은 적은 수의 설명변수들이 강한 다중공선성의 관계가 의심될 때 사용되지만 보다 많은 수의 설명변수들이 상호 연관성을 가지고 있을 때에는 요인분석을 통하여 변수를 보다 적은 수로 압축하여 그 결과값을 모형에 포함함으로써 문제를 해결하는 것이 보다 바람직하다.

⑤ 설명변수들을 변환(표준화)하라

다중공선성이 의심되는 변수들이 있고, 그들이 분석의 목적에서 중요한 비중을 차지하고 있다면 개별 변수들에 대한 각각의 회귀계수의 추정을 필요로 하게 된다. 이러한 경우에는 변수의 변화, 예를 들어 표준화 또는 Log화 등의 방법을 통하여 이 문제를 해소하는 방법을 강구할 수 있다. 이를 통하여 설명변수들간 강한 상관성을 저감함으로써 심각한 다중공선성의 문제를 줄일 수 있다.

⑥ 가능하면 자료(데이터)를 추가로 확보하라

다중공성선의 문제는 표본의 크기가 작을 때의 문제라고 정의하기도 한다(Wooldridge, 2000; p.96). 많은 양의 표본은 낮은 표준오차로 계수의 추정을 보다 정밀하게 해준다. 그러므로 만약 가능하다면 추가적인 데이터를 확보함으로써 보다 정밀하게 계수의 추정을 할 수 있게 되면 다중공선성의 문제는 해결될 수 있다. 만약 추가적으로 데이터의 확보가 가능하게 된다면 정보의 손실이나 다른 회귀계수의 추정 편이를 유발하지 않게 되어 가장 권장되는 방법이라고 볼 수 있다. 그러나 그것은 데이터의 추가 확보의 가능성에서 비용과 시간의 문제가 결부될 때는 추진하기 어려운 방법이기도 하다.

제2절 명목변수 처리와 상호작용 효과

1. 명목설명변수 처리와 해석

1) 더미변수와 회귀분석

더미변수(dummy variable)는 가변수 또는 의변수(擬變數)라는 용어로 표현되기도 하며, 숫자가 아닌 명목척도를 0과 1로 숫자화하여 더미로 변환한 변수이다. 더미변수는 어떠한 사건의 발생 여부와 남자와 여자 등의 이항척도 뿐만 아니라 승용차 · 버스 · 철도 등의 교통수단과 봄 · 여름 · 가을 · 겨울 등 계절의 다항척도에 대해서도 적용할 수 있다. 즉, 더미변수는 회귀모형에서 양적 변수가 아닌 질적 변수를 계량화한 대리("proxy")변수이다.

예를 들어 성(gender)의 경우 남자와 여자라는 2가지로 분류되는 질적 변수이다. 이 변수를 설명변수로 포함할 경우에는 남자를 0으로, 그리고 여자를 1로 지정할 수 있다. 여기서 확인할 수 있는 더미변수의 특징은 상호배타적 분류를 하게 된다는 것이다. 즉, 남자와 여자로 분류되는 성(gender)의 경우에는 남자 또는 여자 어느 한 경우에만 지정되는 특징이 있다.

회귀모형에서 종속변수의 변동을 설명하는 설명변수들은 연속형의 양적 변수가 보다 바람직하지만 질적인 변수의 설명력이 중요한 변인으로 포함되는 경우가 빈번하게 일어나게 된다. 이러한 경우에 사용할 수 있는 최선의 수단은 질적인 변수를 0과 1의 값으로 더미로 처리하여 분석할 수 있다.

0과 1의 값을 가지는 더미변수는 이항변수의 특징을 가진다. 0의 값을 가지는 더미 설명변수는 회귀계수가 없으며, 1의 값을 가지는 변수에 대하여서만이 작동하게 된다. 더미변수에서 0의 값에 대한 회귀계수는 사라지고, 1의 값은 보완적 상수항(supplemental intercept, δ_0)으로 표현된다. 아래 그림에서와 같이 체질량지수(BMI)는 몸무게(weight)와 선형관계를 가지고 있다고 가정하여 보자. 여기에서 남자는 일반적으로 여자보다 체질량지수가 낮다라고 가정할 경우 성(gender)별로 차이가 있다고 볼 수 있다. 그러므로 이를 더미변수로 처리하여, 남자를 0으로 여자를 1로 하여 체질량지수의 영향을 볼 수 있다. 여기에서 더미변수는 몸무게의 기울기에는 영향을 주지 않도록 모형이 설정되어 있다. 결과적으로 여자는 남자보다 체질량 지수가 평균적으로 δ_0만큼 더 높은 경향을 지닌다라는 것으로 그림으로 보여주고 있다.

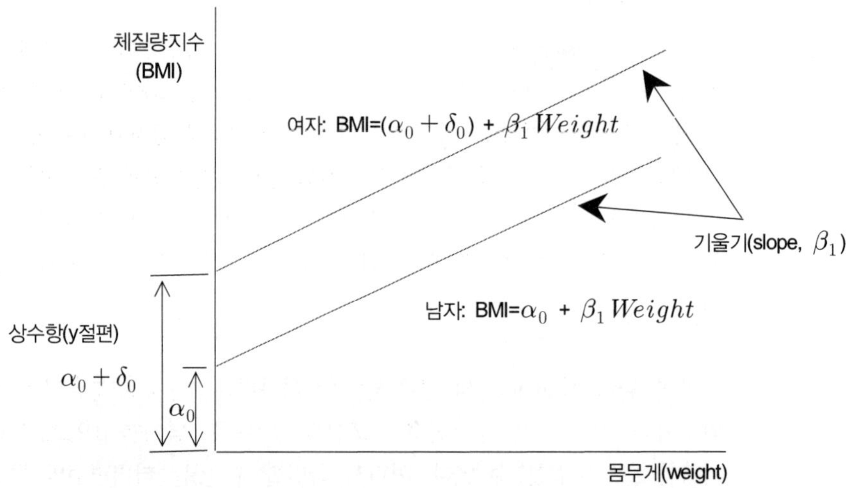

2) 더미변수의 생성과 회귀분석1

Stata에서 명목변수에 대한 더미변수의 변환은 어렵지 않으며, 변환 방법은 두가지가 있다. 하나는 tabulate 명령문을 활용하는 방법과 다른 하나는 접두명령어에서 xi:를 활용하는 방법이다. 전자의 경우에는 tabulate 명령어 다음에 변환하고자 하는 명목변수(여기서는 gender)를 입력하고, 옵션으로 generate(더미변수명)을 입력하면 빈도분석표와 함께 더미변수가 생성된다.

예를 들어, 명목변수인 성(gender)에 대하여 입력코드가 어떻게 되어 있는지를 codebook 명령어를 실행하여 살펴보자. 실행결과창에서는 1과 2의 값을 가지고 있으며, 라벨로 1=male, 2=female로 설정되어 있음을 알 수 있다.

codebook gender

```
gender                                                              Gender

                  type:  numeric (byte)
                 label:  gender

                 range:  [1,2]                      units:  1
         unique values:  2                      missing .:  0/533

            tabulation:  Freq.   Numeric  Label
                           266         1  male
                           267         2  female
```

남자(male==1)와 여자(female==2)로 구분되어 있는 명목변수인 gender를 tabulate 명령어로 빈도표를 보여주면서, 옵션으로 generate(gender)를 입력하여 보자.

tabulate gender, gen(gender)

Gender	Freq.	Percent	Cum.
male	266	49.91	49.91
female	267	50.09	100.00
Total	533	100.00	

결과창에서는 남자(male)와 여자(female)의 빈도분포표를 보여주게 된다. 그리고 옵션으로 선택한 generate로 인하여 2개의 새로운 변수들(gender1과 gender2)이 생성되어 있음을 변수창(variables)에서 확인할 수 있다. 변수창에서 맨 아래에 있는 변수들을 볼 수 있도록 스크롤 다운하여 보자.

그리고 생성된 2개의 더미변수에 대하여 tabulate 명령어로 이원빈도분포표를 작성하여 그 결과를 확인하여 보자.

```
tabulate gender1 gender2
```

gender==ma le	gender==female 0	1	Total
0	0	267	267
1	266	0	266
Total	266	267	533

결과창에서 gender1(gender==male)과 gender2(gender==female) 두 개의 변수가 0과 1의 값으로 분류되어 있음을 알 수 있다. 전자의 변수는 여성일 경우에는 0, 남성일 경우에는 1로 되어 있으며, 후자의 경우는 그 반대의 경우가 된다.

tabulate로 더미변수를 생성한 경우는 남자와 여자 두 개의 명목척도이면 2개의 변수가 생성되도록 되어 있다. 그러므로 이 두 더미변수 중에서 하나만을 선택하여 회귀모형으로 구축하여야 한다. 여기에서는 남자가 0이고, 여자가 1인 gender2를 성별의 더미변수로 설정하여 회귀모형을 실행하여 보자. 이전의 회귀모형은 체질량지수(bmi)에 대하여 몸무게(weight)와 보행횟수(walkfreq)에 대한 것이므로, gender2를 추가하여 회귀분석을 실행하여 보자.

```
regress bmi gender2 weight walkfreq
```

Source	SS	df	MS
Model	1912.97726	3	637.659088
Residual	821.994104	529	1.55386409
Total	2734.97137	532	5.14092362

Number of obs	=	533
F(3, 529)	=	410.37
Prob > F	=	0.0000
R-squared	=	0.6995
Adj R-squared	=	0.6977
Root MSE	=	1.2465

bmi	Coef.	Std. Err.	t	P>|t|	[95% Conf.	Interval]
gender2	1.371451	.1425323	9.62	0.000	1.091452	1.65145
weight	.2192047	.0068636	31.94	0.000	.2057214	.232688
walkfreq	-.0964404	.0492497	-1.96	0.051	-.1931895	.0003086
_cons	8.163381	.5013914	16.28	0.000	7.178418	9.148344

실행결과창에서 gender2의 더미변수의 회귀계수는 1.371이며, p-값이 0.001보다 적은 값을 가지고 있기 때문에 성별로 체질량지수의 차이가 유의한 것을 알 수 있다. 즉, 남자(==0)보다는 여자(==1)가 체질량지수가 평균적으로 1.371정도 높다. 즉, 남자의 체질량지수(y) 절편값(α_0)은 8.163이고, 여자의 절편값($\alpha_0 + \delta_0$)은 9.534(=8.163+1.371)임을 이라고 할 수 있다.

3) 더미변수의 처리와 회귀분석2

더미변수의 생성을 tabulate 명령을 통하여 생성한 변수를 모형에 포함시켜 회귀분석을 수행할 수도 있지만 'i.'이라는 접두명령어를 이용하여 더미변수를 새로이 생성하지 않고도 더미변수로 인식하여 더미변수가 있는 회귀분석을 실행할 수 있다. 이 방식은 명목변수(gender) 앞에 'i.'이라는 접두어를 삽입하면 된다. 그 실행결과를 위의 실행결과와 비교하여 보자.

```
regress bmi i.gender weight walkfreq
```

Source	SS	df	MS
Model	1912.97726	3	637.659088
Residual	821.994104	529	1.55386409
Total	2734.97137	532	5.14092362

Number of obs =	533
F(3, 529) =	410.37
Prob > F =	0.0000
R-squared =	0.6995
Adj R-squared =	0.6977
Root MSE =	1.2465

bmi	Coef.	Std. Err.	t	P>|t|	[95% Conf.	Interval]
2.gender	1.371451	.1425323	9.62	0.000	1.091452	1.65145
weight	.2192047	.0068636	31.94	0.000	.2057214	.232688
walkfreq	-.0964404	.0492497	-1.96	0.051	-.1931895	.0003086
_cons	8.163381	.5013914	16.28	0.000	7.178418	9.148344

실행결과창에서 분석결과는 새로운 더미변수를 생성하여 gender2를 모형에 포함시킨 결과와 동일하다. 다만, 더미변수로 지정된 설명변수명에서 변화가 일어났다. 여기서 2.gender는 gender라는 명목변수에서 2로 지정되어 있는 척도가 1로 되었으며, 나머지는 0으로 처리되었음을 나타낸다.

성별의 차이에 따라 몸무게(weight)가 체질량지수(BMI)에 관계를 가지고 있는 지를 그래프를 작성하여 살펴보면 이해가 보다 쉽게 된다. 이를 위하여서는 앞서의 회귀분석을 수행한 후에 남자(==1)와 여자(==2)에 대하여 각각 predict 명령어를 이용하여 예측치를 산출하여 보자. 이 때

남자의 경우의 예측치는 bmi_male로, 여자의 경우는 bmi_fem으로 명명하도록 하자. 이들 남자와 여자에 대한 예측값을 활용하여 남자와 여자의 몸무게(weight)의 차이에 의하여 체질량지수(bmi)가 어떻게 변화되는지를 선그래프(graph twoway line)를 작성해보자. 이 때 남자에 대한 선그래프에서의 옵션은 선색(lcolor)을 검정(black), 선패턴을 두껍게(thick) 하도록 하고, 예측값을 정렬(sort)하도록 해보자. 여자의 경우에는 선색을 빨강(red), 선패턴을 진하게(solid)로 하고 마찬가지로 예측치를 정렬(sort)하도록 하여야 선이 깔끔하게 정리된다. 그리고 이 두 그래프롤 중복하여 하나로 작성하도록 하기 위해서는 ()를 이용하거나 '||'의 그래프 명령사이에 위치하도록 해야 한다. 또한 y축의 제목(ytitle)을 "Body Mass Index"로, x축 제목(xtitle)을 "weight(kg)"으로 명명하고, 범례(legend)로 첫 번째 선그래프는 "Men"으로, 두 번째 그래프는 "Women"으로 명명하여 그래프를 작성하여 보도록 하자. 지금까지 설명한 예측치의 산출과 그래프 작성명령문은 아래와 같으며, 이를 실행하여 보자.

```
predict bmi_male if gender==1
predict bmi_fem if gender==2
graph twoway (line bmi_male weight if gender==1,
lcolor(black) lpattern(thick) sort) (line bmi_fem weight if
gender==2, lcolor(red) lpattern(solid) sort), ytitle(Body Mass
Index) xtitle(Weight(kg)) legend(order(1 "Men" 2 "Women"))
```

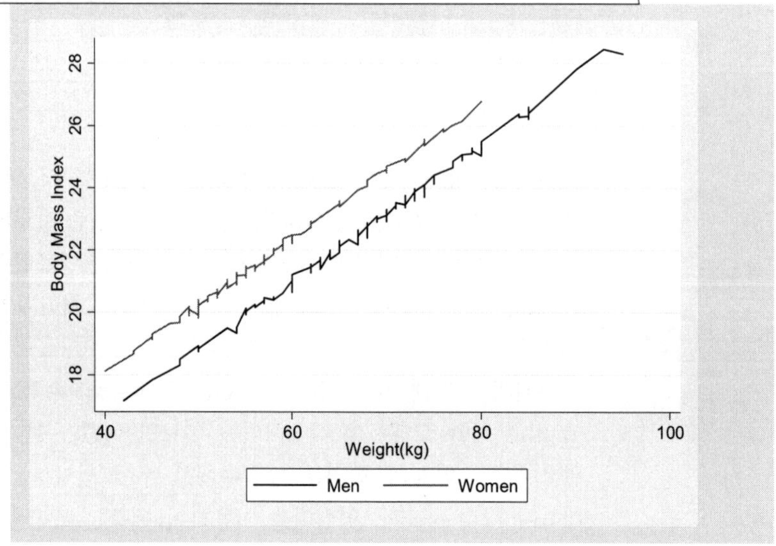

실행결과창에서는 남자와 여자가 몸무게(weight)의 차이가 있으며, 이러한 차이는 체질량지수(bmi)의 평균(y절편)의 차이를 가져오게 되는 결과를 보여주고 있다.

만약 명목변수의 분류항목이 3개 이상인 경우에도 tabulate 명령을 통하여 더미변수를 생성하여 분석모형에 포함시켜 수행할 수 있다. 그러나 모형내에서 명목변수에 대하여 직접 더미변수로 인식하도록 하여 분석을 수행하는 것이 보다 간편하고 보다 빈번하게 사용된다. 예를 들어 나이(age)를 회귀모형에 직접 더미변수로 인식하여 실행하여 그 결과를 살펴보자. 먼저 나이에 대한 명목변수가 어떻게 입력되어 있는지를 codebook 명령으로 살펴보자.

codebook age

```
age                                                              Age(20-59)

                  type:  numeric (byte)
                 label:  age

                 range:  [2,5]                        units:  1
         unique values:  4                        missing .:  0/533

            tabulation:  Freq.   Numeric  Label
                           159         2  20s
                           130         3  30s
                           132         4  40s
                           112         5  50s
```

실행결과창에서는 20대는 2, 30대는 3, 40대는 4, 50대는 5로 입력되어 있음을 알 수 있다. 비록 나이가 연속변수의 성격도 가지고 있지만 나이대에 따라 그 효과가 차이가 날 수 있다. 즉, 선형의 관계가 아니다라고 판단되는 경우에는 이처럼 명목변수화하여 분석하는 것이 보다 유리하다.

나이(age)라는 명목변수를 앞서의 회귀모형에 추가하여 그 실행결과를 살펴보자. 명목변수이므로 'i.'이라는 접두어를 해당 설명변수 앞에 적시하여 주면 된다.

```
regress bmi i.gender i.age weight walkfreq
```

```
      Source |       SS       df       MS              Number of obs =     533
-------------+------------------------------           F(  6,   526) =  275.54
       Model |  2074.82637     6  345.804396           Prob > F      =  0.0000
    Residual |  660.144995   526  1.25502851           R-squared     =  0.7586
-------------+------------------------------           Adj R-squared =  0.7559
       Total |  2734.97137   532  5.14092362           Root MSE      =  1.1203

------------------------------------------------------------------------------
         bmi |      Coef.   Std. Err.      t    P>|t|     [95% Conf. Interval]
-------------+----------------------------------------------------------------
    2.gender |    1.25842   .1292232     9.74   0.000     1.004563    1.512277
             |
         age |
          3  |   .6203251   .1338867     4.63   0.000     .3573068    .8833434
          4  |   .9557249   .1337503     7.15   0.000     .6929746    1.218475
          5  |   1.531408   .1391377    11.01   0.000     1.258074    1.804742
             |
      weight |    .218539   .0061968    35.27   0.000     .2063656    .2307124
    walkfreq |  -.0546417   .0446404    -1.22   0.221     -.142337    .0330536
       _cons |   7.418915   .4564212    16.25   0.000     6.522283    8.315547
------------------------------------------------------------------------------
```

실행결과창에서 나이(age)가 더미변수로 처리되어 회귀모형에 포함될 경우에 수정된 결정계수(Adj R-squared)가 0.7559로, 나이가 포함되지 않은 회귀모형의 수정된 결정계수(=0.6977)에 비하여 높은 값을 가지고 있으며, 더미변수로 처리되어 추가된 3개의 설명변수 또한 모두 통계적으로 유의하며, 모두 양의 값을 가지고 있다. 특히, 나이가 증가함에 따라 그 값의 크기(magnitude)가 증가하고 있어 나이가 증가할수록 체질량지수는 증가함을 알 수 있다. 그러나 30대(3)의 값과 40대의 값의 차이(0.335)가 40대의 값과 50대의 값과의 차이(0.576)가 거의 두배 정도가 큼을 보여주고 있기 때문에 나이대의 기울기가 동일하지 않고, 나이가 증가함에 따라 체질량지수(bmi)의 증가폭은 더욱 크지는 것으로 해석할 수 있다.

세 개 이상의 분류항목을 가진 명목변수에서 'i.'로 하여 더미변수를 처리할 경우 Stata에서는 최초의 값, 여기에서는 20대(2)의 값이 준거변수로 자동으로 설정된다. 그러나 가끔은 비교의 기준을 다른 값으로 지정하고 싶을 경우가 있다. 이 때에는 Stata에서 'ib#.'으로 하여 #에는 명목변수의 분류항목에서 비교기준으로 설정하고자 하는 값을 지정해주면 된다. 예를 들어, 나이(age)에서 40대(==4)를 기준으로 다른 나이대와 비교하여 회귀계수를 산출하고자 한다면 'ib4.'로 설정하여 회귀분석을 실행하면 된다. 이 실행결과를 앞서의 실행결과와 비교하여 보자.

regress bmi i.gender ib4.age weight walkfreq

```
      Source |       SS       df       MS              Number of obs =     533
-------------+------------------------------           F(  6,   526) =  275.54
       Model |  2074.82637     6  345.804396           Prob > F      =  0.0000
    Residual |  660.144995   526  1.25502851           R-squared     =  0.7586
-------------+------------------------------           Adj R-squared =  0.7559
       Total |  2734.97137   532  5.14092362           Root MSE      =  1.1203

------------------------------------------------------------------------------
         bmi |      Coef.   Std. Err.      t    P>|t|     [95% Conf. Interval]
-------------+----------------------------------------------------------------
    2.gender |    1.25842   .1292232     9.74   0.000     1.004563    1.512277
             |
         age |
          2  |  -.9557249   .1337503    -7.15   0.000    -1.218475   -.6929746
          3  |  -.3353998   .1387126    -2.42   0.016    -.6078986    -.062901
          5  |   .5756833   .1443995     3.99   0.000     .2920128    .8593538
             |
      weight |    .218539   .0061968    35.27   0.000     .2063656    .2307124
    walkfreq |  -.0546417   .0446404    -1.22   0.221     -.142337    .0330536
       _cons |    8.37464   .4652474    18.00   0.000     7.460669    9.288611
------------------------------------------------------------------------------
```

실행결과창에서는 모형의 검증통계량과 설명변수의 검증통계량은 동일하지만 나이(age)의 설명변수의 회귀계수와 검증통계량에서 차이가 있음을 알 수 있다. 분석결과에서는 40대를 기준으로 하였을 때 20대는 체질량지수가 0.956이 낮고, 30대는 0.335가 낮고, 50대는 0.576이 높다라고 해석하면 된다.

2. 상호작용효과 분석

1) 상호작용의 의미와 회귀선

상호작용(interaction)은 세가지 이상이 변수들간의 관계를 고려할 때 사용되는 통계학 용어이다. 회귀분석에서는 두가지 이상의 설명변수들이 종속변수에 미치는 영향이 가법적(additive)이지 않다고 의심이 되는 경우에 상호작용 효과를 검증하게 된다. 여기서 가법적이지 않다라는 것은 회귀분석에서의 2개 이상의 설명변수들의 효과가 회귀계수의 합이 아님을 의미한다. 즉, 두 개 이상의 설명변수들이 밀접한 상관관계가 없을 경우에는 상호작용 효과는 없지만 만약 그러하지 않다면 상호작용의 통계적 유의성을 검증할 필요가 있다.

예를 들어 성(gender)별에 따라 체질량지수(BMI)에 미치는 영향이 연령(age)에 따라 차별적일 수 있음을 가정할 수 있다. 구체적으로 설명하면, 남자의 경우에는 나이가 증가함에 따라 체질량지수가 낮아지는 경향이 있지만 여자의 경우에는 반대로 증가하는 경향이 있을 경우에는 두 설명변수의 상호작용에 의하여 체질량 지수에 미치는 영향은 차이가 나게 된다. 상호작용의 효과는 회귀모형에서의 기울기(slope)가 변화하게 하는 효과를 보여주게 된다. 그림에서는 남자와 여자가 나이와 차별적으로 체질량지수에 영향을 미치는 효과를 예시하고 있다.

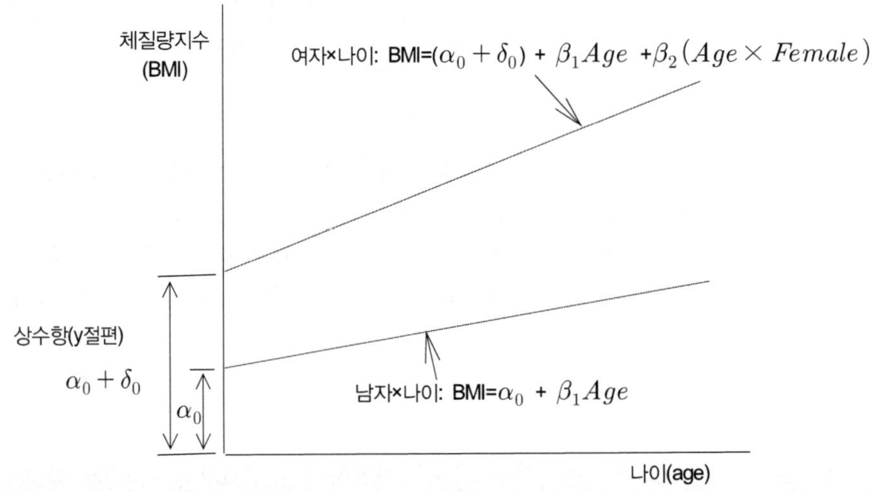

상호작용 효과를 분석하기 위해서는 상호작용이 의심되는 2개 이상의 설명변수들의 곱(product)으로 새로운 변수를 생성하여 모형에 포함시켜 분석을 수행한 다음에 "추가된 변수들에 대한 회귀계수가 0이다"라는 귀무가설(H_0)을 검증하여 확인하면 된다. 만약 그 검증결과가 귀무가설을 기각하게 되면 상호작용의 효과가 통계적으로 유의하기 때문에 그 변수를 포함하여 최종 모형을 설정하면 된다. 만약 그 효과가 통계적으로 유의하지 않아 귀무가설을 기각할 수 없으면 상호작용에 대한 효과가 없다라고 결론을 도출할 수 있으므로 상호작용 효과에 대한 변수들을 분석모형에서 제거하면 된다.

2) 상호작용 변수의 생성과 회귀분석

상호작용 효과가 의심되는 2개 이상의 변수들을 회귀식에 어떻게 삽입하여 수행할까? Stata에서는 명목변수와 명목변수 그리고 명목변수와 연속변수간의 상호작용 효과를 간단하게 회귀모형에서 추정하는 방법을 'xi' 라는 접두명령어를 이용하여 파악할 수 있도록 제공하고 있다. 이 xi는 회귀분석 뿐만 아니라 다른 분석에서도 공히 사용될 수 있으므로, 사용법에 대하여서는 구체적으로 살펴볼 필요가 있다. Stata에서는 상호작용 효과를 파악하기 위한 방안으로 4가지 옵션을 제공하여 주고 있다.

옵션	의미
i.varname 또는 I.varname	명목변수에 대하여 더미변수를 생성
i.varname*i.varname 또는 I.varname*I.varname	2개의 명목변수에 대한 더미변수를 생성하고, 두 변수에 대한 모든 상호작용과 주효과(main effect)를 산출
i.varname*varname 또는 I.varname*varname	1개의 명목변수에 대한 더미변수를 생성하고, 연속변수와 더미변수에 대한 상호작용과 주효과를 산출
i.varname|varname 또는 I.varname|varname	1개이 명목변수에 대한 더미를 산출하고, 연속변수와 더미변수에 대한 상호작용과 주효과를 산출하지만 더미변수에 대한 주효과를 산출하지 않도록 함

첫째, 접두어로 xi가 있다는 것은 명령문에서 변수명 앞에 소문자 'i.' 또는 대문자 'I.'를 입력하면 이 설명변수는 명목변수이므로 더미변수로 자동으로 처리하라는 것을 의미한다. 기본값으로 더미 변수들 중에서 그 변수의 가장 작은 값의 더미를 제거하여 분석모형에 포함되도록 되어 있다. 더미변수들 명명은 '_I'의 접두어와 변수명, 그리고 접미어로 '_#'로 자동으로 생성된다. 예를 들어, gender에 대하여 'i.gender'로 지정하면, '_Igender_2'로 더미변수의 이름이 명명된다.

Stata에서 체질량지수(bmi)에 대한 성(gender), 나이(age), 몸무게(weight), 그리고 보행횟수(walkfreq)의 효과를 다중선형회귀모형으로 구축하여 분석하여 보자. 전자의 두 변수는 명목변수이므로, 'xi :' 접두명령어와 함께

'i.gedner'와 'i.age'로 입력하여 이들 변수들을 더미로 처리하라고 설정하여 실행하여 보자.

xi: regress bmi i.gender i.age walkfreq weight

```
i.gender          _Igender_1-2        (naturally coded; _Igender_1 omitted)
i.age             _Iage_2-5           (naturally coded; _Iage_2 omitted)

      Source |       SS       df       MS              Number of obs =     533
-------------+------------------------------           F(  6,   526) =  275.54
       Model |  2074.82637     6  345.804396           Prob > F      =  0.0000
    Residual |  660.144995   526  1.25502851           R-squared     =  0.7586
-------------+------------------------------           Adj R-squared =  0.7559
       Total |  2734.97137   532  5.14092362           Root MSE      =  1.1203

------------------------------------------------------------------------------
         bmi |      Coef.   Std. Err.      t    P>|t|     [95% Conf. Interval]
-------------+----------------------------------------------------------------
  _Igender_2 |    1.25842   .1292232     9.74   0.000     1.004563    1.512277
     _Iage_3 |   .6203251   .1338867     4.63   0.000     .3573068    .8833434
     _Iage_4 |   .9557249   .1337503     7.15   0.000     .6929746    1.218475
     _Iage_5 |   1.531408   .1391377    11.01   0.000     1.258074    1.804742
    walkfreq |  -.0546417   .0446404    -1.22   0.221     -.142337    .0330536
      weight |    .218539   .0061968    35.27   0.000     .2063656    .2307124
       _cons |   7.418915   .4564212    16.25   0.000     6.522283    8.315547
------------------------------------------------------------------------------
```

실행결과창에서는 가장 먼저 성(gender)과 나이(age)가 더미로 처리되어 자연스럽게 입력되었고(naturally coded), 두 변수의 최솟값인 더미들(_Igender_1과 _Iage_2)은 배제되었음(omitted)을 알려주고 있다. 그리고 설명변수들 중에서 성(gender)에 대한 더미변수는 '_Igender_2', 나이(age)에 대한 더미변수는 '_Iage_3', '_Iage_4', '_Iage_5'가 회귀모형에 삽입되어 분석되어 있음을 알 수 있다. 모형에 대한 수정된 결정계수(Adj R-squared)는 0.7559이며, 성(gender)과 나이(age)의 더미변수들을 모두 체질량지수(bmi)에 대하여 긍정적으로 영향을 미치고 있음을 보여주고 있으며, p-값이 모두 0.001보다 적기 때문에 통계적으로도 유의함을 알 수 있다. 결과에 대한 설명은 여자는 남자보다 기본적으로 체질량지수가 1.258 정도 높고, 20대에 비하여 30대는 0.621, 40대는 0.956, 50대는 1.531정도 높은 경향이 있다고 해석하면 된다.

둘째, 명목변수와 명목변수의 주효과(main effect)와 상호작용 효과(interaction effect)를 'i.varname*i.varname'로 입력하여 회귀모형에서 그 효과와 통계적 유의성을 추정할 수 있다. 회귀모형에서 예를 들어, 성

(gender)과 나이(age)에 대한 두 명목변수의 더미효과(주효과)와 함께 두 명목변수의 상호작용 효과를 살펴보기 위해서는 'i.gender*i.age'로 입력하여 회귀분석을 실행하면 된다.

xi: regress bmi weight walkfreq i.gender*i.age

```
i.gender          _Igender_1-2        (naturally coded; _Igender_1 omitted)
i.age             _Iage_2-5           (naturally coded; _Iage_2 omitted)
i.gen~r*i.age     _IgenXage_#_#       (coded as above)

      Source |       SS       df       MS              Number of obs =     533
-------------+------------------------------           F(  9,   523) =  187.04
       Model |  2086.67167     9  231.852407           Prob > F      =  0.0000
    Residual |  648.299701   523  1.23957878           R-squared     =  0.7630
-------------+------------------------------           Adj R-squared =  0.7589
       Total |  2734.97137   532  5.14092362           Root MSE      =  1.1134

------------------------------------------------------------------------------
         bmi |      Coef.   Std. Err.      t    P>|t|     [95% Conf. Interval]
-------------+----------------------------------------------------------------
      weight |   .2177328    .006184    35.21   0.000     .2055844    .2298813
    walkfreq |  -.0590454   .0444495    -1.33   0.185     -.146367    .0282762
  _Igender_2 |   .8597412   .1975923     4.35   0.000     .4715691    1.247913
     _Iage_3 |   .2964164   .1812998     1.63   0.103     -.059749    .6525817
     _Iage_4 |    .859516    .189407     4.54   0.000     .4874241    1.231608
     _Iage_5 |   1.216738     .19306     6.30   0.000     .8374693    1.596006
_IgenXage_2_3 |  .7119846   .2654607     2.68   0.008     .1904842    1.233485
_IgenXage_2_4 |  .2750779   .2661486     1.03   0.302    -.2477738    .7979296
_IgenXage_2_5 |  .6720179   .2767875     2.43   0.016      .128266     1.21577
       _cons |   7.650498   .4600098    16.63   0.000     6.746805    8.554192
------------------------------------------------------------------------------
```

실행결과창에서는 성(gender)과 나이(age)에 대한 주효과(main effect)로 각각 1개와 3개의 더미변수가 분석모형에 포함되어 있음을 알 수 있다. 그리고 상호작용효과로 'i.gender*i.age'의 입력결과에 대하여 보여주고 있다. 모형의 수정된 결정계수(Adj R-squared)는 0.7589로 상호작용 효과가 들어가지 않은 모형의 결정계수 0.7559보다 약간 높다. 즉, 상호작용 변수가 모형에 포함됨으로 인하여 체질량지수(bmi)의 분산에 대한 설명력이 다소 높아졌다고 볼 수 있다. 또한 상호작용 변수로 모형에 포함된 3개의 변수 중에서 2개의 변수가 통계적으로 유의함을 알 수 있다. 구체적으로 살펴보면 남자 30대는 여자 30대에 비하여 체질량지수(bmi)가 0.712정도 높고, 남자 50대는 여자 50대에 비하여 0.672 정도 높으며, 이러한 차이는 0.05의 유의수준에서 통계적으로 의미가 있음을 보여주고 있다. 반면 남자 40대와 여자 40대의 차이는 통계적으로 유의하지 않다.

한편 분석결과에서 나이(age)의 더미변수 중에서 30대(_Iage_3)는 20대에 비하여 체질량지수가 통계적인 유의수준에서 차이가 없는 것으로 변화되어 있음을 알 수 있다. 또한 상호작용 효과가 포함되면서 보행횟수(walkfreq)의 체질량지수(bmi)에 대한 효과가 통계적으로 유의하지 않게 변화되었음을 알 수 있다. 이러한 몇몇 회귀계수들의 통계적 유의도 변화가 새로이 추가된 명목변수와 상호작용 변수들에 의하여 발생하게 되었는지를 진단하기 위해서는 분산팽창계수(VIF)를 실행하여 볼 필요가 있다.

vif

Variable	VIF	1/VIF
_Igender_2	4.20	0.238269
IgenXage~4	3.72	0.268549
IgenXage~5	3.29	0.303876
IgenXage~3	3.24	0.308206
_Iage_4	2.87	0.347929
_Iage_5	2.66	0.375939
_Iage_3	2.61	0.383670
weight	1.77	0.563869
walkfreq	1.04	0.962286
Mean VIF	2.82	

실행결과창에서는 분산팽창계수(VIF)가 모두 5보다 적은 값을 가지고 있으며, 공차한계(tolerance)도 0.2보다 크기 때문에 다중공선성의 문제는 심각하게 영향을 주고 있지 않은 것으로 보인다. 그러나 분산팽창계수의 전체평균이 2.82의 값을 보이고 있기 때문에 어느 정도의 다중공선성 문제는 있는 것으로 풀이할 수 있다.

셋째, 명목변수와 연속변수의 주효과와 상호작용효과를 파악하기 위해서는 'i.varname*varname'으로 하여 회귀분석을 실행하면 된다. 여기에서는 성(gender)과 몸무게(weight)의 상호작용 효과를 제어하여 보도록 하자. 성은 명목변수이기 때문에 'i.gender'로 하고, 몸무게는 연속변수이기 때문에 'weight'로 하면서 두 변수의 사이에 '*'를 입력하여 실행하여 보자.

xi: regress bmi i.age walkfreq i.gender*weight

```
i.age             _Iage_2-5         (naturally coded; _Iage_2 omitted)
i.gender          _Igender_1-2      (naturally coded; _Igender_1 omitted)
i.gender*weight   _IgenXweigh_#     (coded as above)

      Source |       SS       df       MS              Number of obs =     533
-------------+------------------------------           F(  7,   525) =  236.59
       Model |  2076.66566     7  296.666523           Prob > F      =  0.0000
    Residual |  658.305709   525  1.25391564           R-squared     =  0.7593
-------------+------------------------------           Adj R-squared =  0.7561
       Total |  2734.97137   532  5.14092362           Root MSE      =  1.1198

------------------------------------------------------------------------------
         bmi |      Coef.   Std. Err.      t    P>|t|     [95% Conf. Interval]
-------------+----------------------------------------------------------------
     _Iage_3 |   .6115404   .1340237     4.56   0.000     .3482517     .874829
     _Iage_4 |   .9613495   .1337716     7.19   0.000     .6985562    1.224143
     _Iage_5 |    1.53124    .139076    11.01   0.000     1.258026    1.804454
    walkfreq |  -.0593141    .044787    -1.32   0.186    -.1472979    .0286697
  _Igender_2 |   .3148172   .7897447     0.40   0.690    -1.236631    1.866265
      weight |   .2125001   .0079516    26.72   0.000     .1968792    .2281209
_IgenXweigh_2|   .0153584   .0126811     1.21   0.226    -.0095535    .0402703
       _cons |   7.855359   .5813742    13.51   0.000     6.713254    8.997465
------------------------------------------------------------------------------
```

실행결과창에서는 두 개의 명목변수가 더미로 처리되었으며, 성(gender)과 몸무게(weight)의 상호작용 변수가 '_IgenXweight_2'로 생성되어 모형에 포함되었음을 알려주고 있다. 상호작용 변수의 체질량지수(bmi)에 대한 효과는 p-값이 0.226으로 통계적으로 유의하지 않음을 알 수 있다. 이 상호작용 변수는 여자의 몸무게에 대한 기울기(slope)를 의미한다. 또한 몸무게와 성에 대한 상호작용 변수의 추가로 인하여 성(gender)에 대한 주효과(변수명: _Igender_2)도 통계적으로 유의하지 않게 변화되었음을 알 수 있다. 모형의 수정된 결정계수는 0.7561로 상호작용 효과가 포함되지 않은 모형의 분산에 대한 설명력보다 약간 높게 나타나고 있다.

마지막으로 명목변수와 연속변수의 상호작용 효과 분석시에 명목변수의 주효과는 배제하고 상호작용 효과만을 살펴보고자 할 때에는 'i.varname|varname'로 모형에 포함시키면 된다. 주효과도 같이 보고자 할 때에는 와일드 카드를 '*'이지만 주효과를 배제하고자 할 때에는 '|'의 와일드카드를 사용하면 된다. 여기에서는 성(gender)과 몸무게(weight)에 대하여 명목변수의 주효과는 배제하고, 상호작용 효과를 파악하기 위하여 'i.gender|weight'를 모형에 포함하여 실행하여 보자.

xi: regress bmi i.age walkfreq i.gender|weight

```
i.age             _Iage_2-5           (naturally coded; _Iage_2 omitted)
i.gender          _Igender_1-2        (naturally coded; _Igender_1 omitted)
i.gender|weight   _IgenXweigh_#       (coded as above)

      Source |       SS       df       MS              Number of obs =     533
-------------+------------------------------           F(  6,   526) =  276.44
       Model |  2076.4664      6  346.077734           Prob > F      =  0.0000
    Residual |  658.504965   526  1.25191058           R-squared     =  0.7592
-------------+------------------------------           Adj R-squared =  0.7565
       Total |  2734.97137   532  5.14092362           Root MSE      =  1.1189

------------------------------------------------------------------------------
         bmi |      Coef.   Std. Err.      t    P>|t|     [95% Conf. Interval]
-------------+----------------------------------------------------------------
     _Iage_3 |   .6093264   .1338015     4.55   0.000     .3464755    .8721774
     _Iage_4 |   .9643153   .1334577     7.23   0.000     .7021397    1.226491
     _Iage_5 |    1.53167   .1389606    11.02   0.000     1.258684    1.804656
    walkfreq |  -.0609461   .0445639    -1.37   0.172    -.1484911     .026599
      weight |   .2102773   .0056644    37.12   0.000     .1991497    .2214048
_IgenXweigh_2 |   .0203455   .0020724     9.82   0.000     .0162743    .0244166
       _cons |   8.017557   .4149269    19.32   0.000     7.202439    8.832674
------------------------------------------------------------------------------
```

실행결과창에서 성(gender)에 대한 주효과, 즉 성에 대한 더미변수인 _Igender_2 변수는 분석모형에 포함되어 있지 않음을 알 수 있다. 이 모형의 설명력으로 표현되는 수정된 결정계수(Adj. R-squared)는 0.7565로 상호작용 효과를 분석하지 않은 모형의 0.7559, 상호작용과 주효과 모두를 포함한 모형의 0.7561보다 높다. 그리고 상호작용 효과에 대한 설명변수(_IgenXweigh_2)의 회귀계수는 0.0203455이며, p-값이 .001보다 적기 때문에 통계적으로도 유의함을 알 수 있다. 결과적으로 남자의 몸무게의 기울기(weight)는 0.2102773이고, 여자의 몸무게의 체질량지수에 대한 기울기는 남자의 몸무게의 기울기와 상호작용의 기울기의 합인 0.23061185(=0.2102773+0.02033455)이다. 이것은 남자에 비하여 여자의 몸무게의 기울기가 보다 크기 때문에 여자는 몸무게가 증가함에 따라 체질량지수의 증가가 남자에 비하여 보다 가파르게 증가한다는 것으로 해석될 수 있다.

성(gender)과 몸무게(weight)의 상호작용은 성별에 따라 몸무게가 체질량 지수에 미치는 영향은 서로 다르다라는 것을 의미하며, 이 때 남자와 여자의 몸무게의 체질량지수에 대한 기울기(slope)도 또한 다르다라는 것을 의미한다. 이를 확인하기 위하여 위의 회귀분석 수행 후에 남자와 여자의 체질량 지수에 대한 예측값을 peredict 명령으로 파악하고, 이들에 대한 추세선을 연결된 선형 예측그래프(twoway lfit)로 확인하여 보자.

```
predict bmi_mw if gender==1
predict bmi_fw if gender==2
twoway (lfit bmi_mw weight if gender==1) (lfit
bmi_fw weight if gender==2), ytitle(체질량지수)
xtitle(몸무게(kg)) legend(order(1 "남자" 2 "여자"))
```

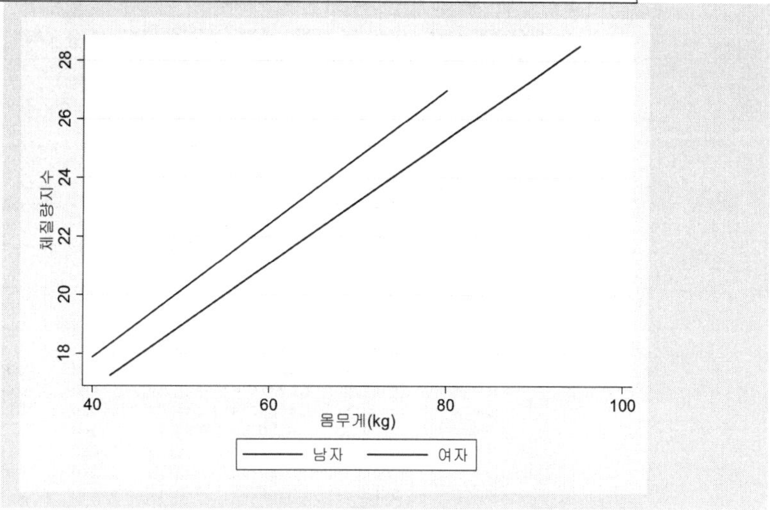

그래프창에서는 남자와 여자의 몸무게에 따른 체질량지수의 기울기를 예측선형으로 보여주고 있다. 앞서 설명한 바와 같이 남자와 여자의 체질량지수에 대한 몸무게의 기울기는 보다 가파름을 보여주고 있다. 즉, 몸무게가 많은 여자의 경우는 남자에 비하여 체질량지수가 보다 높은 값을 띠는 경향이 있다.

지금까지 상호작용의 효과에 대한 회귀분석은 주로 명목변수와 관련된 것이다. 그러나 자주는 아니지만 두 개 이상의 연속변수간 상호작용 효과를 파악하여야 할 필요가 있다. 일반적으로 두 개의 설명변수가 연속형 숫자척도인 경우에는 두 변수의 곱으로 하여 상호작용의 변수를 설정하여 회귀모형에 포함시켜 그 효과의 정도와 통계적 유의성을 검증할 수 있다.

여기에서는 몸무게(weight)와 보행횟수(walkfreq)와의 상호작용 여부를 검증하여 보자. 몸무게가 많은 사람들은 몸무게를 줄이기 위하여 다른 사람보다 보다 많이 걷고자 하는 경향이 있을 수 있다. 그러므로 이들에 대한 상호작용의 효과를 측정하기 위하여 generate 명령어를 이용하여 두 변수의 곱에 대한 변수(weig_walk=weight*walkfreq)를 생성하고, 이를 회귀모형에 포함하여 분석을 실행하여 보자.

```
generate weig_walk=weight*walkfreq
xi: regress bmi i.gender i.age weight walkfreq weig_walk
```

```
i.gender          _Igender_1-2          (naturally coded; _Igender_1 omitted)
i.age             _Iage_2-5             (naturally coded; _Iage_2 omitted)

      Source |       SS       df       MS              Number of obs =     533
-------------+------------------------------           F(  7,   525) =  239.11
       Model |  2081.94307     7  297.420439           Prob > F      =  0.0000
    Residual |  653.028294   525  1.24386342           R-squared     =  0.7612
-------------+------------------------------           Adj R-squared =  0.7580
       Total |  2734.97137   532  5.14092362           Root MSE      =  1.1153

------------------------------------------------------------------------------
         bmi |      Coef.   Std. Err.      t    P>|t|     [95% Conf. Interval]
-------------+----------------------------------------------------------------
  _Igender_2 |    1.26208   .1286562     9.81   0.000     1.009335    1.514824
     _Iage_3 |   .6325148   .1333872     4.74   0.000     .3704766     .894553
     _Iage_4 |   .9511486   .1331678     7.14   0.000     .6895415    1.212756
     _Iage_5 |    1.53133   .1385174    11.06   0.000     1.259214    1.803446
      weight |     .19095   .0130803    14.60   0.000      .165254    .2166461
    walkfreq |  -.6438347   .2502997    -2.57   0.010    -1.135547   -.1521227
   weig_walk |   .0091015    .003805     2.39   0.017     .0016265    .0165765
       _cons |    9.19137   .8692285    10.57   0.000     7.483777    10.89896
------------------------------------------------------------------------------
```

실행결과창에서는 상호작용의 효과를 측정하기 위한 변수(weig_walk)가 회귀모형에 추가되어 분석되어 있음을 알 수 있다. 이 상호작용 변수가 추가되었을 경우의 모형의 수정결정계수(Adj R-squared)는 0.7580이다. 이는 이 변수가 포함되지 않았을 경우의 모형(=0.7559)에 비하여 높다. 그리고 상호작용의 변수(weig_walk)의 회귀계수가 0.009의 값을 가지고 있으며, p-값이 0.05보다 적은 0.017을 가지고 있기 때문에 통계적으로도 유의하다고 볼 수 있다. 또한 이들 상호작용의 효과를 제어한 상태에서 보행횟수(walkfreq)의 회귀계수가 통계적으로 유의하게 변화되었음을 알 수 있다. 결과적으로 몸무게와 보행횟수의 상호작용, 즉 몸무게가 많은 사람일수록 보다 많은 보행횟수를 가지고 있으며, 보행횟수의 증가는 실질적으로 체질량지수(bmi)를 낮추는 효과가 있다고 볼 수 있다.

마지막으로 성(gender)과 나이(age)에 대하여 그리고 몸무게(weight)와 보행횟수(walkfreq)에 대하여 상호작용의 효과를 측정하여 보자. 전자는 'i.gender*i.age'로, 후자는 앞서 생성한 변수인 'weig_walk'으로 하여 모형에 포함시켜 분석을 실행하여 보자.

앞에서 상호작용이 포함되지 않은 최초의 모형과 다양한 방식으로 상호작용을 분석한 모형들을 모두 하나의 표로 작성(estimate table)하여 그 회귀분석의 결과를 비교하여 보자. 이를 위하여서는 각각의 회귀모형을 조용하게(quietly)하게 실행하고, 그 결과를 저장(estimate store)하여 보자. 그리고 그 결과에 대한 하나의 표를 작성할 때, 회귀계수와 함께 통계적 유의수준을 *= 0.1, **=0.05, ***=0.01로 표시하여 보자.

```
quietly xi: regress bmi i.gender i.age walkfreq weight
estimate store m1_1
quietly xi: regress bmi weight walkfreq i.gender*i.age
estimate store m1_2ga
quietly xi: regress bmi i.age walkfreq i.gender*weight
estimate store m1_3gw
quietly xi: regress bmi i.age walkfreq i.gender|weight
estimate store m1_4gwn
quietly xi: regress bmi i.gender i.age weight walkfreq
weig_walk
estimate store m1_5ww
quietly xi: regress bmi i.gender*i.age weight walkfreq
weig_walk
estimate store m1_6gaww
estimate table m1_* , b(%9.3f) star(0.1 0.05 0.01)
stats(N r2 r2_a  F)
```

Variable	m1_1	m1_2ga	m1_3gw	m1_4gwn	m1_5ww	m1_6gaww
_Igender_2	1.258***	0.860***	0.315		1.262***	0.908***
_Iage_3	0.620***	0.296	0.612***	0.609***	0.633***	0.341*
_Iage_4	0.956***	0.860***	0.961***	0.964***	0.951***	0.883***
_Iage_5	1.531***	1.217***	1.531***	1.532***	1.531***	1.241***
walkfreq	-0.055	-0.059	-0.059	-0.061	-0.644**	-0.560**
weight	0.219***	0.218***	0.213***	0.210***	0.191***	0.194***
IgenXage~3		0.712***				0.637**
IgenXage~4		0.275				0.216
IgenXage~5		0.672**				0.617**
_IgenXweig~2			0.015	0.020***		
weig_walk					0.009**	0.008**
_cons	7.419***	7.650***	7.855***	8.018***	9.191***	9.139***
N	533	533	533	533	533	533
r2	0.759	0.763	0.759	0.759	0.761	0.765
r2_a	0.756	0.759	0.756	0.756	0.758	0.760
F	275.535	187.041	236.592	276.440	239.110	169.742

legend: * p<.1; ** p<.05; *** p<.01

실행결과창에서는 총 6개의 회귀분석 결과를 하나의 표로 보여주고 있다. 각각의 모형에 대한 수정된 결정계수(r2_a)는 성과 나이에 대한 상호작용과 몸무게와 보행횟수에 대한 상호작용 효과를 측정한 최종 모형이 가장 높은 0.760의 값을 가지고 있음을 알 수 있다. 또한 각각의 설명변수의 회귀계수 값 또한 40대의 여성값에 대한 상호작용 변수를 제외하고는 모두 통계적으로 유의한 결과를 가지고 있음을 확인할 수 있다. 그러므로 상호작용 효과를 고려한 회귀모형은 성과 나이에 대한 상호작용과 몸무게와 보행횟수에 대한 상호작용의 효과를 포함한 모형이 가장 바람직한 모형이라고 말할 수 있을 듯 하다.

제3절
위계적·단계적 회귀분석

1. 위계적 선형회귀분석

1) 위계적 회귀분석의 개요

다중회귀분석은 2개 이상의 설명변수와 하나의 종속변수에 대한 인과관계를 확인하고 증명하는 분석절차이다. 사회과학에서는 하나의 종속변수에 영향을 미치는 많은 수의 설명인자들이 존재한다. 그러나 이들 모든 인자들이 종속변수에 통계적으로 유의한 영향을 미치지는 않는다. 그러므로 어떠한 설명변수들이 종속변수에 영향을 미치는지를 파악하기 위해서는 개별 설명변수들을 각각 추가하여 분석을 하고, 새로운 변수가 추가되었을 때 이전의 회귀모형과 비교하여 결정계수와 회귀계수가 어떻게 변화되었는지를 파악하여야 한다. 만약 이론적으로 또는 어떤 다른 연구에서 이들 변수들의 영향력에 대한 선행연구가 충분하다면 어떠한 설명변수가 통계적으로 유의하면서도 중요한지를 알 수 있다.

일반적으로 회귀분석을 수행할 때는 어떠한 가설을 바탕으로 새로운 이론을 만들거나 이를 증명하고자 할 때 사용된다. 그러므로 기존의 이론과 선행연구 고찰을 통하여 얻어진 설명변수 뿐만 아니라 추가적으로 연구자가 증명하고자 하는 새로운 설명변수들을 포함하게 되는 것이 일반적이다. 이러한 경우에는 위계적 회귀모형을 이용하면 보다 편리하다.

위계적 회귀모형(hierarchial, nested or blockwise regression model)은 추가되는 설명변수들을 블록(block)으로 설정하여 처리하는 분석모형이다.

이 위계적 회귀모형은 다수준 또는 위계선형 회귀모형(Multi-level or hierichical linear modeling)과는 다르다는 점을 유의할 필요가 있다. 여기서 설명하고자 하는 위계적 회귀모형은 추가되는 설명변수들을 하나 또는 두 개이상의 블록으로 처리하여 단계적으로 그 분석결과를 보여주는 방법으로 일반적인 다중선형회귀분석을 하나의 절차로 수행하게 하는 것과 같다.

예를 들어, 기존 모형에서 추가되는 다수의 설명변수들을 2개의 블록으로 설정하였다고 가정할 때 회귀분석모형은 블록으로 설정되지 않은 기본 설명변수만 포함한 모형과 블록으로 각각 설정된 설명변수들이 추가된 2개의 모형으로 하여 총 3개의 회귀모형을 순차적으로 보여주게 된다. 여기서 첫 번째 모형은 블록으로 설정되지 않은 설명변수들만을 활용하여 회귀분석을 수행하는 것이고, 두 번째 모형은 첫 번째 블록으로 설정된 설명변수들을 추가하여 두 번째 회귀분석을 수행하고, 마지막으로 두 번째 블록으로 설정된 변수들을 두 번째 모형에 추가하여 회귀분석을 수행하게 된다.

2) 위계적 선형회귀분석 실행 예

앞서 설정한 상호작용의 효과를 차례로 회귀모형에 포함함으로써 회귀분석의 모형에 대한 통계량이 어떻게 변화되는지를 살펴보자. 이를 위하여 첫 번째 블록은 몸무게(weight)와 보행횟수(walkfreq)를, 두 번째 블록은 성(gender)과 나이(age)의 명목변수에 대한 주효과와 상호작용 효과를, 그리고 마지막으로 세 번째 블록은 몸무게와 보행횟수의 상호작용 효과(weig_walk)를 설정하여, nestreg 명령어로 실행하여 보자.

```
xi: nestreg : regress bmi (weight walkfreq)
(i.gender*i.age) (weig_walk)
```

```
Block  1: weight walkfreq

      Source |       SS       df       MS              Number of obs =     533
-------------+------------------------------           F(  2,   530) =  485.39
       Model |  1769.11491     2  884.557456           Prob > F      =  0.0000
    Residual |  965.856456   530  1.82237067           R-squared     =  0.6468
-------------+------------------------------           Adj R-squared =  0.6455
       Total |  2734.97137   532  5.14092362           Root MSE      =    1.35

------------------------------------------------------------------------------
         bmi |      Coef.   Std. Err.      t    P>|t|     [95% Conf. Interval]
-------------+----------------------------------------------------------------
      weight |   .1765201   .0056719    31.12   0.000     .1653781    .1876622
    walkfreq |  -.1218643   .0532586    -2.29   0.023    -.2264881   -.0172405
       _cons |   11.61037   .3798976    30.56   0.000     10.86408    12.35666
------------------------------------------------------------------------------

Block  2: _Igender_2 _Iage_3 _Iage_4 _Iage_5 _IgenXage_2_3 _IgenXage_2_4 _IgenXage_

      Source |       SS       df       MS              Number of obs =     533
-------------+------------------------------           F(  9,   523) =  187.04
       Model |  2086.67167     9  231.852407           Prob > F      =  0.0000
    Residual |  648.299701   523  1.23957878           R-squared     =  0.7630
-------------+------------------------------           Adj R-squared =  0.7589
       Total |  2734.97137   532  5.14092362           Root MSE      =  1.1134

------------------------------------------------------------------------------
          bmi |      Coef.   Std. Err.      t    P>|t|     [95% Conf. Interval]
--------------+----------------------------------------------------------------
       weight |   .2177328    .006184    35.21   0.000     .2055844    .2298813
     walkfreq |  -.0590454   .0444495    -1.33   0.185     -.146367    .0282762
   _Igender_2 |   .8597412   .1975923     4.35   0.000     .4715691    1.247913
      _Iage_3 |   .2964164   .1812998     1.63   0.103     -.059749    .6525817
      _Iage_4 |    .859516    .189407     4.54   0.000     .4874241    1.231608
      _Iage_5 |   1.216738     .19306     6.30   0.000     .8374693    1.596006
_IgenXage_2_3 |   .7119846   .2654607     2.68   0.008     .1904842    1.233485
_IgenXage_2_4 |   .2750779   .2661486     1.03   0.302    -.2477738    .7979296
_IgenXage_2_5 |   .6720179   .2767875     2.43   0.016      .128266     1.21577
        _cons |   7.650498   .4600098    16.63   0.000     6.746805    8.554192
-------------------------------------------------------------------------------

Block  3: weig_walk

      Source |       SS       df       MS              Number of obs =     533
-------------+------------------------------           F( 10,   522) =  169.74
       Model |  2091.71495    10  209.171495           Prob > F      =  0.0000
    Residual |  643.256418   522  1.23229199           R-squared     =  0.7648
-------------+------------------------------           Adj R-squared =  0.7603
       Total |  2734.97137   532  5.14092362           Root MSE      =  1.1101

-------------------------------------------------------------------------------
          bmi |      Coef.   Std. Err.      t    P>|t|     [95% Conf. Interval]
--------------+----------------------------------------------------------------
       weight |   .1942527   .0131426    14.78   0.000     .1684338    .2200715
     walkfreq |  -.5604604    .251786    -2.23   0.026    -1.055099    -.065822
   _Igender_2 |     .90787    .198442     4.57   0.000      .518027    1.297713
      _Iage_3 |   .3405505   .1820779     1.87   0.062    -.0171449    .6982459
      _Iage_4 |   .8825243   .1891916     4.66   0.000     .5108538    1.254195
      _Iage_5 |   1.240851   .1928604     6.43   0.000     .8619728    1.619728
_IgenXage_2_3 |   .6370417   .2672592     2.38   0.018     .1120058    1.162077
_IgenXage_2_4 |   .2159456   .2669702     0.81   0.419    -.3085224    .7404136
_IgenXage_2_5 |   .6169292    .277313     2.22   0.027     .0721426    1.161716
    weig_walk |   .0077498   .0038308     2.02   0.044     .0002241    .0152755
        _cons |   9.139373   .8671862    10.54   0.000     7.435769    10.84298
-------------------------------------------------------------------------------


  +-------------------------------------------------------------+
  |       |          Block  Residual                     Change |
  | Block |       F     df        df   Pr > F       R2    in R2 |
  |-------+-----------------------------------------------------|
  |     1 |  485.39      2       530   0.0000   0.6468          |
  |     2 |   36.60      7       523   0.0000   0.7630   0.1161 |
  |     3 |    4.09      1       522   0.0436   0.7648   0.0018 |
  +-------------------------------------------------------------+
```

실행결과창에서는 괄호로 설정된 변수들을 차례로 회귀모형에 포함하여 총 3단계에 걸쳐서 회귀분석을 순차적으로 실시하였음을 알 수 있다. 그리고 맨 마지막에는 세가지 회귀분석의 모형에 대한 검증통계량과 결정계수의 누적값과 변화된 증가분을 요약하여 보여주고 있다. 결과적으로 이들 변수들의 추가될수록 체질량 지수에 대한 모형의 설명력은 증가하며, 특히 나이와 성의 더미변수와 상호작용 변수가 추가된 2번째 모형에서의 결정계수가 0.1161 증가하였음을 보여주고 있다. 세 번째 몸무게와 보행횟수의 상호작용 효과측정의 변수는 모형의 결정계수의 값을 0.0018 정도 증가시키는 데 머무르고 있음을 보여주고 있다.

2. 단계적 선형회귀분석

1) 단계적 회귀분석의 개요

단계적 회귀분석은 종속변수와 설명변수들의 관계에 대한 어떠한 이론이나 가설이 확실하지 않을 경우 탐색적으로 어떠한 설명변수들이 보다 중요한지를 자동으로 파악하게 하여주는 분석방법이다. 이 방식은 수학적 기준을 기반으로 하여 설명변수들이 모형에 포함되는 순서를 결정하는 방식으로, 그 기준에 따라 전진선택법(forward method)과 후진선택법(backward method)이 있다.

전진선택법에 의한 단계적 회귀분석 절차는 먼저 상수항만을 활용한 최초 회귀모형에서 출발하여 잠재적으로 선택하고 싶은 모든 설명변수들 중에서 종속변수를 가장 잘 예측하여주는 설명변수를 선택하고, 그 다음으로 설명력을 높여주는 설명변수들을 차례로 선택하는 방식이다.

후진선택법은 전진선택법과 완전 반대의 방식으로 설명변수들을 선택하여준다. 후진선택법의 최초 모형은 잠재적으로 모든 설명변수들을 최초의 모형으로 설정한 다음 설명변수들 각각에 대하여 t-검정 통계량을 활용하여 종속변수에 대한 예측력의 기여도에 따라 한 개의 설명변수들을 차례로 모형에서 제거하여 최종모형을 설정하는 방식이다.

단계적 회귀분석의 두 방식 중에서 후진선택법을 이용하여 최종적인 설명변수들을 선택하는 것이 보다 바람직하다(Field, 2006). 왜냐하면 다른 설명변수들을 통제한 상태에서 어떤 설명변수의 통계적 유의성을 검증할 수 있는 통제효과(suppressor effects)를 후진선택법은 가지고 있지만 전진선택법은 그러하지 못하기 때문이다. 특히, 전진선택법의 사용은 통계적으로 유의한 설명변수를 모형에 포함하지 않을 수 있는 Type II 오류의 가능성이 후진선택법을 활용할 때보다 높다.

Stepwise의 실행명령문은 다음과 같으며, 전진선택법(pr(#) 또는 후진선택법(pe(#)) 중에서 반드시 하나는 선택하여야 한다. 단계적 회귀분석은 선형회귀분석 이외에 대부분의 회귀분석에서도 활용할 수 있다는 것을 염두에 둘 필요가 있다. 그리고 변수를 선택하고자 하는 p-값의 기준을 지정하여 줄 필요가 있으며, 일반적으로 0.2또는 0.1의 수준으로 변수를 선택하게 된다. 또한 단계적 회귀분석의 실행시에 반드시 포함시키고자 하는 설명변수들이 있다면, lockterm1이라는 옵션을 선택하고, 이들 설명변수들에 대하여서는 괄호로 묶음을 처리하여 최초의 모형에 이들 설명변수들이 강제적으로 포함될 수 있도록 하는 방법을 사용할 수 있다.

<table>
<tr><th>명령문</th><th colspan="2">stepwise [, options] : command</th></tr>
<tr><td rowspan="2">command</td><td colspan="2">실행될 추정명령어를 선택함</td></tr>
<tr><td colspan="2">추정명령어는 regress 명령어 이외에 glm, logit, poission, probit등 다양한 회귀분석에서도 이 방법을 활용할 수 있다.</td></tr>
<tr><td rowspan="2">선택방법</td><td>pr(#)</td><td>후진선택법, #은 선택될 p-값의 기준을 설정</td></tr>
<tr><td>pe(#)</td><td>전진선택법, #은 선택될 p-값의 기준을 설정</td></tr>
<tr><td>기타옵션</td><td>lockterm1</td><td>설명변수 중에서 괄호 속에 있는 변수들을 최초의 분석모형에 강제하고, 나머지 변수들에 대하여 선택법을 실행함</td></tr>
</table>

2) 단계적 회귀분석 실행 예

단계적 선택법을 활용하여 회귀분석을 실행하여보자. 회귀분석방법은 다중선형회귀분석(regress)이며, 체질량지수(bmi)에 대하여 몸무게(weight), 보행시간(walktime), 보행횟수(walkfreq), 그리고 성(gender)과 나이(age)에 대한 더미변수와 이들의 상호작용 효과(i.gender*i.age) 및 몸무게와 보행횟수의 상호작용 효과(weig_walk)의 효과를 살펴보자.

상호작용 변수와 더미변수가 있으므로, 접두어 'xi:'를 사용하여야 하며, 0.01의 p-값을 기준으로 하여 전진선택법(pe)으로 설명변수들을 선택하도록 실행하여 보자.

```
xi: stepwise, pe(0.1): regress bmi weight walktime
walkfreq exercise i.gender*i.age weig_walk
```

```
                      begin with empty model
p = 0.0000 <  0.1000  adding  weight
p = 0.0000 <  0.1000  adding  _Igender_2
p = 0.0000 <  0.1000  adding  _Iage_5
p = 0.0000 <  0.1000  adding  _Iage_4
p = 0.0000 <  0.1000  adding  _Iage_3
p = 0.0677 <  0.1000  adding  _IgenXage_2_3
p = 0.0290 <  0.1000  adding  _IgenXage_2_5

      Source |       SS       df       MS              Number of obs =     533
-------------+------------------------------           F(  7,   525) =  239.66
       Model |  2083.08735     7  297.583907           Prob > F      =  0.0000
    Residual |  651.884021   525  1.24168385           R-squared     =  0.7616
-------------+------------------------------           Adj R-squared =  0.7585
       Total |  2734.97137   532  5.14092362           Root MSE      =  1.1143

------------------------------------------------------------------------------
         bmi |      Coef.   Std. Err.      t    P>|t|     [95% Conf. Interval]
-------------+----------------------------------------------------------------
      weight |   .2168561   .0061674    35.16   0.000     .2047403    .2289719
  _Igender_2 |   .9913274   .1601339     6.19   0.000     .6767456    1.305909
     _Iage_5 |   1.283017   .1863775     6.88   0.000     .9168794    1.649154
     _Iage_4 |    1.01403   .1333182     7.61   0.000     .7521274    1.275933
     _Iage_3 |   .3784337    .173017     2.19   0.029     .0385429    .7183244
_IgenXage_2_3 |  .5700262   .2366969     2.41   0.016     .1050368    1.035016
_IgenXage_2_5 |  .5458408   .2493372     2.19   0.029     .0560196    1.035662
       _cons |   7.450157    .440656    16.91   0.000     6.584491    8.315822
------------------------------------------------------------------------------
```

실행결과창에서는 맨 먼저 상수항만을 가진 회귀모형(emply model)으로 시작하였다는 것을 알려주고 있다. 즉, 전진선택법(forward selection method)을 선택하였다는 것을 알려준다. 이후 가장 먼저 weight, _Igender_2, _Iage_4, _Iage_4, _Iage_3, _Iage_3, _IgenXage_2_3, _IgenXage_2_5의 변수들이 차례로 선택되어졌음을 보고하고 있다. 전진선택법에 의한 최종 모형의 수정결정계수(Adj R-squared)는 0.7585이며, 모든 설명변수들의 통계적 유의수준을 0.05로 하였을 경우 모두 유의함을 알 수 있다.

이제 이들 설명변수들을 동일한 선택기준인 0.1의 p-값을 가지고 후진선택법(pr)을 실행하여 보자.

xi: stepwise, pr(0.1): regress bmi weight walktime walkfreq exercise i.gender*i.age weig_walk

```
                      begin with full model
p = 0.8169 >= 0.1000  removing exercise
p = 0.4409 >= 0.1000  removing _IgenXage_2_4
p = 0.4092 >= 0.1000  removing walktime

      Source |       SS       df       MS              Number of obs =     533
-------------+------------------------------           F(  9,   523) =  188.65
       Model |  2090.90869     9  232.323187           Prob > F      =  0.0000
    Residual |  644.062681   523   1.2314774           R-squared     =  0.7645
-------------+------------------------------           Adj R-squared =  0.7605
       Total |  2734.97137   532  5.14092362           Root MSE      =  1.1097

------------------------------------------------------------------------------
         bmi |      Coef.   Std. Err.      t    P>|t|     [95% Conf. Interval]
-------------+----------------------------------------------------------------
      weight |   .1929381   .0130374    14.80   0.000      .167326    .2185501
_IgenXage_2_5|   .5178323   .2487014     2.08   0.038     .0292558    1.006409
    walkfreq |   -.583157   .2501349    -2.33   0.020    -1.074549   -.0917644
   weig_walk |   .0080891   .0038065     2.13   0.034     .0006111     .015567
  _Igender_2 |   1.002646   .1601047     6.26   0.000     .6881184    1.317173
     _Iage_3 |   .3823266   .1745416     2.19   0.029     .0394378    .7252154
     _Iage_4 |   .9910632    .133327     7.43   0.000     .7291409    1.252986
     _Iage_5 |   1.281772   .1860454     6.89   0.000     .9162836     1.64726
_IgenXage_2_3|      .5377   .2372906     2.27   0.024     .0715401     1.00386
       _cons |   9.186796    .864916    10.62   0.000      7.48766    10.88593
------------------------------------------------------------------------------
```

실행결과창에서는 모든 설명변수가 포함된 모형(full model)으로 출발하였다는 것을 알려주면서, exercise, _IgenXage_2_4, 그리고 walktime 등 세가지 변수가 차례로 모형에서 제거되었음을 알려주고 있다. 최종 분석모형에서의 수정결정계수는 0.7605이며, 통계적 유의수준을 0.05로 할 경우 모두 통계적으로 유의함을 알 수 있다.

단계적 선택법의 마지막은 lockterm1의 옵션을 이용하여 최종분석모형에서 꼭 포함시키고자 하는 설명변수들을 지정하여 실행하도록 하여 보자. 여기에서는 예제로 'i.gender*i.age'와 'weig_walk'는 최종모형에서 선택되도록 강제하여 보자. 그 방법은 괄호로 이들 변수들을 지정하는 것이다. 선택방법은 후진 선택방법을 이용하여 보자.

```
xi: stepwise, pr(0.1) lockterm1: regress bmi weight
walktime walkfreq exercise (i.gender*i.age
weig_walk)
```

```
                      begin with full model
p = 0.8169 >= 0.1000  removing exercise
p = 0.4304 >= 0.1000  removing walktime

      Source |       SS       df       MS              Number of obs =     533
-------------+------------------------------           F( 10,   522) =  169.74
       Model |  2091.71495    10  209.171495           Prob > F      =  0.0000
    Residual |  643.256418   522  1.23229199           R-squared     =  0.7648
-------------+------------------------------           Adj R-squared =  0.7603
       Total |  2734.97137   532  5.14092362           Root MSE      =  1.1101

------------------------------------------------------------------------------
         bmi |      Coef.   Std. Err.      t    P>|t|     [95% Conf. Interval]
-------------+----------------------------------------------------------------
      weight |   .1942527   .0131426    14.78   0.000     .1684338    .2200715
  _Igender_2 |     .90787    .198442     4.57   0.000      .518027    1.297713
     _Iage_3 |   .3405505   .1820779     1.87   0.062    -.0171449    .6982459
     _Iage_4 |   .8825243   .1891916     4.66   0.000     .5108538    1.254195
     _Iage_5 |   1.240851   .1928604     6.43   0.000     .8619728    1.619728
_IgenXage_2_3|   .6370417   .2672592     2.38   0.018     .1120058    1.162077
_IgenXage_2_4|   .2159456   .2669702     0.81   0.419    -.3085224    .7404136
_IgenXage_2_5|   .6169292    .277313     2.22   0.027     .0721426    1.161716
   weig_walk |   .0077498   .0038308     2.02   0.044     .0002241    .0152755
   walkfreq  |  -.5604604    .251786    -2.23   0.026    -1.055099   -.065822
       _cons |   9.139373   .8671862    10.54   0.000     7.435769    10.84298
------------------------------------------------------------------------------
```

실행결과창에서는 weig_walk 변수와 성(gender)과 나이(age)의 주효과와 상호작용 효과를 볼 수 있는 변수들은 통계적 유의성이 없는 변수들이 있다하더라도 포함되어 있음을 알 수 있다. 최종 모형의 수정결정계수는 0.7603으로 특정변수들을 강제하지 않았을 경우의 수정결정계수인 0.7605보다 낮은 값을 가지고 있음을 알 수 있다. 이와 같이 특정 변수들을 강제로 모형에 포함되도록 하는 방안은 연구의 주요 목적이 되는 변수들에 대한 효과를 살펴보기 위한 목적에서 주로 비롯된다고 할 수 있다.

단계적 선택법을 활용한 회귀분석의 세가지 사례를 모두 한번씩 차례로 조용히 실행하고 그 결과를 저장하여 보자. 전진선택법에 의한 모형의 분석결과는 sw_m1, 후진선택법에 의한 결과는 sw_m2, 그리고 특정변수가 강제된 후진선택법에 의한 결과는 sw_m3로 각각 저장하고, 이를 하나의 표로 정리하여 살펴보자.

```
quietly xi: stepwise, pe(0.1): regress bmi weight
walktime walkfreq exercise i.gender*i.age weig_walk
estimate store sw_m1
quietly xi: stepwise, pr(0.1): regress bmi weight
walktime walkfreq exercise i.gender*i.age weig_walk
estimate store sw_m2
quietly xi: stepwise, pr(0.1) lockterm1: regress bmi
weight walktime walkfreq exercise (i.gender*i.age
weig_walk)
estimate store sw_m3
estimate table sw_m?,  b(%9.3f) star(0.1 0.05 0.01)
stats(N r2 r2_a  F)
```

Variable	sw_m1	sw_m2	sw_m3
weight	0.217***	0.193***	0.194***
_Igender_2	0.991***	1.003***	0.908***
_Iage_5	1.283***	1.282***	1.241***
_Iage_4	1.014***	0.991***	0.883***
_Iage_3	0.378**	0.382**	0.341*
IgenXage~3	0.570**	0.538**	0.637**
IgenXage~5	0.546**	0.518**	0.617**
walkfreq		-0.583**	-0.560**
weig_walk		0.008**	0.008**
IgenXage~4			0.216
_cons	7.450***	9.187***	9.139***
N	533	533	533
r2	0.762	0.765	0.765
r2_a	0.758	0.760	0.760
F	239.662	188.654	169.742

legend: * p<.1; ** p<.05; *** p<.01

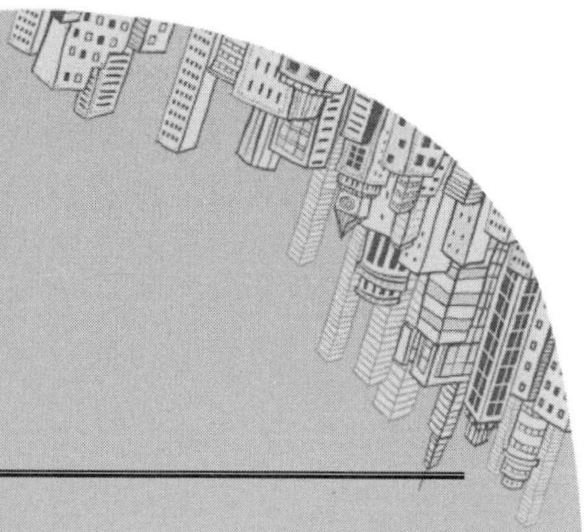

제9장

분산분석과 공분산분석

제1절
분산분석의 개요와 명령문 구조

1. 분산분석의 개요

1) 분산분석의 필요성과 개념

평균과 비율의 차이 검증(제?장)은 2개의 집단 또는 속성에서의 차이를 검증하는 방법이다. 그러나 사회과학에서는 2개 이상의 집단 또는 속성이 존재하는 것이 보다 일반적이다. 이러한 경우에는 독립변인의 수준이 2개의 집단 또는 속성에만 한정하고 있는 검증방법을 사용할 수 없게 된다. 대신에 우리는 분산분석(Analysis of Variance, ANOVA)이라는 분석방법을 사용하게 된다. 이 때 분산분석의 독립변인은 일반적으로 명목척도이며, 종속변인은 최소한 간격척도(interval measure)이어야 한다.

분산분석은 2개 이상의 집단에 대한 평균값의 유의미한 차이를 검증하는 방법이며, 집단간 분산의 차이를 이용한 검증이기 때문에 분산분석이라고 한다. 즉, 분산분석의 특징은 집단간 분산과 집단내 분산의 비율인 F-값으로 통계량을 산출하고, 이에 대한 통계적 유의수준을 검증하게 된다. 그러므로 분산분석은 F-검정이라고도 불린다.

회귀분석에서 우리는 모형의 F-값이 독립변수들에 의하여 설명되는 전반적인 적합도임을 배웠기 때문에 알고 있을 것이다. 즉, 종속변인의 모든 값들의 변동의 합을 총변동(Total Sum of Square, SS_T)이라고 한다면, 이 변동은 변인에 의하여 설명되는 변동(집단간 분산, 체계적 분산 또는 모형의 분산)의 합(Model Sum of Square, SS_M)과 변인에 의하여 설명되지 않는 변동(집단내 분산, 비체계적 분산, 잔차의 분산)의 합(Residual Sum of Square, SS_R)으로 나누어진다. 검증통계량인 F-값은 전자와 후자를 각각의 자유도(df_k, df_{n-k})로 나눈 평균들의 비율로 정의된다. 분산분석에서의 검증통계량을 Stata로 분석하였을 때의 결과인 분산분석표로 수식을 제시하면 다음과 같다.

	제곱합 (Sum of Square, SS)	자유도 (Degree of freedom, df)	평균제곱 (Mean square, MS)	F-값	유의확률 (p-value)
집단간 (Between groups)	$SS_M = \sum(\overline{x_k} - \overline{x})^2$	df_k	$MS_M = \frac{SS_M}{df_k}$	$F = \frac{MS_M}{MS_R}$	p-value
집단내 (Within groups)	$SS_R = \sum(x_{ik} - \overline{x_k})^2$	df_{n-k}	$MS_R = \frac{SS_R}{df_{n-k}}$		
전체(Total)	$SS_T = \sum(x_i - \overline{x})^2$	df_{n-1}	$MS_T = \frac{SS_T}{df_{n-1}}$		

주: 여기서, $k=$ 집단의수, $n=$ 관측치수, $\overline{x}=$ 전체평균, $\overline{x_k}=$ 집단평균

분산분석의 귀무가설(H_0)은 집단간 차이가 없다이며, F-값이 커지면 커질수록 집단간 변동의 값이 높거나, 집단내 변동의 값이 낮은 것을 의미한다. 즉, F-값이 커질수록 통계적 유의수준이 p-값은 감소하게 되어 귀무가설을 기각하고, 대립가설인 집단간 차이가 있음을 채택하게 될 가능성이 높아지게 된다.

2) 분산분석의 가정

① 정규성

모든 모수의 검증은 통계학에서 정규분포를 가정하고 있다. 분산분석에서도 이러한 가정은 충족되어야 한다. 즉, 두 모집단에서의 종속변인은 정규분포를 가지고 있어야 한다.

② 분산의 동질성

분산분석에서는 모집단의 분산은 동일하다라는 가정을 충족하는지를 검토하여야 할 것이다. 만약 독립변인의 집단들의 표본 크기가 동일하다면 커다란 문제가 되지 않는다. 그러나 만약 표본의 크기가 동일하지 않다면 분산의 동질성은 확보되어야 한다. 예를 들어 표본의 크기가 큰 집단이 표본의 크기가 작은 집단에 비하여 변동이 클 경우에는, 집단간 차이가 진실로 있음에도 불구하고 차이가 없다라는 Type II 오류를 범할 수 있다. 반대로 표본의 크기가 큰 집단의 변동이 표본의 크기가 적은 집단의 변동보다 적을 경우에는 집단간 차이가 없음에도 불구하고 차이가 있다라는 결론을 도출할 Type I 오류를 범할 가능성이 있다.

③ 표본추출의 독립성

두 모집단에서 표본은 독립적이다라는 가정에 대한 위배는 가장 심각한 문제가 될 수 있다고 한다. 표본추출의 독립성, 즉 추출된 관측치들이 상호 관련성이 높다면 Type I 오류가 발생할 확률이 매우 높아지게 된다.

3) 분산분석의 종류

분산분석의 종류는 종속변인의 수와 독립변인의 수에 의하여 일원분산분석, 이원분산분석, 다변량 분산분석으로 나누어진다. 또한 특정 독립변인에 초점을 두고 다른 독립변인들은 통제하여 분석할 경우에는 공분산분석이라고 한다. 이를 구체적으로 설명하면 다음과 같다.

① 일원분산분석(one-way ANOVA)

일원분산분석은 종속변인이 1개이면서 독립변인의 수가 1개이지만 후자의 집단(group)이 2개 이상일 때, 각 집단의 모집단 분산의 차이가 있는 지 또는 평균의 차이가 있는지를 검증할 때 사용하는 방법을 말한다.

② 이원분산분석(two-way ANOVA)

이원분산분석은 종속변인이 1개이면서 독립변인의 수가 2개 이상일 때 집단간 차이가 유의한지를 검증할 때를 말한다.

③ 다변량분산분석(MANOVA)

다변량분산분석(Multivariate Analysis of Variance, MANOVA)은 2개 이상의 종속변인들에서 두 집단 이상의 차이를 비교하는데 사용된다. 즉, 2개의 종속변수를 1개씩 ANOVA를 수행할 수 있으나, 두 종속변수의 상관관계가 높은 경우에는 MANOVA로 분석을 실행하는 것이 바람직하다. 또한 종속변수 각각에 대하여 ANOVA를 실행할 경우에는 제1종 오류(Type I error)에 확률을 높이는 문제를 유발하기 때문에 2개 이상의 종속변수에 대한 분산분석은 MANOVA로 실행하는 것이 보다 바람직하다.

④ 공분산분석(ANCOVA)

공분산분석은 다변량 분산분석에서 특정한 독립변인에 초점을 맞추고, 다른 독립변인은 통제변수로 제어하여 분석하는 방법을 말한다. 특정한 변인에 대한 효과를 측정하기 위해서는 다른 독립변인들을 통제하기 위해서는 공변량(covariate)으로 처리하여 그 효과를 제거하기 때문에 공분산분석(analysis of covariance, ANCOVA)라 한다.

2. 분산분석의 명령문 구조

모수의 분산분석을 수행하는 명령어는 Stata에서 oneway, anova, manova 등 세가지를 제공하고 있다. oneway는 1개의 종속변인과 2개 이상의 집단 또는 속성을 가진 1개의 독립변인을 분석하는 방법인 일원분산분석을 수행하고자 할 때에만 적용된다. anova는 다변량 분산분석인 MANOVA를 제외하고는 모든 분산분석을 수행할 수 있다. manova는 다변량 분산분석을 수행하고자 할 때 적용되는 명령어이다.

1) Oneway

일원분산분석(one-way ANOVA)을 수행할 때에는 oneway와 anova 두 가지 모두 사용할 수 있다. 이 중에서 먼저 oneway 명령어는 일원분산분석 모형과 다중비교검증 결과를 제시하여 준다. 다중비교검증방법에는 평균과 비율의 차이검증에서 살펴본 Bonferroni, Scheffe, Sidak 방법론을 각각 적용할 수 있도록 옵션을 제공하여 주고 있음을 알 수 있다. oneway 명령문 하나의 종속변인(response_var)과 하나의 독립변인(factor_var)을 oneway 명령어 다음으로 차례로 입력하고 실행하면 된다.

명령문	oneway response_var factor_var [if] [in] [weight] [, options]	
주요 옵션	bonferroni	Bonferroni 다중비교 검증 수행
	scheffe	Scheffe 다중비교 검증 수행
	sidak	sidak 다중비교 검증 수행
	tabulate	요약표 생성
	[no]means	평균을 포함여부 선택; 기본값은 포함(means)
	[no]standard	표준편차 포함여부 선택; 기본 값은 포함(standard)
	[no]freq	빈도 포함여부 선택
	[no]obs	관측치 포함여부 선택
기타 옵션	noanova	ANOVA 표를 보이지 않음
	nolabel	라벨이 아닌 숫자코드를 보임
	wrap	표를 분리하지 않음
	missing	결측치를 하나의 집단으로 처리

다중비교검증(multiple comparison test)은 분산분석을 실행한 후에 집단별 평균의 차이가 유의하더라도 어떠한 집단간 차이가 유의한지를 알기 위해서 수행하는 통계검증이다. 즉, 이 방법은 집단 또는 수준간 모든 조합에 대하여 평균의 차이를 검정을 함으로써 어떠한 집단 또는 수준가에 평균의 차이가 있는지를 보여준다. 다중비교검증에는 Bonferroni, Scheffe, Sidak, Tukey, Dunnett, Fisher의 최소 유의차 한계법 등이 있으나, Stata에서는 전자의 세가지 방법에 의한 검증만을 제공하여 주고 있다.

2) ANOVA

anova는 다변량 분산분석인 MANOVA를 제외하고는 모든 분산분석 방법을 수행할 수 있다. 즉 anova 명령문으로 일원, 이원, 삼원 등의 분산분석과 공분산분석 등을 실행하여 그 결과를 살펴볼 수 있다. 만약 독변변인들의 상호작용 효과를 측정하고자 할 때에는 이들 변수들 사이에 #

을 포함하면 상호작용 효과를 분석하게 하여 준다. 만약 두 독립변인들 사이에 두 개의 #이 있다면 주효과와 상호작용 효과를 함께 수행하게 하여 준다. 즉, 전자의 경우에는 주효과의 측정을 위해서 각각의 독립변인들의 변수명을 입력하여야 하지만 후자의 경우는 별도를 변수명을 입력할 필요는 없다. 이는 차후에 실행예제에서 구체적으로 살펴볼 수 있을 것이다. anova 명령문 구조는 anova 명령어 다음에 차례로 종속변인과 독립변인들을 입력하면 된다.

명령문	anova varname [termlist] [if] [in] [weight] [, options]	
주요 옵션	repeated(varlist)	반복측정된 분산분석에서 반복측정된 변수를 지정함
	partial	한계(marginal 또는 partial) 제곱합 사용; 기본값임
	sequential	연속(sequential) 제곱합 사용
	noconstant	ANOVA 또는 회귀분석에서 상수항 압축
상호작용옵션	varname#varname	변수와 변수 사이의 #은 상호작용 효과를 분석
	varname##varname	변수와 변수 사이의 ##은 주효과와 상호작용 효과를 분석

3) MANOVA

다변량분산분석(MANOVA)을 수행하기 위해서는 manova 명령어를 활용하여야 한다. MANOVA는 2개 이상의 종속변인을 가진 경우이며, 이때에는 ANOVA와 달리 집단의 평균들의 벡터(Vector)를 비교하여 분석하기 때문에 anova의 명령어로 사용하지 못하고, manova로 실행하도록 Stata는 제공하여 주고 있다. manova의 명령문 구조는 다음과 같으며, 종속변인들과 독립변인들은 등호('=')로 구분하여 주고 있음을 알 수 있다. 나머지는 anova와 동일한 명령문 구조를 가지고 있다.

명령문	manova depvarlist = termlist [if] [in] [weight] [, options]	
주요옵션	noconstant	상수항 압축
상호작용 옵션	varname#varname	변수와 변수 사이의 #은 상호작용 효과를 분석
	varname##varname	변수와 변수 사이의 ##은 주효과와 상호작용 효과를 분석

제2절 일원분산분석 및 비모수 검정

1. 일원분산분석

실행예제로써 여기에서는 체질량지수(bmi)가 20대(=20s), 30대(=30s), 40대(=40s), 50대(=50s)의 나이(age) 집단별로 분산의 차이가 있는지에 대한 귀무가설(H_0)을 검증하여 보자. 이를 위하여 oneway 명령어를 활용하여 실행해보자. 명령문은 oneway 다음으로 종속변인인 bmi를, 그 다음으로 age를 입력하여 실행하면 된다.

```
oneway bmi age
```

```
                        Analysis of Variance
    Source              SS         df      MS            F     Prob > F

Between groups      129.71998      3   43.2399934      8.78     0.0000
 Within groups     2605.25139    529   4.92486085

    Total          2734.97137    532   5.14092362

Bartlett's test for equal variances:  chi2(3) =   0.9731  Prob>chi2 = 0.808
```

실행결과창에서는 분산분석(Analysis of Variance)의 분석결과를 보여주고 있다. 먼저 총변동(SS_T)은 2734.97, 모형의 분산의 제곱합인 집단간 총변동(SS_M)은 129.72, 잔차의 제곱합인 집단내 총변동(SS_R)은 2605.25임을 알 수 있다. 자유도는 각각 532, 3, 529임을 알 수 있다. 그리고 제곱합의 평균은 각각의 변동에 자유도를 나눈 값으로 각각 5.14, 43.24, 4.92임을 보여주고 있다. 이때 F-분포의 비율은 8.78로 p-값은 0.0001보다 적음을 알 수 있다. 이러한 검증통계량을 통하여 집단간 평균의 차이가 없다라는 귀무가설은 기각되면서, 집단간 평균의 차이가 존재한다라는 대립가설(H_α)을 채택하게 하여 준다. 즉, 나이대(age)별로 체질량지수(bmi)의 평균은 차이가 있다고 할 수 있다.

4개의 나이집단별 평균의 차이가 얼마나 큰가에 대하여 의문이 들 수 있다. Stata에서 자동으로 이러한 통계량을 제공하지는 않지만 분산분석표에서 제시된 집단간 총변동((SS_M)을 총변동(SS_T)으로 나누면 그 효과크기(effect size)를 측정하는 에타-스퀘어(eta-squared, η^2)를 구할 수 있다. 이는 회귀분석에서의 설명된 분산의 척도인 결정계수(r^2)와 동일하다. 여기에서 η^2는 0.0474이며, 다음과 같이 구해진다.

$$\eta^2 = \frac{SS_M}{SS_T} = \frac{129.72}{2734.97} = 0.0474$$

한편, 분산분석의 결과표 맨 아랫부분에는 동분산성(equal variance)에 대한 가정을 충족시키고 있는지를 판단하게 해주는 바렛(Barlett)검증을 자동으로 실행하고, 그 결과를 보여주고 있다. 검증통계량은 자유도가 3인 카이스퀘어의 통계량은 0.9731이며, p-값은 0.808로 귀무가설을 기각할 수 없음을 보여주고 있다. 즉, 4개의 나이 집단에서 체질량지수의 분산이 모두 동일하다라는 가설을 기각하지 못하므로, 동분산성을 충족시키고 있다는 것을 의미한다.

바렛검증 결과에 대하여서는 조심스럽게 접근할 필요가 있다. 예를 들어 표본의 크기가 아주 적다면 집단별 분산의 차이가 크다하더라도 통계적으로 유의하지 않을 수 있다. 또한 그 반대의 경우에도 그러한 오류가 있을 수 있다. 즉, 만약 표본의 크기가 크다면 집단별 분산의 차이가 적다하더라도 통계적 유의할 수 있기 때문이다. 따라서 바렛검증 결과를 절대적으로 받아들이기보다는 하나의 참고수준으로 살펴볼 필요가 있다. 검증통계량 보다는 실제 집단별 분산이 차이가 절대적으로 크면서 표본의 크기가 적다면 동분산성의 가정에 대한 문제가 있을 수 있다는 것이 보다 일반적인 기준이라고 보면 된다.

일원분산분석을 수행하는데 있어서 oneway 명령어가 보다 유용한 점은 옵션으로 요약통계표(tabulate)와 다중비교검증을 수행하게 해준다는 것이다. 요약통계는 독립변인의 집단별 평균(Mean), 표준편차(Std. Dev.), 빈도(Freq)를 보여주게 된다. 또한 다중비교검증을 통하여 어떠한 집단간 평균의 차이가 각각 유의한지를 파악할 수 있도록 bonferroni, scheffe, sidak 방법 중에서 택일하여 살펴볼 수 있다. 여기에서는 요약통계표의 작성(tabulate)과 다중비교검증을 위하여 bonferroni 방법을 실행하는 옵션을 선택하여 보자.

```
oneway bmi age, tabulate bonferroni
```

```
            |  Summary of 체질량지수(Body Mass
            |              Index)
 Age(20-59) |        Mean   Std. Dev.       Freq.
------------+------------------------------------
        20s |   21.602691   2.2398793         159
        30s |   22.322914    2.103007         130
        40s |   22.627887   2.2520997         132
        50s |   22.883626   2.2811602         112
------------+------------------------------------
      Total |   22.301414   2.2673605         533

                        Analysis of Variance
    Source              SS         df      MS            F     Prob > F
------------------------------------------------------------------------
Between groups      129.71998      3   43.2399934      8.78     0.0000
 Within groups     2605.25139    529   4.92486085
------------------------------------------------------------------------
    Total          2734.97137    532   5.14092362

Bartlett's test for equal variances:  chi2(3) =   0.9731  Prob>chi2 = 0.808

           Comparison of 체질량지수(Body Mass Index) by Age(20-59)
                                (Bonferroni)
Row Mean-|
Col Mean |        20s        30s        40s
---------+---------------------------------
     30s |    .720223
         |      0.038
         |
     40s |     1.0252    .304972
         |      0.001      1.000
         |
     50s |    1.28094    .560712     .25574
         |      0.000      0.303      1.000
```

실행결과창에서는 집단별 요약통계(맨위), 분산분석 결과표(중앙), 그리고 다중비교검증 결과표(아래)가 차례로 제시되어 있음을 알 수 있다. 분산분석 결과표는 앞의 결과와 동일하기 때문에 설명은 생략하도록 한다.

나이 집단(age)별 체질량지수(bmi)의 평균, 표준편차, 그리고 빈도가 각각 제시되어 있음을 알 수 있다. 20대(20s)는 체질량지수가 21.60, 30대(30s)는 22.32, 40대(40s)는 22.63, 50대(50s)는 22.88로 나이가 많아질수록 체질량지수는 증가하고 있음을 알 수 있다. 나이대별 표본의 크기는 112~159의 범위에 있다.

다중비교검증에 대한 통계량은 나이대의 조합에 대하여 각각 제시되어 있음을 알 수 있다. 각 셀에서의 첫 번째 숫자는 행평균(Row Mean)과 열평균(Col Mean)의 차이를 의미한다. 즉, 20대와 30대의 평균의 차이는 0.720223이고, 20대와 40대의 차이는 1.0252이다. 두 번째 숫자는 p-값을 의미한다. 20대와 30대의 0.720223의 평균차이에 대한 p-값은 0.038이다.

각 집단간 체질량 지수의 평균의 차이는 20대와 30대, 20대와 40대, 20대와 50대에서 통계적 유의수준의 기준을 0.05로 하였을 경우 그 차이가 통계적으로 유의하다고 볼 수 있다. 즉, 나이 집단별 체질량 지수의 평균의 차이는 20대를 기준으로 하여 각 나이대별로 차이가 있으나, 30대 이상의 나이 집단간 차이는 없는 것으로 해석할 수 있다.

일원분산분석을 수행할 수 있는 또 다른 명령어는 anova이다. 이를 체질량지수(bmi)에 대한 나이(age) 집단간의 평균의 차이가 있는지를 실행하고, 그 결과를 oneway 명령어로 수행한 결과와 비교하여 보자.

```
anova bmi age
```

p2_134

```
                 Number of obs =      533    R-squared     =  0.0474
                 Root MSE      =   2.2192    Adj R-squared =  0.0420
```

Source	Partial SS	df	MS	F	Prob > F
Model	129.71998	3	43.2399934	8.78	0.0000
age	129.71998	3	43.2399934	8.78	0.0000
Residual	2605.25139	529	4.92486085		
Total	2734.97137	532	5.14092362		

실행결과창에서는 oneway 명령문 실행결과와는 다른 형태의 분석결과

에 대한 표 형식을 보여주고 있음을 알 수 있다. 이는 anova 명령어가 이원 및 삼원 분산분석 등과 함께 상호작용에 대한 분석도 수행할 수 있기 때문에 이들 결과들도 같이 표현하기 위한 것이다.

실행결과는 살펴보면, 전체적인 모형에 대한 관측치수(Number of obs), RMS 오차(root-mean-square error)[16], 결정계수(R-squared), 수정결정계수(Adj R-squared)를 보여주고 있다. 여기서 결정계수(R-squared)는 0.0474로, oneway 분석결과에서 계산한 η^2와 같음을 알 수 있다. 또한 집단간 분산의 제곱합은 129.72이며, 일원 분산분석의 결과이기 때문에 모형(Model)과 독립변인(age)의 값은 같음을 알 수 있다. 나머지 다른 통계량들은 oneway 분석결과와 동일한 값을 가지고 있음을 확인할 수 있다.

2. 비모수 변인의 분산분석

세 집단 이상의 독립변인이면서 종속변인이 비모수 변인인 경우의 분산분석에는 Kruskal-Wallis검증을 사용할 수 있다. 즉, 이 검증방법은 종속변인이 등간척도가 아닌 순위척도면서 3개의 집단 이상이 되는 독립변인에 대한 집단별 분포의 차이를 비교하는 검증이다. 그러므로 K 검증은 순위척도에 대한 Kruskal-Wallis ANOVA라고도 한다. 만약 3개의 집단이 아닌 2개의 집단에 대한 차이 검증을 파악하고자 한다면 앞서 평균과 비

16) RMS 오차는 일반적으로 RMSE로 보다 널리 사용되며, n개의 관측치에 대한 각 측정값과 평균차이의 자승들의 평균값의 제곱근을 의미한다. RMSE는 모형의 정확도를 측정하는 지표이며, 다음과 같은 식을 통하여 구해진다.

$$RMSE(\hat{\theta}) = \sqrt{MSE(\hat{\theta})} = \sqrt{E((\hat{\theta}-\theta)^2)} = \sqrt{\frac{\sum_{i=1}^{n}(x_i - \bar{x})^2}{n}}$$

여기서, $\hat{\theta}$= 추정치, θ = 모수, n = 관측치수, $\bar{x}$ = x의 평균
분산분석에서의 RMSE는 두 집단(θ_1, θ_2)의 차이를 비교하는데 사용되며, 이 경우에는 다음과 같이 표현된다.

$$RMSE(\theta_1,\theta_2) = \sqrt{MSE(\theta_1,\theta_2)} = \sqrt{E((\theta_1-\theta_2)^2)} = \sqrt{\frac{\sum_{i=1}^{n}(x_{1i} - x_{2i})^2}{n}}$$

율의 차이검증에서의 비모수검증방법인 Mann-Whitney U 검증방법을 선택하여 실행하면 된다.

예를 들어 개인들에게 자신의 비만정도를 5점 척도로 응답하도록 하였다고 가정하자. 자신의 주관적 체형에 대하여 '1=아주 비만', '2=비만', '3=보통', '4=비만 아님', '5= 전혀 비만 아님'으로 답변한 결과를 가지고 나이(age) 집단별 평균의 차이를 검증할 때 이 5점 척도의 간격이 등간이 아닐 수 있으며, 그 간격은 개인의 주관에 따라 차이가 있기 때문에 등간척도에 대하여 분석할 수 있는 일원분산분석을 수행한다는 것은 보다 엄격한 의미에서는 잘못되었다고 볼 수 있다. 이러한 경우에는 Kruskal-Wallis의 ANOVA에 검증을 수행하면 된다.

Kruskal-Wallis 검증은 Mann-Whitney U 검증과 유사하게 모든 집단으로 부터의 관측치의 순위를 1부터 N까지 매기고, 순위가 같다면 평균값을 지정한 다음에 이들 순위에 대하여 집단간 순위평균($\overline{r_{i.}}$)과 전체 순위평균($\bar{r}$)과의 차이 제곱합과 모든 집단에서의 개별 관측치의 순위(r_{ij})와 전체 순위평균($\bar{r}$)의 차이의 제곱의 비율로 검증통계량(K)을 산출하도록 되어 있으며, 그 산출식은 다음과 같다.

$$K=(N-1)\frac{\sum_{i=1}^{g} n_i(\overline{r_{i.}}-\bar{r})^2}{\sum_{i=1}^{g}\sum_{j=1}^{n_i}(r_{ij}-\bar{r})^2}$$

여기서, $\overline{r_{i.}}=\frac{\sum_{j=1}^{n_i} r_{ij}}{n_i}$, $\bar{r}=\frac{N+1}{2}$, n_i = 집단 i의 관측치수, N= 총 관측치수

이 검증통계량 K는 각 집단의 표본의 크기가 5보다 적지 않다면 카이스퀘어 분포를 따른다고 보며, 이 분포에 의한 p-값을 산출하게 된다. 한편, Kruskal-Wallis의 K-통계량은 평균이 아닌 중앙값(median)이 동일하다라는 귀무가설(H_0)을 검증한다.

Stata의 실행예제로 여기에서는 5점 척도로 주어진 주관적 체형인식(obesity)에 대한 나이(age) 집단별 중위값의 차이가 있는지에 대하여 살펴보자. Kruskal-Wallis 검증을 실행하기 이전에 주관적 비만인식(obesity)에

대한 나이(age) 집단별 빈도분포(tbaulate)를 실행하여 보자.

```
tabulate obesity
```

주관적 체형	Freq.	Percent	Cum.
아주 비만	39	7.39	7.39
다소 비만	126	23.86	31.25
보통	271	51.33	82.58
비만아님	78	14.77	97.35
전혀 아님?	14	2.65	100.00
Total	528	100.00	

실행결과창에서는 주관적 체형인식에서 보통(3)이라고 응답한 비율이 전체의 50%를 상회하고 있으며, 집단의 빈도가 최소 14의 값을 가지고 있음을 알 수 있다. 그러므로 주관적 체형인식(obesity)을 순위로 처리하여 검증하는 통계량의 분포가 카이스퀘어 분포를 띤다고 볼 수 있다.

이제 주관적 체형인식(obesity)의 순위에 대하여 나이(age) 집단별 중위값(median)이 차이가 있는지를 Kruskal-Wallis 검증을 실행하여 보자. 이 검증에 대한 명령어는 kwallis이며, 그 다음으로 obesity를 입력하고, 옵션으로 by(age)을 주어 나이집단별로 순위를 나누어 검증하도록 선택하여 보자.

```
kwallis obesity, by(age)
```

Kruskal-Wallis equality-of-populations rank test

age	Obs	Rank Sum
20s	158	49170.50
30s	128	33298.00
40s	131	32775.00
50s	111	24412.50

```
chi-squared =     25.537 with 3 d.f.
probability =      0.0001

chi-squared with ties =     30.130 with 3 d.f.
probability =      0.0001
```

실행결과창에서는 Kruskal-Wallis 순위 동질성 검증을 실행하였다고 보고하고 있으며, 나이(age) 집단별 관측치수(Obs)와 순위합(Rank Sum)을 보여주고 있다. 가장 높은 순위는 20대(20s)이며, 나이가 많아질수록 순위합의 값은 낮아지고 있음을 알 수 있다. 카이스퀘어 통계량은 25.337이며, 순위가 같은 관측치도 포함하였을 경우는 30.130이다. p-값은 모두 0.0001로 나이 집단별 중앙값은 동일하다라는 귀무가설을 기각하게 되어 나이 집단변로 주관적 체형인식은 차이가 있다라고 결과를 도출할 수 있다.

주관적 체형인식(obesity)에 대한 나이(age) 집단별 평균값(mean)과 중위값(median, p50), 그리고 표준편차(sd)를 요약통계표(tabstat)로 작성하여 살펴보자. 명령문은 tabstat 다음에 obesity를 입력하고, 옵션으로 통계량(stat)으로 mean, median sd를 입력하고, 이를 나이 집단별(by)로 통계치 요약을 선택하여 보자.

```
tabstat obesity, statistics(mean median sd) by(age)
```

```
Summary for variables: obesity
     by categories of: age (Age(20-59))

   age |      mean       p50        sd
-------+------------------------------
   20s |  3.101266         3   .791595
   30s |  2.796875         3  .8451751
   40s |  2.725191         3  .8862491
   50s |  2.531532         3  .8719864
-------+------------------------------
 Total |  2.814394         3  .8688261
--------------------------------------
```

실행결과창에서는 나이 집단별로 그리고 전체에 대하여 지정한 통계치가 요약되어 제시되어 있다. 20대가 3을 상회하는 평균값을 가지고 있으며, 나머지는 3이하이면서 나이가 많아질수록 그 값이 낮아지는 경향을 엿볼 수 있다. 즉, 나이가 많은 집단에 속할수록 자신의 체형이 비만이라고 생각하는 경향이 높음을 알 수 있다. 그러나 나이 집단별 중위값이 모두 3임을 볼 때 대부분의 응답자는 자신의 주관적 체형이 보통이라고 인식하고 있음을 알 수 있다.

박스그래프(graph box)로 주관적 체형인식(box)에 대한 분포를 나이 집단별로 파악하여 보자. 박스그래프의 옵션으로는 over(age)을 선택하여 보자. 그래프창에서는 주관적 체형(obesity)에 대한 box 그래프를 나이 집단별로 보여주고 있다. 20대가 보통(3), 비만이 아님(4) 등의 응답을 주로 한 것으로 보여지며, 나머지 나이 집단들은 보통(3), 비만(2)의 값에 응답한 것으로 보여진다. 30대, 40대, 50대에서는 거의 비슷한 분포를 보이고 있음을 box 그래프를 통하여 살펴볼 수 있다.

```
graph box obesity, over(age)
```

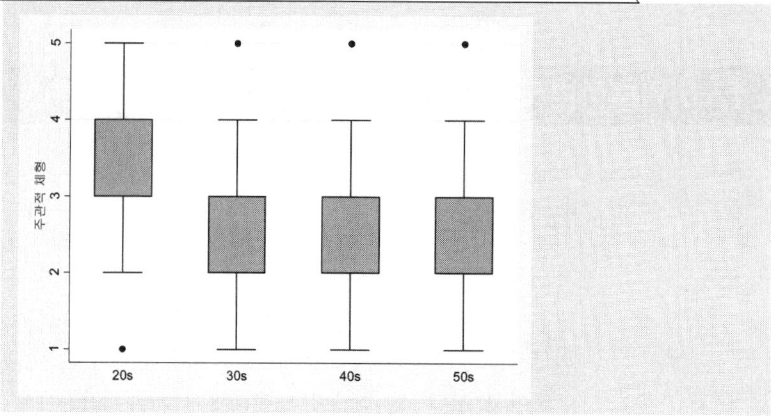

제3절
다원분산분석과 상호작용

1. 이원분산분석과 상호작용

1) 이원분산분석

이원분산분석은 연속척도인 1개의 종속변수와 명목척도인 2개의 독립변인에 대한 집단별 평균의 차이를 확인하는 방법론이다. Stata에서의 이원분산분석의 명령어는 일원분산분석과 마찬가지로 anova를 사용하며, 독립변인이 하나 더 추가되는 형태를 보이게 된다.

앞서 일원분산분석에서 나이(age) 집단에 대한 체질량지수(bmi)의 집단별 평균차이를 검증하여 보았다. 여기에서는 나이와 더불어 성(gender)에 대한 집단별 차이를 함께 체질량지수(bmi)의 평균의 차이가 나타나게 되는지를 살펴보자. anova 명령어와 함께 명목척도의 독립변인인 gender age를 입력하고 실행하여 보자.

```
anova bmi gender age
```

```
                  Number of obs =       533     R-squared     =  0.1874
                  Root MSE      =  2.05165     Adj R-squared =  0.1812

      Source |  Partial SS    df       MS           F     Prob > F
   ----------+----------------------------------------------------
       Model |  512.480296     4  128.120074     30.44     0.0000
             |
      gender |  382.760316     1  382.760316     90.93     0.0000
         age |  184.445279     3  61.4817597     14.61     0.0000
             |
    Residual |  2222.49107   528  4.20926339
   ----------+----------------------------------------------------
       Total |  2734.97137   532  5.14092362
```

실행결과창에서는 모형에 대한 통계량과 독립변인들에 대한 집단간 분산에 대한 검증통계량이 제시되어 있음을 알 수 있다. 먼저 전자의 경우에는 관측치수는 533개이며, RMSE는 2.05, 결정계수는 0.1874이며, 수정결정계수는 0.1812임을 보여주고 있다. 그리고 두 독립변인들의 집단간 평균의 차이는 F-값이 30.44이며, p-값이 0.0001보다 적기 때문에 통계적으로 유의함을 보여주고 있다. 또한 개별 독립변인들의 집단간 차이에 대한 p-값도 0.0001보다 적은 0.0000이므로 체질량지수에 대한 나이 집단별 또는 성별로 차이가 있음을 분석결과는 보여주고 있다.

명목척도인 두 독립변인들의 집단에 대한 조합에 대하여 요약통계량을 살펴보기 위하여 tabulate 명령어를 활용하여 보자. 먼저 tabulate에서는 두 독립변인들의 조합으로 표현하기 위하여 gender age를 차례로 입력한다. 그리고 옵션으로 체질량지수(bmi)에 대한 요약통계량을 보이라(summarize)는 옵션을 선택하여 보자. 이 때의 요약통계량은 평균(Means), 표준편차(Standard Deviations), 그리고 빈도(Frequencies)가 기본적으로 포함되도록 되어 있다.

```
tabulate gender age, summarize(bmi)
```

Means, Standard Deviations and Frequencies of 체질량지수(Body Mass Index)

Gender	Age(20-59) 20s	30s	40s	50s	Total
male	22.454747 2.0986125 93	22.825025 2.1847152 65	23.966281 1.9732257 56	23.600328 2.2468943 52	23.087394 2.1985537 266
female	20.402067 1.8599196 66	21.820804 1.90507 65	21.641701 1.9185043 76	22.262485 2.1403119 60	21.518379 2.057466 267
Total	21.602691 2.2398793 159	22.322914 2.103007 130	22.627887 2.2520997 132	22.883626 2.2811602 112	22.301414 2.2673605 533

실행결과창에서는 성별 및 나이별로 평균과 표준편차, 그리고 빈도가 제시되어 있음을 알 수 있다. 여기서 조심스럽게 살펴보아야 하는 것은 성별로 나이가 증가할수록 체질량지수도 증가하는 등의 일정한 패턴이 있는 지이다. 예들 들어 남자의 경우에는 나이가 증가함에 따라 증가하다가 50대에서는 오히려 감소하고, 여자의 경우에는 증가와 감소를 반복하는 것으로 보여진다. 그러나 전체적으로는 나이가 증가함에 따라 체질량

지수는 증가함을 보이고 있다. 그러므로 우리는 여기에서 성별로 나이집단에 따라 체질량지수의 평균의 차이가 있을 수 있을 것임을 의심하여 볼 필요가 있다. 즉, 성과 나이와의 상호작용(interaction)의 효과가 체질량지수에 미칠 수 있음을 추가로 분석하여 볼 필요가 있다.

체질량지수(bmi)의 예측치를 활용하여 성(gender)별 연령(age)별 차이의 패턴을 연결된 선그래프(twoway connected)를 작성하여 보자. 이를 위해서는 먼저 anova 실행 뒤에서 체질량지수의 예측치(xb)를 예측(predict)하고, 이 값을 활용하여야 한다. twoway connected에서 성별로 나이집단의 예측치의 분포를 볼 수 있기 위해서는 두 개의 그래프가 중첩되도록 "( )" 또는 "| |" 중의 하나를 선택하면 된다. 연결된 선그래프는 정렬되어 있지 않으므로, 옵션으로 sort를 선택하자. 그리고, 남자(gender==1)에 대해서는 연결점을 안이 빈 원형(oh)으로, 여자(gender==2)에 대하여서는 안이 빈 삼각형(th)를 선택하자. 그래프 전체에 대하여서는 범례(legend)로 첫 번째 그래프는 남자("Male"), 두 번째 그래프는 여자("Female")로 명명하자.

```
predict pred_2w, xb
twoway (connected pred_2w age if gender==1,
msymbol(oh) sort)
   (connected pred_2w age if gender==2, msymbol(th) sort)
   , legend(order (1 "Male" 2 "Female"))
```

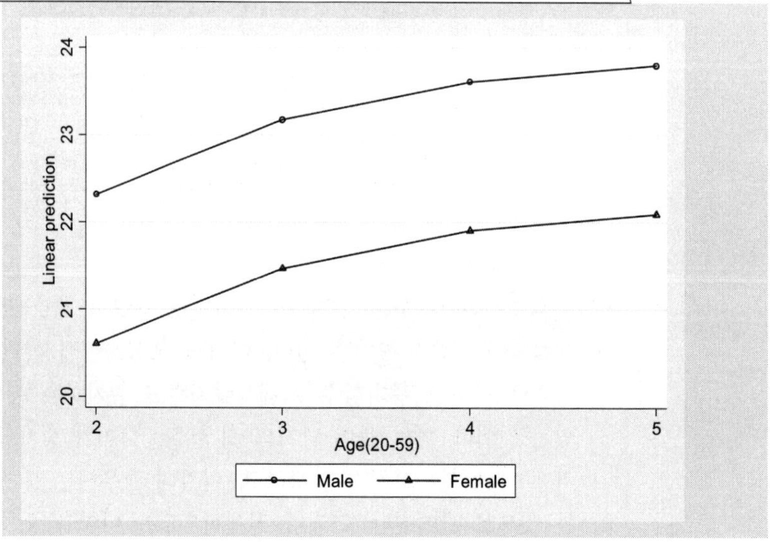

그래프창에서의 실행결과를 볼 때, 나이가 증가할수록 체질량지수는 높아지고 있으나 점차 그 변화의 차이는 작아짐을 알 수 있다. 반면에 남자와 여자의 체질량 지수의 차이는 나이집단에 상관없이 동일하다.

성별로 체질량지수의 패턴의 차이를 보다 명확히 보기 위해서는 그래프를 작성하여 보면 된다. 여기에서는 박스그래프를 체질량지수에 대하여 성별과 나이 집단별로 작성하여 보도록 하자. graph box 명령어 다음에 체질량 지수를 입력하고, 옵션으로 성별과 나이에 대하여 차례로 대별(over)하도록 하자. 그래프 창에서는 남자(male)와 여자(female) 집단별로 나이 집단의 박스분포 그래프를 보여주고 있다. 이 그래프를 통하여 남자와 여자의 나이집단별 체질량지수의 평균의 차이가 다르게 나타나고 있음을 보다 확연하게 알 수 있다.

```
graph box bmi, over(age) over(gender)
legend(rows(1)) asyvars
```

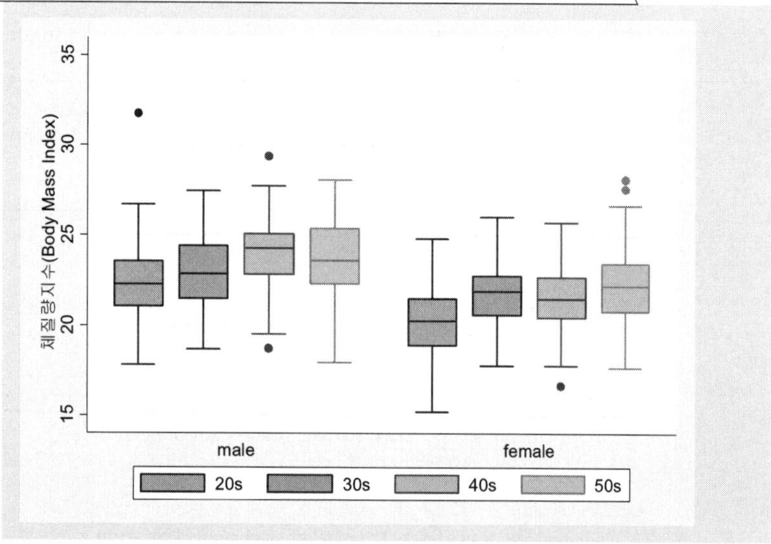

2) 이원분산분석과 상호작용

분산분석에서 분석하고자 하는 두 개 이상의 독립변인에 대한 상호작용(interaction)을 파악하고자 할 때는 팩토리얼 분산분석(Factorial ANOVA)이라고 한다. 상호작용은 회귀분석에서 살펴본 바와 같이 두 개 이상의 독립변인의 조합이 종속변인에 미치는 영향이 유의할 때를 말한다.

예를 들어 체질량지수(bmi)에 대하여 성(gender)과 나이(age)가 독립적으로 영향을 주는 것이 아니라 상호작용으로 인하여 그 미치는 효과의 패턴이 다르게 나타날 수 있다. 여기서는 그러한 효과를 파악하기 위하여 팩토리얼 분산분석을 실행하여 보자. 팩토리얼 분산분석의 명령어는 anova로 동일하다. 그러나 두 독립변인 간의 상호작용 효과를 파악하기 위하여서는 두 변수명 사이에 # 또는 ##을 삽입함으로써 이들 변인간에 대하여서는 상호작용에 대한 변인이 추가되어 분석된다.

팩토리얼 분산분석에서 한 개의 #은 상호작용 효과만을 파악하기 위한 것이기 때문에 독립변인에 대한 주효과의 분석을 위하여서는 이들의 변수들도 함께 입력하여야 한다. 체질량지수(bmi)에 대하여 성(gender)과 나이(age) 집단별 주효과와 상호작용(gender#age) 효과를 분산분석 명령어인 anova를 이용하여 분석하여 그 결과를 살펴보자.

```
anova bmi gender age gender#age
```

```
                 Number of obs =      533     R-squared     =  0.2008
                 Root MSE      = 2.04042     Adj R-squared =  0.1902

      Source  |  Partial SS    df       MS           F     Prob > F
  ------------+-----------------------------------------------------
       Model  |  549.238449     7  78.4626356     18.85     0.0000
              |
      gender  |  365.327292     1  365.327292     87.75     0.0000
         age  |  194.529577     3  64.8431922     15.57     0.0000
  gender#age  |  36.7581526     3  12.2527175      2.94     0.0326
              |
    Residual  |  2185.73292   525   4.1633008
  ------------+-----------------------------------------------------
       Total  |  2734.97137   532  5.14092362
```

실행결과창에서는 이원분산분석에서의 결과표와 동일한 형태를 보여주고 있다. 다만 성과 나이의 집단간 상호작용(interaction)의 효과를 파악할 수 있도록 하는 새로운 변인인 gender#age가 추가되어 있음을 알 수 있다. 이 상호작용의 효과는 통계적 유의수준을 0.05로 설정할 경우, p-값이 0.0326이기 때문에 통계적으로 유의함을 알 수 있다. 그리고 전체 모형에 대한 설명력을 보여주는 수정결정계수(Adj R-squared)는 상호작용항이 포함되지 않았을 경우인 0.1812에 비하여 약 0.09정도가 더 높음을 알 수 있다. 즉, 모형의 분산에 대한 설명력이 더 높아졌다고 볼 수 있다.

팩토리얼 분산분석에서 주효과와 상호작용효과를 모두 볼 수 있으면서 보다 간편하게 명령문을 작성하는 방법은 ##을 이용하는 것이다. 이를 이용하여 팩토리얼 분산분석을 동일하게 실행하여 보자. 이 경우에는 별도의 독립변인의 입력없이 'gender##age'만으로 실행이 된다. 그리고 그 결과는 앞서의 실행명령과 동일하게 나타난다.

각각의 독립변인의 집단별 또는 집단간 종속변인의 차이가 있는지에 대하여서는 anova의 분석결과만으로는 파악이 가능하지 않다. 일원분산분석에서는 oneway 명령어에서 제공하는 다중비교검증의 옵션(bonferroi, scheffe 또는 sidak)을 선택하여 분석될 수 있음을 보여주었다. 여기에서는 anova의 실행 뒤에 추가로 margin이라는 명령어를 활용하여 개별 독립변인들의 집단별 또는 상호작용의 조합별 예측치와 이들 예측치의 검증통계량을 제공하여 준다. 이 명령어는 분산분석 뿐만 아니라 회귀분석에서도 활용이 가능하다.

margin 명령어를 이용하여 성(gender)과 나이(age)의 집단별 및 두 독립변인의 조합으로 이루어진 집단별 체질량지수(bmi)의 평균차이가 통계적으로 유의한지를 살펴보자. 이를 위하여 margin 명령어 다음에 분산분석 실행시에 입력한 독립변인들을 동일하게 입력하고 실행하여 보자.

margin gender##age

```
Predictive margins                              Number of obs     =        533

Expression   : Linear prediction, predict()

------------------------------------------------------------------------------
             |            Delta-method
             |     Margin   Std. Err.      z    P>|z|     [95% Conf. Interval]
-------------+----------------------------------------------------------------
      gender |
          1  |   23.16012   .1260517   183.74   0.000     22.91306    23.40718
          2  |   21.44603   .1258867   170.36   0.000      21.1993    21.69277
             |
         age |
          2  |   21.42648   .1642529   130.45   0.000     21.10455    21.74841
          3  |   22.32197   .1789567   124.73   0.000     21.97122    22.67272
          4  |   22.80181    .179619   126.95   0.000     22.44976    23.15386
          5  |   22.93015   .1932694   118.64   0.000     22.55135    23.30895
             |
  gender#age |
        1 2  |   22.45475   .2115814   106.13   0.000     22.04005    22.86944
        1 3  |   22.82502   .2530826    90.19   0.000     22.32899    23.32106
        1 4  |   23.96628   .2726622    87.90   0.000     23.43187    24.50069
        1 5  |   23.60033   .2829549    83.41   0.000     23.04575    24.15491
        2 2  |   20.40207   .2511579    81.23   0.000     19.90981    20.89433
        2 3  |    21.8208   .2530826    86.22   0.000     21.32477    22.31684
        2 4  |    21.6417   .2340519    92.47   0.000     21.18297    22.10043
        2 5  |   22.26248   .2634167    84.51   0.000      21.7462    22.77877
------------------------------------------------------------------------------
```

실행결과창에서는 델타방법(Delta-method)으로 각 집단별 또는 집단의 조합별 체질량지수(bmi)의 평균을 산출하였다는 것을 알려주고 있다. 델타방법은 어떤 변수의 분산값(variance)을 구하기 위한 비선형 모델 추정치 오차 평가법으로, 추정치의 한정된 분산으로 추정치의 오차에 대한 검증통계를 수행할 때 사용된다. 분석결과는 모든 집단의 체질량 지수의 추정치는 통계적으로 유의함을 보여주고 있다. 즉, p-값이 모두 0.001보다 적다.

한편, 상호작용의 조합(gender#age)에 대한 것은 먼저 입력한 변수의 집단별로 조합이 이루어져 있음을 알 수 있다. 즉, 앞의 숫자는 성(1=남자, 2=여자)이고, 뒤의 숫자는 나이 집단(2=20대, 3=30대, 4=40대, 5=50대)임을 알려주고 있다. 그러므로 상호작용 조합의 첫 번째 행은 남자(1)이면서 20대(2)인 집단의 체질량 지수의 예측치는 22.45475이며, 표준오차(Std. Err.)는 0.212, z-값은 106.13, 그리고 p-값은 0.000임을 보여주고 있다.

상호작용의 효과를 그래프로 작성하여 그 차이를 보다 확연히 보여질 수 있도록 하여보자. 먼저 앞서의 anova분석 후에 체질량지수의 예측치(xb)를 pred_3w로 명명하고, 예측(predict)하여야 한다. 이후 이 예측된 값을 활용하여 연결된 선그래프(twoway connected)를 남자와 여자별로 나이집단별 그래프를 작성하고, 이를 중첩하여 하나의 그래프로 작성하여 보자. 이 실행명령문은 상호작용항이 없는 이원분산분석의 그래프 작성과 같다.

```
twoway (connected pred_3w age if gender==1,
msymbol(oh) sort)
  (connected pred_3w age if gender==2,
msymbol(th) sort)
  , legend(order (1 "Male" 2 "Female"))
```

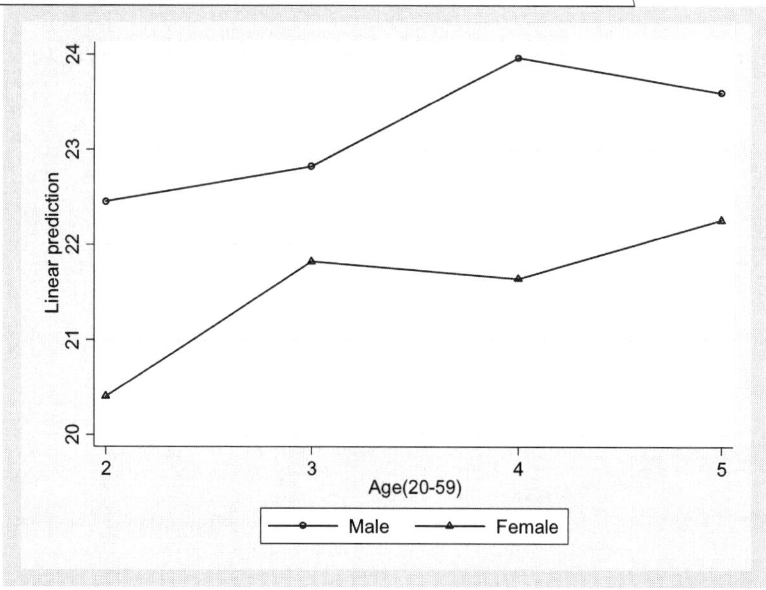

실행결과를 상호작용 효과가 없는 이원분산분석 결과와 비교하여 보자. 상호작용의 효과가 있는 경우에는 나이가 증가할수록 체질량지수의 증가하는 패턴을 보이고 있지 않음을 알 수 있으며, 또한 남자와 여자의 패턴에서도 차이가 있음을 알 수 있다. 즉, 남자의 경우에는 체질량지수가 지속적으로 증가하다가 50대로 오히려 낮아지고 있으며, 30대는 체질량지수의 증가가 20대에 비하여 뚜렷하지 않음을 볼 수 있다. 반면에 여자의 경우에는 30대의 체질량지수의 증가가 매우 뚜렷하며, 40대에는 오히려 낮아지다가 50대에 다시 증가하는 것을 볼 수 있다. 여자의 경우에는 30대가 임신과 출산, 그리고 육아 등으로 인하여 체질량지수가 보다 급격하게 증가하는 것으로 풀이할 수 있을 것이다.

3. 다원분산분석과 상호작용

이변량 분산분석은 2개의 독립변인에 대한 종속변인의 평균의 차이를 검증하는데 사용된다. 만약 3개 이상의 독립변이에 대하여 분산분석을 수행하고자 할 때에는 동일한 명령어를 사용하지만 3개의 독립변인에 대하여서는 삼원분산분석이라고 하지만 일반적으로는 3개 이상의 독립변인에 대한 분산분석은 다변량 분산분석이라고 명명한다.

실행예제로서는 체질량지수(bmi)에 대하여 성(gender), 나이(age), 그리고 조사지역(area)에서의 평균의 차이가 있는지를 살펴보자. 여기서 사용된 데이터는 서울의 역삼역 주변지역인 강남지역(==1)과 광화문과 인사동 일대인 종로지역(==2)로 대별하여 설문조사의 내용이다. 그러므로 조사지역(area)은 두 개의 지역이 된다. 이를 간략하게 살펴보기 위하여 tabstat 명령어로 평균, 표준편차, 관측치수에 대한 요약통계량을 살펴보자.

```
tabstat bmi, statistics(mean sd N) by(area)
```

```
Summary for variables: bmi
     by categories of: area (survey area)

    area |      mean        sd         N
---------+------------------------------
강남대로 |  21.87309  2.164278       243
종로일대 |  22.66032  2.292973       290
---------+------------------------------
   Total |  22.30141   2.26736       533
----------------------------------------
```

실행결과창에서는 강남대로(==1)와 종로일대(==2)라는 조사지역별로 체질량지수의 요약통계량이 제시되어 있다. 강남대로에서의 설문응답자(총243명)의 체질량지수의 평균은 21.87이고, 종로일대(총290명)는 22.66

이다. 그러므로 강남대로 조사응답자에 비하여 종로일대에서의 응답자가 체질량지수에서 평균적으로 높음을 알 수 있다.

체질량지수(bmi)에 대하여 세 개의 독립변인의 분산분석을 수행하기 위해서는 anova 명령어 다음에 체질량지수(bmi)와 함께 집단별 차이를 검증하고자 하는 독립변인들의 변수명을 입력하고 실행하면 된다.

```
anova bmi gender age area
```

```
                 Number of obs =     533     R-squared     =  0.2068
                 Root MSE      = 2.02889     Adj R-squared =  0.1993

    Source |  Partial SS    df       MS           F     Prob > F
-----------+----------------------------------------------------
     Model |  565.621997     5  113.124399      27.48     0.0000
           |
    gender |  380.056684     1  380.056684      92.33     0.0000
       age |  153.839192     3  51.2797306      12.46     0.0000
      area |  53.1417007     1  53.1417007      12.91     0.0004
           |
  Residual |  2169.34937   527  4.11641247
-----------+----------------------------------------------------
     Total |  2734.97137   532  5.14092362
```

실행결과창에서는 세 개의 독립변인에 대한 분산분석의 결과를 보여주고 있다. 조사지역(area)의 집단이 포함될 경우 모형 전체의 설명된 분산의 제곱합은 565.62이며, p-값이 0.0001보다 적어 통계적으로 유의함을 알 수 있다. 또한 전체의 모형에 대한 수정결정계수(Adj. R-squared)도 0.1993으로 조사지역이 빠진 이원분산분석의 값(0.1820)과 상호작용항이 포함된 수정결정계수인 0.1902보다 높음을 알 수 있다. 또한 조사지역(area)의 집단별 차이도 p-값이 0.0004로 통계적으로 유의함을 보여주고 있다.

이러한 조사지역별 차이는 실질적으로 그 조사지역에서의 설문응답자의 성과 나이의 집단별 차이로 인하여 나타나는 것일 수 있다. 즉, 강남지역과 종로일대에서는 성별 연령별 등 서로 다른 사회경제적 속성을 가진 사람들이 방문하거나 거주할 수 있고, 이로 인하여 체질량지수의 차이가 발생하는 것일 수 있다. 즉, 성과 나이와 조사지역간의 상호작용이 있을 수 있다.

그러므로 이를 확인하기 위하여 세 독립변인간의 집단별 차이와 함께 이들 모든 조합의 집단별 차이를 살펴보자. 실행명령에서 독립변인들의 조합을 ##로 하면 주효과와 상호작용효과를 모두 볼 수 있다.

```
anova bmi gender##age##area
```

```
                         Number of obs =        533    R-squared     =  0.2392
                         Root MSE      =    2.00623    Adj R-squared =  0.2171

                  Source | Partial SS    df       MS           F     Prob > F
         ----------------+----------------------------------------------------
                   Model | 654.072683    15  43.6048455      10.83     0.0000
                         |
                  gender | 340.955811     1  340.955811      84.71     0.0000
                     age | 165.136419     3   55.045473      13.68     0.0000
              gender#age | 41.0875085     3  13.6958362       3.40     0.0176
                    area | 51.5833132     1  51.5833132      12.82     0.0004
             gender#area | 11.4316634     1  11.4316634       2.84     0.0925
                age#area | 2.48684883     3  .828949611       0.21     0.8923
         gender#age#area | 35.0580064     3  11.6860021       2.90     0.0344
                         |
                Residual | 2080.89869   517   4.0249491
         ----------------+----------------------------------------------------
                   Total | 2734.97137   532  5.14092362
```

실행결과창에서는 모형이 수정결정계수(Adj R-squared)가 0.2171로 상호작용항이 포함되지 않은 모형의 값인 0.1993보다 높아졌음을 알 수 있다. 그러나 상호작용의 모든 조합이 모두 통계적으로 유의하지는 않음을 알 수 있다. 특히, 나이와 조사지역의 상호작용항(age#area)의 p-값은 0.8923이다. 이러한 결과는 조사지역간 나이집단의 차이가 체질량지수에 통계적으로 유의한 영향을 미칠 만큼의 차이를 보이고 있지 않다라고 결론을 도출하게 한다.

그러므로 이 조합의 상호작용항은 배제하고 다시 한번 분산분석을 실행하여 보자. 이 경우에는 주효과와 특정 상호작용항에 대한 분석을 수행하게 되므로, ##가 아닌 개별적 조합의 상호작용항을 포함하기 위하여 #을 사용하여야 한다.

anova bmi gender age gender#age area gender#area gender#age#area

	Number of obs = 533		Root MSE = 2.00623	R-squared = 0.2392	Adj R-squared = 0.2171
Source	Partial SS	df	MS	F	Prob > F
Model	654.072683	15	43.6048455	10.83	0.0000
gender	340.955811	1	340.955811	84.71	0.0000
age	165.136419	3	55.045473	13.68	0.0000
gender#age	41.0875085	3	13.6958362	3.40	0.0176
area	51.5833132	1	51.5833132	12.82	0.0004
gender#area	11.4316634	1	11.4316634	2.84	0.0925
gender#age#area	36.1382937	6	6.02304894	1.50	0.1772
Residual	2080.89869	517	4.0249491		
Total	2734.97137	532	5.14092362		

실행결과창에서 모형의 수정결정계수(Adj R-squared)는 나이(age)와 조사지역(area)의 상호작용항(age#area)을 포함한 모형의 수정결정계수와 같은 값인 0.2171을 보여주고 있다. 즉, 그 상호작용항을 제외하더라도 모형의 설명력은 동일하다라는 결론을 도출할 수 있다. 그러나 독립변인의 상호작용항 중에서 세 독립변인간의 상호작용항(gender#age#area)의 통계적 유의성인 p-값이 0.1772이 나빠진 것을 알 수 있다. 그러므로 이 상호작용항을 제외하여 분산분석을 추가로 실행하여 보자.

anova bmi gender age gender#age area gender#area

	Number of obs = 533		Root MSE = 2.01193	R-squared = 0.2259	Adj R-squared = 0.2126
Source	Partial SS	df	MS	F	Prob > F
Model	617.934389	9	68.6593766	16.96	0.0000
gender	372.467134	1	372.467134	92.02	0.0000
age	173.465822	3	57.8219406	14.28	0.0000
gender#age	34.3993797	3	11.4664599	2.83	0.0378
area	52.251679	1	52.251679	12.91	0.0004
gender#area	14.8784596	1	14.8784596	3.68	0.0558
Residual	2117.03698	523	4.04787185		
Total	2734.97137	532	5.14092362		

실행결과창에서 모형의 결정계수는 0.2126으로 앞서 분석결과보다는 낮아진 값을 보이고 있다. 그러나 모형 속에서의 독립변인들과 이들 변인들간의 특정한 상호작용항의 p-값은 나쁘지 않은 결과를 보이고 있다. 그러므로 이 분산분석 결과를 최종적으로 여기에서는 선택하고자 한다. 최종결과에서는 성별, 나이별, 조사지역별로 체질량지수의 평균의 차이는 통계적으로 유의하면서, 성별과 나이집단간의 상호작용 및 성별과 조사지역간의 상호작용의 효과를 통계적으로 유의하다고 볼 수 있다라고 결론지을 수 있다.

이 분석결과를 활용하여 margin 명령어로 각 집단별 주효과와 상호작용효과에 대한 예측치와 이에 대한 통계적 유의성을 델타방법으로 확인하여 보자.

margin gender age gender#age area gender#area

	Margin	Delta-method Std. Err.	z	P>|z|	[95% Conf.	Interval]
gender						
1	23.15679	.1243247	186.26	0.000	22.91312	23.40046
2	21.44373	.1241307	172.75	0.000	21.20044	21.68702
age						
2	21.45759	.1631619	131.51	0.000	21.1378	21.77738
3	22.32422	.1764687	126.51	0.000	21.97835	22.67009
4	22.80971	.177679	128.38	0.000	22.46147	23.15796
5	22.86511	.1918428	119.19	0.000	22.4891	23.24111
gender#age						
1 2	22.50162	.2124455	105.92	0.000	22.08524	22.91801
1 3	22.82211	.2495619	91.45	0.000	22.33298	23.31124
1 4	23.93679	.2700365	88.64	0.000	23.40753	24.46605
1 5	23.55607	.281561	83.66	0.000	23.00422	24.10792
2 2	20.4156	.2476755	82.43	0.000	19.93017	20.90104
2 3	21.82633	.2495534	87.46	0.000	21.33721	22.31545
2 4	21.68499	.2310445	93.86	0.000	21.23215	22.13783
2 5	22.17487	.2606847	85.06	0.000	21.66393	22.6858
area						
1	21.95181	.1303475	168.41	0.000	21.69634	22.20729
2	22.59264	.1191446	189.62	0.000	22.35912	22.82616
gender#area						
1 1	22.99434	.1885656	121.94	0.000	22.62476	23.36392
1 2	23.29291	.1683765	138.34	0.000	22.9629	23.62292
2 1	20.90954	.1839935	113.64	0.000	20.54892	21.27016
2 2	21.89134	.167679	130.56	0.000	21.5627	22.21999

또한 조사지역별로 성별과 나이의 집단별 예측치의 패턴을 파악할 수 있도록 연결된 선그래프를 작성하여 보자. 이를 위해서는 먼저 체질량지수의 예측치(xb)를 pred_3wi로 명명하여 예측(predict)하여야 한다. 이후 이 예측치를 나이집단별로 남자와 여자별로 두 개의 연결된 선그래프를 작성하고, 이를 조사지역(area)별로 전체 그래프 옵션에서 by를 입력하여 실행하면 된다.

```
twoway (connected pred_3wi age if gender==1,
msymbol(oh) sort)
  (connected pred_3wi age if gender==2,
msymbol(th) sort)
  , by(area) legend(order (1 "Male" 2 "Female"))
```

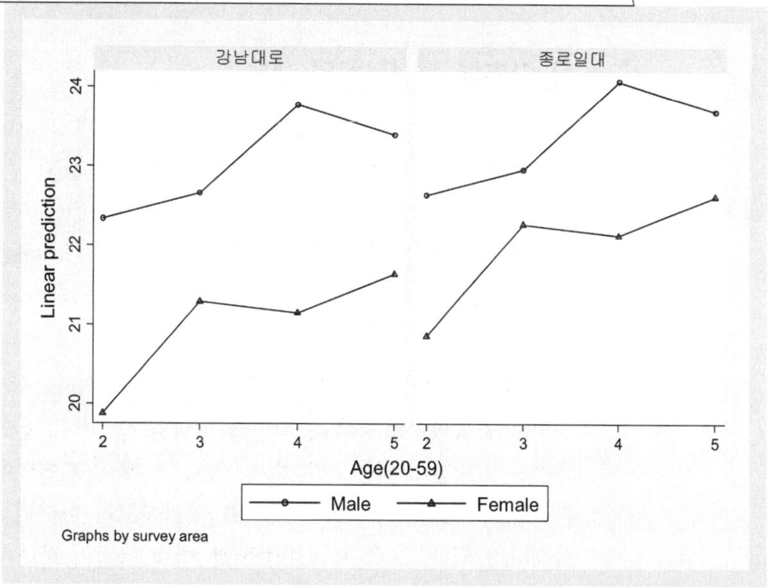

그래프창에서 그 결과를 확인해보면 세가지 독립변인들간 통계적으로 유의한 상호작용항이 포함될 경우, 성별과 나이집단, 그리고 성별과 조사지역간의 차이는 있으나 조사지역과 나이집단간의 차이는 없다는 것을 보여주고 있다. 즉, 조사지역별로 체질량지수가 전반적으로 높으나, 조사지역별 나이집단의 체질량지수의 패턴의 차이는 없음을 보여주고 있다.

제4절 다변량 분산분석과 공분산분석

1. 다변량 분산분석

1) 다변량 분산분석의 개요

다변량 분산분석(Multivariate ANOVA)은 2개 이상의 종속변인에 대한 집단별 다변량 평균을 비교하는 검증통계방법이다. 앞서 설명한 바와 같이 2개 이상의 종속변인이 상호 밀접하게 연관되어 있지 않다면, 즉 독립적이면 분산분석을 각각의 종속변인에 대하여 수행하면 된다. 그러나 그러하지 않은 경우에는 다변량 분산분석으로 수행하여야 한다.

다변량 분산분석은 세가지 특징을 가지고 있다. 첫째, 독립변인에서의 변화가 종속변수에 미치는 영향을 파악할 수 있다. 둘째, 독립변인간의 상호작용에 대한 효과를 파악할 수 있다. 셋째, 종속변인에 대한 상호관계를 파악할 수 있다. 전자의 두 개만을 파악하고자 한다면 기존의 ANOVA를 실행하면 된다. 그러나 마지막의 세 번째 특징이 다변량 분산분석에서 분석이 가능하다.

다변량 분산분석은 여러개의 종속변인에 대한 다변량 검증을 실행하는 것으로 ANOVA와 유사하다. 그러나 평균의 차이에 대한 통계적 검증에서 변수들간의 분산의 차이를 이용하는 것이 아니라 분산-공분산(variance-covariance) 관계를 이용한다는 점에서 차이가 있다. 그러한 점에서 일반적인 분산분석의 가정(독립성과 정규분포)과 더불어 각 집단의 분산-공분산 행렬(matrix)이 동일하다라는 가정을 충족하여야 한다.

Stata에서는 다변량 분산분석에서의 검증통계량으로 Wilks 검증통계량(W), Pillai 검증통계량(P), Lawley-Hotelling 통계량(L), Roy의 통계량(R) 등 4가지를 제공하고 있다. 이들 4가지 통계량은 가장 공통적으로 사용되는 MANOVA 통계량이다. 다변량 분석결과에서 4가지 검증통계량은 동일한 경우가 있지만 그러하지 않은 경우에는 Pillai 통계량이 자주 이용된다(Carey, 1998[17]). 왜냐하면 그 통계량이 보다 강력(powerful)하고 강건(robust)하기 때문이다. 그리고 Roy의 통계량은 가장 소극적으로 고려되는 통계량이다. 왜냐하면 상한(upper limit)에 대한 F-통계량을 제공하고 있기 때문에 다른 통계량이 유의하지 않을 때에는 이 통계량이 유의하더라도 무시하는 것이 바람직하다. 즉, 분석결과에 대한 가설의 검증시에는 Pillai의 통계량을 주로 활용하면서 Roy의 통계량 보다는 나머지 두 통계량을 참고로 사용하면 된다.

2) 다변량 일원분산분석과 다변량 회귀분석

다변량 분산분석을 위한 Stata의 실행예제로 삶의 질 지표(lq_vas)와 체질량지수(bmi)를 종속변인으로 하고, 성(gender)별 집단의 평균의 차이를 검증하여 보자. 이를 실행하기 앞서, 2개의 종속변인에 대한 요약통계량을 tabstat 명령어로 평균(mean), 표준편차(sd), 그리고 관측치 수(N)를 성별로 확인하여 보자.

---

[17] Carey, Gregory (1998) Multivariate Analysis of Variance (MANOVA): I. Theory. (출처: http://ibgwww.colorado.edu/~carey/p7291dir/handouts/manova1.pdf)

```
tabstat lq_vas bmi, statistics(mean sd N) by(gender)
```

```
Summary statistics: mean, sd, N
  by categories of: gender (Gender)

gender |    lq_vas       bmi
-------+--------------------
  male |   80.0188  23.08739
       |  11.41513  2.198554
       |       266       266
-------+--------------------
female |  77.16854  21.51838
       |  13.17542  2.057466
       |       267       267
-------+--------------------
 Total |  78.59099  22.30141
       |  12.39913   2.26736
       |       533       533
----------------------------
```

실행결과창에서는 삶의 질 지표(lq_vas)와 체질량지수(bmi)의 요약통계치가 성별로 제시되어 있다. 삶의 질에 있어서는 전체 평균이 78.59이며, 남자의 경우는 80.02, 여자는 77.17이다. 반면에 체질량지수(bmi)는 전체가 22.30이며, 남자는 23.09, 여자는 21.51이다. 즉, 삶의 질 지표에서는 남자가 보다 높은 삶에 대한 만족도를 가지고 있으나, 체질량지수는 여자보다 평균적으로 높은 값을 가지고 있음을 알 수 있다.

종속변인은 2개이며, 독립변인은 한 개인 분산분석을 수행하기 위한 다변량 분산분석이 명령어는 manova이며, 종속변인과 독립변인의 관계를 나타내기 위하여 Stata는 등호(=)를 사용하고 있다.

manova lq_vas bmi = gender

```
             Number of obs =       533

             W = Wilks' lambda       L = Lawley-Hotelling trace
             P = Pillai's trace      R = Roy's largest root

    Source |  Statistic      df    F(df1,      df2) =    F    Prob>F
  ---------+---------------------------------------------------------
    gender | W    0.8578      1      2.0     530.0     43.91 0.0000 e
           | P    0.1422             2.0     530.0     43.91 0.0000 e
           | L    0.1657             2.0     530.0     43.91 0.0000 e
           | R    0.1657             2.0     530.0     43.91 0.0000 e
           |---------------------------------------------------------
  Residual |                531
  ---------+---------------------------------------------------------
     Total |                532
  ---------+---------------------------------------------------------
             e = exact, a = approximate, u = upper bound on F
```

실행결과창에서는 2개의 종속변인에 대한 성별 집단의 차이가 통계적으로 유의하다는 결론을 도출할 수 있는 결과를 보여주고 있다. Pillai와 다른 모든 검증통계량의 p-값이 0.0000으로 0.01보다 적다. 그리고, 이들 검증통계량 모두가 정확하게(exact, e) 예측되었음을 알려주고 있으며, 그 값 또한 동일하다.

Stata에서는 다변량 분산분석의 실행 이후에 회귀식을 추정하여 주는 통계량을 보여주는 명령어인 mvreg를 제시하고 있다. 이를 활용하면 회귀분석의 결과와 같은 동일한 회귀계수와 검증통계량을 제시하여 주기 때문에 기억할 필요가 있다. 명령문 구조는 명령어인 mvreg를 제외하고는 동일한 형태를 가지고 있으며, 옵션으로 상수항의 압축(noconstant), 종속변인의 상관관계 행렬 제시(corr), 통계적 유의수준의 설정(level(#)) 등을 선택할 수 있다.

명령문	mvreg depvars = indepvars [if] [in] [weight] [, options]	
옵션	noconstant	상수항(constant term) 압축
	level(#)	통계적 유의수준 설정. 기본값은 95% 유의수준임
	corr	상관관계 행렬 제시
	notable	회귀계수 및 통계량 압축

삶의 질 지표(lq_vas)와 체질량지수(bmi)에 대하여 성별 집단의 차이에 대한 다변량 회귀분석을 실행하기 위하여 mvreg 명령을 수행하여 보자. 만약 앞서 실행한 MANOVA의 후속 검증통계분석이라면 mvreg 명령만 입력하면 된다. 여기에서는 종속변인의 상관관계 행렬과 통계적 유의성을 검증하기 위하여 옵션으로 corr을 선택하여 보자.

mvreg, corr

```
Equation          Obs  Parms        RMSE    "R-sq"          F        P

lq_vas            533      2    12.32839    0.0132    7.12231   0.0078
bmi               533      2    2.129046    0.1199   72.36859   0.0000

------------------------------------------------------------------------------
             |      Coef.   Std. Err.      t    P>|t|     [95% Conf. Interval]
-------------+----------------------------------------------------------------
lq_vas       |
    2.gender |  -2.850258   1.068006    -2.67   0.008    -4.948293   -.7522224
       _cons |    80.0188   .7559024   105.86   0.000     78.53387    81.50372
-------------+----------------------------------------------------------------
bmi          |
    2.gender |  -1.569016   .1844388    -8.51   0.000    -1.931335   -1.206696
       _cons |   23.08739   .1305402   176.86   0.000     22.83096    23.34383
------------------------------------------------------------------------------

Correlation matrix of residuals:

          lq_vas      bmi
lq_vas    1.0000
   bmi   -0.1460   1.0000

Breusch-Pagan test of independence: chi2(1) =    11.354, Pr = 0.0008
```

실행결과창에서는 다변량 회귀분석의 모형에 대한 통계량(맨위), 회귀계수 및 검증통계량(중앙), 그리고 종속변수의 상관관계 행렬과 검증통계량(아래)으로 대변하여 그 결과를 보여주고 있다. 최초의 표에서는 두 개의 종속변인에 대한 모형의 통계량, 즉 관측치수, 변수의 수, RMSE, 결정계수, F-비율, p-값을 보여주고 있다. 삶의 질 지표(lq_vas)의 결정계수가 0.0132이고, 체질량지수는 0.119로 차이가 있으나 검증통계량에서의 p-값은 각각 0.0078과 0.0000으로 통계적으로 유의함을 보여주고 있다.

두 번째 표에서는 두 종속변인에 대한 회귀계수(Coef.), 표준오차(Std. Err.), t-값과 p-값, 그리고 95% 유의수준에서의 예측값을 보여주고 있다. p-값으로 판단할 때, 성별 집단의 삶의 질 지표(lq_vas)와 체질량지수(bmi)의 차이는 통계적으로 유의함을 알 수 있다. 또한 그러한 차이는 삶의 질 지표에서는 여자(2.gender)가 남자에 비하여 -2.85 정도 낮고, 체질량지수(bmi)는 -1.57 정도 낮은 평균값을 가지고 있는 것으로 해석할 수 있다.

마지막으로 세 번째 표에서는 삶의 질 지표(lq_vas)와 체질량지수(bmi)의 상관계수는 -0.1460으로, 부의 상관성을 가지고 있는 것으로 결과는 보여주고 있다. 또한 이에 대한 독립성 검증통계량은 Breusch-Pegan 검증통계량인 카이스퀘어 값으로 11.354이며, 이에 대한 p-값은 0.0008로 0.01의 유의수준에서 통계적으로 유의함을 알려주고 있다.

3) 다변량 다원분산분석과 다변량 회귀분석

이번에는 다변량 다원분산분석을 실행하여 보자. 앞서 수행한 체질량지수(bmi)에 대하여 성별 나이 집단별 주효과와 상호작용 효과에 대한 팩토리얼 이원분산분석을 삶의 질 지표(lq_vas)를 종속변인으로 추가하여 실행하여 보자.

```
manova lq_vas bmi = gender age
```

```
                Number of obs =       533

                W = Wilks' lambda      L = Lawley-Hotelling trace
                P = Pillai's trace     R = Roy's largest root

      Source |  Statistic      df   F(df1,     df2) =    F   Prob>F
    ---------+------------------------------------------------------
       Model | W   0.7533       4     8.0   1054.0    20.05 0.0000 e
             | P   0.2604             8.0   1056.0    19.76 0.0000 a
             | L   0.3094             8.0   1052.0    20.34 0.0000 a
             | R   0.2306             4.0    528.0    30.44 0.0000 u
             |------------------------------------------------------
    Residual |                528
    ---------+------------------------------------------------------
      gender | W   0.8398       1     2.0    527.0    50.26 0.0000 e
             | P   0.1602             2.0    527.0    50.26 0.0000 e
             | L   0.1907             2.0    527.0    50.26 0.0000 e
             | R   0.1907             2.0    527.0    50.26 0.0000 e
             |------------------------------------------------------
         age | W   0.8781       3     6.0   1054.0    11.80 0.0000 e
             | P   0.1230             6.0   1056.0    11.54 0.0000 a
             | L   0.1376             6.0   1052.0    12.06 0.0000 a
             | R   0.1277             3.0    528.0    22.48 0.0000 u
             |------------------------------------------------------
    Residual |                528
    ---------+------------------------------------------------------
       Total |                532
    ----------------------------------------------------------------
                e = exact, a = approximate, u = upper bound on F
```

실행결과창에서는 모형에 대한 검증통계량과 각각의 독립변인에 대한 검증통계량을 보여주고 있다. Wilk 검증통계량은 정확하게(exact, e), Pillai와 Lowley-Hotelling 통계량은 근사하게(appromixate), 그리고 Roy 통계량은 상한(upper bound)에 대하여 추정되었음을 알려주고 있다. 이들 4가지 검증통계량 모두 p-값으로 볼 때, 0.0001보다 적기 때문에 통계적으로 유의함을 알 수 있다.

그러므로 다변량 이원분산분석의 결과에 대하여 후기추정(post-estimation)으로 다변량 회귀분석을 실행하여 보자. 단순히 mvreg 명령어를 입력하여 실행하면 된다.

mvreg

Equation	Obs	Parms	RMSE	"R-sq"	F	P
lq_vas	533	5	11.97826	0.0738	10.51046	0.0000
bmi	533	5	2.051649	0.1874	30.43765	0.0000

	Coef.	Std. Err.	t	P>|t|	[95% Conf.	Interval]
lq_vas						
2.gender	-2.336708	1.045734	-2.23	0.026	-4.391018	-.2823985
age						
3	-3.733482	1.419136	-2.63	0.009	-6.521328	-.9456363
4	-3.540958	1.420411	-2.49	0.013	-6.331309	-.7506061
5	-8.707309	1.483021	-5.87	0.000	-11.62065	-5.793963
_cons	83.37876	1.044416	79.83	0.000	81.32704	85.43048
bmi						
2.gender	-1.708012	.1791144	-9.54	0.000	-2.059877	-1.356148
age						
3	.8652431	.2430711	3.56	0.000	.3877378	1.342748
4	1.29961	.2432896	5.34	0.000	.8216759	1.777545
5	1.486956	.2540134	5.85	0.000	.9879545	1.985957
_cons	22.31168	.1788888	124.72	0.000	21.96026	22.6631

실행결과창에서 맨 위의 표는 두 개의 종속변인의 모형에 대한 통계량을 보여주고 있다. 모형의 설명력은 결정계수("R-sq")를 통하여 살펴볼 수 있다. 삶의 질 지표(lq_vas)에 대하여서는 0.0738, 체질량지수(bmi)에 대하여서는 0.1874의 값을 가지고 있으며, 모형에 대한 통계적 유의성은 p-값이 모두 0.0001보다 적기 때문에 유의하다고 볼 수 있다.

두 번째 표는 각각의 종속변인에 대한 회귀계수와 이에 대한 검증통계량을 보여주고 있다. 두 종속변인 모두 각각의 집단별 차이가 0.05수준에서는 통계적으로 유의한 p-값을 보여주고 있다. 삶의 질 지표(lq_vas)에서는 여자(2.gender)가 남자에 비하여 약 2.3367 정도 평균적으로 낮으며, 20대에 비하여 30대는 3.73, 40대는 3.54, 50대는 8.71정도 정도 낮은 경향을 보이고 있다. 반면에 체질량지수(bmi)에 대해서는 여자가 남자에 비하여 1.71정도 낮지만, 20대에 비하여 보다 높은 나이 집단에서는 오히려 증가하고 있음을 알 수 있다.

위에서 실행한 다변량 분산분석에서 두 개의 독립변인에 대한 상호작용 효과를 파악하는 독립변인을 추가하여 그 결과를 살펴보자. ##으로 주효과와 상호작용항에 대한 분석을 수행하도록 입력하여 보자.

```
manova lq_vas bmi = gender##age
```

```
                       Number of obs =         533

                       W = Wilks' lambda       L = Lawley-Hotelling trace
                       P = Pillai's trace      R = Roy's largest root

                  Source | Statistic     df   F(df1,     df2) =   F   Prob>F
             ------------+--------------------------------------------------
                   Model | W   0.7367      7    14.0  1048.0     12.36 0.0000 e
                         | P   0.2790           14.0  1050.0     12.16 0.0000 a
                         | L   0.3363           14.0  1046.0     12.56 0.0000 a
                         | R   0.2523            7.0   525.0     18.92 0.0000 u
                         |--------------------------------------------------
                Residual |                525
             ------------+--------------------------------------------------
                  gender | W   0.8427      1     2.0   524.0     48.89 0.0000 e
                         | P   0.1573            2.0   524.0     48.89 0.0000 e
                         | L   0.1866            2.0   524.0     48.89 0.0000 e
                         | R   0.1866            2.0   524.0     48.89 0.0000 e
                         |--------------------------------------------------
                     age | W   0.8741      3     6.0  1048.0     12.16 0.0000 e
                         | P   0.1273            6.0  1050.0     11.90 0.0000 a
                         | L   0.1424            6.0  1046.0     12.41 0.0000 a
                         | R   0.1300            3.0   525.0     22.75 0.0000 u
                         |--------------------------------------------------
              gender#age | W   0.9780      3     6.0  1048.0      1.96 0.0690 e
                         | P   0.0221            6.0  1050.0      1.95 0.0698 a
                         | L   0.0225            6.0  1046.0      1.96 0.0683 a
                         | R   0.0213            3.0   525.0      3.73 0.0113 u
                         |--------------------------------------------------
                Residual |                525
             ------------+--------------------------------------------------
                   Total |                532
             ---------------------------------------------------------------
                         e = exact, a = approximate, u = upper bound on F
```

실행결과창에서는 두 종속변인에 대한 집단별 차이와 집단간 조합의 차이가 통계적으로 유의하다라는 결과를 보여주고 있다. 이러한 차이를 다변량 회귀분석을 실행하여 살펴보자.

mvreg

Equation	Obs	Parms	RMSE	"R-sq"	F	P
lq_vas	533	8	11.98765	0.0776	6.307042	0.0000
bmi	533	8	2.040417	0.2008	18.84626	0.0000

	Coef.	Std. Err.	t	P>|t|	[95% Conf.	Interval]
lq_vas						
2.gender	-2.279081	1.929386	-1.18	0.238	-6.069345	1.511183
age						
3	-4.8933	1.938047	-2.52	0.012	-8.70058	-1.086021
4	-2.40841	2.027643	-1.19	0.235	-6.391701	1.574881
5	-8.354839	2.075749	-4.02	0.000	-12.43263	-4.277045
gender#age						
1 2	0	(omitted)				
1 3	0	(omitted)				
1 4	0	(omitted)				
1 5	0	(omitted)				
2 2	0	(omitted)				
2 3	2.30985	2.853801	0.81	0.419	-3.296421	7.916122
2 4	-1.983137	2.859983	-0.69	0.488	-7.601553	3.635279
2 5	-.6709189	2.980121	-0.23	0.822	-6.525345	5.183508
_cons	83.35484	1.243061	67.06	0.000	80.91285	85.79682
bmi						
2.gender	-2.05268	.3284007	-6.25	0.000	-2.69782	-1.407539
age						
3	.370278	.3298749	1.12	0.262	-.2777589	1.018315
4	1.511534	.3451251	4.38	0.000	.8335381	2.18953
5	1.145581	.3533131	3.24	0.001	.4515003	1.839662
gender#age						
1 2	0	(omitted)				
1 3	0	(omitted)				
1 4	0	(omitted)				
1 5	0	(omitted)				
2 2	0	(omitted)				
2 3	1.048458	.4857454	2.16	0.031	.0942152	2.002702
2 4	-.2718995	.4867976	-0.56	0.577	-1.22821	.6844109
2 5	.7148361	.5072463	1.41	0.159	-.2816456	1.711318
_cons	22.45475	.2115814	106.13	0.000	22.0391	22.8704

실행결과창에서는 성과 나이의 집단간 조합인 상호작용항이 포함될 경우의 결정계수("R-sq")가 삶의 질 지표(lq_vas)와 체질량지수(bmi)에 대하여 0.0776과 0.2008임을 보여주고 있다. 성과 나이에 대한 주효과(2.gender, 3, 4, 5)에 대한 결과와 함께 상호작용항(gender#age)에 대한 집단간 조합의 회귀계수와 이에 대한 각각의 검증통계량이 제시되어 있다. 상호작용항이 포함되지 않았을 경우의 결정계수가 0.0738, 0.1873에 비하여 그 값이 높아졌음을 알 수 있다.

두 종속변인에 대한 각각의 회귀계수값은 두 번째 표에서 보여지고 있다. 회귀계수가 0이면서 생략되었다고 표시된(omitted) 변수들은 모두 준거변수로 역할하였음을 알려준다. 그러므로 성과 나이 집단의 상호작용의 조합은 여자 30대(2 3), 여자 40대(2 4), 여자 50대(2 5)에 대한 값들이 제시되어 있다. 그러나 상호작용항이 포함되었을 경우에 각각의 회귀계수에 대한 p-값은 통계적으로 유의하지 않은 것들이 나타나고 있다.

구체적으로 살펴보면, 삶의 질 지표(lq_vas)에 대하여 20대와 40대의 차이는 통계적으로 유의하지 않은 p-값인 0.235를 가지고 있다. 또한 성과 나이의 상호작용항(gender#age) 모든 변수는 통계적으로 유의하지 않다. 즉, 성별과 나이 집단간의 상호작용은 삶의 질 지표에 통계적으로 유의할 정도는 아니다라고 할 수 있다. 반면 체질량지수(bmi)에 대하서는 여자 30대에서(2 3)에서 통계적으로 유의하다. 그리고 그 결과는 여자 20대에 비하여 여자 30대가 체질량지수에서 약 1.05정도 높은 경향을 보이고 있다고 말할 수 있다.

2. 공분산분석

1) 공분산 분석의 개요

공분산(covariance)은 두 변수의 분산이 얼마나 많이 동시에 변화하는지 그리고 그러한 관계가 얼마정도인지를 측정하는 통계량이다. 특히, 공분산분석은 연구의 주된 목적이 아닌 연속변수를 통제한 상태에서 집단별 독립변인의 효과가 동일한지 아닌지를 검증하고자 할 때 사용된다.

공분산분석(Analysis of Covarinace, ANCOVA)은 분산분석(ANOVA)과 회귀분석의 섞어놓은 일반화된 선형모형(general linear model)이라고 할 수 있다. 즉, 1개의 종속변인에 대하여 명목척도로 된 두 개 이상의 독립변인의 효과를 파악하고자 한다는 점에서 분산분석의 형태를 가지고 있다. 그러나 종속변수에 대한 효과를 연속변수로 된 독립변수에 대한 효과를 제어하고 있다는 점에서 회귀분석의 형태도 가지고 있다고 할 수 있다. 공분산 분석은 양적인 변수를 독립변수로 포함하여 그 효과를 제어한 상태에서 집단별 평균의 차이를 검증하고자 할 때 사용되는 분석기법이다.

공분산분석은 집단내 분산(within-group variance)에서 이미 존재하고 있는 집단간 차이를 제어하고자 할 때 사용된다. 여기서의 F-검증 통계량은 집단간 분산의 제곱합(Between-group variance, SS_M)과 집단내 분산의 제곱합((Within-group variance, SS_R)의 비율로 산출된다. 여기에서 후자인 집단내 분산의 제곱합, 즉 집단간 분산에 의하여 설명되지 않는 잔차(residual)는 오차의 분산 뿐만 아니라 집단간 분산에 의하여 이미 내재되어 있는 차이로 인한 것일 수 있다. 공분산 분석은 후자의 경우를 제어하기 위한 것이다.

$$F-ratio = \frac{Between-group\,varinace}{Within-group\,variance} = \frac{SS_M}{SS_R} = \frac{SS_M}{individual\,error + Covariate}$$

예를 들어, 체질량 지수(bmi)의 성별 집단간 차이가 실질적으로는 남자와 여자라는 몸무게의 차이로 인하여 나타나게 된다고 가정할 경우에는 남자와 여자의 체질량 지수의 차이에 대한 검증을 남자와 여자라는 집단별 비교만 국한할 경우, 남자의 여자의 몸무게에 의하여 내재되어 있는 차이를 제어하지 못한 상태에서는 검증결과에 대한 편이를 불러일으킬 수 있다. 그러므로 남자와 여자의 집단간 차이에 내재되어 있는 몸무게(weight)를 제어한 상태에서 이들 집단간 차이를 살펴보고자 할 경우에 공분산분석(ANCOVA)이 유용하게 사용된다.

2) 공분산 분석 실행예제

공분산 분석의 실행하기 위한 명령어는 분산분석의 명령어와 동일한 anova이다. 여기에서는 체질량지수(bmi)에 대한 남자와 여자의 집단간 차이를 몸무게를 제어한 상태에서 검증하여 보자. 그러므로 독립변인은 gender와 weight 두 변인이 명령문에 포함된다. 여기서 통제변수는 몸무게(weight)이다. ANCOVA는 연속변수로 된 변인을 통제하고자 한다는 점에서 weight가 연속변수(continuous variable)임을 지정하기 위해서는 변수명 앞에 c.를 붙여두어야 한다. 이를 생략할 경우 몸무게를 명목척도로 인식하여 분석하게 된다. 이를 실행하여 보자.

anova bmi gender c.weight

```
                  Number of obs =        533     R-squared     =  0.6973
                  Root MSE      =    1.24987     Adj R-squared =  0.6961

      Source |  Partial SS    df       MS           F     Prob > F
  -----------+----------------------------------------------------
       Model |  1907.01894     2  953.509471      610.37     0.0000
             |
      gender |  147.445395     1  147.445395       94.38     0.0000
      weight |  1578.98392     1  1578.98392     1010.76     0.0000
             |
    Residual |  827.952426   530  1.56217439
  -----------+----------------------------------------------------
       Total |  2734.97137   532  5.14092362
```

실행결과창에서 관측치수(Number of obs), RMSE(Root MSE), 결정계수(R-Squared), 수정결정계수(Adj R-squared)를 등 모형의 검증통계량들이 맨위에 제시되어 있음을 알 수 있다. 수정결정계수는 0.6961이다. 즉 체질량 지수의 분산의 약 69.61%가 두 독립변인에 의하여 설명됨을 알 수 있다.

전체모형에 대하여서는 F-값은 32.41이며, p-값은 0.0001보다 적기 때문에 통계적으로 유의하다. 또한 몸무게(weight)를 제어한 상태에서 남자와 여자의 성별(gender) 집단간 차이는 통계적으로 유의함을 알 수 있다. 또한 통제변수인 몸무게 또한 체질량지수의 차이에 유의한 영향을 주고 있음을 알 수 있을 것이다.

위의 공분산분석 모형에서 나이(age) 집단의 독립변인과 성별과 나이의 상호작용항을 추가하여 실행하여 보자.

```
anova bmi age##gender c.weight
```

	Number of obs =	533	R-squared =	0.7622	
	Root MSE =	1.11418	Adj R-squared =	0.7585	

Source	Partial SS	df	MS	F	Prob > F
Model	2084.48435	8	260.560544	209.89	0.0000
age	170.857599	3	56.9525329	45.88	0.0000
gender	122.287613	1	122.287613	98.51	0.0000
age#gender	11.5383643	3	3.84612142	3.10	0.0265
weight	1535.2459	1	1535.2459	1236.72	0.0000
Residual	650.487016	524	1.24138744		
Total	2734.97137	532	5.14092362		

실행결과창에서는 모형의 수정결정계수가 0.7585로, 앞서의 0.6961에 비하여 높아졌음을 알 수 있다. 즉 나이(age)와 성별과 나이 집단간의 상호작용항(age#gender)의 추가로 인하여 체질량 지수의 분산에 대한 설명력이 약 6.24% 높아졌다고 할 수 있다. 뿐만 아니라 성별 나이집단별 주효과(age, gender)와 이들의 상호작용항(age#gender)은 몸무게(weight)를 제어한 상태에서도 통계적으로 유의한 차이를 보인다라고 할 수 있다.

공분산분석 이후에 체질량지수의 집단별 차이에 대한 예측치와 이에 대한 검증통계량을 살펴보기 위하여 margin 명령어를 활용할 수 있다. 이 때 몸무게에 대한 제어를 하기 위하여 옵션으로 몸무게의 평균(mean)으로 설정한 상태(at)에서 성별 나이집단별 차이를 살펴보도록 하자. 이 때 at의 선택옵션 명령어는 특정한 독립변인의 값을 선택할 때 사용된다.

```
margin age, at((mean) weight gender=(1 2))
```

```
Expression   : Linear prediction, predict()

1._at        : gender          =           1
               weight          =     62.7636 (mean)

2._at        : gender          =           2
               weight          =     62.7636 (mean)
```

	Margin	Delta-method Std. Err.	z	P>|z|	[95% Conf.	Interval]
_at#age						
1 2	21.11161	.1216839	173.50	0.000	20.87311	21.3501
1 3	21.43678	.143724	149.15	0.000	21.15509	21.71848
1 4	21.983	.159211	138.07	0.000	21.67096	22.29505
1 5	22.3416	.1586	140.87	0.000	22.03075	22.65245
2 2	21.98004	.1442993	152.32	0.000	21.69722	22.26286
2 3	23.00273	.1422245	161.74	0.000	22.72397	23.28148
2 4	23.13392	.1346646	171.79	0.000	22.86998	23.39786
2 5	23.88391	.1510483	158.12	0.000	23.58786	24.17996

실행결과창에서는 몸무게의 평균은 62.7636이며, 이 값으로 고정한 상태에서 남자와 여자에 대하여 나이집단의 체질량지수에 대한 예측치를 보여주고 있다. 이들 각각의 예측치는 p-값이 모두 0.0001보다 적기 때문에 통계적으로 유의하다고 할 수 있다.

또한 나이와 성별 집단의 조합에 대한 체질량 지수의 추정치를 살펴보면, 몸무게의 평균으로 제어한 상태에서는 남자와 여자 모두 나이가 증가할수록 체질량 지수가 증가함을 알 수 있다. 이러한 결과는 몸무게에 대하여 통제하지 않았을 경우의 예측치에 대한 체질량지수의 비교와 다른 결과를 보여주는 것이다.

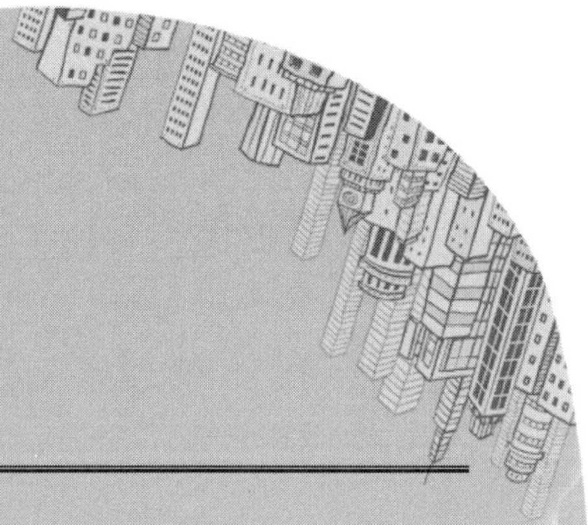

제10장

요인분석

제1절
요인분석의 개요와 분석절차

1. 요인분석의 개요

요인분석(factor analysis)은 종속변수와 독립변수가 아닌 다수의 변수들과의 상호 연관성을 분석하여 이들 변수들간에 내재된 공통요인을 추출하는 다변량 분석기법이다. 주로 양적인 변수들에 대하여 사용되며, 질적인 변수들을 활용하고자 한다면 더미변수로 처리하여 요인분석을 수행할 수도 있다.

요인분석은 관측된 다수의 변수들에 대하여 잠재적으로 내재되어 있는 공통분산, 즉 관측되지 않은 요인을 추출하여, 변수들과 요인들간의 구조적 관계를 해석하기 위한 분석기법이다. 아래 그림은 요인분석의 구조를 보여준다.

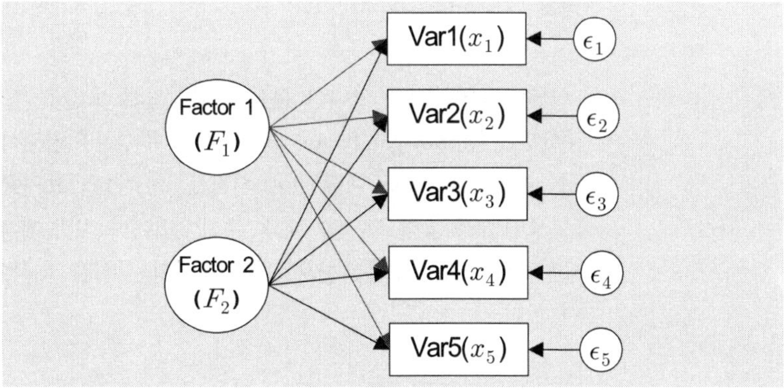

그림 10.1 요인분석의 구조(예)

위의 요인분석의 구조를 수학식으로 나타내면 2개의 요인(F_i)은 5개의 변수(x_i)에 의하여 설명되고, 설명되지 않은 분산인 잔차(ϵ_i)로 다음과 같이 표현할 수 있다.

$$F_i = \beta_1 x_1 + \beta_2 x_2 + \beta_3 x_3 + \beta_4 x_4 + \beta_5 x_5 + \epsilon_i$$

요인분석은 또한 탐색적 요인분석(exploratory factor analysis)과 확인적 요인분석(confirmatory factor analysis)으로도 대별된다. 탐색적 요인분석은 변수들의 관계가 어떠한지에 대한 어떠한 이론이나 가설을 바탕으로 두지 않고 요인을 탐색하여 추출하는 경우를 말한다. 이러한 분석은 상대적으로 많은 수의 변수들에 대한 구조적 요인을 찾고자 할 때 사용된다. 우리가 일반적으로 요인분석이라고 할 때 이 분석을 지칭하게 된다. 반면에 확인적 요인분석은 어떠한 이론이나 가설에 기반하여 구조화된 변수들에 대하여 예측된 요인의 수나 요인적재값이 정말로 이를 확인하여 주는지를 검증하고자 할 때 사용된다.

요인분석은 어떤 변수의 분산이 공통요인분산(common factor variance), 변수의 고유분산(unique variance), 그리고 잔차의 분산(error varaince)으로 구성되어 있다고 가정하고 수행된다. 요인공통분산은 다른 변수와 공유하는 분산이며, 변수의 고유분산은 다른 변수와 공유되지 않은 그 변수만의 분산이며, 변수의 두 분산을 통틀어서 체계적 분산(systematic variance)이라고 한다. 반면에 잔차의 분산은 체계적으로 설명되지 않는 분산은 비체계적 분산이라고도 한다.

또한 요인분석은 어떠한 분산을 대상으로 요인을 추출할 것인가에 따라 주요인분석(principal factor analysis)과 주성분요인분석(principal common factor analysis)으로 대별된다. 전자는 변수들의 요인공통분산만을 대상으로 요인을 추출하고자 할 때의 분석방법이다. 반면에 후자의 경우는 공통요인분산과 변수고유분산으로 된 체계적 분산을 대상으로 요인을 추출하게 된다.

요인분석은 변수간에 상호 관련되어 있는 잠재적 특성을 요인으로 추출하는 방법이라는 점에서 다양한 목적으로 활용되고 있다(이영준, 2002)[18]. 이를 두가지로 압축하여 요약하면 다음과 같다. 첫째는 다수의 변수들에 대한 상호 연관성과 이에 대한 구조를 파악하는 데 사용된다. 즉, 다수의 변수들 중에서 어떠한 변수들과 관계의 정도와 방향성을 확인함으로써 이들의 관계에 대하여 보다 간결하고 명확한 구조를 파악하는데 도움이 된다. 둘째는 많은 변수들을 보다 적은 수의 요인으로 압축하는데 사용된다. 상호 관련성이 높은 다수의 변수들을 몇 개의 요인으로 압축하여 회귀분석 등에 활용할 수 있다. 특히, 상관관계가 높은 다수의 독립변수들을 회귀모형에 포함하게 되면 다중공선성의 우려가 매우 높아지게 된다. 그러므로 요인분석을 통하여 다수의 독립변수들을 상호관련성이 매우 높은 몇 개의 요인으로 압축하게 되면 다중공선성의 문제를 회피할 수 있게 된다.

2. 요인분석의 절차와 용어

1) 요인분석의 절차

요인분석은 크게 3단계로 대별하여 진행된다고 볼 수 있다. 첫 번째 단계는 최초요인의 추출과 요인수의 결정 단계이다. 즉, 이 단계에서는 요인을 어떠한 방법으로 추출할 것이며, 몇 개의 요인으로 추출할 것인가에 대한 의사결정의 필요한 단계이다. 최초요인의 추출은 앞서 설명하였듯이 주요인(principal factor, pf)으로 추출할 것인지 주성분요인(principal-component factor, pcf)으로 추출할 것인지를 선택하여야 한다. 또한 몇 개의 요인으로 추출할 것인지에 대한 결정은 고유치(eigenvalue), 스크리도표(scree plot), 요인공통분산의 총분산에 대한 비율 등을 활용하여 이루어지게 된다.

두 번째 단계는 추출된 요인을 어떠한 회전방법을 선택하여 보다 해석하기 쉬운 구조로 전환할 것이가에 대한 의사결정이 이루어지는 단계이다. 일반적으로 직각회전(orthogonal rotation)과 비직각회전(nonorthogonal or oblique rotation)의 방법이 있다. 직각회전은 추출된 요인들간의 독립성이

18) 이영준 (2002) 요인분석의 이해, 도서출판 석정

유지되도록, 즉 상관관계가 없도록 회전하는 방법이다. 반면에 비직각회전은 요인간의 관계를 상호 연관되도록 회전하는 방법이다. 회전방법의 선택은 연구자의 분석목적에 부합되도록 선택하면 된다.

마지막으로 세 번째 단계는 최종적으로 도출된 요인분석의 결과에 대하여 신뢰성(reliability)과 타당성(validity)을 검증하는 단계이다. 요인분석의 타당성 검증을 위하여서는 KMO(Kaiser-Meyer-Olkin)의 표본적합도 검증 통계량을, 신뢰성 검증을 위해서는 크롬바 알파 검증통계량을 활용할 수 있다.

2) 요인분석의 용어정리

요인분석은 다른 통계분석기법과 달리 다양한 통계용어를 사용하고 있으며, 이들 용어들은 요인분석에서만 사용되는 것들이 많기 때문에 미리 인지하여 둘 필요가 있다.

① 요인부하량(factor loadings)

요인부하량은 주성분분석에서 성분부하량(component loadings)로도 불리워지며, 변수와 요인간의 상관계수(correlation coefficients)를 의미한다. 피어슨의 상관계수(r)와 유사하게 요인부하량의 제곱은 요인에 의하여 설명되는 변수의 분산의 비율을 나타낸다. 이 요인부하량은 그러므로 변수와 요인간의 관계의 정도와 방향을 알려주는 통계량이라고 보면 된다.

② 공통인자분산(communality)

공통인자분산은 공통요인분산(common factor variance) 또는 공통성이라고도 불려진다. 이 용어는 여러 요인들에 의하여 설명되는 어떤 한 변수의 분산의 비율이다. 즉, 어떤 한 변수에 대하여 모든 요인들에 의하여 설명되는 분산의 비율이기 때문에 그 변수의 신뢰성에 대한 지표로 이해될 수 있다.

③ 고유값(eigenvalue)

개별 요인에 의하여 설명되는 변수들의 분산의 총합으로, 각 요인별 모든 변수의 요인부하량을 제곱하여 더한 값이다. 고유값은 최초 요인이 가장 높은 값을 가지고 있으며, 이는 최초 요인의 추출을 가장 높은 설명이 되는 공통요인으로 추출하기 때문이다.

④ 요인점수(factor scores)

요인점수는 요인득점이라고도 하며, 각 변수의 요인들의 선형조합에 의하여 산출된 값을 의미한다.

제2절
탐색적 요인분석

1. 최초요인의 추출과 요인수의 결정

1) 최초요인추출방법의 결정

Stata에서 요인분석의 명령어는 factor이다. 이 명령어를 이용하여 최초요인의 추출을 수행하게 된다. factor 명령문은 factor 명령어 다음에 요인으로 추출할 해당 변수들을 입력하고, 옵션으로 추출할 방법을 선택하면 된다. 기타 옵션으로는 추출될 요인의 최대 개수을 선택할 수 있는 factors(#), 추출될 요인의 고유치의 최솟값을 선택하는 mineigen(#) 등도 제공하고 있다.

명령문	factor varlist [if] [in] [weight] [, method options]	
요인추출옵션	pf	주요인(principal) 분석방법 적용: 기본값임
	pcf	주성분(princinpal-component) 분석방법적용. 공통성(communality)의 전체합은 1임
	ipf	상관관계 행렬을 분석하기 위하여 반복된 주요인 분석방법 적용
	ml	최우요인방법(maximum-likelihood factor method)을 구체화하여 줌
기타옵션	factors(#)	추출될 요인의 최대갯수 설정
	mineigen(#)	추출될 요인의 고유치 설정
	citerate(#)	반복 횟수의 지정: ipf에만 해당됨

Stata에서 최초요인의 추출방법으로 주요인(principal factor, pf), 주성분

요인(principal component factor, pcf), 반복된 주요인(iterated principal factor, ipf), 최우요인(maximum likelihood factor, ml)등 4가지를 제공하고 있다.

주요인 방법(pf)에서는 요인부하량(factor loadings)이 다중 상관관계의 제곱(squared multiple correlations)을 공통성(communality)의 추정치로 사용하여 산출된다. 이 추출방법에 의한 공통요인분산은 변수의 고유분산은 제외한 분산이며, 이 분산을 이용하여 최초요인을 추출하게 된다. pf는 기본값으로 되어 있기 때문에 최초요인의 추출방법을 선택하지 않으면 이 방법으로 요인분석이 수행된다. 이러한 점에서 이 방법이 요인분석에서 가장 일반적으로 사용되는 추출방법이다.

주성분요인(pcf) 추출방법의 강점은 변수의 압축에 있다. 이 방법은 상관관계 행렬에서 주대각선 상의 값을 1.0의 값을 설정하여 공통성(communaility)을 추정하도록 되어 있다. 이 방법은 계산하기에 간편하고 시간이 가장 적게 소요된다는 장점이 있으나, 변수의 수가 적고 공통인자 분산의 차이가 클 때에는 사용하기가 어렵다는 단점이 있다. 이 추출방법은 최초의 요인이 변수들에 의하여 가장 많이 설명되도록 한다는 점에서 여러개의 변수들을 하나의 척도(요인)로 대체하고자 할 때 사용되는 방법이다.

반복된 주요인분석(ipf) 방법은 공통성(communalities)을 반복적으로 추정하여 수렴하도록 하는 방법이다. 이 요인추출법은 상관행렬의 주대각선 상에 1.0 대신에 상관계수의 제곱 또는 상관계수의 절대값의 최대치로 대체하여 상관행렬을 구성하여 반복적으로 추정하면서 재구성된 상관행렬과의 차의 제곱의 합이 더 이상 작아지지 않을 때를 요인으로 추출하게 된다.

최우요인(ml) 방법은 다변량 정규분포를 가정하여 요인의 추정이 이루어지게 된다. 이 추정방법은 부분상관행렬을 최대화한다는 점에서 Rao의 정준요인(Canonical factor) 추출방법과 동일하다. 그러므로 이 방법은 비정규분포를 가진 데이터를 활용할 때 의미있는 방법이다.

2) 최초요인 추출의 분석절차와 실행 예

① 분석자료의 확인과 요약통계

요인분석에서 최초요인의 추출에 대한 예제로써 강남대로와 종로일대의 보행환경 평가항목 중에서 보행자의 안전성(safety)에 대하여 7개의 항목(safe1-safe8, safe5는 없음)에 대하여 7점 리커트 척도로 아래와 같이 작성된 설문지를 통하여 응답한 설문자료를 활용하여 보자.

항목	평 가
[보도에서 차량과의 상충] 관련 항목	매우 불만족 ↔ 보통 ↔ 매우 만족
1.보행자 전용 도로의 길이가 충분하다.	1 — 2 — 3 — 4 — 5 — 6 — 7
2.보도와 차도의 높이 차이가 확실하다.	1 — 2 — 3 — 4 — 5 — 6 — 7
3.보도 상 차량 진출입구간 간격, 위치가 적정하다.	1 — 2 — 3 — 4 — 5 — 6 — 7
4.볼라드,펜스 등 차량경계 시설이 보도 상에 잘 갖추어져 있다.	1 — 2 — 3 — 4 — 5 — 6 — 7
6.보행로 주변에 차도 폭, 교통량 등의 도로 여건이 좋다.	1 — 2 — 3 — 4 — 5 — 6 — 7
7.야간에 조명 등을 통하여 보도가 충분히 밝다.	1 — 2 — 3 — 4 — 5 — 6 — 7
8.차로에 안전턱 등 감속시설이 잘 갖추어 있다.	1 — 2 — 3 — 4 — 5 — 6 — 7

먼저 보행자의 안전성에 대하여 작성한 설문문항의 요약통계량을 확인하기 위하여 codebook 또는 summarize 명령을 실행하여 보자. 변수가 safe로 시작하고, 숫자가 1개씩 있으므로, 와일드카드(?)를 이용하여 보자. codebook 명령문을 활용할 때는 compact이라는 옵션을 선택하면 보다 간결한 요약통계량을 확인할 수 있다.

```
codebook safe?, compact
```

```
Variable   Obs Unique      Mean  Min  Max  Label

safe1      533      7  4.444653    1    7  1.안전성_도로길이충분
safe2      533      7  4.542214    1    7  1.안전성_보도/차도높이 확실
safe3      533      7  4.439024    1    7  1.안전성_차량진출입적당
safe4      533      7  4.422139    1    7  1.안전성_차량경계시설구비
safe6      533      7  4.457786    1    7  1.안전성_보행로주변여건
safe7      533      7  4.682927    1    7  1.안전성_야간조명
safe8      533      7  4.384615    1    7  1.안전성_감속시설
```

실행결과창에서는 총 533개의 관측치가 있으며, 모든 변수가 7개의 수준으로 되어 있고, 최솟값과 최댓값이 각각 1과 7임을 알 수 있다. 또한 이들 각각의 변수에 대한 라벨이 "안전성"으로 되어 있으며, 평균값이 4점대에 분포하고 있는 것으로 알 수 있다.

② 상관관계 분석과 연관성 구조

요인분석은 변수간의 상관관계 행렬을 이용하여 서로 연관되어 있는 변수들을 보다 적은 수의 요인으로 압축한다는 것이므로, 상관관계 분석을 실행하여 이들 변수들이 상호 밀접하게 연관되어 있는 정도를 살펴보자. 먼저 연속변수에 대한 상관관계를 파악하기 위하여 pwcorr의 명령어를 활용하고, 통계적 유의수준이 0.05를 충족하는 변수들에 대하여서는 별표(*)를 보이도록 star(0.05)를 옵션으로 선택하여 보자.

```
pwcorr safe?, star(0.05)
```

	safe1	safe2	safe3	safe4	safe6	safe7	safe8
safe1	1.0000						
safe2	0.6352*	1.0000					
safe3	0.6863*	0.6147*	1.0000				
safe4	0.6648*	0.6320*	0.7246*	1.0000			
safe6	0.5993*	0.5161*	0.5741*	0.5536*	1.0000		
safe7	0.4378*	0.4745*	0.4250*	0.4564*	0.6248*	1.0000	
safe8	0.4445*	0.4340*	0.4573*	0.4773*	0.6882*	0.6426*	1.0000

실행결과차에서는 변수들간 상관관계가 모두 0보다 양의 상관관계를 보이고 있으면서 통계적으로 유의함을 보여주고 있다. 가장 높은 상관관계를 보이는 변수들은 safe3과 safe4의 상관관계이며, 가장 낮은 상관계수를 보여주는 변수들은 safe3과 safe7의 상관관계로 0.4250의 값을 가지고 있다.

7점 리커트 척도는 등간척도가 아닌 순위척도이기 때문에 순위척도에 대한 상관관계 분석 명령어인 spearman을 활용하여 보자. 옵션은 pwcorr과 동일하다.

```
spearman safe?, star(0.05)
```

	safe1	safe2	safe3	safe4	safe6	safe7	safe8
safe1	1.0000						
safe2	0.6153*	1.0000					
safe3	0.6877*	0.5951*	1.0000				
safe4	0.6663*	0.6258*	0.6929*	1.0000			
safe6	0.6087*	0.5165*	0.5827*	0.5477*	1.0000		
safe7	0.4565*	0.4862*	0.4498*	0.4790*	0.5998*	1.0000	
safe8	0.4541*	0.4432*	0.4653*	0.4744*	0.6840*	0.6042*	1.0000

실행결과창에서는 연속변수로 가정하여 분석하였을 때와 마찬가지로 모든 변수의 상관관계를 통계적으로 유의하면서 양이 관계를 가지고 있음을 알 수 있다. 가장 높은 상관계수를 보이는 관계는 safe3과 safe4이며, 그 값은 0.6929이다. 가장 낮은 상관성을 지닌 변수들은 safe2와 safe8이며, 그 값은 0.4432이다. 결과적으로 상관관계의 강도에서 다소 변동은 있지만 이들 변수들 모두가 상호 밀접한 연관성을 지니고 있는 것으로 파악할 수 있다.

③ 최초요인추출: 주요인 방법

서로 밀접하게 연관되어 있는 보행환경의 안전성 세부 평가항목들에 대하여 요인분석을 실행하여 보자. 먼저 추출방법으로는 가장 일반적으로 사용되고 있는 주요인(principal factor) 방법을 선택하여 보자.

```
factor safe? , pf
```

```
Factor analysis/correlation                        Number of obs    =      533
    Method: principal factors                      Retained factors =        2
    Rotation: (unrotated)                          Number of params =       13
```

Factor	Eigenvalue	Difference	Proportion	Cumulative
Factor1	3.94929	3.44516	0.9810	0.9810
Factor2	0.50413	0.51216	0.1252	1.1062
Factor3	-0.00802	0.02069	-0.0020	1.1042
Factor4	-0.02871	0.08662	-0.0071	1.0971
Factor5	-0.11533	0.01822	-0.0286	1.0684
Factor6	-0.13355	0.00843	-0.0332	1.0353
Factor7	-0.14198	.	-0.0353	1.0000

```
    LR test: independent vs. saturated:  chi2(21) = 2177.47 Prob>chi2 = 0.0000

Factor loadings (pattern matrix) and unique variances
```

Variable	Factor1	Factor2	Uniqueness
safe1	0.7781	-0.2193	0.3464
safe2	0.7309	-0.1689	0.4372
safe3	0.7861	-0.2568	0.3161
safe4	0.7884	-0.2297	0.3257
safe6	0.7914	0.2421	0.3151
safe7	0.6738	0.3309	0.4365
safe8	0.6999	0.3751	0.3695

실행결과창에서 2개의 표가 제시되어 있다. 첫 번째 표에서는 상관관계 행렬을 이용하여 요인분석을 하였으며, 주요인(principal factors)으로 요인을 추출하였음을 알려주고 있다. 그리고 이 결과는 회전되지 않은(unrotated) 것임을 알 수 있다.

첫 번째 표에서는 총 7개의 변수에 대하여 7개의 요인에 대한 고유값(Eigenvalue) 등의 통계량들을 보여주고 있다. 먼저 고유값은 해당 요인의 분산, 최초의 요인(Factor 1)이 가장 많은 분산인 3.95의 값을 가가지고 있으며, 다음으로 높은 분산을 지니는 요인들이 차례로 제시되어 있음을 알 수 있다. 이 결과에서는 최대 2개의 요인으로 추출될 수 있음을 알려주고 있다. 두 번째로 첫 번째 표에서 보여지는 통계량은 해당하는 요인과 그 다음 요인과의 고유값의 차이(Difference)를 의미한다. 그리고 세 번째 통계량은 해당 요인에 의하여 설명되는 분산의 비율(Proportion)을 의미한다. 첫 번째 요인이 0.9810을 가지고 있음을 알려주고 있다. 마지막으로 네 번째 통계량은 해당 요인과 그 이전 요인들에 대하여 설명되는 분산의 누적비율(Cumulative)을 의미한다. 두 번째 요인(Factor2)의 누적비율은 0.9485이다.

두 번째 결과표에서는 각 변수에 대하여 추출된 2개의 요인에 대한 요인부하량(Factor loadings)과 변수의 고유분산(Uniqueness)을 보여주고 있다. 요인부하량은 어떻게 각 요인에 대하여 가중치가 되었는지 뿐만 아니라 변수와 요인간의 상관관계를 보여주는 통계량이다. 요인1(Factor1)에 대하여 각 변수들의 상관성은 모두 양의 관계를 가지고 있으며, 밀접한 연관성을 가지고 있는 것으로 파악된다. 반면에 요인2(Factor2)는 나열되어 있는 순서대로 4번째 변수까지는 음의 상관성을 가지고 있으나 나머지 변수들은 양의 상관성을 가지고 있는 것으로 파악할 수 있다.

④ 최초요인추출: 주성분요인 방법

동일한 변수들을 이용하여 주성분요인(principal component factor, pcf) 추출방법을 실행하여 그 결과를 살펴보자.

```
factor safe? , pcf
```

```
Factor analysis/correlation                        Number of obs    =      533
    Method: principal-component factors            Retained factors =        1
    Rotation: (unrotated)                          Number of params =        7
```

Factor	Eigenvalue	Difference	Proportion	Cumulative
Factor1	4.36956	3.42932	0.6242	0.6242
Factor2	0.94024	0.49118	0.1343	0.7585
Factor3	0.44906	0.08042	0.0642	0.8227
Factor4	0.36864	0.03139	0.0527	0.8754
Factor5	0.33726	0.06143	0.0482	0.9235
Factor6	0.27583	0.01642	0.0394	0.9629
Factor7	0.25941	.	0.0371	1.0000

```
LR test: independent vs. saturated:  chi2(21) = 2177.47 Prob>chi2 = 0.0000

Factor loadings (pattern matrix) and unique variances
```

Variable	Factor1	Uniqueness
safe1	0.8143	0.3370
safe2	0.7805	0.3909
safe3	0.8174	0.3319
safe4	0.8214	0.3252
safe6	0.8244	0.3204
safe7	0.7244	0.4753
safe8	0.7417	0.4498

실행결과창에서는 pf 추출방법을 선택한 것과 동일한 두 개의 결과표와 통계량이 제시되어 있음을 알 수 있다. 여기에서는 요인의 수가 총 1개가 보유될 수 있음(retained)을 알려주고 있다. 앞서의 결과에서는 2개의 요인이 추출될 수 있음을 알려주는 것과 대조적이다. 요인1(Factor1)의 고유값(Eigenvalue)이 4.37이며, 앞서의 분석결과에서 3.95보다 높은 값을 지니고 있다. 즉, 주성분요인(principal component factor) 추출방법은 추출되는 최초의 요인이 변수들에 의하여 가장 높게 설명되도록 하고 있다는 것을 고려한다면 보다 높은 고유값은 설명이 된다.

3) 요인수의 결정

① 요인수의 결정방법

요인분석에서 최초의 요인을 추출한 결과는 변수의 수만큼 요인의 수가 제시되기 때문에 몇 개의 요인으로 추출할 것인가에 대한 의사결정이 필요하다. 어떠한 기준에 의하여 요인의 수를 결정한다는 일반적인 법칙은 없다. 그러나 요인의 수의 결정은 최소 고유값(eigenvalue), 요인들에 대한 고유값의 기울기를 나타내는 스크리 도표(scree plot), 요인공통분산의 총분산에 대한 누적비율(cumulative) 등을 참고하여 연구자가 주관적으로 결정하게 된다.

먼저 요인분석의 최종 개수를 선택하고자 할 때 최소 고유값을 1로 설정하여 결정할 수 있다는 것이다. 일반적으로 자주 사용되고 있는 기준이기는 하지만 변수의 수가 많을 경우에는 그 결과가 부정확할 뿐만 아니라 실제 요인의 수보다 적게 결정되는 경향이 있다고 한다(이영준, 2002). 그러므로 이 방법은 여기에서는 설명하지 않았지만 알파요인추출법이나 영상 요인추출법을 사용하였을 경우에만 이 기준을 적용하는 것이 바람직하다고 한다.

두 번째 사용되는 방법은 추출된 모든 요인들의 고유값을 가장 높은 값부터 정렬하여 선으로 연결하여 그래프로 보여주는 스크리 도표(scree plot)를 활용할 수 있다. 요인분석에서 요인을 추출하는 방법은 첫 요인이 가장 많은 요인공통분산이 되도록 추출하고, 남은 분산 중에서 그 다음으로 높은 요인공통분산이 되도록 추출된다. 그러므로 요인의 수가 증가할수록 다음의 추출되는 요인의 공통요인분산의 값의 차이가 점점 작아지게 된다. 스크리 도표는 이러한 관계를 그래프로 보여주는 것으로 다음 요인의 고유값에 대한 감소폭에 대한 변화가 거의 없는 평행선을 이루는 요인의 이전(以前) 요인까지 최종 추출될 요인으로 선정하게 된다. 이 방법은 최소 고유값의 기준보다 유용하다고 다수의 연구결과에서 제시하고 있다.

세 번째 사용되는 기준은 요인공통분산의 총분산에 대한 비율로 결정하는 것이다. 요인공통분산의 총분산에 대한 비율은 해당 요인의 누적비율(cumulative)이다. 이 비율은 변수의 수 만큼 요인의 수가 추출되기 때문에 모든 요인의 누적비율은 1이 된다. 일반적으로 누적비율이 75% 정도가 되어야 요인들로써 모든 변수의 분산을 어느 정도 설명할 수 있다고 한다. 그러나 이 값은 엄격한 기준이 아니면 최소 60% 이상일 경우에도 인정되는 경우가 많다.

② 요인수 결정 실행예제

추출될 요인의 수의 결정에 대한 예제로써 강남대로와 종로일대에 대한 시민들의 보행환경 계획요소의 항목별 설문조사결과를 활용하여 보자. 보행환경 계획요소는 안전성(safety), 연속성(continuity), 쾌적성(amenity), 편의성(convenience), 생동성(vividness)으로 5개이며, 이들 각각에 대하여 7개, 5개, 8개, 5개, 5개의 변수로 구성되어 있다. 예비분석결과에서는 총 31개의 평가항목에 대한 만족도 결과가 중분류 항목으로 각각 분류되지 않고 상호 연관성이 높은 것으로 파악되었기 때문에 탐색적 요인분석을 실시할 필요가 있었다.

가장 먼저 codebook 명령어를 활용하여 요약통계량을 살펴보자. 앞서의 분석절차와 마찬가지로 옵션으로 compact을 선택하였고, 변수명에 대하여서는 와일드카드(?)를 사용하였다.

```
codebook safe? cont? amen? conv? vivi?, compact
```

```
Variable   Obs Unique      Mean  Min  Max  Label
-------------------------------------------------------------------
safe1      533      7  4.444653    1    7  1.안전성_도로길이충분
safe2      533      7  4.542214    1    7  1.안전성_보도/차도높이 확실
safe3      533      7  4.439024    1    7  1.안전성_차량진출입적당
safe4      533      7  4.422139    1    7  1.안전성_차량경계시설구비
safe6      533      7  4.457786    1    7  1.안전성_보행로주변여건
safe7      533      7  4.682927    1    7  1.안전성_야간조명

                        중간 생략

conv3      533      7  4.377111    1    7  4.편리성_서공선만
conv4      533      7   4.60788    1    7  4.편리성_대중교통안내체계
conv5      533      7  4.249531    1    7  4.편리성_편의시설안내체계
conv6      533      7  4.694184    1    7  4.편리성_보도완만
vivi1      533      7  4.517824    1    7  5.생동성_지역이미지
vivi2      533      7   4.41651    1    7  5.생동성_경관다채
vivi3      533      7   4.54409    1    7  5.생동성_건축디자인
vivi4      533      7   4.26454    1    7  5.생동성_공원충분
vivi5      533      7  4.288931    1    7  5.생동성_문화공간충분
-------------------------------------------------------------------
```

실행결과창에서는 안전성에 대한 요약통계량과 마찬가지로 각각의 변수에 대하여 관측치수(Obs), 수준의 개수(Uniqueness), 평균(Mean), 최솟값(Min), 최댓값(Max), 그리고 변수에 대한 설명(Label)이 제시되어 있다. 모든 변수가 1에서 7의 값을 가지고 있으며, 4점대의 만족도, 즉 보통보다 약간 높게 보행환경의 평가항목에 대한 만족도를 가지고 있음을 알 수 있다.

총 31개의 보행환경 계획요소의 평가항목에 대하여 요인분석을 실행하여 보자. 요인의 추출방법은 주요인분석(principal factor analysis)을 선택하도록 하자.

```
factor safe? cont? amen? conv? vivi? , pf
```

```
Factor analysis/correlation                        Number of obs    =        533
    Method: principal factors                      Retained factors =         15
    Rotation: (unrotated)                          Number of params =        360

    --------------------------------------------------------------------------
         Factor  |   Eigenvalue   Difference        Proportion   Cumulative
    -------------+------------------------------------------------------------
        Factor1  |     14.30690     12.51951            0.7298       0.7298
        Factor2  |      1.78739      0.77439            0.0912       0.8209
        Factor3  |      1.01300      0.02177            0.0517       0.8726
        Factor4  |      0.99123      0.18861            0.0506       0.9232
        Factor5  |      0.80262      0.13908            0.0409       0.9641
        Factor6  |      0.66354      0.23012            0.0338       0.9980
        Factor7  |      0.43342      0.10154            0.0221       1.0201
        Factor8  |      0.33188      0.05663            0.0169       1.0370
        Factor9  |      0.27525      0.05476            0.0140       1.0510
       Factor10  |      0.22048      0.05403            0.0112       1.0623
       Factor11  |      0.16646      0.04859            0.0085       1.0708
                                    중간생략
       Factor29  |     -0.15178      0.00954           -0.0077       1.0179
       Factor30  |     -0.16132      0.02802           -0.0082       1.0097
       Factor31  |     -0.18934            .           -0.0097       1.0000
    --------------------------------------------------------------------------
    LR test: independent vs. saturated: chi2(465) = 1.2e+04 Prob>chi2 = 0.0000
```

실행결과창에서는 2개의 결과표가 제시된다. 그러나 여기에서는 지면상 첫 번째 표만 보여주고 있다. 두 번째 결과표는 표는 요인회전 후의 최종결과에서만 중요하기 때문이다. 첫 번째 결과표에서 총 31개의 요인에 대한 고유값(eigenvalue), 차이(difference), 분산의 비율(proportion), 누적비율(cumulative)이 제시되어 있다.

총 31개의 요인 중에서 몇 개의 요인을 추출하여야 하는가에 전적으로 연구자의 판단에 의지한다는 것을 인식하고, 앞서 설명한 세가지 기준으로 판단하여 보자. 첫 번째 기준은 고유값(eigenvalue)가 최소 1.0이상은 되어야 한다는 것이다. 이러한 기준을 따른다면 3개의 요인으로 추출하는 것이 바람직하다는 것을 알 수 있다. 요인1은 고유값이 14.31, 요인2는 1.79, 요인3은 1.01의 값을 가지고 있다.

두 번째 기준으로는 요인의 공통인자분산에 대한 총분산의 비율, 즉 누적비율(cummulative)이 최소 75% 이상 되어야 한다고 것이다. 이 기준에 따르면 요인1과 요인2가 최종 선택될 수 있다. 첫 번째 요인(Factor1)의 누적비율은 72.98이고, 두 번째 요인(Factor2)의 누적비율은 82.09이다. 그러므로 2개의 요인을 추출하는 것이 바람직하다는 결론을 도출할 수 있다.

마지막으로 세 번째 기준은 스크리 도표(scree plot)에서의 기울기가 최소가 되는 평행선을 이루기 전의 요인으로 선택하는 것이다. Stata에서는 scree라는 명령어로 최초 요인추출(factor) 명령 이후에 실행하면 스크리 도표를 작성하여 준다. 이를 실행하여 보자. 이때 옵션으로 y축에 고유값이 1이 되는 선(yline)을 추가하여 보자.

```
scree, yline(1)
```

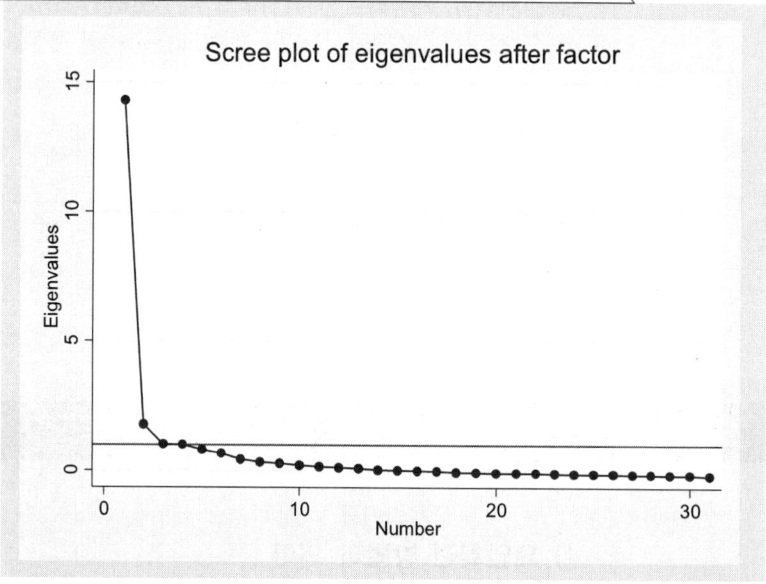

그래프창에서는 y축을 고유값(eigenvalue)으로 x축을 요인의 수로 선으로 연결된 그래프가 작성되어져 있음을 알 수 있다. 첫 번째 요인(Factor1)이 가장 큰 값을 가지고 있고, 두 번째 요인(Factor2)가 그 다음이며, 세 번째와 네 번째 요인은 거의 동일한 고유값을 가지고 있음을 알 수 있다. 이후부터는 기울기의 차이가 거의 비슷하거나 동일한 패턴을 보이고 있다. 그러므로 이 스크리 도표를 가지고 추출되어져야 할 요인의 수는 첫 번째 요인과 두 번째 요인으로 총 2개의 요인을 도출하는 것이 바람직하다고 볼 수 있다.

세가지의 기준을 가지고 적합한 요인의 수를 결정한다면 고유값이 최소 1.0 이상인 기준을 제외하고는 2개의 요인이 적합하다는 것으로 결론을 낼 수 있다. 그러므로 여기에서는 2개의 요인으로 총31개의 보행환경계획요소의 시민만족도를 설명하는 것으로 결정하고자 한다.

추출되어야 할 요인의 수가 결정이 되었다면, 그 다음으로 요인의 회전을 실행하여야 한다. 그러나 최초요인의 추출의 실행결과를 그대로 두고 요인을 회전한다면 총 15개의 요인에 대하여 회전을 수행하게 된다. 즉, 요인분석 실행 후에 Stata에서 추출하기 위하여 확보되어야 할 요인의 수는 15개임을 알려주고 있기 때문이다. 그러나 추출되어야 할 요인의 수는 2개로 결정하였으므로, 요인의 개수(factor(#))를 2개로 한정하여 다시 한 번 요인분석을 실행하여야 한다. 이미 그 결과를 살펴보았으므로, 조용히(quietly) 최초 요인을 추출하여 보자.

```
quietly factor safe? cont? amen? conv? vivi? , pf
factors(2)
```

2. 요인회전방법과 실행

1) 요인회전 방법과 의미

추출될 요인의 수가 결정되었다면 이들 요인만을 이용하여 요인의 회전을 수행함으로써 요인에 대한 직관적인 이해가 보다 쉽게 이루어지게 된다. 요인회전의 방법에는 직각회전(orthogonal rotation)과 비직각회전(oblique rotation)이 있다고 전술한 바가 있다. 전자는 요인간의 상관성이 없도록 하여주는 회전방법이고, 후자는 요인들간의 상관관계를 파악하고자 할 때 사용되는 회전방법이다.

요인들간 상호 관련성이 없도록 회전하는 직각회전은 배리맥스(varimax), 쿼티맥스(quartimax), 이쿼맥스(equamax) 회전방법이 있다. 배리맥스 회전(varimax rotation) 방법은 변수의 분산의 구조를 파악하기 보다는 추출된 요인의 특성을 알고자 할 때 사용되는 방법이다. 쿼티맥스 회전(quartimax rotation)은 각 변수의 분산이 어떠한 요인들에 의하여 대표될 수 있는지에 대한 분석의 목적이 있을 때 사용되는 회전방법이다. 이쿼맥스 회전(equimax rotation)은 전자의 두 회전방법을 절충한 방법이지만 회전 결과의 해석이 쉽지 않아 잘 사용되지 않는다. 직각회전에 의한 요인들은 상관계수가 0.0이 되기 때문에 분석의 목적이 요인들간 상호 관련성이 없어야 하는 필요성이 제기될 때 사용하면 된다.

비직각회전(oblique rotation) 방법은 요인들이 상호 관련성이 없다라는 가정을 두지 않고 요인을 회전하는 방법으로, 요인부하량에 대한 보다 높은 신뢰성을 부여하게 된다. 즉, 비직각회전에 의하면 높은 요인부하량은 보다 높게 낮은 요인부하량은 보다 낮게 되도록 회전함으로써 그 결과의 해석이 보다 용이해진다. 사각회전(oblimin rotation)과 프로맥스회전(promax rotation) 등 두 방법이 있다. 후자의 경우는 자료의 수가 많을 때 보다 유용한 회전방법이다.

2) 요인회전 명령문 구조

Stata에서는 직각회전과 비직각회전에 대한 다양한 방법을 제시하여 주고 있다. 그러나 대부분 직각회전은 배리맥스(varimax) 회전방법을, 비직각회전에는 프로맥스(promax) 회전방법을 많이 사용하고 있다. 회전하게 될 요인(factor)이나 공통분산(component)의 수를 미리 지정할 수 있다. 요인회전에 대한 명령문 구조는 다음과 같다.

<table>
<tr><td>명령문</td><td colspan="3">rotate [, options]</td></tr>
<tr><td rowspan="14">주요옵션</td><td rowspan="7">orthgonal</td><td colspan="2">직각회전</td></tr>
<tr><td>varimax</td><td>배리맥스 회전: 기본값임</td></tr>
<tr><td>vgpf</td><td>GPF 알로그즘을 활용한 배리맥스 회전</td></tr>
<tr><td>quartimax</td><td>쿼티맥스 회전</td></tr>
<tr><td>equamax</td><td>이쿼맥스 회전</td></tr>
<tr><td>parsimax</td><td>파시맥스 회전</td></tr>
<tr><td>entrophy</td><td>최소 엔트로피 회전</td></tr>
<tr><td rowspan="4">oblique</td><td colspan="2">비직각회전</td></tr>
<tr><td>promax(#)</td><td>프로맥스회전; 요인의 수가 3개가 기본값임</td></tr>
<tr><td>oblimin(#)</td><td>최소 사각회전</td></tr>
<tr><td>oblimax(#)</td><td>최대 사각회전</td></tr>
<tr><td>normalize</td><td colspan="2">행렬의 카이저 정규화로 행의 제곱합이 1이 됨</td></tr>
<tr><td>factors(#)</td><td colspan="2">회전할 요인의 수를 #개로 제한함</td></tr>
<tr><td>components(#)</td><td colspan="2">공통분산의 요인의 수를 #개로 제한함</td></tr>
<tr><td rowspan="4">기타옵션</td><td>blanks(#)</td><td colspan="2">#보다 적은 요인부하량의 절대값은 공백으로 처리</td></tr>
<tr><td>format(%fmt)</td><td colspan="2">표시형식 지정</td></tr>
<tr><td>noloading</td><td colspan="2">회전된 요인부하량을 보이지 않음</td></tr>
<tr><td>norotation</td><td colspan="2">최적 회전 행렬을 압축</td></tr>
</table>

또한 회전되어 결과값으로 나타나는 요인부하량(factor loadings)의 일정한 값 이하에 대하여서는 공백으로 처리하여 나타내지 말라는 옵션인 blank(#)도 기억하면 좋다. 왜냐하면 회전되어 추출된 요인이 어떠한 변수에 의하여 설명되는지를 보기 위해서는 요인부하량이 일정한 절대값보다 큰 값만을 보여주게 되면 보다 확연하게 살펴볼 수 있기 때문이다.

3) 요인회전과 요인점수의 실행예제

① 직각회전: varimax

앞서 최초요인 추출에서 실행한 총 31개의 변수들에 대한 2개의 요인에 대하여 회전을 실행하여 그 결과를 살펴보자. 명령어는 rotate이며, 옵션으로 직각 회전인 배리맥스(varimax) 방법을 선택하여 보자. 또 다른 옵션으로는 요인부하량의 절대값이 0.4이하인 경우에는 결과를 공백으로 처리하라는 옵션인 blanks(0.4)을 선택하여 그 결과를 살펴보자.

```
rotate, varimax blanks(.4)
```

```
Factor analysis/correlation                        Number of obs    =      533
    Method: principal factors                      Retained factors =        2
    Rotation: orthogonal varimax (Kaiser off)      Number of params =       61
```

Factor	Variance	Difference	Proportion	Cumulative
Factor1	8.18707	0.27985	0.4176	0.4176
Factor2	7.90722	.	0.4033	0.8209

LR test: independent vs. saturated: chi2(465) = 1.2e+04 Prob>chi2 = 0.0000

Rotated factor loadings (pattern matrix) and unique variances

Variable	Factor1	Factor2	Uniqueness
safe1	0.4975	0.5311	0.4704
safe2	0.5583		0.5548
safe3	0.4725	0.5367	0.4887
safe4	0.5365	0.4473	0.5121
safe6	0.5954	0.4815	0.4137
safe7	0.6951		0.4695
safe8	0.5656		0.5269
중간 생략			
vivi1	0.5113	0.5054	0.4832
vivi2	0.5184	0.4130	0.5607
vivi3	0.5117		0.6017
vivi4		0.6878	0.4218
vivi5		0.6255	0.5406

(blanks represent abs(loading)<.4)

Factor rotation matrix

	Factor1	Factor2
Factor1	0.7150	
Factor2	0.6992	-0.7150

실행결과창에서는 3개의 결과표를 보여주고 있다. 첫 번째 결과표는 주요인(principal factors) 추출방법으로 요인이 추출되었으며, 회전은 직각회전인 배리맥스(Orthogonal varimax) 회전방법임을 알려주고 있다. 그리고 추출된 요인의 수는 총 2개이며, 회전한 후의 분산(Variance)과 차이(Difference), 비율(Proportion), 누적비율(cumulative)고유값인 분산(Variance)이 요인1(Factor1)에 대하여서는 8.19, 요인2(Factor2)는 7.91임을 보여주고 있다. 회전 후에서의 변

수에 대한 분산의 설명비율이 두 요인에 대하여 각각 0.4176과 0.4033로 거의 비슷한 비율을 보이고 있다. 이는 최초 요인추출에서의 값과 비교하면 회전 후에는 두 요인의 분산 비율이 비슷하게 배분되어져 있음을 알 수 있다. 누적비율은 회전 이전의 누적비율과 같은 0.8029이다.

두 번째 결과표에서는 회전된 요인부하량(Rotated Factor Loadings)을 2개의 요인에 대하여 보여주고 있다. 옵션으로 요인부하량의 절대값이 0.4보다 적은 값은 공백으로 처리하라고 하였기 때문에 0.4이하 값은 표에서 제시되어 있지 않다. 각 요인에 대한 부하량은 총31개의 개별 변수들과의 상관관계의 정도를 나타내고 있다. 그러므로 예를 들어 safe1과 두 요인간의 상관성은 요인2(Factor2)가 다소 높으며, safe2에 대하여서는 요인1(Factor1)이 보다 높은 상관성을 지닌다고 볼 수 있다.

마지막으로 세 번째 결과표에서는 요인회전행렬(factor rotation matrix)을 보여주고 있다.

직각회전은 요인간의 상관관계가 없도록 회전하기 때문에, 회전 후에의 요인간 상관관계가 0이다. 이러한 관계가 잘 정립되어 회전되어 있는지를 살펴보기 위하여 요인분석 명령 실행 후에 추정하는 명령어인 estat common을 실행하여 보자. 여기서 estat는 추정(estimation)의 약자이며, common은 공통요인(common factors)의 상관관계 행렬을 보이라는 명령어이다. estat에 대한 명령어는 요인분석의 적합도 및 신뢰성 검증에서 보다 자세히 살펴보고자 한다.

```
estat common
```

Correlation matrix of the varimax rotated common factors

Factors	Factor1	Factor2
Factor1	1	
Factor2	0	1

실행결과창에서는 요인간의 상관관계 행렬을 보여주고 있으며, 요인1(Factor1)과 요인2(Factor2)의 상관계수는 0임을 알려주고 있다. 이는 직각회

전에 의하여 요인간 상호관련이 없도록 요인의 회전이 이루어졌음을 의미한다.

② 비직각회전: promax

동일한 데이터를 이용하여 비직각회전방법인 프로맥스(promax) 회전을 실행하여 그 결과를 직각회전과 비교하여 보자.

```
rotate, promax blanks(.4)
```

```
Factor analysis/correlation                        Number of obs    =        533
    Method: principal factors                      Retained factors =          2
    Rotation: oblique promax (Kaiser off)          Number of params =         61

    --------------------------------------------------------------------------
         Factor  |     Variance   Proportion    Rotated factors are correlated
    -------------+------------------------------------------------------------
        Factor1  |     12.50757       0.6380
        Factor2  |     11.91251       0.6076
    --------------------------------------------------------------------------
    LR test: independent vs. saturated: chi2(465) = 1.2e+04 Prob>chi2 = 0.0000

Rotated factor loadings (pattern matrix) and unique variances

    -------------------------------------------------
        Variable |  Factor1   Factor2 |   Uniqueness
    -------------+--------------------+--------------
           safe1 |            0.4092  |      0.4704
           safe2 |   0.5397           |      0.5548
           safe3 |            0.4288  |      0.4887
           safe4 |   0.4751           |      0.5121
           safe6 |   0.5340           |      0.4137
           safe7 |   0.7792           |      0.4695
           safe8 |   0.5370           |      0.5269
           cont1 |   0.7866           |      0.3723
           cont2 |   0.8164           |      0.4313
           cont3 |   0.8147           |      0.4169
           cont4 |   0.7672           |      0.4844
           cont5 |   0.7094           |      0.4852

           vivi1 |   0.4170           |      0.4832
           vivi2 |   0.4678           |      0.5607
           vivi3 |   0.4789           |      0.6017
           vivi4 |            0.6914  |      0.4218
           vivi5 |            0.6457  |      0.5406
    -------------------------------------------------
    (blanks represent abs(loading)<.4)
```

실행결과창에서 요인의 분산이 직각회전에 비하여 높아졌음을 보여주고 있다. 즉, 요인1에 대하여서는 분산이 12.51, 요인2에 대하여서는 11.91이다. 그리고 이러한 변수의 총분산에 대한 공통분산의 비율이 0.6380과 0.6076으로 또한 값이 커졌을 알 수 있다. 이는 직각회전으로 한정하지 않고, 변수와의 관계를 보다 명확히 할 수 있는 구조로 회전하는 비직각회전의 특성 때문이다. 또한 요인부하량도 두 요인에 걸쳐 비슷하지 않고 특정한 요인에 의하여 설명되도록 요인부하량이 설정되었음을 알 수 있다.

비직각 회전방법으로 실행한 후의 회전된 요인의 상관행렬을 구하여 요인간의 상관관계가 어떠한지를 살펴보자. 명령어는 estat common이다.

estat common

```
Correlation matrix of the promax(3) rotated common factors
```

Factors	Factor1	Factor2
Factor1	1	
Factor2	.6664	1

③ 요인점수

실행결과창에서는 요인1과 요인2의 상관계수가 0.6664임을 보여주고 있다. 요인1과 요인2와의 관측치들의 요인점수(factor score)에 대한 산점도를 scoreplot으로 실행하여 보자.

scoreplot

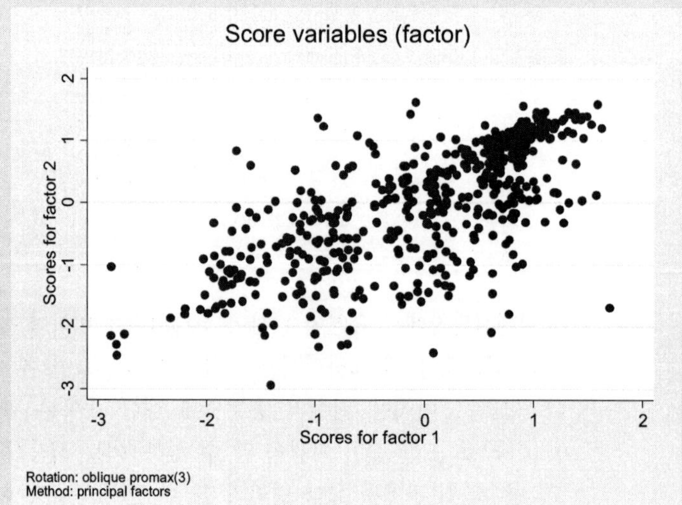

그래프 창에서는 요인1과 요인2의 요인점수에 대한 산점도 그래프를 보여주고 있다. x축은 요인1에 대한 점수이며, y축은 요인2에 대한 점수로 하여 산점도를 보여주고 있다. 산점도의 분포를 볼 때 두 요인점수간의 상관관계는 정의 상관성을 가지고 있음을 알 수 있다. 한편, 그래프 왼쪽 아래에서는 비직각회전에 프로맥스회전을 수행하였으며, 주요인(principal factor)으로 최초요인을 추출하였음을 알려주고 있다.

요인점수는 추출된 요인들에 대한 각 관측치 또는 개인의 상대적인 위치(spacing or standing)를 나타내는 숫자이다. 여기서 사용된 요인점수(factor score)는 각각의 요인에 대하여 각 관측치의 변수별 값을 표준화하여 가중치를 부여하는 선형조합으로 산출된다. 만약 분석에 사용된 변수들의 평균과 표준편차가 유사하다면 변수의 값을 표준화하여 사용할 필요가 없다. 요인점수를 산출하는 식은 다음과 같이 제시할 수 있다.

$$F_{jk} = \sum_{i=1}^{p} W_{ji} Z_{ik}$$

여기서, F_{jk}는 j번째 요인의 k번째 관측치의 점수, p는 분석에 사용된 변수의 총 갯수, W_{ji}는 요인 j의 I변수에 대한 가중치, Z_{ik}는 I변수의 k번째 관측치의 표준화된 값을 의미한다.

Stata에서는 가중치를 부여하는 방법으로 요인점수를 가장 잘 대표할 수 있는 회귀선형조합을 찾아서 산출하여 준다. 이 방법은 최소제곱을 이용한 부부회귀가중치를 구하여 각 변수의 표준화된 값에 곱하여 산출하는 방식이다.

각 관측치별 요인별 점수를 산출하는 명령어는 predict를 사용하게 된다. 추출된 요인이 2개이므로, 두 개의 새로운 변수명을 입력하여야 한다. 여기에서는 f1과 f2로 명령하여 실행하여 보자. 요인점수를 산출하기에 앞서 회전방법을 직각회전인 배리맥스 회전방법으로 조용히(quietly) 실행한 후 두 요인의 점수에 대한 예측치를 산출하여 보자.

```
quietly rotate, varimax blanks(.4)
predict f1 f2
```

Scoring coefficients (method = regression; based on varimax rotated factors)

Variable	Factor1	Factor2
safe1	0.03498	0.04099
safe2	0.06679	-0.01397
safe3	0.00879	0.05688
safe4	0.05877	0.01158
safe6	0.06926	0.01632
safe7	0.14025	-0.07854
safe8	0.06628	-0.00885
cont1	0.14318	-0.06638
cont2	0.14039	-0.07781
cont3	0.17013	-0.09723
cont4	0.12695	-0.07484
cont5	0.10162	-0.05020
	중간 생략	
conv4	0.04808	0.00535
conv5	-0.00197	0.06052
conv6	0.09395	-0.04860
vivi1	0.03045	0.03567
vivi2	0.05864	0.01335
vivi3	0.06295	-0.00508
vivi4	-0.06209	0.14299
vivi5	-0.05289	0.10640

실행결과창에서는 가중치의 산출은 회귀(regression)분석을 이용하였음을 알려주고 있으며, 변수들에 대한 가중치 즉, 여기서는 점수의 회귀계수값을 두 개의 요인에 대하여 보여주고 있다. 이 가중치를 이용하여 요인점수를 개별 관측치에 대하여 산출한 결과는 새로운 변수인 f1과 f2로 되어있다. 이를 변수창의 맨아래에서 확인하여 보자. 그리고 그 결과를 summarize 명령어를 활용하여 요약통계로 살펴보자.

```
summarize f1 f2
```

Variable	Obs	Mean	Std. Dev.	Min	Max
f1	533	-1.21e-10	.9503159	-3.109091	2.997463
f2	533	1.20e-09	.9515655	-3.037401	2.145009

3. 요인분석의 적합도 및 신뢰성 검증

요인분석을 실행한 후에 분석결과에 대한 적합도 및 신뢰성 검증결과를 수행하여야 한다. 일반적으로 신뢰성 검증에서는 크론바 알파(Cronbach's α)를, 타당성 검증에는 KMO(Kaiser-Meyer-Olkin)의 표본적합도(Measure of Sampling Adequacy, MSA) 검정통계량을 이용한다.

1) 요인분석의 적합도 검증

요인분석에서 KMO의 MSA 통계량은 분석자료가 어느 정도 요인분석에 적합한지를 해석할 수 있는 값을 제공하여 준다. 산출식은 개별 변수(j)(들의 KMO 통계량과 전체 KMO 통계량으로 산출되며, 개별 KMO_j 산출식은 다음과 같다.

$$KMO_j = \frac{\sum_{k \neq j} r_{ik}^2}{\sum_{k \neq j} r_{ik}^2 + \sum_{k \neq j} q_{ik}^2}$$

여기서, r_{jk}^2는 상관행렬의 비대각선에 있는 계수의 제곱을, q_{jk}^2은 잔영상관행렬의 비대각선에 있는 계수의 제곱을 의미한다. 전체 변수의 KMO는 다음과 같이 산출된다.

$$KMO = \frac{\sum\sum_{k \neq j} r_{ik}^2}{\sum\sum_{k \neq j} r_{ik}^2 + \sum\sum_{k \neq j} q_{ik}^2}$$

산출된 KMO 값으로 요인분석의 적합도를 다음의 기준에 의하여 평가할 수 있다(Kaiser, 1974).

표 10.1 요인분석 적합도의 KMO 기준

KMO의 값	해석
0.00 - 0.49	받아들이기 어려운 값(unacceptable)
0.50 - 0.59	빈약한 값(miserable)
0.60 - 0.69	보통 값(middling)
0.70 - 0.79	괜찮다고 판단되는 값(mediocre)
0.80 - 0.90	꽤 높은 수준의 값(meritorious)
0.90 - 1.00	탁월한 값(marvelous)

Stata에서는 요인분석의 적합도 통계량인 KMO값은 estat kmo 명령어를 이용하여 요인분석의 실행 후에 산출할 수 있다.

estat kmo

Variable	kmo
safe1	0.9643
safe2	0.9718
safe3	0.9596
safe4	0.9609
safe6	0.9650
safe7	0.9529
safe8	0.9462
cont1	0.9692
cont2	0.9654
cont3	0.9497
cont4	0.9523
cont5	0.9739
amen1	0.9683
amen2	0.9536
amen3	0.9510
amen4	0.9598
amen5	0.9597
amen6	0.9551
amen7	0.9777
amen8	0.9585
conv1	0.9268
conv2	0.9457
conv3	0.9248
conv4	0.9565
conv5	0.9679
conv6	0.9540
vivi1	0.9684
vivi2	0.9372
vivi3	0.9219
vivi4	0.9445
vivi5	0.9311
Overall	0.9550

실행결과창에서는 KMO의 전체 적합도는 0.9550으로 믿기 어려울 정도로 높은 값을 보이고 있다. 또한 개별 변수들의 적합도도 0.9이상의 값을 가지고 있기 때문에 요인분석을 수행할 수 있는 자료임을 알 수 있다.

2) 요인분석의 신뢰성 검증

요인분석의 신뢰성 검증 방법 중의 하나인 크론바 알파(Cronbach's α)는 전 변수를 하나의 척도로 취급하여 사용할 수 있는지를 알려주는 통계량이다. 이 통계량을 내부신뢰성 계수라고도 하며, 분산분석에서도 사용되기도 한다. 이 통계량은 변수의 상관계수의 평균을 이용하여 산출되기 때문에 α값도 0에서 1의 값을 가진다. 만약 α가 1에 가까우면 각 변수들은 서로의 관계가 매우 밀접함을, 만약 0에 가까우면 변수들이 상호관계가 없음을 나타낸다.

Stata에서는 α를 alpha라는 명령어로 사용된다. alpha 명령어 다음에 요인분석에서 사용된 모든 변수들을 열거하여 실행하면 된다.

```
alpha safe? cont? amen? conv? vivi?
```

```
Test scale = mean(unstandardized items)

Average interitem covariance:     .7648306
Number of items in the scale:           31
Scale reliability coefficient:      0.9623
```

실행결과창에서는 표준화되지 않은 변수(unstandardized items)들의 상관계수의 평균을 이용하였다는 것을 알려주고 있다. 내부공분산의 평균은 0.7648이며, 총 변수는 31개임을 또한 알려주고 있다. 신뢰성계수인 α는 0.9623이다. 이 값으로 판단할 때 모든 변수들은 상호 밀접하게 연관성이 있으며, 그러므로 요인분석의 수행에 대한 신뢰성을 제시하여 준다.

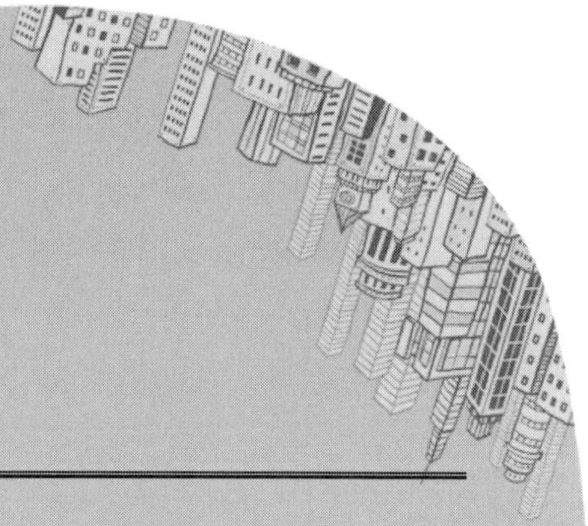

제11장
이산선택과 회귀분석

제1절
이산선택확률과 회귀모형

1. 이산선택확률모형의 이론

우리의 일상생활은 항상 선택의 반복으로 이루어진다. 예를 들어, 학교나 직장을 갈 때 어떠한 통근수단을 선택할 것인가?, 갈증이 나서 음료수를 찾을 때 어떤 종류를 마시고자 하는가?, 기존의 승용차나 새로운 승용차를 사고자 할 때 어떠한 종류의 자동차를 선택할 것인가?, 여름 휴가때 어디로 놀러 갈 것인가? 등등 우리의 일상생활은 항상 선택의 기로에서 고민을 하게 된다. 이러한 각각의 선택의 시점에서 우리는 항상 그러하지는 않지만 어떠한 것이 나에게 보다 더 큰 효용을 줄 것인가를 기준으로 하여 결정하게 된다. 그러한 선택의 결정은 개인 즉, 나의 사회경제적 속성과 해당하는 상품 등의 속성을 고려하여 이루어진다. 예를 들어, 집에서 직장까지 출근할 때 어떠한 교통수단을 선택할 것인가는 나의 소득수준과 나이에 의하여서 뿐만 아니라 각각의 교통수단이 가지고 있는 속성, 특히 이용가능한 교통수단의 비용과 시간에 의하여 결정된다.

우리는 한정된 수의 선택 대안들 중에서 어떠한 대안을 선택하게 될 확률을 추정하고자 할 때 이산선택 확률모형(discrete choice probability modeling)을 사용하게 된다.

확률선택모형은 다음의 3가지 조건들을 모두 충족시키는 경우에 사용될 수 있다(Train, 1986). 첫째, 대안의 집합(choice set)에서 그 대안의 수가 무한정이 아니라 유한(finite)하여야 한다. 둘째, 개인의 의사결정의 선택할 수 있는 대안들은 상호배타적(mutually exclusive)이어야 한다. 셋째, 모든 가능한 대안들은 대안의 집합(choice set)에 모두 포함되어져야 하며, 개인 또는 선택에 대한 결정주체는 이들 중에서 반드시 하나만을 선택하여야 한다. 이러한 조건을 충족시키는 경우에 한정하여 개인 등의 의사결정주체가 각각의 선택의 대안들 중에서 효용을 극대화시키는 어느 하나의 대안을 선택하게 될 때 확률선택모형을 적용할 수 있게 된다.

확률선택모형은 확률효용이론(random utility theory)에 기반하고 있다. 이 이론은 개인 등의 의사결정 주체는 선택 대안들 중에서 가장 높은 효율을 가지 대안을 선택하게 된다는 것이다. 개인의 선택 대안들에 대한 각각의 총 효용(total utility)은 관측할 수 있는 결정적 효용(deterministic utility)과 관측할 수 없는 확률적 효용(random utility)으로 대별될 수 있다. 그리고 관측 가능한 효용은 대안의 특성이 선택행위에 미치는 요인과 의사결정주체의 서로 다른 사회경제적 특성들이 선택행위에 미치는 요인으로 대별할 수 있다. Manski (1973)는 대안과 의사결정주체의 관측되지 않는 효용은 이들 속성들의 측정의 오차(measurement error)와 불완전한 정보(imperfect information)에 의하여 발생할 수 있음을 제시하고 있다.

$$U_{in} = V_{in} + \varepsilon_{in}$$

총효용 = 결정적효용(Deterministic) + 확률적효용(Random)

↳ 관측 가능한 효용 ↳ 관측할 수 없는 효용

확률선택모형에서 개인 또는 의사결정주체(n)이 대안 I를 선택할 확률을 Pn(i)라 하자. 이 때 대안 I의 효용은 다른 모든 대안의 효용보다 크거나 같을 확률을 의미한다. 이러한 대안 I의 효용은 관측가능한 결정적 효용(Vin)과 관측할 수 없는 확률적 효용의 합이 다른 모든 대안의 효용보다 크거나 같을 확률을 의미한다. 이는 결과적으로 대안 I와 다른 모든 대안 j의 결정적 효용의 차이가 대안 I와 모든 대안 j의 관측할 수 없는 확률적 효용보다 크거나 같을 확률의 의미한다.

$$P_n(i) = \text{Prob}(U_{in} \geq U_{jn}, \forall j \in C_n)$$
$$= \text{Prob}(V_{in} + \varepsilon_{in} \geq U_{jn} + \varepsilon_{jn}, \forall j \in C_n)$$
$$= \text{Prob}(V_{in} - V_{jn} \geq \varepsilon_{jn} - \varepsilon_{in}, \forall j \in C_n)$$

결정적 효용함수 Vin과 Vjn의 모형정립은 어떤 개인 또는 의사결정주체인 'n'을 위한 대안 I는 대안 I의 특성벡터 Zin과 어떤 개인 또는 의사결정 주체의 사회경제적 속성벡터 Sn으로 구성된다.

$$V_{in} = V(Z_{in}, S_n)$$

결정적 효용함수의 모형이 구축되면, 그 함수형태(functional form)를 결정하는 것이 두 번째 단계가 된다. 확률함수형태의 구체적인 형태는 관측할 수 없는 확률적 효용 ϵ_{in}과 ϵ_{jn}에 의하여 결정된다. 즉, 결정적인 효용함수와 선택확률과의 관계는 확률적 효용요소의 분포에 의하여 결정하게 됨을 의미한다.

2. 이산선택확률모형의 종류와 특징

이산선택확률모형은 어떠한 확률분포를 가정하는냐 또는 선택대안의 개수가 몇개인가에 따라 그 종류가 구분된다. 이산선택 확률모형에서 함수형태를 확률적 효용 ϵ_{in}과 ϵ_{jn}을 어떠한 확률분포로 가정하느냐에 따라 선형확률모형(linear probability model), 로지스틱모형(logistic model), 프로빗모형(probit model)으로 대별된다. 이들 세가지 모형에 대한 가정과 장단점을 요약하면 다음과 같다.

표 11.1 확률선택모형의 종류와 특징

	선형확률모형 (Linear Probability Model)	프로빗 모형 (Probit Model)	로짓모형 (Logit Model)
효용ε_in, ε_jn 확률분포 가정	균일(Uniform) 분포	정규(Normal) 분포	와이블(Weibull) 분포
모형의 특징 및 장점	•결정적 효용 V_in와 V_jn이 모수의백타와 선형의 함수관계를 가지게 함 •계산이 간단함	•이론적으로 타당한 것으로 인정받음 •선택대안이 이산(discrete)이 아니라 비율 (proportional) 또는 수준에 의하여 구분되었을 경우 유리	•프로빗 모형의 약점을 보완하기 위한 것 •ε_in 과ε_jn이 독립적이고 동일하게 분포되어 있는 것으로 가정 •정규분포와 비슷하면서 계산이 편리
단점	•모형의 분포모양이 확률효용이론의 원리에 어긋난다는 약점이 있음	•선택가능 대안이 3개 이상인 경우 계산이 어려움 •이는 정규밀도함수의 적분에서 기인	

선형확률모형은 종속변수가 이항명목(binomial) 변수인 선형회귀모형을 의미한다. 즉, 종속변수가 이항명목변수라는 점을 제외하고는 선형회귀모형과 같다. 종속변수가 두가지, 여기서는 0과 1의 값만을 취하는 범주형 변수에 대한 선형회귀모형은 오차항의 이분산성과 비정규성, 확률의 비현실적 예측, 함수형태 등에 의하여 발생하는 문제점이 있다. 예를 들어, 선택확률의 예측이 항상 0과 1사이의 범위내에 있어야 함에도 불구하고, 선형회귀모형을 사용하게 되면 0보다 적거나 1보다 큰 값을 예측하는 비합리성이 내포되어 있다. 또한 독립변수의 회귀계수에 대한 추정확률의 비합리성이 발생하게 된다. 예를 들어, 나이(age)에 대한 회귀계수가 0.20일 경우, 개인의 연령이 한 살 많아질수록 그 선택대안의 확률이 다른 모든 대안에 비하여 0.2만큼 증가함을 의미하게 된다. 이 경우 만약 나이가 10살 증가할 경우에는 2.0만큼의 확률의 증가함을 의하게 되어, 결과적으로 0과 1사이의 범위내에 있어야 함에도 불구하고 이를 위배하게 된다. 이는 선형회귀모형은 선형관계를 가정하고 있기 때문이다. 그러므로 어떠한 한정된 선택대안들 중에서 어느 한 대안을 선택하게 될 확률을 추정하기 위한 모형은 종속변수와 독립변수들의 회귀모형의 함수형태는 선형(linear)보다는 비선형(non-linear)이어야 하는 가정을 가질 필요가 있다.

로지스틱 모형은 종속변수가 0과 1의 두가지 값만을 취하는 경우에 선형 회귀모형이 위배하는 가정들을 극복할 수 있는 모형으로 다음과 같은 특징 때문에 가장 널리 사용된다(성웅현, 2001). 첫째, 로지스틱 모형은 종속변수와 독립변수의 함수관계를 선형이 아니라 비선형 관계로 가정한다. 이러한 비선형의 가정 때문에 회귀계수를 직접 구할 수 없고, Newton-Raphson 방법 혹은 Fisher의 스코어링 방법(scoring method) 등과 같이 반복적인 추정방법에 의하여 근사해를 구하게 된다. 둘째, 종속변수의 분포형태를 정규분포로 가정하지 않는다. 이 모형은 와이블 분포(weibull distribution)를 가정하고 있다. 셋째, 주어진 독립변수의 수준에서 종속변수가 동일한 분산을 가정하지 않는다, 넷째, 오차항의 정규성이 가정하지 않는다. 이와같이 가정에 대한 제약을 하지 않기 때문에 종속변수가 대안들의 선택집합, 즉 연속적이지 않을 경우에 일반적으로 많이 사용된다.

로지스틱 모형은 특정한 선택대안이 어떠한 대안적 선택들의 확률에 대한 비율, 즉 승산비(odds ratio)로 표현된다. 이 때의 승산비의 범위는 0에서 무한대이다. 이 승산비에 로짓변환(logit transformation)을 취하면 -∞에서 +∞로 바뀌게 되며, 이때의 모형은 로짓에 대하여 선형의 회귀식으로 이루어지게 된다. 로짓변환이 이루어질 때 이를 로짓모형이라고 한다. 즉, 로지스틱 모형과 로짓 모형의 차이점은 독립변수들에 대하여 전자는 승산비(odds ratio)로 후자는 회귀계수로 표현되는 것의 차이가 있다. 후자의 선형의 회귀계수에 지수함수를 취하게 되면 승산비로 표현된다. 즉, 로지스틱 모형과 로짓 모형의 차이는 독립변수(들)의 분석결과를 승산비로 표현할지 또는 회귀계수로 표현할 지의 선호도의 차이에 불과하다.

마지막으로 프로빗 모형은 정규분포의 누적분포함수로 설정되는 모형을 말한다. 이 모형과 로지스틱 모형과의 중요한 차이점은 전자가 표준정규분포를 가정함에 비하여 후자는 로지스틱 분포를 가정하고 있다는 것이다. 로지스틱 분포는 표준정규분포에 비하여 보다 평평하고 꼬리가 양측으로 더 긴 분포를 띤다는 것이다. 프로빗 모형은 종속변수가 두가지 선택대안인 경우에 주로 사용된다. 프로빗 모형이 로짓모형보다 상대적으로 오랫동안 사용되어왔지만, 수렴을 계산과정이 보다 어렵기 때문에 후자가 보다 많이 사용되고 있다. 프로빗 모형이 로짓 모형에 비하여 비교우위가 있을 때는 정규분포에 대한 강한 믿음이 있을 경우와 종속변수가 실질적으로 정확하게 이항이 아니라 확률적인 경우이다. 후자의 경우는 선택대안이 뚜렷하게 구별되는 것이 아니라 어떠한 상태나 수준에서 이항으로 대리하여 나타낸 경우를 의미한다. 예를 들어, 어떠한 사람의 비만 여부에 대한 진단을 체질량 지수 25를 기준으로 구분하는 경우, 25에 가깝지만 25 이하인 경우와 이상인 경우는 실질적으로 비만의 경계가 불명확하다. 이러한 경우에 해당한다면 로짓모형보다는 프로빗 모형이 보다 더 적합할 수 있다. 그러나 로짓 모형과 프로빗 모형에서의 유사성은 둘 다 비선형을 가정하고 있다는 유사성이 있으면서, 이들 중의 각각에 대한 선택은 개인의 선호도에 달려 있다. 즉, 프로빗 모형이 로짓 모형과 비교하였을 때 두가지의 중요한 특징이 있다하더라도 연구자가 어떠한 모형을 선택할 지는 그들의 선호에 달려 있다는 것이다. 그러나 프로빗 모형을 선택할 경우에는 승산비(odds ratio)를 산출할 수가 없다는 점은 고려할 필요가 있다.

선택대안이 두 개인 경우는 이항 로지스틱 모형(binary or binomial logistic model)이 대표적이다. 만약 선택 대안이 두 개 이상이면서 그 선택대안이 뚜렷하게 구분되는 경우 즉, 종속변수가 명목척도인 경우는 다항 로지스틱 모형(multinomial logistic model)이 된다. 그리고 선택대안이 2개 이상이면서, 그 대안의 속성이 비율(proportion)(이나 순위(order)로 구별될 경우에는 순위형 또는 서열형 로지스틱 모형(ordered logistic model)을 사용하게 된다.

표준적인 로지스틱 모형의 가정 중의 하나는 선택대안이 상호 배타적 즉, 독립적이다라는 것이다. 그러나 현실세계에서는 이러한 선택대안들,

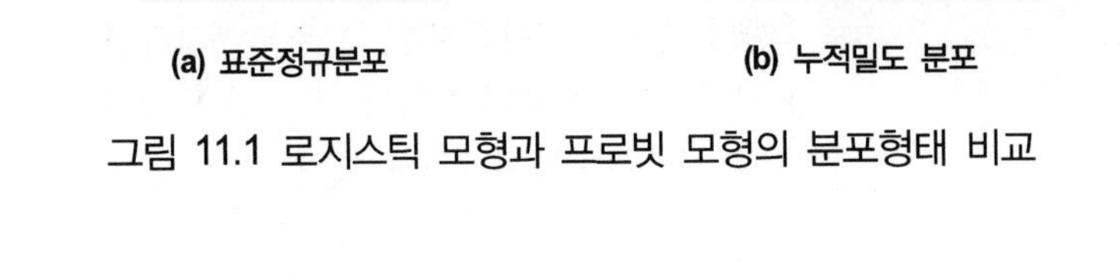

(a) 표준정규분포 **(b) 누적밀도 분포**

그림 11.1 로지스틱 모형과 프로빗 모형의 분포형태 비교

즉, 종속변수의 선택집합의 대안들이 독립되지 않고 상호 연관성을 가질 경우에는 부적절한 선택대안들과의 독립성(independence of irrelevant alternatives, IIA)의 원칙을 위반하게 된다. 예를 들어, 서울에서 부산으로 가기 위하여 선택할 수 있는 교통수단의 선택대안들이 승용차, 고속철도, 일반철도, 고속버스, 시외버스, 그리고 항공이 있다고 할 때, IIA의 원칙의 위배는 철도와 버스에 대한 각각의 두가지 선택대안들은 상호 독립성을 위반한다고 볼 수 있다. 즉, 선택대안들 간 상관관계가 존재한다면 표준적인 로지스틱 모형을 사용할 수 없다.

IIA 원칙이 위배될 경우에는 지분 또는 내포 로지스틱 모형(nested logit model), 조건부 포로빗 모형(conditional probit model), 혼합로짓모형(mixed logit model) 등을 활용할 수 있다. 지분로짓모형은 선택대안들의 집합이 다시 여러개의 소집합으로 구분하여 대안들간 상관관계를 통제할 수 있기 하여 준다. 이 모형은 표준적인 로지스틱 모형에서 IIA의 원칙이 위배되는 경우 또는 선택대안의 수가 너무 많을 경우에 유리하다. 즉, 이 모형은 IIA의 원칙을 완화하면서 모형의 복잡성을 해소할 수 있다는 특징이 있다. 조건부프로빗 모형은 결합정규분포를 이용하여 선택 대안들간의 공분산(covariance)을 활용하는 모형이다. 마지막으로 혼합로짓모형은 표준적인 로짓모형이 가지고 있는 세가지 제약을 극복 - 무작위선호변이(random taste variation), 제한이 없는 대체 패턴(unrestricted substitution patterns), 관찰되지 않는 요인들의 상관성(correlation in unobserved factors over time) - 하게 하여준다. 이 혼합로짓 모형은 이들 세가지 중요한 장점 때문에 이산선택확률모형에서 최근에 자주 사용되고 있는 모형이다.

여기에서는 IIA의 원칙을 위배하였을 경우 적용할 수 있는 확률선택모형을 제외하고, 이항 로지스틱 모형, 다항 로지스틱 모형, 순위형 로지스틱 모형을 stata로 적용하는 방법을 예를 들어 설명하고 있다.

제2절
로지스틱 모형

1. 로지스틱 모형

Stata에서의 로지스틱 회귀분석의 명령어는 'logit'으로 시작하고, 이어 종속변수(depvar)와 설명변수들(indepvars)을 나열하여 실행하면 분석이 수행된다. 로지스틱 회귀분석의 명령문 구조는 다음과 같다.

명령문	logit depvar [indepvars] [if] [in] [weight] [, options]	
주요옵션	nonconstant	모형에서 상수항(절편) 압축하여 보이지 않기
	level(#)	신뢰수준 설정: 기본값은 level(95)임
	or	승산비(odds ratio)로 보여주기

Stata에서 로지스틱 회귀분석을 실행예제로 어떤 사람의 체형이 비만일 확률을 그 사람의 하루평균 보행량에 의하여 미치는 영향을 살펴보자. 직관적으로 어떤 한 개인의 보행활동량이 증가한다면 그 사람은 비만이 되지 않을 확률, 비만이 될 확률이 적을 것이다. 이러한 가설을 검증하기 위하여 하루 평균 보행시간(walktime)에 따라 비만(체질량지수≥25)일 확률을 로지스틱 회귀모형을 구축하여 분석하여 보자. 의학계에서는 체질량지수(bmi)가 25보다 크거나 같으면 과체중 또는 경도비만이라고 보고 있다. 그러므로 제공되는 데이터에서 체지량 지수를 활용하여 비만인 경우(=1)와 그러하지 않은 경우(=0)를 비만 변수(obese)를 생성하여 보자. 이 때는 'generate'와 'replace'를 활용하면 된다. 그리고 비만 변수가 제대로 생성되었는지를 확인하기 위하여 요약 통계치를 보여주는 'table'이라는 명령

어를 실행하여 보자. 최솟값과 최댓값을 보면, 체질량지수(bmi) 25를 기준으로 비만인 경우(=1)와 그러하지 않은 경우(=0)로 구별되어 있음을 알 수 있다. 그리고 이들의 관측치는 각각 59명과 422명으로, 비만이지 않은 경우가 절대적으로 많음을 볼 수 있다.

```
generate obese=.
replace obese=1 if bmi>=25
replace obese=0 if bmi<25
```

```
. generate obese=.
(481 missing values generated)

. replace obese=1 if bmi>=25
(59 real changes made)

. replace obese=0 if bmi<25
(422 real changes made)

.
. table obese, contents(n bmi mean bmi sd bmi min bmi max bmi)
```

obese	N(bmi)	mean(bmi)	sd(bmi)	min(bmi)	max(bmi)
0	422	21.75985	1.849724	15.21093	24.97399
1	59	26.14131	1.153466	25.05931	31.74179

하루 평균 보행시간(walktime)이 비만(obese)이 될 확률에 어떠한 영향을 미치는지에 대한 이항로지스틱 회귀분석을 실행하기 이전에, 이들 변수들의 요약통계치와 분포형태를 각각 'summarize'와 'graph twoway scatter'의 명령문을 실행하여 확인하여 보자. 비만 변수(obese)의 평균은 0.1227의 값 즉, 12.27%의 비반비율을 가지고 있으며, 그 값의 최소와 최대의 값은 0과 1임을 알 수 있다. 그리고 하루평균 보행시간(walking)의 평균은 56.86분이고, 최소는 0분, 최대는 420분의 값을 보여주고 있다. 이들 두변수에 대한 산점도는 그래프로 그 분포패턴을 파악하여 보자. 그런데 하루평균 보행시간(walktime)에서 최댓값인 420분이 다른 관측치의 값에 비하여 상당히 높은 값을 보이고 있다. 즉, 어떤 사람이 하루에 평균 420분(=7시간)을 걷는다는 것은 이상치일 확률이 높다. 그러므로 이것을 'drop' 명령어를 삭제하자.

```
summarize obese walktime
graph twoway scatter obese walktime
drop if walktime==420
```

Variable	Obs	Mean	Std. Dev.	Min	Max
obese	481	.1226611	.3283894	0	1
walktime	481	56.86071	31.74474	0	420

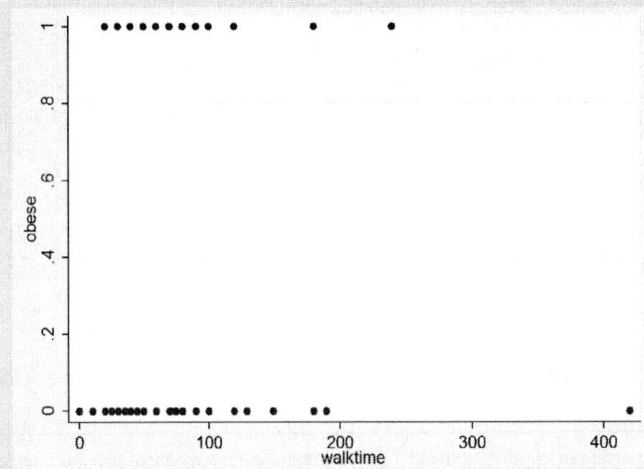

하루평균 보행시간(walktime)에 따라 비만(obese)이 될 확률을 'logit' 명령문을 활용하여 분석하여 보자. 실행명령문은 logit 명령어에 종속변수인 비만(obese)과 설명변수인 하루평균보행시간(walktime)을 차례로 나열하면 된다.

```
logit obese walktime
```

```
Iteration 0:   log likelihood =  -178.8942
Iteration 1:   log likelihood = -175.78455
Iteration 2:   log likelihood =  -175.5462
Iteration 3:   log likelihood = -175.54608
Iteration 4:   log likelihood = -175.54608

Logistic regression                               Number of obs   =        480
                                                  LR chi2(1)      =       6.70
                                                  Prob > chi2     =     0.0097
Log likelihood = -175.54608                       Pseudo R2       =     0.0187
```

obese	Coef.	Std. Err.	z	P>|z|	[95% Conf. Interval]	
walktime	.0117877	.0044089	2.67	0.008	.0031464	.0204289
_cons	-2.665996	.3098075	-8.61	0.000	-3.273207	-2.058784

실행결과를 보면, 회귀계수의 근사값이 총 4번의 반복 끝에 수렴되었음을 보여주고 있다. 모형통계량에서는 관측치가 총 480개이며, 자유도가 1인 Chi-squared 분포의 우도비는 6.70이며, 그 검정통계량의 p-값은 0.00697임을 보여주고 있다. 이 우도비 검정통계량들은 구축된 회귀모형의 적합도를 평가하기 위한 것이다. p-값이 0.01보다 적으므로 이 모형은 적합하다고 볼 수 있다.

분석결과는 Pseudo R^2의 통계량이 0.0187임을 보여주고 있다. 로지스틱 회귀모형에서는 선형회귀분석에서와 같은 결정계수(R^2)를 산출하지 못하지만 이와 유사한 지표인 Pseudo-R^2를 stata에서는 기본적인 모형통계량으로 제공하여 주고 있다. 이를 우도비 R^2(likelihood ratio R-squared)라고도 한다. 이 통계량은 귀무모형에서(D_{null})의 편차와 최종 모형에서의 편차(D_{model})의 차를 귀무모형에서의 편차(D_{null})로 나누어 준 값이다. 즉, 최초의 로그우도값(iteration 0)과 최종 수렴되었을 때의 로그우도값의 차이에 대한 전자의 비율이 Pseudo-R^2이다.

로지스틱 회귀분석 결과에서 하루평균 보행시간(walktime)에 대한 회귀계수(coefficient)는 0.0118이고, p-값이 0.008임을 보여주고 있다. 즉, 유의수준 0.01보다 p-값이 적으므로, 통계적으로 유의하다고 볼 수 있으며, 하루평균 보행시간 10분이 증가할수록 비만이 될 확률은 1.18% 높아짐을 보여준다. 이는 일반적으로 하루 보행시간이 증가할수록 비만이 되지 않을 것이라는 직관적 가설과 정반대의 결과를 보여주는 것이다. 이러한 결과에 대한 해석은 비만이라고 판단되는 사람은 그러한 비만에 대한 걱정때문에 오히려 비만이 아닌 사람에 비하여 많이 걷는 경향이 있다라고 유추할 수 있다.

한편, 로지스틱 회귀모형은 독립변수와의 관계를 선형이 아니라 비선형의 관계로 가정하여 분석하고 있다는 점에서 회귀계수에 대하여 로짓변환을 함으로써 승산비(odds ratio)로 표시하는 것이 보다 바람직할 수 있다. 이러한 로짓변환 된 승산비는 'logit' 명령문에서, 옵션으로 'or'을 적고 실행하면 된다. 그 결과를 살펴보자.

logit obese walktime, or

```
Iteration 0:   log likelihood =  -178.8942
Iteration 1:   log likelihood = -175.78455
Iteration 2:   log likelihood =  -175.5462
Iteration 3:   log likelihood = -175.54608
Iteration 4:   log likelihood = -175.54608

Logistic regression                             Number of obs     =        480
                                                LR chi2(1)        =       6.70
                                                Prob > chi2       =     0.0097
Log likelihood = -175.54608                     Pseudo R2         =     0.0187

------------------------------------------------------------------------------
       obese | Odds Ratio   Std. Err.      z    P>|z|     [95% Conf. Interval]
-------------+----------------------------------------------------------------
    walktime |   1.011857   .0044612     2.67   0.008     1.003151    1.020639
       _cons |   .0695301   .0215409    -8.61   0.000     .0378847     .127609
------------------------------------------------------------------------------
```

실행결과를 살펴보면, 다른 모든 것은 동일하지만 회귀계수 대신에 승산비(odds ratio)가 표시되어 있음을 알 수 있다. 이 값은 하루평균 보행시간이 1분 증가할수록 비만이 될 확률은 1.0011857배 높다는 것을 의미한다. 즉, 비만이 될 확률과 비만이 되지 않을 확률에 대한 비율로 그 결과가 제시된다.

다음은 프로빗 모형을 이용하여 분석을 실행하여 보자. 프로빗 모형은 로짓 모형과 비교하면 확률분포모형을 전자는 정규분포를, 후자는 로지스틱 분포를 가정하고 있다는 것이다. 앞서 설명한 바와 같이 프로빗 모형은 선택대안이 뚜렷이 구분되는 것이 아니라 상태의 수준을 고려하여 임의로 구분될 때 보다 유리한 회귀모형이다. 여기서 비만의 여부는 체질량 지수 25를 기준으로 임의로 구분하고 있다는 점에서 프로빗 모형이 로짓모형에 비하여 보다 바람직한 회귀모형이 될 수 있다. 프로빗 모형의 실행은 'probit' 명령어를 'logit'과 대체하여 사용하면 된다. 앞에서 로짓모형에 대한 분석을 수행하였으므로, 'quietly'를 접두어를 활용하여 실행결과를 보여주지 않고 실행하고, 그 결과를 'estimates store'라는 명령문으로 저장하고, 로짓모형과 프로빗 모형과의 분석결과를 'estimates table'로 비교하여 보자. 여기서 로짓모형의 실행결과는 'logit_model'이라는 이름으로, 프로빗 모형의 실행결과는 'probit_model'로 명명하였다. 그리고 실행결과의 비교표에서 모형통계량은 관측치수(N), Pseudo-R2 (r2_p), 최초 로그우도값(ll_0), 최종 수렴된 로그우도값(ll), 그리고 AIC, BIC 통계량을 보여주도록 하였다. 그리고 회귀계수(b)는 소수점 셋째 자리까지로 하고, 변수간의 간격은 30으로 지정하였다.

```
quietly: logit obese walktime
estimates store logit_model
quietly: probit obese walktime
estimates store probit_model
estimates table logit_model probit_model, b(%9.3f)
t p stat(N r2_p ll_0 ll  aic bic) varwidth(30)
```

Variable	logit_m~l	probit_~l
walktime	0.012	0.006
	2.67	2.55
	0.0075	0.0108
_cons	-2.666	-1.534
	-8.61	-9.20
	0.0000	0.0000
N	480	480
r2_p	0.019	0.018
ll_0	-178.894	-178.894
ll	-175.546	-175.646
aic	355.092	355.293
bic	363.440	363.640

legend: b/t/p

분석 결과에서 회귀계수의 크기(b), t-값(t), 통계적 유의성(p)에서 약간의 변화가 있다. 이러한 변화를 가지고 두 모형 중에서 어떤 것이 보다 더 적합한지를 알 수는 없다. 그러한 비교와 판단은 모형 통계치인 Pseudo R2값(r2_p)과 AIC와 BIC를 활용할 수 있다. 프로빗 모형과 비교하였을 때, 로짓모형의 Pseudo R2값이 보다 높고, AIC와 BIC의 값들은 보다 적다. 전자의 값은 높을수록 후자의 두 지표는 그 값이 적을수록 보다 더 우수한 모형으로 평가하게 된다. 이러한 점에서 프로빗 모형보다는 로짓 모형이 하루평균 보행시간(walktim)과 비만(obese)에 대한 선택확률 추정에서 보다 적합하다고 판단할 수 있다.

지금까지는 한 개의 독립변수에 대한 로지스틱 모형에 실행예제를 살펴보았다. 여기에서는 2개 이상의 독립변수가 있는 경우에서 로지스틱 모형으로 회귀분석을 실행하여 보자. 추가되는 독립변수는 성(gender)과 연령(age)이다. 두 변수는 모두 명목변수로 설정되어 있음을 입력값과 라벨, 그리고 빈도분포를 보여주는 명령어인 'fre'를 다음과 같이 실행하면 알 수 있다. 만약 fre 명령어가 실행되지 않는다면, 먼저 "ssc install fre"를 실행하여 설치하고 난 후 수행하면 된다. 빈도분석 결과에서 남자(1=male)는 응답자의 48.54%, 여자(2=female)는 51.46%를 보이고 있다. 그리고 연령은 조사설계에서 연령대로 질문하도록 되어 있기 때문에 2-5의 정수값을 가지고 있으며, 20대(2=20s), 30대(3=30s), 40대(4=40s), 50대(5=50s)로 입력되어 있다. 연령대에서는 고른 분포를 보이고 있으나, 20대가 28.96%로 약간 높다.

```
fre gender
fre age
```

gender — Gender

		Freq.	Percent	Valid	Cum.
Valid	1 male	233	48.54	48.54	48.54
	2 female	247	51.46	51.46	100.00
	Total	480	100.00	100.00	

age — Age(20-59)

		Freq.	Percent	Valid	Cum.
Valid	2 20s	139	28.96	28.96	28.96
	3 30s	121	25.21	25.21	54.17
	4 40s	124	25.83	25.83	80.00
	5 50s	96	20.00	20.00	100.00
	Total	480	100.00	100.00	

기존의 비만(obese)이 될 확률 모형에 성(gender)과 연령(age)을 명목척도로 가정하여 더미변수(i)로 처리하여 실행하여 보자.

logit obese walktime i.gender i.age

```
Iteration 0:   log likelihood =  -178.8942
Iteration 1:   log likelihood = -158.84361
Iteration 2:   log likelihood = -156.18101
Iteration 3:   log likelihood = -156.16126
Iteration 4:   log likelihood = -156.16125

Logistic regression                               Number of obs   =        480
                                                  LR chi2(5)      =      45.47
                                                  Prob > chi2     =     0.0000
Log likelihood = -156.16125                       Pseudo R2       =     0.1271

------------------------------------------------------------------------------
       obese |      Coef.   Std. Err.      z    P>|z|     [95% Conf. Interval]
-------------+----------------------------------------------------------------
    walktime |   .0119227   .0046869     2.54   0.011     .0027366    .0211087
    2.gender |  -1.458636    .330948    -4.41   0.000    -2.107282   -.8099898
             |
         age |
          3  |   1.026081   .5045493     2.03   0.042     .0371823    2.014979
          4  |   1.639387   .4815909     3.40   0.001     .6954867    2.583288
          5  |   1.802921   .4874134     3.70   0.000     .8476078    2.758233
             |
       _cons |  -3.309285   .5393232    -6.14   0.000    -4.366339   -2.252231
------------------------------------------------------------------------------
```

분석결과를 살펴보면, 모형적합도를 나타내는 Pseudo R2가 0.0187에서 0.1271로 높아졌음을 확인할 수 있다. 성에 대하여서는 여자(2.gender)는 남자보다 비만이 될 확률이 낮음을 음의 회귀계수를 통하여 알 수 있으며, p-값이 0.000으로 유의수준 0.01보다 적기 때문에 통계적으로도 유의하다. 연령대(age)의 경우에는 20대에 비하여 30대(3), 40대(4), 50대(5)의 값들이 모두 양의 회귀계수를 가지고 있기 때문에 보다 더 비만이 될 확률이 높음을 알 수 있다. 그리고 연령대가 높아질수록 회귀계수의 크기가 증가함을 볼 때, 연령대가 높아질수록 비만이 될 확률도 높아지는 경향이 있다. 즉, 연령대(age)는 명목변수보다는 연속변수로 처리하여 모형에 삽입하여도 무방함을 보여주고 있다.

2. 모형 및 계수의 검증통계량

로지스틱 혹은 로짓 모형을 포함한 이산선택 확률모형(discrete choice probability model)은 선형회귀모형과 달리 선형이 아닌 비선형(non-linear)이다. 선형관계를 가정하고 있는 회귀모형에서는 회귀계수(coefficients)로 그 관계에 대한 이해를 쉽게 할 수 있다. 즉, 어떤 독립변수가 어떠한 범위에 있더라도 그 기울기(회귀계수의 값)는 동일하다. 그러나 비선형 관계를 고려한 로짓모형에서는 회귀계수만으로 분석결과에 대한 이해가 어렵다. 그러므로 회귀계수를 로그전환한 승산비(odds ratio)를 활용하게 된다.

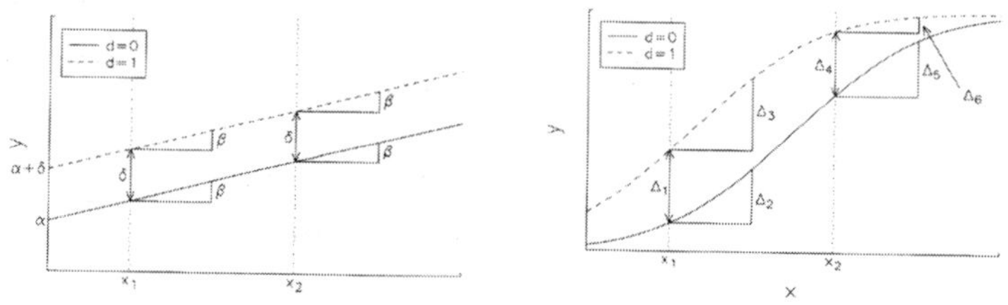

(a) 선형 관계　　　　(b) 비선형 관계

그림 11.2 회귀계수의 선형과 비선형 관계

승산비는 어떤 한 독립변수의 특정한 값에 해당하는 선택확률이나 어떤 구간에 대한 확률의 변화를 파악하고자 할 때, 그 정보를 제공하는 것은 어렵다. 이러한 점을 고려하여 stata는 독립변수의 특정한 값에 대한 선택확률(prvalue), 선택확률의 이산 또는 한계변화(prchange), 독립변수의 집단 또는 범주에 대한 선택확률의 예측(prtab), 그리고 특정한 구간에 대한 예측(prgen)을 계산하여 제공하여 주고 있다.

표 11.2 독립변수의 선택확률 예측 관련 추가 명령어

명령어	설명
prvalue	독립변수의 구체적인 값에 대한 선택확률의 예측치 산출
prchange	예측치에서의 이산 또는 한계 변화 산출
prtab	다른 독립변수들이 특정한 값을 가지고 있을 때의 어떤 한 독립변수의 집단 또는 범주에 대한 선택확률의 예측치 산출
prgen	다른 독립변수들이 일정한 상태에서의 특정 구간에 대한 예측치 산출

독립변수들의 특정한 값들에 대한 선택확률의 예측치를 prvalue를 활용하여 실행하여 보자. 여기에서는 하루평균 보행시간(walktime)이 중위값(median)을 가진 30대(age=3)의 남자(gender=1)와 여자(gender=2)의 선택

확률의 예측치를 산출하고자 한다. 앞서의 로짓모형에서 더미변수로 인식하게 하는 i를 제거하고, 분석결과를 보이지 않게 처리하여 로짓모형을 실행하여 보자. 이후 prvalue 명령어를 활용하여, 독립변수들의 구체적인 값을 지정하게 된다. 여기서 구체적인 값은 x(variables_and_values)와 rest(stat)를 사용하게 된다. 전자는 구체적인 값들을, 후자는 지정하지 않은 독립변수들의 평균(mean), 중위값(median), 최솟값(min), 최댓값(max) 등을 활용하면 된다. 여기에서는 x로 30대(age=3)의 여자(gender=2)를 지정하고, 나머지 남은 독립변수인 하루평균 보행시간(walktime)을 중위값으로 지정하도록 stat(median)을 입력하여 실행하여 보자. 그리고 그 다음으로 나머지는 동일하지만 남자(gender=1)로 변경하여 실행하여 보자. 하루평균 보행시간이 중위값을 가진 30대의 여자가 비만이 될 확률(Y=1)은 4.04%이고, 비만이 되지 않을 확률은 95.96%이다. 반면에 남자의 경우에는 비만이 될 확률은 15%이고, 그러하지 않을 확률은 85.0%로 예측되었다. 즉, 30대의 하루평균 보행시간이 중위값을 가지고 있는 사람에서의 남자와 여자의 비만이 될 확률은 커다란 차이를 보이고 있음을 알 수 있다.

```
prvalue, x(gender=2 age=3) rest(median)
prvalue, x(gender=1 age=3) rest(median)
```

```
Confidence intervals by delta method


                                   95% Conf. Interval
  Pr(y=1|x):            0.0404   [ 0.0168,    0.0639]
  Pr(y=0|x):            0.9596   [ 0.9361,    0.9832]

    walktime     gender        age
x=        60          2          3
```

```
Confidence intervals by delta method


                                   95% Conf. Interval
  Pr(y=1|x):            0.1500   [ 0.1003,    0.1997]
  Pr(y=0|x):            0.8500   [ 0.8003,    0.8997]

    walktime     gender        age
x=        60          1          3
```

로지스틱 회귀분석을 실행한 후에 30대의 여자가 중위값을 가지는 경우에서의 비만이 될 확률의 이산 또는 한계 변화를 살펴보기 위하여 'prchange'를 실행하여 보자.

```
prchange, x(gender=2 age=3) rest(median)
```

```
logit: Changes in Probabilities for obese

           min->max      0->1     -+1/2    -+sd/2  MargEfct
walktime     0.4998    0.0009    0.0015    0.0396    0.0015
  gender    -0.1096   -0.2754   -0.1862   -0.0919   -0.1828
     age     0.2580    0.0226    0.0713    0.0786    0.0710

              0       1
Pr(y|x)  0.8500  0.1500

        walktime    gender       age
    x=        60         1         3
 sd_x=   27.0916   .500309   1.10203
```

실행결과는 3가지로 분류되어 제시되고 있다. 여기서 가장 중요한 것은 맨 처음의 표이다. 이 표는 각각의 독립변수들에 대한 이산 또는 확률의 변화를 보여주는 것이다. 변수이름을 제외한 최초의 열(column)은 다른 독립변수들이 고정되어 있다고 가정한 상태에서의 독립변수의 최솟값에서 최댓값으로 변화(min->max)되었을 때의 비만이 될 확률의 변화를 보여준다. 즉, 하루평균 보행시간(walktime)이 최솟값에서 최댓값으로 변화되었을 때 비만이 될 확률은 0.4889 즉, 약 49% 정도 비만이 될 확률이 높아지게 된다. 두 번째 열에서는 독립변수가 0에서 1로 변화되었을 때의 확률의 변화를 의미한다. 이 열은 더미변수에 대하여 특히 유용하다. 예를 들어, 성(gender)이 남자(1)에서 여자(2)로 변화되었을 때, 비만이 될 확률의 변화는 -0.2754이다. 이는 하루평균 보행시간이 중위값을 가지는 30대의 남자보다 여자가 비만이 될 확률의 차이는 27.54% 적다는 것을 의미한다. 세 번째 열은 독립변수의 실질적인 값에서의 한단위 변화에 따른 확률의 변화를, 네 번째 열은 독립변수의 표준편차에서의 한단위 변화에 대한 확률의 변화를 의미한다. 그리고 마지막 열은 독립변수의 한계변(marginal change)를 의미한다. 이것은 한계효과(marginal effect, MargEfct)를 말하는 것이다. 한계효과는 해당하는 재화 또는 서비스에서의 변화에 따른 효용의 크기를 의미한다.

로지스틱 회귀모형을 실행한 후에 하루평균 보행시간(walktime)이 중위값을 가지고 있는 사람에 대한 성별과 연령별 비만이 될 선택확률의 예측치를 산출하고자 할 때, prtab 명령문을 사용하면 된다. 이에 대한 실행명령문과 그 결과는 다음과 같다.

```
prtab gender age, x(walktime=median)
```

```
logit: Predicted probabilities of positive outcome for obese

--------------------------------------------------
          |              Age(20-59)
   Gender |      20s       30s       40s       50s
----------+---------------------------------------
     male |   0.0918    0.1500    0.2355    0.3498
   female |   0.0235    0.0404    0.0684    0.1136
--------------------------------------------------

       walktime      gender         age
x=           60   1.5145833     3.36875
```

분석결과를 보면, 성별과 연령대별 비만이 될 확률에 대한 예측치의 빈도분포표가 제시되어 있음을 알 수 있다. 그 결과를 보면, 남자(male)와 여자(female) 모두 연령대가 높아질수록 비만이 될 확률이 점차적으로 높아지는 경향을 보이고 있다. 그리고 여자와 남자의 비만이 될 확률은 여자보다는 남자가 더 높으면 이를 연령대별로 비교하여 보아도 동일하다.

모형의 추정 이후에 contrast 명령어는 요인변수들이나 명목변수들, 그리고 상호작용항에 대하여 추정결과에 대한 함수형태 또는 선형의 가설을 검증하는데 사용된다. 이 명령어는 stata 12의 버전에 새로이 추가된 명령어이다. 이를 이용하여 독립변수의 분류가 통계적으로 유의한지, 상호작용 효과가 유의한지 등을 검증할 수 있다.

예를 들어, 연령대(age)의 분류가 통계적으로 유의한지를 살펴보고자 할 때, 'contrast'를 활용할 수 있다. 여기서 4개로 분류된 연령대 그룹의 평균들에 대한 차이가 있는지를 확인하기 위한 명령문은 다음과 같다. 분석결과는 자유도가 3이면서 16.10을 가진 chi-squared 값의 p-값은 0.0011이다. 이는 유의수준 0.01를 기준으로 할 때 연령대의 분류가 비만이 될 확률에 차별적으로 영향을 주고 있음을 의미한다.

contrast age

```
Contrasts of marginal linear predictions

Margins      : asbalanced

-------------------------------------------
             |         df        chi2     P>chi2
-------------+-----------------------------
         age |          3       16.10     0.0011
-------------------------------------------
```

준거그룹 또는 준거집단에 비교하여 다른 집단의 평균이 차이가 있는지를 살펴보고자 할 때는 비교하고자 하는 독립변수에 'r.'이라는 접두어를 삽입하여 실행하면 된다. 이 경우는 최초의 집단이 준거그룹이 된다. 연령대에서는 20대(age=2)가 준거집단이 된다. 그 실행결과는 준거집단과 다른 비교집단의 평균의 차이에 대한 카이스퀘어 검정 결과를 보여주고, 그 다음으로 그 결과에 대한 집단간 차이의 확률과 그에 대한 검정통계량(표준오차와 신뢰수준)을 보여주게 된다. 분석결과는 준거집단인 20대(2)와 비교하였을 때 비만이 될 확률의 평균의 차이는 모든 비교되는 연령대에서 통계적 유의수준 0.05를 기준에서는 그 차이가 유의함을 보여주고 있다.

contrast r.age

```
Contrasts of marginal linear predictions

Margins      : asbalanced

-------------------------------------------
             |         df        chi2     P>chi2
-------------+-----------------------------
         age |
    (3 vs 2) |          1        4.14     0.0420
    (4 vs 2) |          1       11.59     0.0007
    (5 vs 2) |          1       13.68     0.0002
       Joint |          3       16.10     0.0011
-------------------------------------------

--------------------------------------------------------------
             |   Contrast   Std. Err.     [95% Conf. Interval]
-------------+------------------------------------------------
         age |
    (3 vs 2) |   1.026081   .5045493      .0371823    2.014979
    (4 vs 2) |   1.639387   .4815909      .6954867    2.583288
    (5 vs 2) |   1.802921   .4874134      .8476078    2.758233
--------------------------------------------------------------
```

준거집단을 연구자가 임의로 선택하고자 할 때는 'rb?'를 접두어로 활용하면 된다. 여기에서는 준거집단을 30대 연령그룹(?=3)으로 하고, 나머지 연령대와의 평균의 비교를 검증하여 보면 다음과 같다. 추가적인 옵션으로는 'noeffects'를 삽입하였다. 이것은 준거집단간의 선택확률의 회귀계수에 이에 대한 검증통계량을 보이지 말라는 것을 말한다. 분석결과는 20대와 30대(2 vs 3), 50대와 30대(5 vs 3)는 통계적으로 유의하게 차이가 있고, 30대와 40대(4 vs 3)는 통계적으로 유의하지 않음을 보여주고 있다.

contrast rb3.age, noeffects

```
Contrasts of marginal linear predictions

Margins      : asbalanced
```

	df	chi2	P>chi2
age			
(2 vs 3)	1	4.14	0.0420
(4 vs 3)	1	2.37	0.1237
(5 vs 3)	1	3.67	0.0553
Joint	3	16.10	0.0011

준거집단을 설정하지 않고 인접하고 있는 집단간의 평균의 차이를 파악하고자 할 때에는 'a' 또는 'ar'의 접두어를 사용하면 된다. 전자는 오름차순으로 집단간 차이를 보고자 할 때, 후자는 역순 즉, 내림차순으로 정렬하여 인접한 집단간 차이를 파악하고자 할 때 사용된다. 여기서는 내림차순으로서의 인접한 집단간 차이를 살펴보면서, 옵션으로 'noeffects'를 주자. 분석결과는 인접한 집단간 비교에서 역순으로 비교하고 있음을 보여주고 있다. 30대와 20대(3 vs 2)의 집단간 비교는 유의하지만 나머지 집단간 비교는 통계적으로 유의하지 않음을 알 수 있다.

contrast ar.age, noeffects

```
Contrasts of marginal linear predictions

Margins      : asbalanced

-----------------------------------------------
             |         df        chi2     P>chi2
-------------+---------------------------------
         age |
    (3 vs 2) |          1        4.14     0.0420
    (4 vs 3) |          1        2.37     0.1237
    (5 vs 4) |          1        0.20     0.6584
       Joint |          3       16.10     0.0011
-----------------------------------------------
```

'contrast' 명령어에서의 또 다른 흥미로운 특징은 이를 이용하여 독립변수의 함수형태를 진단할 수 있다는 점이다. 이 명령어에서는 선형(linear) 함수와 이차(quadratic) 함수, 그리고 세제곱(cubic) 함수의 형태들에 대한 통계적 검증을 수행하도록 되어 있다. 그 실행명령은 해당하는 독립변수명에 'p.'이라는 접두어를 삽입하면 된다. 분석결과는 선형(linear)을 제외하고는 통계적으로 유의하지 않음을 알 수 있다.

contrast p.age

```
Contrasts of marginal linear predictions

Margins      : asbalanced

------------------------------------------------
              |         df        chi2     P>chi2
--------------+---------------------------------
          age |
     (linear) |          1       15.69     0.0001
  (quadratic) |          1        1.90     0.1680
      (cubic) |          1        0.00     0.9770
        Joint |          3       16.10     0.0011
------------------------------------------------

--------------------------------------------------------------
              |   Contrast   Std. Err.     [95% Conf. Interval]
--------------+-----------------------------------------------
          age |
     (linear) |   .6732877    .169982      .3401292    1.006446
  (quadratic) |  -.2156369   .1563944     -.5221643    .0908904
      (cubic) |  -.0041367   .1436603     -.2857057    .2774323
--------------------------------------------------------------
```

로짓모형에서 명목척도를 가진 독립변수의 집단 또는 수준의 분류가 바람직한지를 검증하는 방법은 'contrast' 명령어 이외에 wald 검정(wald test)으로도 가능하다. 이 검증은 회귀모형 실행 후에 'test'라는 명령어를 활용하면 된다. 예를 들어 남자와 여자로 대별된 성(gender)의 집단간 비교가 유의한지를 파악하기 위하여서는 test 명령어 뒤에 '1.gender 2.gender' 또는 '1.gender=2.gender'를 입력하여 실행하면 된다. 이것은 gender라는 독립변수의 남성(1)과 여성(2)의 parameters들이 동일한 지에 대한 귀무가설을 검증하는 것이다. 앞서 수행한 로지스틱 회귀분석을 보여지지 않고 실행하도록 한 후 이를 검증하여 보자. 실행결과는 두 집단간 수준이 동일하다라는 귀무가설(H0)을 p-값이 0.0000의 값을 보였기 때문에 기각하고, 남성과 여성의 특성값이 차이가 있다고 진단할 수 있다.

```
quietly:logit obese walktime i.gender i.age
test 1.gender 2.gender
```

```
( 1)   [obese]1b.gender = 0
( 2)   [obese]2.gender = 0
       Constraint 1 dropped

           chi2(  1) =   19.43
         Prob > chi2 =    0.0000
```

우도비 검정(log-likelihood ratio test)은 두 개의 모형의 적합도를 비교하는 통계적 검정방법이다. 예를 들어, 앞서의 기존의 모형에서 하나 이상의 새로운 독립변수가 추가되는 경우, 어떠한 모형이 보다 적합한가를 검증하게 할 수 있다. stata에서는 'lrtest' 명령어를 활용할 수 있다. 그런데 두 개의 모형이 비교되어야 하므로, 앞서 실행하였던 모형과 새로운 변수, 여기에서는 가구의 자동차 소유대수(carown)가 추가된 새로운 모형을 추가하여 실행하여 보자.

새로인 추가되는 자동차 소유대수(carown)라는 변수는 명목척도이면서 결측치(missing value)가 4개가 있음을 알 수 있다. 두 개의 모형의 비교는 동일한 관측치와 종속변수에 대하여 실행될 수 있으므로, 결측치(carown==.)를 제거(drop)한 후 실행하여 비교하여 보자.

```
tab carown, miss
drop if carown==.
```

```
     가구의 |
차량소유대? |
          ? |      Freq.     Percent        Cum.
------------+-----------------------------------
       없음 |         70       14.58       14.58
        1대 |        375       78.13       92.71
   2대이상 |         31        6.46       99.17
          . |          4        0.83      100.00
------------+-----------------------------------
      Total |        480      100.00

. drop if carown==.
(4 observations deleted)
```

먼저 차량소유대수(carown)가 포함되지 않은 기존 모형을 결과창에 보이지 말고 수행한 후, 그 결과를 'm1'이라는 이름으로 'estimates store'라를 명령문으로 실행하여 저장하자. 그리고 차량소유대수(carown)가 추가로 포함된 새로운 모형을 실행하여 보자. 추가된 변수가 명목변수로 처리하기 위하여 'i.'라는 접두어를 추가하여 실행하였다. 그 결과를 보면, 차량소유대수(carown)가 없는 사람에 비하여 1대 또는 2대 이상 소유한 가구의 사람에 비하여 비만이 될 확률에서의 차이가 없는 것으로 통계적 유의성을 볼 때 확인할 수 있다. 즉, 차량소유에 대한 두 더미변수(1대와 2대)의 p-값이 0.669와 0.260으로 유의수준 0.05보다 크다. 이 실행결과를 'm2'라는 이름으로 저장하도록 하자.

```
quietly: logit obese walktime i.gender i.age
estimates store m1
logit obese walktime i.gender i.age i.carown
estimates store m2
```

```
Logistic regression                               Number of obs   =        476
                                                  LR chi2(7)      =      46.15
                                                  Prob > chi2     =     0.0000
Log likelihood = -155.29347                       Pseudo R2       =     0.1294

------------------------------------------------------------------------------
       obese |      Coef.   Std. Err.      z    P>|z|     [95% Conf. Interval]
-------------+----------------------------------------------------------------
    walktime |   .0110012   .0048225     2.28   0.023     .0015492    .0204532
    2.gender |  -1.476648   .3321365    -4.45   0.000    -2.127624   -.8256729
             |
         age |
          3  |   .9793607   .5046549     1.94   0.052    -.0097448    1.968466
          4  |    1.61147   .4813915     3.35   0.001       .66796     2.55498
          5  |   1.774746   .4871895     3.64   0.000     .8198724     2.72962
             |
      carown |
          1  |  -.1679078   .3922706    -0.43   0.669     -.936744    .6009285
          2  |   -.939702   .8338224    -1.13   0.260    -2.573964    .6945598
             |
       _cons |  -3.035323   .6570582    -4.62   0.000    -4.323134   -1.747513
------------------------------------------------------------------------------
```

기존의 모형('m1')과 새로이 추가된 독립변수가 있는 모형('m2')의 적합도를 비교하기 위하여 우도비검정(lrtest)를 실행하여 보자. 두 개의 모형에 대한 실행결과를 저장한 'm1'과 'm2'를 'lrtest' 명령어 뒤에 입력하여 실행하면 된다.

```
lrtest m1 m2
```

```
Likelihood-ratio test                                 LR chi2(2)  =      1.49
(Assumption: m1 nested in m2)                         Prob > chi2 =    0.4752
```

실행결과는 카이스퀘어 검증통계량이며, p-값이 0.4752이다. 이것은 기존의 모형(m1)이 새로이 추가한 독립변수를 포함한 모형(m2)에 내포되어(nested) 있다는 귀무가설을 기각하지 못하게 됨을 의미한다. 즉, 가구당 차량소유대수(carown)의 더미변수들에 대한 회귀계수 모두가 0이라는 귀무가설을 기각하지 못한다는 것이다. 결과적으로 이 모형은 기존의 모형(m1)에 내포되어 있으므로, 새로운 모형(m2)은 기존 모형(m1)과 다르지 않다라고 볼 수 있다.

추정된 회귀계수의 해석을 용이하게 하기 위하여 Stata는 다양하게 변화된 회귀계수를 보여준다. 이는 회귀모형의 수행 이후에 'listcoef'라는 명령어를 실행함으로써 가능하다. 먼저 앞서의 기존 모형을 수행한 후에 'listcoef'라는 명령어를 실행하여 보자.

```
quietly: logit obese walktime i.gender i.age
listcoef
```

```
logit (N=476): Factor Change in Odds

  Odds of: 1 vs 0
```

obese	b	z	P>|z|	e^b	e^bStdX	SDofX
walktime	0.01178	2.506	0.012	1.0119	1.3737	26.9455
2.gender	-1.45416	-4.394	0.000	0.2336	0.4831	0.5004
3.age	1.01254	2.006	0.045	2.7526	1.5548	0.4359
4.age	1.62500	3.372	0.001	5.0784	2.0421	0.4394
5.age	1.79209	3.675	0.000	6.0020	2.0483	0.4001

실행결과는 총 476개의 관측치(N)에 대하여 다양한 회귀계수와 검증통계량(z-value와 p-value)를 보여주고 있다. 그리고 'listcoef' 뒤에 어떠한 변수명도 입력하지 않고 실행하였기 때문에 모형에 포함된 모든 독립변수들에 대하여 그 결과를 보여주고 있다. 맨 첫째 열(b)은 회귀계수(coefficient)를, 두 번째 열(z)은 z-값을, 세 번째 열(P>|z|)은 p-값을 보여주고 있다. 그리고 네 번째 열(e^b)은 회귀계수를 지수화한 값 즉, 승산비(odds ratio)를 보여주고 있다. 다섯 번째 열(e^bStdX)은 독립변수들 각각의 표준변차 변화값을 보여주고 있다. 앞서의 회귀계수와 승산비는 모두 독립변수의 단위 변화를 의미함에 비하여 이 값은 독립변수를 표준화한(standardized) 후의 단위변화를 의미한다. 이 표준편차 변화의 해석을 예로 들면, 다른 모든 독립변수들의 수준이 평균 즉, 통제된 상태에서의 하루평균 보행시간(walktime)의 표준편차 한 단위의 증가는 비만이 될 확률을 1.3737만큼 증가시킨다라는 의미이다. 여섯번 째 열(SDofX)은 독립변수 각각의 표준편차를 보여 준다.

로지스틱 회귀모형의 적합도(measure of fit)를 측정할 수 있는 다양한 통계량을 Stata는 별도로 제공하고 있다. 회귀분석을 실행한 후에 'fitstat'

라는 명령어를 실행하면 된다. 선형회귀모형과 달리 로지스틱 회귀모형에서 적합도 측정을 위한 다양한 통계량을 제시하는 것은 선형회귀모형에서는 결정계수 R2만으로도 충분하지만 범주형 회귀모형은 적합도를 측정할 수 있는 절대적인 통계량은 없다고 할 수 있다. 이러한 점에서 Stata는 지금까지 제안되어 온 다양한 적합도 통계량을 제시함으로써 서로 다른 모형과 비교하여 상대적으로 보다 적합한 모형을 최종모형으로 선택할 수 있도록 하기 위함이다.

앞서의 로지스틱 회귀모형을 실행한 후에 'fitstat'라는 명령어를 실행하여 보자. 그리고 그 실행결과를 저장하기 위하여 'm1'이라는 옵션을 주어 보자. 그 실행결과는 다음과 같다.

```
quietly: logit obese walktime i.gender i.age
fitstat
```

```
Measures of Fit for logit of obese

Log-Lik Intercept Only:       -178.367   Log-Lik Full Model:           -156.037
D(468):                        312.075   LR(5):                          44.660
                                         Prob > LR:                       0.000
McFadden's R2:                   0.125   McFadden's Adj R2:               0.080
ML (Cox-Snell) R2:               0.090   Cragg-Uhler(Nagelkerke) R2:      0.170
McKelvey & Zavoina's R2:         0.249   Efron's R2:                      0.098
Variance of y*:                  4.382   Variance of error:               3.290
Count R2:                        0.876   Adj Count R2:                    0.000
AIC:                             0.689   AIC*n:                         328.075
BIC:                         -2573.341   BIC':                          -13.833
BIC used by Stata:             349.067   AIC used by Stata:             324.075
```

실행결과를 보면, 매우 많은 모형의 적합도에 대한 결과를 보여주고 있다. 이들 검증통계량이 대부분은 여러 보형들과 상호 비교할 때 사용되는 것이 바람직하다. 그리고 모형의 적합도들에 대한 정의를 간단하게 요약하면 다음과 같다.

표 11.3 모형 적합도 지표들과 설명

<table>
<tr><th>모형 적합도 통계량</th><th>설명</th></tr>
<tr><td>Model:</td><td>분석에 사용된 회귀모형</td></tr>
<tr><td>N:</td><td>관측치수</td></tr>
<tr><td>Log-Lik Intercept Only</td><td>상수항만 포함된 모형의 우도(log-likelihood)</td></tr>
<tr><td>Log-Lik Full Model</td><td>최종모형(분석한)의 우도</td></tr>
<tr><td>D</td><td>편차(deviance)=(N-독립변수의 수)의 자유도에서 각 관측치 당 회귀계수(parameter)를 하나씩 가지는 모형과의 비교</td></tr>
<tr><td>LR</td><td>우도비(Log-likelihood ratio)
[=$LR = 2\ln L(M_{full}) - 2\ln L(M_{intercept})$]</td></tr>
<tr><td>Prob > LR</td><td>우도비 검정(lrtest)의 p-값</td></tr>
<tr><td>McFadden's R2</td><td>우도비 지수(likelihood-ratio index)라고도 불리우며, 상수항 모델과 최종모형과의 우도비 비교 지수
[$R^2_{McF} = 1 - \frac{\ln\hat{L}(M_{full})}{\ln\hat{L}(M_{intercept})}$]</td></tr>
<tr><td>McFadden's Adj R2</td><td>수정된(adjusted) R^2_{McF}, R^2_{McF}는 새로운 변수가 증가함에 따라 그 값이 증가하므로, 이에 대한 수정이 필요</td></tr>
<tr><td>ML (Cox-Snell) R2</td><td>최우(maximum likelihood) R^2, Madala에 의하여 제안, 이것은 Cox-Snell R^2로도 알려져 있음</td></tr>
<tr><td>Cragg-Uhler(Nagelkerke)</td><td>ML R2의 한계점을 보완하기 위하여 정규화한 지표</td></tr>
<tr><td>McKelvey & Zavoina's R2</td><td>이항모형 뿐만 아니라 순서형과 토빗모형 등에도 적용가능</td></tr>
<tr><td>Efron's R2</td><td>이항로지스틱에 사용됨</td></tr>
<tr><td>Variance of y*</td><td>잠재변수 y*의 변이</td></tr>
<tr><td>Variance of error</td><td>오차항의 변이</td></tr>
<tr><td>Count R2</td><td rowspan="2">정분류율(=관측치와 비교하여 정확하게 예측된 값의 확률 또는 비율과 수정된 비율)</td></tr>
<tr><td>Adj Count R2</td></tr>
<tr><td>AIC</td><td rowspan="4">서로 다른 회귀모형의 적합도를 비교 및 평가하기 위하여 제공되는 척도로 Akaike(1973)가 제안한 정보기준(AIC, Akaike' Information Criteron)과 Raftery(1996)이 제안한 정보기준(BIC, Baysian Information Criterion). 표본크기가 다를 경우 AIC*n이 사용됨. BIC는 편차(Deviance)를, BIC'는 우도비를 활용.</td></tr>
<tr><td>AIC*n</td></tr>
<tr><td>BIC</td></tr>
<tr><td>BIC'</td></tr>
</table>

모형 적합도 통계량은 한 개의 모형에 대한 적합성을 판단하는데 있어서도 유용하지만 두 개의 모형을 상호 비교하여 어떠한 모형이 보다 적합한 지를 판단하는데 더욱 유용하다. 그러므로 여기에서는 앞서 가구당 차량소유대수(i.carown)를 추가하여 분석한 모형과 그 독립변수가 추가되지 않은 모형에 대하여 적합도 통계량을 비교하여 보자. 이를 위하여서는 새로이 추가된 모형을 결과창에 보여주지 않고 수행하도록 한 후, 'fitstat'를 수행하도록 하면 된다. 옵션으로는 앞서의 모형의 적합도를 저장한 'm'을 이용하여 비교할 수 있도록 'using(m1)'을 입력하여 실행하여 보자.

```
quietly: logit obese walktime i.gender i.age
i.carown
fitstat, using(m1)
```

```
Measures of Fit for logit of obese

                                  Current          Saved       Difference
Model:                              logit          logit
N:                                    476            476                0
Log-Lik Intercept Only           -178.367       -178.367            0.000
Log-Lik Full Model               -155.293       -156.037            0.744
D                             310.587(465)   312.075(468)        1.488(3)
LR                               46.148(7)      44.660(5)        1.488(2)
Prob > LR                           0.000          0.000            0.475
McFadden's R2                       0.129          0.125            0.004
McFadden's Adj R2                   0.068          0.080           -0.013
ML (Cox-Snell) R2                   0.092          0.090            0.003
Cragg-Uhler(Nagelkerke) R2          0.175          0.170            0.005
McKelvey & Zavoina's R2             0.256          0.249            0.007
Efron's R2                          0.098          0.098            0.000
Variance of y*                      4.422          4.382            0.040
Variance of error                   3.290          3.290            0.000
Count R2                            0.876          0.876            0.000
Adj Count R2                        0.000          0.000            0.000
AIC                                 0.699          0.689            0.009
AIC*n                             332.587        328.075            4.512
BIC                             -2556.332      -2573.341           17.008
BIC'                               -2.990        -13.833           10.843
BIC used by Stata                 359.910        349.067           10.843
AIC used by Stata                 326.587        324.075            2.512

Difference of   10.843 in BIC' provides very strong support for saved model.

Note: p-value for difference in LR is only valid if models are nested.
```

실행결과는 최근에 수행한 모형(current)의 적합도 통계량과 앞서 저장한 모형(saved)의 통계량, 그리고 이들 통계량 각각의 차이에 대한 값을 보여주고 있음을 알 수 있다. 유사한 두 모형과 비교할 때, 유사한 결정계수들은 McFadden's Adj. R2를 제외하고는 대부분 차량소유대수(i.carown)가 포함된 현재 모형(cnrrent)에서 더 크거나 같음을 알 수 있다. 이를 기준으로 한다면 현재모형의 적합도가 보다 좋음을 의미한다. 반면에 AIC와 BIC 값들은 차량소유대수(i.carown)이 포함되지 않은 이전 모형(saved)의 값이 보다 적음을 알 수 있다. 이들 값들은 다른 모형에 비하여 작으면 작을수록 모형의 적합도가 보다 우수함을 의미하기 때문에 이전 모형이 보다 우수하다라고 그 결과를 보여준다. 어떠한 모형이 비만이 될 확률을 보다 적합하게 설명하고 있는가는 연구자의 주관적 판단이 많이 좌우하지만, 일반적으로 AIC와 BIC의 값을 준거로 하여 평가하는 것이 바람직하다.

3. 모형의 예측과 추정그래프 작성

회귀모형을 실행한 후에 이상치의 발견 등은 중요한 작업이다. 또한 그러한 추가적인 분석과 더불어 분석결과의 해석을 위하여 종속변수의 예측치와 독립변수와의 관계를 도식화하여 보다 선명하게 작업하고, 이를 통하여 보다 쉽게 분석결과를 이해하려는 노력이 필요하다. 특히, 선형회귀모형과 달리 로지스틱 등 범주형 모형은 결과에 대한 해석이 상대적으로 어렵기 때문에 이 작업은 후자에서 더욱 용이하다. 이러한 점에서 선형회귀분석에서 보다는 범주형 모형에서 예측치를 산출하고, 이를 그래프로 작성하여 보다 쉽게 분석결과를 이해하고, 그 결과를 보여줄 수 있는 방법을 강구할 필요가 있다. 즉, 범주형 모형에서의 분석결과에 대한 이상치의 발견 등과 함께 분석결과의 이해를 돋우기 위하여 이 작업은 필요하다. 예측치를 산출하라는 명령어는 'predict'이다. 이 명령어를 활용하여 예측치, 예측의 표준오차(standard error), 예측치와 관측치의 차이값 등을 구할 수 있다. 이를 활용하여 그래프 작성을 실행하여 보자.

예측치와 실측치, 여기서는 관측치의 값과의 차이를 비교하여 볼 필요가 있다. 즉, 모형구축에서의 잠재적 문제점을 유발할 수 있는 관측치를 발견하고 이에 대한 원인과 처리방법을 강구하여야 한다. 이는 두가지 이유로 인하여 비롯된다. 첫째, 데이터의 입력오류가 있을 수 있으므로 이를 확인하여야 한다. 둘째, 영향력 있는 관측치들은 회귀모형의 추정결과를 심하게 편향시킬 수 있다. 물론 이러한 관측치들 그 자체가 연구의 대상이 될 수도 있다. 예측치가 실측치와 커다란 차이를 보이는 영향력 있는 관측치의 발견은 피어스 잔차(Pearson residuals)와 편이잔차(deviance residual)를 확인함으로써 가능하다. 피어슨 잔차는 관측된 값들과 예측된 값들의 빈도의 차이를 활용하여 산출하며, 편이잔차는 관측치와 예측치의 최댓값들의 일치여부로 판단한다. 다른 한편으로는 leverage는 예측치의 행렬의 대각선을 의미한다. 한편, leverage이들 세가지 통계량은 예측치와 관측치에 대한 이상치와 영향력 있는 관측치를 확인하는데 사용된다. 모든 이상치가 회귀모형의 계수에 영향을 주는 것이 아니기 때문에 이들 모두를 확인할 필요가 있다.

먼저 비만(obese)이 될 확률을 하루평균 보행시간(walktime), 성(gender), 그리고 연령대(age)에 대하여 로지스틱 회귀모형을 보이지 않고 실행하게 한 다음, 예측치를 산출하도록 하자. 이를 위하여서는 'predict'를 입력하고 난 바로 다음에 예측치에 대한 변수명, 여기서는 'pprob'을 입력하여 실행하여 보자. 그리고 이의 결과를 요약통계량을 보여주는 'summarize'를 통하여 확인하여 보자.

```
predict pprob
summarize obese
```

Variable	Obs	Mean	Std. Dev.	Min	Max
pprob	476	.1239496	.1044952	.010917	.4795389

실행결과는 예측확률(pprob)의 평균이 0.1239이며, 그 범위가 0.0109에서 0.4795에 있음을 알 수 있다. 이러한 예측확률의 빈도분포를 점도표(dot plot)를 활용하여 작성하여 보자. 이를 실행하기에 앞서 새로이 생성된 예측확률에 대한 변수(pprob)를 "Logit: Pr(obese)"로 명명하도록 label 명령어를 이용하여 작성하자. 이후 점도표를 작성하는 명령어인 'dotplot'에 보고자 하는 예측확률 변수명(pprob)을 입력하고, y-축선의 간격을 0에서 1까지 0.2의 간격으로 표시하도록 하는 옵션((0.0 (0.2) 1)을 주어보자. 실행결과를 보면 예측된 확률(pprob)의 빈도가 대부분 0에서 0.15사이에 위치하고 있어 편중되어 있음을 알 수 있다.

```
label var pprob "Logit: Pr(Obese)"
```

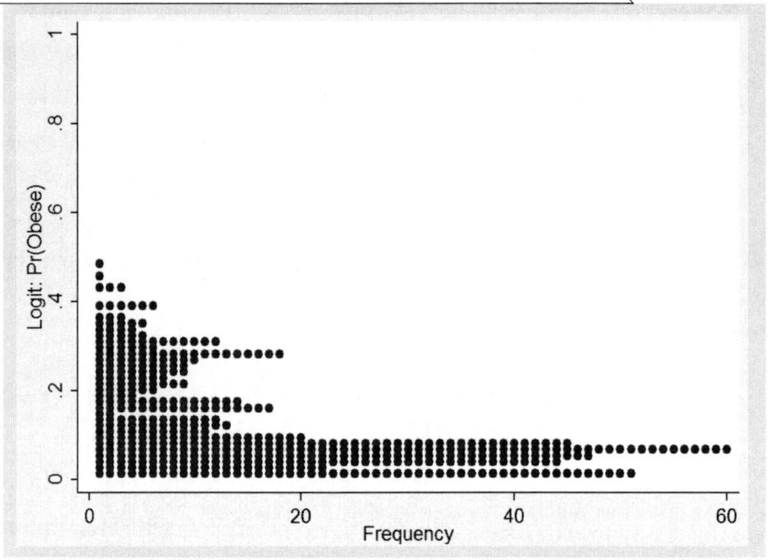

앞서 수행한 로지스틱 모형을 실행한 후에, predict 명령어를 활용하여 피어스 잔차(resid)옵션으로 입력하면서, 산출되는 잔차값을 'r'로 명명하여 실행하여 보자. 그리고 그 다음으로 leverage를 산출하기 위하여 옵션으로 'hat'을 입력하고, 그 이름을 'h'로 명명하여 실행하여 보자. 이후 그 값들에 대한 산점도를 작성하여 보자. 옵션으로는 x-축 즉, 피어슨 잔차(h)에 대하여 추가적인 기준선을 0으로 하고, 마커기호를 가운데가 빈 동그라미(Oh)로 표현되게 하자. 그 실행 명령문과 그 결과는 다음과 같다.

```
quietly: logit obese walktime i.gender i.age
predict r, resid
predict h, hat
scatter h r, xline(0) msym(Oh)
```

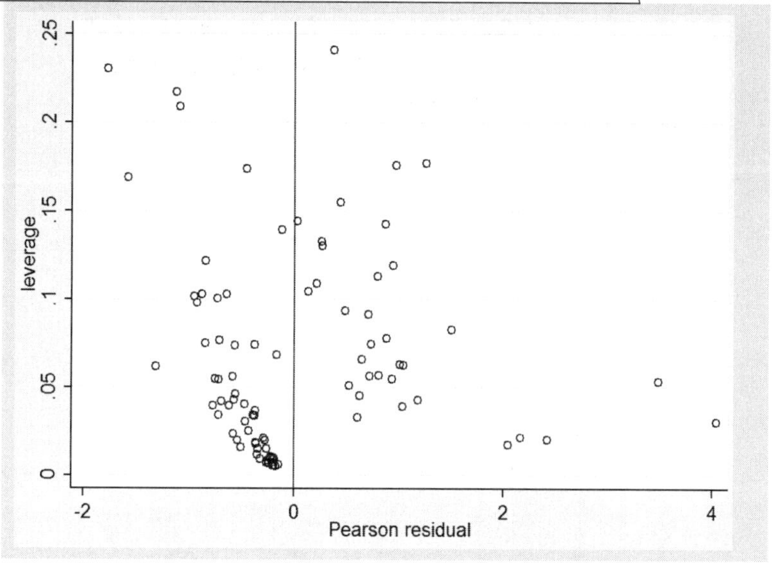

이상치로 의심하게 하는 관측치는 피어슨 잔차가 ±3 이상의 값을 가질 때이다. 분석결과에서는 몇 개의 관측치들이 발견되고 있으나, leverage의 값에서는 그 값이 크지 않다. 즉, 이상치로 볼 수 있으나 회귀계수에 커다란 영향을 줄 수 있는 것이 아님을 알 수 있다. 그리고 leverage는 0~0.25 사이에 있으며, 관측치의 최댓값들이 다른 관측치들에 비하여 그 거리 간격이 크지 않음을 알 수 있다. 즉, 몇몇 최댓값을 지니는 관측치들이 회귀계수의 편이(bias)를 발생시킬만큼 크지 않다라고 볼 수 있다.

한편, 영향력 있는 관측치에 대한 진단은 Pregibon(1981)이 제안한 통계량을 이용할 수도 있다. 이 통계량은 모든 관측치들을 한 개씩 제거하고 수행한 회귀계수의 변화를 측정하여 산출된다. 이것은 predict 명령어의 옵션으로 dbeta를 주어 산출할 수 있다. 이것은 회선형회귀모형에서의 Cook의 거리(Cook's distance)와 동일한 의미를 지닌다. 이를 실행하고, 그 결과를 살펴보자. 산점도 그래프의 옵션으로는 x-축과 y-축의 이름을 주고, 마커기호는 x를 주도록 하자. 실행결과를 살펴보면, 이들 관측치들의 값들 각각이 동떨어져 있지 않은 것으로 볼 수 있다. 즉, 회귀계수에 커다란 영향력을 미칠 만큼 높은 leverage 관측치들이 없다고 진단할 수 있다.

```
predict db, dbeta
scatter db id,  xtitle("Observation Number")
      ytitle("Cook's distance") msymbol(x)
mlabposition(0)
```

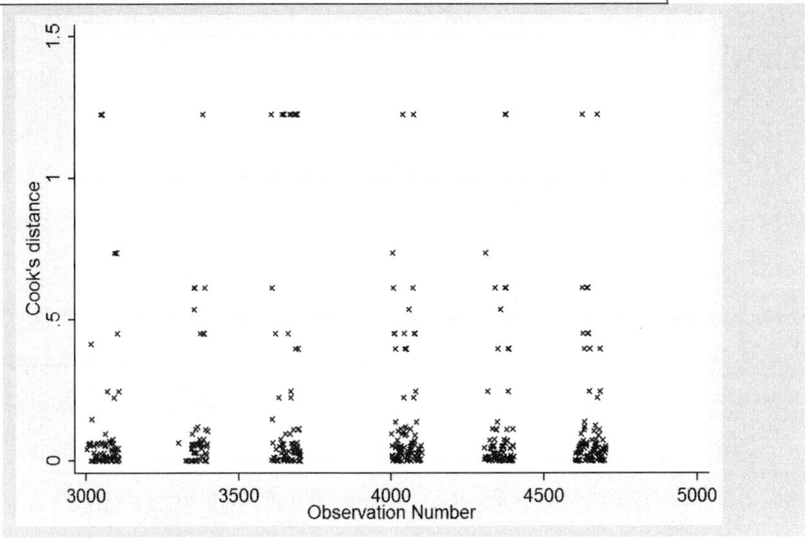

종속변수, 여기에서는 비만이 될 확률(Pr(obese)에 대하여 'prgen'의 명령어를 활용하여 특정한 독립변수의 예측치들을 다른 이외의 독립변수의 다른 조건이 똑같은 상태에서 산출할 수 있다. 다른 조건이 동일하는 것은 x(variables_and_values)와 rest(stat)의 옵션들을 사용하면 된다. 'prgen'은 독립변수가 연속 또는 명목인 것에 관계없이 특정한 독립변수의 값에 대하여 종속변수의 예측치와 신뢰구간(confidence intervals)을 산출하는 기능을 가지고 있다. 이 기능을 수행할 수 있는 명령문의 구조는 다음과 같다.

예를 들어, 여기에서는 하루평균 보행시간에 대한 비만이 될 확률 즉, 예측치들을 산출하여 보자. 이 기능은 반드시 회귀분석을 실행한 후에 수행될 수 있기 때문에 앞서의 로지스틱 회귀모형을 수행하여야 한다. 그리고 옵션으로는 연령대(age=2, 3, 4, 5)별로 각각 설정하고, 이외의 나머지 독립변수들은 평균을 지정하도록 하자. 연령대가 4개의 항목으로 구성되어 있으므로, 4번의 'prgen' 명령어 수행되어야 한다. 또한 하루평균 보행시간(walktime)의 최솟값과 최댓값이 0과 240분이므로, 구간(n)은 25개로 지정하여 보자. 그럴 경우 하루 평균 보행시간은 0에서 시작하여 240분까지 25개 구간이 생기므로 10분대 구간별로 예측값 즉, 비만이 될 확률(Pr(obese))이 생성된다. 또한 옵션으로 산출되는 예측값에 대한 변수명을 연령대별로 p20(age=2), p30(age=3), p40(age=4), p50(age=5)로 명명하도록 하자. 이러한 명명으로 실제 예측되는 값들은, 새로 생성한 변수명 되에 0과 1로 덧붙여져서 산출된다. 예를 들어, p201은 20대의 연령에서의 비만이 될 확률(obese=1)을, p200은 비만이 되지 않을 확률(obese=0)로 명명된다. 또한 25개 구간의 독립변수가 각각의 연령대별로 산출된다. 즉, p20x는 나머지 독립변수가 동일하고, 20대 연령에서의 지정한 구간값(x=0, 10, 20 ....., 240)을 생성하게 된다.

하나의 예로써 이를 다른 모든 독립변수들은 평균값으로 지정한 상태에서 20대 연령대에 대하여 하루평균 보행시간을 25개 구간으로 대별(p20x)하여 비만이 될 확률(p20p1)과 비만이 되지 않을 확률(p20p0)을 산출하여 보자. 그리고 새로이 생성된 변수들 중에서 비만이 될 확률 즉, 예측치(p20p1)에 대한 라벨을 "Age 20s"으로 명명하자.

```
quietly: logit obese walktime gender age
prgen walktime, generate(p20) x(age=2)
rest(mean) n(25)
label var p20p1 "Age 20s"
```

```
logit: Predicted values as walktime varies from 0 to 240.

     walktime     gender        age
x=  56.428571   1.512605          2
```

실행결과는 예측된 값들이 0에서 240으로 변동되고 있음을 보여주고 있으며, 이 때의 독립변수들의 지정된 값들은 하루평균 보행시간(walktime)은 56.43, 성(gender)은 1.51, 연령대(age)는 2로 되어 있음을 알 수 있다. 이를 실행한 후에 새로이 생성된 변수들의 값들을 browse라는 명령으로 확인하여 보자.

```
browse
```

p20x	p20p0	p20p1
0	.9757416	.0242584
10	.9729198	.0270803
20	.9697798	.0302201
30	.9662885	.0337115
40	.9624094	.0375905
50	.9581034	.0418966
60	.953328	.046672
70	.9480379	.0519622
80	.9421844	.0578156
90	.9357163	.0642837
100	.9285794	.0714206
110	.9207173	.0792827
120	.9120717	.0879283
130	.9025831	.0974169
140	.8921915	.1078085

'prgen'의 명령문의 실행으로 세 개의 변수가 새로이 생성되어 있음을 알 수 있다. p20x는 생성된 독립변수의 구간값을, p20p0는 비만이 되지 않을 확률, 그리고 p20p1은 비만이 될 확률을 의미한다. 이와 동일하게 나머지 연령대(age=3, 4, 5)에 대하여서도 실행하여보자. 그리고 이들을 활용하여 연령대별로 비만이 될 확률의 예측치(p20p1, p30p1, p40p1, p50p1)를 하루평균 25개의 구간별로 그래프를 작성하여 보자. 그래프 형태는 선 그래프 명령어 중에서 'graph twoway connected'를 적용하면 된다. x축 변수는 최후에 생성된 구간값(p50x)를 주고, 정렬(sort) 옵션을 주도록 하자. x축과 y축에 대한 제목(title)을 "Average walking time per day"와 "Probability of being obesity"로 각각 명명하여 보자. 실행결과를 살펴보면 보다 많은 연령대에 속할수록 비만이 될 확률이 높아지는 경향이 있으면서, 하루 평균 보행시간이 많아질수록 오히려 그 정도가 커짐을 알 수 있다.

```
prgen walktime, generate(p30) x(age=3)
rest(mean) n(25)
label var p30p1 "Age 30s"
prgen walktime, generate(p40) x(age=4)
rest(mean) n(25)
label var p40p1 "Age 40s"
prgen walktime, generate(p50) x(age=5)
rest(mean) n(25)
label var p50p1 "Age 50s"
graph twoway connected p20p1 p30p1 p40p1
p50p1 p50x,
            sort ytitle("Probaility of being
Obesity") xtitle("Average walking time per day")
```

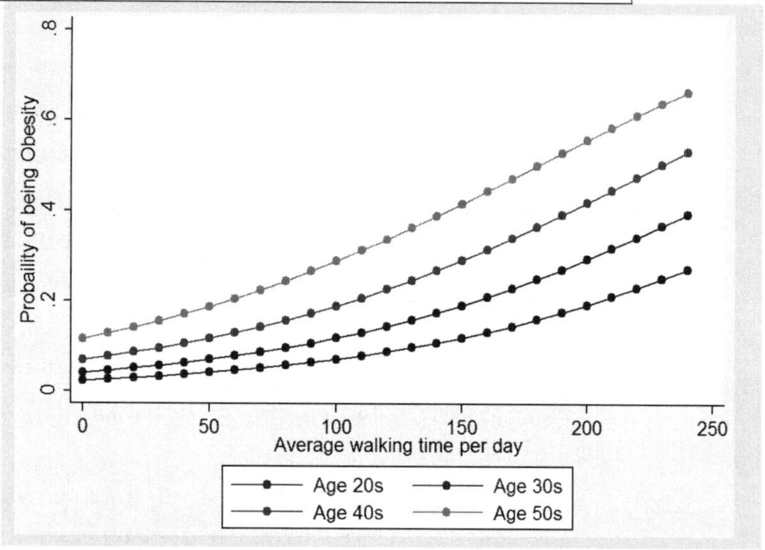

제3절
로지스틱 모형의 확장

1. 순위로지스틱 모형

순위형 로지스틱 모형은 종속변수의 척도가 연속(continuos)과 다항(multinomial)의 성격을 가지고 있지 않으면서, 그 숫자 자체가 서열(또는 순위)형으로 되어 있을 경우에 사용된다. 이러한 예는 리커트 척도로 조사설계가 이루어질 때 많이 사용된다. 예를 들어, 자신의 건강상태가 건강하다고 생각하는냐에 대한 질문과 함께 5점 척도(아주 동의[=1], 다소 동의[=2], 보통[=3], 다소 동의하지 않음[=4], 아주 동의하지 않음[=5])를 주거나, 자신의 체형에 대한 주관적 인식을 아주비만(=1), 다소 비만(=2), 보통(=3), 다소 마름(=4), 아주 마름(=5)으로 답하였을 경우가 이에 해당한다. 즉, 이들 값들의 간격은 일정하지 않지만 그 값들이 순위를 가지고 있다는 특징이 있다.

순위형 로지스틱 모형은 이항 로지스틱 모형과 유사하며, 명령어는 'ologit'이다. 종속변수가 1부터 n까지의 순위로 측정되었다고 가정하였을 때, 순위형 로지스틱 모형은 각각의 순위까지의 누적확률(cumulative probability)로 예측된다. 그리고 승산비로 분석결과를 보여주기 위하여서는 옵션인 'or'를 취하면 된다. 이 때는 로짓함수를 취해 주었기 때문에 누적확률의 승산비(odds ratio)로 해석된다. 나머지는 이항 로지스틱 모형과 거의 동일하다.

명령문	ologit depvar [indepvars] [if] [in] [weight] [, options]	
주요옵션	level(#)	신뢰수준 설정: 기본값은 level(95)임
	or	승산비(odds ratio)로 보여주기

순위형 로지스틱 모형에 대한 예를 들기 위하여, 주관적 체형에 대한 설문응답자의 판단을 5점 리커트 척도로 제시한 내용을 살펴보자. 여기에서 주관적 체형(obesity)은 1=아주 뚱뚱, 2=다소 뚱뚱, 3=보통, 4=다소 마름, 5=아주 마름의 항목 중 하나를 택하도록 하였다. 빈도분포표 작성 명령어 중의 하나인 'fre' 명령어를 활용하여 이들의 분포를 살펴보자. 이 명령어는 'tablulate'와 동일한 명령어이지만, 그 속성값을 함께 보여주고 있다는 점에서 보다 편리하다. 이 명령어는 stata에서 기본으로 내장되어 있는 명령어가 아니기 때문에 설치되어 있지 않다면 'ssc install' 명령문을 실행하여 다운받아 설치한 후 사용하여야 한다.

```
fre obesity
```

obesity — subjective body type

		Freq.	Percent	Valid	Cum.
Valid	1 아주 뚱뚱	41	6.73	6.82	6.82
	2 다소 뚱뚱	138	22.66	22.96	29.78
	3 보통	319	52.38	53.08	82.86
	4 다소 마름	87	14.29	14.48	97.34
	5 아주 마름	16	2.63	2.66	100.00
	Total	601	98.69	100.00	
Missing	.	8	1.31		
Total		609	100.00		

실행결과는 obesity가 자신의 주관적 체형(subjective body type)으로 설명되어 있으며, 총 609개의 관측치 중에서 8개가 결측치(missing)임을 보여주고 있다. 그리고 자신을 보통의 체형으로 인식하고 있는 경우(3 보통)가 전체의 52.98%로 가장 많고, 그 다음으로 다소 뚱뚱(=2)이 22.66%를 차지하고 있음을 알 수 있다.

자신의 주관적 체형에 대한 판단(obesity)에 대하여 앞서의 이항 로지스틱 모형 실행예제와 같이 하루평균 보행시간(walktime), 성(gender), 그리고 연령대(age)에 대하여 회귀분석을 실행하여 보자. 이를 실행하기 이전에 이들 변수들의 결측치를 파악하기 위하여 요약통계량을 알 있는 명령어, summarize를 실행하여 보자.

```
sum obesity walktime gender age
```

Variable	Obs	Mean	Std. Dev.	Min	Max
obesity	601	2.831947	.8524735	1	5
walktime	609	54.68637	31.73288	0	420
gender	608	1.526316	.4997181	1	2
age	608	3.347039	1.114362	2	5

실행결과를 보면, 주관적 체형(obesity)은 2.83의 평균을 가지며 601개를, 하루평균 보행시간은 평균 54.68분으로 609개의 관측치를, 성과 연령대는 608개의 유효한 관측치를 가지고 있음을 알 수 있다. 그러므로 결측치를 모두 제거한 상태와 앞서 살펴보았듯이, 하루평균 보행시간(walktime)의 최댓값이 7시간은 잘못 입력되어 있다는 판단에서 이를 제거하도록 'drop' 명령문을 실행하여 보자. 그리고 실행결과를 다시 summarize를 수행하여 확인하여 보자. 그 결과는 모형에 사용하게 될 모든 변수들이 600개의 관측치를 가지고 있으며, 최솟값과 최댓값을 비교하였을 때, 입력오류로 인한 이상치는 없는 것으로 판단할 수 있다.

```
drop if obesity==. | gender==. | age==. |
walktime==420
sum obesity walktime gender age
```

```
(9 observations deleted)
```

Variable	Obs	Mean	Std. Dev.	Min	Max
obesity	600	2.831667	.8531571	1	5
walktime	600	54.29	28.01066	0	240
gender	600	1.525	.4997913	1	2
age	600	3.345	1.117164	2	5

정제된 관측치를 대상으로 5개의 리커트 척도 즉, 순위로 측정된 주관적 체형(obesity)에 대하여 하루평균 보행시간(walktime), 성(gender), 연령대(age)에 대한 회귀분석을 실행하여 보자.

xi: ologit obesity walktime gender age

```
Iteration 0:   log likelihood = -740.71256
Iteration 1:   log likelihood = -725.37679
Iteration 2:   log likelihood = -725.25969
Iteration 3:   log likelihood = -725.25965

Ordered logistic regression                       Number of obs   =        600
                                                  LR chi2(3)      =      30.91
                                                  Prob > chi2     =     0.0000
Log likelihood = -725.25965                       Pseudo R2       =     0.0209
```

obesity	Coef.	Std. Err.	z	P>|z|	[95% Conf.	Interval]
walktime	-.0066333	.0029522	-2.25	0.025	-.0124195	-.0008471
gender	.1000387	.1575428	0.63	0.525	-.2087395	.408817
age	-.370704	.0717447	-5.17	0.000	-.511321	-.230087
/cut1	-4.13797	.4240869			-4.969165	-3.306775
/cut2	-2.330772	.3938404			-3.102685	-1.558859
/cut3	.1898216	.381045			-.5570128	.936656
/cut4	2.235513	.4411629			1.37085	3.100177

순위형 로지스틱의 분석결과를 보면, 3번의 반복 끝에 이 회귀모형이 근사적으로 수렴되었음을 보여주고 있다. 그리고 Pseudo R2의 값은 0.0209이다. 회귀계수(coef.)를 보면, 하루평균 보행시간(walktime)이 많을수록 주관적 체형(obesity)은 마른 체형으로 판단하는 경향을 보이고 있으며, 유의수준 0.05에서 통계적으로 유의하다. 성별은 통계적으로 유의하지 않으나, 나이가 많아질수록 자신의 체형을 마르다고 판단하는 경향이 있음을 알 수 있으며, 이는 통계적으로도 유의하다.

순위형 로지스틱 모형은 순위에 따라 절편만 다르고 기울기는 모두 같다는 평행회귀(parallel regression) 가정을 하게 된다. 이러한 평행회귀 가정에 대한 검정을 수행할 필요가 있다. Stata에서는 근사적 우도비 검정(approximate log-likelihood ratio test)과 평행회귀 카이제곱 검정을 실행하여 이를 진단할 필요가 있다. 전자는 모든 독립변수들에 대하여 회귀계수(coefficents)가 순위간에 동일하다라는 귀무가설에 대한 검정을 수행한다. 즉, 모들 변수들에 대한 회귀계수가 동시에 동일함을 검정하게 된다. 이러한 경우 독립변수들 중에서 어떠한 변수들이 동일한가에 대한 진단을 하지 못한다. 후자는 Brant(1990)에 의한 Wald 검정으로 각각의 변수들에 대한 평행회귀 가정에 대하여 검증이 가능하다.

먼저, 근사적 LR 검정을 실행하기 위해서는 omodel 명령어를 실행하면 된다. 나머지는 ologit 실행 명령문과 동일하다.

```
xi: omodel logit obesity walktime gender age
```

```
Approximate likelihood-ratio test of proportionality of odds
across response categories:
         chi2(9) =       3.88
       Prob > chi2 =     0.9189
```

실행결과는 보면, 순위형 항목간 승산확률의 동일성에 대한 근사적 우도비 검정 결과의 p-값이 0.9189로 모든 독립변수들의 항목간 회귀계수가 동일하다라는 귀무가설을 기각하지 못함을 보여주고 있다.

평행회귀 가정에 대한 스커오 파이제곱 검정은 stata에서는 brant라는 명령어로 실행된다. 옵션으로 detail을 주어보자. 이 검정은 회귀모형의 실행 후에 이루어지게 된다.

```
xi: quietly: ologit obesity walktime gender age
brant, detail
```

```
Estimated coefficients from j-1 binary regressions

                y>1          y>2          y>3          y>4
walktime  -.01171221   -.00604164   -.00471571   -.00832193
  gender   .10000543    .18696512   -.04137861   -.03788059
     age  -.55192398   -.37524807   -.32719316   -.43594051
   _cons   5.1375952    2.1913787    -.2069408   -1.7527087

Brant Test of Parallel Regression Assumption

    Variable |      chi2    p>chi2    df
-------------+--------------------------
         All |      4.14     0.902     9
-------------+--------------------------
    walktime |      1.77     0.622     3
      gender |      0.90     0.825     3
         age |      1.92     0.589     3
----------------------------------------

A significant test statistic provides evidence that the parallel
regression assumption has been violated.
```

실행결과를 보면 종속변수의 순위항목(j-1)에 대한 독립변수들의 확률을 보여주고 있다. 그리고 모든 독립변수들에 대한 회귀계수의 동일성에 대한 검정결과와 각각의 독립변수에 대한 결과를 함께 보여주고 있다. 그 결과는 모든 독립변수들에 대한 총괄적인 검정에서 그 가정이 위배되었다, 즉 회귀계수의 기울기가 동일하다는 귀무가설을 기각하지 못함을 알 수 있다. 또한 각각의 독립변수에 대하여서도 그것이 또한 적용됨을 보여주고 있다.

이항 로지스틱 모형 분석과 마찬가지로 각각의 독립변수에 대한 회귀계수가 0이다라는 Wald 검정(test), 한계변화의 추정(listcoef), 한계효과(mfx), 그리고 다양한 모형적합도 통계량 추정(fitstat)을 순위형 로지스틱 모형에서도 수행할 수 있다. 물론 이들의 수행은 순위형 로지스틱 회귀모형의 실행 이후에 가능하다.

먼저, 모형에 포함된 독립변수의 회귀계수가 0과 같다라는 검정을 위하여 'test' 명령어를 실행하면 된다. 여기에서는 연령대(age)에 대하여 실행하여 보자. 실행결과는 주관적 체형(obesity)에 대하여 연령대(age)의 회귀계수가 0이다라는 귀무가설이 통계적 유의수준 0.05 이하보다 적기 때문에 이를 기각하게 하여 준다. 즉, 연령대의 차이는 개인의 주관적 체형의 판단에 영향을 주며, 이는 통계적으로 유의하다고 진단할 수 있다.

```
xi: quietly: ologit obesity walktime gender age, or
test age
```

```
( 1)   [obesity]age = 0

          chi2(  1) =    26.70
        Prob > chi2 =     0.0000
```

이항 로지스틱 모형과 마찬가지로 순위형 로지스틱 모형은 비선형 관계를 가정하고 있기 때문에 분석결과의 이해가 회귀계수만으로 충분하지 않다. 그러므로 연구자는 분석결과를 충분한 이해도를 높이기 위해서 승산에서의 요인변화를 회귀계수(b)와 지수화한 계수(e^b), 그리고 변수 x에 대한 표준화값을 이용한 지수화한 계수(e^bStdX)를 참고하여, 연구자에게 보다 해석이 유리한 독립변수의 함수관계를 고려할 필요가 있다. 이것은 listcoef라는 명령어를 통하여 실행된다.

listcoef, help

```
ologit (N=600): Factor Change in Odds

  Odds of: >m vs <=m

-------------------------------------------------------------------------------
     obesity |        b         z     P>|z|     e^b    e^bStdX      SDofX
-------------+-----------------------------------------------------------------
    walktime |  -0.00663   -2.247   0.025   0.9934   0.8304     28.0107
      gender |   0.10004    0.635   0.525   1.1052   1.0513      0.4998
         age |  -0.37070   -5.167   0.000   0.6902   0.6609      1.1172
-------------------------------------------------------------------------------
       b = raw coefficient
       z = z-score for test of b=0
   P>|z| = p-value for z-test
     e^b = exp(b) = factor change in odds for unit increase in X
 e^bStdX = exp(b*SD of X) = change in odds for SD increase in X
   SDofX = standard deviation of X
```

회귀모형의 실행 이후에 'mfx'라는 명령어를 이용하여 한계효과(marginal effects), 탄력성(elasticities), 그리고 표준오차를 보여주게 된다. mfx에 대한 옵션을 선택함으로써 이들의 값을 산출할 수 있게 된다. 기본값으로는 한계효과(dydx=dy/dx)를 제공하여 주고 있다. eyex 옵션은 ln(dy)/ln(dx)로 표현되는 탄력성을 각각의 독립변수에 대하여 제공하여 준다. 또 다른 표현으로는 dyex와 eydx가 있으며, 이들도 탄력성을 보여준다. 이들 탄력성 값은 독립변수와 종속변수가 어떠한 함수형태로 되어 있는냐에 따라 적절한 탄력성 함수를 채택하여 설명하면 된다.

여기에서는 한계효과(marginal effects)를 보여주는 명령어를 수행하였다. 그 결과를 보면, x의 한 단위 변화에 대한 y의 한계효과(dy/dx)를 보여주고 있다. 두 번째열은 표준오차(std. err.), 세 번째 열은 회귀계수가 0이라는 귀무가설에 대한 z-값 통계량, 네 번째열은 p-값, 그리고 나머지 두 개의 이어지는 열은 95% 신뢰구간의 값을 보여주고 있다.

mfx

```
Marginal effects after ologit
      y  = Pr(obesity==1) (predict)
         =  .06354209
```

variable	dy/dx	Std. Err.	z	P>|z|	[95% C.I.]		X
walktime	.0003947	.00018	2.18	0.030	.000039	.00075	54.29
gender	-.0059528	.0094	-0.63	0.526	-.024368	.012462	1.525
age	.0220586	.00499	4.42	0.000	.012282	.031835	3.345

순위형 로지스틱 모형의 실행 이후에 그 모형의 다양한 적합도 통계량을 이항 로지스틱 모형과 마찬가지로 보여주고 있다. 실행명령어는 'fitstat'로 동일하다. 모형통계량에 대한 설명은 이항로지스틱에서의 설명을 참조하면 된다.

fitstat

```
Measures of Fit for ologit of obesity

Log-Lik Intercept Only:        -740.713   Log-Lik Full Model:             -725.260
D(593):                        1450.519   LR(3):                            30.906
                                          Prob > LR:                         0.000
McFadden's R2:                    0.021   McFadden's Adj R2:                 0.011
ML (Cox-Snell) R2:                0.050   Cragg-Uhler(Nagelkerke) R2:        0.055
McKelvey & Zavoina's R2:          0.055
Variance of y*:                   3.483   Variance of error:                 3.290
Count R2:                         0.530   Adj Count R2:                      0.000
AIC:                              2.441   AIC*n:                          1464.519
BIC:                          -2342.860   BIC':                            -11.715
BIC used by Stata:             1495.298   AIC used by Stata:              1464.519
```

이항 로지스틱 모형에서와 마찬가지로 예측치의 확률분포표(prtab), 예측된 확률의 특정값(prvalue), 예측확률의 변화(prchange), 예측확률의 그래프(prgen) 등을 활용하여 분석결과의 이해도를 높일 수 있다.

먼저 예측치의 확률분포(prtab)를 살펴보자. 여기에서는 성별(gender)과 연령대별(age)별로 주관적 체형(body type)의 각각의 순위에 대한 예측확률을 산출할 수 있도록 prtab을 이용하여 실행하여 보자. 실행결과를 보면, 자신의 체형이 아주 뚱뚱(obesity=1)할 확률은 나이가 많아질수록 증가하고, 여자보다는 남자가 그러하다고 예측될 확률이 보다 높음을 알 수 있다. 그러나 자신의 체형이 아주 마르다(obesity=5)고 판단될 확률은 정 반대의 결과를 보이고 있음을 prtab을 통하여 알 수 있다.

```
xi: quietly: ologit obesity walktime gender age
prtab age gender
```

```
ologit: Predicted probabilities for obesity

Predicted probability of outcome 1 (아주_뚱뚱)

----------------------------
Age(20-59 |      Gender
)         |   male  female
----------+-----------------
      20s | 0.0416  0.0378
      30s | 0.0592  0.0539
      40s | 0.0835  0.0762
      50s | 0.1167  0.1067
----------------------------

Predicted probability of outcome 2 (다소_뚱뚱)

----------------------------
Age(20-59 |      Gender
)         |   male  female
----------+-----------------
      20s | 0.1677  0.1554
      30s | 0.2180  0.2037
              :
              :
      50s | 0.0781  0.0854
----------------------------

Predicted probability of outcome 5 (아주_마름)

----------------------------
Age(20-59 |      Gender
)         |   male  female
----------+-----------------
      20s | 0.0378  0.0416
      30s | 0.0264  0.0291
      40s | 0.0184  0.0203
      50s | 0.0128  0.0141
----------------------------

    walktime    gender       age
x=     54.29     1.525     3.345
```

예측된 확률의 한계변화를 살펴보기 위하여서는 prchange명령어를 활용할 수 있다. 여기에서는 하루평균 보행시간(walktime)의 10단위 변화(delta(10)에 대한 자신의 주관적 체형(obesity)에 대한 확률의 변화를 살펴보기로 하자. 여기에서는 성에 대하여서는 여자(gender=2)만을 대상으로 하면서 나머지 독립변수들은 평균으로 고정한 상태에서의 변화를 살펴보고자 하는 옵션을 선택하였다.

prchange walktime, x(gender=2) rest(mean) delta(10)

```
ologit: Changes in Probabilities for obesity

(Note: d = 10)

walktime
           Avg|Chg|     아주_뚱?     다소_뚱?       보통      다소_마?     아주_마?
Min->Max   .14360524   .13833681   .22067632   -.1889483  -.14127575  -.02878903
   -+d/2   .0053811    .00378669   .00966607   -.0041191  -.00767297  -.00166068
  -+sd/2   .01506872   .01061552   .02705631  -.01152253  -.02149263  -.00465663
MargEfct   .00053813   .00037862   .00096671  -.00041199   -.0007673  -.00016604

          아주_뚱?    다소_뚱?       보통     다소_마?    아주_마?
Pr(y|x)  .06077249  .22200561  .54781985  .14371043  .02569163

       walktime    gender       age
   x=     54.29         2     3.345
sd_x=   28.0107   .499791   1.11716
```

실행결과를 보면, 여성이면서 나머지는 평균으로 고정된 상태에서의 하루평균 보행시간(walktime)에 대한 한계변화값들을 평균(Avg|Chg|)와 각각의 순위값들에 대하여 보여주고 있다. 첫 번째 행은 최솟값에서 최댓값으로 변화(Min->Max)되었을 때의 한계변화를 보여주고 있다. 그리고 두 번째 행은 ±5(=10/2)의 한계변화를, 세 번째 행은 표준편차의 한계변화를, 그리고 마지막 행에서는 한계효과의 변화를 보여주고 있다. 그 다음으로는 주관적 체형(obesity)의 각각의 값들에 대하여 하루 평균 보행시간(walktime)이 54.29, 여성(gender==2), 그리고 연령대(age)가 33.45세일 때의 확률을 보여주고 있다.

독립변수들의 특정한 값들에 대한 예측확률치를 prvalue 명령어를 통하여 살펴볼 수 있다. 여기에서는 남성(gender==1)이면서, 30대 연령대(age=3), 그리고 하루평균 보행시간이 60분(walktime=60)일 때의 주관적 체형에 대한 각각의 예측확률을 살펴보자. 실행결과에서는 주관적 체형이 보통이라고 판단할 확률이 0.5472로 가장 높고, 그 다음으로 다소 뚱뚱하다고 판단할 확률(0.2235)로 높음을 알 수 있다.

prvalue, x(gender=1 age=3 walktime=60)

```
ologit: Predictions for obesity

Confidence intervals by delta method

                                  95% Conf. Interval
     Pr(y=아주_뚱?x):  0.0613   [ 0.0405,    0.0822]
     Pr(y=다소_뚱?x):  0.2235   [ 0.1822,    0.2648]
     Pr(y=보통|x):    0.5472   [ 0.5047,    0.5897]
     Pr(y=다소_마?x):  0.1426   [ 0.1088,    0.1763]
     Pr(y=아주_마?x):  0.0254   [ 0.0125,    0.0384]

    walktime    gender       age
x=        60         1         3
```

독립변수들의 특정한 변수들에 대하여 다른 조건이 동일하다는 가정하에서 예측되는 확률값들은 prgen 명령어를 사용하여 산출할 수 있다. 여기에서는 20대의 연령을 가진 그룹에서 나머지 독립변수들은 평균을 가정한 상태에서의 하루평균 보행시간(walktime)에 대한 예측확률을 25개 구간으로 대별하여 산출하여 보자. 그리고 산출되는 예측확률의 순위별 결과는 wt20으로 시작하도록 명명하여 보자. 그리고 그 결과를 browse로 어떻게 생성되어 있는지를 확인하여 보자.

prgen의 실행결과는 하루평균 보행시간(walktime)이 0부터 240까지 변동될 때의 예측값들을 산출하고 있으며, 독립변수들이 하루평균보행시간은 54.29분, 성별은 1.525, 그리고 age는 2라는 값으로 주어졌을 때의 예측치들을 산출하였음을 알려주고 있다. 이를 browse 명령어로 살펴보면, 총 12개의 변수가 생성되어 있음을 알 수 있다. 맨 처음 변수인 wt20x는 하루평균 보행시간에 대한 25개의 구간을 알려주고 있다. 그리고 이 구간들에 대하여 5개의 순위값들에 대한 예측확률(wt20p1, wt20p2, wt20p3, wt20p4, wt20p5)과 이들의 누적확률(wt20s?)이 산출되어 있음을 알 수 있다. 그리고 다른 생성된 변수 wt20x1은 25개의 구간과 동일한 값을 가지고 있다.

```
prgen walktime, generate(wt20) x(age=2)
rest(mean) ncases(25)
browse
```

```
ologit: Predicted values as walktime varies from 0 to 240.

     walktime    gender        age
x=      54.29     1.525          2
```

wt20x	wt20p1	wt20p2	wt20p3	wt20p4	wt20p5	wt20s1	wt20s2	wt20s3	wt20s4	wt20s5	wt20x1
0	.0279464	.1211224	.5363247	.2585847	.0560218	.0279464	.1490688	.6853935	.9439782	1	0
10	.029806	.1278743	.5418377	.2478666	.0526154	.029806	.1576803	.699518	.9473845	1	10
20	.0317851	.1349066	.5465818	.237321	.0494054	.0317851	.1666918	.7132736	.9505946	1	20
30	.0338912	.1422194	.550535	.2269729	.0463816	.0338912	.1761106	.7266455	.9536184	1	30
40	.0361315	.1498113	.5536787	.2168441	.0435344	.0361315	.1859428	.7396215	.9564656	.9999999	40
50	.0385141	.1576792	.5559983	.2069539	.0408544	.0385141	.1961933	.7521917	.9591455	1	50
60	.0410471	.1658182	.557483	.1973189	.0383329	.0410471	.2068653	.7643483	.9616671	1	60
70	.043739	.1742213	.5581257	.1879528	.0359611	.043739	.2179604	.776086	.9640388	.9999999	70
80	.046599	.1828793	.5579234	.1788673	.033731	.046599	.2294783	.7874018	.9662691	1	80
90	.0496362	.1917808	.5568773	.1700712	.0316346	.0496362	.2414171	.7982943	.9683654	1	90
100	.0528605	.2009119	.5549919	.1615713	.0296645	.0528605	.2537723	.8087642	.9703355	.9999999	100
110	.0562817	.210256	.5522764	.1533724	.0278135	.0562817	.2665378	.8188142	.9721865	1	110
120	.0599104	.2197942	.5487432	.1454772	.026075	.0599104	.2797046	.8284478	.973925	.9999999	120
130	.0637573	.2295046	.544409	.1378867	.0244424	.0637573	.2932619	.8376709	.9755577	1	130

주관적 체형(0besity)의 각각의 순위에 대하여 예측된 확률을 하루평균 보행시간(walktime)의 25개 구간을 연결하여 선그래프(graph twoway connected)를 작성하여 보자. 이 때 y축 제목(ytitle)을 "Probaility for subjective body type"으로, 그리고 x축 제목(xtitle)을 "Average walking time per day"로 명명하도록 하자.

```
graph twoway connected wt20p1 wt20p2 wt20p3 wt20p4
wt20p5 wt20x, sort ytitle("Probaility for sunjective body
type")  xtitle("Average walking time per day")
```

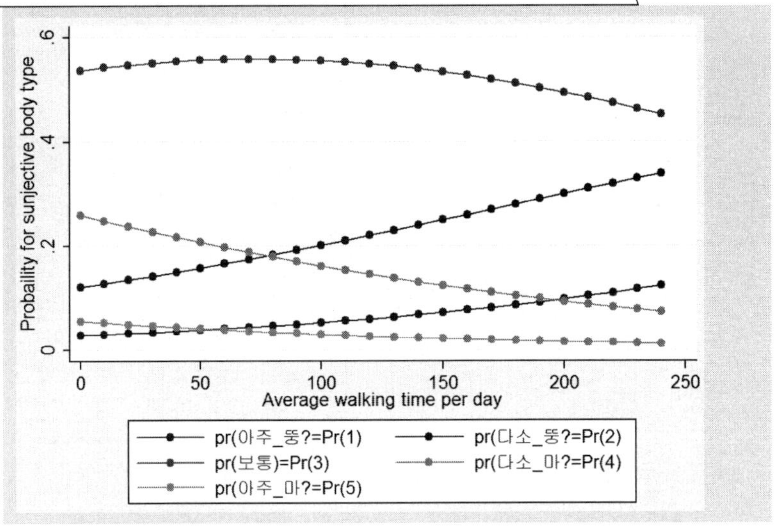

실행결과를 보면, 여성이면서 나머지가 평균값으로 고정된 상태에서의 주관적 체형의 각각의 순위별로 하루평균 보행시간(walktime)에 대한 예측확률에 대한 선 그래프를 보여주고 있다. 이에 따르면 아주 뚱뚱하다(=1)거나 다소 뚱뚱하다(=2)고 자신의 체형을 주관적으로 판단할 확률은 하루평균 보행시간이 증가함에 따라 점차 높아지는 경향을 보이고 있다. 반면에 자신의 체형이 다소 마르다(=4)거나 아주 마르다(=5)라고 판단할 확률은 하루평균 보행시간이 증가함에 따라 점차 감소하는 경향을 알 수 있다. 자신의 체형을 보통(=3)이라고 판단할 확률은 하루평균 보행시간이 많아짐에 따라 높아지다가 일정한 값에 이르면 보다 빠르게 그 확률이 낮아지는 것을 보여주고 있다.

마지막으로 순위형 로지스틱 모형에서 두 개의 회귀모형의 분석결과를 'estout'이라는 명령어로 비교하여 보는 결과표를 작성하여 보자. 첫 번째 모형(ologit_1)은 앞서의 모형에서 연령대(age)의 독립변수가 제외되어 있는 모형이고, 두 번째 모형(ologit_2)은 이 변수가 포함된 모형으로 설정하여 결과를 보여주지 않고 각각 실행하면서, 그 결과를 Model 1과 Model 2로 제목을 설정하여 저장하자. 그리고 이 두 모형의 분석결과를

estout이라는 명령어로 비교하되, 변수의 폭(varwidth)을 12로, 변수의 라벨(varlables)에서 상수항(_cons)을 "constant"로 명명하고, 각각의 통계량에 대하여 포맷을 다음과 같이 설정하여 보여주도록 하자. 모형(ologit_1)의 검정통계량은(stats)은 수렴된 우도(ll), 카이스케어 값(chi2), Pseudo R2(r2_p)로 두고, 각각을 다음과 같이 명명하여 그 결과를 비교하여 보자.

```
xi: quietly: ologit obesity walktime gender
estimates store ologit_1, title(Model 1)
xi: quietly: ologit obesity walktime gender age
estimates store ologit_2, title(Model 2)
estout ologit_? , varwidth(12) varlabels(_cons
Constant) cells(b(star fmt(%8.2f)) se(par
fmt(%8.2f))) stats(ll chi2 r2_p, aic, bic
labels(log_likelihood LR_chi_square r2_pvalue AIC
BIC) fmt(%8.2f))
```

	ologit_1 b/se	ologit_2 b/se
obesity		
walktime	-0.01	-0.01*
	(0.00)	(0.00)
gender	0.01	0.10
	(0.16)	(0.16)
age		-0.37***
		(0.07)
cut1		
Constant	-2.91***	-4.14***
	(0.35)	(0.42)
cut2		
Constant	-1.15***	-2.33***
	(0.32)	(0.39)
cut3		
Constant	1.29***	0.19
	(0.32)	(0.38)
cut4		
Constant	3.32***	2.24***
	(0.39)	(0.44)
log_likeli~d	-738.88	-725.26
LR_chi_squ~e	3.67	30.91
r2_pvalue	0.00	0.02
AIC	1489.75	1464.52
BIC	1516.13	1495.30

실행결과에서는 연령대가 포함되지 않은 모형 1(ologit_1)에 비하여 그것이 포함된 모형 2(ologit_2)가 보다 적합하다고 판단할 수 있다. 이는 두 모형통계량에서 Pseudo R2가 보다 크고, AIC와 BIC값들이 보다 적음을 가지고 판단할 수 있다. 한편, 연령대(age)가 포함된 모형에서 그 회귀계수가 통계적으로 유의하면서 그 값이 클수록 자신의 주관적 체형이 보다 뚱뚱하다고 판단하는 확률이 높아짐을 보여주고 있다.

2. 다항로지스틱 모형

다항 로지스틱 모형은 2개 이상의 명목척도로 이루어진 종속변수일 때 사용되는 회귀모형이다. 이 모형은 이항 및 순위형 로지스틱 모형과 마찬가지로 비선형 관계를 가정하고 있다. 일상생활에서 우리는 많은 다양한 선택을 매일매일 하게 된다. 예를 들어, 오늘은 출근할 때 어떤 교통수단, 즉, 승용차, 버스, 지하철 등을 선택한다. 이는 습관적으로 이루어지는 행태이다. 또한 학부모는 자식의 교육을 위하여 어떤 초등학교, 어디의 고등학교 등 다양한 진로선택의 고민을 오랫동안 하게 된다. 이러한 2개 이상의 다양한 선택대안 중에서 어떤 것을 선택할지는 그러한 선택대안의 속성과 개인 및 가구의 사회경제적 속성에 의하여 결정된다.

3개 이상의 다항 로지스틱 모형의 대안으로는 그 선택대안의 일부를 선별하거나 대안을 2개의 이항으로 만들어 이항 로지스틱 모형을 적용하는 것을 생각해 볼 수 있다. 예를 들어, 우리가 매일 출근할 때의 선택가능한 대안을 승용차, 버스, 지하철, 그리고 도보 등 4가지가 있다고 가정해보자. 이 경우 우리는 4개의 선택대안이기 때문에 다항 로지스틱 모형을 적용하는 것이 1차적인 방법이다. 그러나 우리의 관심은 승용차와 지하철의 두가지 대안에만 관심이 있을 경우, 다른 두가지 대안을 배제하고 이 두 대안 중에서 어떤 교통수단을 선택할 지에 대한 확률을 추정하고자 할 수 있다. 즉, 그 두 대안에 대한 이항 로지스틱 모형을 사용할 수 있다. 그러나 이러할 경우에는 그 두 대안에 대한 선택확률이 0과 1사이에 존재하게 된다. 4가지 선택가능한 대안이 있음에도 불구하고, 관심이 있는 2가지만 선별하여 분석할 경우에는 전체 모집단의 선택대안, 즉 4가지의 대안에 대한 각각의 확률을 고려할 경우 전체 확률의 합이 1이 넘게 된다는 점을 주의할 필요가 있다. 만약 우리가 승용차와 다른 교통수단의 대안들과의 확률에 관심이 있을 경우에는 승용차 이외의 교통수단을 기타 수단으로 정의하여 분석할 수 있다. 이러한 경우에는 기타 수단에 대한 선택속성이 다르므로 그에 대한 정보의 손실과 함께 분석결과에 대한 편의(bias)를 유발할 수 있다는 점에서 주의를 필요로 한다.

2가지 이상의 선택대안을 가지고 있는 종속변수에 대한 다항 로지스틱 회귀모형을 적용하여 분석하기 위하여서는 mlogit 명령어를 이용하면 된다. 회귀분석과 마찬가지로 mlogit 명령어 다음에 분석하고자 하는 다항의 명목척도로 된 종속변수를 먼저 입력하고 그 다음으로 그 선택대안의 속성에 영향을 미치는 결정요인, 즉 독립변수(들)를 나열하여 실행하면 된다. 주로 사용하는 옵션으로는 어떠한 선택대안을 기준으로 할지를 지정하기 위해서는 baseoutcome(#)을 입력하고, 그 기준으로 하고자 하는 값을 입력하면 된다. 또한 다항 로지스틱 모형의 회귀계수(coefficient) 대신에 rrr을 옵션으로 선택하면 상대위험도(relative risk)가 보여지게 된다. 상대위험도는 이항 로지스틱 모형에서의 승산비(odds ratio)와 비슷하다. 상대위험도는 어떤 기준이 되는 값이 선택될 확률 대비 다른 대안의 선택확률의 비율로 산출된다.

명령문	mlogit depvar [indepvars] [if] [in] [weight] [, options]	
주요옵션	baseoutcome(#)	선택대안, 즉 종속변수의 기준이 되는 값
	level(#)	신뢰수준 설정: 기본값은 level(95)임
	rrr	회귀계수 대신에 상대위험도(relative risk) 보여주기

다항 로지스틱 회귀분석을 위한 실행예제로서, 직장인이 출근할 때의 교통수단의 선택에 대한 각각의 기대확률을 추정하는 모형을 구축하여 수행하여 보자. 교통수단(work_mode)의 선택은 각각의 선택대안의 속성(시간과 비용 등)과 개인 및 가구의 사회경제적 속성에 의하여 결정된다. 여기에서는 후자 중에서 성(gender)과 연령(age)의 차이에 의하여 어떠한 교통수단의 보다 선호되는지를 추정하여 보자. 이를 위하여 먼저 교통수단(work_mode)에 대한 빈도분포를 확인하여 보자. 이를 위하여 tabulate 또는 fre의 명령문으로 확인할 수 있다. 후자의 명령어는 속성값과 라벨을 함께 보여주면서, 결측치도 기본으로 제공하여 주기 때문에 이를 다음과 같이 실행하여 확인하여 보자.

```
fre work_mode
```

work_mode — travel mode for commuting

		Freq.	Percent	Valid	Cum.
Valid	1 walk	21	3.45	3.99	3.99
	2 rail	330	54.19	62.74	66.73
	3 bus	82	13.46	15.59	82.32
	4 taxi	4	0.66	0.76	83.08
	5 car	89	14.61	16.92	100.00
	Total	526	86.37	100.00	
Missing	.	83	13.63		
Total		609	100.00		

실행결과를 보면, 결측치가 83개이고, 철도(rail=2)이 전체의 54.19%를 차지하고 있다. 그리고 택시(taxi=4)가 4개로 전체의 0.66%로, 출근하기 위한 교통수단으로 거의 사용되지 않음을 알 수 있다. 그러므로 여기에서는 택시를 선택하고 있는 사람과 출근시의 교통수단을 선택하지 않은 사람을 제외하고 분석할 필요가 있다. 이를 위해서 drop 명령문을 실행하여 보자. 그리고 다항 로지스틱 모형의 독립변수인 성(gender)과 연령대(age)에 대한 결측치도 함께 제외하고, 이들에 대한 요약통계량을 summarize 명령문을 통하여 확인하여 보자.

```
drop if work_mode==. | work_mode==4 |
gender==. | age==.
summarize work_mode gender age
```

(87 observations deleted)

Variable	Obs	Mean	Std. Dev.	Min	Max
work_mode	522	2.628352	1.157385	1	5
gender	522	1.469349	.4995383	1	2
age	522	3.231801	1.103956	2	5

실행결과에서는 총 87개의 관측치(observations)이 삭제되었음을 보여주고 있다. 그리고 요약 통계량은 통근수단(work_mode), 성(gender), 그리고 연령대(age)에 대한 관측치수(Obs), 평균(Mean), 표준편차(Std. Dev.),

최솟값(Min), 최댓값(Max)을 보여주고 있다. 분석에 사용하게 될 최종적인 관측치수는 522개임을 알 수 있다.

4개의 교통수단의 대안(도보, 철도, 버스, 승용차)에 대한 기대확률을 다항 로지스틱 모형(명령어=mlogit)으로 추정하여 보자. 여기에서 종속변수는 교통수단의 선택대안(work_mode)이며, 독립변수는 성(gender)과 연령대(age)으로 설정하였다. 이들 독립변수들은 명목척도의 성격을 가지고 있기 때문에 더미변수로 처리하기 위하여 'i.' 접두어를 변수명 앞에 입력할 필요가 있다.

mlogit work_mode i.gender i.age

```
Iteration 0:   log likelihood = -528.02732
Iteration 1:   log likelihood = -504.07972
Iteration 2:   log likelihood = -502.18166
Iteration 3:   log likelihood = -502.17545
Iteration 4:   log likelihood = -502.17545

Multinomial logistic regression                   Number of obs   =        522
                                                  LR chi2(12)     =      51.70
                                                  Prob > chi2     =     0.0000
Log likelihood = -502.17545                       Pseudo R2       =     0.0490

------------------------------------------------------------------------------
   work_mode |      Coef.   Std. Err.      z    P>|z|     [95% Conf. Interval]
-------------+----------------------------------------------------------------
walk         |
    2.gender |   .9051012   .5005853     1.81   0.071    -.0760279     1.88623
             |
         age |
          3  |  -.4198281   .7244921    -0.58   0.562    -1.839807     1.00015
          4  |   .8212111   .5529274     1.49   0.137    -.2625066    1.904929
          5  |   .0799445    .731594     0.11   0.913    -1.353953    1.513842
             |
       _cons |  -3.492648   .5225436    -6.68   0.000    -4.516815   -2.468482
-------------+----------------------------------------------------------------
rail         |  (base outcome)
-------------+----------------------------------------------------------------
bus          |
    2.gender |   .1691866   .2498922     0.68   0.498    -.3205932    .6589663
             |
         age |
          3  |  -.0689992   .3046492    -0.23   0.821    -.6661006    .5281023
          4  |  -.6454103   .3779707    -1.71   0.088    -1.386219    .0953987
          5  |  -.1152175   .3675924    -0.31   0.754    -.8356854    .6052504
             |
       _cons |  -1.329692   .2212579    -6.01   0.000    -1.763349   -.8960341
-------------+----------------------------------------------------------------
car          |
    2.gender |  -1.030208   .2666757    -3.86   0.000    -1.552883   -.5075333
             |
         age |
          3  |     .94054   .3631118     2.59   0.010     .2288539    1.652226
          4  |   1.134533   .3673979     3.09   0.002      .414446    1.854619
          5  |   1.588194   .3728544     4.26   0.000     .8574124    2.318975
             |
       _cons |  -1.798097   .2817803    -6.38   0.000    -2.350377   -1.245818
------------------------------------------------------------------------------
```

실행결과에서는 4번의 반복 끝에 근사적으로 수렴되었고, Pseudo R2는 0.0490임을 보여주고 있다. 교통수단의 선택대안 중에서 어떤 교통수단을 기준으로 할 지를 옵션으로 선택하지 않았기 때문에 가장 많은 빈도를 가지고 있는 선택대안을 Stata는 기준으로하여 그 확률을 보여주고 있다. 여기에서는 철도(rail)가 기준이 된다. 분석결과를 해석하여 보면, 여자(2.gender)는 남자(1.gender)는 철도(rail)에 비하여 도보(walk)나 버스(bus)를 보다 많이 선택하는 경향(회귀계수가 0보다 큼)을 가지고 있으나 승용차(car)는 덜 선택하는 경향(회귀계수가 0보다 큼)을 가지고 있다. 그러나 통계적 유의수준을 0.05로 보았을 때, 철도 대비 승용차의 기대확률(p-값=0000)를 제외하고는 모두 통계적으로 유의하지 않다고 판단할 수 있다. 즉, 여자는 남자에 비하여 철도라는 교통수단과 비교하여 도보와 버스의 선택확률의 차이는 없고, 다만 승용차만이 차이를 보여주고 있다고 볼 수 있다. 연령대(age)에서도 0.05를 통계적 유의수준으로 보았을 때 철도 대비 승용차의 기대확률에 대한 회귀계수만이 유의한 것으로 나타나고 있다. 그 결과에서는 20대(age=2)에 비하여 30대는 0.94, 40대는 1.13, 그리고 50대는 1.56이고, 이는 나이가 많아질수록 철도에 비하여 승용차를 선택하는 기대확률이 점점 높아진다라고 해석할 수 있다.

그러나 회귀계수는 실질적으로 그 선택확률의 비율을 의미하는 것이 아니기 때문에 상대위험도(relative risk, rrr)를 옵션으로 선택하고, 기준값을 철도(rail=2)가 아닌 승용차(car=5)로 선택(baseoutcome(5))하고, 실행하여 보자.

mlogit work_mode i.gender i.age, rrr baseoutcome(5)

```
Iteration 1:   log likelihood = -504.07972
Iteration 2:   log likelihood = -502.18166
Iteration 3:   log likelihood = -502.17545
Iteration 4:   log likelihood = -502.17545

Multinomial logistic regression                 Number of obs   =        522
                                                LR chi2(12)     =      51.70
                                                Prob > chi2     =     0.0000
Log likelihood = -502.17545                     Pseudo R2       =     0.0490
```

work_mode	RRR	Std. Err.	z	P>|z|	[95% Conf.	Interval]
walk						
2.gender	6.926186	3.76905	3.56	0.000	2.383924	20.12315
age						
3	.2565663	.2024107	-1.72	0.085	.0546598	1.20429
4	.7310149	.4635923	-0.49	0.621	.2109184	2.5336
5	.2212971	.174974	-1.91	0.056	.0469843	1.042315
_cons	.1836817	.1060124	-2.94	0.003	.0592642	.5692977
rail						
2.gender	2.801649	.7471314	3.86	0.000	1.661189	4.725071
age						
3	.3904169	.141765	-2.59	0.010	.1916229	.7954447
4	.3215724	.118145	-3.09	0.002	.1565125	.6607062
5	.2042943	.076172	-4.26	0.000	.0983744	.4242585
_cons	6.038148	1.701432	6.38	0.000	3.475777	10.48952
bus						
2.gender	3.318107	1.100655	3.62	0.000	1.731957	6.356878
age						
3	.3643869	.157033	-2.34	0.019	.15658	.847987
4	.1686478	.081744	-3.67	0.000	.065223	.4360739
5	.1820614	.0852006	-3.64	0.000	.072757	.4555761
_cons	1.597445	.5248028	1.43	0.154	.8390425	3.041362
car	(base outcome)					

실행결과를 보면, 승용차(car)가 비교의 기준이 되어져 있으며, 회귀계수 대신에 상대위험도(RRR)가 추정되어 있음을 알 수 있다. 모형의 통계량은 동일하다. 분석결과에서는 남자가 여자(2.gender)가 승용차(car) 대신에 도보(walk)를 선택할 확률이 6.92배, 철도(rail)를 선택할 확률은 2.80배, 그리고 버스를 선택할 확률은 3.31배 높음을 알 수 있다. 이들 모두 통계

적으로도 유의한 수준, 즉, p-값이 0.000임을 보여주고 있다. 이는 남자에 비하여 여자의 경우는 승용차보다는 다른 교통수단들이 모두 비교우위에 있음을 의미한다. 연령대(age)가 높아질수록 승용차 보다 다른 교통수단을 선택할 확률이 전반적으로 낮음(RRR<1)음을 알 수 있다. 그러나 도보의 경우에는 연령대의 차이에 의한 수단선택의 비율이 통계적으로 유의하지 않은 범주에 있음을 알 수 있다.

선택대안의 기준을 무엇으로 하느냐에 따라서 확률(회귀계수와 상대위험도)과 통계적 유의수준도 달라짐을 볼 수 있다. 그러므로 여기에서는 다양한 선택대안의 각각의 기대확률과 통계적 유의수준을 알아보기 위하여 listcoef를 활용하여 보자. 앞서 이항 및 순위형 로지스틱 모형에서 살펴보았듯이 이 명령어는 회귀계수(b), z-값(z), p-값(P>|z|), 지수화한 값(여기서는 상대위험도, e^b), 표준화된 독립변수의 지수화한 값(e^bStdX)을 보여주게 된다.

Stata 명령어인 listcoef에서 어떠한 특정한 독립변수를 선택하지 않으면 모든 독립변수에 대한 모든 선택대안의 조합별 회귀계수에 대한 통계량을 제시하여 주게 된다. 여기에서는 성(gender)에 대하여 선택하여 실행시켜 보자. 여기서 주의할 것은 성(gender)이 더미변수이므로 변수명에 대하여 정확하게 입력하여 그 결과를 볼 수 있다는 것이다. Stata에서는 일반적으로 'xi'라는 접두명령어가 없이 독립변수명 앞에 'i.'을 입력하면 더미변수로 자동적으로 생성하여 분석을 수행하게 해준다. 그러나 listcoef에서는 'xi'를 접두명령어를 입력하고 그 실행결과에서 제시되는 변수명, '_Igender_2'을 입력하여 실행되어짐을 알 수 있다. 연속변수에서는 해당되지 않는다.

```
quietly: xi: mlogit work_mode i.gender i.age
listcoef _Igender_2 , help
```

```
mlogit (N=522): Factor Change in the Odds of work_mode

Variable: _Igender_2 (sd=.49953833)

Odds comparing     |
Alternative 1      |
to Alternative 2   |        b         z     P>|z|      e^b    e^bStdX
-------------------+------------------------------------------------
walk     -bus      |   0.73591     1.367    0.172    2.0874    1.4443
walk     -car      |   1.93531     3.556    0.000    6.9262    2.6294
walk     -rail     |   0.90510     1.808    0.071    2.4722    1.5717
bus      -walk     |  -0.73591    -1.367    0.172    0.4791    0.6924
bus      -car      |   1.19939     3.616    0.000    3.3181    1.8206
bus      -rail     |   0.16919     0.677    0.498    1.1843    1.0882
car      -walk     |  -1.93531    -3.556    0.000    0.1444    0.3803
car      -bus      |  -1.19939    -3.616    0.000    0.3014    0.5493
car      -rail     |  -1.03021    -3.863    0.000    0.3569    0.5977
rail     -walk     |  -0.90510    -1.808    0.071    0.4045    0.6363
rail     -bus      |  -0.16919    -0.677    0.498    0.8444    0.9190
rail     -car      |   1.03021     3.863    0.000    2.8016    1.6730
--------------------------------------------------------------------
       b = raw coefficient
       z = z-score for test of b=0
   P>|z| = p-value for z-test
     e^b = exp(b) = factor change in odds for unit increase in X
 e^bStdX = exp(b*SD of X) = change in odds for SD increase in X
```

실행결과에서는 선택대안의 모든 조합에 대한 확률과 통계량을 제시하고 있음을 알 수 있다. 분석결과를 해석하여 보면, 도보와 승용차(walk-car), 버스와 승용차(bus-car), 승용차와 도보(car-walk), 승용차와 버스(car-bus), 승용차와 철도(car-rail), 그리고 철도와 승용차(rail-car)의 선택대안의 조합들이 유의수준 0.05에서 모두 통계적으로 유의함을 보여주고 있다. 결과적으로 수단선택에서의 성별 차이는 승용차를 기준으로 하여 다른 수단과의 선택확률이 유의하게 차이가 있으며, 그 이외의 수단선택의 차이를 보이지 않고 있음을 알 수 있다.

다항 로지스틱 모형에서도 이항 및 순위형 로지스틱 모형에서처럼 독립변수가 하나 더 추가되었을 경우 어떠한 모형이 보다 적합한지를 비교할 수 있다. 이는 우도비 검정(log-likelihood ratio test, lrtest)과 Wald 검정(wald test, test) 명령어로 가능하다. 먼저 우도비 검정을 위하여서는 두 개의 회귀모형을 실행하여 추정한 결과를 저장(estimates store)하여야 한다. 이를 위하여 성(gender)만이 독립변수로 포함된 다항 로지스틱 모형을 실행한 후 'model_1'이라는 제목으로 저장하고, 그 다음으로 이 모형에서 연령대(age)가 추가된 모형을 실행하여 'model_2'라는 제목으로 저장하여 보자. 그리고 그 저장된 결과들을 활용하여 우도비 검정(lrtest)를 실행하여 보자.

```
quietly: mlogit work_mode gender
estimates store model_1
quietly: mlogit work_mode gender age
estimates store model_2
lrtest model_1 model_2
```

```
Likelihood-ratio test                                 LR chi2(3)  =     23.31
(Assumption: model_1 nested in model_2)               Prob > chi2 =    0.0000
```

실행결과에서는 model_1이 model_2에 내포되어 있다는 가정에 대한 우도비 검정결과임을 알려주고 있다. 카이스퀘어 검정 통계량은 23.31이며, p-값이 0.000임을 볼 때 model_1이 model_2에 내포되어 있다는 가정에 대한 귀무가설을 기각하게 된다. 즉, 후자의 모형이 보다 적합하다고 판단할 수 있다. 이러한 결과를 wald 검정을 통하여 확인하여 보자.

```
quietly: mlogit work_mode gender age
test age
```

```
( 1)  [walk]age = 0
( 2)  [rail]o.age = 0
( 3)  [bus]age = 0
( 4)  [car]age = 0
      Constraint 2 dropped

         chi2(  3) =   22.30
       Prob > chi2 =    0.0001
```

실행결과는 연령대(age)가 각각의 선택대안의 확률에 미치는 영향의 차이가 없다라는 귀무가설을 기각할 수 있음을 보여주고 있다. 즉, p-값이 0.0001의 값을 가지고 있기 때문에 귀무가설을 기각할 수 있을 정도로 통계적으로 유의함을 보여준다.

다항 로지스틱 모형에서의 가정은 다양한 선택대안들이 각각 독립적이다라는 가정을 가지고 있다. 그러나 실제로는 각각의 대안들이 하나로 결합되어도 무방한 경우가 있다. Stata에서는 mlogtest라는 명령어로 각각의 다양한 대안들의 결합되었을 때 결합되지 않은 경우와 비교하여 분석을 수행할 수 있게 하여 준다. 옵션으로는 'lrcomb'과 'combine'를 선택할 수 있다. 전자는 우도비 검정(lrtest)과 같고, 후자는 wald 검정과 같은 역할을 한다. 먼저 전자에 대하여 실행하여 보자.

```
quietly: mlogit work_mode gender age
mlogtest, lrcomb
```

```
**** LR tests for combining alternatives (N=522)

 Ho: All coefficients except intercepts associated with a given pair
     of alternatives are 0 (i.e., alternatives can be collapsed).
```

Alternatives tested		chi2	df	P>chi2
walk-	bus	4.378	2	0.112
walk-	car	15.091	2	0.001
walk-	rail	4.906	2	0.086
bus-	car	28.357	2	0.000
bus-	rail	1.317	2	0.518
car-	rail	32.147	2	0.000

귀무가설은 상수항을 제외한 모든 독립변수들의 회귀계수들은 각각의 선택대안의 결합과 관련하여 0의 값을 가지고 있다는 것이다. 즉, 해당하는 선택대안들은 결합될 수 있다는 것이다. 실행결과를 보면, 도보와 버스(walk-bus), 도보와 철도(walk-rail), 그리고 버스와 철도(bus-rail)가 결합되어졌을 때 그 회귀계수는 0이다라는 귀무가설을 기각하지 못하게 한다. 즉, 통계적으로 유의하지 않기 때문에 이들 대안들의 각각을 결합하여도 된다는 것을 의미한다. 반면에 승용차와 관련된 교통수단의 결합효과는 0과 같다라는 귀무가설을 기각하기 때문에 별개의 선택대안으로 설정하여야 함을 보여주고 있다.

선택대안의 결합에 대한 진단은 wald 검정으로 할 수 있으며, 그 옵션은 'combine'이다. 그 결과를 보면 우도비 검정 결과와 동일한 결론을 도출할 수 있음을 보여주고 있다.

```
mlogtest, combine
```

```
**** Wald tests for combining alternatives (N=522)

 Ho: All coefficients except intercepts associated with a given pair
     of alternatives are 0 (i.e., alternatives can be combined).

Alternatives tested|       chi2   df    P>chi2
-------------------+--------------------------
    walk-      bus |      4.206    2     0.122
    walk-      car |     13.479    2     0.001
    walk-     rail |      4.522    2     0.104
     bus-      car |     26.047    2     0.000
     bus-     rail |      1.300    2     0.522
     car-     rail |     29.327    2     0.000
----------------------------------------------
```

다항 로지스틱 모형에서 각각의 선택대안은 상호 독립적이다(independence of irrelevant alternatives, IIA)라는 가정을 가지고 있다. 그러므로 선택대안들에 대한 이러한 가정을 진단할 필요가 있다. 이러한 진단은 Hausman-McFadden 검정(HM test)과 Small-Hsiao (SH) 검정으로 수행할 수 있다. Stata에서는 mlogtest 명령문에서 'hausman' 또는 'smhsiao'라는 옵션을 선택하여 실행하면 된다. 귀무가설은 각각의 선택대안들이 독립적이다, 즉 IIA 가정이 위반되지 않았다이다. 진단은 각각의 대안들에 대한 검정통계량이 음의 값을 가지거나 p-값이 유의수준(여기서는 0.05로 설정하자)보다 크면 귀무가설을 기각하지 못하게 된다. 즉, IIA의 가정이 위배되지 않았다고 볼 수 있다. 이를 교통수단의 선택대안에 대하여 HM검정을 실행하여 그 결과를 보면 IIA 가정이 위배되지 않았음을 알 수 있다. 이러한 결과는 SH검정에서도 마찬가지다.

```
quietly: mlogit work_mode gender age
mlogtest, hausman base
```

```
**** Hausman tests of IIA assumption (N=522)

 Ho: Odds(Outcome-J vs Outcome-K) are independent of other alternatives.

 Omitted |      chi2   df   P>chi2   evidence
---------+------------------------------------
    walk |    -6.713    6     ---      ---
     bus |     0.193    6    1.000   for Ho
     car |    -1.686    6     ---      ---
    rail |     0.420    6    0.999   for Ho
----------------------------------------------
 Note: If chi2<0, the estimated model does not
 meet asymptotic assumptions of the test.
```

다항 로지스틱 모형도 다른 이산선택 확률모형에서와 마찬가지로 모형의 결정계수를 다양하게 파악하게 할 수 있다. 이러한 명령어는 fitstat이다. 하나의 모형에 대한 다양한 결정계수들을 제공하고 있다는 것은 선형회귀모형처럼 결정계수(R2)와 같은 뚜렷한 지표가 없기 때문이다. 연구자의 편의에 따라 이 모형의 통계량을 적절하게 사용하면 된다. 통근수단의 선택확률에 대한 다항 로지스틱 모형의 통계량을 fitstat라는 명령어로 살펴보자.

```
quietly: mlogit work_mode gender age
fitstat
```

```
Measures of Fit for mlogit of work_mode

Log-Lik Intercept Only:        -528.027   Log-Lik Full Model:             -506.367
D(510):                        1012.733   LR(6):                            43.322
                                          Prob > LR:                         0.000
McFadden's R2:                    0.041   McFadden's Adj R2:                 0.018
ML (Cox-Snell) R2:                0.080   Cragg-Uhler(Nagelkerke) R2:        0.092
Count R2:                         0.632   Adj Count R2:                      0.000
AIC:                              1.986   AIC*n:                          1036.733
BIC:                          -2178.677   BIC':                             -5.776
BIC used by Stata:             1069.052   AIC used by Stata:              1030.733
```

이항 및 순위형 로지스틱에서처럼 다항 로지스틱 모형의 분석 이후에 선택대안에 대한 기대확률(predicted probabilities)을 prvalue, prtab, prchange, 그리고 prgen을 활용하여 살펴볼 수 있다. 다항 로지스틱 모형 또한 비선형 관계를 가정하고 있기 때문에 독립변수의 특정한 값이나 구간에 따라 그 기대확률 또한 다르기 때문에 이들 명령어를 활용하면 분석결과에 대한 이해를 보다 용이하게 할 수 있다.

먼저 prvalue에 대하여 살펴보자. 앞서 이항 및 순위형 로지스틱 모형에서는 특정한 독립변수들의 값에 대한 기대확률값을 살펴보았다면 여기에서는 독립변수들의 특정한 값의 차이에 대한 기대확률의 변화를 볼 수 있도록 하여 보자. 예를 들어, 30대인 여자와 남자의 선택확률의 차이를 비교하여 보자. 먼저 대안적 교통수단의 선택모형에서 여자(gender=2)이면서 30대(age=3)에 대한 기대확률값을 산출한 후, 이를 저장하자. 그리고 다른 조건은 동일하지만 남자(gender=1)인 경우에 대한 기대확률값을 산출하고, 앞서의 차이와 비교하기 위하여 'diff'라는 옵션을 주어 실행하여 보자.

```
quietly: mlogit work_mode gender age
quietly prvalue, x(gender=2 age=3) save
prvalue, x(gender=1 age=3) diff
```

```
mlogit: Change in Predictions for work_mode

Confidence intervals by delta method

                    Current     Saved     Change    95% CI for Change
  Pr(y=walk|x):      0.0219    0.0583    -0.0365   [-0.0711,  -0.0019]
  Pr(y=bus|x):       0.1451    0.1843    -0.0392   [-0.1048,   0.0265]
  Pr(y=car|x):       0.2051    0.0799     0.1252   [ 0.0690,   0.1814]
  Pr(y=rail|x):      0.6280    0.6775    -0.0495   [-0.1316,   0.0325]

          gender      age
Current=       1        3
  Saved=       2        3
   Diff=      -1        0
```

실행결과를 보면, 각각의 교통수단에 대한 현재의 기대확률값(current)과 저장한 기대확률값(saved), 그리고 그 차이(change)를 보여주고 있다. 그리고 이들 확률값에 대한 조건에 대하여 각각의 독립변수들에 대한 값을 보여주는 표가 그 다음에 제시되어 있다. 이를 살펴보면, 연령대는 30대(age=3)로 동일하지만 성(gender)이 남자(1)와 여자(2)로 차이가 있음을 알 수 있다. 즉, 30대이면서 남자와 여자의 차이에 의한 기대확률의 변화는 도보(walk)에 대하여서는 -0.0365이다. 즉, 30대의 남자와 여자가 도보를 선택할 확률은 각각 2.19%와 5.83%이며, 그 차이는 3.65%임을 알 수 있다.

성별 연령별 교통수단을 선택할 확률의 비교표를 작성하기 위하여 prtab의 명령어를 실행하여 보자. prtab 명령어 뒤에 gender와 age를 입력하면 된다. 여기에서는 옵션으로 승용차(work_mode=5)에 대한 기대확률을 보여주기 위하여 'outcome(5)'를 선택하자.

```
quietly: mlogit work_mode gender age
prtab gender age, outcome(5)
```

```
mlogit: Predicted probabilities of outcome 5 (car) for work_mode

----------------------------------------
          |          Age(20-59)
   Gender |    20s     30s     40s     50s
----------+-----------------------------
     male | 0.1354  0.2051  0.2976  0.4095
   female | 0.0502  0.0799  0.1242  0.1872
----------------------------------------

      gender        age
x=  1.4693487  3.2318008
```

실행결과를 보면 맨 먼저 승용차 선택에 대한 기대확률을 성별 및 연령별로 비교할 수 있도록 제시되어 있다. 분석결과를 보고 해석하면, 남자와 여자는 연령대가 높아질수록 승용차를 선택할 확률이 높아지고 있으며, 여자에 비하여 남자가 승용차를 선택할 확률이 항상 높게 나타나고 있다고 볼 수 있다.

다음으로 각각의 교통수단의 선택확률의 변화를 파악할 수 있는 prchange의 명령어를 실행하여 보자. 이것에 의한 결과는 각각의 독립변수들의 최솟값에서 최댓값, 한 단위 변화, 그리고 표준편차의 한 단위 변화에 대한 기대확률을 보여주게 된다.

```
prchange
```

```
mlogit: Changes in Probabilities for work_mode

gender
            Avg|Chg|       walk        bus         car        rail
Min->Max   .06791315   .03814561   .03980492  -.1358263   .05787575
   -+1/2   .06940969   .03721127   .0403548   -.13881937  .06125331
  -+sd/2   .03443842   .01828399   .02026916  -.06887686  .03032368
MargEfct   .06877518   .03639912   .04064655  -.13755036  .06050469

age
            Avg|Chg|       walk        bus         car        rail
Min->Max   .11007841   .01266869  -.0846359    .20748813  -.13552094
   -+1/2   .03372532   .00469542  -.02832139   .06275521  -.03912926
  -+sd/2   .03724288   .00517573  -.03126141   .06931002  -.04322433
MargEfct   .03367627   .00472785  -.02833837   .06262469  -.03901417

              walk        bus         car        rail
Pr(y|x)   .03647512   .15918635   .14844109   .65589744

         gender      age
   x=   1.46935    3.2318
sd_x=    .499538   1.10396
```

실행결과를 보면 성(gender)과 연령대(age)에 대한 기대확률의 변화를 보여주고 있다. 여기에서는 예를 들어, 도보(walk)의 기대확률의 변화를 연령대로 살펴보자. 먼저 연령대의 최솟값(20대)에서 최댓값(50대)로 변화되었을 때 도보의 선택확률의 변화는 0.0127이다. 즉, 20대에 비하여 50대는 도보를 선택할 확률이 1.27% 높아짐을 의미한다. 연령대의 한 단위 변화는 4.69%이고, 한계변화(MargEfct)는 3.36%임을 알 수 있다.

한계효과를 파악할 수 있는 명령어는 다른 이산선택 확률모형에서와 마찬가지로 mfx라는 명령을 모형 분석 후에 실행하면 된다. 여기에서는 연령대가 30대(age=3)이면서 나머지 독립변수들은 평균값을 가질 때의 한계효과를 산출하여 보도록 하자.

```
quietly: mlogit work_mode gender age
mfx, at(mean age=3)
```

```
Marginal effects after mlogit
      y  = Pr(work_mode==walk) (predict)
         =  .03536354
```

variable	dy/dx	Std. Err.	z	P>|z|	[95% C.I.]		X
gender	.034785	.01543	2.25	0.024	.004545	.065025	1.46935
age	.0048562	.00672	0.72	0.470	-.008309	.018022	3

실행결과를 보면 다항 로지스틱 분석 후의 한계효과는 도보(work_mode==1)의 기대확률을 의미하며, 그 확률값은 0.3536임을 먼저 제시하고 있다. 그 다음으로는 탄력성(dy/dx)을 보여주고 있다.

성별 연령의 변화에 따른 각각의 교통수단의 선택확률에 대한 그래프를 작성하기 위하여 prgen을 이용하면 된다. 먼저, 여자(gender=2)이면서 연령대(age)의 각각의 값들에 대한 교통수단의 선택확률을 산출하고, 이를 'male'이라는 이름으로 시작하도록 하여 보자. 연령대는 4개의 속성값을 가지고 있으므로 ncases(4)로 옵션을 주자. 그리고 그 결과를 browse 명령을 실행하여 편집창에서 어떻게 만들어졌는지를 살펴보자.

```
quietly: mlogit work_mode gender age
prgen age, x(gender==2) generate(female)
ncases(4)
browse
```

```
mlogit: Predicted values as age varies from 2 to 5.

       gender        age
x=          2  3.2318008
```

femalex	femalep1	femalep3	femalep5	femalep2	females1	females3	females5	females2
2	.0491193	.2111558	.050226	.6894988	.0491193	.2602751	.3105011	1
3	.0583134	.184295	.0798682	.6775235	.0583134	.2426083	.3224765	1
4	.0676825	.1572593	.1241683	.6508899	.0676825	.2249418	.3491101	1
5	.0761883	.1301435	.1872196	.6064487	.0761883	.2063318	.3935513	1
.	.	.	.	.	.	.	.	.
.	.	.	.	.	.	.	.	.
.	.	.	.	.	.	.	.	.

실행결과를 보면, 먼저 연령대(age)가 2에서 5의 값으로 변화함에 따른 예측치임을 알려주고 있으며, 독립변수들의 값들은 여자(gender=2)이면서 연령대가 평균임을 보여주고 있다. 여자(gender=2)에 대한 연령대별 각각의 교통수단의 선택확률 명령의 실행결과로 총 9개의 변수가 생성되어 있음을 알 수 있다. 첫 번째 변수는 x값이고, 두 번째와 네 번째 사이의 세 변수는 철도와 비교한 도보(femalep1), 버스(femalep3), 그리고 승용차(femalep5)의 기대확률을 의미한다. 그리고 나머지 변수들은 누적 확률값들이다.

이제는 남자(gender=1)에 대한 연령대별 교통수단의 선택확률을 추정하여 동일하게 실행하여 보자. 그리고 여자와 남자에 대한 승용차(p5)에 대한 확률에 대한 변수명 라벨을 'female'과 'male'로 명명하자. 그리고 마지막으로 연령대별 남자와 여자의 선그래프를 'graph twoway connected' 명령어를 사용하여 실행하여 보자. 옵션으로 x-축과 y-축 제목을 "Age Group"와 "Pr(Mode Choice for Car)"로 명명하자.

```
prgen age, x(gender==1) generate(male)
ncases(4)
label var malep5 "Male"
label var femalep5 "Female"
graph twoway connected malep5 femalep5
femalex,
        xtitle("Age Group") ytitle("Pr(Mode
Choice for Car)")
```

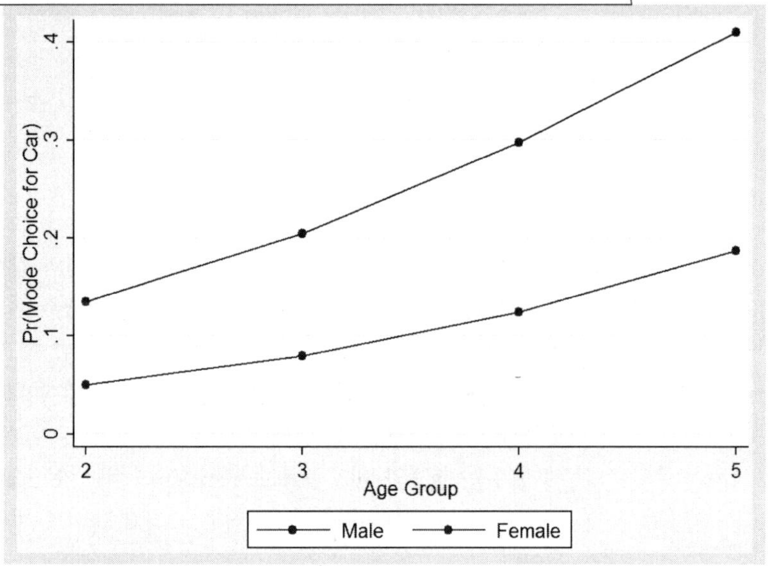

실행결과를 보면, 연령대별로 남자와 여자의 철도 수단과 비교할 때의 승용차의 수단선택확률을 보여주고 있다. 연령대가 높아질수록 승용차를 선택할 확률이 높아지고 있으며, 여자에 비하여 남자가 연령대의 변화에 따른 차이가 보다 큼을 그래프 분석결과는 보여주고 있다.

그래프를 통한 선택확률의 변화를 살펴보기 위한 또 다른 하나의 예로써, 남자에 대한 각각의 통행수단 선택확률에 대한 기댓값을 사용하여 보자. 남자(male)에 대한 연령대별 선택확률은 도보(malep1), 철도(malep2), 버스(malep3), 승용차(malep5)이다. 이들 각각에 대한 변수라벨을 'walk', 'rail', 'bus', 'car'로 명명하고, 선그래프를 실행하여 보자.

```
label var malep1 "walk"
label var malep2 "rail"
label var malep3 "bus"
label var malep5 "car"
graph twoway connected malep? malex,
        xtitle("Age Group") ytitle("Pr(Mode choice
of men)")
```

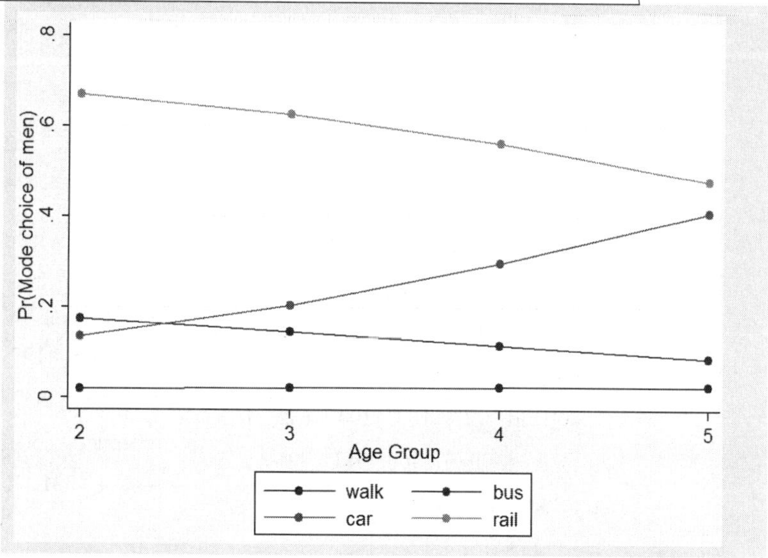

실행결과를 보면, 남자의 경우 연령대가 높아질수록 철도와 버스, 그리고 도보의 선택확률은 점점 낮아짐에 반하여 승용차의 선택확률은 점차 높아짐을 알 수 있다. 특히, 철도의 경우에는 연령대가 높아질수록 그 선택확률의 감소폭이 도보와 버스에 비하여 보다 큼을 알 수 있다.

찾아보기_1: Stata 명령어

A

B

C

D

E

F

G

H

I

J

K

L

M

N

O

P

R

S

T

U

V

W

X

찾아보기_2: 통계용어

ㄱ

ㄴ

ㄷ

ㄹ

ㅁ

ㅂ

ㅅ

ㅇ

ㅈ

ㅊ

ㅋ

ㅌ

ㅍ

ㅎ

B

C

E

F

S

T

W

Z